后台管理系统实践
Vue.js+Express.js

微课视频版

王鸿盛 ◎ 编著

清华大学出版社
北京

内容简介

本书以如何设计后台管理系统为主线，穿插前后端不同技术栈的核心知识点，引导读者渐进式地学习Express.js＋MySQL＋Vue.js，达到从0到1完成一个完整项目。Express.js是基于Node.js的Web服务器框架，具有快速、开放和极简的特点。MySQL是一个具有高性能、可靠性和灵活性的久经大型企业考验的数据库管理系统。Vue.js则是目前最流行的前端框架之一。基于Express.js＋MySQL＋Vue.js，能够让我们在应对不同的业务场景时游刃有余，运用自如。

本书共18章，分为Node.js篇、Vue.js篇和上线篇。Node.js篇（第1～9章）系统性地讲述了MySQL、Node.js和Express.js框架知识点，从设计字段、实现功能及测试接口的角度对常见的系统功能模块进行了详细讲解。Vue.js篇（第10～16章）从Vue.js的核心知识点出发，结合Element Plus组件库由浅及深地构建系统页面。上线篇（第17章和第18章）详细阐述了如何配置服务器和域名，并最终实现项目上线。本书示例代码丰富，注重实践和整体性，同时提供视频讲解，帮助读者深入掌握重点和难点。

本书既适合初学者入门，也对从事前后端领域的开发者具有参考价值，同时还可作为高等院校和培训机构的专业教材。

图书在版编目（CIP）数据

后台管理系统实践 ：Vue.js＋Express.js ：微课视频版 / 王鸿盛编著. -- 北京 ：清华大学出版社，2024. 8. --（计算机技术开发与应用丛书）. -- ISBN 978-7-302-67013-1

Ⅰ. TP393.092.2

中国国家版本馆CIP数据核字第20246572Z6号

责任编辑：赵佳霓
封面设计：吴　刚
责任校对：李建庄
责任印制：沈　露

出版发行：清华大学出版社
　网　　址：https://www.tup.com.cn，https://www.wqxuetang.com
　地　　址：北京清华大学学研大厦A座　　**邮　　编：**100084
　社 总 机：010-83470000　　**邮　　购：**010-62786544
　投稿与读者服务：010-62776969，c-service@tup.tsinghua.edu.cn
　质量反馈：010-62772015，zhiliang@tup.tsinghua.edu.cn
　课件下载：https://www.tup.com.cn，010-83470236
印 装 者：大厂回族自治县彩虹印刷有限公司
经　　销：全国新华书店
开　　本：186mm×240mm　　**印　张：**32　　**字　　数：**716千字
版　　次：2024年8月第1版　　**印　　次：**2024年8月第1次印刷
印　　数：1～2000
定　　价：119.00元

产品编号：104884-01

前言
PREFACE

随着社会高度信息化和数字化的不断发展，不少中小企业也在这股信息化潮流中纷纷转换为使用信息化系统作为日常的管理平台，一个好的系统能够在减少管理成本的同时为企业高效赋能。

通常来讲，企业的系统主要从3种途径获取，一种是根据企业自身情况招聘开发人员进行自研；另一种是从定制系统的厂商购买；最后一种是从大厂购买SaaS系统，而大部分中小企业普遍面临两种情况，从定制系统的厂商购买系统年费太高，从大厂购买SaaS系统则不符合企业个性化的需求。面对这些情况，自研系统就变成了中小企业的首选。对于程序员来讲，开发管理系统也占据了目前招聘市场中较大的岗位比重。

一个完整的系统开发流程包括功能需求设计、数据库设计、后端功能实现、前端页面设计与开发等多个阶段，可谓处处皆是细节。笔者的Web生涯从写需求的程序员到担任项目经理，到如今成为统筹企业内部系统开发的项目总监，历经了多个中大型的复杂企业管理系统项目的开发，所以笔者想通过本书将一个完整的系统开发流程以简单、通俗的形式分享给广大读者。

本书以目前流行的Express.js框架、MySQL数据库和Vue.js框架为核心，以真实开发项目的流程为主线，从顶层设计的视角介绍系统细节，结合在实际开发中普遍存在的功能需求问题进行代码实战。读者可以通过阅读本书，了解在实际开发中应注意的细节，学习常用的开发工具和掌握多种不同的技术栈，知晓前后端之间的数据是如何流动的。笔者希望通过本书，能够为已经在前、后端领域工作的读者早日成为全栈工程师提供帮助，也希望本书能够为即将入职开发岗位的读者提供一份清晰、完善的开发指南。

本书主要内容

第1章主要介绍数据库技术的发展历程、数据具备的复杂化和多样化特性及如何处理数据。

第2章主要讲解不同的数据模型和后关系型阶段数据库的基本要求，介绍MySQL等多种主流的数据库管理系统、SQL语言基本语法，最后使用不同的方式创建数据库。

第3章首先介绍功能模块的设计过程，然后介绍如何根据功能需求设计数据库的字段，最后实现从0设计用户模块数据表。

第 4 章主要介绍 Node.js 的底层机制、常用的 3 种包管理器工具、Express.js 框架的路由和处理程序、测试工具 Postman，并介绍注册和登录功能应注意的细节，最后使用 Express.js 框架实现注册和登录功能。

第 5 章从用户管理模块的功能需求出发，逐步实现修改用户基础信息的需求，并介绍使用 Multer 中间件实现上传图片的方法，最后介绍表格分页组件的逻辑并进行实现。

第 6 章从产品管理模块的功能需求出发，讲解如何设计产品的字段，并对产品从入库到出库流程应有的功能进行实现。

第 7 章主要介绍系统在不同场景下的埋点操作，设计和实现不同模块的埋点接口。

第 8 章主要介绍使用 Postman、Apifox 和 Swagger 三种不同的方式实现接口文档。

第 9 章主要介绍代码仓库和 Git 的安装，使用可视化工具 Sourcetree 将后端代码上传至代码仓库。

第 10 章主要介绍 HTML、CSS 和 JavaScript 的基础语法，并介绍 jQuery、Bootstrap 和 Sass 框架，最后讨论前端模块化、组件化、工程化性质和 MVC、MVVM 两种前端架构。

第 11 章主要介绍 Vue.js 框架的渐进式、声明式代码、组件化、响应式等多种特点，并实现创建 Vue 项目，最后分析项目的脚手架。

第 12 章首先介绍 Vue.js 的路由模块并结合路由创建 Vue.js 组件；其次介绍 UI 组件库 Element Plus，并使用其创建表单；最后介绍 TypeScript 的常用语法并进行实践。

第 13 章主要讲解页面在布局、样式和颜色方面应注意的要点，最后使用卡片组件完成登录和注册页面。

第 14 章从前后端数据交互技术发展的角度介绍 AJAX、ES6 的 Promise 和 async await、Axios 的内容及基础语法，使用 Axios 在前端二次封装登录和注册功能接口，并在前端页面完成接口的调用，实现登录和注册功能。

第 15 章介绍如何构建系统的基本布局，使用 UI 组件封装全局组件面包屑。在完成个人模块功能的同时介绍 Vue.js 全家桶生态中的状态管理器 Pinia，实现父子组件之间的数据联动。最后实现用户模块的页面和功能需求，并使用 hooks 对模块的代码进行优化。

第 16 章主要介绍如何实现产品模块从入库、审核到出库的完整流程，还介绍开源的可视化图表库 ECharts，并从企业权限的角度通过动态路由表等方法实现不同部门之间和部门内部的功能划分。

第 17 章主要介绍服务器的参数、购买服务器的流程、购买域名、域名备案和解析、SSL 证书等内容，还介绍宝塔面板的安装与环境配置。

第 18 章主要介绍在宝塔面板实现项目上线服务器的过程。

阅读建议

本书是一本兼顾前后端开发的技术教程，完全模拟了企业实际开发项目的环境，详细阐述了功能需求的设计过程、业务实现过程，以及在实际开发时可能会遇到的情况。适合高等院校计算机专业的学生、老师、即将入职或已在职的前后端工程师、企业项目经理等人士阅读；即使是没有使用过 Node.js、MySQL、Vue.js 等技术栈的读者，本书也能够作为一本快速上手的开发教程；对前后端数据交互感兴趣的读者可通过本书了解完整的前后端开发流程。

有前端开发基础的读者，可通过阅读第 1～9 章学习和了解后端开发内容，并可通过阅读第 10～16 章巩固和补充前端知识；具有后端开发基础的读者，可直接阅读第 10～16 章了解和学习前端开发过程，并可通过阅读第 1～9 章补充项目开发流程和数据库设计知识；建议完全没有实际开发经验的读者从头开始按照顺序详细阅读每章节的内容。

在学习本书时，书中的所有代码均可通过手写的形式进行测试，书中提供了完整的测试流程，方便读者在手写接口时对照响应结果。由于时间仓促，书中可能会出现一些疏漏，如果读者发现任何错误，请及时反馈给笔者。

资源下载提示

素材(源码)等资源：扫描目录上方的二维码下载。

视频等资源：扫描封底的文泉云盘防盗码，再扫描书中相应章节的二维码，可以在线学习。

致谢

本书的诞生，要感谢很多与之直接或间接相关的人，下面的致谢不分先后。

首先感谢清华大学出版社赵佳霓编辑的信任，使我在自己擅长的领域有机会来完成本书。在写作的过程中，赵佳霓编辑全程热心的指导给予了我极大的鼓励。再次向赵佳霓编辑由衷地表示感谢！

其次感谢在开发路上一直保持技术交流的朋友——周向阳。他为本书在代码层面提供了宝贵的意见，同时还细心地帮助检查语句并修改错误。

感谢我的好友李晏清，在我写书最辛苦的期间一直支持着我。没有你，我可能不会在哔哩哔哩上录制视频课，更不可能写出这样一本书。

最后感谢我的家人，在我写作期间给予的理解和支持，使我能全身心地投入到写作工作中。

王鸿盛

2024 年 4 月

目录

CONTENTS

本书源码

Node.js 篇

Vue.js 篇

上 线 篇

Node.js篇

第1章 CHAPTER 1

数字管理时代

科技的快速发展,特别是互联网的快速发展,让这个时代变成了一个万物皆可数字化的时代,但是,在各行头部企业进行数字化转型的今天,中小企业通过信息系统去处理日常的业务,依然是目前的主流。

在信息时代中,企业已将日常运作过程中的数据从使用文件进行管理的阶段转变为使用数据库进行管理的阶段,即通过数据库去存储企业以往需要通过纸质记录的信息,并使用数据库去管理企业内部的信息,如企业销售使用的CRM系统、生产类企业常用的ERP系统等。以生产类企业为例,一个产品从原材料至成型的过程中,就需要往数据库记录原材料的采购流程、生成产品过程中所使用的原料配比、生成后的产品属性及入库和出库的审核操作等信息。

企业信息化是企业进行数字化转变的基础。企业信息化帮助企业提高了工作效率,减少了不必要的人力成本;对企业的业务流程实现有效管理,利于决策层掌握企业的战略方向;在企业数据的安全问题上,信息化减少了通过文件存储容易造成的丢失问题,保证了企业的信息安全。企业信息化可以提高企业在市场的竞争能力,帮助企业提高盈利能力。

企业进行数字化转型则是企业信息化后掌握市场方向、优化资源配置的必要转变。以CRM系统为例,企业可利用可视化的动态数据综合量化分析系统内部客户与企业的交互行为,达到企业提高客户满意度、挖掘潜在客户等业务目标;以ERP系统为例,则可通过对生产过程中的数据进行可视化分析,提升产品的质量,同时方便企业通过产品销售数据去分析市场的变化和客户的喜好,制定下一步的营销策略。

后台管理系统是综合企业信息化和数字化的产物,在学习如何制作后台管理系统之前,本章将首先从介绍数据管理的历史及发展进程开始,带领读者了解现实世界复杂多样的数据,以及如何在虚拟的网络世界中对数据进行抽象和处理。

1.1 数据管理

从第一台计算机ENIAC于1946年2月在宾夕法尼亚大学诞生后,计算机就被广泛地运用于科研、国防等领域,用于对海量的数据进行高速计算和处理。如何高效地运用和管理数据,成为计算机科学家追逐的目标。本节将简要介绍数据管理从人工管理、文件管理至数据库管理这 3 个阶段的发展历程。

1.1.1 人工管理阶段

20 世纪 50 年代中期以前,计算机虽然已经具备"高速"计算的能力,但却没有像 Linux、Windows 这样的操作系统对计算机资源进行管理,在数据存储方面,依赖于纸带、卡片、磁带等介质,没有直接用于存取的设备,所以计算机管理人员在每次计算前都需要手动设计和构建数据的存储结构,采用单批次的处理方式,对数据进行输入和输出,属于人工操作系统。由于采用的是批处理,这样带来的后果是数据只能在单一业务场景下进行运用,无法在多业务的情况下共享数据,同时,如果数据发生了变化,则必须重新设计数据在介质中的存储结构。

即使存在数据无法共享、冗余程度大、需程序员自行设计执行程序等缺点,但人工管理阶段还是改变了以往通过人力进行高强度计算的方式,具有自动完成计算的优点,使人类的计算能力有了质的飞跃。

1.1.2 文件管理阶段

1956 年,IBM 公司发明了世界上第一台存储系统——305RAMAC,在硬件方面带来的突破,使数据正式告别了通过纸带、卡片等介质进行存储的时代。

在人工管理阶段,程序计算过程中操作系统的内存仅有当前一道作业,属于单批次处理系统,为了重复利用系统中的其他闲置内存资源,计算机科学家通过设计多道作业同时执行的系统,研发出了多道批处理系统。多道批处理系统在同一时间内可以对存储系统内的数据进行管理,如果当前执行的作业暂时没有用到内存资源,则此时其他作业会继续使用空闲的系统内存,大幅度提高了系统资源的利用率。至此,数据管理进入了文件管理阶段。

文件管理系统是对数据按文件名的方式进行独立存储的,并提供了按记录进行存取的技术,系统内存可根据记录对每个数据文件进行读取和写入操作,即"按文件名访问,按记录进行存取"。

文件管理阶段虽然拥有了同时执行多道作业的特性,但并没有解决数据不能共享的问题,即使有多道作业的数据是高度重合的,也必须按每道作业的逻辑结构去创建对应的文件存储数据。虽然可以同时执行多道作业,但多个作业之间并不能执行数据交互,假设作业 A 需要用到作业 B 文件中的数据,也只能在设计文件之初添加上作业 B 中的数据。与人工管理阶段相同,当管理员把要处理的作业输入计算机系统后,直至计算处理完成,管理员也不能去修改已输入的数据,如果作业在运行的过程中发生错误,就需要重新计算一次,如果同时存在多批作业,就需要等全部作业都执行完成才能进行下一次计算,这对需要处理大量数据的作业来讲是极不方便的。

随着使用计算机的群体不断扩大，应用范围越来越广泛，要处理的数据也呈指数级增长，在这种背景下，数据库管理系统应运而生。

1.1.3　数据库管理阶段

1970年，IBM公司在圣何塞实验室的研究员Codd博士提出了关系模型，被程序员誉为"关系数据库之父"。时间来到了4年后，来自同一实验室的Boyce和Chamberlin提出了SQL语言，并在1979年之前在IBM公司的System R数据库系统中进行了实现，从此SQL便成为关系数据库查询语言。

通常来讲，数据库系统包括数据库、数据库管理系统、应用程序、数据库管理员。数据库管理员可以在数据库管理系统中通过SQL语言去定义关系模式、创建数据库、新建数据表、录入数据、按规则查询数据、更新数据及删除数据等操作。在数据库系统中的数据由数据库管理系统统一管理和控制，具体包括数据的安全性保护、数据的完整性检查、数据的并发控制和数据库恢复4种数据控制功能。

数据库管理阶段和文件管理阶段的根本区别在于数据的整体结构化，整体结构化不仅是针对某个应用、业务，而是面向整个组织。关系数据库使用二维逻辑表展现数据，例如某个数据表中某一列被定义为账号，数据类型为int，长度为10，则这一列的数据就是本系统所有用户的账号，即为数据内部结构化。由于每张表都是结构化的，所以在同一数据库的不同表中，数据就可以进行交互联系，解决了文件管理阶段每个数据文件只针对单一作业而不能交互联系的问题，即为整体结构化。

数据库管理阶段可以实现多用户同时操作同一数据库，即实现了数据共享。数据共享解决了文件管理阶段中多个用户在操作具有高度重合的作业时需要分别创建文件进行数据存储的问题，减少了数据冗余，节约了存储空间，也使系统易于扩充数据，同时也实现了数据记录可以变长的操作。

进入21世纪，数据量在信息时代、数字时代持续高速增长。传统生产型企业在处理数据上使用关系数据库管理系统（如MySQL、Oracle）依然占大多数，而对于需要处理大规模数据集的公司则会选择使用Hadoop、Spark等分布式数据库管理系统，此类数据库具备良好的并行处理和横向扩展能力。如果需要存储和处理非结构化和半结构化数据，则会选择基于NoSQL的数据库管理系统，这是一种突破了传统关系型的数据库管理系统，如MongoDB、Redis等，受到了众多云计算服务公司的青睐。

1.2　复杂多样的数据

任何行业都会存在着要管理的数据，不同行业下的数据存在着不同的复杂度，不同场景下的数据则呈现出数据的多样化，本节将从数据的复杂化和多样化出发，阐述在实际开发中如何去处理复杂且多样的数据。

1.2.1 数据的复杂化

数据的复杂化首先体现在数据的来源和关联性上，管理员要以全局的角度去考虑以什么样的结构去诠释数据的内容最为合适。以传统的关系数据库来讲，在设计数据库的过程中需要充分考虑当前项目环境下需要多少张数据表及如何去设计表，以普通高等学校的数据库为例，从人员的角度上分，可以简单地划分为行政管理人员表、教师表及学生表，从学院的角度分，可能分为计算机学院表、人工智能学院表、金融学院表等，由此带来的结果是，一位教授可能既是行政管理层人员，又为人工智能学院的学科带头人，同时还兼任金融学院的数据分析课程教师，这位教授的信息会出现在众多表中，并且在数据结构上，教授与学科是一对一的线性结构状态，教授与学生是一对多的树形结构状态，所以如何设计一张兼顾不同角度下的设计表就显得尤为重要了，可减少数据检索的时间。

不管是线性结构还是树形结构都还属于传统数据结构的范畴，但随着数据生成的多样化，出现了数据结构不规则、没有预定义的数据模型，不适用于通过二维逻辑表去保存数据的内容，例如 Excel 报表、Word 文档、视频、网页内容等数据信息，与具备结构的数据相比，此类数据通常具有复杂、多样、难以标准化的性质，但却蕴含着大量的信息内容，这种数据便是非结构化数据。例如某家企业想基于评价软件上用户对于自家产品的评价去分析下一步商业计划，但用户的评价字数是不一样的，有的评论可能还携带图片，此类数据无法以一种规则化的形式去定义究竟是文本还是图片类型，这便是非结构化数据。非结构化数据具有随处可见、内容丰富的特点，网上海量的非结构化数据是数字时代数据分析公司竞争的焦点。

1.2.2 数据的多样化

在设计数据表上可以观察到数据类型的多样化，在关系数据库 MySQL 中，一条要存储进数据表中的数据可能是整数类型、浮点数类型、字符串类型、日期类型、二进制类型等；在介于关系数据库和非关系数据库的 MongoDB 数据库管理系统中，类型则更加多样化，可以在文档中存储一个对象类型、代码类型，甚至可以嵌入其他的文档。

从数据的来源上看，数据的多样化则体现得更加明显。如果系统是一个企业内部的监测系统，则数据可能来源于楼层摄像头、大门红外感应器和报警器、员工上下班打卡器等多种不同物理设备，这些设备返回的信息可能为结构化、半结构化或非结构化数据，例如人脸识别的图像、监控视频等；如果系统是为企业用于分析行业发展的系统，则数据可能来源于政府公开政策信息、行业协会报道、头部同行业企业公布的季度数据或年报、旗下各省、市公司销售数据、各大论坛的用户评价等，即从不同空间和时间上去获取不同的数据类型、结构和格式的数据，呈现出数据来源的多样化。

数据的多样化其实正是现实世界物质多样化的真实反映，如何正确地理解现实世界的物质多样性，是开发人员对数据进行抽象处理的关键。

1.2.3 如何处理数据

随着数据的不断增多，设计合理的具备安全性和健壮性的数据库就成为数据库工程师的首要任务，而随着数据的不断复杂化、多样化，要从数据库中快速、准确地获取各个功能模块所需的数据就成为后端开发工程师的主要职责。

在设计数据库上，首先应充分考虑表的字段，字段是对复杂事务属性的抽象，例如面对校园业务，可以将学号作为学生表的主键，保证数据的唯一性，为表的查询减少性能开销，并对可能经常查询的字段添加索引；其次应考虑字段的数据类型、长度、约束等，保证数据的完整性；再次，需明确不同表之间的结构关系，减少数据的冗余，提高操作数据的效率；从次，注意数据库的安全性，需根据用户的角色设定不同的权限，对诸如密码的字段使用加密算法进行加密存储，并定期对数据库进行备份；最后，考虑到业务的增长，在设计之初应对数据库的扩展性设计出方案，明确未来的扩展方向。

在操作数据上，查询操作为重点操作，使用唯一性的字段作为查询参数可加快查询的速度；其次，使用通过 where、limit、like 等筛选语法对数据进行查询，精确返回所需数据，减少查询开销。在面对多个数据集时，可通过 GROUP BY 将数据集划分成若干个小区域，再对若干个小区域进行数据处理，并可结合 HAVING 语法进行过滤；在面对多个数据表时，可以使用 JOIN 语法在多个表中进行查询，或使用异步调用的形式获取不同表的数据。当然，在查询的过程中，算法的设计尤为重要，一个好的算法可以使查询事半功倍。在写入操作上，应对前端传过来的数据做出类型限制，面对多组数据时应采用分批次写入，并对数据进行清洗，在防止数据出现重复的同时确保数据质量的可靠性。在更新数据上，应设计对更新的内容进行埋点，如新闻文章被再次编辑后出现的“最新编辑时间”字段，方便出现问题时对数据进行溯源，并确定更新的数据不为唯一值或主键；在进行修改密码等操作时应进行再次加密，确保数据安全性。最后是数据的删除操作，应对重要的数据进行备份，添加相应的操作权限设置，只有具备权限的用户才可从数据库中删除数据。

第2章 CHAPTER 2 数据库系统的出现

数据库系统(DBS)的出现解决了基于文件系统在管理数据上可能出现的缺陷问题,数据库系统主要包括数据库(DB)和数据库管理系统(DBMS)。需要注意的是,在互联网中不少文档将 MySQL 数据库管理系统称为 MySQL 数据库,严格来讲应该称为 MySQL 数据库管理系统,读者应注意这两者的区别,而 DBMS 通常基于某种数据模型,例如 MySQL 基于关系型数据模型,这是由于 MySQL 存储数据的数据库是经 MySQL 数据库管理系统设定存储所使用的数据模型,而基于某种 DBMS 的数据库又被称为 DBMS 数据库(如 MySQL 数据库)。用户使用 SQL 语言通过 MySQL 访问、创建和修改关系数据库,而这种数据模型则是数据库管理系统的核心。

在如今的数字时代,基于非关系的数据库管理系统迎来了大爆发,例如面向对象的数据库主要为与技术相结合的数据库,如分布式数据库、多媒体数据库等,还有部分与特定场景相结合的数据库,如地图数据库等;非关系数据库管理系统是基于 NoSQL 数据库的,如 Redis、MongoDB 等。尽管如此,以关系模型为代表的 Oracle、MySQL 等传统数据库管理系统依旧在市场占有率中一骑绝尘。随着数据库系统的发展,市面上也涌现出许多可视化的数据库管理与开发工具,其中以 Navicat 系列的图形化数据库管理与开发工具最为知名。

本章将结合数据库系统的发展历程,向读者简要介绍不同数据模型的特点,以及通过 MySQL 操作关系数据库的基础语法,并指导读者创建第 1 个数据库和通过图形化数据库管理工具对数据库进行管理。

2.1 数据库系统的发展

11min

4min

数据库经历了以关系模型为分水岭的 3 个发展阶段:第 1 个阶段是基于层次模型和网状模型的数据库;第 2 个阶段是以关系模型为基础的数据库;第 3 个阶段是基于多种数据模型、存储介质的数据库,即后关系模型阶段。无论是哪一个阶段的数据库系统都是趋于时代背景下的业务所驱动发展的。本节将介绍数据库系统发展过程中不同数据模型出现的背景、现状和特性,并对目前流行的数据库管理系统进行简要介绍。

2.1.1 数据模型

数据模型是对现实世界数据特征的抽象，描述了数据结构、数据操作和数据约束这个内容部分，在应用层次上主要分为概念模型、逻辑模型和物理模型三类，通常所讲的层次模型、网状模型、关系模型则属于逻辑模型。数据库管理系统规定数据在存储级别(数据库)上的数据模型的结构和存取，故可根据不同的数据模型把数据库分为网状数据库、层次数据库、关系数据库、非关系数据库。

1. 网状、层次模型

层次模型是数据库系统中最早出现的数据模型，但世界上第1个数据库管理系统却是基于网状模型开发的。1963年，通用电气公司的Charles Bachman等人研发出了世界上第1个数据库管理系统——集成数据存储(Integrated Data Store，IDS)，Bachman也被誉为"数据库之父"，并因在数据库方面的杰出贡献于1973年获得图灵奖。IDS是基于网状模型开发的，较好地解决了数据不能共享的问题，并提供了数据集中存储功能。网状模型的设计思想解决了层次结构无法建模更复杂的数据关系的问题。1971年，在Bachman的积极推动下，数据库语言研究会(又称CODASYL)下属的数据库任务组(又称DBTG)提出了一个系统方案——DBTG系统，因此网状数据模型也称为CODASYL模型或DBTG模型。

层次模型数据库管理系统的典型代表是IBM公司的IMS数据库管理系统，背景也是位于同时期的1969年"阿波罗登月"计划，为满足处理庞大数据量的需求，北美航空公司(NAA)基于层次结构的设计思想开发出了GUAM软件，随后IBM公司加入NAA并将GUAM进一步发展为IMS数据库管理系统。

层次模型使用树形结构来表示各个实体及实体间的联系，如图2-1所示。

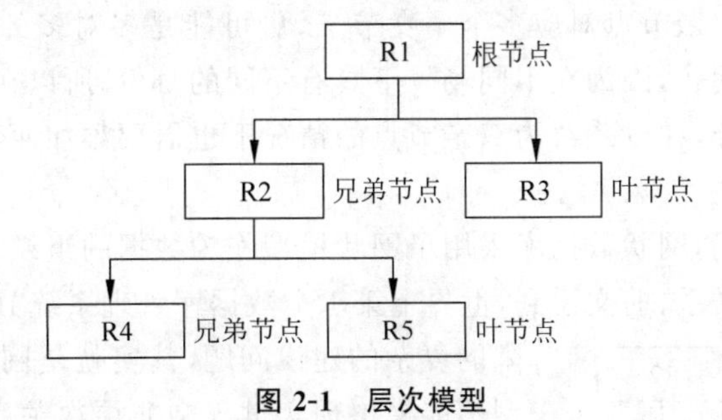

图2-1 层次模型

在数据库管理系统的设计中，满足逻辑模型下面的两个条件的层次联系的集合即为层次模型：

(1) 有且只有一个节点没有双亲节点，这个节点称为根节点。

(2) 根节点以外的其他节点有且只有一个双亲节点。

正如层次模型其名，数据是如同楼层一样一层一层存放的，如果想找到某个记录的数据，则必须通过其层次位置一层一层地找下去。同时，没有一个子女记录值能脱离双亲记录值而独立存在。可根据校园专业及班级、教师、学生进行层次划分，如图2-2所示。

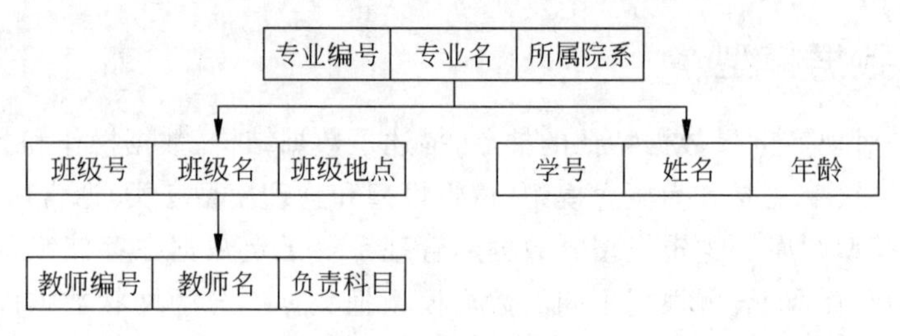

图 2-2 校园层次图

由上述两个条件可得如下约束性条件：

(1) 如果没有相应的双亲节点，则不能往其插入子女节点值，也就是不能凭空出现子女节点。就如同没有这个专业，就不能往这个专业插入班级。

(2) 如果某个子女节点的值被删除，则子女节点也一并消失。

(3) 如果进行了更新操作，则应更新所有相应的记录，进而保证数据的一致性。例如某个班级隶属于计算机学院，当计算机学院与大数据学院结合时，那么子女节点也应相应地进行更新。

通过图 2-2 可得，层次模型的数据结构清晰明了。在层次数据库中记录值之间的联系通过有向边表示，这种联系在数据库管理系统中常常使用指针实现，在两个记录值之间存在一条有方向的存取路径，通过这种路径可以较容易地找到需要找的记录值，数据库管理员基于此种逻辑得出：层次模型数据库的查询性能优于关系数据库，在某些情况下不低于网状数据库。

层次模型的缺点也很明显，首先是由层次模型的完整性带来的缺陷，对数据的插入和删除操作限制比较多，导致管理员往往需要编写复杂的程序；其次是现实世界的很多联系并不像层次结构般一个双亲节点对应多个子女节点，更可能是多对多的关系。例如著名的西红柿是水果还是蔬菜问题，因为在不同场景下具有不同的身份，所以在以水果为双亲节点的情况下需要添加西红柿，在以蔬菜为双亲节点的情况下也需要添加西红柿，这就带来了数据冗余的问题。

与层次数据库不同，网状数据库采用了网状模型作为数据的组织形式，即用有向图表示实体类型及实体间的联系，前文说到，世界上第 1 个数据库管理系统 IDS 解决了层次结构带来的复杂的建模问题，其实就是网状模型克服了层次模型不能模拟现实世界中非层次关系的问题，可以让子女节点有多个双亲节点，即西红柿可以是水果的子女节点，同是也可为蔬菜的子女节点。网状模型图如图 2-3 所示。

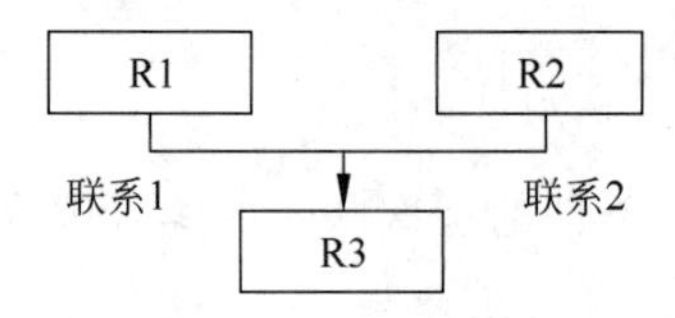

图 2-3 网状模型

如图 2-3 可得到网状模型的以下两个特征。

(1) 一个节点可以有多于一个的双亲。

(2) 允许一个以上的节点无双亲。

如果使用网状模型去模拟校园数据库，就可以展示西红柿既是水果又是蔬菜的逻辑结构，解决了可能由层次模型不能有多个双亲节点而产生数据冗余的问题，如图 2-4(a)和图 2-4(b)所示。

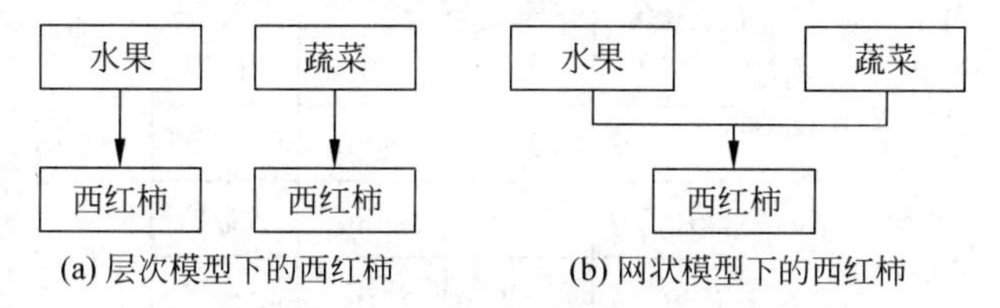

(a) 层次模型下的西红柿　　(b) 网状模型下的西红柿

图 2-4　层次模型与网状模型对比

在网状模型中，每个数据的存储单位称为记录(类似层次模型的节点)。记录包含若干数据项，但都有一个用于内部进行标识的唯一标识符，称作码(Data Base Key，DBK)，这是在记录被存入数据库的时候由数据库管理系统自动生成的。码类似于记录在数据库中的逻辑地址，可用于寻找记录。

网状模型虽然没有层次模型那么严格的完整性约束性条件，但也存在若干广泛认可的约束性条件：

(1) 码是唯一标识记录的数据项集合。

(2) 一个联系中双亲记录和子女记录是一对多联系。

(3) 支持双亲记录和子女记录之间的某些约束条件。

综合网状模型的数据结构和约束性条件可知，网状模型数据库的存取效率高，能够更为直观地描述现实世界，但因网状模型的数据库操作语言复杂，以及不适应越来越复杂的数据结构，所以在关系数据库出现之后，逐渐从数据库市场中被淘汰。

2. 关系模型

1.1.3 节提到，IBM 实验室的研究员 Codd 博士提出了关系模型。Codd 博士在 1970 年发表了题为《大型共享数据库的关系数据模型》的论文，奠定了关系模型及设计关系数据库的理论基础，Codd 博士也因在关系模型上的研究，获得了 1981 年的图灵奖。在该篇论文中，Codd 博士提出了关系模型的概念，论述了范式理论和衡量关系标准的 12 条准则，从而开创了数据库的关系方法和数据规范化理论的研究。

关系数据库的出现，为数据库管理员在使用网状数据库和层次数据库进行存取数据时需要明确数据的存储结构及指出存储路径提供了解决方案，管理员不需要指出数据的存储路径，而是由数据库管理系统的内部机制提供路径选择，减少了操作的复杂度，同时由于关系(二维表)的缘故，实现了数据的独立性。

了解关系模型的数据结构，通常是由一张二维表开始的，以校园学生的基础信息为例，可得到如图 2-5 所示的二维表。

整个数据结构通常包含关系、元组、属性、主码、域、分量及关系模式。首先是整张二维表，就是关系模型中所讲的“关系”，一个关系对应一张表；表中的一行，或者说一位同学的基础信息，称为元组或记录；表中的一列即为一个属性，例如学号这一列，代表学号这个属性，学号即为属性名，通常在设计表时也被称为字段名；学号是用来确定学生唯一身份的属

学生表　主码　属性

	学号	姓名	年龄	专业
元组	1000	张三	18	网络工程
	1001	李四	18	软件工程
	1002	王五	18	大数据
	…	…	…	…

图 2-5　学生表介绍

性名,在表中这种属性被称为主码,在表中可以唯一确定一个元组;学生的年龄都处于某个适龄段,那么这个适龄段就被称为域,是一组具有相同数据类型的值的集合,属性从域中进行选值;行与列的相交处,可以确定某名学生的某一项具体信息,这个具体信息称为分量,分量为元组中的某个属性值;最后是关系模式,是对关系或者整张二维表的描述。

和网状模型、层次模型相比,关系模型的优点在于数据结构清晰、简单,是一张二维的表格,实体跟实体之间的关系都用关系来表达;关系模型的范式理论建立在坚实的理论基础和严格的数学概念上,为数据库的规范化提供了解决方案;易于用户上手的操作语言也成为关系数据库淘汰网状数据库的原因之一。关系模型的缺点在于查询效率不如树形结构的层次模型,同时为了提高性能,设计数据库的开发人员需对用户的查询请求进行优化。总体来讲,关系模型的出现大大降低了操作数据库的难度,获得了社会的广泛接受。

前文提到,Codd 博士提出了关系模型的范式理论,那么什么是范式呢?通俗来讲,范式就是关系数据库中的关系必须满足的一种规范,满足不同程度规范(要求)的为不同范式。满足最低要求的叫作第一范式(1FN),以此类推。目前关系数据库有 6 种范式,分别是第一范式到第五范式(5NF)和 Boyce-Codd 范式。本节简要介绍第一到第三范式。

(1) 第一范式:每列属性必须是不可分的数据项,满足这个条件的关系模式就属于第一范式。例如学生信息二维表中,学生的学号、姓名、年龄都是不可再细分的。不满足第一范式的数据库就不是关系数据库。

(2) 第二范式:要求数据库表中的每个元组都可以被唯一地进行区分,那么为了实现区分,就需要唯一的一个属性列,即主码(或者主键、主关键字、主属性)。假设学生表没有学号做主码,那么如果出现同姓同名同班的学生,就不容易在数据表中进行区分。简单来讲,第二范式就是非主属性完全依赖于主属性。

(3) 第三范式:属性不依赖于其他的非主属性列。例如在学生信息表中,学生的姓名属性跟年龄属性没有任何关系。

一个高级的范式是基于低级的范式建立起来的,高等级范式必须先满足低等级范式。第二范式是在第一范式的基础上建立起来的,同理,第三范式是在第二范式的基础上建立起来的,整个逐级分解的过程就叫作数据库的规范化。

为什么需要范式,通过以下不规范的例子,读者就能简单地理解范式的重要性。

在不规范的数据库中，常常会出现以下几个问题。

(1) 数据冗余：例如学生信息表的某一列字段名为课程名称，那么当前表中的同班级学生都存在相同的数据，因为都上同样的课，所以造成了数据冗余，即对第一范式不成立。

(2) 查询异常：基于违反第二范式的例子，查询出现多个相同的学生信息。

(3) 插入异常：例如存在一张班级表，学生信息依赖于班主任(班主任唯一)，在学校录入了新生，但是没有分配班主任的情况下，就变得不能插入学生信息了。

(4) 删除异常：以第(3)条为例，如果班主任离职，则学生信息便会连带被清空。

综上，一个好的模式应当不会发生查询异常、插入异常和删除异常，同时数据的冗余也应尽可能地少。拥有一个规范化的数据库，能够在运行操作及维护时规避不必要的异常情况和减少维护的成本开销。

关系模型的基本关系操作包括查询(Query)和插入(Insert)、删除(Delete)、修改(Update)。查询可以分为选择(Select)、投影(Project)、连接(Join)、除(Divide)、并(Union)、差(Expect)、交(Intersection)、笛卡儿积等，其中选择、投影、并、差、笛卡儿积是5种基本操作。关系操作的特点是集合操作方式，即操作的对象和结果都是集合。目前最流行的关系数据库语言为SQL，在2.2.2节通过MySQL使用SQL语言对数据库如何进行增、删、查、改进行了介绍。

在关系模型中，完整性约束包括属性的域完整性、实体完整性、参照完整性和用户自定义的完整性。例如属性为性别，那么域就为男或女，即为域完整性；在学生的信息表中，学号不能为空，即为实体的完整性；需要注意的是参照完整性，假设存在两张表A和B，A是学生信息表，B是校运会参赛表，B中以某一比赛栏目为主属性，报名列(存储报名学生的学号)为非主属性，那么在B表中某一比赛栏目的报名列的学号要么为空，即在A表中不存在这个学生，要么不为空，即在A表要存在这个学生的信息；用户自定义完整性以学生比赛的成绩为例，裁判可对域的值做一个自定义的界限值，例如局限在大于或等于0到100的范围。

在面对处理某一项具体事务时，还需了解关系数据库强调的ACID规则，即原子性(Atomicity)、一致性(Consistency)、隔离性(Isolation)和持久性(Durability)。原子性是表示一个事务中的所有操作，要么全部完成，要么全部不完成，不会结束在中间的某个环节，由于关系数据库可以控制事务原子性细粒度，一旦操作有误或者有需要，则可以对事务进行回滚操作(回到原先状态)；一致性是在某一项事务的开始之前和结束以后，数据库的完整性没有被破坏；隔离性是关系数据库允许多个并发事务同时对其数据进行读写和修改的能力，可以防止多个事务并发执行时导致数据的结果不一致；持久性是指某一项事务结束后，对数据的修改是永久性的。ACID规则是关系数据库在处理事务时保证事务正确可靠的4个特性，也是读者在学习关系数据库时需要掌握的重点理论知识。

值得一提的是，在1974年美国计算机协会(ACM)牵头组织了一场思想交锋的研讨会，正方是“关系数据库之父”Codd及其支持者，反方是“数据库之父”Bachman及其支持者，Bachman是当时数据库界唯一的图灵奖获得者，这是一场经典的以弱对强的辩论。这次辩论改善了在当时刚诞生不久的关系数据库的生存环境(市场上以网状数据库和层次数据库为主),推动了关系数据库的发展。宝剑锋从磨砺出,梅花香自苦寒来,Oracle 的创始人 Larry Ellison 正是在 20 世纪 70 年代中期坚定地看好关系数据库的前景,于 1977 年创建了 SDL 公司(甲骨文公司的前身,甲骨文也称 Oracle,与其产品同名)并于次年开发出了第 1 个商用关系数据库管理系统,并在后来发展成为大名鼎鼎的 Oracle。

2.1.2 后关系型阶段

进入 21 世纪后,随着网络技术、软件工程技术、分布式、大数据、人工智能等领域的不断发展,对数据库在数据结构上和处理复杂数据的能力上都提出了新的要求。谷歌公司于 2003 年起发布了 3 篇技术论文:*The Google File System*、*MapReduce: Simplified Data Processing on Large Clusters* 和 *Bigtable: A Distributed Storage System for Structured Data*,这 3 篇技术论文为分布式数据库提供了理论基础,数据库正式迎来了后关系型阶段。

在后关系型阶段中,传统的数据库架构在海量数据浪潮的冲击下向分布式、云原生等架构上进行演进,涌现出一批如 Spanner、VoltDB 等优秀的分布式 DBMS。以 OceanBase 这款国产原生分布式数据库(使用 Bytebase 对数据库管理)为例,在面对“双十一”万亿级数据量的情况下展现了高可用、高性能和负载均衡的特点。

时间来到互联网 Web 2.0 时代,传统的关系型 DBMS 在面对具有高并发的读写需求、海量数据的高效存储及高可扩展性和高可用性需求的 Web 2.0 纯动态网站显得力不从心,面对如此复杂的业务场景,非关系 DBMS 由于结构简单、访问速度快、容量大、易于扩展等优点得到了开发人员的青睐,NoSQL 数据库管理系统随之诞生了。NoSQL 与传统的关系数据库管理系统不同,表达了一个概念——Not Only SQL,泛指非关系的数据库管理系统。如同其名,在数据模型上数据没有直接的关系,提高了数据的易扩展性,在架构层面也带来了可扩展性。在面对海量数据的情况下,拥有远超关系数据库的读写能力。NoSQL 数据库管理系统在数据模型上可分为键值(Key-Value)存储数据库、列存储数据库、文档型数据库、图形数据库。本节后面介绍的 Redis 即属于 Key-Value 数据库的 DBMS,MongoDB 则属于文档型数据库的 DBMS。

在后关系型阶段中,企业在面临海量数据和多种业务场景的情况下,不管是使用与技术相结合的分布式数据库及其解决方案或非关系的 NoSQL 的 DBMS,选择一款适合自身体系和适配未来发展的数据库系统就变得尤为重要。

2.1.3 主流数据库管理系统

SDL 公司开创了商用数据库管理系统的先河,在 20 世纪 80 年代,关系数据库正式进入了商业化时代。当 SDL 公司的 Oracle 大获成功的时候,传统强队 IBM 才组织起团队研发关系数据库并在 1983 年发布了 DATABASE 2 for MVS,标志着 DB2 的诞生。1986 年 5 月,Sybase 发布首款数据库产品。20 世纪 90 年代,Access、PostgreSQL 和 MySQL 相继发布。数据库系统的不断推陈出新，标志着数据库技术的不断完善，数据库市场格局也逐步趋于稳定。

本节所指的数据库为基于该数据库管理系统产品确定存储结构的数据库。

1. Oracle

Oracle Database(又称 Oracle RDBMS)是数据库领域最负盛名的关系数据库管理系统，是世界上使用最为广泛、最受欢迎的数据库管理系统，在数据库领域处于其他产品无法追赶的地位。

在 Oracle 公司发布的历代版本中，均带有开创性的成果。1984 年，Oracle 公司发布了 Oracle 4，这是第 1 个具有多版本并发控制功能的 Oracle 数据库产品；1985 年发布的 Oracle 5 是第 1 个具有分布式数据库能力的数据库产品；1988 年，针对 UNIX 开发的 Oracle 6，取得了 UNIX 市场的巨大成功；时间到了 90 年代，Oracle 8 实现了行级锁定，是当时最具创新性的数据库产品，直至目前的 Oracle 23c，添加了 AI 向量的语义搜索功能。在 Oracle 的不同产品中，如果后缀带 g，则表示拥有云特性，如果后缀带 c，则表示具备分布式功能，如果后缀带 i，则表示具备网络功能。在大数据时代下，Oracle 不断与时俱进地创新自身技术，这是使其能够稳居数据库产品市场第一宝座的主要原因。

Oracle 具备的高性能和安全性是深受企业喜欢的原因，据统计，在世界五百强企业中百分之九十使用的是 Oracle。首先是高性能，Oracle 能够处理大规模的数据集和高并发的访问请求；Oracle 强大的恢复机制为数据库发生破坏时提供了重要的容错机制；拥有用户身份验证、权限管理、数据加密、审计功能为 Oracle 数据库的安全提供了保障；自第 5 代版本推出的分布式处理功能可使企业的数据进行多机备份，提供异地容灾机制等。在数据库方面上的特点，使 Oracle 成为其他 DBMS 完善自己产品的标杆。

2. MySQL

2.2 节对 MySQL 进行了简述。

3. Redis

Redis 是一个开源的使用 C 语言编写、基于内存且可持久化的日志型、Key-Value 存储形式的 NoSQL 数据库管理系统。

Redis 是基于内存运行的数据库，为了保证读取效率通常将数据缓存在内存中，Redis 会周期性地把更新的数据写入磁盘或者把修改操作写入追加的记录文件，基于此种特性，Redis 实现了主从同步，即数据可以从主服务器向其他任意数量的从服务器上同步，从服务器又可作为其他从服务器的主服务器，这使 Redis 实现单层树复制，保证了主、从服务器的数据一致性。Redis 的服务器程序是单进程的，在一台服务器上可以同时存在多个 Redis 进程，有助于提高并发处理能力，但也有可能对 CPU 性能造成压力，在实际开发中往往依据请求的并发情况对运行的进程数量进行调整。

Redis 作为 NoSQL 数据库，数据模型是由一个键、值映射的字典构成的。Redis 的值在数据结构上支持 5 种数据类型：Strings(字符串类型)、List(列表类型)、Sets(集合类型)、

Hashes(哈希类型)和 Sorted Sets(有序集合)。由于 Redis 支持集合类型的计算操作,所以使 Redis 优于同类型的大部分数据库。

谈到 Redis 的优点,那不得不提的就是读写速度快,这是 Redis 基于内存的缘由。Redis 在面临大量的读写操作时,可以将部分读操作分流给从服务器,进而实现主服务器降低负载,也就是读写分离,但需要注意的是,写操作只在主服务器上进行。Redis 还支持数据持久化,一种是 AOF 持久化,通过日志的形式来记录每个写操作,并追加到 AOF 文件的末尾,在 Redis 重启的时候,可以通过 AOF 日志中的写入指令重新构建整个数据集;还有一种是 RDB 持久化,也就是把内存数据以快照(快照相当于一个数据集合的副本)的形式存储到磁盘上,与 AOF 方式相比,RDB 记录的是某一时刻的数据,而不是数据操作。Redis 的数据持久化解决了自身不支持原子性(不具备事务回滚功能)的问题,预防了在读写失败时引起的数据丢失问题。

Redis 作为一个优秀的 NoSQL 数据库,在缓存、会话存储、分布式锁等业务场景上表现出色,受到不少国内大型企业的欢迎,例如新浪微博的数据库使用的便是 Redis。

4. MongoDB

MongoDB 是一个介于关系数据库和非关系数据库之间的产品,是非关系数据库中功能最丰富、最像关系数据库的数据库。MongoDB 旨在为 Web 应用提供可扩展的高性能存储解决方案。

MongoDB 具备面向集合、模式自由、支持动态查询、使用二进制数据存储、支持多种语言等特点。面向集合指的是在 MongoDB 中数据都被分组存储在不同的数据集中,存储的数据集称为集合,相当于关系数据库的二维表,在集合中理论上可以存储无限多的文档,文档为 MongoDB 数据库的基本单位,类似于关系数据库中的一行数据(元组),文档是由 Key-Value 的形式对来表示的,如{"name":"Tom"},文档的键为字符串类型,但文档中的值可以是各种数据类型的值,例如字符串、整型或者其他的文档(嵌套其他文档);模式自由指的是采用无模式结构存储,或者说非结构化存储,在文档中的数据没有固定的长度和固定的格式,这是区别关系数据库二维表的重要特征。一个出色的数据库管理系统应具备丰富的查询操作,而 MongoDB 支持 SQL 语言中的大部分查询,同时支持在任意属性上建立索引,对 SQL 语言用户友好;MongoDB 存储数据高效的一个特点是使用二进制格式进行数据存储,使用的格式为 BSON(Binary JSON,二进制 JSON),这种格式具备轻量性、可遍历性、高效性的特点,可以高效描述非结构化数据和结构化数据,在 MongoDB 使用的 BSON 中除了基本的数据类型,如 String、Boolean,还有 date、code 这种特殊的数据类型,满足了丰富的适用场景;跟 Oracle、MySQL、Redis 等数据库一样,MongoDB 支持目前流行的多种程序设计语言。

MongoDB 适用于数据量大、读写操作频繁、数据模型无法确定、低价值数据、事务性低的应用场景,例如存储社交功能,如朋友圈、微博、QQ 空间内的文本、图片、视频信息;游戏场景中的装备参数、货币数量、地图位置信息等;事务性低是相对于事务性高的系统来讲的,传统的关系数据库更适合需要高度事务性的业务场景。

2.2 MySQL 简述

MySQL 是最知名的关系数据库管理系统之一，由瑞典的 MySQL AB 公司开发，目前属于 Oracle(甲骨文)公司旗下产品。MySQL 是开源数据库中的一匹黑马，目前采用了双授权的政策，分为社区版(免费，但没有官方技术支持)和企业版(收费)两个版本，社区版具有强大的数据管理功能及具备高稳定性、安全性等特性，并有官方提供技术支持服务。MySQL 数据库管理系统以其出色的性能及高性价比受到企业的欢迎。

MySQL 具备开源、体积小、速度快、使用成本低等特点，是中小型企业开发网站选择数据库管理系统的不二之选。

2.2.1 为什么选择 MySQL

在回答为什么选择 MySQL 的前提是为什么选择关系数据库，这是因为目前大部分中小企业使用的数据库依然为关系数据库，选择关系数据库有助于为想了解数据库、想从事前后端开发方面的读者提供主流的数据库技术知识，即使现在数据库产品出现百家争鸣的局面，但关系数据库在国内外的使用率仍然居高位不下，不管是每年的季度或是年度数据库报告，Oracle 与旗下产品 MySQL 属于遥遥领先的高占比例情况。

本书的项目为什么选择使用 MySQL 作为数据库(管理系统)呢？MySQL 开源是一个重要的原因，开源意味着任何开发者都可以免费使用该数据库，同时 MySQL 具备跨平台性，可以在 Windows、Linux、UNIX 和 macOS 等操作系统上运行，读者不管是在哪个系统进行学习和使用 MySQL 都是十分方便的。本书的项目在开发阶段是在 Windows 系统上完成的，上线则是在 Linux 系统上完成的，所以 MySQL 是一个非常好的选择。

选择 MySQL 作为 DBMS 也是因为其使用 SQL 语言作为访问数据库的操作语言。SQL 语言是关系数据库的标准化语言，语法简单明了，即都由描述性很强的英语单词组成，并且使用的核心英语单词只有 9 个，学会 SQL 语言就可以操作其他的关系数据库了；在 SQL 语言中只需告诉数据库“做什么”，不用告诉数据库“怎么做”，用户无须了解数据的存取路径，存取路径由 DBMS 优化完成，是一种高度非过程化的语言，相对于前关系阶段的数据库操作语言具有极大的便利性；SQL 可以在操作系统的终端上执行创表、查询、更新等操作指令，也可以嵌入高级语言(本书使用 JavaScript)中执行指令，为使用者提供了极大的灵活性与方便性。

本书使用 MySQL 作为数据库、使用 Linux 作为操作系统、使用 Nginx 作为 Web 服务器、使用 Express.js 写服务器端，实现免费在本地搭建起一个网站系统。如果服务器端用 PHP 写，就是业界所称的 LNMP 组合。

2.2.2 SQL 基本语法

1. SQL 组成部分

SQL 包括所有对数据库的操作，主要由 4 部分组成。

(1) 数据定义语言(Data Definition Language,DDL):核心指令包括 create、alter、drop,用于定义数据库对象。

(2) 数据操纵语言(Data Manipulation Language,DML):核心指令包括 insert、update、delete、select,即增、删、查、改(CURD)。DML 用于数据库操作,语法以读写数据库为主。

(3) 事务控制语言(Transaction Control Language,TCL):核心指令包括 commit、rollback,用于管理数据库中的事务。

(4) 数据控制语言(Data Control Language,DCL):核心指令包括 grant、revoke,是一种可对数据访问权限进行控制的指令,对数据库的用户进行权限控制。

2. SQL 语法要点

(1) SQL 语句不区分大小写,以 select 指令为例,select 与 Select、SELECT 是相等的。

(2) SQL 语句可以写成一行(单行),也可写成多行,通常用多行以增加可读性,命令如下:

```
#表示将学生表 students 中名字为张三的学生的姓名修改为李四
update students
set name = '李四'
where name = '张三';
```

(3) SQL 语句中的空格会被自动忽略。

(4) 多条 SQL 语句以分号(;)进行分隔。

(5) SQL 支持 3 种注释方式,代码如下:

```
#注释方式 1
/* 注释方式 2 */
-- 注释方式 3
```

3. 条件语句

1) where

关键字 where 常用于 select、update 和 delete 语句中返回符合某些条件的数据值的子句,其作用是缩小返回值的范围,where 子句可结合表 2-1 中的运算符进行使用。

表 2-1 运算符

运算符	描述	运算符	描述
=	等于	<=	小于或等于
!=	不等于	in	在指定的值中进行选取,可搭配 not 等多种运算符使用
>	大于	between	在指定的范围内进行选取,与 and 运算符一起搭配使用
<	小于	like	用于匹配某种模式,支持%等多种通配符选项
>=	大于或等于		

2) in 和 between

在 where 子句中可使用 in 和 between 关键字,前者用于在指定的多个值中返回数据,后者则是在指定的范围内返回数据。

（1）in 的代码如下：

```
#where 列名称 in (value1,value2,…)
#在 students 表中查询 id 为 1001、1002 的学生信息
select *
from students
where id in (1001,1002);
#在 students 表中查询 id 除 1001、1002 的学生信息
select *
from students
where id not in (1001,1002);
```

（2）between 的代码如下：

```
#where 列名称 between value1 and value2
#where 列名称 not between value1 and value2
#通常 value1 < value2
#在 students 表中查询 id 在 1001 到 1003 之间的学生信息
select *
from students
where id between 1001 and 1003;
#在 students 表中查询除 1001 到 1003 之外的学生信息
select *
from students
where id not between 1001 and 1003;
```

3）like

关键字 like 只在字段为文本类型时才使用，其作用是确定字符串是否符合某种匹配模式。

（1）%通配符，限制字符串中任何字符出现任意次数，代码如下：

```
#like '张%'将检索以张开头的所有字符串
select * from students where name like '张%'
#like '%三'将检索以三结尾的所有字符串
select * from students where name like '%三'
#like '%张三%'将检索任何位置包含张三的所有字符串
select * from students where name like '%张三%'
```

（2）_通配符，限制字符串中某个字符只出现一次，代码如下：

```
#可能会返回名字为 Mike 的外国学生信息
select * from students where name like '_ike'
```

4）and、or、not

这 3 个关键字都是用于限制条件的逻辑指令，and 表示与条件，or 表示或条件，not 表示非条件，示例代码如下：

```
# 在 students 表中查询学号为 1001、成绩 score 大于或等于 90 的学生姓名
select name
from students
where id = 1001 and score > 90;
# 在 students 表中查询学号为 1001 或 1002 的学生信息
select name
from students
where id = 1001 or id = 1002;
# 在 students 表中查询除学号为 1001 到 1002 的所有学生信息
select name
from students
where id not in 1001 and 1002;
```

4. DML 基本语法

DML 是最常用的语言，这是因为数据库从建好之后就会不断地对数据进行读写操作。下面以对某张学生表(students)的名字(name)属性进行添加姓名、修改姓名、删除姓名及查询学生信息为例对 DML 语言常用操作进行示范。

(1) 插入数据，代码如下：

```
# 表示对学生表的 name 属性插入名字为张三的属性值
# 格式为 insert into 表名称(列 1,列 2, … ) values (value1,value2, … )
insert into students(name)values('张三');
```

(2) 更新数据，代码如下：

```
# 表示将学生表 students 中名字为张三的学生的姓名修改为李四
update students
set name = '李四'
where name = '张三';
```

(3) 删除数据，代码如下：

```
# 表示对学生表 students 中名字为张三的学生进行了删除
# 格式为 delete from 表名称 where 列名称 = 值
delete from students where name = '张三';
```

(4) 查询数据，代码如下：

```
# 表示在学生表中查询名字为张三的所有信息
# 格式为 select * from 表名称,星号 * 表示查询所有列信息
select * from students where name = '张三'
# 查询 name 属性列数据,格式为 select 列名称 from 表名称
select name from students;
# 查询多列数据,格式为 select 列 1 名称,列 2 名称, … from 表名称
select name,age from students;
# 查询返回 name 属性,非重复值使用 distinct
select distinct name from students;
# 限制查询返回的值为前 n 行
select name from students limit n;
```

这里还需了解不同语句的幂等性。幂等性是一个数学概念，可简单地理解为重复操作与一次操作的影响相同，在数据库中主要以是否影响数据库进行判定。不同语句的幂等性可见表2-2。

表2-2　SQL语句幂等性

语　句	幂 等 性	描　述
select	幂等	对表搜索一万次和搜索一次效果相同，不会产生任何影响
insert	幂等/非幂等	假设存在一条 insert into users age(id,age) values(1,18)语句，如果 id 是主键，则重复对 id 为 1 的记录执行该条语句不会新增数据，即不会产生影响；如果 id 值不是主键，则下一次执行将会新增一条记录，即非幂等
update	幂等/非幂等	假设存在一条 update users set age=18 where id=1 语句，如果 id 是主键，则不管重复执行多少次都不会对记录造成变化；如果 age 值存在变化现象，如 set age=18+1，则每次操作数值都会变化，此时为非幂等
delete	幂等	对某条记录删除一万次和删除一次效果相同

5. 嵌套子查询

当有多个查询条件时，可以在 SQL 查询中嵌套子查询，语法为在 where 子句中使用圆括号()包裹新的查询语句。嵌套子查询的语句称为外部查询，被嵌套的子查询称为内部查询，在检索的过程中总是从被嵌套的子查询开始检索，返回条件后执行外部查询。子查询通常嵌套在 select、insert、update 或 delete 语句中，也可以嵌套在其他的子查询中。

假设有两张表，一张为只有学号(id)和姓名(name)的学生表(students)，另一张为只有学号(id)和总成绩(score)的成绩表(scores)，用户想要查询学号为 1001、姓名为张三(假设学生信息唯一)的总成绩，就可通过嵌套子查询执行查询命令，代码如下：

```
#内部查询通过学生姓名返回了学生学号,外部查询通过学生学号返回了学生总成绩
select score
from scores
where id in (select id
            from students
            where name = '张三');
```

6. 连接

在 SQL 中，连接(join)命令用于关联多个表，按照不同的连接方式返回满足条件的数据集合。常见的连接方式有内连接(inner join)、左连接(left join)、右连接(right join)和全外连接(full outer join)。相同条件下，连接的效率会比子查询更高。

需要注意的是，在连接的语句中条件语句使用 on 而不是 where，并且 MySQL 不支持全外连接。

下面假设存在两张学生表 students1 和 students2，演示 4 种连接及其相关的 7 种用法。

(1) inner join，代码如下：

```
#返回 students1 表 id 等于 students2 表 id 的值组合的数据集合
select *
```

```
from students1
inner join students2
on students1.id = students2.id;
```

(2) left join 的两种用法,代码如下:

```
#返回 students1 表中的所有行和符合关联条件的 students2 的匹配行组合的数据集合
select *
from students1
left join students2
on students1.id = students2.id;
#在上述 SQL 语句的结果上继续筛选 students2.id 为 null 的匹配行集合
select *
from students1
left join students2
on students1.id = students2.id
where students2.id is null;
```

(3) right join 的两种用法,代码如下:

```
#返回 students2 表中的所有行和符合关联条件的 students1 的匹配行组合的数据集合
select *
from students1
right join students2
on students1.id = students2.id;
#在上述 SQL 语句的结果上继续筛选 students2.id 为 null 的匹配行集合
select *
from students1
right join students2
on students1.id = students2.id
where students2.id is null;
```

(4) full outer join 的两种用法,代码如下:

```
#返回 students1 表和 students2 表中的所有行的数据集合,无论是否满足条件
select *
from students1
full outer join students2
on students1.id = students2.id;
#返回除满足条件的 students1 表和 students2 表中的所有行的数据集合
select *
from students1
full outer join students2
on students1.id = students2.id;
where students1.id is null
or students.id is null;
```

7. 组合

组合(union)运算符用于组合两个或多个查询语句并将返回的结果组合成数据集合,并且会排除重复值。如果需要包含重复值,则语法为 union all。

如果在使用 union 查询的过程中存在多列，则列数和列的顺序必须相同并且列的数据类型必须相同或能够兼容。

组合代码如下：

```
#查询 students1 表和 students2 表中的 name 属性列
select name
from students1
union
select name
from students2;
```

8. 排序

在 select 中可以使用 order by 对结果集进行排序，默认为升序(asc)，可使用 desc 调整成降序，代码如下：

```
#返回结果 id 为降序,name 为升序
select *
from students
order by id desc,name asc;
```

9. 函数

在 MySQL 中，可以通过系统给定的函数对数字、字符串、日期和时间、条件判断、属性汇总进行处理，这里仅对字符串、日期和时间、聚合进行简单介绍。

(1) 字符串处理函数见表 2-3。

表 2-3　字符串处理函数

函　　数	说　　明
length(s)	返回字符串 s 的长度
contact(s1,s2,…)	对字符串 s1、s2 等多个字符串进行合并
insert(s1,x,len,s2)	将字符串 s2 替换 s1 的 x 位置开始、长度为 len 的字符串
left(s,n)	返回字符串 s 的前 n 个字符
right(s,n)	返回字符串 s 的后 n 个字符

(2) 日期和时间处理函数见表 2-4。

表 2-4　日期和时间处理函数

函　　数	说　　明	函　　数	说　　明
curdate()	返回当前日期	minute()	返回一个日期的分钟部分
curtime()	返回当前时间	month()	返回一个日期的月份部分
date()	返回当前时间的日期部分	adddate()	增加一个日期
day()	返回一个日期的天数部分	addtime()	增加一个时间
hour()	返回一个日期的小时部分		

(3) 聚合处理函数见表 2-5。

表 2-5 聚合处理函数

函　数	说　明
avg()	返回某列的平均值,但会忽略值为 NULL 的行
count()	返回某列的行数
max()	返回某列的最大值
min()	返回某列的最小值
sum()	返回某列之和

10. 分组

在 SQL 中可使用 group by 关键字对一个或多个列的查询结果进行分组。在查询语句中通常需要结合使用聚合函数,代码如下:

```
#在学校 school 表中对班级 classname 和学生人数 students 进行分组
#as 关键字可对表设置别名
select classname,count(students)as number
from school
group by classname;
```

2.3 创建第 1 个数据库

本节将介绍两种不同的创建数据库的方式,一种为下载 MySQL 社区版并使用 DDL 对数据库进行创建;另一种为使用国产小皮面板集成环境对数据库进行创建。

8min

2.3.1 使用 MySQL 社区版创建数据库

1. 安装社区版数据库

MySQL 社区版是 MySQL 官方提供的开源免费版,具备 MySQL 数据库管理系统的基本功能,与收费版的主要区别为不提供技术支持。

MySQL 社区版官方下载网址为 https://dev.mysql.com/downloads/mysql/。

(1) 选择下载的版本和操作系统。在本书的项目中所使用的 MySQL 版本为 5.7,对于操作系统读者可选择对应的系统及版本,如图 2-6 所示。

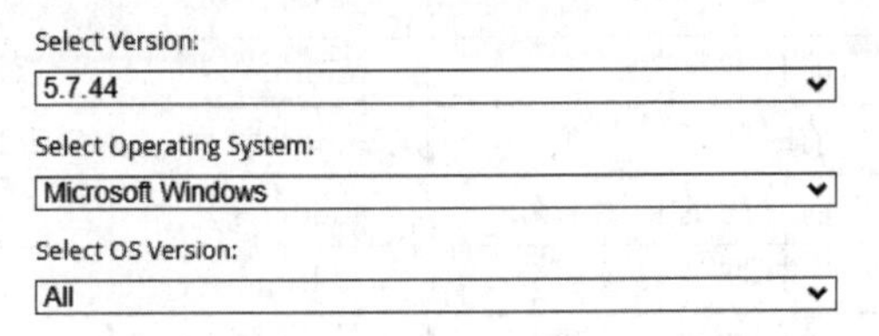

图 2-6 选择对应的版本与系统

（2）单击 Download 按钮下载对应的压缩包，如图 2-7 所示。

Other Downloads:

图 2-7 下载对应的压缩包

（3）单击 Download 按钮后会出现登录或注册免费账号提示，选择底部的 No thanks, just start my download 即可，如图 2-8 所示。

MySQL Community Downloads

Login Now or Sign Up for a free account.

An Oracle Web Account provides you with the following advantages:

- Fast access to MySQL software downloads
- Download technical White Papers and Presentations
- Post messages in the MySQL Discussion Forums
- Report and track bugs in the MySQL bug system

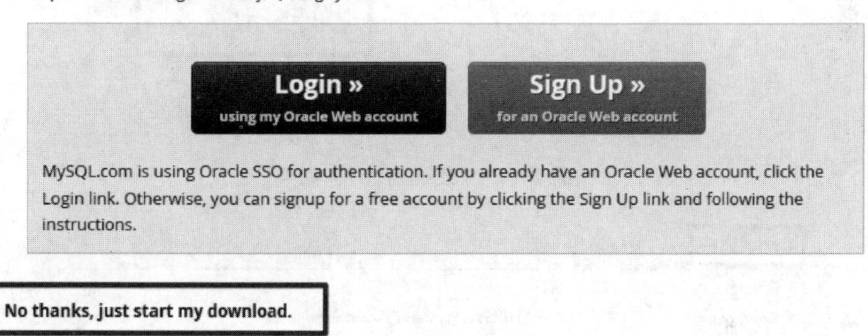

图 2-8 开始下载

（4）对下载后的压缩包进行解压，可得如下文件夹，如图 2-9 所示。

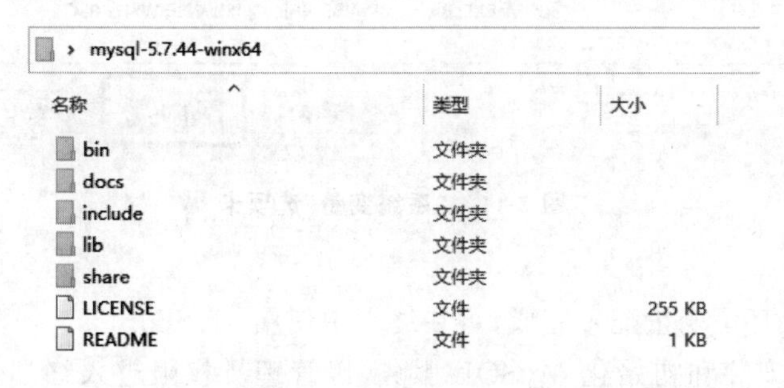

图 2-9 解压后的文件夹

（5）进入系统属性并单击“环境变量”按钮，如图 2-10 所示。

（6）在“环境变量”中选择“系统变量”→Path，单击“编辑”按钮，如图 2-11 所示。

（7）在编辑“环境变量”中新增解压文件夹目录中的 bin 文件夹地址，并单击“确定”按

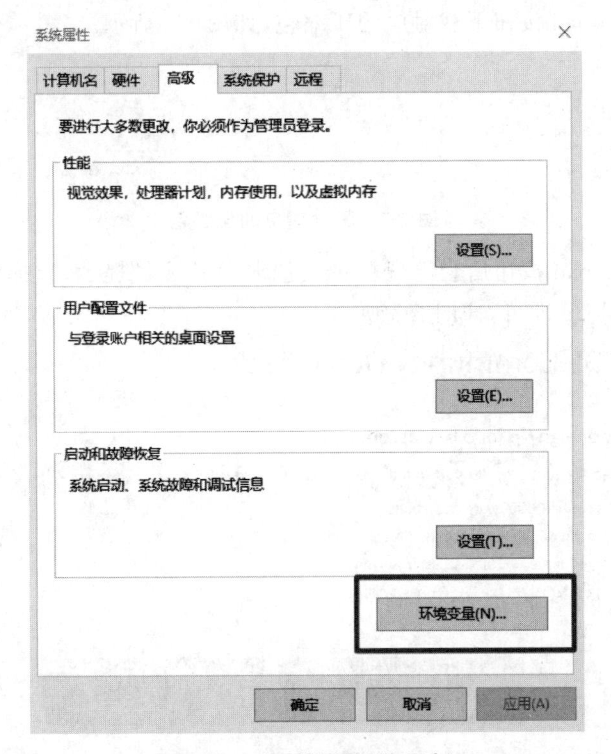

图 2-10 “系统属性”选项卡

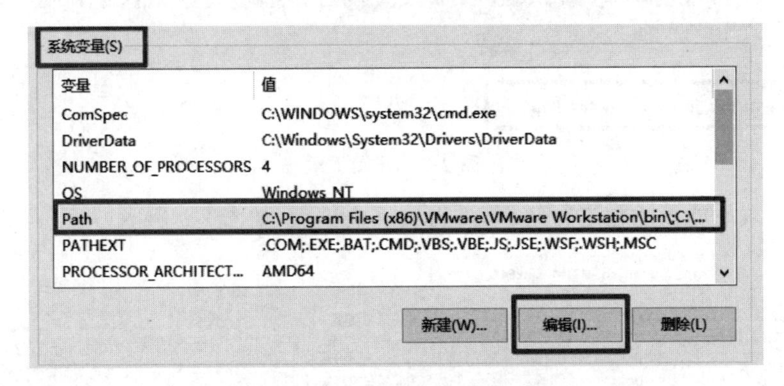

图 2-11 “系统变量”选项卡

钮，如图 2-12 所示。

至此，MySQL 环境变量配置完成，可在终端中使用 MySQL。

(8) 这一步为安装和初始化 MySQL 服务，以管理员权限进入终端并定位至 bin 目录下，随后执行安装命令 mysqld -install 和初始化命令 mysql -initialize，如图 2-13 所示。

执行完两条命令后，在 MySQL 目录中会出现 data 文件夹，如图 2-14 所示。

(9) 在 data 文件夹中找到唯一一个以 err 为后缀(该文件名通常为所用计算机名)的文件，并选择用记事本打开，可在里面看到系统自动生成的数据库临时密码，如图 2-15 所示。

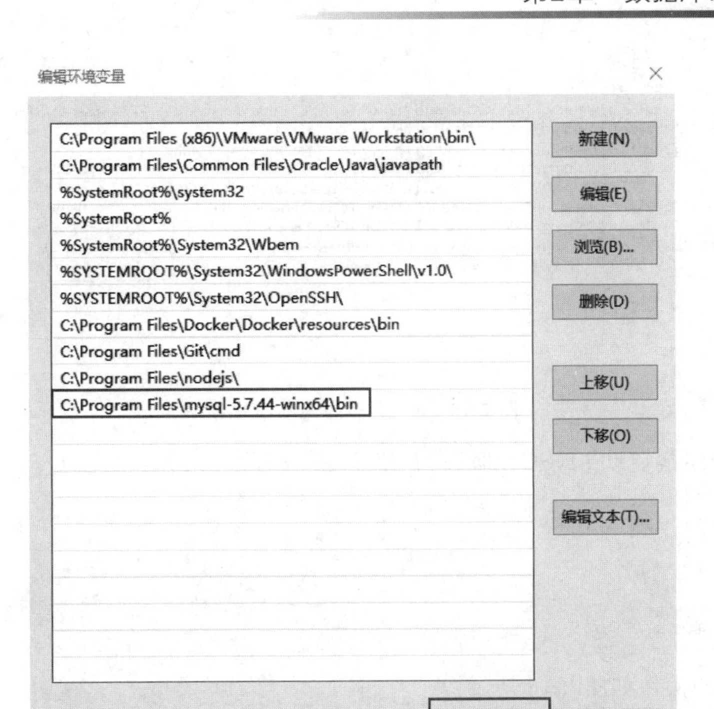

图 2-12 “编辑环境变量”选项卡

管理员: 命令提示符

```
Microsoft Windows [版本 10.0.19045.2965]
(c) Microsoft Corporation。保留所有权利。

C:\WINDOWS\system32>cd C:\Program Files\mysql-5.7.44-winx64\bin

C:\Program Files\mysql-5.7.44-winx64\bin>mysqld -install
Service successfully installed.

C:\Program Files\mysql-5.7.44-winx64\bin>mysqld --initialize

C:\Program Files\mysql-5.7.44-winx64\bin>
```

图 2-13 安装和初始化 MySQL 服务

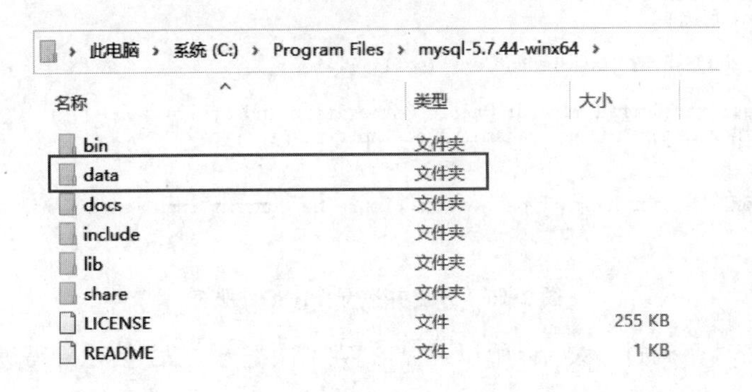

图 2-14 data 文件夹

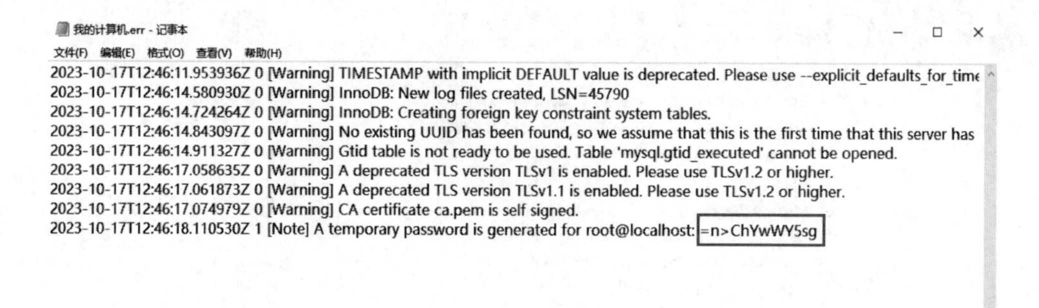

图 2-15　err 文件内的临时性密码

(10) 回到终端启动 MySQL 服务,并使用临时密码登录 MySQL,启动命令如下:

```
//启动 mysql
net start mysql

//登录
mysql -u root -p
```

在终端内的操作如图 2-16 所示。

```
管理员: 命令提示符 - mysql -u root -p
Microsoft Windows [版本 10.0.19045.2965]
(c) Microsoft Corporation。保留所有权利。

C:\WINDOWS\system32>cd C:\Program Files\mysql-5.7.44-winx64\bin

C:\Program Files\mysql-5.7.44-winx64\bin>mysqld -install
Service successfully installed.

C:\Program Files\mysql-5.7.44-winx64\bin>mysqld --initialize

C:\Program Files\mysql-5.7.44-winx64\bin>net start mysql
MySQL 服务正在启动 .
MySQL 服务已经启动成功。


C:\Program Files\mysql-5.7.44-winx64\bin>mysql -u root -p
Enter password: ************
Welcome to the MySQL monitor.  Commands end with ; or \g.
Your MySQL connection id is 2
Server version: 5.7.44

Copyright (c) 2000, 2023, Oracle and/or its affiliates.

Oracle is a registered trademark of Oracle Corporation and/or its
affiliates. Other names may be trademarks of their respective
owners.

Type 'help;' or '\h' for help. Type '\c' to clear the current input statement.

mysql>
```

图 2-16　开启并登录 MySQL 服务

(11) 因为临时密码过于复杂,所以通常在第 1 次登录之后会对密码进行修改,修改密码的命令如下:

```
alter user 'root'@'localhost' identified by '密码';
```

在终端中的操作如图 2-17 所示。

```
mysql> alter user 'root'@'localhost' identified by '123456';
Query OK, 0 rows affected (0.00 sec)

mysql> quit
Bye
```

图 2-17　修改密码

（12）数据库开启后可在数据库中输入查看状态命令，命令如下：

```
status
```

可在状态中看到初始化的 MySQL 默认字符集不为 uft8，如图 2-18 所示。

```
Oracle is a registered trademark of Oracle Corporation and/or its
affiliates. Other names may be trademarks of their respective
owners.

Type 'help;' or '\h' for help. Type '\c' to clear the current input statement.

mysql> status
--------------
mysql  Ver 14.14 Distrib 5.7.44, for Win64 (x86_64)

Connection id:          4
Current database:
Current user:           root@localhost
SSL:                    Cipher in use is ECDHE-RSA-AES128-GCM-SHA256
Using delimiter:        ;
Server version:         5.7.44 MySQL Community Server (GPL)
Protocol version:       10
Connection:             localhost via TCP/IP
Server characterset:    latin1
Db     characterset:    latin1
Client characterset:    gbk
Conn.  characterset:    gbk
TCP port:               3306
Uptime:                 12 min 6 sec

Threads: 1  Questions: 9  Slow queries: 0  Opens: 107  Flush tables: 1  Open tables: 100  Queries per second avg: 0.012
--------------

mysql>
```

图 2-18　MySQL 默认字符集

所以需修改为 utf8，在 MySQL 的文件目录里新建文件 my.ini，如图 2-19 所示。

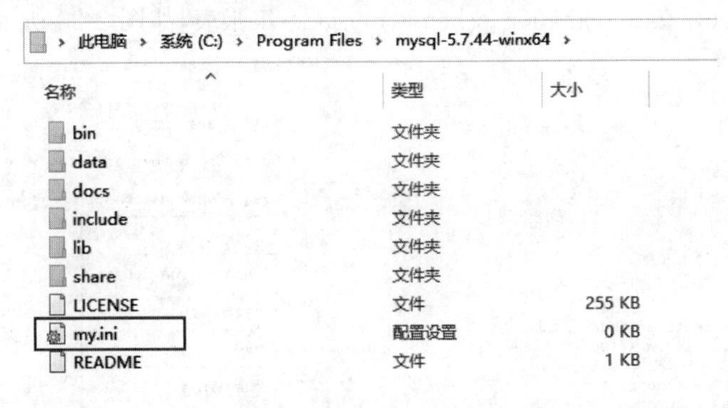

图 2-19　添加 my.ini 文件

双击文件，打开文件后将文件内容修改为 utf8 字符集，代码如下：

```
[client]
default-character-set=utf8
```

```
[mysql]
default-character-set=utf8

[mysqld]
character-set-server=utf8
```

(13) 此时重启服务器,并检查字符集,关闭数据库的命令如下:

```
net stop mysql
```

可看到字符集已经变成了 utf8,如图 2-20 和图 2-21 所示。

```
C:\Program Files\mysql-5.7.44-winx64\bin>net stop mysql
MySQL 服务正在停止.
MySQL 服务已成功停止。

C:\Program Files\mysql-5.7.44-winx64\bin>net start mysql
MySQL 服务正在启动 .
MySQL 服务已经启动成功。
```

图 2-20　重启 MySQL 服务

```
mysql> status
--------------
mysql  Ver 14.14 Distrib 5.7.44, for Win64 (x86_64)

Connection id:          2
Current database:
Current user:           root@localhost
SSL:                    Cipher in use is ECDHE-RSA-AES128-GCM-SHA256
Using delimiter:        ;
Server version:         5.7.44 MySQL Community Server (GPL)
Protocol version:       10
Connection:             localhost via TCP/IP
Server characterset:    utf8
Db     characterset:    utf8
Client characterset:    utf8
Conn.  characterset:    utf8
TCP port:               3306
Uptime:                 26 sec
```

图 2-21　字符集被修改为 utf8

至此,MySQL 安装配置完成,下面创建数据库。

2. 创建第 1 个数据库

(1) 进入数据库,使用 create 操作命令创建名为 school 的数据库,并进入 school 数据库,如图 2-22 所示。

(2) 新建一张拥有学号(id,数据类型为 int)、姓名(name,数据类型为 varchar)、年龄(age,数据类型为 int)的学生(students)表,新建成功后展示数据库中的数据表。需要注意的是,在数据库中默认存在 information_schema、mysql 等 4 张表,如图 2-23 所示。

```
mysql> create database school;
Query OK, 1 row affected (0.00 sec)

mysql> use school;
Database changed
mysql>
```

图 2-22　创建并进入 school 数据库

```
mysql> create table student (
    -> id int,
    -> name varchar(255),
    -> age int
    -> );
Query OK, 0 rows affected (0.01 sec)

mysql> show databases;
+--------------------+
| Database           |
+--------------------+
| information_schema |
| mysql              |
| performance_schema |
| school             |
| sys                |
+--------------------+
5 rows in set (0.00 sec)

mysql>
```

图 2-23　新建 school 表并展示

至此,使用 MySQL 社区版创建第 1 个数据库完成,读者可对数据库进行 CURD 操作。

2.3.2　使用小皮面板创建数据库

小皮面板是一款国产的服务器集成环境工具，支持 Web 端管理，一键创建网站、FTP、数据库等功能，拥有 Windows 和 Linux 两种系统版本和完善的使用手册，为开发者提供了免费、简单易上手的服务器环境。

1. 安装小皮面板

（1）读者可根据计算机系统选择 Windows 版本或 Linux 版本的集成环境进行下载，案例下载 phpStudy v8.1 版本，如图 2-24 所示。

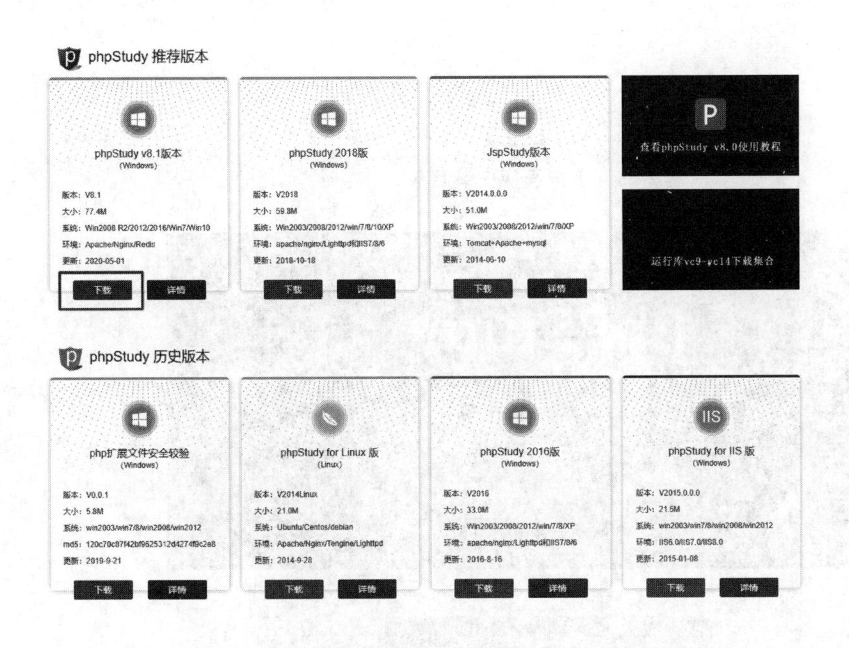

图 2-24　下载 phpStudy v8.1 版本

（2）对下载后的压缩包进行解压，文件夹包含安装执行文件和使用说明，如图 2-25 所示。

（3）双击可执行文件，安装小皮面板直至完成，如图 2-26 所示。

2. 使用小皮面板创建数据库

（1）启动小皮面板，如图 2-27 所示。

可以看到面板左侧菜单列有数据库模块，并且在首页的套件中已经安装好了 MySQL 5 版本，只需启动。

（2）单击“启动”按钮启动 MySQL 服务，并在数据库中修改原始密码，此步骤与 2.3.1

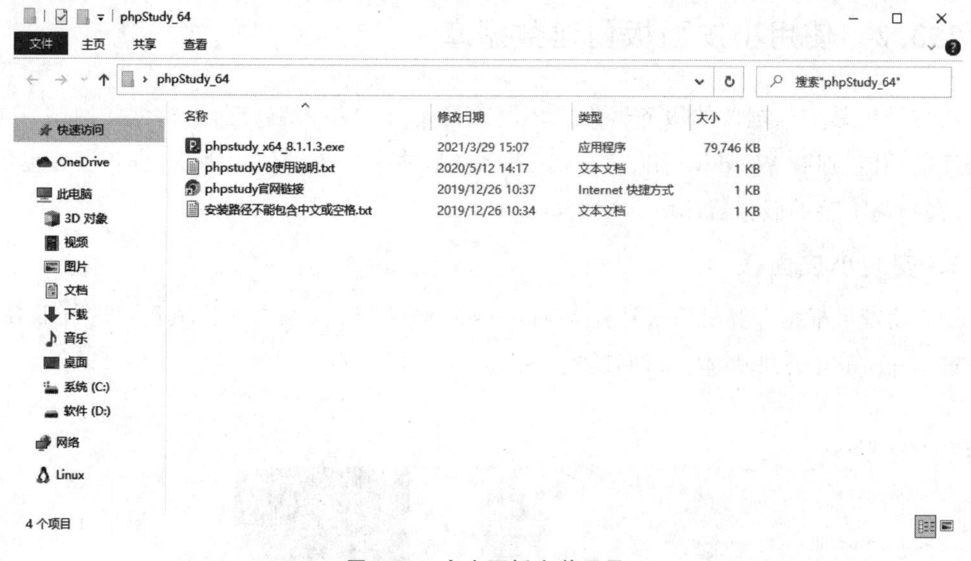

图 2-25 小皮面板安装目录

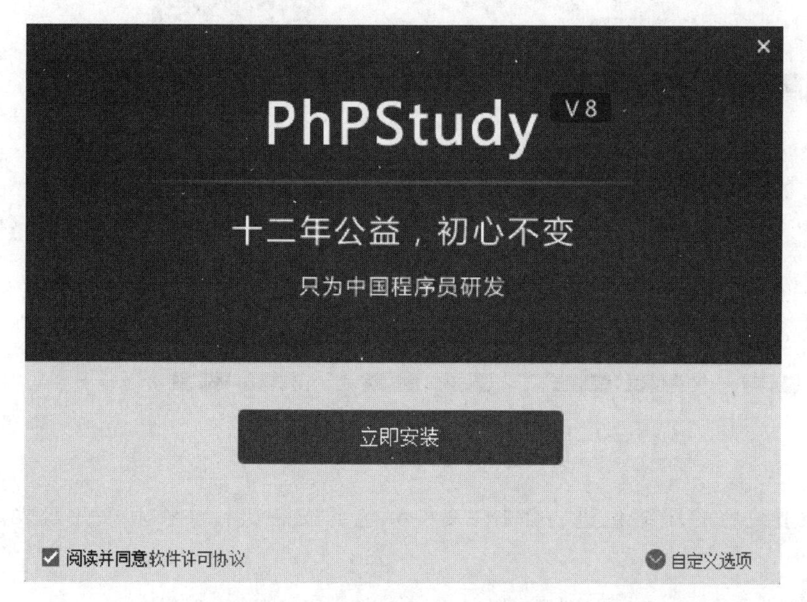

图 2-26 下载并安装小皮面板

节启动和初始化 MySQL 社区版之后对密码进行重置过程相同，如图 2-28 和图 2-29 所示。

(3) 单击左上角的“创建数据库”按钮，创建名为 school 的数据库，并输入数据库用户名和密码，最后单击“确认”按钮，数据库创建完成，如图 2-30 和图 2-31 所示。

至此，数据库创建完成。

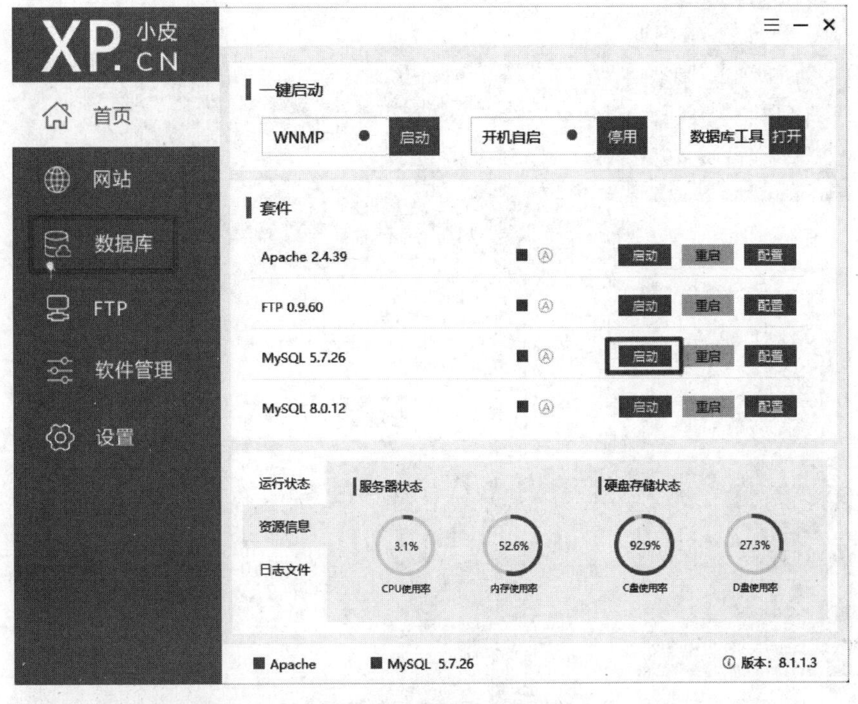

图 2-27　小皮面板首页

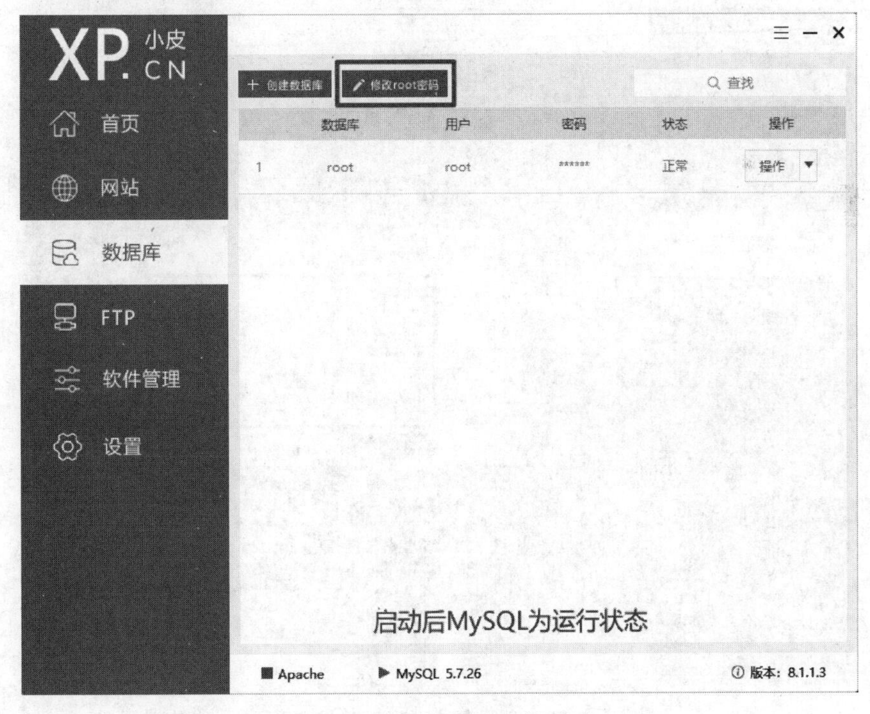

图 2-28　修改数据库原始密码

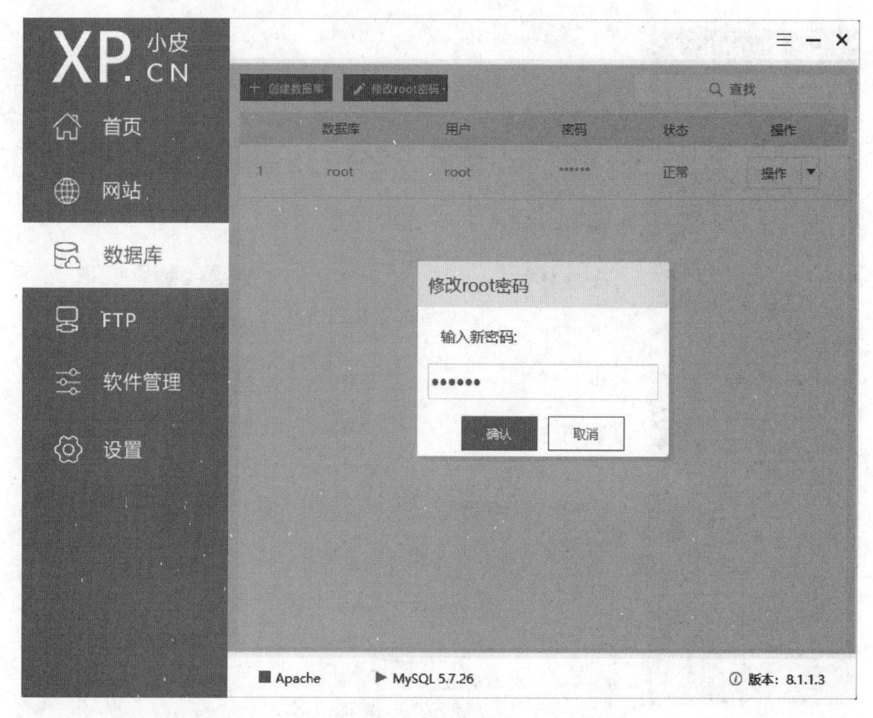

图 2-29　将数据库密码修改为 123456

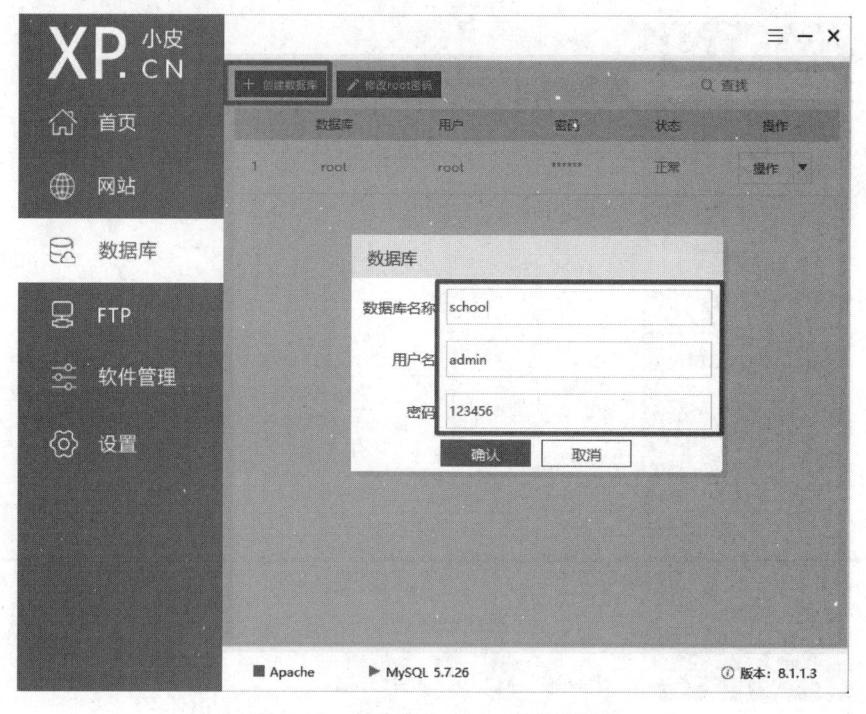

图 2-30　创建名为 school 的数据库

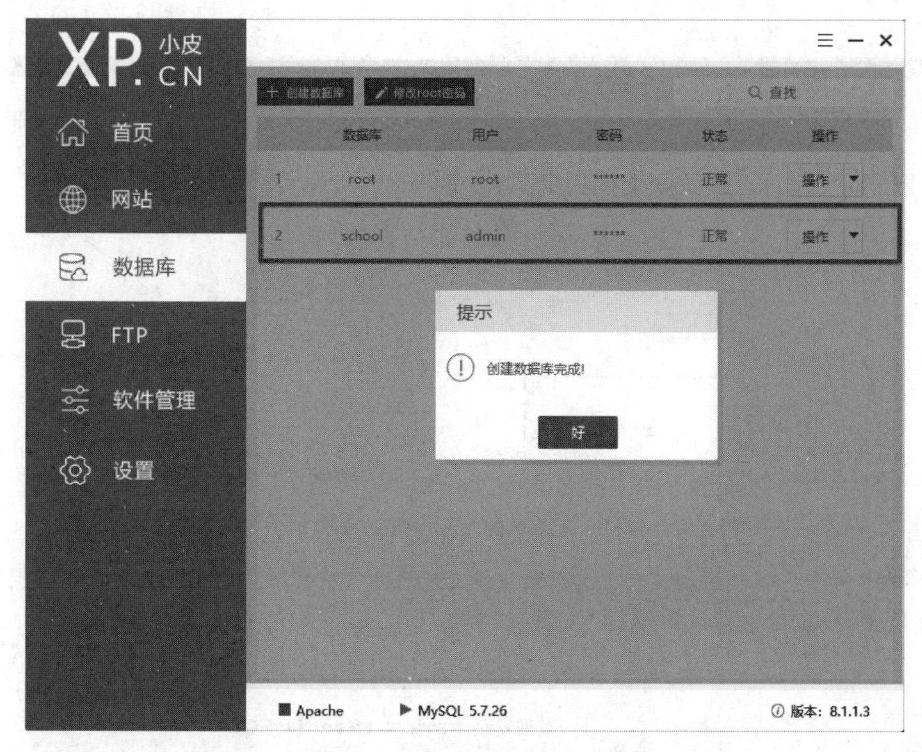

图 2-31 school 数据库创建完成

2.4 可视化的数据库管理工具

MySQL 除了有终端自带的命令行管理工具外，还有可视化和图形化的数据库管理工具，例如 MySQL 官方推出的 MySQL Workbench，这是一款专为 MySQL 设计的 ER/数据库建模工具，同时支持 Windows 和 Linux 系统，并拥有开源和商业版两个版本。可视化的管理工具相较于命令行操作可以更为直观地对数据表进行设计，也易于导入或导出数据结构和数据表，当数据库出现问题时，方便管理员及时找到异常的库或表进行修复，保证了数据库管理的质量和提高了工作效率。

本节将使用 Navicat for MySQL 去构建在 2.3.2 节中通过小皮面板创建的 school 数据库的数据表。Navicat 系列（包括 Navicat for MySQL）是目前最流行的可视化和图形化的数据库管理工具之一，支持 MySQL、SQL Server、Oracle、MongoDB 等多种数据库管理系统和多种操作系统。为什么不选择官方配套的 MySQL Workbench 而选择 Navicat for MySQL 呢？首先是 MySQL WorkBench 并不支持中文，需要安装额外的汉化包，而 Navicat 系列的产品支持简体中文；其次是 Navicat 系列产品都提供免费的试用版本，功能强大且完善；最后，简洁不繁杂的页面风格对刚接触数据库的学习读者方便上手。

读者可选择适合计算机操作系统和位数的版本进行下载，如图 2-32 所示。

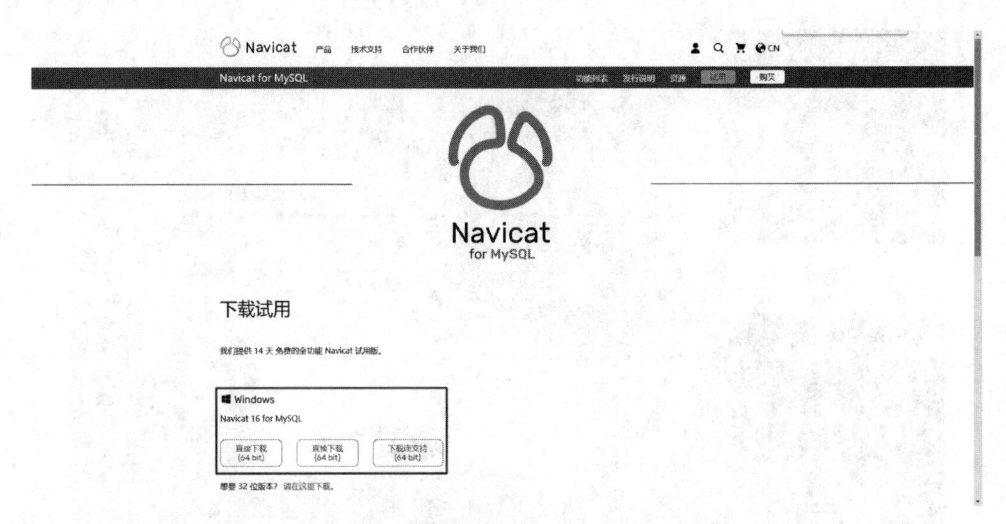

图 2-32　选择合适版本的 Navicat for MySQL 进行下载

下载后为一个 exe 执行文件,双击此文件进行安装,安装过程中可根据磁盘容量自行选择存储位置,其余保留默认值即可,如图 2-33 所示。

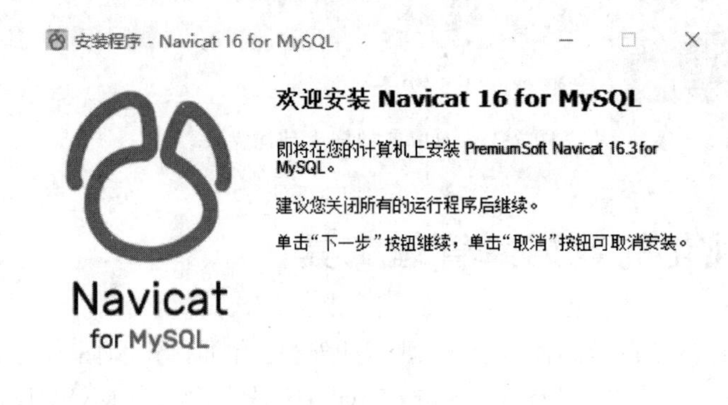

图 2-33　Navicat for MySQL 安装向导

安装完成后,双击应用软件图标后会出现试用提醒,单击"试用"按钮,如图 2-34 所示。

接着会进入 Navicat for MySQL 的主界面。在主界面的顶部包括连接数据库、新建查询窗口(查询语句)、查看数据表等功能;主界面的左侧区域为数据表选择区域,主界面主要区域则是显示数据表内容的区域,如图 2-35 所示。

单击顶部的"连接"按钮并选择 MySQL,即可连接在小皮面板搭建的 school 数据库,需要注意的是,此时小皮面板不能关掉。连接输入的数据与小皮面板一致,如图 2-36 所示。

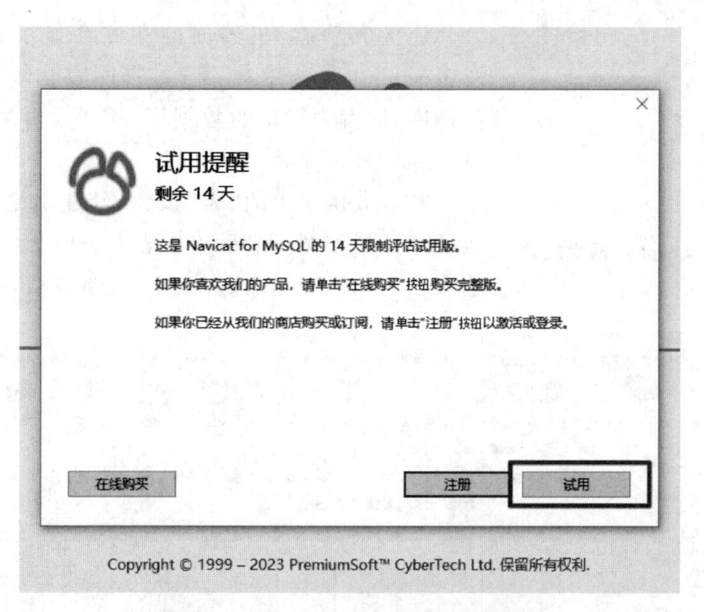

图 2-34　Navicat for MySQL 试用提醒

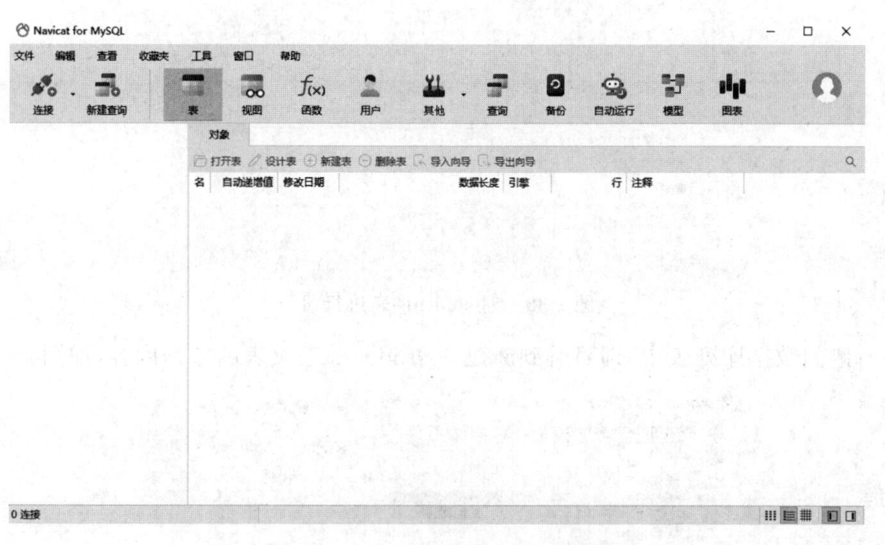

图 2-35　Navicat for MySQL 界面

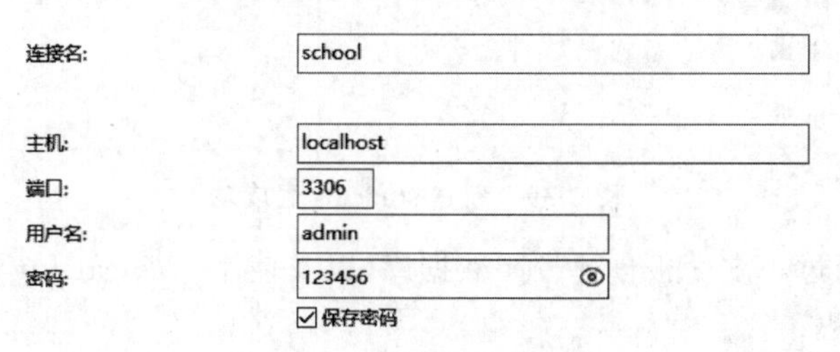

图 2-36　连接 school 数据库

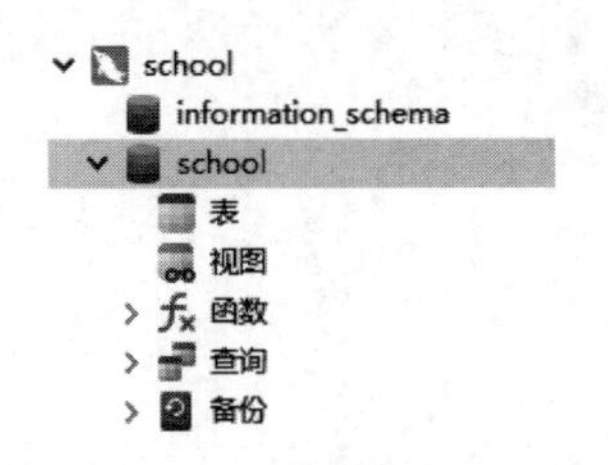

图 2-37　连接 school 数据库成功

连接成功后，主界面的左侧会显示 school 数据库。双击 school 会出现 school 数据库和 information_schema 数据库，后者为默认的数据库，用于保存数据库的相关信息，如图 2-37 所示。

右击数据库中的“表”按钮，新建学生表，输入对应的属性和数据类型。最后单击表上方的“保存”按钮，在弹出输入表名的框中输入 students 完成建表，如图 2-38 所示。

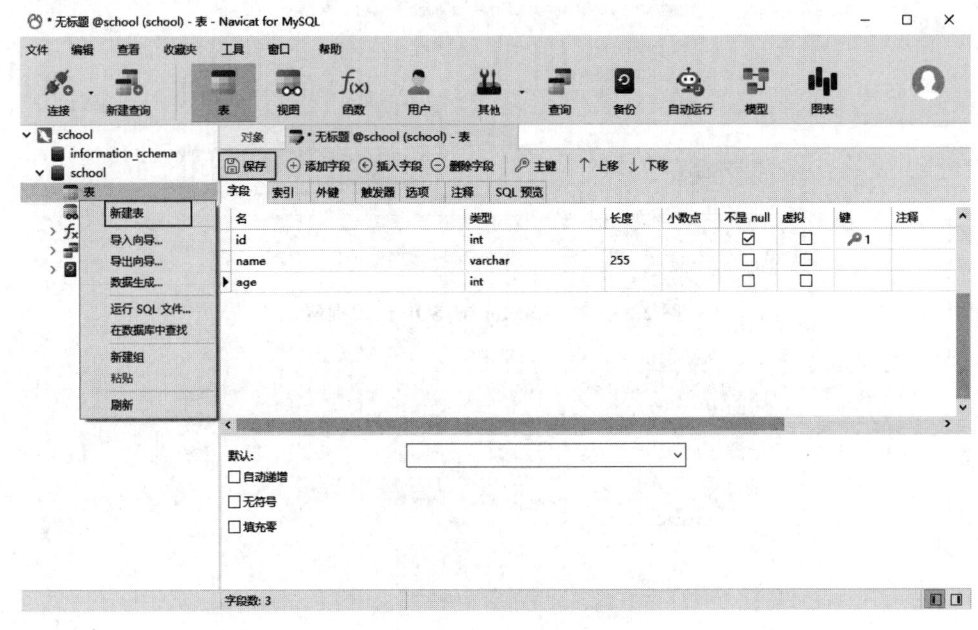

图 2-38　对 students 表进行设计

在右侧的数据库列表中，即可看到新建的 students 表及表的数据内容，如图 2-39 所示。

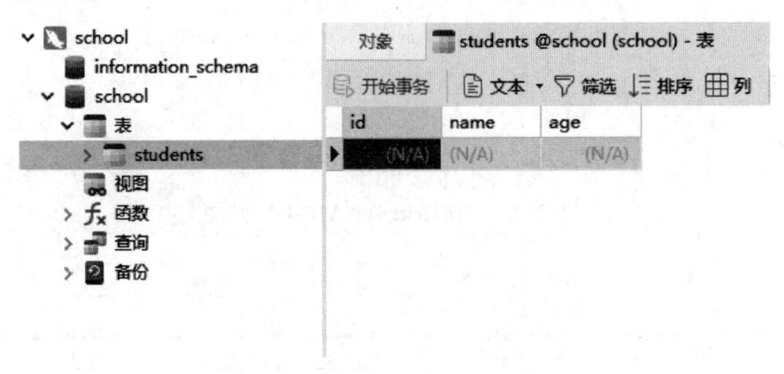

图 2-39　新建 students 表成功

至此，完成了通过小皮面板创建校园数据库，以及使用 Navicat for MySQL 对数据库进行新建学生表的过程。

第3章

CHAPTER 3

从0到1设计系统

一个完整的系统项目从需求者心中的设想到实现通常需要经过项目立项阶段、需求分析阶段、系统详细设计阶段、开发与测试阶段、部署运维阶段、项目收尾阶段等多个阶段。

在项目立项阶段中，项目组根据客户提出的项目需求对项目目标进行明确，同时研判和制定项目在开发过程中的进度、成本、范围等计划书，并形成项目的总体计划；在需求分析阶段将对客户所提出的需求进行详细分析并形成需求文档，在这一步中会对系统的功能模块进行确定；系统详细设计阶段则根据需求文档对系统进行软硬件方面的设计，包括系统架构设计、界面设计、数据库设计等，UI设计师会在此阶段根据需求及其原始模型制成设计图供客户确认，详细设计阶段是一个频繁跟客户进行沟通的过程；开发与测试阶段是项目开发组将功能需求实现的过程，在此阶段中前后端开发人员与测试人员要充分沟通并制定开发计划和测试计划，保证项目按时开发完成；部署运维阶段中的部署是项目进行上线的过程，运维则是日常维护系统以保证系统正常运行的过程；当项目经过以上众多阶段并正常运行无任何故障后，则进入了项目收尾阶段，至此整个项目结束。

在本章中，将针对需求分析阶段如何通过客户的不同需求去形成对应的功能模块进行探讨，并结合多种方式对数据库字段进行设计，有助于读者了解项目从0到1的设计过程。

3.1 功能模块是如何讨论出来的

4min

系统的功能模块是项目组通过分析和讨论需求分析阶段形成的需求文档而得出的，而需求文档的初步形成需要经历多个阶段。

首先是销售经理与客户的初步沟通，销售经理会明确客户的大致需求，为什么说此刻的需求是大致的而不是完整的呢？因为客户通常并不具备信息化系统项目开发的相关知识，往往是基于某种可能影响企业工作效率或者成本方面的问题而形成的一个初步需求，例如全纸质化办公会增加耗材成本、查找资料需要花费大量时间成本、人工操作可能造成存档丢失等问题。在了解需求的过程中往往考验销售经理的技术功底，销售经理需及时对客户提出的问题给予口头上的解决方案，例如介绍适合项目体型的服务器参数、数据库管理系统等，所以在小企业中通常由项目经理兼任销售经理。

在了解大致的需求后，销售经理会与项目经理对项目进行初步评估，形成对项目的初步开发方案和预算表，并对客户进行反馈。在这一阶段中，开发公司内部会对项目进行可行性评估，如果评估报告中提到项目过于庞大复杂，则销售经理会对项目可能需要分包的部分准备招投标工作，从承包方的角度来讲就是所谓的二次分包。

在本节中，将解释系统从设想到立项的每个过程，并简要介绍市面上复杂的多端应用架构设计，同时读者可对常见的功能模块及其操作有一个简单的认识。

3.1.1 从设想到立项

立项是信息系统生命周期的初始阶段，销售经理申请项目立项，项目管理中心审查项目立项资料并根据项目大小程度任命项目经理，同时开发公司将进入需求调研阶段，对项目进行可行性评估、对需求进行分析并逐一明确、对用户开展需求调研、制定详细设计报告书，这是正式实现项目需求的前奏。

在需求分析阶段中，项目经理会与客户进行多次沟通，开发组成员会对需求进行充分调研，在保证项目最终目标不变的情况下引导客户或用户更加具体地描述系统应用场景。一个设想就像一个小点，需求则让小点不断地向外延伸，最终形成一个完整的圆。

1. 明确项目需求

在系统的复杂度上，如果以企业大小进行区分，则一个简单的企业系统可能只是单组织、多用户的形式，也就是适合小型企业内部使用的系统；如果是复杂的企业系统，例如有多个下属子公司的企业所使用的系统，就是多组织、多用户的形式，在详细设计时通常需要考虑不同子公司之间的协同合作和信息共享，同时对数据进行隔离。在面对多种不同权限用户的情况下，对功能模块的权限划分也变得尤为重要，项目经理必须详细了解客户所属企业的职能划分，保证系统内部的信息安全。面对复杂的项目情况，往往需要更多的时间成本才能明确每项的具体需求。

以生产型企业为例，项目经理需要充分了解企业从生产到售出成品过程中的每一步，例如生产原料的采购流程、采购订单的审核流程、原料制作的生产过程、成品的出入库及审核流程、订单管理的流程等。另外，生产型企业内部通常还有账单管理系统、客户关系管理系统(Customer Relationship Management，CRM)等。针对每个流程，项目经理都需要有大概的实现思路，如系统要面向的使用群体分为几类、系统的界面风格特点、某项流程可能有多少个功能模块等，还需要根据丰富的项目开发经验对开发周期进行估计。

除了与客户进行沟通外，项目小组内部则会展开对项目需求进行调研的环节。项目小组由项目总监、项目经理、UI设计师、前后端开发工程师、数据库工程师、运维工程师等人员组成，需求调研可以帮助项目小组更好地理解客户的需求，明确项目的功能模块，为后续的开发与测试阶段提供基础。在调研开始之前，项目总监主持召开小组调研会，明确调研的目的和范围、确定调研的内容及对象、设计调研的实施方案、筹备调研使用的工具材料等，形成需求调研计划。调研的方式有很多种，包括派出组内成员对客户所在企业的管理人员进行访谈、研究与客户企业相同产业类型的系统功能、组织相关行业的专家开展流程分析，甚至派出小组成员进驻客户企业短期实习等多种方式。一份周密详细的需求调研计划可让客户感受到开发公司的专业，使其重视调研并全力配合，节省调研时间和提高调研效率，增进双方的熟悉度和好感度。调研可以更加明确客户提出的需求，把客户的需求抽象为具体的功能模块，为系统流程图的制作提供逻辑基础。

在满足客户的期望需求中，项目经理还可根据经验添加额外需求，给予客户出乎意料的惊喜，达到提高客户满意度的效果。同时项目经理也要预防可能出现的需求镀金和需求蔓延，需求镀金是当客户对某些功能需求表现出过于热衷的时候，出现忽略了其他功能重要性的情况，以生产型企业来讲就是过于偏重某个流程而忽略其他流程，这将会导致项目的各个模块在平衡度上出现偏差；需求蔓延则是当项目进入开发阶段中，客户在原定的需求列表上不断地提出新的需求或对原有需求进行功能扩展，这将造成项目的范围不断扩大，开发进度不断延期，开发成本也不断上升，最终可能导致项目无法在合同签订日期交付。针对这两种情况，通常可以采取敏捷开发、快速迭代等方式去满足客户的需求，但最好的方式还是准确理解客户的需求并制定完整的需求文档。

需求文档在整个开发过程中通常会经历多个版本的迭代，所以需求文档会在开头标注版本号及文档形成的日期、修改人、修改内容和审核人等信息，方便开发人员了解最新的需求变化。

2. 详细设计

仅有需求就像是画大饼，空有想法而没有实物，详细设计阶段则是把需求从虚变成实。系统详细设计就是在需求形成的前提下对各个功能模块进行实体化分析和设计，包括数据库设计、用户界面设计、功能接口设计、代码风格设计等，这是从设想向具体实现迈出的重要一步。

在已有需求的阶段上，数据库工程师首先需要根据项目的使用场景确定不同的字段及数据类型，例如关系数据库会采取 E-R 图的形式确定不同的对象实体、属性（字段）和关系；依据可能要存储的内容考虑数据库容量的大小，设计数据预留扩充和性能优化方案；对数据库的访问模式进行分析，对以写为主、以读为主或读写均衡的访问频率设计不同的数据处理方案；在数据安全性方面，设计数据加密、权限控制、身份验证等多种方案，防患于未然；在系统的可用性上，还需根据系统的稳定性、安全性、可靠性等因素设计数据定期备份方案、异地容灾方案、数据审计方案等。设计一个好的数据库模式能够最大限度地满足客户的应用需求。

由于用户界面是直接呈现在客户眼前的，故而对于开发公司来讲 UI 设计是真正的重中之重，相比之下客户看不到的数据逻辑处理反倒显得不那么重要。一个能让客户眼前一亮、轻松舒服的交互界面能减少客户在长时间使用过程中的疲劳感，提升客户的使用体验，给予客户有探索这个系统的欲望。在 UI 设计的过程中，需要反复地跟客户进行沟通，了解用户的使用习惯，例如一个面向企业高层的管理系统，色彩风格一定要简单、朴素，内容以清晰明了的可视化数据为主；如果是面向青年为主的应用系统，例如青年旅社预定系统、游戏社交平台等，色彩风格一定要鲜艳、多样，通常还具备动态效果的页面风格。UI 设计在明确产品定位、受众人群后需要对整体风格进行把控,选择统一风格化的组件,可以让系统看起来更加协调,以基于 Vue 3 框架的 UI 库 Element Plus 为例,以蓝色为主色调,采用统一的颜色和图标,使整个应用的界面看起来具有一致性。

从交互的角度来考虑,UI 设计师需要尽可能地减少不必要的交互,同时对用户的操作提供足够的反馈。反馈包括控制反馈和页面反馈,完善的控制反馈可以让用户在与页面的交互过程中清晰地感知到自己在操作,而当操作后,页面反馈可以使页面元素清晰地展现当前状态。反馈也体现在用户操作之前,系统应给予用户充分的操作建议或安全提示,帮助用户做出正确的决策。

在详细设计的过程中,功能接口的设计是最为复杂的,即设计系统业务的核心功能,如果没有设计好,则会为系统的可用性、安全性埋下隐患。首要考虑的是接口的安全性,后端工程师在设计中需要确保数据在交互过程中不会发生数据泄露,通常会通过提供 Token、动态路由、权限控制等保证接口的数据传输安全;其次是接口的性能设计,在面对海量数据的情况下,需针对不同的场景设计不同的算法处理查询操作,保证接口在面对高并发的情况下发挥良好性能,并对可能发生的极端情况预留 Plan B 接口;在后端设计接口的时候还需遵循一个安全原则,就是后端永远不能相信前端传过来的数据,对每个接口接收的参数都需经过过滤、清洗才能执行 CURD 操作,并参数化 SQL 查询,防止 SQL 注入、数字注入、字符注入等攻击,保证数据库安全;接口还应具备清晰的注释和反馈信息,需对可能出现的异常情况设计不同的状态码,方便程序员在开发时能快速地定位错误并解决问题,提高接口的容错性和可维护性;考虑到公司未来的发展可能性,接口还需进行可扩展性设计,预防当现有业务发生变化时,已有接口不能处理业务而导致有损公司收益的情况发生,通常需结合公司的战略发展去规划接口的可扩展性。

后端开发人员在初步设计接口后输出接口文档。接口文档顾名思义,是一份包括每个功能的实现接口、接口的请求方式、需要传入的参数及其限制说明,返回结果示例、可能出现的错误状态码及调用示例的文档。通常还有接口文档和接口规范文档之分,接口规范文档规定了接口的通用规则和标准,保证接口在不同功能模块之间的良好兼容性。通常在接口文档中以功能模块对所属接口进行区分,例如用户模块可能有更新用户信息接口、获取用户列表接口、获取用户具体信息接口等多个接口。一份有高质量的接口文档可以帮助前端开发人员更好地理解和使用接口,减少与后端开发人员的沟通成本,方便开发人员及时了解最新的接口变化。

在开发组内部,还需设计编程的代码风格(规范)。首先是代码的命名规范,命名要能够清晰地展示其用途,在前端通常会对模板的类名使用串行命名法、用全大写描述常量、使用驼峰命名法规定函数名和组件的命名,在后端则通常使用蛇形命名法对数据库的表名、字段名进行规定。在开发中还会使用插件工具对代码进行规范检测,如前端针对 JavaScript 语法的检测工具 ESLint 和格式化工具 Prettier;其次是代码的注释风格,面对只有代码没有注释的函数就像是钻入了充满迷雾的迷宫,需要花费大量的时间才能理解函数内部的实现逻辑,开发人员通常会在函数顶部使用多行注释描述函数功能、形参数量及其数据类型(主流的代码编辑器（如 IntelliJ IDEA、WebStorm、VS Code 等）提供形参及数据类型提示功能），在函数内部使用单行注释描述语句的执行条件，在后端的函数处理文件中会在开头使用注解描述当前模块使用的所有参数。在设计代码风格时首先需要考虑代码的可读性，特别是在模块化开发过程中，可能存在多个组件引用的公共代码，开发人员应以方便小组其他成员阅读和理解的角度去写代码。良好的代码风格不仅能提高开发效率，在后期的维护中也能降低时间成本。

项目经理在详细设计阶段收尾工作需要出具《系统详细设计验收报告》，邀请客户共同确认验收报告并签字，这样客户就不会在后期随意更改项目需求，减少开发期间出现需求镀金和需求蔓延的概率。

3.1.2　客户端的多端设计

如果一个系统是可售的，即面向客户的，类似于 SaaS（Software as a Service，软件即服务）系统，则在最简单的情况下都会具备商家后台端和客户端，商家后台端通常用于设计客户可选的功能套餐和服务时长，当客户向商家支付费用后，可通过网站或软件登录系统使用购买的服务。

SaaS 系统开发商会根据大部分行业通用的流程去设计系统的基本功能。以生产行业为例，生产行业通常会具备采购原料的流程，在这一过程中客户要输入采购的原料信息，例如采购型号、原料单位、原料数量、采购时间等，那么这些字段就具备通用性，适合生产行业的不同产业，而当客户购买了系统服务后，还可在通用的字段上进一步修改成符合自身产业链的字段。在 SaaS 系统中，用户无须担心系统的运维问题，即开即用的特性使不少企业在面对非核心业务时会选择方便快捷的 SaaS 系统。

商家后台端和客户端虽然面对的是不同的对象，但从后端开发的角度来讲都同属于客户端（页面端）的范畴。在面对多个客户端的情况下，项目组就需要考虑如何设计业务逻辑和应用场景。

项目组在分析需求时就要确定系统所支持的设备或平台，如淘宝商城可在网站登录，也可以在手机端登录，这是物理意义上的多端，UI 设计人员需要考虑在不同设备和操作系统上的页面兼容性，以及在不同场景下使用人群的页面风格；后端工程师则需考虑以尽量简单的数据类型去表达场景所需内容，保证在不同类型的设备端上能够正常地进行数据交换和保持数据的同步性。

在功能需求设计中，首先需要注意的是功能是否具有统一开关模块，例如在开发商操作的前端页面可能存在用于控制某个功能是否可以使用的总功能模块，也就是说所有的功能模块都存在于这个模块的框架下，如果在这个模块内关闭了某个功能，则所有的子系统、客户系统都不能使用该功能，这样做的好处是当某个功能出现 Bug 时能第一时间停止此功能的使用，减少系统和客户的损失；其次是需要划分好功能的所处区域，如果是单个客户端的一体化系统，则功能会根据不同的模块进行划分，如果是多端系统，则功能可能会以不同的客户端进行划分。还是以购物网站为例，通常除了开发商的用于管控系统的端，还会有卖家端和买家端,反馈功能在卖家端和买家端都有可能存在,但卖家端不能对商品进行购买,只能管理买家购物的订单,即买家端有购买商品功能,而卖家端有订单管理功能。

在如今的应用市场中,多端已经成为大多数软件的标配。在物理设备上,不少软件涵盖PC端、手机端、平板端、智能手表端等;在实际应用上,不少软件除了App还开发了能够在微信或支付宝小程序上使用的端。多端能够让用户在不同的设备上使用软件,在方便用户操作的同时还保证了数据的一致性,提高了使用效率,但同时多端的设计也带来了维护成本高的问题,当系统更新时,需要同步更新多个端的内容,并且需要考虑到不同端的兼容性问题,因此,在设计多端的系统或应用软件时,极大地考验了顶层设计的逻辑完整性,只有综合考虑所有的影响因素,才能实现系统在多端的最大效益。

3.1.3 常见功能模块及操作

各行各业的系统因为其所处的环境不同,导致其在核心业务上具有差异性,但是在功能模块上,通常具备以下几个功能及操作。

(1) 注册和登录功能:用于用户注册账号及登录系统的功能。

(2) 个人信息管理功能:用于设置用户的昵称、性别、年龄、职位、个人简介等。

(3) 用户管理功能:用于管理使用系统的用户,通常包括对用户信息进行修改,以及对账号进行冻结、解冻、封禁等操作。

(4) 权限管理功能:用于设置用户在系统内的操作权限,通常包括设置用户是否可访问某个模块,以及对模块内的数据是否可进行查看、修改、上传和下载等操作进行限制。

(5) 查询功能:用于对存在列表的模块进行查询操作,一般可分为精准查询和模糊查询两种查询方式。

(6) 数据统计和分析功能:信息化系统的特点之一,对系统内的数据进行统计和分析,如销售系统可展示近七天的销售额,并根据销售数量分析产品的市场接受率。

(7) 反馈功能:系统为了方便用户使用和完善系统功能,一般会开设反馈功能以供用户提出对系统的改善建议,同时也包括对用户的操作提供反馈信息。

(8) 信息推送功能:用于向用户发送企业内部公告或系统版本信息等。

(9) 系统设置功能:通常包括系统的基础信息设置和网站内容管理等。

以上这些功能模块是不同行业内部系统的通用功能,也是构成一个企业系统的基本功能。通常系统设计者会根据企业的组织结构、业务流程、生产要素等实际情况对上述基本功能进行选择和扩展,在丰富系统功能的同时满足最基本的业务逻辑。

▷ 2min

3.2 如何设计数据库字段

在2.1.1节关于数据模型的关系模型介绍中,曾简单地提到过数据库的字段,它是数据表中某一列的列名,代表表中的一个属性或特征。在本节中,将从字段的命名、数据类型、约束和功能判断的角度简单讲述如何设计数据的字段。

3.2.1 字段的命名

在数据表中，每个字段都有唯一的名字，在设计数据表时要根据字段所代表的意义设定字段名，以及字段的数据类型、长度、是否为主键等属性。

通常字段名在单词格式上会遵循下面几个规范：

(1) 应使字段名具备直观的描述性，尽可能地保持字段名简洁。

(2) 字段命名通常由小写单词构成，如需多个单词，则可通过下画线进行连接，也可使用驼峰命名法，一般不超过3个单词。

(3) 字段名一般采用名词或动宾短语，便于理解字段的内容和含义。

(4) 字段名禁止缩写，如将 object 写成 obj 或将 user_id 写成 uid 等。

(5) 字段名禁止与表名重复，并且不包含数据类型(如 string、varchar 等)的单词。

(6) 字段名在表达多个个体或数量时，单词应使用单数而不是复数。

在详细设计的过程中，项目开发组会对代码规范进行讨论并设计，在此期间也会对数据库的命名以简洁、明确和易于理解的原则进行规范，包括数据库命名、数据表命名及字段命名。开发人员在对数据库进行建模时应遵循公司命名规范，确保数据的一致性和可维护性。

3.2.2 字段的数据类型

在对字段的命名进行明确之后，开发人员会对字段的数据类型和长度进行选择和确认，那么应该如何选择字段的数据类型呢？

如果要存储的是数值，则要根据业务的需求确定字段的数据范围和精度，在 MySQL 的数值类型上，开发人员可以选择整数类型(包括 TINYINT、SMALLINT、MEDIUMINT、INT、BIGINT)或浮点数类型(包括 FLOAT、DOUBLE、DECIMAL)，例如在面对交易金额、存储利率这类需要高精度和范围的数值时，通常会选择浮点数类型；在面对学生学号、身份证号、产品订单号等唯一标识符时，通常会选择整数类型。

如果要存储字符串类型的数值，则 MySQL 中丰富的字符串类型可供多种场景选择，一个合适的字符串类型在运行中能够节省空间并提升性能。下面简要介绍几种常用的字符串类型。

如果存储一般的字符串数据，则通常会在 CHAR 类型和 VARCHAR 类型中进行选择，CHAR 类型用于存储长度固定的字符，而 VARCHAR 可存储可变长度的字符，在两者的比较中因为 VARCHAR 的可变特性，也使其比 CHAR 类型更节省空间；如果需要存储大量文本数据，例如新闻的稿件、科考论文、电影剧本等，则使用 TEXT 类型是个不错的选择，TEXT 类型是 MySQL 中支持存储大量文本数据的字符串类型，在 TEXT 类型家族中，还有 TINYTEXT、MDEIUMTEXT、LONGTEXT 三种类型，分别对应不同的长度；当存储音频、视频等媒体对象时，在后端通常会转换成二进制的格式进行存储，这时就需要使用

BLOB类型,这是一种用于存储二进制数据的字符串类型;在MySQL支持的字符串类型中,还有相对特殊的ENUM类型和SET类型,ENUM类型即枚举类型,用于存储预先定义好的字符串值列表,例如网页游戏中的装备数值、天气状态等,SET类型与ENUM类型类似,用于存储一组不重复且最多64个字符串值。

在面对需要进行单选的操作时,可使用布尔值进行判断,例如存储用户的性别、用户账号状态等,布尔类型包括BOOL类型和BIT类型。BOOL类型是MySQL中的标准布尔数据类型,是通过TINYINT类型实现的,当使用FALSE或TRUE作为布尔值时会被自动转换成0或1;BIT类型是一种二进制数据类型,可以存储一个或多个位的值,也可以为NULL值,当存储一个位时可表达为布尔类型,当存储多个位时可用来表达用户的权限,如使用三位二进制来分别代表读、写和删除操作。

如果使用Navicat创建字段,在选择完数据类型后,则通常会自动生成最适合该数据类型的长度。以VARCHAR类型为例,默认长度一般为255,代表能存储256个字符,将VARCHAR类型长度限制为255可以节省磁盘空间和内存,在对数据进行检索或操作时,较短的字段效率更高,因为减少了I/O操作和内存消耗,进而降低了查询复杂度和响应时间;如果为INT类型,则所表示数值的默认长度一般为11位,共4字节,代表能存储从－2147483648到2147483647的整数,在MySQL的早期版本中,默认所表示数值的长度为10位,但在某些情况下可能会出现数值过大而导致的溢出问题,所以所表示数值的默认长度被官方修改为11位。在本书的项目中,除对个别字段进行了长度修改外,其余字段皆使用默认长度,具体的长度限制会在后端代码中进行限制,这样在学习和使用数据库的同时,还可以减少读者在设计和维护数据库的负担。

3.2.3 约束

在设计数据库的字段时可根据使用场景定义不同的约束,约束是字段需要遵守的规则,主要用于保证数据的完整性和一致性。下面将介绍几种常用的约束及其使用场景。

(1) 主键约束(Primary Key):主键是数据表中用于标识记录唯一的字段,记录唯一也称为实体完整性,每张数据表只能有一个主键。常见的如学生表的学号、用户列表的手机号等都可设为主键,在一张数据表中,主键值是唯一的和不为空的,不为空也称为非空约束。

(2) 非空约束(Not Null):非空即字段的值不能为空,使用关键字Not Null来创建非空字段。还是以学生表为例,非空约束除了用于主键之外,学生的姓名、年龄同样应不为空,这对于确保数据的完整性和一致性非常重要。如果管理员在插入数据时未提供非空列的值,则将会引发数据库错误,这也是一种保证数据完整性的防范提醒。

(3) 唯一约束(Unique):唯一约束用于保证字段的值在表中具有唯一性。与主键不同,一张表可以有多个唯一约束。以用户表为例,除了用户自身的id,其所拥有的联系方式(如手机号、邮箱等)也都具有唯一性。在某些情况下会出现主键由多列组成的情况,这时可以选择用唯一约束来替代主键,以减少主键的复杂性。唯一约束还可加速查询操作,通常管理员会添加唯一索引值来快速定位满足条件的行。

(4) 外键约束(Foreign Key)：如果在当前表中的某个字段引用了其他表的主键，则称这个字段为外键，外键加强了两张表之间的一列或多列数据的联系。在主键约束中提到，主键是非空的，进而当前表中的外键，也一定存在并且是非空的，这就是外键约束。

(5) 检查约束(Check)：检查约束即限制字段的值范围，例如用户年龄范围、学生成绩范围。需要注意的是，在 MySQL 中不支持检查约束。

综上，在实际开发中，约束具有非常重要的作用，可以有效地保护数据的完整性、提高查询效率、方便多表数据联动和防止非法数据的输入，数据库开发人员应严格按照需求设计时确定的约束创建字段。

3.2.4 功能的判断

在设计数据表时，还需考虑添加用于判断状态的字段，这类字段通常具备初始值，一般为 NULL 值或自定义的默认值，如 0、1 等。

在 MySQL 中，NULL 值是表示空值的特殊值，在新建字段后如果没有定义初始值，则默认值为 NULL。程序员大多拥有自己的 Git 仓库，假设要将仓库的一个项目进行开源，就需要选择一款开源协议，如 Apache License 2.0、OpenSSL License、MIT 等，在没有选择开源协议之前，可以想象到开源协议在当前仓库的数据行中的值为 NULL。再例如在学生表中存在表达学科总成绩的字段，在没有得到所有学科的成绩前，可将值设为 NULL。如果当前字段的值只需获取一次性数据，则可以通过判断该值是否为 NULL 再决定是否插入值。

在实际开发中通常会使用 0 和 1 作为初始值去对某些功能进行判断。以回收站为例，这是计算机、手机都必备的一个软件，当删除某个文件时计算机首先会将文件保留在回收站内，只有当用户进入回收站进行真正删除操作时文件才会被销毁，在这一过程中，文件处于正常状态时可表示为 0，当文件在回收站时可表示为 1，通过状态的数值去表示文件是否被删除，即为一个简单的判断。同样的使用场景可见于新闻管理系统的稿件删除与否，对于重要的稿件资料，系统一般会设置二次判断功能，即初次删除为假删除，再次删除才为真删除，这其中的原理即通过 0 和 1 去实现。

在企业管理系统中，状态具有更加丰富的实现场景。下面简单介绍几种常用的场景。

(1) 登录状态：状态可用于判断用户是否处于登录或离线状态，并且系统可根据数据表中 0(假设 0 为登录状态)的数量统计当前登录人数，实现展现在线人数功能。

(2) 账号状态：可设置 0 和 1 代表正常账号或封禁账号的状态字段，在登录时检查账号状态是否正常再放行。

(3) 操作状态：在严格的系统中，还会使用字段记录用户的行为操作，当用户执行了某个敏感操作时，将字段置为 1，否则默认值为 0，这样可对一些敏感操作进行溯源处理，增强系统的安全性。

(4) 文件状态：如果企业系统是一个多组织的结构，则可以对文件列表中的普通文件添加状态 0，对共享事件添加状态 1，以此来判断当前存在的共享文件，还可使用 0 和 1 实现文件正常状态和加密状态的判断。

(5) 事项状态：假设在高管的事件列表中存在相同量化等级的事项，如当天需要完成的重点事项有 3 个，那么系统应当有手动设置事项轻重缓急状态的功能，可在数据表中用数字 0、1、2 标记普通、重要和必要的状态，这样就有利于决策者做出更加准确的判断。

(6) 过滤状态：在实现搜索功能时，可根据目标在数据表中的状态作为附加搜索条件，如搜索身份为普通用户的账号，默认为搜索全部用户，但可增加单选框只选择正常状态的用户(状态为 0)或只选择封禁状态的用户(状态为 1)。

在合适的场景中正确使用 0 和 1 做判断，或者说使用布尔类型进行判断，可以直观地反映需求内部的逻辑关系，易于开发人员和后期维护人员理解，从而提高代码的可读性和可维护性；从后端直接返给前端的状态码也使前端程序员能够更加轻松地实现各种类型的条件判断，不需再进行额外的加工操作，减轻了前端程序员的负担；如场景(1)中登录人数的计算，也侧面说明了使用布尔类型可以更加方便地进行数据统计和分析，因此在项目的开发和数据库管理中，广泛地存在使用布尔类型实现功能判断的字段。

3.2.5 数据表的 id

在数据表中，通常会添加 id 对记录进行唯一标识，也就是主键。数据表中的 id 是一种自动增加的数字，在一般的查询场景中可通过 id 搜索表，也可以被用来修改和删除某个记录的索引，在复杂场景下可用以识别记录中的特殊值或链接(用 id 作为另一张表的外键使用)不同的表。

在创建数据表时，通常会将 id 设置为自增，也就是每次新增记录时，数据库会自动地为新记录分配一个在上条记录的 id 的基础上加 1 的 id，这有助于数据表中记录的连续性，也使排序和查询操作更加高效，例如以用户注册先后的顺序获取用户列表信息，就可以通过 id 的大小获取数据，当然也可以通过创建账号时间获取，但从检索速度上，通过简短无额外格式的 id 无疑比带有时间格式的速度更快。数据库自动分配给记录的 id 具有持久性，即 id 一旦分配给某条记录，即使该条记录被删除，id 也不会回收或重新分配给其他的记录，当这条记录被删除的时候，下条记录的 id 依旧是在被删除的记录的 id 的基础上进行自增，例如当条记录(同时为最后一条记录)的 id 为 23，那么上条记录的 id 为 22，如果把 id 为 23 的记录删除，并且新增一条记录，则表中的末尾两个 id 将变成 22、24。

3.3 从 0 设计一张用户数据表

3min

任何系统都是为用户服务的，而用户数据表则是这一切的基础。在设计用户数据表之前，作为即将成为全栈工程师的读者需要明白设计字段和设计表之前的差异，表是根据需求模块进行设计的，而字段是根据模块中的具体功能设计的。在本节中，将从用户数据表的重要性谈起，并从设计表的角度介绍数据表和模块、字段和功能的关系，最后通过 3.2 节的设计理论从 0 创建一张用户数据表。

3.3.1 用户模块

在一个系统中，用户模块往往是最重要的模块之一，这是因为需求的提供者是用户，而系统的使用者也是用户。用户模块是系统中用户管理和处理用户信息的部分，提供了用户注册、登录、编辑用户信息、权限管理等功能。用户数据表是用于存储用户信息的数据库表，在表中通常会包含用户的基础信息，如账号、密码、用户名、性别、年龄、联系方式等，用户模块通过对用户数据表的增、删、改、查，实现了对用户信息的管理和操作。

在前端的设计中，用户模块的不同功能通常处于不同的页面，下面对用户模块常见的功能进行介绍并描述其常见场景。

1. 注册与登录功能

用于用户的注册与登录，其场景通常是系统的默认首页，即输入域名后进入的第 1 个页面，用户在输入账号和密码后登入系统内部。在后端设计注册及实现逻辑时需要对账号与密码的格式进行限制，如账号为大于 6 位和小于 12 位的纯数字、密码需结合数字和大小写字母等，并对登录次数进行限制；在前端也需对用户登录时输入的数据进行校验，达到前后端的双重校验。值得一提的是，随着安全隐患的不断增加，目前的登录除了校验账号和密码外还会结合滑动拼图块、校验登录 IP 地址、短信验证等进行多重校验，一些等级保护较高的系统还会通过 CA 认证去确认用户的真实身份。多重校验可以防止暴力破解、字典攻击、彩虹表攻击等，确保用户信息的真实性和合法性。

2. 管理用户功能

管理用户功能是用户模块的主体，在系统中通常以单模块的形式出现，以列表的方式对使用系统的用户进行展示。在用户表格中，展示了用户的基础信息，如账号、用户名、性别、年龄、联系方式、头像、部门、职位、创建时间和更新时间等。对用户的主要操作通常包括审核站外的注册人员（与之相对的是在系统内部创建的用户账号）、编辑用户的基础信息、设定用户的权限、对用户账号进行冻结和解冻等。

管理用户的重点在于权限，以新闻管理系统为例，通常会以三级的用户权限进行分层，即最顶层为超级管理员，中间层为负责各个模块（部门）的管理员，其余的为普通用户权限。超级管理员可对除其之外的所有用户进行管理，负责各个部门的管理员又可对其部门内的用户（员工）进行管理。普通用户一般只具备发布文章、浏览系统和搜索系统内容、发表评论和收藏文章等权限；对于中层的管理员来讲，除了普通用户的权限外，还兼具审核用户评论、审核和管理文章、修改普通用户账号信息等权限；超级管理员则具有最高权限，可以管理整个系统的所有用户账号。管理员在面对大量的用户数据时，想要对特定用户进行处理并不是一件简单的事情，所以在表格（用户模块抑或是其他的模块）中都会有搜索功能，便于管理员进行日常维护。

在一些的 B2C（Business to Customer，企业与消费者之间的电子商务模式）系统中，除了系统的用户列表之外还有客户列表，客户列表除了客户的基础信息外还可双击查看每个客户的详细购物信息，如购买产品型号、购买次数、购买产品类别、支付价格区间、支付类型、消费场景和时间等，管理员在日常维护客户信息外还可对恶意购买的“黄牛”进行封禁账号处理。对于商家来讲，客户的购物信息具有非常重要的战略意义，结合客户列表对购物数据进行分析，可以帮助商家了解大多数客户对产品的喜好度、对产品的使用评价，进而优化产品设计、提高产品的吸引力，并结合分析的数据进一步指导产品的研发方向和拓展业务范围，不断提高产品的竞争能力。

3. 记录功能

在 3.2.3 节关于功能的判断描述中，提到了记录用户的操作行为字段，对于用户模块来讲，记录用户的操作行为是不可或缺的。

用户是业务的执行者，即使从手工记录的阶段转变为无纸化办公阶段，但仍然可能出现操作异常的情况。在 ERP 系统中通常涉及大量的业务数据，如销售订单、采购订单、出入库订单等，普通用户在面对大量数据时可能会出现录入错误，如填写单号的时候多写了一个数字、产品的型号填写错误等。对于审计部门的管理员(可以简单地理解为财务)来讲，需要经常对系统内保存的数据进行审计(对账)，以保证数据的正确性，如果 ERP 系统中没有记录用户的操作日志，则管理员对发生数据错误的时间节点、导致数据出错的操作人员无从找起，对系统来讲是一个极大的隐患。对于权限较高的管理员，当受到攻击时更有可能泄露系统保存的敏感信息，如客户信息、财务信息、企业负责人的联系方式等，当出现异常操作情况时，管理员可根据操作日志及时封禁出现敏感操作的高权限账号。

操作日志可以增加系统的安全性和可维护性，方便系统管理员追溯系统的历史操作记录，满足系统管理员对用户操作的审计要求，避免系统的信息出现泄露和滥用。

3.3.2 用户表字段

综合 3.3.1 节的注册与登录功能、管理用户功能和记录功能，对各个功能的操作对象进行抽象处理，为了方便开发，部分字段采取默认长度，具体如下。

(1) 登录功能：账号、密码。

(2) 管理用户功能：姓名、性别、年龄、头像、联系方式、部门、职位、状态。

(3) 记录功能：创建账号时间、更新账号信息时间。

通过以上抽象出来的字段并结合 3.2 节中关于字段的命名、数据类型、约束、功能判断和 id，可得到如下字段及其属性。

(1) id：主键，类型为 int，长度默认为 11，不为空且自增。

(2) account：账号，类型为 int，长度默认为 11。

(3) password：密码，类型为 varchar，长度默认为 255(此处长度并不是指密码的长度可以为 255，这是因为在实际的场景中数据表保存的密码皆经过加密，加密后的长度由加密中间件决定，故设为 255 更为保险，不会出现长度过小问题)。

(4) name：用户名(昵称)，类型为 varchar，长度默认为 255。

(5) sex：性别，类型为 varchar，长度默认为 255。

(6) age：年龄，类型为 int，长度默认为 11。

(7) image_url：用于存储头像在服务器中的地址，类型为 varchar，长度默认为 255。

(8) email：邮箱，即联系方式，类型为 varchar，长度默认为 255。

(9) department：部门，类型为 varchar，长度默认为 255。

(10) position：职位，类型为 varchar，长度默认为 255。

(11) create_time：创建时间，类型为 datetime，长度默认为 0(数据库系统会依据数据类型的规范自动分配默认长度，即动态分配)。

(12) update_time：更新账号信息时间，类型和长度同 create_time。

(13) status：账号状态，类型为 int。

3.3.3　创建用户数据表

1. 使用命令行创建用户数据表

创建名为 gbms(General Background Management System，通用后台管理系统)的数据库，并在数据库中新建名为 users 的数据表，命令如下：

```
#创建名为 gbms 的数据库
create database gbms;

#进入 gbms 数据库
use gbms

#新建名为 users 的数据表，并创建用户表字段
#primary key 为主键，auto_increment 为自增
create table users (
  id int primary key auto_increment,
  account int,
  password varchar(255),
  name varchar(255),
  sex varchar(255),
  age int,
  image_url varchar(255),
  email varchar(255),
  department varchar(255),
  position varchar(255),
  create_time datetime,
  update_time datetime,
  status int
);
```

2. 使用 Navicat 创建用户数据表

以 2.3.2 节的操作步骤为例，首先使用小皮面板创建名为 gbms 的数据库，如图 3-1 所示。

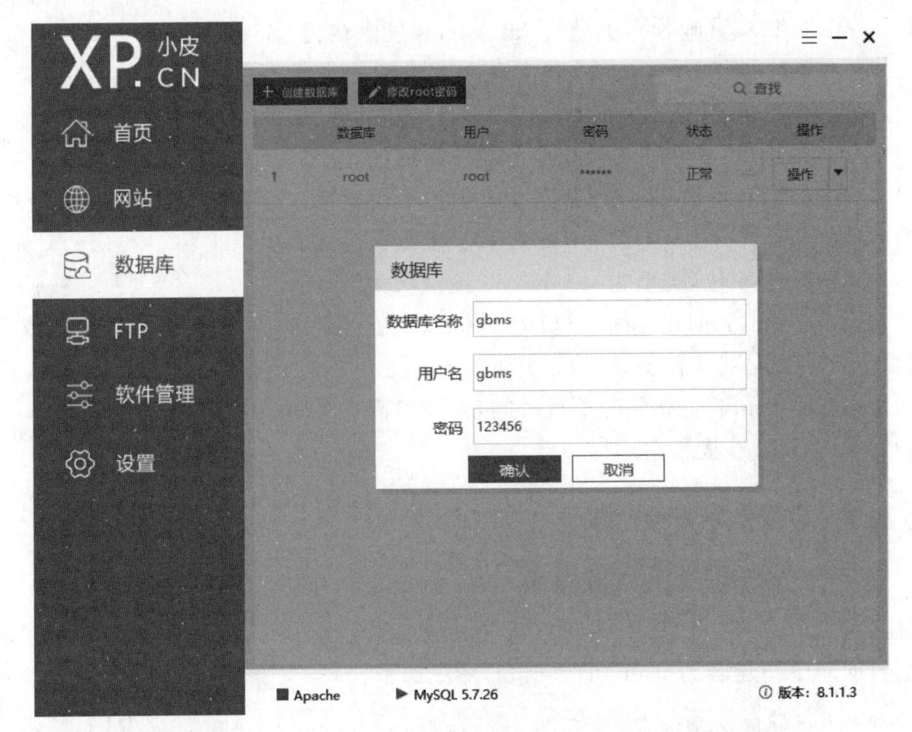

图 3-1　创建 gbms 数据库

接着打开 Navicat for MySQL 的连接，输入连接名、用户名和密码进行连接，如图 3-2 所示。

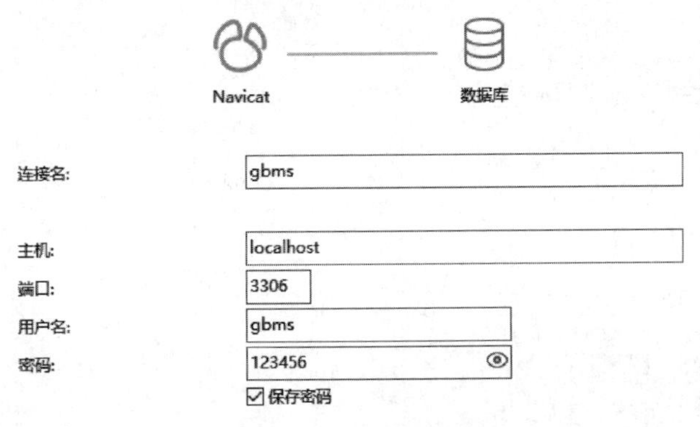

图 3-2　Navicat 连接数据库

在左边数据库列表中选择 gbms，并右击 gbms 中的表，单击“新建表”选项，进入建表页面并输入字段、数据类型、长度及其他选项。需要注意的是 id 为主键，不为空并且自增，如图 3-3 所示。

其余字段在类型和长度上遵循 3.3.2 节的设定，如图 3-4 所示。

最后单击左上角“保存”按钮，输入表名 users 并确认，至此 users 表就创建成功了，如图 3-5 所示。

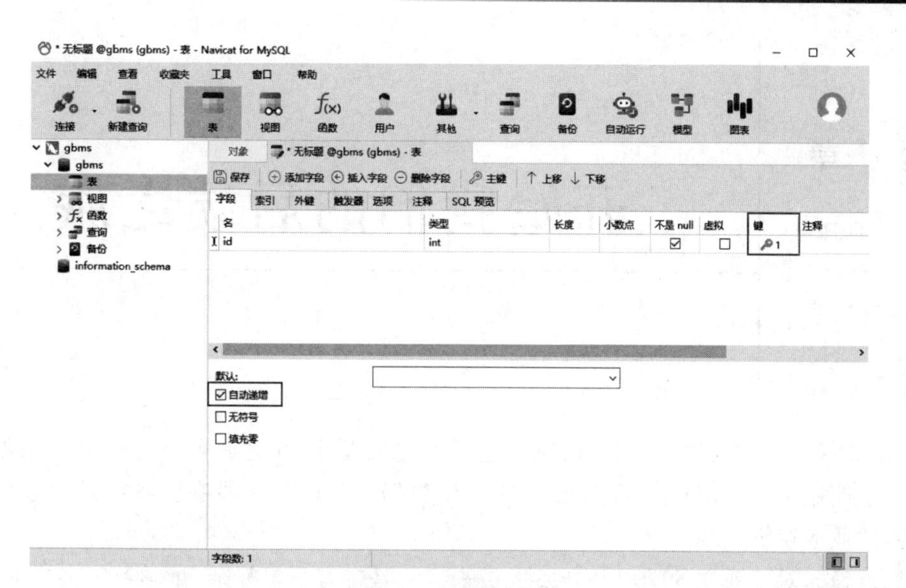

图 3-3 设定 id 字段

保存 添加字段 插入字段 删除字段 主键 上移 下移

字段 索引 外键 触发器 选项 注释 SQL 预览

名	类型	长度	小数点	不是 null	虚拟	键
id	int	11		☑	☐	1
account	int	11		☐	☐	
password	varchar	255		☐	☐	
name	varchar	255		☐	☐	
sex	varchar	255		☐	☐	
age	int	11		☐	☐	
image_url	varchar	255		☐	☐	
email	varchar	255		☐	☐	
department	varchar	255		☐	☐	
position	varchar	255		☐	☐	
create_time	datetime			☐	☐	
update_time	datetime			☐	☐	
status	int	11		☐	☐	

图 3-4 用户表字段

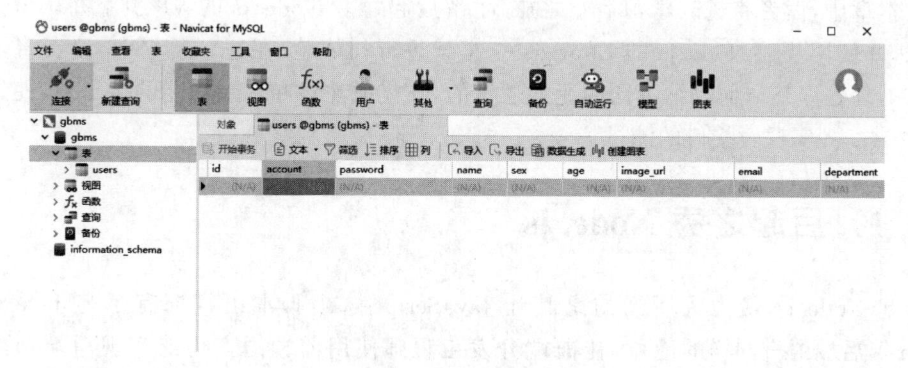

图 3-5 users 表

第4章 开始我们的后端之旅

CHAPTER 4

在第3章中，读者根据对用户的属性进行了抽象设计，并完成了自己的第1张数据表，那么，对于使用系统的用户来讲，怎么才能操作数据表里面的字段呢？答案是通过后端（服务器端）的业务逻辑处理。

提起后端，对于前端的学习和开发人员来讲总是带有逻辑复杂、难学习等多样的负面第一印象，这是因为传统的后端语言（如C、C++、Java、PHP等）在学习周期上具有学习曲线比较陡峭，需要花费大量的时间去理解语言的基础概念和语法规则，在学习时还需掌握面向对象编程、面向过程编程等编程范式，以及要熟练掌握数据结构和一定的算法知识。诸如此类特点，学习传统的后端语言相比前端语言来讲需要花费更多的时间和精力。那么，什么是后端呢？后端是用来做什么的呢？

众所周知，前端是展示给用户看的，那么后端就是用户看不到的，这两者都是在Web开发中产生的概念。在用户看不到的这部分内容中——后端，正以毫秒级的速度处理着用户端每次的鼠标单击和键盘按键引起的事件，例如当用户在登录页面输入账号和密码并单击"登录"按钮后，前端会立马向后端发送用户输入的账号和密码，当后端获得数据后会与数据库中保存的用户数据进行对比，并将结果返给前端，整个操作可能在5ms内完成。后端是应用软件和网站的重要组成部分，主要负责处理业务逻辑、存储数据、保证数据安全，通过操作数据库的内容与前端进行交互。

在本章中，读者将进入学习后端之旅，了解后起之秀Node.js的V8引擎并认识其丰富的社区，并使用基于Node.js的Express.js框架进行初体验，在这一过程中，读者将了解到路由和处理程序是如何收纳不同的业务逻辑的，在完成注册和登录功能的接口后，使用测试工具Postman实现对接口的测试。

4.1 后起之秀Node.js

3min

谈起Node.js，最为人所知的是其让JavaScript这个脚本语言拥有了与Java、PHP、Python等后端语言同样的地位，让前端开发工程师使用前端语言也能实现后端功能的开发，这意味着JavaScript实现了前端和后端的统一，成为一种高效、强大和流行的编程语言。

那么,Node.js 究竟使用了什么魔法能让 JavaScript 脱离浏览器的运行环境,使其能够运行在后端呢? 答案是 V8 引擎——Chrome V8 Engine,一个 JavaScript VM(Virtual Machine,虚拟机)。

4min

V8 引擎就像是豪华汽车的 V8 发动机,一个由谷歌使用 C++开发且开源的 JavaScript 引擎,主要用于 Chrome 和 Node.js 文件中,运用在 Node.js 中就好像 JavaScript 拥有了动力去脱离浏览器的美好环境。不了解核心组件开发原理的读者可能会对引擎有所疑惑,为什么要取这样一个名字呢? 其实引擎指的是开发程序或系统的核心组件,它能够独立使用或嵌入应用程序中。汽车的引擎决定着汽车的性能和稳定性,而开发程序的引擎同样具备对性能的优化,并给予程序强大的支持功能。

4.1.1 V8 引擎的优化机制

V8 引擎为 Node.js 提供了优秀的性能优化,包括出色的垃圾回收机制、高性能的解析和编译 JavaScript 代码、支持使用 C++进行扩展等,在本节中将着重介绍垃圾回收机制的算法逻辑和 JavaScript 代码如何被转换成可被 CPU 执行的机器码的过程。这是 Node.js 作为 JavaScript 的宿主环境不可缺少的重要部分。

1. 垃圾回收机制

出色的垃圾回收机制(Garbage Collection,GC)是 V8 引擎能够实现高性能的关键之一。不管使用何种语言,在频繁操作数据的过程中都有可能产生垃圾数据。当垃圾数据过多时会导致内存溢出进而使程序崩溃的情况,GC 的存在则是为了避免此种情况发生。可通过一个简单的例子示范垃圾数据的产生,假设定义了一个 class 班级对象,在对象内新增 number 属性代表学生数量,并新建一个数组对象作为 number 的属性值,用于保存学生信息,则代码如下:

```
//定义一个班级对象
Let class = {}
//新增数组
class.number = new Array(60)
```

在这一过程中,堆内存会创建一个数组对象,并将该数组对象的地址指向 number 属性,即 number 保存的是一个地址值,如果将 number 的属性值指向另一个对象,则数组对象将变成没有任何对象指向(没有任何人访问)的垃圾数据,代码如下:

```
//将 number 值指向一个空对象
class.number = {}
```

对于栈区来讲,存放的函数会随着运行的结束而自动释放,而堆区是自由的动态内存空间,内存一般通过手动分配释放或通过 GC 自动分配释放。手动释放内存空间的代码如下:

```
//定义一个用户对象
Let student = {
```

```
    name:"张三",
    age:18
};
//将对象设置为 null
student = null;
```

V8 引擎的堆内存设计与 GC 设计是息息相关的，在堆内存中主要分为 5 个区域，如图 4-1 所示。

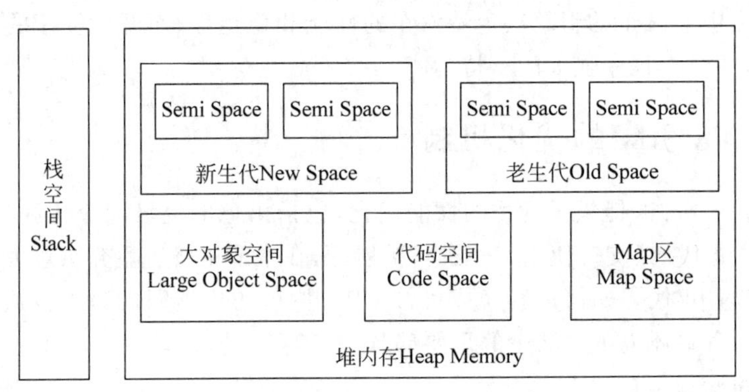

图 4-1 堆内存空间

在图 4-1 中的 5 个区域分别如下。

(1) 新生代(New Space)：大部分对象的初始分配区域，是一个内存较小但垃圾回收频繁的区域，该区域分为两个半空间(Semi Space)，用于使用 Scavenge 算法处理垃圾。

(2) 老生代(Old Space)：当新生代内的对象经过多次 Scavenge 算法后依然存活的时候将被转移至老生代，是一个空间大且垃圾回收的频率较低的区域，内部分为老生代指针区(Old Pointer Space)和老生代数据区(Old Data Space)，老生代指针区包含着大量的二级指针，老生代数据区只保存原始数据对象。

(3) 大对象空间(Large Object Space)：存放默认超过 256KB 的对象。

(4) 代码空间(Code Space)：用于存储预编译代码，以便程序运行时能够快速地访问和执行这些代码。

(5) Map 区(Map Space)：用于存储对象的 Map 信息，包含对象的类型、属性等信息。

垃圾回收的过程主要在新生代和老生代之间，也称为"分代策略"。在新生代的两个半空间中，一半的空间是存储了数据的空间(又称 From 空间)，一半是空闲的空间(又称 To 空间)。新创建的对象都会被保存在 From 空间中，并标记年龄为 1。当 From 空间不足或者超过一定大小后，GC 首先会对对象区域中的垃圾做标记，接着触发 GC 使用 Scavenge 算法，GC 会把 From 空间中清理后存活的对象有序地复制到 To 空间中，在这一过程中，完成了内存的整理操作，此时 To 空间不存在内存碎片。完成了复制后，To 空间和 From 空间进行角色调换，To 空间变成了 From 空间，里面存放着对象，From 空间因为把数据都复制到 To 空间了，空无一物而变成了空闲空间。等到 From 空间再次饱满之后，重复执行 Scavenge 算法。

因为新生代中采用的Scavenge算法在每次执行时都需要把存活的对象从From空间复制到To空间，需要一定的开销成本，如果新生代的空间过大，则每次执行的时间都会过长，故而新生代被设计为内存较小的空间以提高效率。在经过两次垃圾回收之后依然存活的对象会被转移至老生代中，这也称为“对象晋升”策略，如图4-2所示。

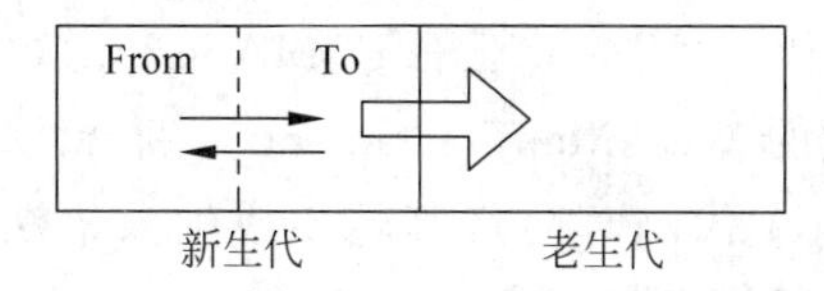

图4-2 Scavenge算法和对象晋升策略

除了从新生代晋升的对象被存放到老生代，一些占用空间大的对象会直接被保存在老生代中。老生代的空间较大，如果使用Scavenge算法，则会花费过多的时间，从而导致回收效率不高，同时浪费一半的空间，因此在老生代中会采用标记-清除(Mark Sweep)和标记-整理(Mark Compact)两种策略。

在标记的初始阶段会从一组根元素开始递归遍历，在整个遍历过程中能到达的元素称为活动对象，没有到达的元素则称为垃圾数据。由于在老生代中的对象普遍占有空间大，清理后就会产生大量不连续的内存碎片。假设在老生代中白色区域代表活动数据，灰色代表清理垃圾数据之后的区域，如图4-3所示。

这时，如果通过“标记-整理”算法进行整理，对所有活动对象都进行标记，并往空间的某一侧移动，就好比把一堆沙子往墙边推，则最后某一侧都是碎片空间，其余的为活动对象，从而减少了零散的内存碎片空间，如图4-4所示。

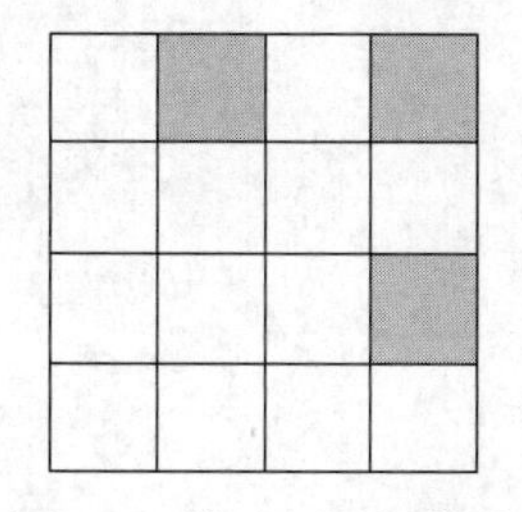

图4-3 “标记-清除”策略

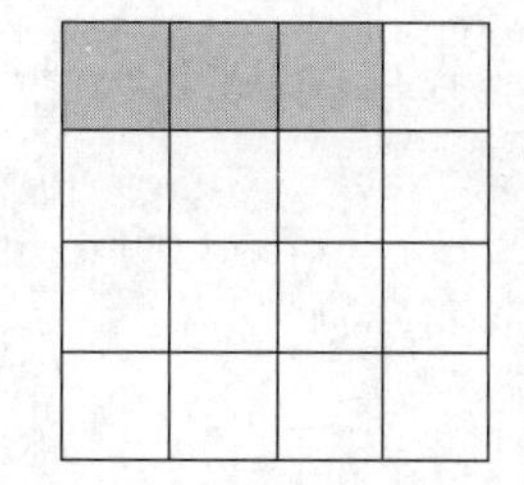

图4-4 “标记-整理”策略

需要注意的是，由于JavaScript是运行在主线程上的，当执行GC的回收算法时会暂停JavaScript正在运行的脚本，等GC过程结束后再进行运行，称为全停顿(Stop The World, STW)。在新生代中虽然会频繁地执行Scavenge算法，但因为其空间小，存活对象少，故STW对主线程影响不大，但如果在老生代中执行GC，则可能会占用主线程过长的时间，从而造成页面卡顿。为解决老生代GC的影响，V8引擎将标记过程分为一个个的子标记过程，让垃圾回收标记和主线程交替执行，直至标记阶段全部完成，这称为增量标记(Incremental Marking)算法。

2. 编译JavaScript

在V8引擎中，提供了基于ECMAScript标准的JavaScript Core(核心)特征，这是

JavaScript 编程语言的规范，确保了 JavaScript 能够在不同的浏览器和平台上保持一致。值得一提的是，目前最流行的标准规范是 ECMAScript 技术委员会于 2015 年 6 月发布的 ECMAScript 6(ES6)，在 ES6 中引入的箭头函数、模板字符串、解构赋值、Promise 等新特性，极大地简化了代码语法，提高了开发效率，其中 Promise 的异步编程特性，使 JavaScript 可以更加方便地处理异步操作。目前，最新的 ECMAScript 2023 已经发行，提供了新的数组 API、支持 Symbol 作为键的 WeakMap、Hashbang 等新特性。

V8 引擎在编译 JavaScript 代码时会将其转换成抽象语法树(Abstract Syntax Tree, AST)，读者可通过下面这个简单的例子了解 AST。

```
//定义一个名字
const name = 'Wyne';
```

在这一过程中，这行 JavaScript 代码首先会对语句进行分词，也就是将代码字符串分割成最小的语法单词数组，代码如下：

```
[
    {
        "type": "Keyword",                    //关键字
        "value": "const"
    },
    {
        "type": "Identifier",                 //定义
        "value": "name"
    },
    {
        "type": "Punctuator",                 //符号
        "value": " = "
    },
    {
        "type": "String",                     //字符串
        "value": "Wyne"
    },
    {
        "type": "Punctuator",                 //符号
        "value": ";"
    }
]
```

获得分词的结果后会进行下一个步骤，即语法分析，在这一阶段会对分词进行组合，明确分词之间的关系并得到整个语句的表达含义，分析最终的结果，即 AST 代码。在 AST 中对语句的类型、主体、变量都进行了描述。AST 代码如下：

```
{
  "type": "Program",
  "body": [
    {
```

```
    "type": "VariableDeclaration",              //变量声明
    "declarations": [
      {
        "type": "VariableDeclarator",
        "id": {
          "type": "Identifier",
          "name": "name"
        },
        "init": {
          "type": "TemplateLiteral",
          "quasis": [
            {
              "type": "TemplateElement",        //类型为模板元素
              "value": {
                "raw": "Wyne",                  //原生值
                "cooked": "Wyne"
              },
              "tail": true
            }
          ],
          "expressions": []
        }
      }
    ],
    "kind": "const"
  }
 ],
 "sourceType": "script"                         //代码原类型为脚本
}
```

V8 引擎会接收生成的 AST 和代码所在作用域，解释并执行基础字节码和对象字节码。字节码是一种中间状态的二进制代码，需编译成机器码或经过解释器解释后才能在 CPU 执行。V8 引擎的字节码是谷歌公司所开发并私有的一组集合指令，用于执行算术运算、内存访问等基本操作。解释器(Interpreter)将会从上到下执行字节码中的每行，如果多次执行一些相同的字节码，则这些字节码会被 V8 引擎标记为热点(Hot)，热点字节码会被优化编译器转换成更为高效的机器码并被 CPU 执行，其他的字节码会通过解释器进行解释后在 CPU 执行。

当然，有的读者可能会想到，为什么不直接把字节码都编译成更高效的机器码呢？这其实正是 V8 团队最初设计的编译方式，但同样的一份 JavaScript 代码当编译成机器码时会有几千倍的内存空间增长(K 到 M 的变化)，而字节码只需 10 倍左右的空间。另外，机器码虽然高效，但需要较长的时间进行编译，而字节码执行慢，但解释速度快，所以 V8 团队选择了一种折中的办法，为字节码开发出强大的解释器，为机器码提供更智能的优化方案，将大量常用的字节码编译成机器码优化后执行，减少机器码的占用空间，并提高 CPU 的执行效率。

在 V8 引擎中，还使用了隐藏类和内联缓存的方式去优化 JavaScript，并且支持通过 C++扩展来增强 JavaScript 的性能，这里不再进行详细叙述。

4.1.2 非阻塞 I/O 和事件驱动

作为 JavaScript 运行的宿主环境，Node.js 大致可以被分成三层结构。首先是顶层的 Node.js 的标准库(Node.js Standard Library)，在这个库中包含了 Node.js 提供给用户的 fs 模块、events 模块、HTTP 模块等众多模块的 API，这一部分是用户直接使用的应用层，也就是 JavaScript 直接编写的部分；第 2 层是 Bingdings(连接)部分，JavaScript 和 C++在这里进行交互，顶层的 API 经过此层调用操作系统执行不同的命令；最底层是支持 Node.js 运行的地基，包含了 V8 引擎、libuv 库等内容。在 libuv 库内部包含了事件列表(Event Quene)、事件循环(Event Loop)和线程池(Thread Pool)等，实现了 Node.js 的事件驱动模型，这也是 Node.js 实现异步的原因，如图 4-5 所示。

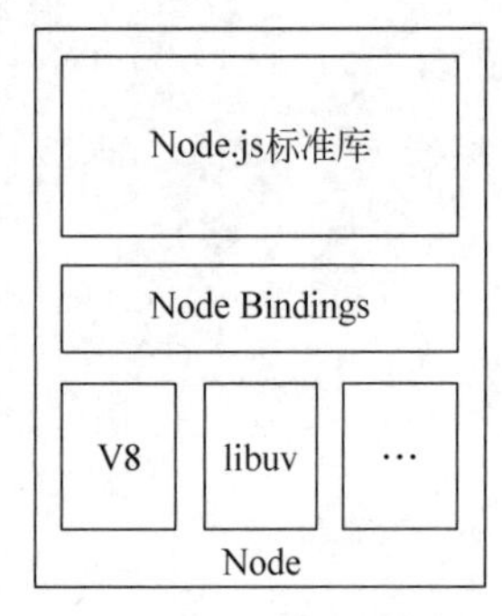

图 4-5 Node.js 的内部结构

1. 阻塞、非阻塞 I/O

I 表示输入(Input)，O 表示输出(Output)，而 I/O 则是系统输入和输出的操作。什么才算 I/O 操作呢？最简单的例子就是数据库的读写操作，DBMS 将数据存储在硬盘上，并在内存中保存和维护多个数据缓存区，当执行读取操作时，DBMS 首先检查请求的数据是否存在于内存中，如果在内存中，则直接从缓存区里返回数据，如果不在内存中，则从硬盘里读取数据，并将其加载到内存中，最后把内存中的数据写入数据库，这便是输出操作；当需要往数据库插入数据时，DBMS 首先会将数据写入缓存区中，而不是直接写入硬盘，DBMS 会定期地将缓存区的数据刷新到硬盘上，称为“刷写”操作，而将数据写入内存中的操作，即为输入操作。整个 I/O 操作的过程就是对内存的读写过程，在 Node.js 中，则可理解为通过 JavaScript 代码和 SQL 语句编译成机器码(字节码通过解释器进行解释)让 CPU 执行读写内存命令。

I/O 操作需要花费一定的时间才能在系统内核完成，而 CPU 则不管完成的时间要多久都需要获取操作的结果，这就涉及一个问题，CPU 是否会等待 I/O 操作结束后，也就是获取结果后才去执行其他的操作呢？这就涉及阻塞 I/O 和非阻塞 I/O 的问题。

以一个简单的获取数据流程的过程为例。在阻塞 I/O 的情况下，当线程发起调用命令后，系统内核会经历从无数据到获取数据、获得数据并就绪的流程，而在整个持续的过程中，作为 CPU 最小调度资源单位的线程会一直占用 CPU，使其处于非运行状态，也就是阻塞的状态，这造成了 CPU 的利用率下降。阻塞 I/O 过程如图 4-6 所示。

当 I/O 操作为非阻塞时，线程发起调用命令后，系统内核会立即返回一个当前无数据的信息，相当于 CPU 获得了结果，CPU 便继续执行其他的事情，但同时会不断地发出命令询问系统内核数据获取了没有，也就是轮询。直到系统内核的数据准备就绪，线程才会被挂起(阻塞),让数据在内核空间和用户空间进行数据交互。非阻塞 I/O 的好处显而易见,能够利用空闲的 CPU 时间片,但是从整个调用过程来看,CPU 因为会发起大量的轮询,所以还是处于利用率低的情况。非阻塞 I/O 过程如图 4-7 所示。

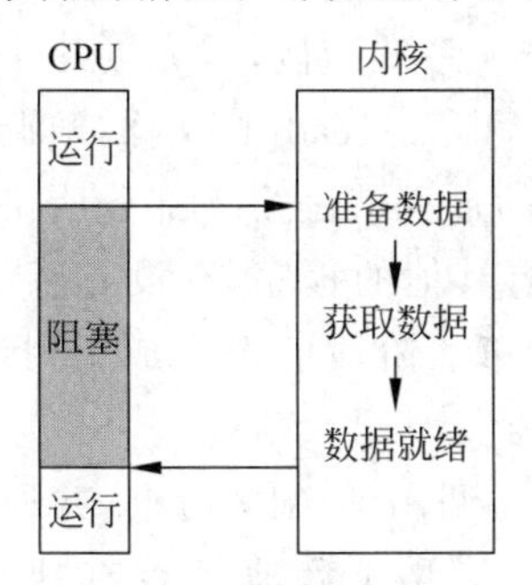

图 4-6　阻塞 I/O 过程

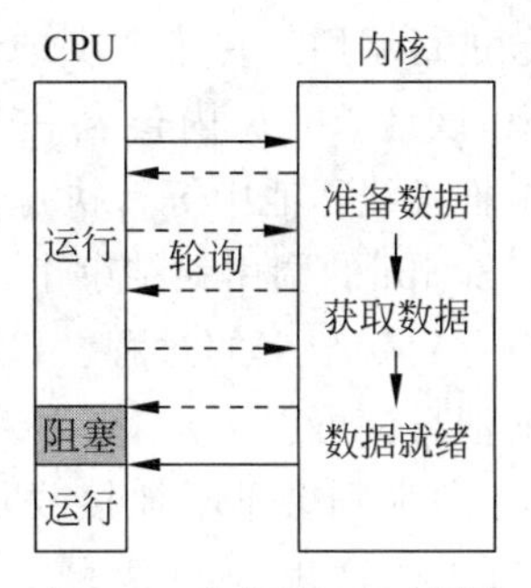

图 4-7　非阻塞 I/O 过程

那么有没有什么办法能最大程度地释放 CPU 的利用率呢？试想一下,如果在调用命令发给内核之后 CPU 不会进行轮询,而是等待内核数据就绪之后由内核来通知 CPU 挂起线程,就只需在数据交互的阶段短时间地占用 CPU。简单来讲,就是相较于非阻塞 I/O 减少了轮询操作,这种过程就成为异步非阻塞 I/O,如图 4-8 所示。

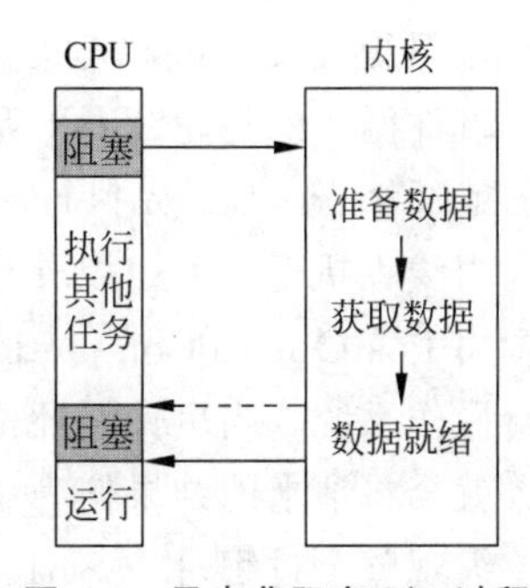

图 4-8　异步非阻塞 I/O 过程

异步与同步的区别可简单地理解为事件的主动通知和被动通知,从这个角度来看,图 4-6 为同步阻塞 I/O,图 4-7 为同步非阻塞 I/O,图 4-8 则为异步非阻塞,当然,读者可能会想这样的排列组合会不会也存在异步阻塞 I/O,按照图 4-8 的案例,异步就是为了释放 CPU 的时间片,还阻塞它干什么呢？所以不存在也没必要存在异步阻塞 I/O。很多文档会把非阻塞 I/O 等同于异步 I/O,其实这混淆了两者所处的环境区别,阻塞 I/O 和非阻塞 I/O 主要发生在硬件层面,而常说的 Node.js 发生异步 I/O 是指事件循环内的场景。

那么 Node.js 是如何在不同的操作系统上进行非阻塞异步 I/O 的呢？答案在于 libuv,更准确地来讲是发生在 libuv 的线程池。作为抽象封装层的 libuv 会判断当前所处的操作环境。如果在类 UNIX 系统(如 Linux)内,线程则会通过 epoll 方案与内核去实现事件通知机制,在 Windows 系统内,线程则会通过 IOCP 机制实现异步非阻塞 I/O。

2. 事件驱动

在了解了操作系统层面的 I/O 后,现在回过头来,以一个获取文件内数据的 API 来看 Node.js 的异步 I/O 方案,代码如下：

```
const fs = require('fs');
fs.readFile('/test.txt', (err, data) => {
    console.log(data);
});
```

在这段代码中，fs. readFile 这个 JavaScript 函数首先调用了 Node. js 的核心模块 fs. js，这是用于文件系统操作的模块；第 2 步，Node. js 的文件系统模块调用内建模块 node_file. cc，创建了一个文件 I/O 的观察者对象；第 3 步，内建模块根据不同的操作系统在 libuv 中选择对应的对象进行调用。在第 3 步中，以 Windows 系统为例，首先创建了一个用于文件 I/O 的请求对象，该请求对象内包含一个回调函数，即 fs. readFile 内的回调函数。当请求对象生成后会被推进线程池中等待执行，这一执行的过程就是第 1 部分所讲的异步非阻塞 I/O。至此，JavaScript 的调用就结束了，会继续执行其他的程序，有没有感觉就像 CPU 向内核发起调用命令后就结束的过程？没错，异步的第一阶段已经完成了，接下来等待 I/O 线程执行完毕的消息就可以了。

在 libuv 的事件队列会不断地接收从 JavaScript 调用的 API 请求，并通过事件循环把请求推进线程池中。这里介绍两种方法，一种是获取线程池是否有执行完的请求的 GetQueuedCompletionStatus()，该方法的单词翻译就是获取队列完成状态；另一种是线程向操作系统提交完成状态的 PostQueuedCompletionStatus()，单词翻译是提交队列完成状态。事件循环的每轮 Tick(活动)都会调用 GetQueuedCompletionStatus()检查，如果有完成的就通知 JavaScript 执行回调。

当线程执行完 I/O 操作后会从内核中获取数据并将数据保存在对应的请求对象中，然后调用 PostQueuedCompletionStatus()向 Windows 系统的 IOCP 报告已经完成，并将线程还给操作系统。当事件循环检查到完成的状态，就把请求对象还给第 2 步创建的观察者，观察者就会将请求的结果作为参数传到请求对象的回调函数中。至此，回调就结束了。

纵观整个过程，JavaScript 把请求对象推进线程池后就不管了，直至观察者获取已经获得数据的请求对象，才继续回来执行该回调，中途还在执行其他的任务，这不就是一个异步操作吗？完成的流程如图 4-9 所示。

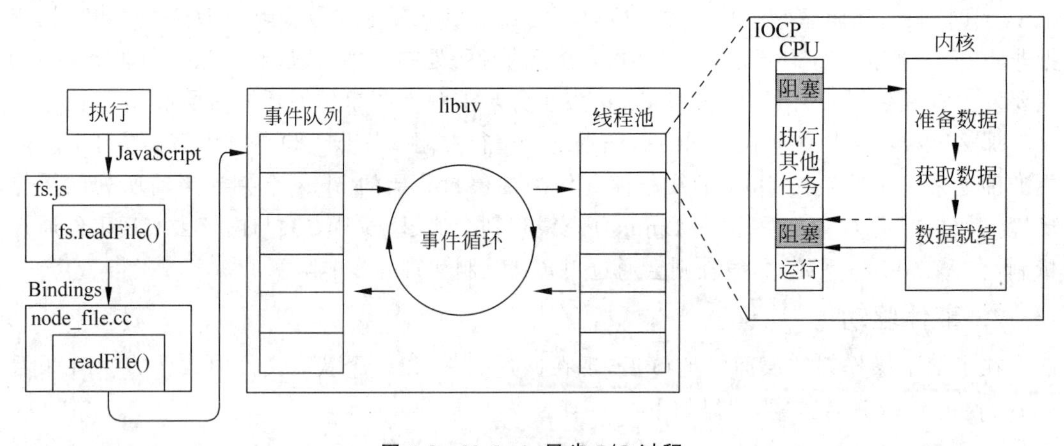

图 4-9 Node. js 异步 I/O 过程

在对 Node. js 的大部分介绍中会提到它是一个单线程的，其实只是指 JavaScript 运行的主线程是单线程，并且没有创造其他线程的能力，而通过学习了解了 libuv 的线程池，可以发现 Node. js 并不是单线程的，在线程池中默认大小是 4，也就是可以并行 4 个 I/O 操作，其余的会在线程池等待，这也是 Node. js 能够实现高并发的关键。

值得一提的是，在事件循环中还能细化为多个阶段，如 timers、pending callbacks、poll 等，涉及执行不同的优先等级的回调函数，这里不再进行详细描述。

4.1.3 丰富的生态系统

Node. js 具有丰富的生态系统，包括能实现各种功能的第三方模块库、多样的框架和强大的社区支持。

首先值得一提的是 Node. js 社区最早也是最常用的包管理工具——NPM（Node Package Manager，通常以小写形式 npm 描述），npm 提供了完善的包（依赖或模块）管理功能，包括安装包、卸载包、更新包、查看包、发布包等。在 npm 的官网中，可以查询各种场景下需要用到的 Node. js 的包或模块。截至 2023 年 npmjs 已经收录大约 80 万个 npm 包，并有每月超 1000 万的用户下载超过 300 亿个包，是世界上最大的免费可复用代码仓库。

开发项目中通常在 package. json 文件中对 Node. js 的信息进行配置，在该文件中详细展示了项目的名称、版本、启动和打包命令，以及项目在不同的环境下所使用的依赖和具体的版本号，在 4.2.5 节构建 Node. js 应用中展示了 package. json 文件的代码架构。

拥有如此庞大数量的包也反映了 Node. js 具有一个丰富的生态系统和社区支持。基于 V8 引擎的特性，Node. js 可以在 Windows、macOS、Linux 等多种平台上运行，这也使 Node. js 的社区和使用群体非常活跃，经常组织非官方的活动，如 Node. js Foundation、Node. js Working Groups 等，同时社区成员皆具有开源精神，也正因如此，JavaScript 的开发者才避免了需要自己构建组件去完成普通场景的需求。以开源的 JavaScript 库 Day. js 为例，在不同的网站上展现的日期格式可能是不一样的，有些以“-”为分割，如 2023-10-15，而有些又为 2023 年 10 月 15 号，面对这样的情况，在项目中通过 new Date()对象生成的日期及时间格式可能并不符合设计的需求，但通过一个简单的仅有 2KB 的 Day. js 即可完成不同日期格式的转换。目前，Day. js 的作者还在维护着这个周均达 2000 万下载量的人气日期库。

在本书的项目中，使用 Node. js 的 Express. js 框架结合 MySQL 去实现服务器端功能，但 Node. js 的生态系统中还有许多流行的框架，举两个目前最热门的 Web 框架为例，一个是 Koa. js，这是由 Express. js 创始人打造的一个轻量级 Web 框架，对比 Express. js，语法更加简洁，同时性能相比 Express. js 也进行了优化；另一个为 Nest. js，一个高效的使用 TypeScript 编写的可扩展服务器端应用程序的渐进式 Web 框架，采用了模块化的架构，具备出色的编写灵活性。在数据库方面，Node. js 与 MySQL、MongoDB、PostgreSQL 等 DBMS 都可进行搭配使用，为 Node. js 提供了数据存储的解决方案。

4.2 包管理工具

在 Node. js 中，包是一种用来扩展功能的应用模块，可以简单地理解为在包内部封装了实现某个功能的函数，并且对外提供了用户使用的接口。Node.js 提供了包管理工具供开发人员下载、使用、管理、发布等对包的操作，借助包管理工具，可以极大地提高开发效率。除了 4.1.3 节中所提的 npm，还有一些其他流行的包管理工具，如 cnpm、Yarn、Pnpm，本节将简单介绍各种不同的包管理工具常用的命令及配置项。

4.2.1 常用 npm 命令

9min

熟练掌握 npm 命令是前后端开发人员必备的一项技能。通过 npm 命令可以轻松地使用各种开源包和模块，更高效地开发和管理项目，提高团队的协作效率。同时，熟练地使用 npm 命令，对于学习其他的包管理工具，如 Yarn、Pnpm 等也更加易于上手使用。本节将介绍在项目开发中比较常用的几种 npm 命令。

1. 初始化项目

初始化项目命令如下：

```
npm init
```

执行该命令终端会进入一个交互环境，提示用户输入项目的基础信息，如项目名称、版本、描述、入口文件等，最终生成一个 package.json 文件，该文件记录了项目的详细信息及项目所使用的依赖，帮助版本迭代和项目移植记录所使用的依赖和版本号，也可防止后期维护中误删某些包而导致项目不能运行。

2. 全局安装依赖

全局安装是将依赖安装在本地环境或操作系统中，安装完成后任何项目都可直接引入。全局安装需要在安装依赖时加"-g"命令，"-g"是"--global"（全局）的缩写。以全局安装 Express.js 框架为例，命令如下：

```
//全局安装 Express.js
npm install express --global
npm install express -g                //-g 可放在此，也可放在依赖名前
npm i express -g                      //install 可缩写为 i
npm i express@4.16.0 -g               //安装指定版本的 Express
npm i express@latest -g               //安装最新版本的 Express
```

通常全局安装会将依赖保存到系统盘 AppData 目录下的 Roaming\npm 文件夹中，AppData 目录是用户文件的隐藏目录，需手动显示该文件夹。通过命令可查看全局安装路径，命令如下：

```
//查看全局安装路径
npm root -g
```

系统盘通常会保存大量系统文件而导致内存容量不足，为了保证系统盘的内存容量最佳，可将 npm 全局安装路径指定至其他盘符，设置成功后安装的全局依赖则保存在指定路径下，命令如下：

```
//指定全局安装路径
npm config set prefix "D:\Program Files\node_global"
```

3. 局部安装依赖

局部安装通常分为两种，根据依赖的性质所决定。对于只在本地开发环境使用的依赖，即编译、测试和调试所使用依赖，在安装时添加命令“-S”，此命令为“--save”命令的简写，依赖信息会被添加到 package. json 的 dependencies 对象中，dev 为 develop 单词的缩写；对于用于生产环境的依赖，则需添加命令“-D”，此命令是“--save-dev”的简写，依赖信息会被添加到 devDependencies 对象中。安装时当没有添加额外命令时默认为局部安装，并将信息保存在 dependencies 对象中。以安装 Express. js 框架为例，命令如下：

```
//安装开发环境 Express,将信息保存到 dependencies 对象中
npm i express
npm i express -- save
npm i express - S
npm i express@4.16.0 - S
npm i express@latest - S

//安装生产环境 Express,将信息保存到 devDependencies 对象中
npm i express - save - dev
npm i express - D
npm i express@4.16.0 - D
npm i express@latest
```

4. 安装所有依赖

在 GitHub 或者 Gitee 等代码托管平台拉取的项目一般需要先安装项目依赖才能启动，这是因为包含项目依赖的 node_modules 文件夹通常体积太大并不会上传至项目仓库中。快捷安装所有依赖的代码如下：

```
npm i                    //安装所有依赖
```

5. 更新依赖

当项目开发周期中断后再次进行开发，或从代码管理平台复制年份较远的项目时，有可能出现依赖版本与当前运行环境不兼容的情况，此时需对依赖进行更新。更新依赖的代码如下：

```
npm update express - g                    //更新全局依赖

npm update express                        //更新当前项目依赖
```

6. 卸载依赖

卸载与安装唯一的不同在于将 install 更改为 uninstall，需要注意的是 uninstall 不能进行简写，同时确定要卸载的依赖是全局安装还是局部安装。卸载依赖的命令如下：

```
npm uninstall express -g                //卸载全局安装依赖

npm uninstall express                   //卸载依赖,同时删除保存在 dependencies 中的信息
npm uninstall express --save            //同上
npm uninstall express -s                //同上

npm uninstall express --save-dev        //卸载依赖,同时删除保存在 devDependencies 中的信息
npm uninstall express -D                //同上
```

7. 设置镜像源

通过终端设置镜像源,命令如下:

```
//检查当前镜像源
npm config get registry

//官方源
npm config set registry https://registry.npmjs.org

//淘宝镜像源
npm config set registry https://registry.npmmirror.com

//腾讯云镜像源
npm config set registry http://mirrors.cloud.tencent.com/npm/

//通过镜像安装依赖
npm i express -g --registry=https://registry.npmmirror.com
```

淘宝镜像源还有专属的包管理工具——cnpm,这是由淘宝开发用于代替默认 npm 的包管理工具,当遇到因为网络问题而导致下载依赖缓慢、卡死的情况时,就可以使用 cnpm 进行救场。两者除了下载的源地址不同外,安装的依赖内容完全相同,命令则由 npm 改为 cnpm 即可,这点可以在 cnpm 官网找到原因,淘宝镜像官方说明这是一个完整的 npmjs.org 镜像,每十分钟就与官方源同步一次。

如果觉得使用命令切换不同镜像源太过麻烦,则可使用 nrm(Npm Registry Manager)快速切换想要的镜像源,命令如下:

```
//安装 nrm
npm i nrm -g
cnpm i nrm -g

//查看当前可用的镜像源列表
nrm ls

//查看当前使用的镜像源
nrm current

//切换镜像源
nrm use taobao                      //切换为淘宝的镜像源
```

```
//测试镜像源速度
nrm test taobao                    //测试淘宝镜像源速度

//添加镜像源,通常用于配置私有镜像源
nrm add 镜像名 镜像 URL 网址

//删除镜像源
nrm del taobao                     //删除镜像源列表中的淘宝镜像源
```

使用 nrm 可以管理多个镜像源,并且可以方便地在不同的镜像源之间快速切换,对于需要频繁切换官方源、镜像源和自定义私有源的开发者十分有利。具体操作示范如图 4-10 所示。

```
C:\WINDOWS\system32\cmd.exe

C:\Users\1>nrm ls
* npm ---------- https://registry.npmjs.org/
  yarn --------- https://registry.yarnpkg.com/
  tencent ------ https://mirrors.cloud.tencent.com/npm/
  cnpm --------- https://r.cnpmjs.org/
  taobao ------- https://registry.npmmirror.com/
  npmMirror ---- https://skimdb.npmjs.com/registry/

C:\Users\1>nrm current
You are using npm registry.

C:\Users\1>nrm use taobao
 SUCCESS  The registry has been changed to 'taobao'.

C:\Users\1>nrm test taobao
* taobao ---- 373 ms
```

图 4-10 使用 nrm 切换镜像源

8. 部分查看命令

查看命令主要用于查看当前的 npm 版本号、依赖版本号、依赖清单等内容,命令如下:

```
npm -v                              //查看版本号
npm root                            //查看项目依赖所在目录,如附加 -g 命令为查看全局依赖所
                                    //在目录
npm list                            //查看已安装的全局依赖,可简写为 npm ls
npm view express                    //查看 Express 的版本信息
npm view express version            //查看 Express 版本号
npm view express versions           //查看 Express 历史版本号
npm view express repository.url     //查看 Express 的安装源
npm config list                     //查看配置信息
```

9. 常用清除命令

当安装某个依赖时,如果中途卡住了并终止下载,当再次下载时可能会导致下载失败,这时就需要清除 npm 缓存。清除 npm 缓存的一种方法是通过命令进行清除,命令如下:

```
npm cache clean              //清除 npm 缓存
```

当项目开发到后期时,可能存在一些前期添加了但没有使用的依赖,这些依赖可能会导致项目开启的速度过慢,这时可使用命令对与项目无关的依赖进行清除,命令如下:

```
npm prune              //清除与项目无关的依赖
```

4.2.2 配置 npm

使用 npm 初始化项目或安装及使用依赖时，系统会自动生成一个用于管理 npm 的配置文件. npmrc，该文件在 Windows 系统一般会存在于两个地方：一处是位于全局依赖文件夹下的 npm 文件中，可通过查看全局安装路径找到；另一处是当前系统用户主目录下的. npmrc 文件。对于 macOS 和 Linux 系统默认位置为～/. npmrc。除这两处位置外，用户可在项目的根目录下手动新建. npmrc 文件，该. npmrc 文件的优先级最高，在不同的项目根目录配置. npmrc 互不影响。运行时 npm 将依照优先级进行查找，首先查找项目根目录下的. npmrc 文件，如果没有找到，则查找系统用户主目录下的. npmrc 文件，如果用户主目录下没有此文件，则查询全局依赖文件夹目录。. npmrc 文件用于存储 npm 的默认参数，如镜像源、日志级别、作用域参数等，文件内部以 key＝value 的格式进行配置。

一般情况下很少需要操作. npmrc 文件，但当卸载 Node. js 或 npm 时需要将. npmrc 文件删除，因为它还会保存在全局依赖文件夹和用户的文件夹中。如果没有删除该文件，则用户下载其他版本的 Node. js 时里面的配置将会覆盖刚安装的 Node. js 版本，这是因为在安装完 Node. js 之后还没有自动生成. npmrc 文件，而运行 npm 命令时将先检索本地是否存在. npmrc 文件，未删除的文件会被误认为用户手工创建的. npmrc，这样会造成其他问题。

除下载 Node. js 可能会出现问题外，安装依赖出现失败的情况也可通过删除. npmrc 文件、删除 node_modules 文件和运行清除 npm 缓存命令 3 个操作进行处理，这样可解决大部分安装依赖失败的问题。

下面简单介绍常用的配置项。

1. 定义镜像源

除了可以使用终端和 nrm 切换镜像源外，还可在. npmrc 文件中直接定义使用哪个镜像源，以使用淘宝镜像源为例，命令如下：

```
registry = https://registry.npmmirror.com                //淘宝镜像源
```

2. 日志级别

日志是使用 npm 安装依赖中输出的信息，可以通过命令设置是否输出信息(无错误情况)、输出详细信息、只显示警告和错误信息等。

```
loglevel = silent                //只显示错误信息

loglevel = warn                  //只显示警告和错误信息

loglevel = info                  //显示详细信息
```

3. 指定依赖存储位置

通过设置 prefix 选项可指定全局安装的路径。例如将全局安装的包安装在/user/npm 目录下，命令如下：

```
prefix = /user/npm
```

4. 作用域

如果企业内部使用的依赖是自己内部开发的，则为了保证安全性和隐私性，开发团队通常会把依赖保存在自己搭建的私有服务器中，这时可以利用指定镜像源从这个私有的服务器中获取依赖，这个私有的服务器也被称为作用域。配置作用域的命令如下：

```
@作用域名:registry = https://npm.私有服务器地址.cn
```

4.2.3 Yarn 介绍及常用命令

Yarn 是由 Facebook 和 Exponent、谷歌、Tilde 公司合作打造的一款用于替代 npm 的包管理器。作为在 Node.js 诞生之后就开发出来的 npm 已经成为全世界最流行的包管理器了，为什么 Facebook 公司还需要开发出这样一款替代品呢？原因在于版本、下载速度和安全性问题。不过在了解 Yarn 的优点时，需要先知道的一个前提是，Yarn 是基于 npm 的第 3 个版本进行开发的，而 Yarn 也是为了弥补第 3 个版本的 npm 的不足而出现的。

在 Facebook 介绍 Yarn 的一段话中，可以看到当时使用 npm 的开发人员所面临的问题：不同机器或不同人所得到的安装结果并不一致，安装依赖所花费的时间也无法忽视；由于 npm 客户端在安装依赖包时会自动执行其中的脚本，安全性也令我们顾虑重重。

于 2016 年发布的 Yarn 目前已经更新到了 v4.0+版本，但除部分新特性外在常用命令上并无太大的修改，所以本节还是以目前使用人数最多的 v1.22+版本进行介绍。

1. Yarn 的开发背景

在 npm 3 中，针对 npm 2 存在的嵌套地狱问题提出了扁平化思想。什么是嵌套地狱呢？例如项目安装了依赖 A 和依赖 B，而这两个依赖的内部都使用了依赖 C，那么 node_modules 的结构如下：

```
node_modules
├── A@1.0.0
│   └── node_modules
│       └── C@1.0.0
└── B@1.0.0
    └── node_modules
        └── C@1.0.0
```

可见相同版本的依赖 C 被同时安装了两次，如果一个项目中有多个依赖使用了依赖 C，而依赖 C 又使用了依赖 D，则依赖 D 的重复安装数量将越来越多，即层级越深的依赖重复安装的次数越多，这样 node_modules 的大小将变得不可估量。

在 npm 3 中采用扁平的 node_modules 结构，当存在多个子依赖时会将“部分”子依赖提升到主依赖所在的目录。还是以上述例子为例，依赖 A 使用的依赖 C 的版本为 1.0.0，但依赖 B 使用的依赖 C 的版本变为 2.0.0，同时增加一个使用了依赖 C 的 1.0.0 版本的依赖

D,在 node_modules 的结构如下:

```
node_modules
├── A@1.0.0
├── B@1.0.0
│    └── node_modules
│         └── C@2.0.0
├── C@1.0.0
└── D@1.0.0
```

可见使用了扁平化结构后被依赖 A 和依赖 D 都使用的依赖 C 只安装了一次,避免了相同的依赖重复安装的问题,解决了依赖地狱的问题,但这又引出了两个新问题,首先是每次提升到主依赖目录的都会是依赖 C 的 1.0.0 版本吗?其次依赖 C 作为被使用的依赖被提升到主依赖目录能直接使用吗?

针对第 1 个问题,还是以上面的 node_modules 目录结构为例,当手动将依赖 A 升级至 2.0.0 版本时,假设依赖 A 这个版本所使用的依赖 C 也是 2.0.0 版本,那么目录结构将变成如下形式:

```
node_modules
├── A@1.0.0
│    └── node_modules
│         └── C@2.0.0
├── B@1.0.0
│    └── node_modules
│         └── C@2.0.0
├── C@1.0.0
└── D@1.0.0
```

当项目上传至服务器时,需要重新安装依赖,重新生成的目录结构将会变成如下形式:

```
node_modules
├── A@1.0.0
├── B@1.0.0
├── C@2.0.0
└── D@1.0.0
     └── node_modules
          └── C@1.0.0
```

这就导致服务器的目录结构与本地的目录结构不同,这种不确定性可能会导致项目在开发过程中出现 Bug,而这种由于 Node 机制的 Bug 往往难以定位,如需确保目录结构一致,则要删掉 node_modules 重新执行安装依赖命令。

另外一种情况是,依赖 A 和依赖 B 都使用了依赖 C 的 1.0.0 版本,而依赖 D 和依赖 E 使用的是依赖 C 的 2.0.0 版本,那么此时无论是把依赖 C 的哪个版本提升到主依赖目录都会出现依赖重复的问题。在重复的版本中则会造成破坏单例模式的问题,即使代码中加载的是同一个模块的同一版本,但实际使用的是不同的模块内的不同对象,同时,即使每个依赖内部的代码不会相互污染,但版本重复可能导致全局的类型命名出现冲突。

第 2 个问题被称为幽灵依赖，也被称为非法访问，即明明没有使用这个依赖，却依然可以通过命令导入并使用。这个问题在 v3 版本中并没有很好地得到解决。

另一种情况的版本问题同样出现在项目依赖所使用的依赖中。依赖是按照一种称为语义化版本(Semver)的规则安装并记录到 package. json 文件中的，Semver 定义了一套用于表明每个版本类型的描述规范，见表 4-1。

表 4-1 Semver 版本类型及描述

版　本	描　述
1.0.0	表示安装指定的 1.0.0 版本
~1.0.0	表示安装 1.0.X 中最新的版本
^1.0.0	表示安装 1.X.X 中最新的版本

但是 Semver 是否奏效，取决于开发依赖的作者是否遵守规则。如果开发者使用了带“~”和“^”前缀的版本，则每次安装的版本都有可能不一样。

不过截至目前，npm 已经更新到第 5 代了，问题大多得到了解决。在 v5 中执行安装依赖命令会首先读取 npm 的配置信息，例如镜像源、日志等；其次在 v5 中执行 npm 命令时会检查有无 package-lock. json 文件，文件内对每个依赖的版本信息进行了锁定，准确描述了当前项目 npm 包的依赖树，当安装时会根据文件内的信息构建依赖树，其目的是保证不同用户安装的是一样的版本；最后会检查要下载的依赖是否存在本地缓存，若存在，则将对应的缓存解压到 node_modules 目录中，同时生成 package-lock. json，若不存在，则下载对应的依赖，验证依赖的完整性并添加至缓存，之后再解压到 node_modules 目录中，生成 package-lock. json。整个流程如图 4-11 所示。

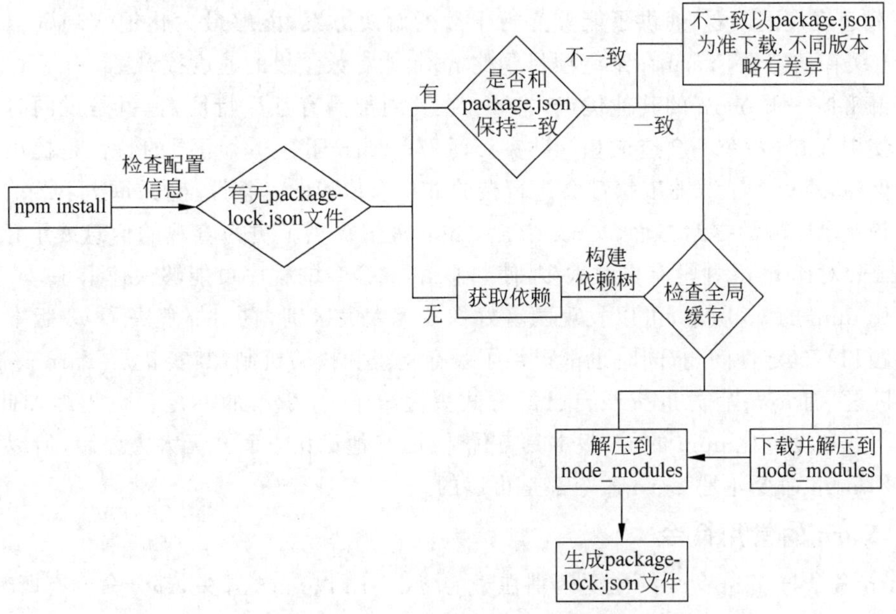

图 4-11 npm install 执行过程

此外,虽然 v5 版本解决了版本问题和不确定性问题,但还存在安装速度慢、扁平化算法复杂等问题,只能等后续更好的解决方案了。

2. Yarn 的诞生

Yarn 的诞生主要针对 npm 的 v3 版本出现的问题。Yarn 在面对版本问题和不确定问题上使用了 LockFile(锁定文件),并设计了新的安装算法用于保证版本的一致性,当用户添加依赖时会生成 yarn. lock 文件。LockFile 会把所有已安装的依赖的版本都进行锁定,确保每次安装所产生的 node_modules 目录结构在不同的机器上总是一致的。除此之外,LcokFile 使用了简明的格式进行记录,采用有序的顺序记录依赖信息,确保每次更新都不会造成过多的改动。

Yarn 的安装过程主要分为 3 个步骤。

1) 解析

Yarn 会对项目中使用的依赖进行解析,向依赖的源发出请求,并递归地查询每个依赖的结构,也就是在依赖内使用了什么依赖,以及最深有多少层。

2) 获取

Yarn 在这一步中会在一个全局缓存目录中对比即将下载的依赖,如果不存在,则 Yarn 会把依赖的压缩包拉到本地,并保存在全局缓存中,这样当需要安装的时候就无须重复下载了,同时也可以进行离线安装。

3) 链接

最后,Yarn 会把所需的依赖从缓存中复制到本地的 node_modules 目录中,至此安装完毕。

在第 1、第 2 步骤中,Yarn 消除了可能因为版本而带来的不确定性。同时 Yarn 针对 npm 下载速度慢的问题,提供了能够并行下载的解决方案,能够最大化地实现资源的利用率;加上缓存的特性,Yarn 在某些项目中比 npm 能有数量级的速度提升。

接着来谈一下 Yarn 的其他优点。Yarn 在其内部具有互斥特性,也就是说同时在多个终端中使用 Yarn 命令不会造成相互冲突和污染;Yarn 还有一个重要的特性是提供了严格的安全保障,对每个下载的依赖都会进行校验并检查依赖的完整性,确保每次下载的都是同一个依赖;在终端的提示方面,Yarn 结合 emoji 表情提供了更为直观的信息展示;在命令方面,Yarn 对比 npm 并没有更改太多,使熟悉 npm 命令的程序员能够快速上手。

对比 npm 的 v5 版本,可以发现两者好像并无太大区别,它们都解决了 v3 版本引发的版本问题和不确定性问题,同时也都提供了缓存检查和校验机制,其实就是 Yarn 解决了 v3 版本的问题,而 npm 官方也按照自己的方式去完善了 v3 版本的不足。也正因如此,Yarn 除了在下载速度上比 npm 的 v5 版本具备优势外,其他优化方面并无太大差距,所以项目不管是使用 npm 命令还是 Yarn 命令都是可以的。

3. Yarn 的常用命令

Yarn 命令与 npm 命令的主要区别在于前缀,Yarn 以 yarn 开头,部分命令有所改动,如安装由 install 变成了 add(增加),比 npm 在语义上更清晰。

1）安装 Yarn 和初始化项目

Yarn 通过 npm 进行全局安装，安装完需检查是否存在版本号，如存在，则表示安装成功。Yarn 进行初始化项目的命令与 npm 相同，在终端需要输入的项目基础信息，和 npm 初始化项目几乎相同（主要是提示信息不一样），并且也会生成一个 package.json 文件。

```
npm i yarn -g                                //安装 Yarn

yarn --version                               //查看版本号

yarn init                                    //初始化项目
```

2）设置配置项

Yarn 的配置项目录包括镜像源配置、项目基础信息配置、版本配置、许可证配置等，命令如下：

```
yarn config list                             //显示所有配置项

yarn config get <key>                        //显示某个配置项

yarn config delete <key>                     //删除某个配置项

yarn config set <key> <value> [-g|--golbal]                //设置配置项

yarn config set registry https://registry.npmmirror.com/   //设置镜像源
```

在 4.2.2 节曾提到 npm 的配置文件.npmrc，而 Yarn 的配置文件名为.yarnrc。在 Windows 系统该文件位于用户主目录下，对于 macOS 和 Linux 系统则默认位置为～/.yarnrc。内部的配置与.npmrc 大致相同，但 key 与 value 都采用字符串的形式，两者使用空格进行分隔，以镜像源为例，代码如下：

```
"registry" "https://registry.npmmirror.com/"               //镜像源
```

3）安装依赖

这里的安装指的是从仓库即代码管理平台初次将代码拉取到本地，通过 package.json 和 yarn.lock 记录的依赖信息进行安装，命令如下：

```
yarn install               //安装 package.json 记录的依赖，生成 yarn.lock 文件，可简写为 yarn

yarn install --flat              //安装依赖时会显示多种版本以供选择

yarn install --force             //强制重新下载所有的依赖

yarn install --production        //根据 package.json 文件中的 dependencies 依赖进行安装

yarn install --no-lockfile       //不读取或生成 yarn.lock 文件

yarn install --pure-lockfile     //不生成 yarn.lock 文件
```

需要注意的是,在上述的--no-lockfile 命令中,不读取或生成 yarn. lock 文件主要分为两种情况,一种是在项目目录中存在 yarn. lock 文件,执行安装时只根据 package. json 的依赖目录进行安装,不读取 yarn. lock 文件内锁定的版本;另一种是项目拉取下来后没有 yarn. lock 文件,安装时也不生成该文件。这个命令通常用于在开发过程中需要频繁地更改和更新依赖的阶段。

4)下载(添加)依赖

下面以安装 Express 为例展示下载依赖的方法,下载后会更新 package. json 和 yarn . lock 文件,命令如下:

```
yarn add express                //等同于 npm iexpress -- save
yarn add express@1.0.0          //安装指定版本的依赖
yarn add express@beta           //使用标签代替版本,如 beta、next、latest
yarn add express - D            //将依赖添加到 devDependencies
yarn add express - P            //将依赖添加到 peerDependencies
yarn add express - O            //将依赖添加到 optionalDependencies
yarn global add express         //全局安装 Express
```

这里需要注意的是 peerDependencies 和 optionalDependencies。前者的作用是当某个依赖需要使用时,要安装其搭配的依赖才能使用,peer 即同龄人、同辈的意思,如果没有安装与其搭配的依赖,则终端会发出警告并要求安装;后者的作用是如果开发者希望在找不到某个依赖(安装失败)的情况下仍然能够保持安装过程继续运行,则可以把这个依赖添加到 optionalDependencies 中。

5)更新依赖

在 Yarn 中更新依赖是基于规范范围内的最新版本的,命令如下:

```
yarn upgrade                    //将项目中的所有依赖更新到最新版本
yarn upgrade express            //将指定依赖更新到最新版本
```

6)发布依赖

用于将内部开发的依赖发布到服务器,命令如下:

```
yarn publish                    //发布依赖
```

7)移除(删除)依赖

移除指定的依赖会自动更新 package. json 和 yarn. lock,命令如下:

```
yarn remove express             //删除指定的依赖
```

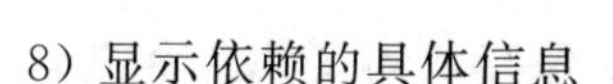

8）显示依赖的具体信息

用于查看某个依赖的名字、当前版本、所有版本、依赖描述等具体信息，命令如下：

```
yarn info express                //显示依赖的具体信息
```

9）缓存配置

主要包括已缓存的依赖、返回全局缓存位置、清除缓存等，命令如下：

```
yarn cache list                  //列出已缓存的依赖

yarn cache dir                   //返回全局缓存本地位置

yarn cache clean                 //清除缓存
```

10）运行脚本

用于执行在 package.json 文件中启动项目的脚本命令，假设启动命令为 dev，命令如下：

```
yarn run dev            //启动项目
```

4.2.4 Pnpm 介绍及常用命令

Pnpm 是 Performant npm 的简称，即高性能的 npm，是由程序员 Zoltan Kocsis 开发的一款高效的包管理器，于 2017 年发布了它的第 1 个版本。从年份上可以看出 Pnpm 晚于 Yarn 的出现，而它的出现也正是为了解决 npm 和 Yarn 没解决的问题——多重依赖和幽灵依赖。

Pnpm 在设计时采用非扁平的 node_modules 目录结构，使用硬链接（Hard Link）和软链接（Symbolic Link）的方式为重复安装依赖提供了解决方案，提高了下载速度和安装效率。根据目前官方提供的基准数据在综合场景下 Pnpm 比 npm 快了两倍以上，与 Yarn 的 v4 版本不相上下。

1. 设计理念

假设一个程序员同时开发了多个 Vue 3 项目，那么每个 Vue 3 项目在搭建脚手架时都会形成同样的 node_modules 文件，这就导致了第 1 种重复安装依赖的情况；第 2 种情况就如同在 Yarn 节中提到的两组不同的依赖分别使用了依赖 C 的 v1 版本和 v2 版本，不管包管理器如何扁平化都会造成重复安装依赖问题。

Pnpm 在官网中对项目中可能存在相同依赖的不同版本提出了解决方案，在这种情况下只有版本之间不同的文件会被存储起来，例如，某个依赖包含 100 个文件，当其发布新版本时，假设新版本只对其中一个文件进行了修改，那么 Pnpm 的更新操作只会把改动的新文件添加到存储中，而不会因为一个文件的修改而保存依赖包的所有文件，这样在新旧版本都可使用的情况下节省了存储空间。

当安装依赖时，Pnpm 会在全局的 Store 目录中存储依赖的硬链接，可以简单地理解硬链接就是一个磁盘地址(另一种说法是源文件的副本),指向了保存依赖文件内容的磁盘位置。假设某个项目A使用了依赖B,那么会在node_modules目录生成这个依赖B的文件目录,并且在node_modules生成一个隐藏文件夹.pnpm。在.pnpm文件和全局Store里都会保存这个依赖B的硬链接,node_modules内的其他依赖如果有包含依赖B的文件,则通过软链接的形式指向.pnpm文件夹内依赖B的硬链接。当另一个项目C也需要使用依赖B时,就会在全局的Store目录中检查,如果找到了就直接使用,如果没找到就下载,相当于项目C的node_modules内的.pnpm文件中关于依赖B的文件指向的也是其在磁盘的地址,那么就可以说这两个项目使用的都是同一个依赖,避免了重复安装依赖的情况。同时,非扁平化的目录结构也使Pnpm不会出现幽灵依赖问题,如图4-12所示。

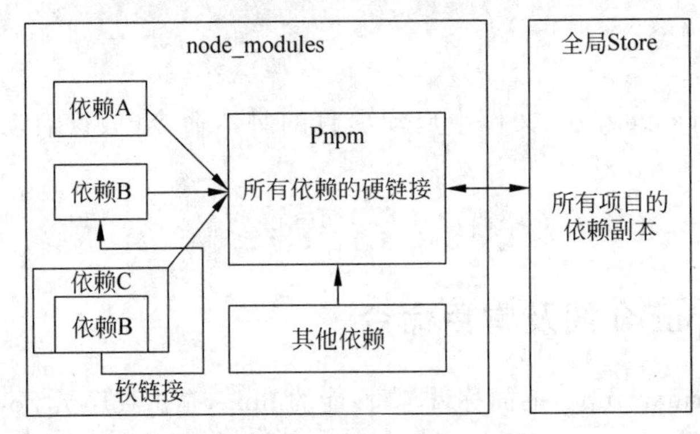

图 4-12 Pnpm 依赖链接逻辑

如果是Windows系统,则Store目录的位置通常保存在用户目录下的\AppData\Local\pnpm\store\v3中,如果是macOS或Linux系统,则默认的Store目录位置是~/.pnpm/store/v3,对Store目录感兴趣的读者可通过如下命令查看本机Pnpm的Store目录位置:

```
pnpm store path                //显示 Store 目录位置
```

因为Store的存在,避免了多个项目重复安装依赖的情况发生。当然,如果在一台计算机上开发了100个项目,则毫无疑问Store目录会变得越来越大,Pnpm官方也提供了命令解决这样的问题,命令如下:

```
pnpm store prune               //清除没被引用的硬链接
```

执行该命令会扫描没有被项目引用的硬链接并清除。举个例子,当某个项目A在本地被删除后,其使用的依赖硬链接依旧被保存在全局Store中,这时就会造成Store目录充斥着没使用的硬链接。

2. 常用命令

Pnpm不仅在问题上对npm和Yarn进行了整合,在命令上也能看出npm和Yarn的影子。在通过对npm和Yarn命令进行了解和学习后,使用Pnpm无须投入太多精力进行学习。下面简单地对Pnpm的常用命令进行总结。

1）全局安装 Pnpm 和初始化

全局安装 Pnpm 和初始化项目的代码如下：

```
npm i pnpm -g                    //全局安装 Pnpm
pnpm -v                          //检查版本,如果出现版本,则表示安装成功
pnpm init                        //初始化项目
pnpm i                           //安装 package.json 记录的依赖
```

2）常用配置

常用配置的代码如下：

```
pnpm config get registry                                        //查看当前镜像源
pnpm config set registry https://registry.npmmirror.com/        //以设置淘宝源为例
pnpm config set cache-dir C:\node\pnpm\cache                    //设置缓存地址
```

3）添加依赖

以添加 Express.js 框架为例，代码如下：

```
pnpm add express                 //同 yarn add express
pnpm add express@4.18.2          //安装指定版本依赖
pnpm add express -D              //将依赖安装至 devDependencies
pnpm add express -O              //将依赖安装至 optionDependencies
pnpm add express -g              //全局安装依赖
```

4）其余管理依赖

其余管理依赖的命令，代码如下：

```
pnpm update                      //更新依赖,可简写为 pnpm up
pnpm remove express              //移除依赖,可简写为 pnpm rm
pnpm publish                     //发布依赖
```

Pnpm 提供了类似 Yarn 的移除依赖命令，但同时可使用 npm 的移除方式，即 uninstall 命令。

5）查看依赖

除查看项目和全局的依赖外，Pnpm 提供了查看过期依赖的命令，执行 outdated 命令会显示当前项目中安装的所有依赖及其当前版本和最新版本，方便开发人员了解依赖的最新版本动态并决定是否更新，但该命令只检查依赖是否需要更新，并不提供自动更新操作。查看依赖的代码如下：

```
pnpm list                    //查看本地安装的依赖,可简写为 pnpm ls
pnpm list -- global          //查看全局安装的依赖,可简写为 pnpm ls - g
pnpm outdated                //查看过期的依赖
```

6）运行脚本

运行脚本的代码如下：

```
pnpm run 脚本命令             //执行脚本命令
```

4.2.5 构建一个 Node 应用

5min

在本节中,将进行 Node 的环境配置及构建一个初始化的 Node 项目。

1. 下载 Node. js

Node. js 的发布版本会分为长期支持(Long Time Support,LTS)版本和当前最新发布(Current,译为当前)版本。LTS 版本是 Node. js 的一种稳定版本,版本的新特性经过了较长时间的测试和验证,比 Current 版本更具稳定性。标注为 LTS 的版本在发布后会得到长时间的支持和更新,在企业级项目开发中的生产环境通常会选择 LTS 版本。Current 版本则包含了最新的特性和改进了对于上个小版本的问题,并且会根据新的技术变化和市场需求不断地更新和优化,如果项目中使用了具备最新特性版本的依赖,则选择 Current 版本是个不错的选择。

在选择 Node. js 版本时,由于其支持多平台的特性,用户需选择适合自己的操作系统版本和下载方式。以 Windows 为例,以. msi 为后缀的是 Windows Installer 开发出来的安装程序,简单来讲就是安装向导,里面包含了安装的相关信息,如安装时可以让用户选择安装的目标路径、是否选择安装一些生态内的程序等,以及可让使用者卸载所安装的程序;以. zip 为后缀的文件是以压缩包的方式下载,解压之后即可使用,相当于无须安装的绿色版。一般会选择以. msi 为后缀的安装程序,特别是当系统盘容量不大的情况下。在本书项目中下载的是目前长期支持的 16. 18. 1 版本,操作系统为 64 位的 Windows 安装程序。

Node. js 下载网址为 https://nodejs. org/en/download。

Node. js 16. 18. 1 下载网址为 https://nodejs. org/dist/v16. 18. 1/。

进入 16. 18. 1 版本的下载网址后,选择. msi 结尾的安装程序,如图 4-13 所示。

node-v16.18.1-linux-x64.tar.gz
node-v16.18.1-linux-x64.tar.xz
node-v16.18.1-win-x64.7z
node-v16.18.1-win-x64.zip
node-v16.18.1-win-x86.7z
node-v16.18.1-win-x86.zip
node-v16.18.1-x64.msi
node-v16.18.1-x86.msi
node-v16.18.1.pkg
node-v16.18.1.tar.gz
node-v16.18.1.tar.xz

图 4-13　下载 Node. js

2. 安装 Node. js

第 1 步：下载完成后,双击安装程序,单击 Next 按钮进入同意协议步骤,勾选同意协议并再次单击 Next 按钮进入第 2 步,如图 4-14 和图 4-15 所示。

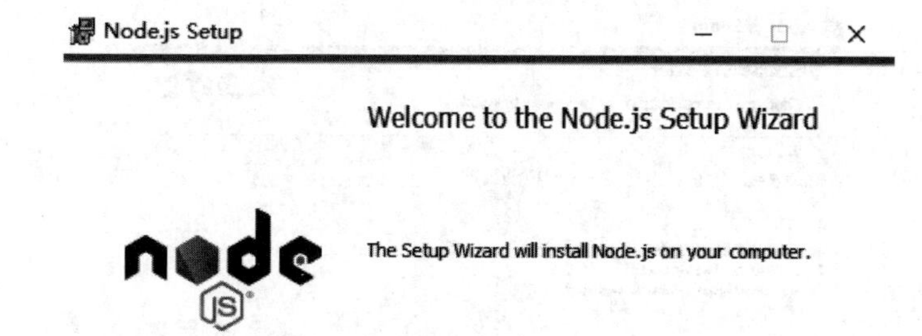

图 4-14　安装 Node. js

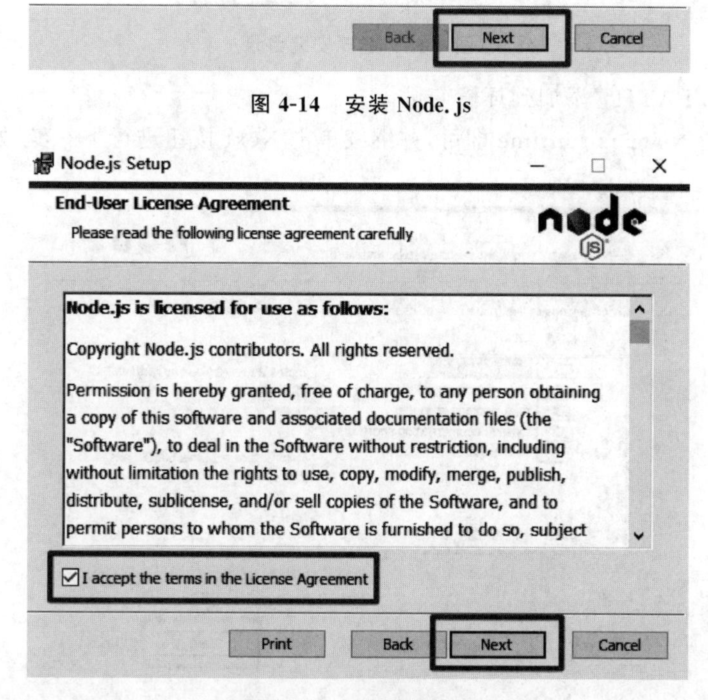

图 4-15　勾选同意协议

第 2 步：选择安装路径，通常保持默认路径 C:\Program Files\nodejs\，如果 C 盘为系统盘并且容量不多，则可选择其他盘，如图 4-16 所示。

第 3 步：选择需要的 Node. js 特性，主要包括以下内容。

（1）Node. js runtime：Node 运行环境。

（2）corepack manager：核心模块管理。

（3）npm package manager：npm 包管理器。

（4）Online documentation shortcuts：在线文件快捷方式。

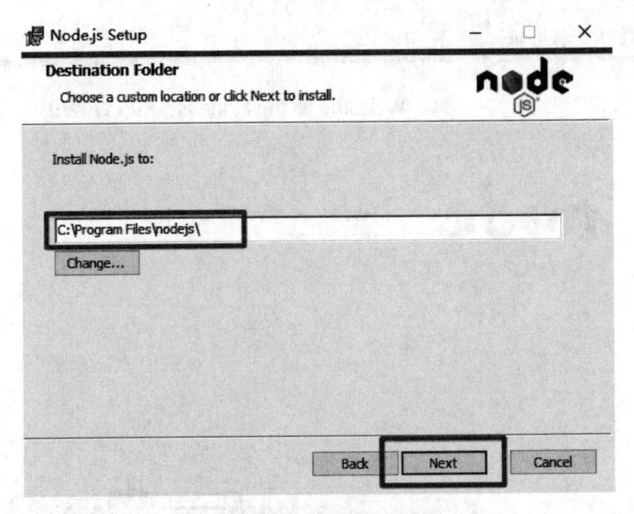

图 4-16 选择安装目录

(5) Add to PATH：添加到环境变量。

选择默认的 Node. js runtime 即可，并继续单击 Next 按钮进行下一步，如图 4-17 所示。

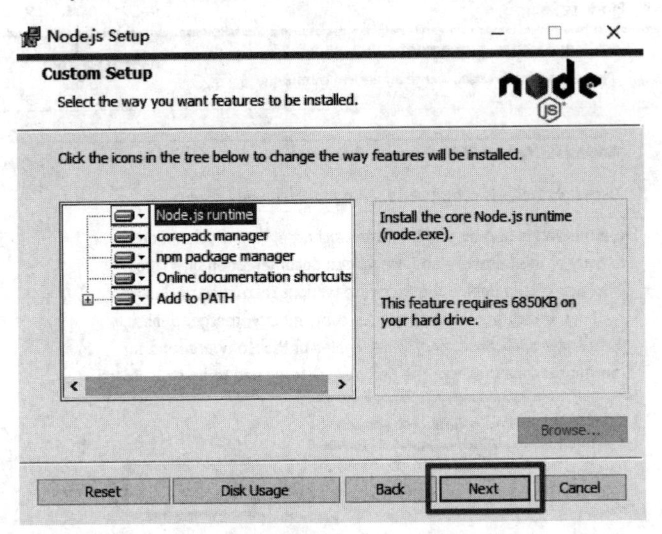

图 4-17 选择 Node. js 特性

第 4 步：这一步会提示是否需要安装 Chocolatey，这是一款自动安装的必要工具，通常不需要进行下载，单击 Next 按钮进行下一步即可，如图 4-18 所示。

第 5 步：单击 Install 按钮，进行安装，如图 4-19 所示。

第 6 步：单击 Finish 按钮，至此 Node. js 安装完成，如图 4-20 所示。

3. 检查 Node. js 是否安装成功

在键盘按快捷键 Win+R，在弹出的运行框中输入 cmd，然后按 Enter 键，在弹出的终端(命令提示符)窗口中输入命令 node -v。如果出现对应的 Node 版本，则表示安装成功，如

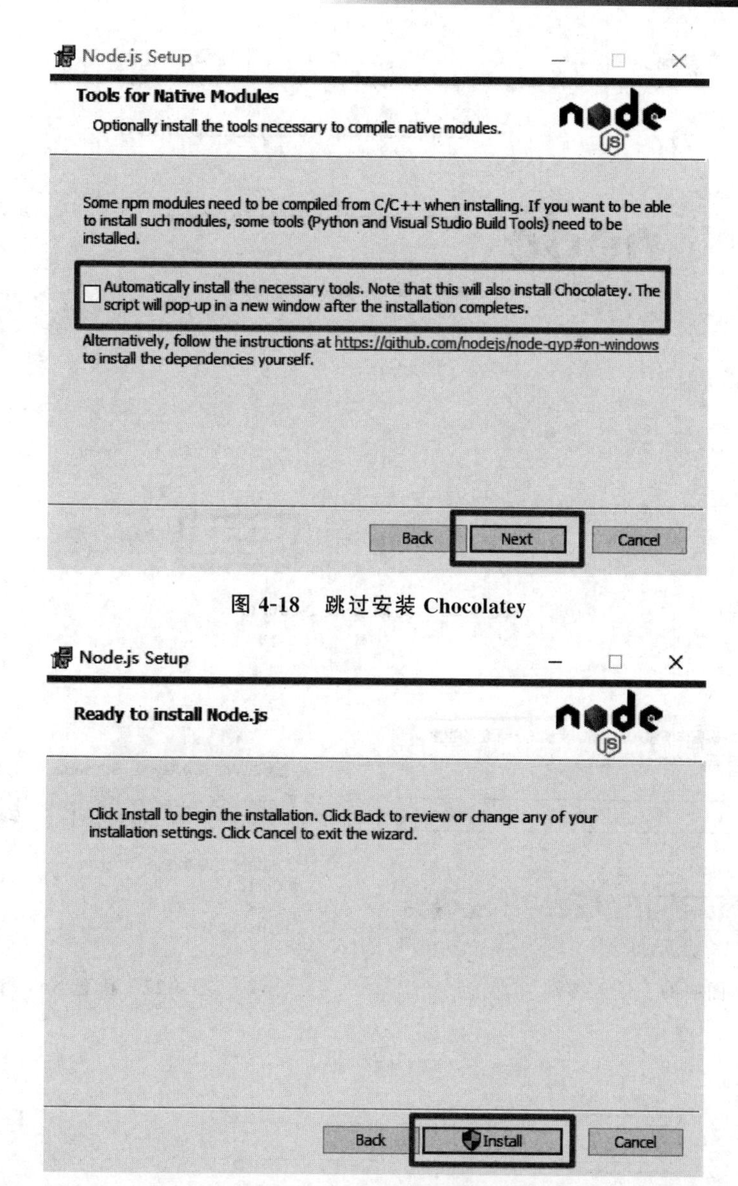

图 4-18　跳过安装 Chocolatey

图 4-19　进入安装过程

图 4-21 和图 4-22 所示。

4. 构建一个 Node. js 应用

在桌面上新建一个用于存放 Node. js 应用的文件夹，并在地址栏中输入 cmd，如图 4-23 所示。

在打开的终端中输入命令 npm init 会提示输入以下信息。

（1）package name：项目或包的名称。

（2）version：项目或包的初始版本号，默认为 1.0.0。

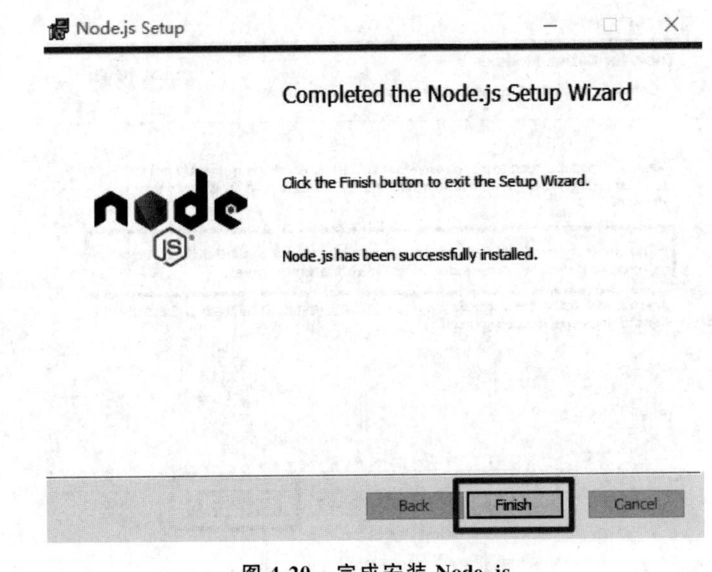

图 4-20 完成安装 Node.js

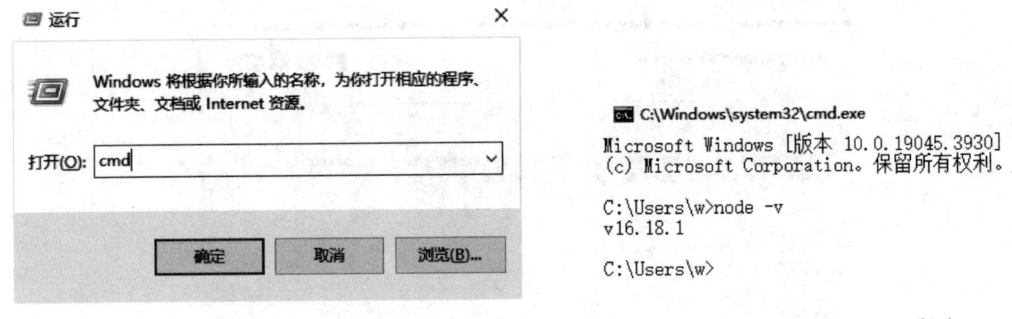

图 4-21 进入终端

图 4-22 检查 Node.js 版本

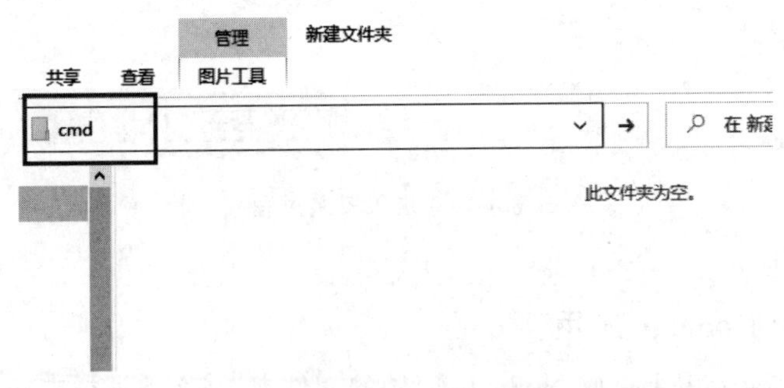

图 4-23 新建一个文件夹

(3) description：作者对于项目的描述。

(4) entry point：项目的入口文件，默认为 index.js，但通常使用时会修改为 app.js。

(5) test command：用于项目执行测试的脚本代码。

（6）git repository：使用 Git 版本控制的代码仓库。

（7）keywords：keywords 是在 npm 搜索时的关键字，类似于论文摘要的关键字，如果项目的作者想推广此项目或包，则需要在 keywords 中精准地描述项目内容。

（8）author：项目作者名称。

（9）license：该项目所使用的开源协议。

如无须填写内容，可使用 Enter 键直接跳过。当所有的内容都填写或跳过之后会提示是否确定，输入 yes 即可，最终会在文件夹中生成一个 package. json 文件，如图 4-24 和图 4-25 所示。

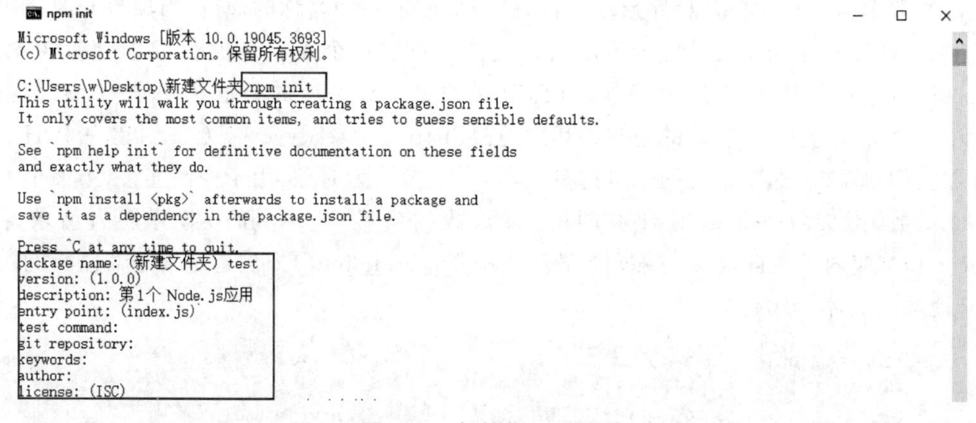

图 4-24　初始化 npm 文件

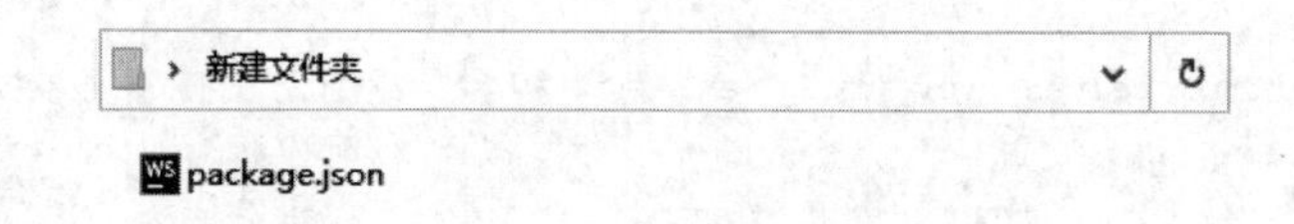

图 4-25　生成 package. json

通过编辑器打开 package. json 文件，可以看到里面的内容就是在创建应用时输入的信息，按 Enter 键跳过的内容则由项目进行了初始化，具体的代码如下：

```
{
  "name": "test",
  "version": "1.0.0",
  "description": "第 1 个 Node.js 应用",
  "main": "index.js",
  "scripts": {
    "test": "echo \"Error: no test specified\" && exit 1"
```

```
  },
  "author": "",
  "license": "ISC"
}
```

这就是最简单的一个 Node.js 应用，虽然此时文件好像空无一物，但当我们使用各种包去搭建项目时，这里将变成一个管理包的指挥部。

5. 构建一个简单的服务器

首先，需要将 package.json 文件中的入口文件(Entry Point)修改为 app.js，这是因为 app.js 通常作为项目入口及程序启动文件，已经形成了一种名称的规范，当项目开源或协同开发时，方便用户在众多文件中分辨出入口文件。新建一个 app.js 文件用于启动服务器，在文件中首先需要导入 HTTP 模块，HTTP 模块是 Node.js 的核心模块之一，用于创建 HTTP 服务器并监听客户端的请求；其次通过 http.createServer()方法创建一个 HTTP 服务器实例，该方法通常包含两个可选参数，第 1 个参数为对象，用于控制连接，第 2 个参数为一个函数，当接收到请求时会被调用，该函数的参数为 req 和 res，分别为请求对象 request 和响应内容 response 的缩写；最后使用 server.listen()方法指定服务器监听的端口和 IP 地址。具体的代码如下：

```
const http = require('http');                           //导入 HTTP 模块

const hostname = '127.0.0.1';                           //服务器地址
const port = 3000;                                      //端口号

const server = http.createServer((req, res) => {        //创建 HTTP 服务器实例
  res.statusCode = 200;                                 //响应状态码
  res.setHeader('Content-Type', 'text/plain');          //设置响应头
  res.end('Hello Node!\n');                             //返回的数据
});

server.listen(port, hostname, () => {                   //指定监听的端口和 IP 地址
  console.log(`服务器运行在 http://${hostname}:${port}/`);
});
```

配置完 app.js 文件后，一个简易的服务器就算搭建完成了，即可通过在终端输入启动运行服务器命令运行服务器，命令如下：

```
//终端或 Shell 内输入
node app.js
```

服务器启动成功后终端将返回定义在 server.listen()方法中的输出语句，如图 4-26 所示。

当在浏览器访问服务器地址时，将会输出定义在 res.end()方法内的语句，如图 4-27 所示。

```
PS C:\Users\w\Desktop\新建文件夹> node app.js
服务器运行在 http://127.0.0.1:3000/
```

图 4-26 运行服务器

```
127.0.0.1:3000
Hello Node!
```

图 4-27 输出 Hello Node!

4.3 轻量的 Express.js 框架

7min

Express.js 是基于 Node 平台的一个快速、开放和极简的 Web 框架，提供了一系列功能强大的特性以帮助使用者构建各种 Web 应用，是目前众多 Node.js 框架中 Stars(GitHub 中的点赞数量)和下载量最高的老牌框架，每周下载量高达 3 千万次。另外，特别值得一提的是 Nest.js，作为一款发布最晚的框架，目前已跃进各框架 Stars 排行榜第二，是当之无愧的黑马。

那么，什么是 Web 框架呢？Web 框架是用于 Web 快速开发一个网站或应用程序的软件架构，包含内置的用于访问底层数据资源的 API 和高级的特性，更好的理解方式是从原生和框架的角度去看，假设存在一个 class 为 title 的 div，需要给 div 添加单击事件，用原生的方式实现，代码如下：

```
const div = document.getElementsByClassName("title")                //获取 div
div.addEventListener("click",() => {alert("click title")})        //绑定单击事件
```

假设在 Vue.js 文件中实现该逻辑，则代码如下：

```
<div @click="() => alert("click title")"></div>
```

对比两处代码，Vue.js 相比原生 JavaScript 去除了不必要的 DOM 操作，显得更加灵活和轻便，由此可见使用框架开发的优越性。

对于 Web，框架分为前端(客户端)框架和后端(服务器端)框架。在本书 Vue 篇中所述的 Bootstrap 框架是前端的用户界面框架，基于 HTML、CSS 和 JavaScript 构建了常见的页面元素组件，如菜单栏、按钮、输入框等，主要用于开发响应式布局、适应移动设备的网站页面；对于目前流行的 Vue.js、React.js、Angular.js，这类框架则属于渐进式的 JavaScript 框架，提供了一套声明式的、组件化的编程模型和高级的状态管理工具等，并不像 Bootstrap 那样提供大量预定义的样式和组件，对于开发者来讲可以更加自由地开发简单或复杂的用户界面。后端 Web 框架则如本节所述的 Express.js，以及同样基于 Node 的 Koa.js、Nest.js 和基于 Python 的 Django 等，使用框架本身具备的特性，在数据交互和业务处理方面去除了需要自己手写底层逻辑的过程，直接将相关代码写入框架即可。

在本节中，将对 Express.js 框架的特性、常用的 API 进行介绍，同时在 Node.js 中使用 Express.js 框架搭建一个简易的服务器。

4.3.1 Express.js 介绍

Express.js 是由知名的开源贡献者 T J Holowaychuk 开发的，他是 Express.js 的最初维护者之一，同时也是一名艺术家。在 4.1.3 节中提到的 Koa.js 也是由其创建的，他在 Mocha.js(一款出色且有趣的测试框架)、Commander.js(用于构建 Node 命令行的工具)、Jade.js(源于 Node 的 HTML 引擎模板)等出色的开源项目担任主要的贡献者，Express.js 的开发和推广离不开 T J Holowaychuk 的重要贡献。目前，Express.js 的主要维护者为 Douglas Christopher Wilson。

Express.js 中文官网为 https://www.expressjs.com.cn/。

Express.js 源码网址为 https://github.com/expressjs/express。

在 Express.js 的开发过程中，借鉴了基于 Ruby 语言开发的 Sinatra 框架。Ruby 语言同 JavaScript 一样都是面向对象的脚本语言，在 20 世纪 90 年代由日本人松本行弘开发，具有语法简单、可扩展性强、灵活性强等特点，Ruby 致力于让 Web 的开发变得更快、更高效和更好维护，基于这种设计理念，Ruby 开发出了不少流行的 Web 框架，如目前流行的 Ruby on Rails(ROR)框架、Sinatra 框架、Hanami 框架等。Express.js 在开发时受到了 Sinatra 框架的启发，这是基于 Ruby 的一个非常小型的 Web 框架，小到一般只处理 HTTP 的请求和响应，不依赖任何模板引擎，可谓非常灵活，是轻量级 Web 框架的领头羊。正因如此，后来者 Express.js 在设计时解决了 Node 原生 API 过于底层、代码过于烦琐的问题，提供了一种更简洁、更易用的使用风格，简化了开发过程并提高了应用程序的可靠性和可维护性。

在 Express.js 的官网介绍内容中，对 Express.js 的主要特性做了 7 个总结，主要内容如下。

(1) Robust routing：翻译为强健的路由，指的是强大的路由功能。路由可以帮助开发者定义 URL 路由规则，开发者将 URL 映射到不同的功能模块及处理函数上，从而实现对不同请求的响应。在 4.5 节中对路由有详细的描述。

路由默认包含两个参数，一个为请求路径，另一个为处理函数。路由格式如下：

```
app.method(path,handler)        //app 为 Express 实例,method 为请求方式
```

(2) Focus on high performance：注重高性能。Express.js 提供的强大的路由和中间件机制，可以有效地满足处理大量的并发请求，在其内部提供的优化机制，如路由快速匹配算法和缓存中间件等，提高了服务器端响应请求和返回数据的速度。

(3) Super-high test coverage：超高的测试覆盖率。Express.js 得到 Node.js 社区广泛认可的原因之一在于框架使用了大量单元测试、模块测试、集成测试以保证代码的可靠性和可用性，同时开发和运维也是开发者在众多 Web 框架中选择 Express.js 的原因之一，毕竟，谁都不愿意使用一个出现错误但不知道错在哪里的框架。

(4) HTTP helpers (redirection, caching, etc)：HTTP 帮助方法(重定向、缓存等)。Express.js 提供了许多 HTTP 的帮助方法，如括号里的路由重定向，例如当用户访问根

URL(/)时,Express.js 可使用 res.redirect()方法将客户端重定向至其他的地址用于展示页面,而不是停留在根页面,代码如下:

```
app.get('/',(req,res) =>{                       //访问根路径
    res.redirect('/home')                       //重定向至/home 页面
})
```

出色的缓存机制是指 Express.js 在内存中会开辟一块临时区域,用于缓存运算的字节码,当处理大量的并发请求时可以显著地减少服务器处理业务的压力,提高性能和响应速度。

(5) View system supporting 14+ template engines:视图系统支持 14 种以上的模板引擎。模板引擎就是将数据转换为视图(HTML)的解决方案。开发者在 Express.js 中可以根据自己的需求选择 ESJ(用于从 JSON 数据中生成 HTML 字符串)、Pug.js(将 Pug 模板编译成 HTML 代码)、Mustache 等模板引擎。

(6) Content negotiation:内容协商。Express.js 可根据客户端发送的请求头部信息中的 Accept 字段选择返回指定的数据格式。可通过 res.json()、res.xml()、res.setHeader()等方法实现内容协商。下面以根据 Accept 字段内容返回不同格式的数据进行简单示范,如果 Accept 头部值为 application/json,则返回 JSON 格式的数据;如果 Accept 头部值为 application/xml,则返回 XML 格式的数据,否则返回 HTML 格式的数据。内容协商的示例代码如下:

```
app.get('/', function(req, res) {
  const accept = req.header('Accept');           //获取 Accept 字段内容
  if (accept === 'application/json'){
    res.json({ message: 'Hello Express.js!' });
  } else if (accept === 'application/xml'){
    res.xml({ message: 'Hello Express.js!' });
  } else {
    res.send('Hello Express.js!');
  }
});
```

(7) Executable for generating applications quickly:快速生成应用程序的可执行文件。指通过基于 Express.js 框架的 Express Generator 生成器工具快速搭建一个服务器框架,里面包含了入口文件、路由文件、公共文件等必要文件。新建一个文件夹,在网址栏中输入 cmd 命令进入终端,使用命令安装生成器工具(全局安装),命令如下:

```
npm install express-generator -g             //-g 代表全局安装
```

生成器工具安装完后文件夹内并没有 Express 项目,这时需要通过命令初始化一个 Express 项目,命令如下:

```
express app                                  //初始化一个 Express 项目
```

当命令执行完后,可在文件夹内看到 app 文件夹,即新建的项目,双击 app 文件夹可看到里面已经初始化了入口文件、路由文件、公共文件等文件。同时,终端内也会给出安装依

赖及启动项目的命令，如图 4-28 和图 4-29 所示。

```
C:\WINDOWS\system32\cmd.exe
   create : app\public\stylesheets\
   create : app\public\stylesheets\style.css
   create : app\routes\
   create : app\routes\index.js
   create : app\routes\users.js
   create : app\views\
   create : app\views\error.jade
   create : app\views\index.jade
   create : app\views\layout.jade
   create : app\app.js
   create : app\package.json
   create : app\bin\
   create : app\bin\www

   change directory:
     > cd app

   install dependencies:
     > npm install

   run the app:
     > SET DEBUG=app:* & npm start
```

图 4-28　初始化 Express.js 框架

在启动项目前，还需安装项目所使用的依赖，安装依赖的命令如下：

```
cd app                    //进入 app 文件内
npm i                     //安装项目依赖
```

安装完依赖后可在 app 文件夹中看到 node_modules 文件夹，该文件夹是 Node.js 用于保存包的文件夹，如图 4-30 所示。

图 4-29　Express.js 框架基础目录　　　　图 4-30　依赖存放目录

此时，可通过终端中提示的启动命令启动服务器，如图 4-31 所示。

通过 Express Generator 生成的项目默认的 IP 地址为本机地址，即 127.0.0.1 或 localhost，端口号默认为 3000。当在浏览器中输入服务器地址时，可看到 Welcome to Express 的字样，如图 4-32 所示。

4.3.2　在 Node 中使用 Express.js

在 4.2.5 节中曾使用 Node.js 构建了一个简单的服务器，本节将在 4.2.5 节服务器的基础上使用 Express. js 框架搭建简易服务器。两者之间的区别主要在于 app. js 文件中，Node. js 构建的服务器通过 HTTP 模块接受请求并响应，使用 Express. js 则导入 express 模块接受请求并响应。

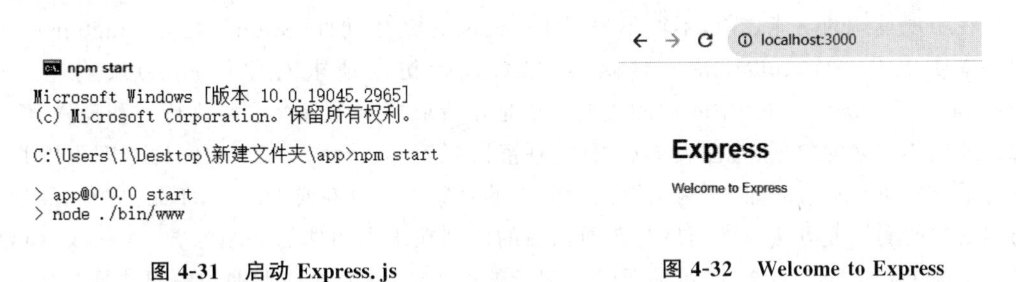

图 4-31 启动 Express. js　　**图 4-32 Welcome to Express**

首先通过 npm 命令安装 express 模块，命令如下：

```
npm install express - save
```

其次是修改 app. js 文件中的代码，导入 express 模块并创建 Express 的实例，使用实例的 GET 方法定义路由接受请求并响应；最后使用实例的 listen 方法绑定和监听服务器的端口，代码如下：

```
const express = require('express');              //导入 express 模块
const app = express();                           //创建 express 实例

app.get('/',(req,res) => {                       //模拟 GET 请求
    res.send('Hello Express')
})

app.listen(3000,() => {                          //绑定并监听服务器端口 3000
    console.log('http://127.0.0.1:3000')         //IP 默认为本地地址
})
```

使用 app. js 作为入口文件启动服务器，如图 4-33 所示。

在浏览器地址栏输入服务器地址，相当于访问根目录，将输出 res. send()方法返回的数据，如图 4-34 所示。

```
C:\Users\w\Desktop\新建文件夹>node app.js
http://127.0.0.1:3000
```

127.0.0.1:3000

Hello Express

图 4-33 监听服务器　　**图 4-34 输出定义的 Hello Express. js**

至此，一个简易的服务器就创建完成了。最后，作为存储后端代码的文件夹，可将文件名修改为 backend(后端)，便于标识及方便后期上传至服务器。

4.4 中间件

在实现具体的功能之前，不得不先提 Express.js 的中间件(Middleware Function)。中间件本质上是一个 function 处理函数，参数包括访问请求对象(request)、响应对象(response)和 next 函数。中间件的主要作用是在请求之前或请求之后执行一些操作，例如解析前端传过来的数据、验证表单对象、实现静态托管等。另外，多个中间件之间可以共享一份请求对象和响应对象，当为上游的中间件的对象添加属性或方法后，下游的中间件就可访问对象的属性或方法。中间件与普通函数的区别在于中间件的必填参数——next 函数，当一个请求到达服务器之后，可能要经过解析数据的中间件、验证数据的中间件等多个中间件进行预处理，而 next 函数则是实现多个中间件连续调用的关键，把请求移交给下一个中间件或路由，同样的处理在 Vue.js 的路由守卫中也可见类似的操作。

4.4.1 不同的中间件

在 Express.js 的官方文档中，把常见的中间件分成了 5 种类型，分别为应用级别的中间件、路由级别的中间件、错误级别的中间件、Express.js 内置的中间件、第三方的中间件。下面分别对这 5 种类型的中间件做个简单介绍。

1. 应用级别的中间件

绑定到 app 实例上的中间件。通常包括局部中间件和全局中间件，它们都必须在所有路由之前进行注册。使用 app.use()方法进行注册(挂载)的为全局中间件，局部中间件则作为 app.get()、app.post()等方法的回调函数进行调用。全局中间件和局部中间件都可定义多个并可进行连续调用，代码如下：

```
//定义两个简单的中间件
const mw1 = function(req,res,next){
    console.log('这是第 1 个中间件')
    next()
}

const mw2 = function(req,res,next){
    console.log('这是第 2 个中间件')
    next()
}

//使用 app.use()注册即成为全局中间件
app.use(mw1)
//连续调用
app.use(mw2)

//使用 app.get()调用即成为局部中间件
```

```
app.get('/',mw1,mw2,(req,res) =>{
    res.send('通过 GET 请求了局部中间件')
})

//上面的写法还可以以数组的形式使用中间件
app.get('/array',[mw1,mw2],(req,res) =>{
    res.send('通过 GET 请求了局部中间件')
})
```

当使用 app. use()方法调用全局中间件时,访问服务器可在终端看到这两个中间件的 console. log 语句,如图 4-35 所示。

```
C:\Windows\System32\cmd.exe - node app.js

C:\Users\w\Desktop\新建文件夹>node app.js
http://127.0.0.1:3000
这是第1个中间件
这是第2个中间件
```

图 4-35　测试全局中间件

当访问指定的路由时,可看到重复输出了两次中间件的 console. log 语句,第 1 次是全局中间件的作用,第 2 次是局部中间件的作用,如图 4-36 和图 4-37 所示。

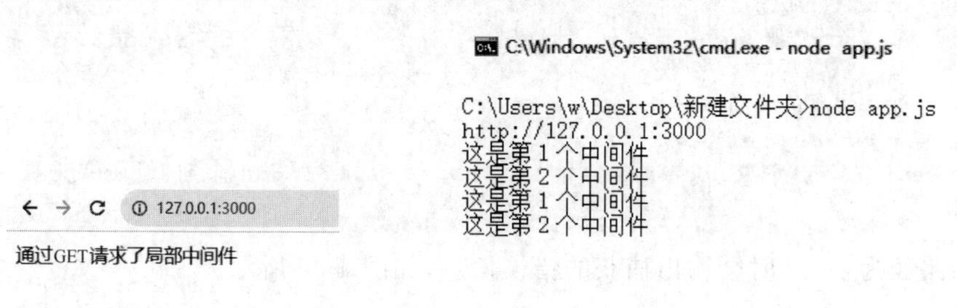

图 4-36　局部中间件输出内容　　　**图 4-37　两种中间件共存状态**

2. 路由级别的中间件

挂载到 express. Router()路由实例上的中间件,也就是说在路由实例上使用的中间件就叫路由级别的中间件。Express 的路由是核心模块,所以路由级别的中间件在处理业务逻辑上具有重要作用。当访问指定的路径时会触发定义在路由实例上的中间件,示例代码如下:

```
const router = express.Router()                    //创建路由实例

//定义一个中间件
const rmw = function(req,res,next){
    console.log('路由级别中间件')
    next()
}
```

```
router.use(rmw)                    //路由挂载中间件
//定义一个路由处理函数
router.get('/router',(req,res) =>{
    res.send('路由处理函数')
})

//也可直接将 rmw 中间件作为路由的第 2 个参数
router.get('/router',rmw,(req,res) =>{
    res.send('路由处理函数')
})

//将路由添加到 app 实例中
app.use('/',router)
```

当访问路径为 router 时会触发注册在路由实例的中间件,如图 4-38 所示。

3. 错误级别的中间件

用于捕获项目中出现的异常信息,方便开发和运维人员预防和处理项目崩溃的情况发生。除 next()参数作为最后一个形参外,第 1 个参数必须为 err 形参。同时,错误级别的中间件必须注册在所有路由之后,这怎么去理解呢?只有经过业务逻辑之后才有可能出现问题,代码如下:

```
app.get('/error',(req,res) =>{
    throw new Error('服务器内部发生了错误!')                    //抛出一个异常错误
})
//定义一个错误级别的中间件
app.use((err,req,res,next) =>{
    res.send('Error:' + err.message)                          //输出捕获的错误信息
})
```

当访问路径为 error 时会输出捕获的错误信息,如图 4-39 所示。

← → C ① 127.0.0.1:3000/router

路由处理函数

图 4-38 返回"路由处理函数"

← → C ① 127.0.0.1:3000/error

Error:服务器内部发生了错误!

图 4-39 测试错误中间件

4. Express.js 内置的中间件

自 Express.js 的 4.16.0+版本开始,Express.js 把用户经常用于实现业务逻辑的功能封装成内置的中间件。主要有 3 个常用的内置中间件,分别为 express.static(),用于提供静态文件服务的中间件,接收一个静态文件目录作为参数,便于在浏览器直接访问静态资源;express.json(),用于解析 JSON 数据的中间件,即将 JSON 数据转换为对象形式,便于路由程序处理业务;express.urlencoded(),用于解析 URL 编码的数据的中间件,例如当服务器端接收到通过表单提交的数据时,该中间件可将其转换为对象形式。Express.js 内置的中间件为服务器的开发提高了效率,示例代码如下:

```
//提供静态文件服务
app.use(express.static('public'))          //public 为静态目录

//解析 JSON 数据
app.use(express.json())

//解析 URL 编码的数据
app.use(express.urlencoded({extended:true}))
```

在 Express.js 的 4.17.0+版本开始，Express.js 新增了两个内置的中间件，分别为 express.raw()和 express.text()。express.raw()可直接访问请求的原始数据，不进行任何解析，通常结合下载功能使用；express.text()用于处理文本请求。示例代码如下：

```
//解析原始请求体数据
app.use(express.raw({type:'application/octet-stream'}))

//在 app.post()方法中使用 express.text()中间件，限制大小为 1MB
app.post('/text',express.text({limit: '1mb'}),(req,res) =>{
    res.send(req.body)              //输出请求体数据
})
```

5. 第三方的中间件

非 Express.js 官方内置的中间件，由第三方开发。使用方法为通过 npm install 命令安装中间件，使用 require 导入中间件并挂载。第三方中间件是用得最多的中间件。以挂载用于解决跨域问题的 cors 中间件为例，代码如下：

```
//在终端安装 cors 中间件
npm i cors

//在 app.js 文件内进行配置
const cors = require('cors')

//挂载 cors 中间件，这里相当于应用级别中间件
app.use(cors())
```

4.4.2 使用中间件

本节将正式使用中间件去完善后端入口文件的逻辑，使用包括解决跨域问题、静态托管、解析对象等基本场景下的中间件，为后续的路由及路由处理程序打好基础。

1. 解决跨域问题

在 4.4.1 节讲述的第三方中间件中使用了 cors 中间件用于解决跨域问题，故可在 app.js 文件中添加 cors 作为应用级别的中间件，防止前后端交互出现跨域问题，代码如下：

```
//app.js
const express = require('express')
```

```
const app = express()
//导入 cors
const cors = require('cors')

//挂载 cors
app.use(cors())
```

2. 解析对象

本节将使用 Express.js 内置的中间件处理前端提交的表单数据和 JSON 格式的数据，代码如下：

```
//处理请求格式为 application/x-www-form-urlencoded 的数据,即解析 URL 编码
app.use(express.urlencoded({
    extended: false
}))

app.use(express.json())                //处理 JSON 格式的数据
```

当表单数据通过 POST 方法提交时，通常会将请求头的 Content-Type 设置为 application/x-www-form-urlencoded，客户端会将表单数据通过 URL 编码格式发送至服务器端，在服务器端就需使用 Express.js 的 urlencoded 中间件解析这种格式的数据，并把数据保存在 req 的 body 属性中。可以看到中间件使用了 extended 参数，当其值为 true 时会使用 qs 库深度解析，也就是可以解析嵌套的复杂数据结构，当其值为 false 时则使用 querystring 库解析，只能解析简单的键-值对数据。在项目中使用 false 值解析键-值对数据即可。

在大部分需求难度不大的项目中配置 express.urlencoded()和 express.json()就能满足实现场景。

值得一提的是，当在 Express.js 中没集成 urlencoded()、json()这类处理数据的方法时，开发人员通常会使用第三方中间件 body-parser 处理用户 POST 请求提交的数据。在 npm 官网中目前该中间件周下载量达到了惊人的 3800 万次，故读者在查阅由 Express.js 开发的服务器端代码时会有很大概率遇到这个 body-parser。

3. 封装错误中间件

在处理业务逻辑的过程中，可能会出现操作数据库失败的情况，这时可通过在参数 res 中添加处理报错的逻辑提醒开发者报错原因和位置。由于中间件具备下游可使用上游挂载的属性的特性，那么就可在到达路由之前全局挂载错误中间件，这样路由中的处理程序就都具有处理报错的属性了，代码如下：

```
app.use((req, res, next) => {
    //往 res 中挂载属性 catch error
    //如果 status 值为 0,则代表成功,如果 status 值为 1,则代表失败,默认值为 1,方便处理失败
    //的情况
    res.ce = (err, status = 1) => {
        res.send({
```

```
                status,
                //判断这个 error 是错误对象还是字符串
                message: err instanceof Error ? err.message : err,
            })
        }
        next()
})
```

至此本节的中间件都已配置完成，除路由级别的中间件外，其余的 4 种中间件都进行了实践，在后续路由与处理程序章节中将会使用生成 token 和验证数据的路由中间件。app.js 文件内的完整代码如下：

```
//app.js
const express = require('express')
const app = express()

const cors = require('cors')
app.use(cors())
app.use(express.urlencoded({
  extended: false
}))
app.use(express.json())

app.use((req, res, next) => {
  res.ce = (err, status = 1) => {
    res.send({
      status,
      message: err instanceof Error ? err.message : err,
    })
    }
    next()
})
//绑定和侦听指定的主机和端口
app.listen(3007, () => {
    console.log('http://127.0.0.1:3007')
})
```

4.5　路由和处理程序

4min

在 Express.js 的众多特性中，排在第一的即为 Robust routing，意为强健或强大的路由。路由是 Express.js 框架最重要的功能之一，是 Express.js 应对大量并发请求的基础，也为 Express.js 的高性能提供了保障。那么什么是路由呢？路由和处理业务逻辑的具体程序或函数又有什么关系呢？在路由级别中间件一节中的 get()方法又是什么？本节将从路由的介绍开始逐一解答以上问题，也意味着读者开始进入功能模块的具体实现阶段。

4.5.1 什么是路由

在 Express.js 中，路由指的是客户端的请求与服务器端处理程序之间的映射关系。映射关系就好比手机用户拨打电话咨询运营商时会首先进入数字选择界面，语音提示不同的数字代表不同的业务，例如按 1 咨询话费信息、按 2 咨询流量信息、按 3 人工服务等。同理，当客户端的请求到达服务器端时会首先根据请求的类型和接口地址在路由表中进行匹配，当找到对应的路由后才会执行与之对应的路由处理程序。

路由的基本格式，代码如下：

```
app.method(path, handler)          //app 为 Express 实例,method 为请求方式
```

在 method 方法中第 1 个参数为请求的接口地址，第 2 个参数为对应的处理程序。故可设计两个不同的请求类型的访问根路径并输出内容的路由，代码如下：

```
//app.js
//响应 GET 请求
app.get('/',(req, res) =>{
    res.send('这是 GET 请求!');
})
//响应 POST 请求
app.post('/',(req, res) =>{
    res.send('这是 POST 请求!');
})
```

但是上述代码会带来一个问题，可以看到路由和处理响应的函数都被写在 app.js 内，一旦路由数量达到几十个甚至更多时，app.js 内的代码将会变得十分臃肿，而如果测试接口或在实际使用时出现问题，则需要花费大量的时间去寻找客户端请求接口对应的路由，所以在实际开发中 Express.js 不建议将路由直接挂载到 app 实例上，而是基于模块化的思维将路由放置到对应的模块中，其实就是把路由封装到对应模块的 JS 文件中，这样便于开发和运维人员管理路由，实现高内聚低耦合的特性。

首先，在目录下新建一个 router 文件夹，用于存放各个模块使用的路由，其次，在 router 文件夹新建 login.js 文件，用于存放登录模块所使用的路由。在 login.js 文件内导入 Express.js 框架，并使用 Router()方法返回的实例，该方法用于创建路由和处理程序，代码如下：

```
//login.js
const express = require('express')
const router = express.Router()          //使用路由
```

返回的 router 实例是一个独立的作用域，可以使用多种方法来添加路由处理程序，如 GET、POST、PUT、DELETE 等。每个路由处理程序都需要一个回调函数作为参数，该回调函数会在请求匹配成功后被调用，在回调函数中使用 req 和 res 对象获取请求信息和发生响应。以添加一个 GET 请求的路由处理程序为例：

```
//login.js
const express = require('express')
const router = express.Router()                         //使用路由

router.get('/login',(req, res) =>{                      //跟挂载到 app 实例上差不多
    res.send('我是 login.js!');
})
```

与 app 实例挂载的路由一样，在 router 的路由上添加中间件也采用同样的方法，相关的例子在 4.4.1 节路由级别的中间件一节中进行了示范。

不要忘了现在是在 login.js 而不是 app.js 文件中，如果客户端在此时发来请求，则将找不到任何路由，所以需要把 router 实例向外暴露，代码如下：

```
//login.js
const express = require('express')
const router = express.Router()                         //使用路由

router.get('/login',(req, res) =>{                      //跟挂载到 app 实例上差不多
    res.send('我是 login.js!');
})

//向外暴露路由
module.exports = router
```

暴露的 router 实例可以作为中间件来使用，在 app.js 文件导入 router 实例并通过 app.use()方法将其注册到全局中间件中。方法的第 1 个参数即路径可用于区分不同的功能模块。当存在多个注册的路由中间件时，Express.js 会依次调用挂载的路由实例中间件，如果没有匹配到路由，则继续调用下一个挂载的路由实例中间件，直至找到匹配的路由实例。当匹配成功后，Express.js 会根据请求的类型和地址找到执行业务的路由处理程序并执行，代码如下：

```
//app.js
//导入暴露的路由实例,并命名为 loginRouter,表示登录模块
const loginRouter = require('./router/login')

app.use('/api', loginRouter)            //注册为全局中间件
```

当服务器开启后在浏览器访问路径 http://127.0.0.1:3007/api/login 将输出定义在 login 路由内的响应数据，如图 4-40 所示。

图 4-40　响应"我是 login.js!"

这里需要注意的是暴露和引入模块的方法。在 Node 中默认使用 CommonJS 模块规范，与前端 ES6 提出的 ESM 模块规范不同。如果在 Node 中想使用 ESM 模块规范，则可使用 Babel 工具将代码中的 ESM 模块转换为 CommonJS 模块。在 Node 中，module.exports 是一个属性，允许开发者从模块中导出函数、对象或值，其他模块可引入暴露的函数、对象或值。暴露和引入函数的代码如下：

```
//a.js
function test(){                              //定义一个测试函数
    console.log('This is a function!')
}

module.export = test                          //向外暴露函数


//b.js
const test = require('./a.js')                //导入函数
test()                                        //输出 This is a function!
```

在这个例子中,在 a.js 模块内定义了一个名为 test 的测试函数,并通过 module.exports 向外暴露。在 b.js 模块中,使用 require 函数导入了 a.js 模块,并调用模块内的 test()函数。

此外,在导入模块时使用的 require()函数也有值得研究的地方,例如在 login.js 模块导入 Express.js 框架时传递的是 express,代码如下:

```
const express = require('express')
```

而从 app.js 入口文件导入时传递的是一个相对路径,代码如下:

```
const loginRouter = require('./router/login')
```

在 require()方法中如果以"./""../"或"/"开头,Node.js 则会根据该模块所在的父模块确定其绝对路径,然后将模块当作文件进行查找,并按照.js、.json、.node 的顺序依次尝试补全扩展名,当找到该文件时,则返回该文件,如果是目录,则当成依赖进行处理;如果传递的内容不包含路径信息,Node.js 则会根据模块所在父模块找到可能存在的安装目录,并尝试将模块当作文件名或目录名进行处理,所以导入 Express.js 时传递的是一个目录名,而在父模块(根目录)的 node_modules 下找到 Express.js 框架的目录名恰恰为 express,而如果没有找到路径确定的模块或没有在父模块下找到目录名,则会抛出没有找到(Not Found)的报错。

4.5.2 专心处理业务的 handler

虽然把路由从入口文件剥离到了对应的 router 文件夹下的模块中,但如果模块下的路由数量过多,加上每个路由内包含的处理接受请求和响应的函数代码,则会出现代码臃肿且不易管理的情况。这时就需要考虑进一步剥离路由,即把路由的函数参数封装成专心处理业务的 handler(处理程序),这时每个路由只保留请求路径和通过 CommonJS 导入的处理程序模块的函数名即可。

在根目录下新建文件夹 router_handler,用于保存每个模块下的 handler。在 4.5.1 节创建了 router 文件夹下的 login.js 用于保存登录模块的路由,同理,在 router_handler 下新建 login.js 用于保存登录模块路由的 handler 函数,此时文件目录如图 4-41 所示。

现在,可在 router_handler 目录下的 login.js 写一段关于登录账号的逻辑,代码如下:

```
∨ 新建文件夹 C:\Users\w\Desktop\新建文件夹
  > node_modules library root
  ∨ router
      login.js
  ∨ router_handler
      login.js
    app.js
    package.json
    package-lock.json
```

图 4-41 文件目录

```
//router_handler/login.js
//exports 是 module.exports 的别名
exports.login = (req,res) => {
    res.send('登录成功!')
}
```

回到 router 目录下的 login.js,可导入上述代码暴露的登录账号逻辑,这时代码如下:

```
//router/login.js
const express = require('express')
const router = express.Router()                    //使用路由

//导入 login 的路由处理模块
const loginHandler = require('../router_handler/login')

router.get('/login', loginHandler.login)          //对应登录功能处理函数

//向外暴露路由
module.exports = router
```

当服务器开启后在浏览器访问路径 http://127.0.0.1:3007/api/login 将输出定义在 login 路由内的响应数据,如图 4-42 所示。

图 4-42 响应"登录成功!"

这样在 router 目录下的每个模块文件中就只保留了对应的路由路径和 handler 函数名,每个路由对应的功能都清晰明了,当测试或在运行的过程中出现 Bug 时也易于找到出现问题的路由及其对应的处理函数。在实际项目的开发过程中也是按照这种类型剥离路由和路由处理程序的,读者应了解将路由和处理程序剥离的原因,并能熟练操作剥离步骤。

4.5.3 GET、POST 及其兄弟

在 4.5.2 节新建的 router 目录的登录模块中,对应处理登录逻辑的路由使用了 GET 请求方法,当用户请求登录(访问登录路由)时会返回 res.send()方法定义的内容。那么不同的请求方式分别代表什么意义和业务场景呢?由于请求方式涉及网络协议中的超文本传输协议(Hypertext Transfer Protocol,HTTP)的内容,本节将重点探讨客户端请求数据时

常用的5种方法,对HTTP本身是如何工作的不进行详细介绍,感兴趣的读者可自行查阅关于网络协议的工作原理。同时本节将简要探讨所有路由都使用POST请求方法的缘由(所有的路由请求方式都使用POST)。

HTTP是一种实现客户端和服务器端之间通信的响应协议,当客户端请求数据时要向服务器提交HTTP请求,说明请求的意图。在HTTP协议中定义了多种与服务器不同的交互方法,包括GET、POST、HEAD、PUT、DELETE、OPTIONS、TRACE、CONNECT和PATCH,其中GET、POST和HEAD是HTTP1.0定义的,也是HTTP服务器必备的,其他6种请求方法是HTTP1.1新增的。

1. GET请求方法

如同get的翻译"得到、获得"一样,GET请求方法表示从服务器中获取数据,对应数据库管理系统的select操作。整个请求流程主要为客户端通过发送GET请求至服务器,服务器接受请求并查询数据库内的指定数据,将查询结果返回至客户端,不涉及数据库内的增、删、改操作,对数据库数据无影响。

使用GET请求时会将请求的参数附加在URL网址后,也就是说GET请求的参数往往是可见的。以在百度查询Express.js框架为例,当在网址栏输入express后,网址栏会变成https://www.baidu.com/s?ie=UTF-8&wd=express的内容。可以明显地看到查询的内容express被拼接在了URL网址后,而ie也很好理解,对应当前页面的编码格式为UTF-8;wd即为word的简写,代表了查询的关键词。在URL网址中,查询的内容与URL网址通过"?"分隔,当有多个查询内容时会通过"&"连接。在网页中按F12键打开开发者工具,单击网络,选择文档类型的请求,可看到名称列出现了请求的内容,单击可查看请求网址、请求方法、状态码等信息,如图4-43所示。

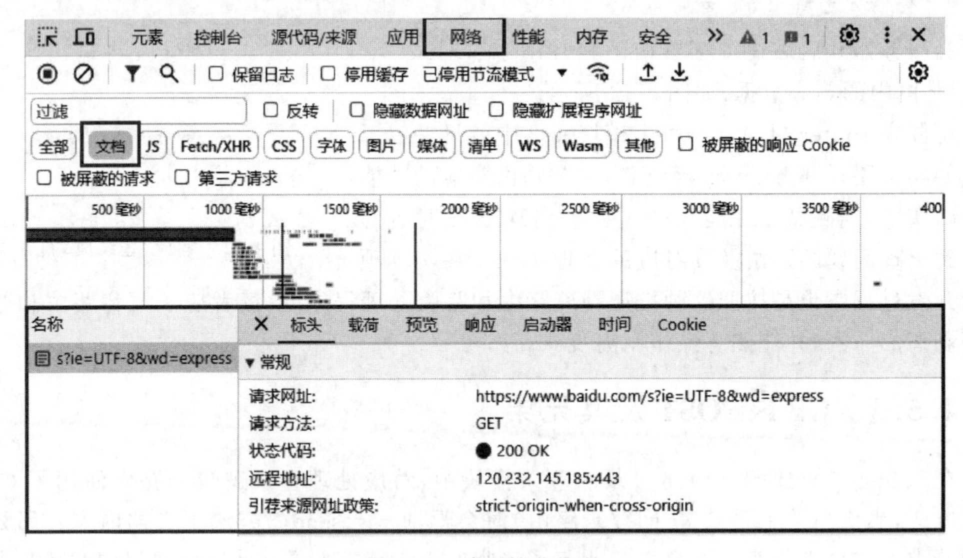

图4-43 请求标头信息

使用 GET 请求的优点是简单、直观，速度快，因为参数包含在 URL 网址中，用户可以看到自己查询的内容，也可以直接在 URL 网址修改请求的参数。如同百度会将搜索内容以明文形式展现在网址栏，因为这是无关紧要的数据，在实际运用中通常会通过 GET 请求传输表格的页码以获取对应页码的表格数据。

但带来的缺点也很明显，参数变成了以明文的形式传输，可能造成数据的泄露。此外，URL 对长度的限制也使 GET 请求不能处理包含大量数据的参数，所以虽然 GET 请求十分方便，但是程序员出于对数据的敏感往往会使用 POST 请求数据。

2. POST 请求方法

邮差的单词为 postman，而作为 HTTP 协议中最常用的另一种请求方式——POST，主要作用就是将数据传递给服务器，通常执行数据的 insert 操作。与 GET 请求不同的是 POST 请求会将数据包含在请求的主体中以键-值对的形式表示，而不是作为 URL 的参数进行传递，所以 POST 请求的数据是不可见的，相对于 GET 会更加安全，这种特性也使许多后端开发人员会把增、删、改、查都通过 POST 请求执行，本项目也是如此。

在实际开发中会通过 POST 请求向服务器提交表单数据、上传文件等操作，例如系统内的登录信息就是由一组表单数据构成的，包含用户的账号和密码。因为脱离了 URL 传参，所以 POST 请求可以提交大量数据。此外，POST 请求还支持发送图像、音频和视频等二进制文件，与 GET 请求相比更加灵活。

然而有得必有失，POST 请求的数据在真正传输之前会先将请求头发送给服务器确认，请求头包含发送的数据类型、数据长度、用户 token 等信息，待确认成功后才会发送数据，导致 POST 请求比 GET 请求速度慢。另外，因为请求数据被包含在主体中，用户就不能直接在 URL 网址操作请求的参数了。

3. PUT 和 PATCH 请求方法

首先介绍的是 PUT 请求方法，与 POST 类似，PUT 请求方法也会将请求的数据包含在请求主体中，对应的是数据的 update 操作，而 PATCH 也同样对应的是 update 操作，那么两者有什么不同呢？

不同点在于 PUT 请求会更新全部数据，而 PATCH 请求只更新部分数据。更为官方的介绍是 PUT 请求会上传新内容替换掉原来位置的资源，而 PATCH 用于对指定资源的局部更新。例如存在一个包含两个对象的数组，当使用 PUT 请求更新时，假设只更新了数组内的一个对象，但数组会被修改的内容覆盖，也就是数组此时只剩下了被修改的对象；当使用 PATCH 请求更新时，只会修改指定的对象，另外的对象不受影响。

4. DELETE 请求方法

除了增(POST)、查(GET)、改(PUT 或 PATCH)外，最后剩下的就是删(DELETE)操作，DELETE 请求就是用于请求服务器删除指定的内容，请求的数据也同样保存在报文主体中。在实际的开发场景中，DELETE 请求一般会将删除内容的唯一标识传递给服务器，服务器接受请求后删除指定的数据资源。

4.6 测试的好帮手

9min

在学习各种高级编程语言的过程中,经常会遇到一个词——接口(Application Program Interface,API),在各种较为官方的介绍中会把接口说成是一组定义、程序及协议的集合,这对于初学者来讲可能会觉得云里雾里,其实在不同的场景下接口代表着不同的含义,但总结一点,就是已经封装好的、规范的、拿来即用的方法。举个例子,在前端关于 JavaScript 的学习路线中会了解到 DOM 操作,DOM 操作提供了能访问元素节点的方法,如 getElementsByTagName()、getElementsByClassName()等,这类供前端开发者直接使用的方法就是 DOM 的 API,从开发者的角度来讲,这些方法是拿来即用的,是浏览器已经封装好的,那么这就是所谓的接口。在本书项目使用的 UI 框架 Element-Plus 提供的组件文档中,也都会提供 API 供开发者调用组件内部的属性,如图 4-44 所示。

Button API

Button Attributes

属性名	说明	类型	默认值
size	尺寸	enum ⓘ	—
type	类型	enum ⓘ	—
plain	是否为朴素按钮	boolean	false
text (2.2.0)	是否为文字按钮	boolean	false
bg (2.2.0)	是否显示文字按钮背景颜色	boolean	false
link (2.2.1)	是否为链接按钮	boolean	false
round	是否为圆角按钮	boolean	false
circle	是否为圆形按钮	boolean	false

图 4-44 Element Plus 按钮 API

接口也具备规范化的作用。以使用 MySQL 数据库为例,MySQL 提供了统一的接口供各种高级开发语言(如 C、C++、Java 等)连接数据库,想使用 MySQL 就得根据 MySQL 的接口去传参。假设 MySQL 没有提供统一的接口,那么各种语言都会通过自己的方法去连接 MySQL 的接口,C 语言使用数据库时可能传 3 个参数,Java 又可能传两个参数,MySQL 就得根据各种语言的特性去提供不同参数的接口,这样无疑是对 MySQL 的一种负担。MySQL 的官方就会想,不如只提供一种接口,各种开发语言想使用 MySQL 就得按照这个接口的规范去传参数,这样各种语言就只能按照这种统一的规范去使用 MySQL 了。除了 MySQL,对于其他服务类的软硬件产品都会提供统一的接口供不同使用场景的客户调用。

在系统开发的过程中,后端为了确保提供给前端使用的接口正常,后端开发人员写完相关功能逻辑的路由处理程序后通常会对接口进行测试。在 4.5.2 节通过在浏览器访问路径

http://127.0.0.1:3007/api/login 获取返回值的过程就是一个简单的接口测试，而这个路径就是一个简单的接口，虽然是一个路径，但其实访问的是后端暴露出来的一个 login()方法。

在系统开发中进行接口测试，能够发现路由处理程序中存在的问题并解决，避免接口存在影响系统正常运行的 Bug，保证提供给前端开发者使用的接口是可靠的且稳定的。在前后端分离的开发趋势下，后端往往只根据功能描述去完成功能模块的接口，无法知道前端的使用场景，通过对接口进行测试，能够提前避免用户在进行页面交互操作时出现错误。同时，接口测试还保证了系统的安全性，防止非法用户通过接口发送非法数据，在一定程度上减少了可能造成系统崩溃的概率。

虽然可以通过浏览器网址访问路由地址进行接口测试，但一旦遇到要传值的接口，就需要手动在地址后面拼接参数；当后端提供的路由是通过 POST 方法访问时，想通过地址拼接传值还不行，那该怎么去测试接口呢？这就不得不提到测试接口的工具了。

在本节中将介绍测试工具 Postman 的安装及使用方法。在做接口测试的时候，测试工具就相当于一个客户端，可以模拟用户发送各种 HTTP 请求，将请求数据发送至服务器端，获取对应的响应结果，从而验证响应中的结果数据是否和预测值相匹配。

4.6.1 Postman

Postman 是谷歌公司开发的一款功能强大的用于发送 HTTP 请求的测试工具，也是目前主流的测试工具之一。Postman 具有的主要特点如下：

(1) 支持 HTTP 的所有请求方式。

(2) 支持添加额外的头部字段，如添加 token。

(3) 支持文件、图片、视频等数据请求。

(4) 支持形成接口文档。

(5) 支持团队协同开发。

(6) 自动美化响应数据。

简单、方便的使用特点让 Postman 成为后端开发者最常用的接口测试工具之一，下面从 Postman 的下载开始完成第 1 次接口测试。

Postman 下载网址为 https://www.postman.com/downloads/。

以 Windows 系统为例，单击页面中的 Windows 64-bit 按钮，即可下载 Postman 的执行文件；如果是 macOS 系统或 Linux 系统，则在按钮下面的 Not your OS?（不是你的操作系统?）一行中可选择下载适合自己系统的执行文件，如图 4-45 所示。

下载完成后，双击 Postman 执行文件，无须安装即可打开 Postman 测试工具。初次使用时会进入注册页面，读者可注册免费账号并登录，也可选择注册按钮下面提示的继续使用轻量化的 API 客户端（Or continue with the lightweight API client）的链接直接使用 Postman。注册页面如图 4-46 所示。

注册成功后，将会进入 Postman 的工作台（Workspace），也就是单击左上顶部菜单栏的

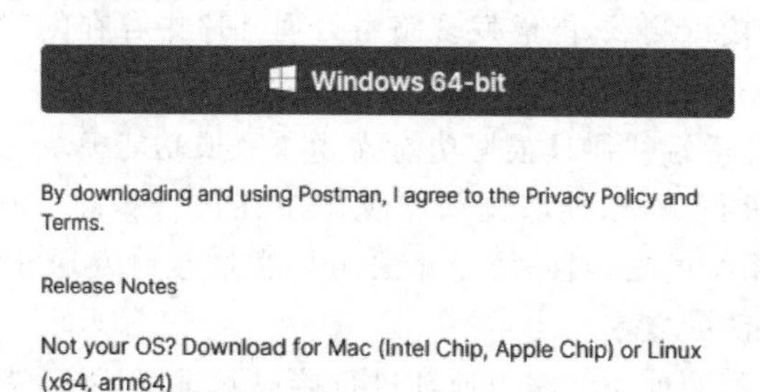

图 4-45　下载 Postman

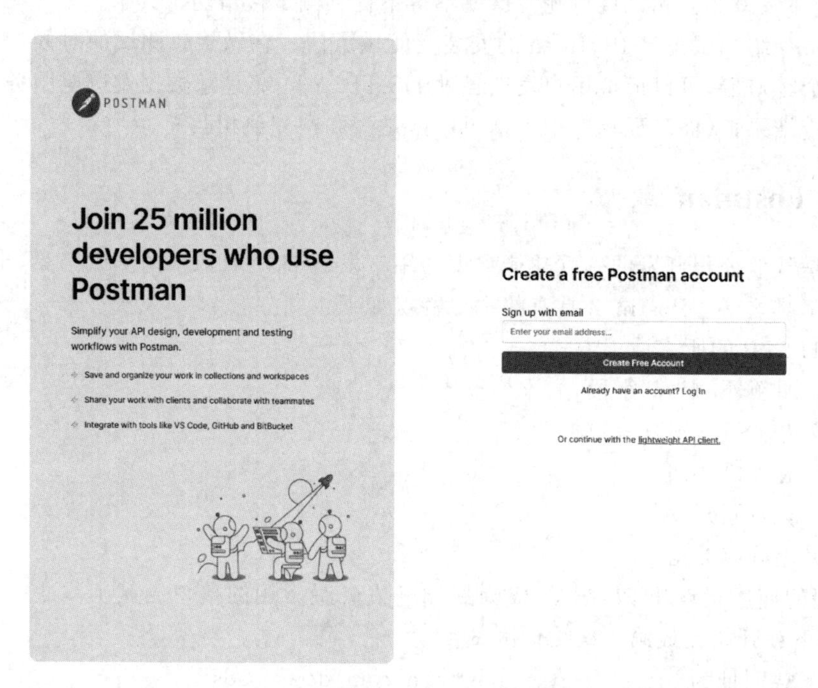

图 4-46　Postman 注册页面

Workspace 按钮后进入的页面，这里默认选中的 Collections(收藏)对应的是用户的收藏区域，可新建不同的模块用于保存对应的功能接口，如图 4-47 所示。

在初次使用时将会进入工作台的介绍页面——Overview(概览)，该标签页只会在初次使用时展示。在这个标签页中，简要介绍了这个是属于用户个人私有的工作台，除非自己分享该工作台，否则里面的内容只有自己能看到且操作，如图 4-48 所示。

当单击图 4-48 上方 Overview 标签右侧的"+"按钮时，将新建一个测试接口的区域。测试接口标签页中包含两个区域，上部分为编辑区，下部分为响应区(Response)。编辑区

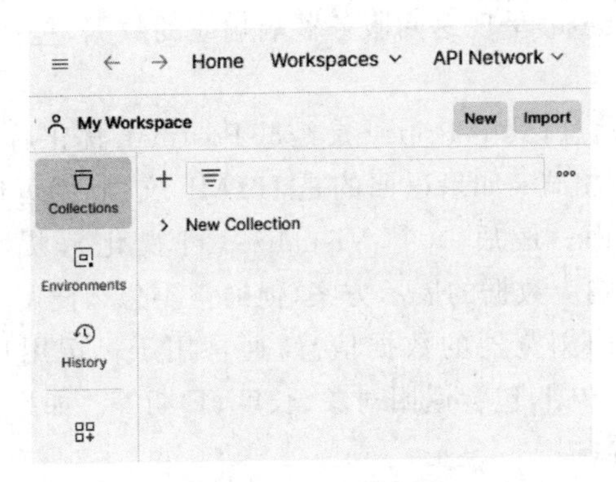

图 4-47　工作台区域

图 4-48　工作台介绍页

内包含输入框和参数区域，输入框分为选择请求方式和填写测试的接口地址两部分，最右边的蓝色 Send 按钮用于发送请求，需要注意的是，测试时服务器端必须处于在线状态；输入框的下面为参数区域，包含多个选项，用于输入请求参数并携带请求信息，主要包括 Params 请求参数选项、用于请求时添加的认证信息(如 token)的 Authorization 选项、自定义 HTTP 的请求头内容的 Headers 选项、以表单形式传参的 Body 选项等。以请求 4.5.2 节中的 login 为例，如图 4-49 所示。

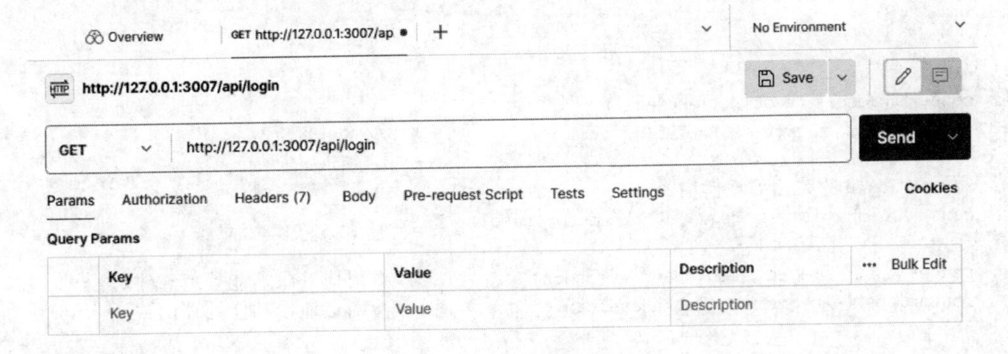

图 4-49　接口编辑区

底部的响应区(Response)呈现返回服务器端响应的数据,包括 Body、Cookies、Headers 和 Test Results。

Body 是主要的响应信息,其中 Pretty 是经过 Postman 优化后的响应数据格式,而 Raw 则是未经优化的原始数据格式;如果返回的是 HTML 文档,则可通过 Preview(浏览)选项浏览返回的 HTML 页面;最后一个 Visualize(可视化),提供了可通过 HTML 和 JavaScript 代码去自定义响应数据的展示方案,但通常不怎么使用。

Cookies 是服务器返回浏览器的数据信息,通常用于标记用户和提供个性化的体验。Headers 是返回的响应头数据,包含返回对象、长度、日期等。如果在代码中编写了断言,则可在 Test Results 中查看。

响应 login 接口,如图 4-50 所示。

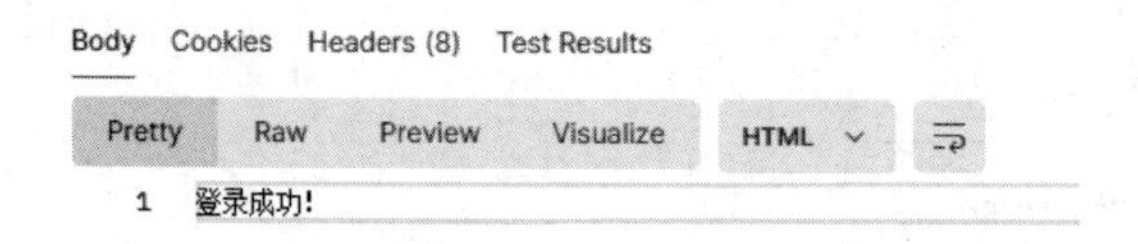

图 4-50 接口响应区

4.6.2 试着输出一下数据

在介绍 HTTP 请求时曾提到 POST 请求方法可以替代其他任何的请求方法,为了保证系统的数据安全,可以把登录接口的请求方法更改为 POST,同时添加一个通过 POST 请求方法访问的注册接口,代码如下:

```
//router_handler/login.js                              //添加注册处理函数
exports.register = (req,res) => {
    res.send('注册成功!')
}

exports.login = (req,res) => {
    res.send('登录成功!')
}

//router/login.js
const express = require('express')
const router = express.Router()                        //使用路由

//导入 login 的路由处理模块
const loginHandler = require('../router_handler/login')

router.post('/login', loginHandler.login)              //对应登录功能处理函数
router.post('/register', loginHandler.register)        //对应注册功能处理函数

//向外暴露路由
module.exports = router
```

这时 Postman 内的请求方法就不能是 GET 了，而应修改为 POST，同时为了测试新添加的注册接口，把路径中的 login 改为 register（注册），如图 4-51 所示。

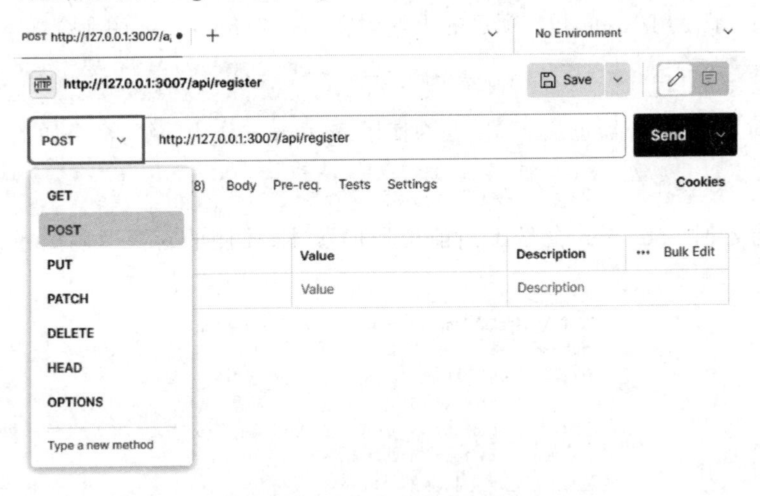

图 4-51 修改请求方法和接口

不过当单击 Send 按钮发送请求时，响应区并没有返回“注册成功！”字样，而是报了一个 Error 错误，提示不能通过 POST 请求当前路径，同时右上角可看到状态码变成了 404，如图 4-52 所示。

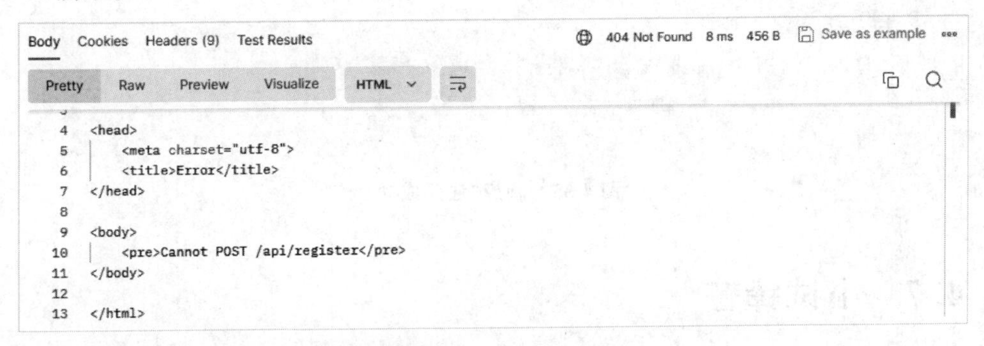

图 4-52 返回 Error

但回到编辑器，又发现终端中没有提示任何报错信息，这是为何？如图 4-53 所示。

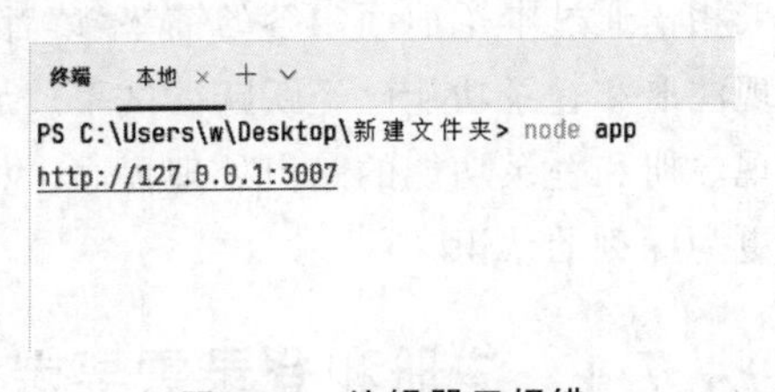

图 4-53 编辑器无报错

这里就不得不提到 Node 存在的一个问题，就是当修改完代码并按 Ctrl+S 快捷键保存代码后，如果不重启服务器，则服务器将无法监听到文件的更改，这就带来了另外一个问题，当遇到频繁修改代码的情况下，就要不断地手动输入命令重启服务器以监听到最新的代码变化，这无疑给程序员带来了不必要的时间浪费，但车到山前必有路，一个名叫 Remy 的程序员在 2010 年开发出了一款名叫 nodemon 的 Node.js 第三方模块，该模块可在检测到目录中的文件更改时自动重新启动 Node 服务器，开发人员只需关注代码的修改，不再需要手动重启服务器。截至 2023 年 11 月，nodemon 获得了 25.7k 的 Stars，周下载量达到了 574 万次，侧面反映了使用 Node 开发项目的火热程度。安装 nodemon 的命令如下：

```
npm i nodemon -g                //注意是全局安装
```

与此同时，启动服务器也从 Node 变为使用 nodemon 作为前缀，命令如下：

```
nodemon app
```

启动服务器时 nodemon 会显示当前使用的版本、监测的对象及随时重启的特性，如图 4-54 所示。

```
PS C:\Users\w\Desktop\新建文件夹> nodemon app
[nodemon] 3.0.2
[nodemon] to restart at any time, enter `rs`
[nodemon] watching path(s): *.*
[nodemon] watching extensions: js,mjs,cjs,json
[nodemon] starting `node app.js`
http://127.0.0.1:3007
```

图 4-54　nodemon 启动服务器

回到 Postman，此时测试注册接口就输出了定义在 res.send()方法里的内容，如图 4-55 所示。

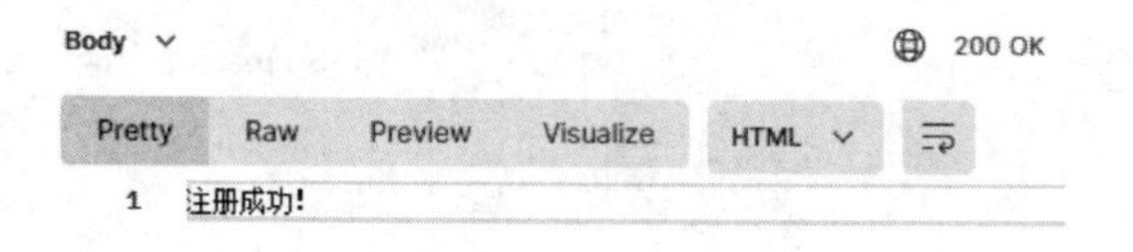

图 4-55　响应"注册成功"

4.7　小试锋芒

相信通过本章前面内容的铺垫，读者已经对路由和路由处理程序有了一定的认识，并对实现注册和登录功能已经跃跃欲试了。那么在这一节中，读者将会以实战的角度去思考并实现注册和登录功能的路由处理程序。相信这一节过后，读者会对前后端分离的开发方式有更为深刻的认识。

4.7.1　注册和登录需要考虑什么

11min

注册账号是进入任何一个系统的第 1 步，也是最为关键的一步。试想，如果注册账号没有限制，则对系统无疑是一场灾难，系统将会充斥着大量的水军账号，假设存在一个能够对某个对象进行评价的网站，用户可以随意注册账号，那么不法分子就可以注册多个账号用以刷好评或刷坏评去达到某种目的。

在注册账号中，首先需要考虑的是规范用户的账号和密码，以 QQ 为例，账号是官方提供的一个长度范围固定的纯数字，密码则必须包含字母和数字，可以想象这里的账号是一个具备唯一性的字段，通过 QQ 账号可以找到唯一的用户，密码则是一个通过正则表达式限制的字符串，并且两者都是必填项。那么在注册的路由处理程序中，就需要判断账号和密码是否符合这些规则，其次，由于账号具备唯一性，那么就需要预防其他的用户注册相同的账号，可以通过查找数据库中的 account 字段与用户注册的账号进行匹配，如果存在，则提示账号已存在，不能继续注册，反之则允许用户注册。除了账号，还要考虑用户的密码，密码不能以明文的形式存储在数据库，防止一旦数据库泄露，不法分子能使用账号和明文密码登录系统。

当用户进行登录时，也需对客户端传过来的账号进行判断，检索数据库中是否存在该账号，如果不存在，则提前判断登录失败，而无须考虑密码的正确性。由于注册的时候对用户的密码进行了加密，那么保存在数据库的就是一组加密过的字符串，登录时就需要对数据库中的密码进行解密，并与客户端传过来的密码进行匹配，如果相同，则登录成功，反之则登录失败。与此同时，登录成功后还需将一些基础的信息返回给客户端，最为基础的信息是用户的昵称，以 QQ 为例，登录成功后用户的页面将会显示用户的昵称、头像和个性签名等信息，这些都是登录成功后从服务器端返回的数据。对于登录还有一个重要的点是将 token 返回给客户端，token 是令牌(临时)的意思，通过设置 token，可以达到保护系统数据和加强账号安全性的作用。当用户持有令牌时，可以访问服务器端且操作数据，当令牌过期后，即使用户没有关闭系统的页面，也不能访问系统的任何数据，并当产生交互行为时自动跳回登录页面。

在 3.3.2 节中，通过对用户模块的分析设计出了一张用户表，包括用户的基本信息(姓名、性别、年龄等)和账号的基本信息(账号、密码、创建时间、更新时间、状态等)。这里就会出现一个问题，要不要在注册的时候提供用户填写基本信息的表单输入框，或者说什么时候才往这些字段填充值呢？同样可以参考 QQ 注册账号的逻辑，用户是在注册成功后才设置自己的基本信息的，为什么要这么做呢？答案是节省用户的注册时间，提高用户的使用体验。如果用户在注册期间输入了自己的基本信息，但单击注册按钮的时候提醒账号已存在或者其他不符合注册规则的内容，则对用户的体验是十分不友好的，谁也不想浪费了时间和精力去填写大量内容后却吃了个闭门羹，所以在注册的时候往往只提供账号和密码的表单输入框。路由处理程序除了处理账号的校验和密码加密外，对账号的创建时间也需要进行记录，达到对注册用户的一个溯源保证，值得一提的是，在一些等保较高的系统中，对账号的注册 IP 地址也会进行记录。

4.7.2 业务逻辑代码实现

在这一节中，将会对 MySQL 进行连接，同时通过各种中间件完善注册和登录功能的实现逻辑。

3min

1. 连接数据库

首先需要安装服务器端连接 MySQL 数据库的 Node.js 第三方模块，该模块与 MySQL

同名，并且使用 JavaScript 进行编写，用于在 Node.js 环境下连接 MySQL，在其介绍中还提到无须编译即可使用，并且是百分之百基于 MIT 协议开源的。

安装方式同其他第三方模块一样，通过 npm 命令进行安装，命令如下：

```
npm i mysql
```

该模块的使用方法也很简单，在 Express.js 框架中只需导入该模块，并且通过模块提供的 createPool()方法，填写数据库的地址、用户、账号及数据库名便可连接服务器。在项目的根目录下新建 db(Database)文件夹，并在文件夹下新建 index.js 文件用于连接数据库，后续在路由处理程序的文件中导入暴露的 db 对象即可操作数据库。导入并配置数据库信息的代码如下：

```
//db/index.js
//导入 MySQL 数据库
const mysql = require('mysql')

//创建与数据库的连接
const db = mysql.createPool({
    host:'localhost',                       //服务器地址
    user:'gbms',                            //用户
    password:'123456',                      //密码
    database:'gbms'                         //数据库名
})

//对外暴露数据库
module.exports = db

//router_handler/login.js
const db = require('../db/index.js')        //在路由处理程序模块中导入
```

2. 验证数据

8min

在面对客户端传过来的注册和登录所输入的账号和密码时需要使用 Joi 中间件对数据进行验证(校验)。Joi 是一个用于 JavaScript 的强大的 Schema(数据结构的定义和约束)描述语言和数据验证器，可以通过简单的属性达到对数据的验证作用，整个模块压缩包仅有 534KB，截至目前已经更新到了 17.11.0 版本。

在 npmjs 中并没有过多地对该模块的使用进行介绍，仅提供了安装 Joi 的命令，命令如下：

```
npm i joi
```

在项目中只使用了基础的 API 对用户的基础信息进行限制，读者可访问 Joi 的 API 官网文档进一步了解各种 API 的使用方法，Joi 文档的地址为 https://joi.dev/api/?v=17.9.1。

在 Joi 中提供了常见的校验方法，具体如下。

(1) .string()：用于校验字符串。

(2) .number():用于校验数字类型。

(3) .alphanum():值为 a~z、A~Z、0~9 的值,即不能为其他符号。

(4) .pattern():数据需满足参数中的正则表达式。

(5) .min():数组的最小长度、数字类型最小值、字符串最小长度。

(6) .max():数组的最大长度、数字类型最大值、字符串最大长度。

(7) .required():用于必填项。

通过对注册和登录功能的分析,可得到账号和密码的验证规则,由于长度需要结合.string()方法,故在设置账号校验规则时不使用.number()。在使用时只需将 req.body 作为参数传入 Joi 提供的 validate()方法中。定义校验规则的代码如下:

```
//router_handler/login.js
const db = require('../db/index.js')
//导入 Joi 模块
const joi = require('joi')

//定义校验规则
const userSchema = joi.object({
    //账号是长度为 6~12 位的必填字符串
    account: joi.string().min(6).max(12).required(),
    //密码是数字与字母的混合且长度为 6~12 位的必填字符串
    password: joi
        .string()
        .pattern(/^(?![0-9]+$)(?![a-zA-Z]+$)[0-9A-Za-z]{6,12}$/)
        .required(),
});

//在注册中使用
exports.register = (req, res) => {
    const result = userSchema.validate(req.body);
    res.send(result)
}

//在登录中使用
exports.login = (req, res) => {
    const result = userSchema.validate(req.body);
    res.send(result)
}
```

下面假设输入不符合校验规则的数值后尝试访问注册路由,看一看会发生什么。需要注意的是此时需要模拟客户端对服务器端发送参数,在 HTTP 的 POST 请求方法中需把参数放到主体(Body),故在工作台的编辑区关于参数的选项中选择 Body 按钮,并选择表单的方式(x-www-form-urlencoded)进行传参,最后在参数输入框中填写账号和密码,如图 4-56 所示。

响应的内容主要包含两个对象,一个是 value 对象,包含传入的两个参数;另一个是 error(错误)对象。在 error 的 details(详情)对象中指出了账号 account 的长度最少需要 6 个字符,在 path(路径)对象中则对具体的出错原因进行了标记,如图 4-57 所示。

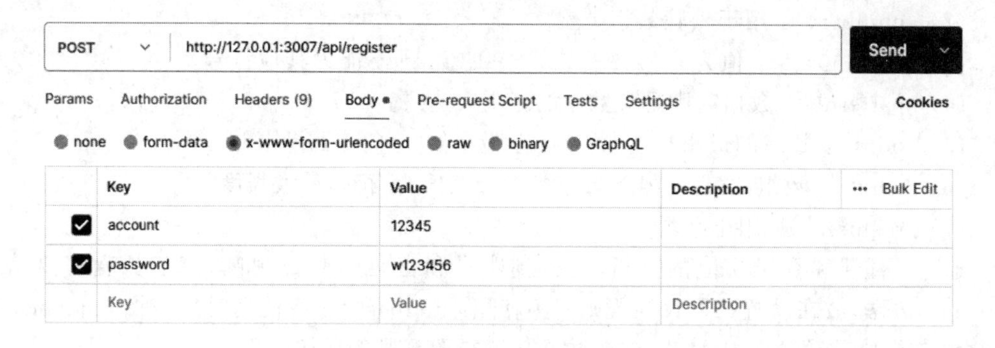

图 4-56　选择 Body 传参

```
"value": {
    "account": "12345",
    "password": "w123456"
},
"error": {
    "_original": {
        "account": "12345",
        "password": "w123456"
    },
    "details": [
        {
            "message": "\"account\" length must be at least 6 characters long",
            "path": [
                "account"
            ],
            "type": "string.min",
            "context": {
                "limit": 6,
                "value": "12345",
                "label": "account",
```

图 4-57　账号校验出错

```
{
    "value": {
        "account": "123456",
        "password": "w123456"
    }
}
```

图 4-58　响应传参值

下面假设输入了正确的数值,则只输出了传输的参数,没有 error 对象,如图 4-58 所示。

综上,如果验证的数据不满足 Joi.object()方法定义的规则,则返回值将会带有一个 error 属性,由此可通过判断返回值是否携带 error 属性来验证数据是否符合规则。此时,可通过添加 if 判断语句对注册和登录的路由处理程序在校验不通过的情况下提供反馈,代码如下:

```
//在注册中使用
exports.register = (req, res) => {
    const result = userSchema.validate(req.body)
    if(result.error) return res.ce('输入的账号或密码有误')            //调用全局错误中间件
    //校验成功后的逻辑
}
```

```
//在登录中使用
exports.login = (req, res) => {
    const result = userSchema.validate(req.body)
    if(result.error) return res.ce('输入的账号或密码有误')        //调用全局错误中间件
    //校验成功后的逻辑
}
```

3. 判断账号是否已存在

当用户输入的账号和密码通过校验规则后，不管是注册还是登录都需要对比数据库中已存在的账号数据并进行判断。注册需判断输入的账号是否已存在，登录则需判断输入的账号是否不存在，这时只需通过 select 语句查找 users 表中的 account 字段是否存在内容，查询条件为用户输入的账号。

使用导入的 db 实例的 query 方法执行 SQL 语句，该方法接收 3 个参数，分别是执行的 SQL 语句、SQL 语句中的条件参数、执行结果的回调函数。在回调函数中还包括两个参数，一个是执行 SQL 语句报错的形参 err，可通过全局报错中间件 res.ce()输出 err 用以处理出现错误的问题；另一个为查询的返回结果 results，通常对 results 进行加工后返回客户端。

使用“*”号代表查询该条件下的所有数据，返回的 results 为一个数组对象，如果查询的结果长度大于 0，则说明存在该账号，反之则说明该账号不存在，代码如下：

```
//注册
exports.register = (req, res) => {
    const result = userSchema.validate(req.body);
    if (result.error) return res.ce('输入的账号或密码有误')
    //定义一个 select 语句
    const sql = 'select * from users where account = ?'
    //调用数据库的 query 方法，传入 SQL 语句、条件参数、回调函数
    db.query(sql, req.body.account, (err, results) => {
        if (err) return res.ce(err)
        if (results.length > 0) return res.ce('账号已存在')
    })
}

//登录
exports.login = (req, res) => {
    const result = userSchema.validate(req.body);
    if (result.error) return res.ce('输入的账号或密码有误')
    const sql = 'select * from users where account = ?'
    db.query(sql, req.body.account, (err, results) => {
        if (err) return res.ce(err)
        //登录输入的账号不存在
        if (results.length > 0) return res.ce('输入的账号不存在')
    })
}
```

4. 对密码进行加密和解密

在使用加密中间件 bcrypt 之前，必须先补充两个知识点，一个是散列函数，也称为哈希

(Hash)算法，是指将密码通过哈希算法变成一个长度固定的字符串，即哈希值，不管用户输入的密码多长，最终的长度都是固定的，并且每次计算的结果都相同，由于结果相同，所以可以通过一个密码表去逆向破解加密过的密码；另外一个是盐(Salt)，也常常被称为加密盐，就像炒菜时不加盐味道都一样，但加多或加少盐菜的味道将会完全不同，盐起到了这个效果，如果在加密时加入盐作为干扰项，则每次输出的结果将不再相同，也减少了逆向破解的概率(并不是完全不能破解)，而 bcrypt 正是结合了哈希算法和加密盐，让密码得到了极大的安全性。

在 npmjs 中搜索 bcrypt 可查到这个用于密码加密的 Node. js 第三方库，库地址为 https://www. npmjs. com/package/bcrypt，安装的命令如下：

```
npm i bcrypt
```

在 bcrypt 的介绍中提供了异步和同步两种写法。首先是异步的方式，使用 bcrypt . hash()方法接收 3 个参数，分别是密码、盐值(saltRounds)、回调函数，在回调函数中可将得到的哈希值存储进数据库，或处理可能发生的错误情况。需要注意的是参数 saltRounds，代表加密的时间，saltRounds 值越大，加密的时间越久，加密的密码越安全，官方的默认值为 10。异步加密的示例代码如下：

```
bcrypt.hash(password, saltRounds, function(err, hash) {
    //进一步处理得到的哈希值，如存进数据库，或者处理 err
})
```

同步的方式是使用 bcrypt. hashSync()方法，该方法只接收两个参数，分别是密码和盐值。由于随密码一同插入数据库的还有账号、创建时间、账号状态等，所以采用同步的方式进行加密，代码如下：

```
const hash = bcrypt.hashSync(myPlaintextPassword, saltRounds)
//将获取的哈希值同账号、创建时间等一起插入数据库
```

有加密自然就有解密，bcrypt. compare()和 bcrypt. compareSync()分别作为异步和同步的解密方式，bcrypt. compare()接收用户输入的密码、保存在数据库的哈希值及回调函数作为形参，bcrypt. compareSync()则不需回调。这里读者可以发现一个小技巧，就是不管什么库，同步的方法都会加上 Sync，这是因为单词 sync 的意思为“同时”，而单词 async 则为“异步”，该技巧可在没有文档的情况下快速区分一种方法是异步的还是同步的，当然，也可用异步函数都需要回调函数来进一步处理结果进行判断。

在注册的路由处理程序中，可使用 bcrypt. hashSync()方法对 req. body 里面的 password 参数进行加密，并使用 res. send()方法输出哈希值查看加密后的结果，代码如下：

```
//导入 bcrypt
const bcrypt = require('bcrypt')
//注册
exports.register = (req, res) => {
```

```
    const result = userSchema.validate(req.body);
    if (result.error) return res.ce('输入的账号或密码有误')
    const hash = bcrypt.hashSync(req.body.password, 10)
    res.send(hash)
}
```

通过 Postman 测试，可得到哈希值的输出，如图 4-59 所示。

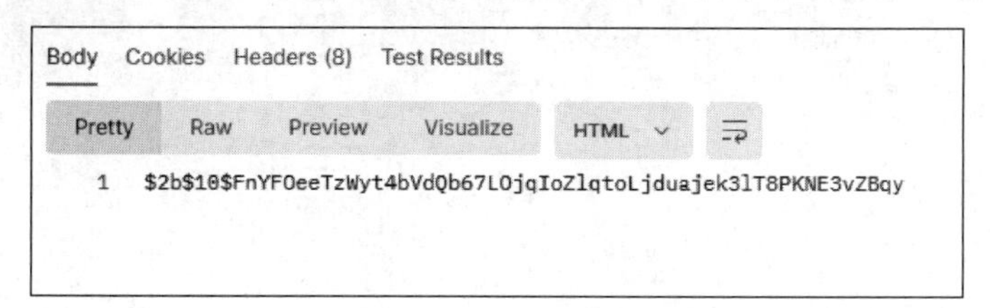

图 4-59　输出哈希值

当然，密码是在判断完账号是否存在后才进行加密和解密的，所以要把获取哈希值的代码放进 db.query()方法的回调函数中。

对于注册，此阶段通过 JavaScript 的 Date()对象生成账号的注册时间，即 create_time，并新建一个 SQL 语句，将账号、密码、创建时间、状态一并插入 users 表中。在新增的 SQL 语句对应的 db.query()方法中，可通过对回调函数的 results 的 affectedRows 属性进行判断，从而确认是否注册成功，该属性意为影响的行数，如果插入成功，则说明表中增加了一行，即 results. affectedRows==1，反之则说明插入失败。最后使用 res.send()添加状态码 0 和提示注册账号成功的消息作为成功注册的响应对象。

对于登录，假设当前输入的账号存在，那么 select 语句将会返回包含该账号信息的数组的唯一对象，对象中包含账号所对应的密码哈希值，通过 bcrypt.compareSync()方法传入用户输入的密码和 results 数组的唯一对象中包含的哈希值作为形参进行校验，可得到一个布尔值，通过布尔值就可判断用户输入的密码是否正确。此外，在生成 token 前还需对账号目前的状态进行判断。最终的代码如下：

```
//注册
exports.register = (req, res) => {
    const result = userSchema.validate(req.body);
    if (result.error) return res.ce('输入的账号或密码有误')
    const sql = 'select * from users where account = ?'
    db.query(sql, req.body.account, (err, results) => {
        if (err) return res.ce(err)
        if (results.length > 0) return res.ce('账号已存在')
        const hash = bcrypt.hashSync(req.body.password, 10)
        //新增插入语句
        const sql1 = 'insert into users set ?'
        //账号创建时间
        const create_time = new Date()
        db.query(sql1, {
            account: req.body.account,
```

```
            password: hash,
            create_time,
            //账号初始状态为 0
            status: 0,
        }, (err, results) => {
            //affectedRows 为影响的行数
            if (results.affectedRows !== 1) return res.ce('注册失败')
            res.send({
                status: 0,
                message: '注册账号成功'
            })
        })
    })
}

//登录
exports.login = (req, res) => {
    const result = userSchema.validate(req.body);
    if (result.error) return res.ce('输入的账号或密码有误')
    const sql = 'select * from users where account = ?'
    db.query(sql, req.body.account, (err, results) => {
        if (err) return res.ce(err)
        if (results.length !== 1) return res.ce('登录失败')
        //校验密码是否正确
        const compareResult = bcrypt.compareSync(req.body.password, results[0].password)
        if (compareResult == 0) return res.ce('登录失败')
        if (results[0].status == 1) return res.ce('账号被冻结')
        //生成 token 等逻辑
    })
}
```

5. 使用 token

JWT(JSON Web Token)是目前流行的一种用于跨域认证的解决方案，通过 token 验证用户是否具有访问服务器端的权限。登录成功后服务器端会将 token 返回给客户端，客户端通常会将 token 保存在 LocalStorage 或 SessionStorage 中，这取决于用户使用的场景，当 token 未过期时，HTTP 请求将携带 token 发送至服务器以校验用户的合法性，如果校验成功，则可访问请求接口。一般来讲，访问注册和登录接口不需要携带 token，理由也很简单，此时还没有用户的角色权限。

在 Express.js 框架中使用 jsonwebtoken 包生成 JWT 字符串，使用 express-jwt 包解析并验证从客户端发送至服务器端的 JWT 字符串，安装命令如下：

```
//同时安装多个依赖，只需在依赖后接着写
npm i jsonwebtoken express - jwt
```

整个 JWT 字符串包含 3 部分，分别是 Header、Payload、Signature，其中 Payload 是用户信息经过加密之后生成的字符串，而 Header 和 Signature 是为了保证 token 安全性的部分。

在项目的根目录下新建 jwt_config 目录，并新建 index. js 文件，用于向外暴露生成 JWT 字符串的密钥，代码如下：

```
//jwt_config/index.js
module.exports = {
    //自定义密钥名
    jwtSecretKey:'gbms',
}
```

回到 router_handler 下的 login. js 文件，导入 jsonwebtoken 包和自定义的密钥，并使用 jwt. sign()方法生成 token，该方法接收 3 个参数，第 1 个参数是一个对象，为生成 Payload 所需的用户信息，可使用客户端传入的账号和密码作为对象内容；第 2 个参数为导入的密钥；最后一个参数是配置对象，通常用于配置 token 的有效时长。在设置返回客户端的信息时，还需注意把哈希值设置为空，保证客户端接收的都是非敏感信息，代码如下：

```
//导入 jsonwebtoken
const jwt = require('jsonwebtoken')
//导入 JWT 配置文件
const jwtconfig = require('../jwt_config/index.js')

//登录
exports.login = (req, res) => {
    const result = userSchema.validate(req.body);
    if (result.error) return res.ce('输入的账号或密码有误')
    const sql = 'select * from users where account = ?'
    db.query(sql, req.body.account, (err, results) => {
        if (err) return res.ce(err)
        if (results.length !== 1) return res.ce('登录失败')
        const compareResult = bcrypt.compareSync(req.body.password, results[0].password)
        if (compareResult == 0) return res.ce('登录失败')
        if (results[0].status == 1) return res.ce('账号被冻结')
        //剔除哈希值
        results[0].password = ''
        const user = {
            account:req.body.account,
            password:req.body.password
        }
        //设置 token 的有效时长,有效期为 7 小时
        const tokenStr = jwt.sign(user, jwtconfig.jwtSecretKey, {
            expiresIn: '7h'
        })
        res.send({
            results: results[0],
            status: 0,
            message: '登录成功',
            token: 'Bearer ' + tokenStr,
        })
    })
}
```

需要注意的是返回客户端的 token 带有一个前缀 Bearer，以及一个空格，这是因为 JWT 是 Bearer 认证方式的一个具体实现。认证方式有很多种，规范的请求头结构为 Authorization：<type><credentials>，Bearer 认证要求客户端在请求时请求头中要包含 Authorization：Bearer <credentials>，如果只将 token 字符串返回给前端，则前端开发者就需要在请求头手动加上 Bearer，为了方便，一般会直接在后端就拼接上 Bearer，当然这需要前后端开发者的沟通和协定。

验证 token 需要放在入口文件的所有路由之前，需要导入自定义的密钥，以及解构赋值 express-jwt 包中的 jwt()方法，该方法接收一个包含密钥和算法的对象作为参数，并可使用 unless()方法接收路由前缀，用以排除不需要携带 token 请求的路由，在本项目中为注册和登录的前缀 api。通常，为了开发和测试的方便会将 jwt()方法注释掉，不然每次 Postman 请求都需要添加 token，一般会等到系统功能模块基本完善再挂载到 express 实例中，代码如下：

```
//app.js
//导入密钥
const jwtconfig = require('./jwt_config/index.js')
//导入 express - jwt 包并解构赋值获取 JWT
const {
    expressjwt: jwt
} = require('express - jwt')
//挂载 JWT 验证
app.use(jwt({
    secret:jwtconfig.jwtSecretKey,algorithms:['HS256']
}).unless({
    path:[/^\/api\//]
}))
```

4.7.3 最终效果

8min

现在，回到 Postman 测试注册和登录功能的接口。首先是注册功能，输入自定义且符合校验规则的账号和密码，查看服务器端响应信息，此时可看到提示注册账号成功，如图 4-60 所示。

接下来查看 users 表中是否成功地插入了注册信息，可看到已经新增了一条数据，如图 4-61 所示。

最后在 Postman 进行登录测试，可看到响应的值包含用户的基础信息、自定义的响应成功状态、登录成功的提示及 token，如图 4-62 所示。

至此，项目的注册功能模块就已完成了。不过还没完，此时可通过路由地址右侧的 Save 按钮分别保存注册和登录的路由，单击按钮后会出现一个 SAVE REQUEST（保存请求）的弹出窗，左下角有个 New Collection（新建收藏）按钮，单击此按钮新建一个收藏夹，命名为 Login，并单击右下角橙色的 Save 按钮进行保存，如图 4-63 所示。

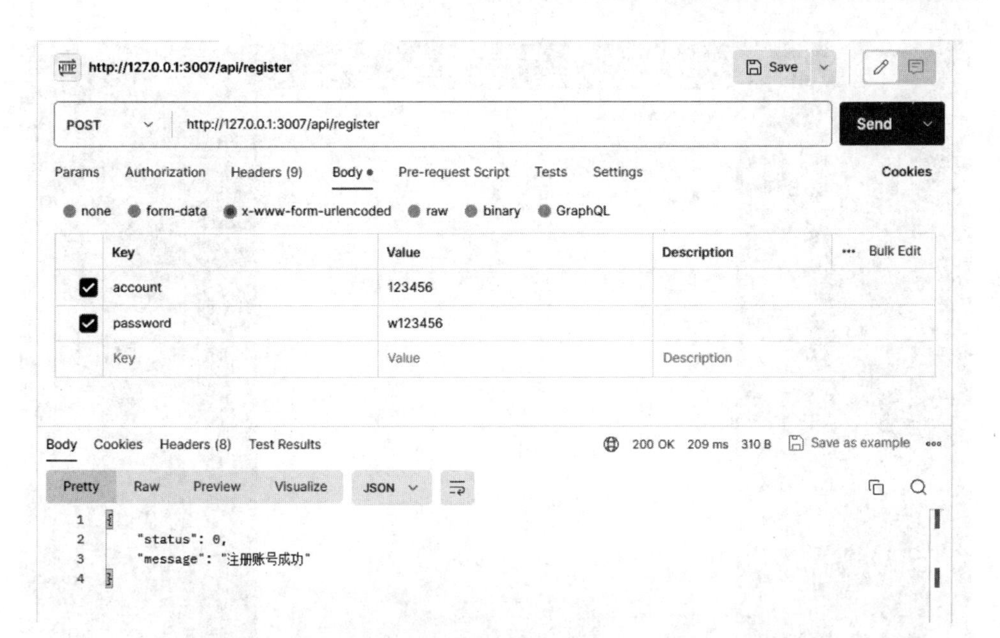

图 4-60　注册账号成功

id	account	password	name	sex	age	image_url
1	123456	$2b$10$xr/fL33A4QAhy2	(Null)	(Null)	(Null)	(Null)

图 4-61　user 表新增数据

```
{
    "results": {
        "id": 1,
        "account": 123456,
        "password": "",
        "name": null,
        "sex": null,
        "age": null,
        "image_url": null,
        "email": null,
        "department": null,
        "position": null,
        "create_time": "2023-11-10T03:49:00.000Z",
        "update_time": null,
        "status": 0
    },
    "status": 0,
    "message": "登录成功",
    "token": "Bearer eyJhbGciOiJIUzI1NiIsInR5cCI6IkpXVCJ9.
```

图 4-62　登录测试成功

这时左侧工作台的 Collections 列表就出现了刚刚保存的路由，可以方便地单击路由进行测试，如图 4-64 所示。

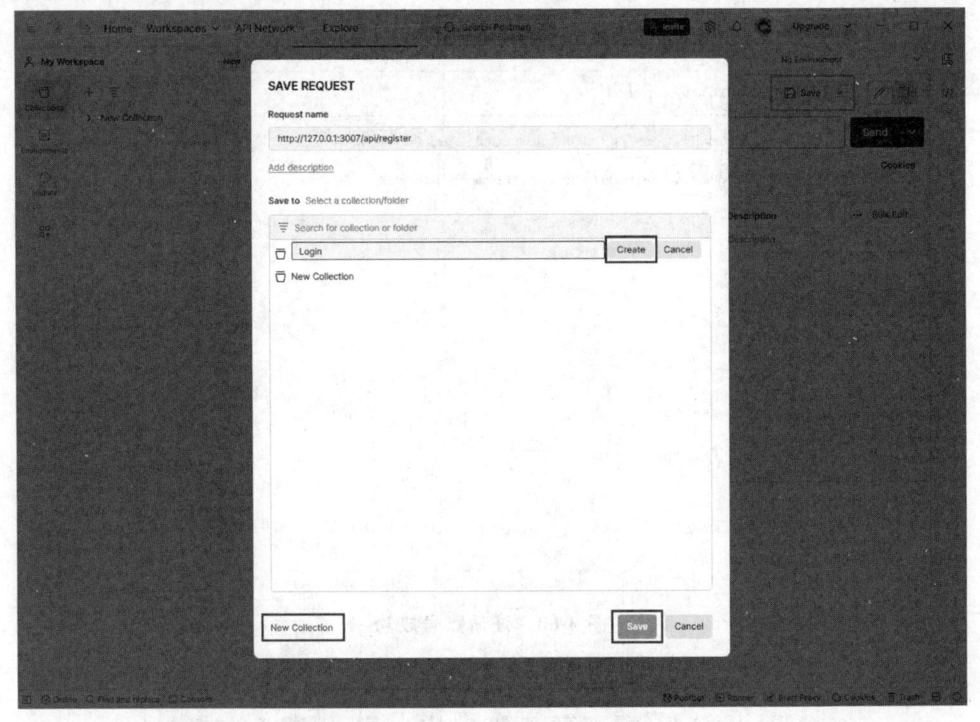

图 4-63　保存 Login 接口

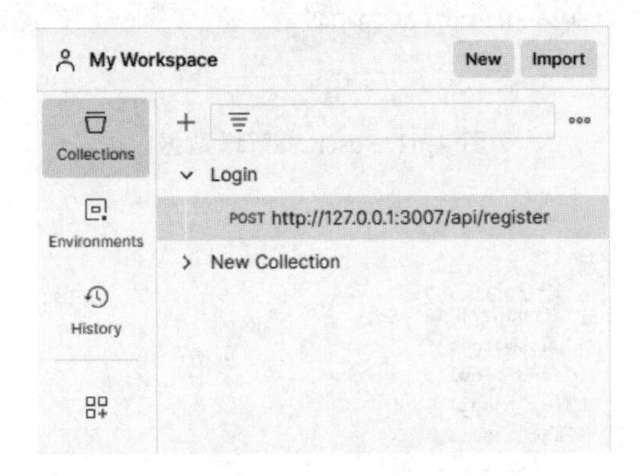

图 4-64　保存接口成功

第5章 CHAPTER 5 实现更复杂的功能

实现了第4章中的注册与登录功能后，相信读者对数据库的select、insert语法如何使用有了实际的操作经验，对开发简单的功能接口在逻辑上也有了初步的认识。本章将继续使用第4章注册的用户数据，从这个刚进入数据库的“新朋友”的角度，完善用户的基本信息。当然，一旦用户的数据多了起来，作为系统的设计者就需要考虑到如何管理大量的用户，就好像微信内的好友一旦多了起来，就得给用户分配不同的标签、备注。

本章将从真实开发的角度讲述如何设计用户个人信息模块功能，以及多用户管理模块功能，这些功能将会比注册和登录功能有更多的接口，也更复杂。相信通过这一章的实践，读者能够“想象”得出当自己在使用网络上的各种系统时，账户的信息在服务器中是如何被使用和修改的。

5.1 用户

不管是什么样的系统都是为用户服务的。一般来讲，企业用户是需求的提供者，向开发团队提供目前实际工作所欠缺的业务需求，帮助开发团队在短时间内梳理公司各个部门单独或协同处理的事项逻辑；在整个系统的开发流程中，公司高层参与需求的具体的可行性分析，针对开发团队可能遇到的问题进行协商，共同讨论需求落地的细节，确保功能符合实际的工作需要；用户还是系统的测试者和反馈者，企业的内训师会作为第一批使用者参与系统的测试并反馈使用体验，帮助开发团队发现问题和改进，保证后期系统的平稳上线；当系统的整个项目开发周期都完成后，最终使用者还是用户，内训师培训公司各个部门的人员使用系统，担任企业内部的技术支持并与开发团体保持联络。

讲完了参与系统开发周期的用户，再来讲在系统中被管理的用户。一般来讲系统管理的用户包括两类，一类是系统的使用者，即公司内部的人力资源，另一类则是客户资源。

公司内部的人力资源很好理解，就是员工，这类用户使用系统完成上级布置的业务，在规定的时间范围内完成。在没有系统之前，通常会以纸质化的形式规定员工要完成的业务。一个用于销售的系统会对用户设计与业务相关的字段，如每周/每月的销售额、销售产品及其数量、需要完成的任务及其进度、客户评价、奖励/惩罚金额等，企业可以通过这些字段上的数据，通过员工列表分析和统计出每周或每月销售量最多、最受欢迎的产品，对于员工来讲，也可以更直观地看到自己需要达到的目标，给自己有个更好的工作反馈。

客户资源表达的内容则更加广泛。如销售系统通常会为每个客户建立档案，其中会记录包括客户的年龄、联系方式、购买时间及产品、客户通过购买花费的累计金额、奖励积分等，通过这些数据可以分析产品面向的群体年龄范围、整个年度销售额较大的季度、需要推出新产品的时机等，对企业分析市场走向、设计产品特点、调整战略走向都具有十分重要的作用。另一种场景是记录联系人，充当纸质名片的作用，字段上除了会设计客户的名称和联系电话外，还会包含客户所在的企业名称、企业行业、生成的主要产品等，这便于企业的对外联络部门最快地找到合适的联络人。

综合整个开发周期来看，多种不同的角色在系统内扮演了用户，在整个系统开发的过程中起着至关重要的作用。从使用系统的用户角度来看，销售系统的使用者可以从系统得到正向的反馈；从系统面向的客户来看，系统可以从客户身上更好地分析出面向的对象群体，有利于调整企业的战略规划。从系统的角度来看，不断添加用户和客户的过程，正是一个不断认识新用户的过程。

5.1.1 修改用户信息

11min

13min

在 4.7.1 节曾提到了注册时为什么需要用户提供的信息应该尽量少的原因，那么在这节中，将通过几个接口给 4.7.3 节新注册的用户设置自己的个人信息，也就意味着开始逐步实现用户模块了。

当然，在写设置个人信息的代码之前，还需要做一些前置工作。注册与登录模块所在的路由及其处理程序文件名都是 login.js，而用户模块的路由和处理程序当然不能写在 login.js 内，所以在 router 和 router_handler 的目录下都需要新建名为 user 的 JavaScript 文件，用于用户模块的路由及其详细功能的代码实现。在 router/user.js 文件中先导入 Express.js 框架及路由模块，并导入 user 的路由处理程序，最后向外暴露路由，代码如下：

```
//router/user.js
const express = require('express')
const router = express.Router()

//导入 user 的路由处理程序
const userHandler = require('../router_handler/user')

//向外暴露路由
module.exports = router
```

同样地，回到入口文件 app.js，导入用户模块的路由并挂载到 app 实例上。需要注意导入的路由名称不能跟其他模块的名称相同，否则会报错，代码如下：

```
//app.js
const userRouter = require('./router/user')        //写在挂载注册和登录的路由下
app.use('/user', userRouter)
```

而在路由处理程序中，需先导入 db/index.js 暴露的数据库实例、用于校验数值的 Joi，以及用于修改密码使用的 bcrypt，代码如下：

```
//router_handler/user.js
const db = require('../db/index.js')
const joi = require('joi')
const bcrypt = require('bcrypt')
```

不管是昵称、性别还是其他信息都存在一个问题，怎么才能在数据库的 users 表中找到要修改的对象呢？这就体现了唯一性数值的重要性，可以通过主键，也可以通过账号、邮箱等具备唯一性的字段值作为 where 的条件值找到对应的对象，在本项目中使用主键 id 作为参数。修改昵称和后续的年龄、性别等接口一样，都需要两个参数，一个是 id，另一个是要修改的值。

对于要修改的值，需要跟注册和登录一样，即都要校验值的合规性。昵称是系统管理者内找到用户的关键，应该禁止昵称出现带有各种符号的现象；修改的年龄范围应该在 16 岁至 60 岁之间(法定劳动年龄)；性别应满足长度为 1 的字符串类型；邮箱要符合用户登录名@主机名.后缀的格式；密码则和注册时的密码规则一样。

1. 修改昵称

以中文姓名为规则设定昵称的规范，需要包含中文字符且中文字符可重复出现 2～4 次的正则表达式，代码如下：

```
^[\u4e00-\u9fa5]{2,4}$
```

现在新建一个名为 changeName 的路由处理程序，通过解构赋值获得前端传过来的 id 和需要修改的值 name，并对 name 进行校验，代码如下：

```
exports.changeName = (req, res) => {
    const {id, name} = req.body                    //解构赋值
    const verifyResult = joi.string().pattern(/^[\u4e00-\u9fa5]{2,4}$/).required()
.validate(name)
    if(verifyResult.error) return res.ce('输入的昵称有误')
}
```

接下来定义一条 SQL 语句，通过 update 语句更改 users 表中条件为 id 的 name 值，并通过 query()方法执行。这里还需添加一个账户信息更新时间的值，方便对更改操作进行溯源，代码如下：

```
exports.changeName = (req, res) => {
    const {id, name} = req.body
    const verifyResult = joi
        .string().pattern(/^[\u4e00-\u9fa5]{2,4}$/)
        .required().validate(name)
    if(verifyResult.error) return res.ce('输入的昵称有误')
    const update_time = new Date()                //更新时间
    const sql = 'update users set name = ?,update_time = ? where id = ?'
```

```
    db.query(sql, [name, update_time ,id], (err, result) => {
        if (err) return res.ce(err)
        res.send({
            status: 0,
            message: '修改昵称成功'
        })
    })
}
```

这里需要注意的是 query()方法的第 2 个参数,使用的是中括号包裹两个参数的形式,也就是以类似数组的形式传参,参数必须和 SQL 语句中的空缺对象前后顺序一致,而与之不同的是注册接口中使用 insert 语句传参的方式,传入的是一个对象,对象的键必须与数据库中的字段一致。

回到刚刚新建的 router/user.js 文件,往里面添加 changeName 路由处理程序对应的路由,代码如下:

```
//router/user.js
const express = require('express')
const router = express.Router()

//导入 user 的路由处理模块
const userHandler = require('../router_handler/user')

router.post('/changeName', userHandler.changeName)          //修改昵称
//向外暴露路由
module.exports = router
```

一个好的习惯是往每个路由上边或右侧添加注释,特别是在一个模块可能包含几十个接口的大型项目里,并且路由列表的顺序与路由处理程序文件中暴露的名字顺序相同,方便要修改的时候更快地找到对应的路由。一般查找某个路由处理程序的顺序是先看入口文件 app.js 对应的路由文件在哪里,其次在路由文件的列表中检查是否有目标路由,最后到相应的路由处理程序文件中查找。当然读者可能会想到直接在目录中搜索对应的路由名不就行了吗?又何必那么麻烦呢?这或许是个好办法,但在修改路由处理程序的同时往往会涉及修改路由名,需要同时修改两处,在查看的同时也一并打开了对应的路由文件,可以更加有效地统一修改。

现在,打开 Postman,新建一个测试页面,输入接口地址以测试修改昵称接口的可用性,首先测试不符合昵称规则的数值,传入数值 id 为 1,name 为单个字“张”,可看到“输入的昵称有误”的响应信息,说明昵称规范测试成功,如图 5-1 所示。

下面,将 name 改为符合规范的昵称“张三”,再次进行测试,提示“修改昵称成功”,说明该接口测试成功。这里需要注意的是为什么不用看数据表有无变化就知道测试成功了呢?因为在能输出 res.send()内容的情况下,说明已经执行了 SQL 语句定义的内容,程序来到了回调函数的阶段,如果报错,则会输出 res.ce(),反之则说明成功了,如图 5-2 所示。

图 5-1　测试昵称规范成功

图 5-2　测试修改昵称接口成功

打开数据库，可看到 id 为 1 的用户昵称已经从 Null 值变成了张三，接口测试成功，如图 5-3 所示。

2. 修改年龄

新建一个名为 changeAge 的路由处理程序，通过解构赋值获取 req. body 内的 id 和

图 5-3　查看数据库用户昵称

age,其中年龄范围可使用 Joi 的 number()类型结合 min()和 max()进行限制,SQL 语句只需把 name 修改为 age,同时修改 query()中的参数。最后,在 router/user.js 下添加 changeAge 的路由。实现整体逻辑的代码如下:

```
//router_handler/user.js
exports.changeAge = (req, res) => {
    const {id, age} = req.body
    const verifyResult = joi
        .number().min(16).max(60).required().validate(age)
    if(verifyResult.error) return res.ce('输入的年龄有误')
    const update_time = new Date()                    //更新时间
    const sql = 'update users set age = ?,update_time = ? where id = ?'
    db.query(sql, [age, update_time, id], (err, result) => {
        if (err) return res.ce(err)
        res.send({
            status: 0,
            message: '修改年龄成功'
        })
    })
}

//router/user.js
router.post('/changeAge', userHandler.changeAge)    //修改年龄
```

打开 Postman 进行测试,假设输入的年龄为 14,可看到响应的数据为“输入的年龄有误”,如图 5-4 所示。

将数值修改为设定范围内,可看到响应数据为“修改年龄成功”,接口测试成功,如图 5-5 所示。

同时可看到数据表中的字段也已被修改了,如图 5-6 所示。

3. 修改性别

在前端会通过 Element Plus 的选择器组件以下拉列表的形式让用户选择性别,如图 5-7 所示。

后端接收的字符串一定会是下拉列表选择项中的“男”“女”字符串,所以可以不添加 Joi 进行数据校验。新建一个名为 changeSex 的路由处理程序,只需把 changeAge 的代码复制一遍,去掉 Joi 的校验,把 age 修改为 sex,最后修改反馈的信息提示即可得到新的接口。每次添加完接口后都需要在路由列表中新增路由。实现整体逻辑的代码如下:

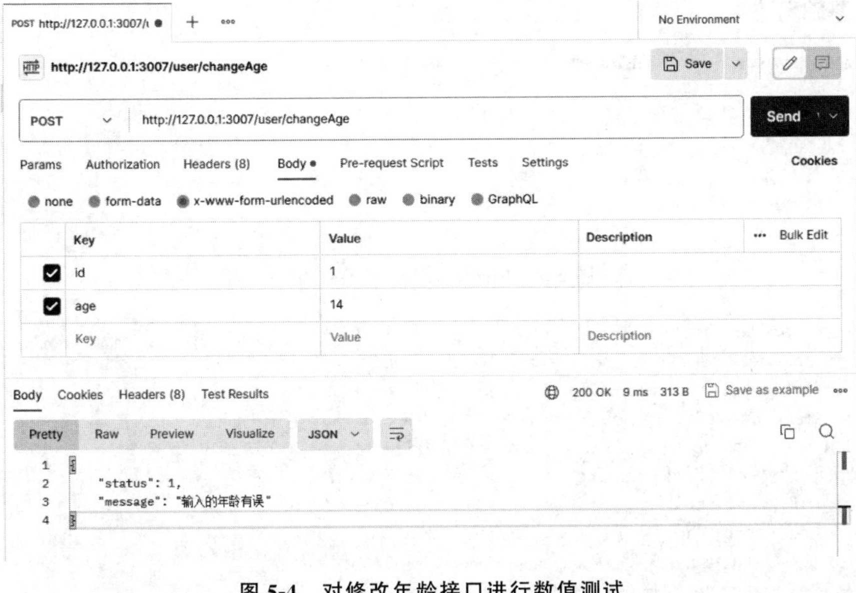

图 5-4 对修改年龄接口进行数值测试

图 5-5 修改年龄接口测试成功

id	account	password	name	age
1	123456	$2b$10$xr/fL3:	张三	18

图 5-6 数据库 age 值被修改为 18

基础用法

适用广泛的基础单选 v-model 的值为当前被选中的 el-option 的 value 属性值

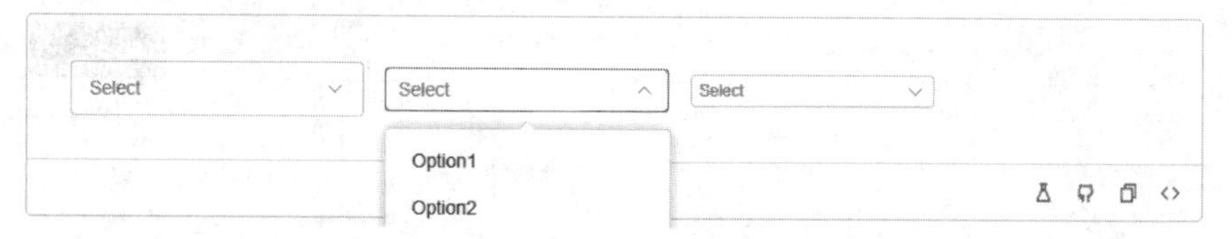

图 5-7 Element Plus 选择器组件

```
//router_handler/user.js
exports.changeSex = (req, res) => {
    const {id, sex} = req.body
    const update_time = new Date()                    //更新时间
    const sql = 'update users set sex = ?,update_time = ? where id = ?'
    db.query(sql, [sex, update_time, id], (err, result) => {
        if (err) return res.ce(err)
        res.send({
            status: 0,
            message: '修改性别成功'
        })
    })
}

//router/user.js
router.post('/changeSex', userHandler.changeSex)     //修改性别
```

由于没有添加校验，在 Postman 测试时要注意输入的参数符合默认规范，即"男"或者"女"。测试结果如图 5-8 所示。

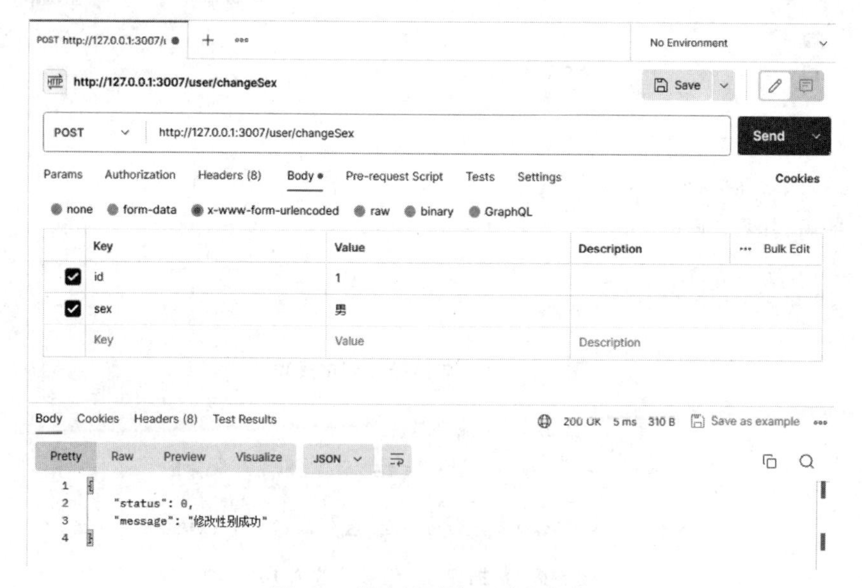

图 5-8 修改性别接口测试成功

同时可见数据表中的 sex 字段值已被修改了，如图 5-9 所示。

图 5-9　数据库 sex 值被修改为男

4. 修改邮箱

邮箱具备唯一性，同时需兼顾符合登录名@主机名.后缀的格式。新建 changeEmail 的路由处理程序，第 1 步通过 Joi 结合邮箱通用的正则表达式进行格式判定，正则表达式的代码如下：

```
/^([a-zA-Z0-9_\.\-])+\@(([a-zA-Z0-9\-])+\.[a-zA-Z]{2,6}$/
```

可通过 select 语句查询表中是否有已存在的邮箱数据进行过滤，确保邮箱的唯一性，这同注册 API 检查账号唯一性逻辑相同，代码如下：

```
//router_handler/user.js
exports.changeEmail = (req, res) => {
    const {id, email} = req.body
    const verifyResult = joi
        .string()
        .pattern(/^([a-zA-Z0-9_\.\-])+\@(([a-zA-Z0-9\-])+\.[a-zA-Z]{2,6}$/)
        .required().validate(email)
    if(verifyResult.error) return res.ce('输入的邮箱格式有误')
    //检查邮箱唯一性
    const sql = 'select * from users where email = ?'
    db.query(sql,email,(err,result) =>{
        if (err) return res.ce(err)
        //如果返回的数组大于 0,则说明邮箱已存在
        if (result.length > 0) return res.ce('邮箱已存在')
        const update_time = new Date()
        //更新邮箱逻辑
        const sql1 = 'update users set email = ?,update_time =? where id = ?'
        db.query(sql1, [email, update_time, id], (err, result) => {
            if (err) return res.ce(err)
            res.send({
                status: 0,
                message: '修改邮箱成功'
            })
        })
    })
}

//router/user.js
router.post('/changeEmail', userHandler.changeEmail)      //修改邮箱
```

在 Postman 中进行对照测试，一组以不符合邮箱格式的数值进行测试，另一组以符合邮箱格式的数值进行测试，可见只有符合规则的数值才会显示修改邮箱成功的提示，如图 5-10 和图 5-11 所示。

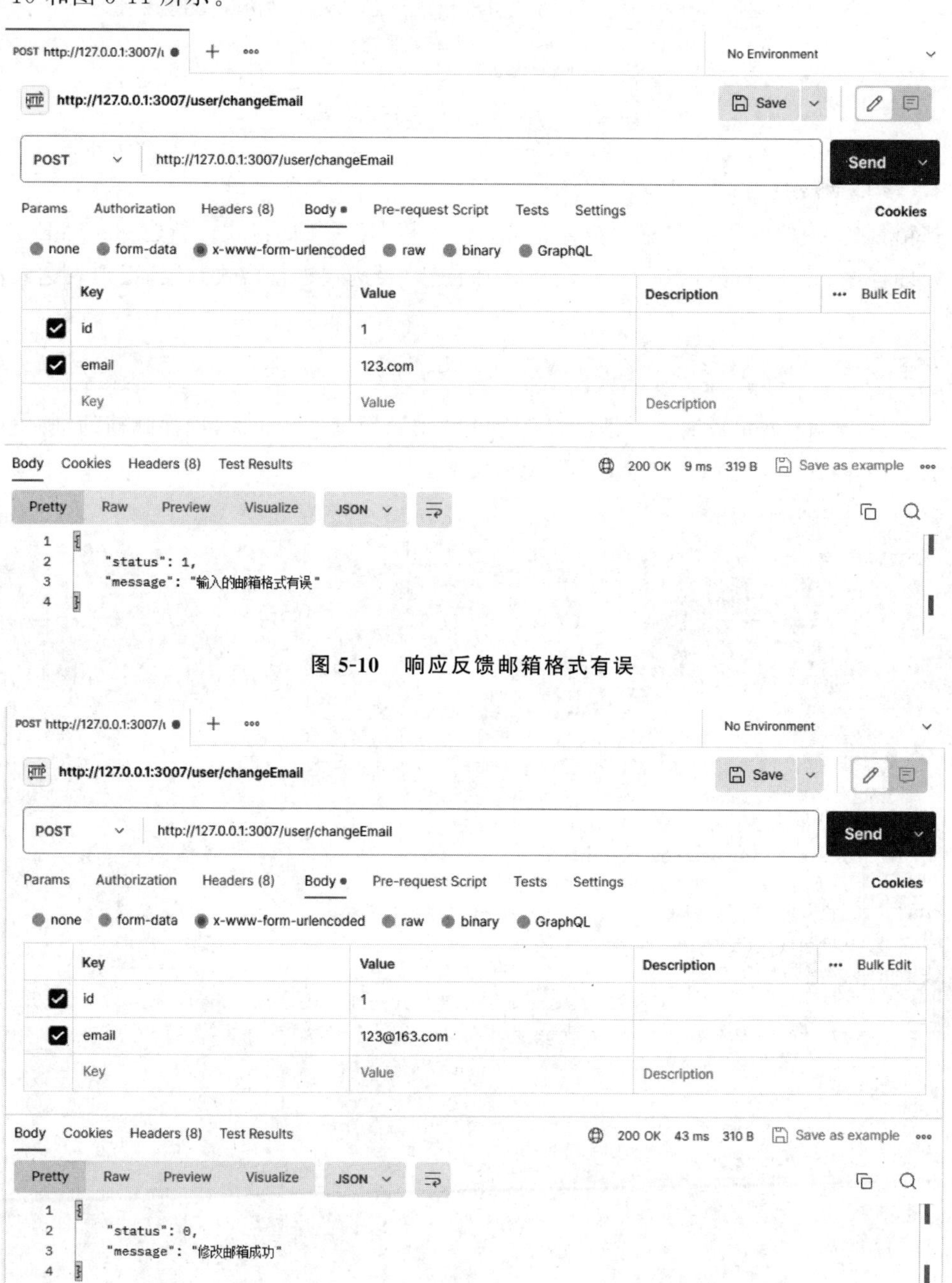

图 5-10 响应反馈邮箱格式有误

图 5-11 修改邮箱成功

此时 id 为 1 的账户就出现了新增的邮箱数据，如图 5-12 所示。

id	account	password	name	age	sex	email
1	123456	$2b$10$xr/fL3	张三	18	男	123@qq.com

图 5-12　数据库已更新 email 值

接着新建一个账户，用于测试邮箱唯一性。由于 id 自增的原因，新增账户在数据库中的 id 为 2，如图 5-13 所示。

id	account	password	name	age	sex	email
1	123456	$2b$10$xr/fL3	张三	18	男	123@qq.com
2	1234567	$2b$10$aAxr/g	(Null)	(Null)	(Null)	(Null)

图 5-13　新增用户

在 Postman 传入 id 为 2 且邮箱值不变的参数。单击 Send 按钮可见测试的反馈结果为“邮箱已存在”，说明唯一性测试成功。更新邮箱接口测试成功，如图 5-14 所示。

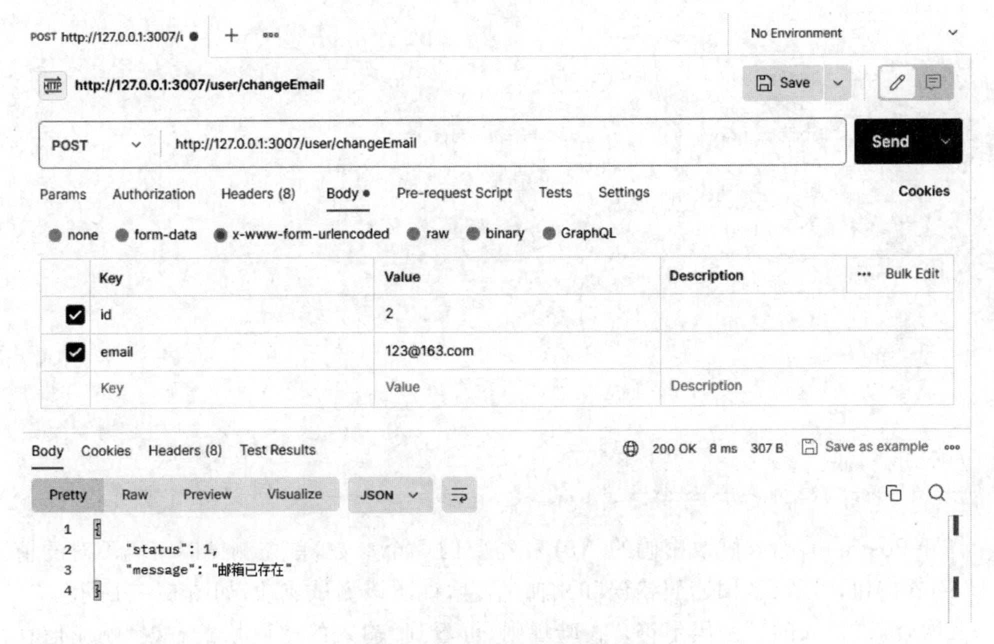

图 5-14　修改邮箱接口测试成功

5. 修改密码

新建一个名为 changePassword 的路由处理程序。修改密码一般分为 4 步，第 1 步是要求已经登录系统的用户输入当前的旧密码，通过用户的 id 获得保存在数据库的哈希值，使用 bcrypt 的 compareSync()方法校验旧密码和哈希值是否一致；第 2 步是验证用户输入的新密码是否符合 Joi 定义的规则；第 3 步将新密码加密成哈希值；第 4 步通过 id 更新用户在数据库的哈希值，示例代码如下：

```
//router_handler/user.js
exports.changePassword = (req, res) => {
    //接收 id 新旧密码
    const {id,oldPassword,newPassword} = req.body
    const sql = 'select password from users where id = ?'
    db.query(sql, id, (err, result) => {
        if (err) return res.ce(err)
        //验证旧密码
        const compareResult =
            bcrypt.compareSync(oldPassword, result[0].password)
        if (compareResult == 0) return res.ce('旧密码错误')
        //校验新密码
        const verifyResult = joi
            .string()
            .pattern(/^(?![0-9]+$)[a-z0-9]{1,50}$/)
            .min(6).max(12).required().validate(newPassword)
        if(verifyResult.error) return res.ce('输入的密码格式有误')
        //加密新密码
        const hash = bcrypt.hashSync(newPassword, 10)
        //更新
        const update_time = new Date()
        const sql1 =
            'update users set password = ?,update_time = ? where id = ?'
        db.query(sql1, [hash, update_time, id], (err, result) => {
            if (err) return res.ce(err)
            res.send({
                status: 0,
                message: '修改密码成功'
            })
        })
    })
}

//router/user.js
router.post('/changePassword', userHandler.changePassword)          //修改密码
```

打开 Postman，输入修改密码的 API 和需要的 3 个参数，首先测试旧密码不对的情况，单击 Send 按钮，可看到“旧密码错误”的响应信息，说明该测试成功，如图 5-15 所示。

其次，测试输入的新密码不符合校验规则，可看到“输入的密码格式有误”响应信息，说明校验阶段测试成功，如图 5-16 所示。

最后，输入正确的密码值进行测试，响应信息显示“修改密码成功”，说明密码已修改，如图 5-17 所示。

测试后对比第 1 次注册时保存的哈希值，可看到哈希值已经更换了，说明修改密码成功，如图 5-18 和图 5-19 所示。

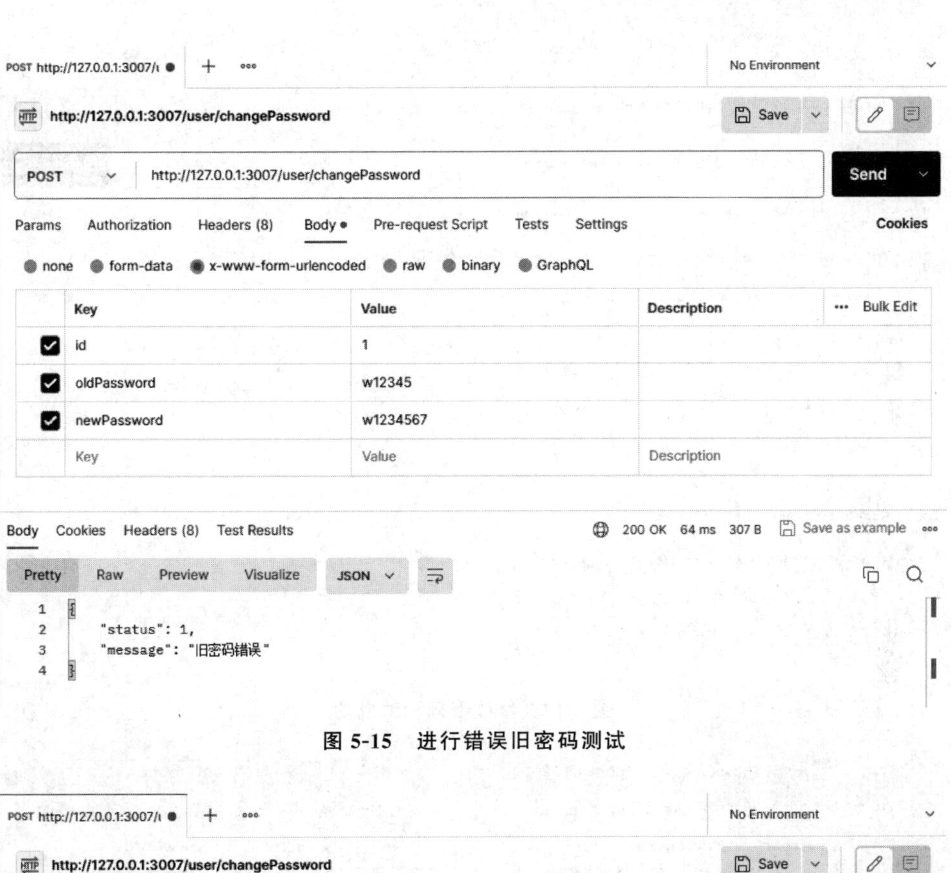

图 5-15 进行错误旧密码测试

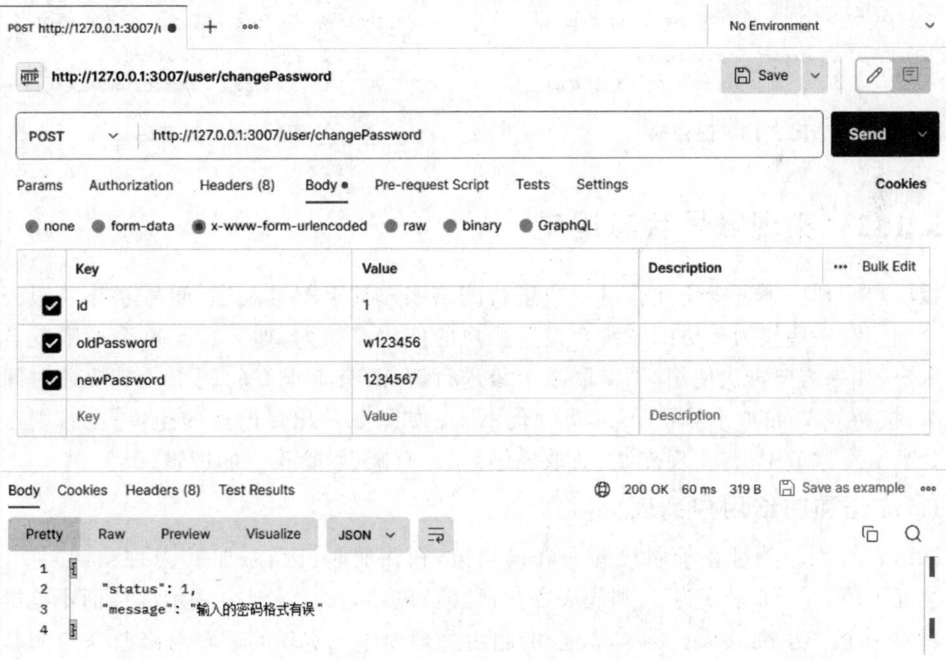

图 5-16 进行密码格式测试

图 5-17　修改密码测试成功

图 5-18　旧密码

图 5-19　新密码

5.1.2　实现账号状态逻辑

在用户管理中不可避免地会对用户进行冻结账户甚至删号处理，删号意味着跟公司同事的分别。在一些较为严格的系统会设置账户的使用有效期，如果过了这个期限就会自动冻结账户，如果需要再次使用，则需联系上级进行解冻，有个很好的例子是需要冲时间点卡的网游，按游戏时间进行收费，不续费就玩不了；如果账户出现严重的违规行为，则需进行删号处理。在这节中，将实现冻结、获取冻结列表、解冻、删除账户的逻辑。

1. 冻结和冻结用户列表

冻结和解冻的关键在于用户的 status 字段，在注册时已经添加默认的 status 字段，正常的情况下值为 0，如果变为 1，则代表账户已经被冻结，在登录时会提示冻结而不能继续登录。新建一个名为 banUser(ban，禁止)的路由处理程序。实现的逻辑与修改账户的基本相同，使用主键 id 作为条件找到对应的用户，通过 update 语句修改 status 的值即可。实现整体逻辑的代码如下：

```
//router_handler/user.js
//冻结用户,通过 id 把 status 置为 1
exports.banUser = (req, res) => {
    const sql = 'update users set status = 1 where id = ?'
    //只需一个参数,此时不需要[]
    db.query(sql, req.body.id, (err, result) => {
        if (err) return res.ce(err)
        res.send({
            status: 0,
            message: '冻结成功'
        })
    })
}

//router/user.js
router.post('/banUser', userHandler.banUser)      //冻结用户
```

获取冻结用户列表可通过将 status 设置为 1 的条件值对整个用户列表进行筛选。新建一个名为 getBanUserList 的路由处理程序，通过 SQL 语句直接返回结果，代码如下：

```
//获取冻结用户列表
exports.getBanUserList = (req, res) => {
    const sql = 'select * from users where status = "1" '
    db.query(sql, (err, result) => {
        if (err) return res.ce(err)
        res.send(result)                          //直接返回结果
    })
}

//router/user.js
//获取冻结用户列表
router.post('/getBanUserList', userHandler.getBanUserList)
```

可以看到获取冻结用户列表处理程序直接把条件值写在了 SQL 语句中，而没有在 db.query()中进行传参，这是一种简写的形式，以冻结用户为例，可通过模板字符串直接将参数写在 where 后面，代码如下：

```
exports.banUser = (req, res) => {
    const sql = 'update users set status = 1 where id = ${req.body.id}'
    db.query(sql, (err, result) => {
        if (err) return res.ce(err)
        res.send({
            status: 0,
            message: '冻结成功'
        })
    })
}
```

打开 Postman，测试冻结账户 API，为了方便获取冻结用户列表，测试会将用户表中的两个账户冻结，如图 5-20 所示。

图 5-20　测试冻结用户接口成功

此时可看到表中的 status 字段的值都为 1，如图 5-21 所示。

id	account	status	name	password
1	123456	1	张三	$2a$10$14YRXQ
2	1234567	1	(Null)	$2b$10$aAxr/gA

图 5-21　测试冻结用户结果图

最后测试获取冻结用户列表，需要注意的是此时不需要传参，直接单击 Send 按钮即可，可见将两个冻结的数据都返回了。在系统中常见的各种各样的表格数据，其原理就是使用 select 语句通过 * 号返回所有的数值。获取冻结用户列表响应如图 5-22 所示。

但可以看到响应的数据带有用户密码的哈希值，所以需要对 SQL 语句返回的结果 result 进行加工，使用 forEach()方法将返回数组的每个值的 password 属性都置为空，代码如下：

```
//对数值进行过滤
exports.getBanUserList = (req, res) => {
    const sql = 'select * from users where status = "1" '
    db.query(sql, (err, result) => {
        if (err) return res.ce(err)
```

```
        //e 为数组中的每项
        result.forEach((e) =>{
            e.password = ''          //将密码置为空字符
        })
        res.send(result)
    })
}
```

图 5-22　测试获取冻结用户列表结果图

现在再来看测试的响应结果，就会发现密码已经被置空。使用 forEach()进行数值过滤是一种常用的方法，提高了数据库数值的安全性，保证了用户的隐私。响应结果如图 5-23 所示。

2. 解冻和正常用户列表

解冻的逻辑即通过 id 找到对应的用户，将用户的 status 值修改为 0。新建一个名为

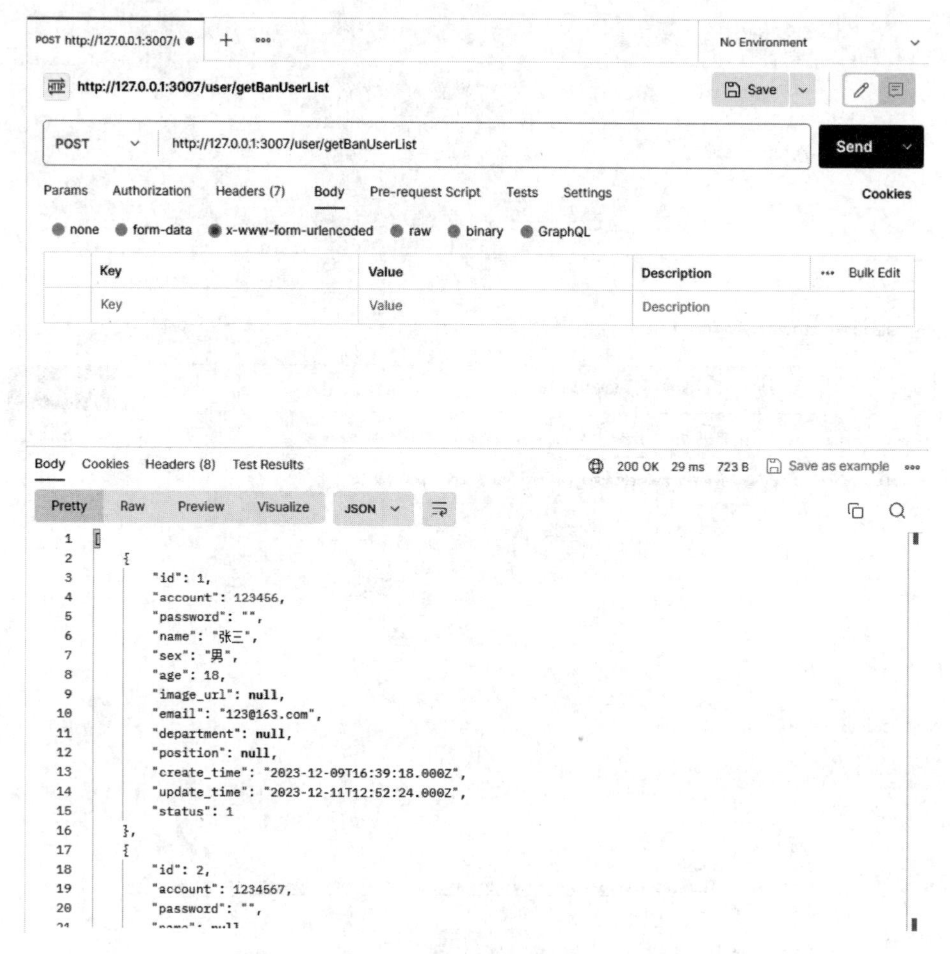

图 5-23　修改逻辑使密码置为空

thawUser 的路由处理程序，并添加到路由列表中，代码如下：

```
//解冻用户,通过 id 把 status 置为 0
exports.thawUser = (req, res) => {
    const sql = 'update users set status = 0 where id = ${req.body.id}'
    db.query(sql, (err, result) => {
        if (err) return res.ce(err)
        res.send({
            status: 0,
            message: '解冻成功'
        })
    })
}

//解冻用户
router.post('/thawUser', userHandler.thawUser)
```

在 Postman 测试 id 为 1 的数据，可见“解冻成功”字样，说明测试成功，如图 5-24 所示。

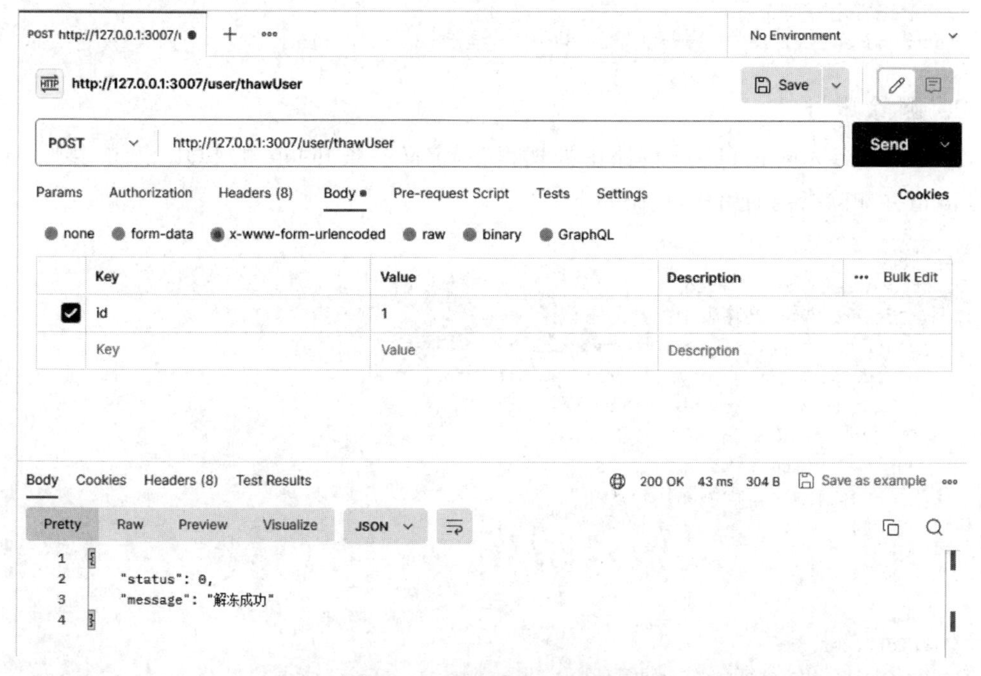

图 5-24　测试解冻用户成功

数据表中的用户名为张三的 status 字段同步被修改为 0，如图 5-25 所示。

id	account	status	name	password
1	123456	0	张三	$2a$10$14YRXQ
2	1234567	1	(Null)	$2b$10$aAxr/gA

图 5-25　用户状态解冻成功

同时，如果返回正常用户列表的数据，只需把搜索的条件从 status=0 改为 status=1，代码如下：

```
//获取正常用户列表
exports.getThawUserList = (req, res) => {
    const sql = 'select * from users where status = "0" '
    db.query(sql, (err, result) => {
        if (err) return res.ce(err)
        result.forEach((e) =>{
            e.password = ''
        })
        res.send(result)
    })
}
```

```
//router/user.js
//获取正常用户列表
router.post('/getThawUserList', userHandler.getThawUserList)
```

3. 删除账号

新建一个名为 deleteUser 的路由处理程序,定义一条 delete 的 SQL 语句,接收 users 表的 id 值并删除指定的用户,代码如下:

```
//删除用户
exports.deleteUser = (req, res) => {
    //delete 语句,删除表中的某一条记录
    const sql = 'delete from users where id = ?'
    db.query(sql, req.body.id, (err, result) => {
        if (err) return res.ce(err)
        res.send({
            status: 0,
            message: '删除用户成功'
        })
    })
}

//router/user.js
router.post('/deleteUser', userHandler.deleteUser)         //删除用户
```

回到 Postman,删除在修改邮箱阶段新建的 id 为 2 的用户数据,可见响应数据返回"删除用户成功",说明测试成功,如图 5-26 所示。

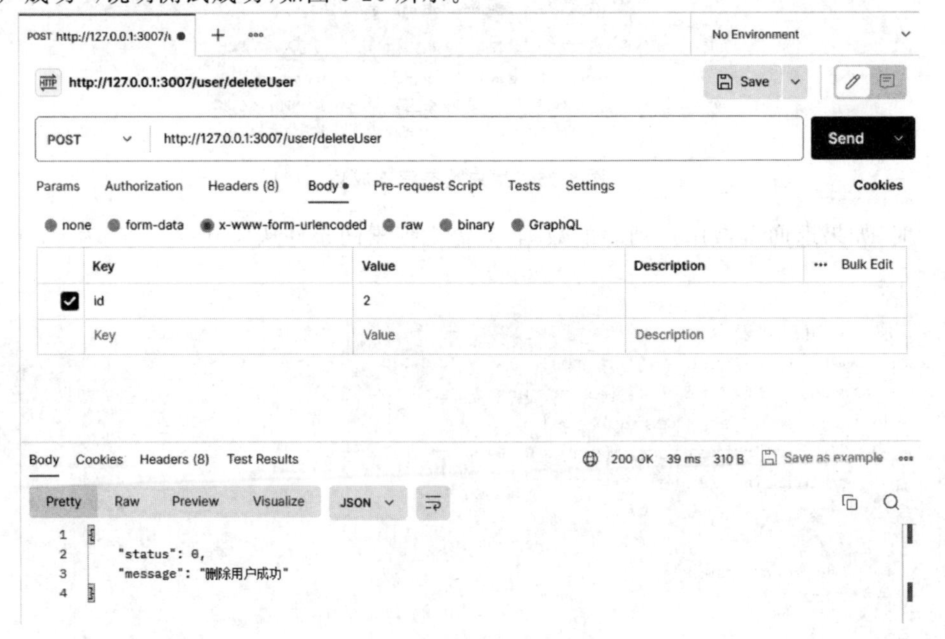

图 5-26　测试删除用户成功

在实际开发中特别要注意删除的权限，一旦删除数据不可恢复，所以系统一般会每天或隔天自动备份数据，并通过数据日志记录删除操作，保证数据的完整性和系统的稳定性。最后回到数据表会发现 id 为 2 的用户记录已经消失了，如图 5-27 所示。

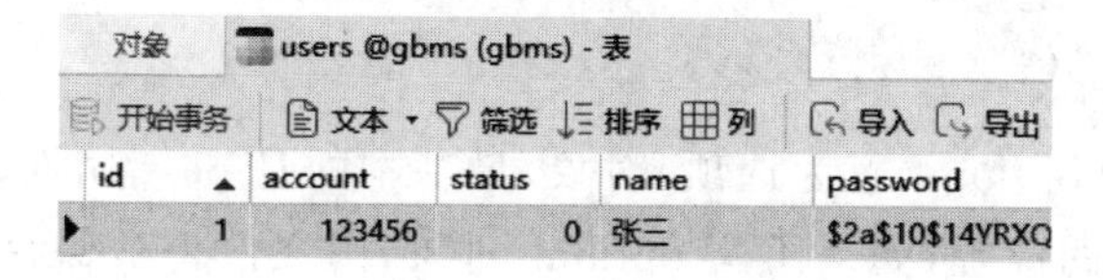

图 5-27　id 为 2 的记录消失

5.2　实现上传功能

6min

相信经过 5.1 节的学习，读者对数据库的增、删、改、查已经有了实操的体验，对第 3 章的 SQL 语句都进行了多次练习，也对系统中常见的功能有了更深刻的认识，至少，当看到某些系统内的用户管理功能时会有一种似曾相识的感觉，因为不管什么操作，追究其原理都是 CURD。了解了基础的操作之后，本节将讲述如何实现上传用户头像的功能，也就是上传文件功能。

上传文件是系统不可或缺的一个功能，在许多场景会被应用，例如办公系统通常需要支持文件的上传和下载，便于不同部门的用户共享和协同处理文件；社交媒体（如校园论坛、微博、贴吧等）都支持图片和视频的上传，便于用户分享自己的多彩生活；购物平台（如淘宝、京东等）就更不用举例了，打开首页、详情页都是图片，便于购物者了解实物。上传文件能够方便地进行信息共享，也可以实现存储资料的功能，现在常见的云盘，就是将文件传至云服务器中。学习如何实现上传文件功能，是开发者最基本的一项操作。

5.2.1　Multer 中间件

在项目中为了实现上传用户头像（文件）功能，使用了 Multer 中间件。Multer 是一个 Node.js 文件中间件，用于处理 multipart/form-data 类型的表单数据，在实际开发中主要用于上传文件。什么是 multipart/form-data 类型呢？这是一种用于处理表单数据的 HTTP 编码类型，需要注意的是，在处理文件上传时必须使用这种类型，在其内部使用"boundary"字符串将表单数据分割为多部分，每部分有自己的头部信息，用于描述该部分的名称、内容类型等信息，简单来讲就是先把文件这种复杂的数据切成一小块一小块，然后进行传输。

Multer 中文文档网址为 https://github.com/expressjs/multer/blob/master/doc/README-zh-cn.md。

Multer 中间件会在 res 对象中添加一个 body 对象及 file(单文件)或 files(多文件)对象，body 对象包含表单的文本域信息，file 或 files 对象则包含上传的文件信息。使用 npm 安装 Multer 的命令如下：

```
npm install multer -S
```

Multer 接收一个 options(意为选项)对象，最基本的是 dest 属性，用于告诉 Multer 上传文件保存在服务器的位置，如果不写 options 对象，则文件将被保存在内存中，不会写入磁盘。为了防止文件与本地存储的其他文件重名，Multer 会默认修改上传的文件名，通常会在路由处理程序中重置文件名。在 options 对象内可以添加表 5-1 所示的参数。

表 5-1　options 对象可选参数

键　　名	描　　述
dest 或 storage	存储位置
fileFilter	文件过滤器，用于控制哪些文件可被接收
limits	限制上传数据大小
preservePath	保存包含文件名的完整文件路径

在 app.js 内导入 Multer 中间件并传递 options 对象 dest 及其参数，即在项目目录新建 public 文件夹及其子文件夹 upload，用于存放上传头像等文件，代码如下：

```
//app.js
//紧接 app.use(cors)
const multer = require('multer')                         //导入 Multer

const upload = multer({dest:'./public/upload'})          //文件存储位置
```

在 Multer 中提供了几种不同的方法，用于处理文件，具体如下。

(1) .single(fieldname)：接收一个以 fieldname 命名的文件，文件的信息保存在 req.file 中。

(2) .array(fieldname[,maxCount])：接收一个以 fieldname 命名的文件数组，通过 maxCount 限制上传文件的数量，文件信息保存在 req.files 中。

(3) .fields(fields)：接收指定 fields 的混合文件，文件信息保存在 req.files 中。

(4) .none()：只接收文本域(多行文本)。

(5) .any()：接收任何上传的文件，文件数组将保存在 req.files 中。

官方提供了不同方法在实际操作中的具体案例，代码如下：

```
//app.js
const express = require('express')
const multer = require('multer')                         //导入 Multer
const upload = multer({ dest: 'uploads/' })              //存储位置

const app = express()                                    //创建实例
```

```
app.post('/profile', upload.single('avatar'), (req, res, next) =>{
  //req.file 是 avatar 文件的信息
  //如果存在,则 req.body 将具有文本域数据
})

app.post('/photos/upload', upload.array('photos', 12),(req, res, next) => {
  //req.files 是 photos 文件数组的信息
  //如果存在,则 req.body 将具有文本域数据
})

const cpUpload = upload.fields([{ name: 'avatar', maxCount: 1 }, { name: 'gallery', maxCount: 8 }])

app.post('/cool-profile', cpUpload, (req, res, next) =>{
  //req.files 是一个对象 (String -> Array) 键是文件名,值是文件数组
  //
  //例如
  //req.files['avatar'][0] -> File 获得数组内的第 1 个元素
  //req.files['gallery'] -> Array 获得数组
  //
  //如果存在,则 req.body 将具有文本域数据
})

app.post('/profile', upload.none(),(req, res, next) => {
  //req.body 包含文本域
})
```

在项目中使用.any()方法接收任何上传的文件(当然也可以使用.single()方法),同时对文件存储位置使用静态托管,代码如下:

```
//app.js
app.use(upload.any())                          //将 upload 挂载为全局中间件

app.use(express.static('./public'))            //静态托管
```

静态托管是指将指定目录下的静态文件对外开放访问,假设在根目录下的 public/upload 中存在一张名为 123.jpg 的图像,那么可以直接通过路径 http://127.0.0.1:3007/upload/123.jpg 访问该图片。

需要注意的是,Multer 官方不推荐将其作为全局中间件使用,而建议作为路由级别的中间件使用,防止用户恶意将文件上传至其他不处理文件的路由。由于在本书项目中的上传头像功能是通过 Element-plus 组件的内置属性传参的,所以将 Multer 中间件挂载到全局中,读者在实现上传文件功能时应注意使用场景。

5.2.2 实现上传图片

在上传图片之前,必须先知道上传文件后服务器会接收到什么信息,便于对文件进行处理,就像注册时服务器端已经知道 req.body 里包含了账号和密码,才能够对账号进行过滤

和对密码进行加密。贴心的 Multer 官方给出了文件具有的信息，见表 5-2。

表 5-2　文件所具有的信息

关 键 字	描　　述	备　　注
fieldname	由表单指定的名字	
originalname	文件在用户计算机上的名字	
encoding	文件编码	
mimetype	文件的 MIME 类型	
size	文件的大小(字节单位)	
destination	保存路径	DiskStorage
filename	保存在 destination 中的文件名	DiskStorage
path	已上传文件的完整路径	DiskStorage
buffer	一个存放了整个文件的 buffer	MemoryStorage

当然，在还没上传文件之前，可能描述再详细也不容易理解真实情况，现在简单写一个接口并上传图片，针对文件具有的信息一探究竟。新建一个名为 uploadAvatar(上传头像)的路由处理程序，并输出保存在 req.files 内的信息，代码如下：

```
//router_handler/user.js
//上传头像
exports.uploadAvatar = (req, res) => {
    res.send(req.files)
}

//router/user.js
router.post('/uploadAvatar', userHandler.uploadAvatar) //上传头像
```

图 5-28　示例图

准备一张名为 123 的 jpg 图片，如图 5-28 所示。

打开 Postman，输入上传头像的接口地址。注意，此时在 Body 中选择的是表单格式 form-data，在 Key 的输入框中下拉选择 File 文件类型，单击 Value 中的 Select Files 灰色按钮，即可打开上传文件框，传入图片即可，如图 5-29 和图 5-30 所示。

单击 Send 按钮后会输出 req.files 包含的内容。可看到 originalname 就是文件保存在用户计算机上的名字，即 123.jpg；encoding 是一种文件编码格式，7-bit 是一种使用 7 位二进制数表示字符的编码方式；mimetype 的值为 image/jpeg，说明上传的是图像；destination 的值为服务器中存储文件的地址，正好对应根目录下的 public/upload；filename 是文件的另一种名称，可以看到这是一组随机的数字，其目的是防止与其他文件同名和便于计算机识别；path 则是存储地址加上 filename，也就是文件保存在服务器中的完整地址；size 则是上传文件的大小。上传成功后的响应结果如图 5-31 所示。

除了表格中的 fieldname 和 buffer 没有之外，其他的关键字都显示出来了。fieldname

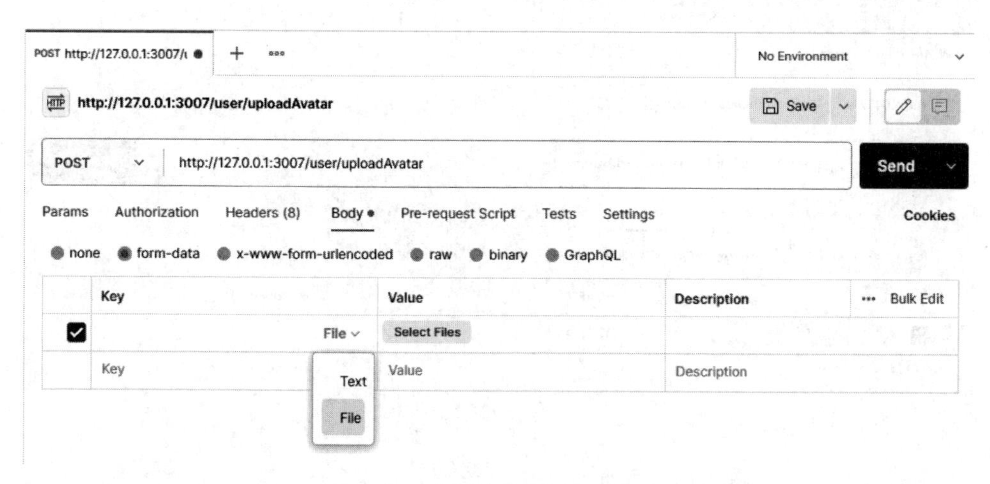

图 5-29　选择表单类型上传文件

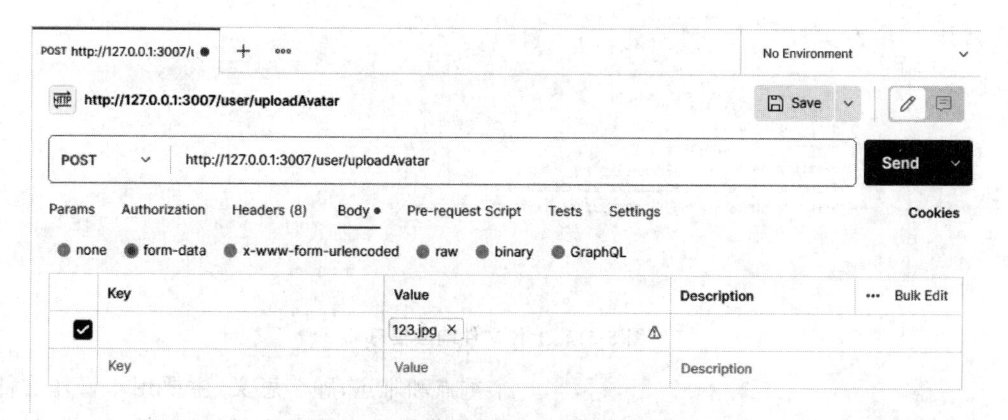

图 5-30　上传文件

是由表单指定的名字，如果在 Postman 中的 Key 输入框输入 123，则在 req. files 中会包含 fieldname；buffer 只有使用内存存储引擎（MemoryStorage）时才会出现，该字段包含整个文件的数据，但默认为使用磁盘存储引擎（DiskStorage），可以让后端开发人员控制存储的位置。

现在回到代码编辑器，打开根目录下的 public/upload 文件夹，可看到保存了上传的文件，文件名为响应信息中的 filename，如图 5-32 所示。

很明显，在服务器中保存这样的文件名并不是一种合理的方式，当遇到清理服务器文件的时候就分辨不出哪些是重要的和不重要的文件，这时就需要对文件名进行修改，那么就涉及操作系统文件了。

5.2.3　文件系统

7min

文件系统简称 FS(File System)，是 Node. js 的核心模块之一，也是学习 Node. js 的一

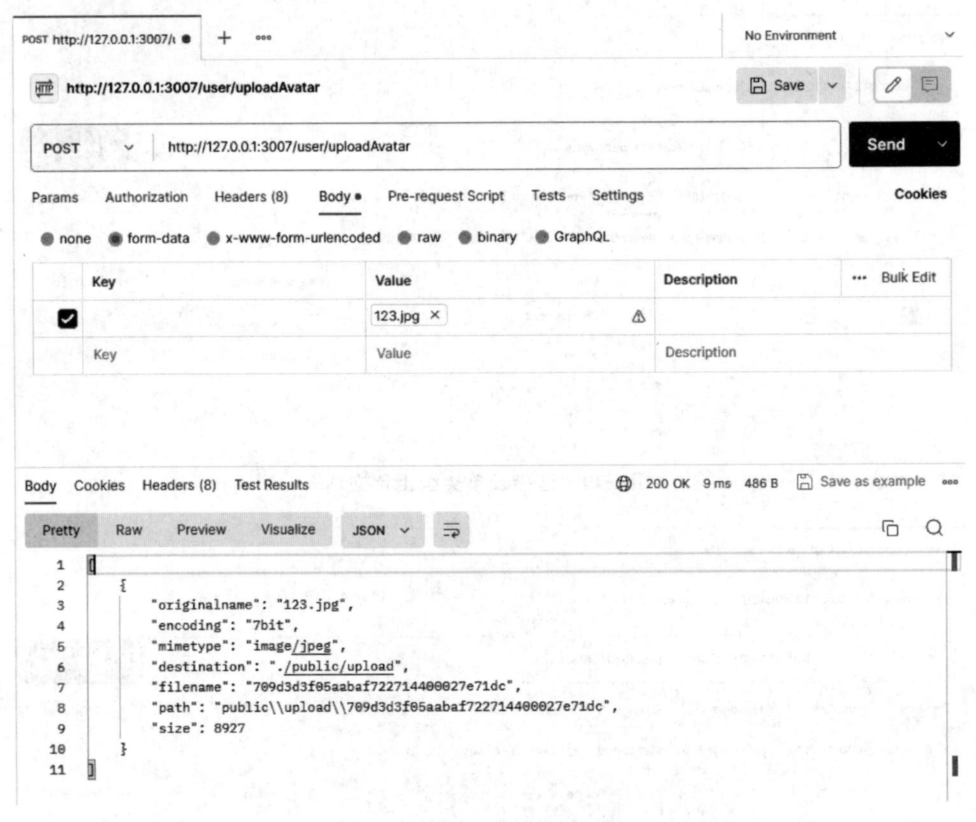

图 5-31　上传文件响应信息

图 5-32　文件存储信息

个重点和难点，顾名思义，主要用于操作文件。FS 提供了丰富的方法，可对文件、目录进行读写，以及删除文件等操作。使用 FS 模块相当于通过 JavaScript 操作系统的存储管理层，换句话说，使用前端语言也能够轻松地与文件系统进行交互。下面简单介绍 FS 模块的常用方法。

1. 写入

写入即向指定的文件写入数据，分为同步/异步写入、追加写入和流式写入。在项目的根目录下新建一个 test.txt 文件，并在 app.js 内导入 FS 模块，用于测试不同的写入方法，代码如下：

```
//app.js
const fs = require('fs')          //导入 FS 模块
```

如果想使用同步方法，则调用 FS 模块的 writeFileSync()方法，该方法接收一个文件路径和写入内容；如果想使用异步方法，则调用 FS 模块的 writeFile()方法，需要在同步的参数基础上新增 1 个回调函数，用于接收错误对象。下面分别通过两种写入方法向 test.txt

写入一段文字。首先是异步方法，代码如下：

```
const fs = require('fs')          //导入 FS 模块
fs.writeFile('./test.txt', '我是通过异步写入的', err => {
  //接收报错对象并输出
  if(err){
    console.log(err);
    return;
  }
  console.log('异步写入成功');
})
```

启动服务器之后，可在终端看到“异步写入成功”字样，说明写入成功，打开 test.txt 文件可见到“我是通过异步写入的”文字，如图 5-33 和图 5-34 所示。

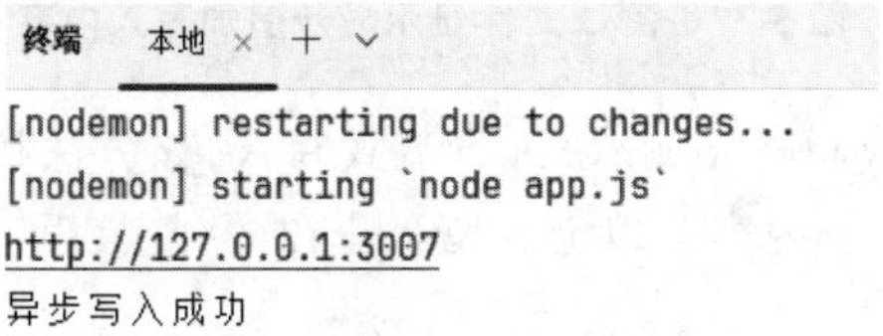

```
终端  本地 × + ∨
[nodemon] restarting due to changes...
[nodemon] starting `node app.js`
http://127.0.0.1:3007
异步写入成功
```

图 5-33 终端提示异步写入成功

```
test.txt ×
1  我是通过异步写入的
```

图 5-34 测试文件显示异步写入内容

接下来将异步写入注释，使用 try-catch 语法执行同步写入，代码如下：

```
try{
  fs.writeFileSync('./test.txt', '我是通过同步写入的');
}catch(e){
  console.log(e);
}
```

此时，终端并不会输出任何内容，但是打开 test.txt 文件后会发现原来的文字已经被同步写入的内容覆盖了，如图 5-35 所示。

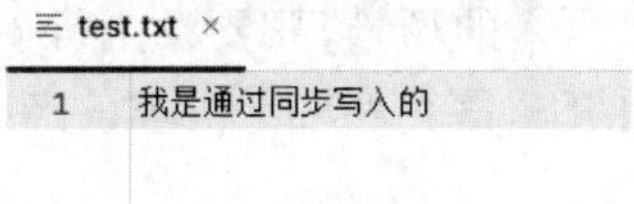

```
test.txt ×
1  我是通过同步写入的
```

图 5-35 测试文件显示同步写入内容

其实不管是异步还是同步都具备两个特点，一个是当第 1 个参数的文件路径不存在时会新建一个文件进行写入；另一个是会将原来的内容覆盖掉，所以会看到异步写入的内容被同步的内容覆盖了。那么如何才能在已经写入的内容后面追加新内容呢？FS 模块提供了追加写入方法。

追加写入同样分为同步和异步方法，异步方法为 appendFile()，同步方法为 appendFileSync()，其参数与单独写入的参数完全相同，下面先把同步代码写入注释，通过追加写入的同步方式换行添加一段文字进行示范，代码如下：

```
fs.appendFileSync('./test.txt','\r\n 我是追加写入的同步方式')
```

通过 nodemon 会自动监听变化并重启服务器，此时直接打开测试文本文件，可看到已经新增了一行数据，如图 5-36 所示。

追加写入的异步方式可采用 Node.js 的 throw 语法来捕捉 err 并抛出，代码如下：

```
fs.appendFile('./test.txt','我是追加写入的异步方式', err => {
  if(err) throw err          //使用 throw 语法
  console.log('追加写入成功')
})
```

保存代码后可见终端输出“追加写入成功”字样，此时打开测试文本文件，已经新增了一条语句，如图 5-37 所示。

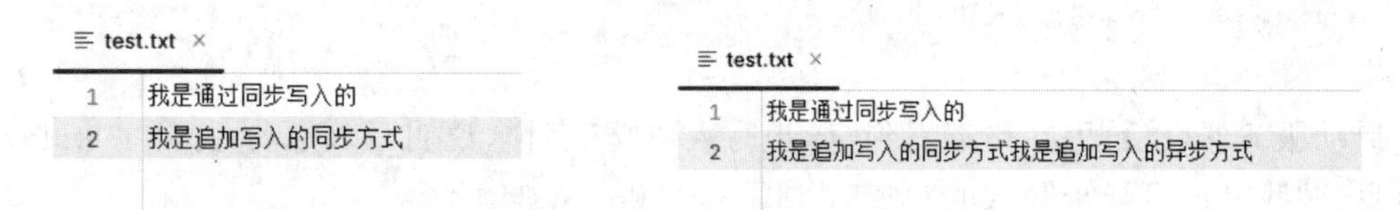

图 5-36　测试文件显示同步追加写入内容　　**图 5-37　测试文件显示异步追加写入内容**

最后一种常用的写入方式是通过 createWriteStream()进行流式写入，该方法接收目标文件的路径作为参数，并创建一个实例用于写入内容。以流式写入李白的《静夜思》为例，代码入下：

```
let ws = fs.createWriteStream('./test.txt')      //传入路径

ws.write('床前明月光\r\n')
ws.write('疑是地上霜\r\n')
ws.write('举头望明月\r\n')
ws.write('低头思故乡\r\n')

ws.end()                                         //结束流式写入
```

流式写入同样会覆盖原来的内容，但好处是可以用于频繁写入的场景，只要没执行 end()方法就可一直写入。打开测试文件可见内容已经变成了诗句，如图 5-38 所示。

图 5-38　测试文件显示流式写入内容

写入操作有很多实用的场景，最常见的例子是用于生成日志，可在敏感的路由处理程序中添加写入操作以生成操作日志，例如，将操作者、操作内容、操作时间组成的关键信息写入某个文本文件内；其次是报错的日志，在全局中间件中接收报错的对象信息并写入记录报错的文本文件中。

2. 读取

▷ 3min

读取的方法主要有同步/异步读取和流式读取。同步读取方法为 readFileSync()，参数为读取文件的路径；异步读取方法为 readFile()，参数为读取文件的路径和回调函数，回调函数包含错误对象和读取结果，该方法还有可选的第 2 个参数，可传入编码格式，如 utf-8 等。下面简单示范异步和同步读取及其结果。首先是异步读取，读取测试文件中的诗句，代码如下：

```
fs.readFile('./test.txt', 'utf - 8',(err, data) => {
  if(err) throw err;
  console.log(data);
})
```

在终端可看到输入的诗句内容，如图 5-39 所示。

同步读取可以通过定义一个 data 参数接收返回的数据，该方法接收文件所在路径和编码格式作为参数，代码如下：

```
let data = fs.readFileSync('./test.txt', 'utf - 8')
console.log(data)
```

保存代码后可见终端返回的读取的诗句，如图 5-40 所示。

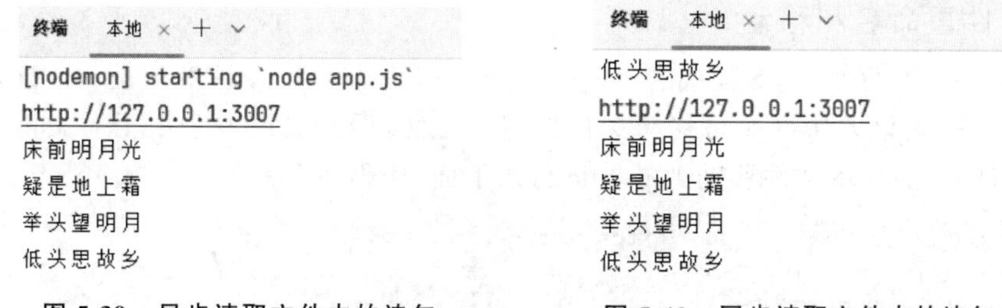

图 5-39　异步读取文件内的诗句　　**图 5-40　同步读取文件内的诗句**

最后一种读取方式是流式读取，使用 FS 模块的 createReadStream()方法构建实例对象。该方法的第 1 个参数为文件路径，第 2 个参数为一个可选的配置项，可以设置编码格式、读取起始和结束位置、最大读取文件字节数等。这里以常用的 start 和 end 为例，结合 utf-8 编码格式，start 参数为读取文件的起始位置，end 则为结束位置。为了便于测试数据，将文本文件中的诗句改为数字 1～10，并通过流式读取数字 1～6，代码如下：

```
let crs = fs.createReadStream('./test.txt', {
  encoding:'utf - 8',              //编码格式
  start:0,                         //起始位置
  end:5,                           //结束位置
})

//输出读取内容
crs.on('data', data => {
  console.log(data)
})

//读取完成
crs.on('end', () => {
  console.log('读完了')
})
```

在输入框可看见输出了数字 1～6，如图 5-41 所示。

流式读取还分为流动状态和暂停状态，上述一股脑输出规定内的数据为流动状态。流

```
终端  本地
[nodemon] restarting due to changes...
[nodemon] starting `node app.js`
http://127.0.0.1:3007
123456
读完了
```

图 5-41 流式读取文件内的数字

动读取主要用于读取内容较多的文件。在一些场景中会通过实例对象的 pause()方法在读取过程中暂停读取,实现暂停状态。例如当读取一篇文章的时候,可以在文章的段落添加结束标记符,当读到标识符时调用 pause(),以便暂停读取,当监听到客户端的换段命令后再调用 resume()方法继续读取。

读取操作的使用场景除了上述的读取文章外,还可以读取写入的日志记录,也可以查看图片、视频等。读者可以思考一下,聊天软件的按天数回滚查看聊天记录是否为一种读取呢?是正常读取还是流式读取呢?

3. 文件重命名和移动

7min

在 Node.js 中,可使用 FS 模块的 rename()方法移动文件,需要注意的是 renameSync()方法,第一眼看上去该方法可能是移动文件的同步方法,但其实该方法用于对文件进行重命名。下面将测试的文本文件移动到 public 目录下面,代码如下:

```
fs.rename('./test.txt', './public/test.txt', (err) =>{
  if(err) throw err;
  console.log('移动文件完成')
})
```

保存代码后可看到根目录下的 test.txt 文件已经被移动到 public 目录下了,如图 5-42 所示。

然后使用 renameSync()方法实现对 test.txt 文件的重命名操作,代码如下:

```
fs.renameSync('./public/test.txt', './public/测试.txt')
```

执行后文件名已经更改为"测试.txt",如图 5-43 所示。

图 5-42 文件被移动至指定目录

图 5-43 test. txt 文件被修改为"测试.txt"

现在回过头来看图片上传逻辑,是不是可以利用 renameSync()对 filename 进行修改呢?或许可以将 filename 这组随机的字符串替换成本地图片的名字。通过对图片进行上传测试可知道 originalname 是文件在本地存储的名字,那么通过保存 originalname 和 filename,加上存储的文件路径,就可以对文件名进行替换了,代码如下:

```
//router_handler/user.js
const fs = require('fs')              //导入 FS 模块
//上传头像
exports.uploadAvatar = (req, res) => {
    //计算机随机生成的字符串
```

```
    let oldName = req.files[0].filename
    //计算机上的文件名称
    let newName = req.files[0].originalname
    //renameSync 为重命名
    fs.renameSync('./public/upload/' + oldName, './public/upload/' + newName);
    res.send('上传成功!')
}
```

重新上传 123.jpg,再次查看 upload 目录会发现文件名已经不是随机字符串了,如图 5-44 所示。

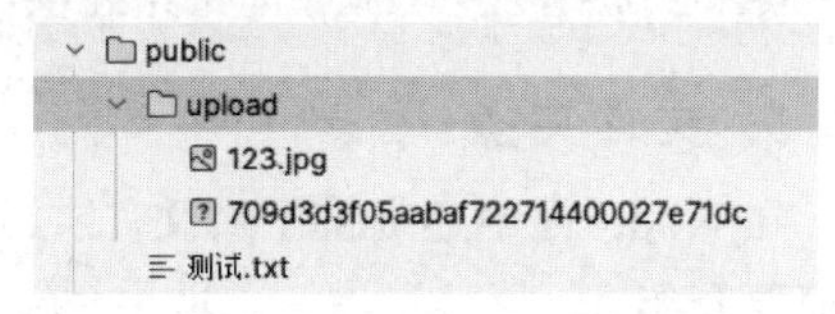

图 5-44 上传名为 123.jpg 的图片

对于数据表中的 image_url 字段,可使用存储静态托管路径的方式保存用户的头像,在需要用户头像呈现的场景,只需返回静态托管路径便可显示头像。定义一条 update 语句,接收唯一的 id 作为条件,将 image_url 字段更新为图片位于服务器的静态托管路径。最后,将成功上传的信息和图片路径返回至客户端。整体的逻辑代码如下:

```
//上传头像
exports.uploadAvatar = (req, res) => {
    //计算机随机生成的字符串
    let oldName = req.files[0].filename
    //计算机上的文件名称
    let newName = req.files[0].originalname
    //renameSync 为重命名
    fs.renameSync('./public/upload/' + oldName, './public/upload/' + newName)
    const sql = 'update users set image_url = ? where id = ?'
    db.query(sql, {
        image_url: 'http://127.0.0.1:3007/upload/ ${newName}'
    }, (err, result) => {
        if (err) return res.ce(err)
        res.send({
            status: 0,
            message:'上传头像成功',
            url: 'http://127.0.0.1:3007/upload/' + newName
        })
    })
}
```

4. 删除文件

在 Node.js 中可使用 unlink()和 unlinkSync()删除文件,前者接收删除文件的路径和包含错误对象的回调函数作为参数,后者则采用同步的方式,只接收文件路径。下面以异步删除文件的方式删除“测试.txt”文件。执行后“测试.txt”就从目录中消失了,需要注意的是编辑器内的目录可能会有延迟,从而导致文件还存在的假象,只需重新单击父目录再打开,代码如下:

```
//异步
fs.unlink('./public/测试.txt', err => {
  if(err) throw err;
  console.log('删除文件成功');
})

//同步
fs.unlinkSync('./public/测试.txt');
```

5. 文件夹操作

在 Node.js 中还提供了对文件夹的创建、读取和删除操作。下面对每种文件夹操作进行简要介绍。

首先是 mkdir()和 mkdirSync(),用于异步和同步创建文件夹,可将方法名拆分成 make(制作)和 direction(方向、管理)来记忆,同步需要额外加上个 Sync。以新建一个名为 test 的目录为例,执行后可见根目录下新增了 1 个名为 test 的目录。创建文件夹的代码如下:

```
//异步创建文件夹
fs.mkdir('./test', err => {
  if(err) throw err;
  console.log('创建 test 目录成功');
})

//同步创建文件夹
fs.mkdirSync('./test')
```

其次是 readdir()和 readdirSync(),用于异步和同步读取目录,即单词 read(读)和 direction 的结合。以读取名为 test 的目录为例,代码如下:

```
//异步读取
fs.readdir('./public', (err, data) => {
  if(err) throw err;
  console.log(data);
})

//同步读取
let data = fs.readdirSync('./public');
console.log(data)
```

```
http://127.0.0.1:3007
[ 'upload' ]
```

图 5-45 读取 public 目录

执行后会在终端输出 public 目录包含的内容,即 upload 目录,如图 5-45 所示。

最后是删除文件夹,分为 rmdir()和 rmdirSync(),即单词 remove(移除)和 direction 的结合。以删除 test 目录为例,代码如下:

```
//异步删除文件夹
fs.rmdir('./test', err => {
  if(err) throw err;
  console.log('删除文件夹成功');
```

```
});

//同步删除文件夹
fs.rmdirSync('./test')
```

6. __dirname 和__filename

Node.js 有两个特殊的变量，即标题的__dirname 和__filename，前者用来动态地获取当前文件所属目录的绝对路径，后者用于获取当前文件的绝对路径。以在 router_handler/user.js 输出这两个变量为例，代码如下：

```
//router_handler/user.js
console.log(__dirname)
console.log(__filename)
```

这样就可以在终端输出该文件所在的目录和绝对路径了，如图 5-46 所示。

```
[nodemon] restarting due to changes...
[nodemon] starting `node app.js`
C:\Users\w\Desktop\新建文件夹\router_handler
C:\Users\w\Desktop\新建文件夹\router_handler\user.js
```

图 5-46　输出文件所在目录和绝对路径

那么获取绝对路径有什么用呢？例如当某个文件报错的时候，可以在调用中间件时传入__filename，获取报错的文件路径，并可保存在错误日志中，有助于开发者定位和调试 Bug；如果需要导入位于同目录下的文件，则可直接通过__dirname 拼接文件名的形式导入，减少了代码量；同样，也可作用在写入、读取文件的路径参数上，在一定程度上降低了出现路径错误的概率。

5.2.4　数据表多了条 URL 地址

对于数据表中的 image_url 字段，可使用存储静态托管路径的方式保存用户的头像，在需要用户头像呈现的场景，只需返回静态托管路径便可显示头像。从原理上来讲只需通过 id 找到对应的用户，并把图片的静态托管路径更新到 image_url 字段，可通过 form-data 类型同时接收图片和用户的 id，代码如下：

4min

```
//上传头像
exports.uploadAvatar = (req, res) => {
    //计算机随机生成的字符串
    let oldName = req.files[0].filename;
    //计算机上的文件名称
    let newName = req.files[0].originalname;
    //重命名
    fs.renameSync('./public/upload/' + oldName, './public/upload/' + newName)
    const sql = 'update users set image_url = ? where id = ?'
    //接收头像静态托管地址和用户 id
    db.query(sql, ['http://127.0.0.1:3007/upload/${newName}', req.body.id], (err, result) => {
```

```
            if (err) return res.ce(err)
            res.send({
                status: 0,
                message: '修改头像成功'
            })
        })
    }
```

打开 Postman 测试上传头像的接口，除头像文件外添加 id 参数，单击 Send 按钮后响应区域会返回“修改头像成功”，说明接口测试成功，如图 5-47 所示。

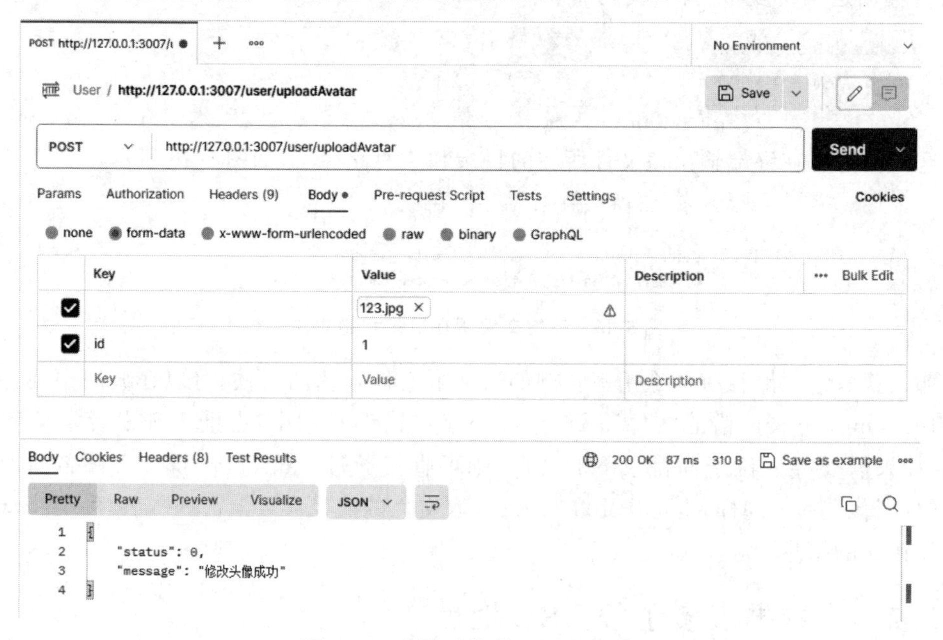

图 5-47　上传头像接口测试成功

打开数据表，发现用户的 image_url 字段已经多了一条路径，如图 5-48 所示。

图 5-48　数据表 image_url 更新成功

但是还有一个问题需要解决，假设其他用户也上传了他所使用的计算机上的 123.jpg 作为头像，那该怎么处理呢？

通常系统上的图片或其他类型的文件会使用多种不同的算法去命名存储在服务器的文件，如账号与图片名称相结合，或使用裁剪的时间戳与图片名称结合，总之使图片命名具备时间和空间上的唯一性，所以防止同名的关键在于头像上传的路由处理程序。在本项目中采用账号和图片名称相结合的方式，进一步加工 originalname。整体的逻辑代码如下：

```
//上传头像
exports.uploadAvatar = (req, res) => {
    let oldName = req.files[0].filename
    //添加账号作为前缀
    let newName = '${req.body.account}' + req.files[0].originalname
    fs.renameSync('./public/upload/' + oldName, './public/upload/' + newName)
    const sql = 'update users set image_url = ? where account = ?'
    db.query(sql, ['http://127.0.0.1:3007/upload/${newName}', req.body.account], (err,
result) => {
        if (err) return res.ce(err)
        res.send({
            status: 0,
            message: '修改头像成功'
        })
    })
}
```

现在再次测试该接口，由于账号也具备唯一性，所以可把参数 id 修改为 account。成功后可看到 upload 目录下的文件名已经变成了账号与文件名相结合的形式，如图 5-49 所示。

此时可看到 image_url 下的文件名已经变成了账号与文件名相结合的形式，如图 5-50 所示。

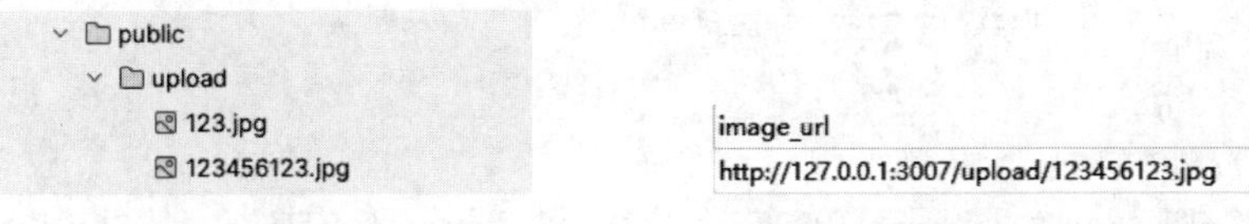

图 5-49 更新文件名　　图 5-50 更新 image_url 值

如果上传中文名称的图片会怎样呢？在桌面定义一个名为“测试图片”的图片，上传后会发现其 image_url 为乱码的状态，如图 5-51 所示。

这是由于图片是以 Buffer 格式被传输至后端的，其实例的编码格式为 latin1，需将其转换为 utf-8，代码如下：

```
//router_handler/user.js
let originalname =
  Buffer.from(req.files[0].originalname, 'latin1').toString('utf8')
let newName = '${req.body.account}' + originalname
```

再次进行测试，可发现名字就被转换为中文名称了，不再出现乱码，如图 5-52 所示。

image_url
http://127.0.0.1:3007/upload/123456æµè¯å¾ç.jpg

图 5-51 地址存在乱码

image_url
http://127.0.0.1:3007/upload/123456测试图片.jpg

图 5-52 转换中文图片名

每个用户的 image_url 都对应着服务器内静态托管的一个头像文件，除了上传头像文件之外，还应该考虑的是删除头像文件。假设某个用户被管理员删除了账号，那么其对应的头像文件也应该被删除，从而减少服务器的冗余文件。那么可以在删除用户的代码中结合删除文件的 unlink()方法，达到在删除用户的同时也删除头像图片的一个效果。

需要注意的是 unlink()执行的位置，应该放在 delete 语句执行之前，因为删除之后数据表里已经没有对应的 id 用于去寻找 image_url 保存的路径了，可以先通过 select 语句查询用户的 image_url，再删除用户记录。由于查询得到的 image_url 是静态托管的地址，不是头像文件的绝对路径，所以不能作为 unlink()方法的路径参数。可以使用字符串的 slice()方法，传入从 http 到文件名前面的"/"字符串个数，即 29，那么剩下的就是文件的名字了。获得图片的文件名字后，再通过字符串拼接的方式得到文件的实际路径。整体的逻辑代码如下：

```
//删除用户
exports.deleteUser = (req, res) => {
    //传入 id 找到对应用户的头像地址
    const sql = 'select image_url from users where id =  ${req.body.id}'
    db.query(sql,(err,result) =>{
        if (err) return res.ce(err)
        if (image_url){
            //得到文件名
            image_url = result[0].image_url.slice(29)
            //拼接文件名并删除
            fs.unlink('./public/upload/${image_url}', (err) => {
                if (err) return res.ce(err)
            })
    }
        //删除用户
        const sql1 = 'delete from users where id =  ${req.body.id}'
        db.query(sql1, (err, result) => {
            if (err) return res.ce(err)
            res.send({
                status: 0,
                message: '删除用户成功'
            })
        })
    })
}
```

5.3 展现数据

当系统内有新的朋友不断注册账号的时候，就需要考虑到如何在前端呈现用户数据。通常会使用表格展现这样的数据，但一张表格的页面高度是有限的，能展示的数据也是有限的，所以会结合换页对全部数据进行分割，例如有 100 条用户数据，那么就可以分为 10 页，每页 10 条用户数据。

表格是系统内最常见的元素之一，被大量地用于展示用户列表、产品列表、文件列表、采购列表、入库出库列表等。当然，目前还处于后端开发的阶段，所以不需要去考虑前端的页面是如何设计的，只需实现当接收某个页码的时候，能够返回对应范围内的数据逻辑。在本节将阐述分页的逻辑并结合多种不同的条件实现分页功能。

5.3.1　分页的逻辑

以共有 30 条数据且每页有 10 条的情况为例，可得到表 5-3 的页码与每页数量的对应关系。

7min

表 5-3　页码与每页数量对应关系

页　　码	数　　量	页　　码	数　　量
1	1～10	3	21～30
2	11～20		

可看到页码与数量之间的直接关系是：页码×10－9～页码×10，例如第 2 页的起始数量是 2×10－9＝11，结束数量是 2×10＝20。根据这个关系，可以想象当客户端传输分页的页码时，服务器端应该返回在数据表中数据的起始和结束位置。还有一个角度是，第 2 页获得的数据跳过了前 10 条数据，第 3 页获得的数据跳过了前 20 条数据。综合以上关系，以获取第 2 页数据为例，可以得到一条 SQL 语句，即从用户表中跳过前 10 条数据，并且获得总数量为 10 的数据。

在 SQL 语法中提供了 limit 关键字，用来限制响应数据的数量，同时还提供了 offset 关键字，用来跳过多少条数据。那么上面例子的实现代码就显而易见了，代码如下：

```
const sql = 'select * from users limit 10 offset 10'
```

由于页码是一个动态的变量，进而跳过的数量也是一个变量，所以可定义一个参数，以便获取要跳过的数量，并在 SQL 语句通过模板字符串传入该参数，代码如下：

```
//req.body.pager 为传入的页码,number 为跳过的数量
const number = (req.body.pager - 1) * 10
const sql = 'select * from users limit 10 offset ${number}'
```

当然，数据表中的数据都是遵循一定的规则进行排序的，如自增的 id，以及插入表的时间先后等。同理，获取数据表中的数据也需按照某个规则进行排序，对于获取用户列表，可通过 create_time 字段进行排序。在 SQL 语法中提供了 order by 关键字进行排序，默认为升序排列，如果在语句末尾添加 desc 字段，则为降序排列，代码如下：

```
//req.body.pager 为传入的页码,number 为跳过的数量
const number = (req.body.pager - 1) * 10
//默认升序
const sql = 'select * from users order by create_time limit 10 offset ${number}'
//降序,如果语句过长,则可通过模板字符串换行
const sql = 'select *
                from users
                order by create_time
                limit 10 offset ${number} desc'
```

如果想添加条件该怎么办呢？语法还是一样的，即在表的后面添加 where 关键字，以获取正常状态的账号为例，代码如下：

```
const sql = 'select *
                    from users
                    where status = 0
                    order by create_time
                    limit 10 offset ${number} desc'
```

这就是一个完整的分页倒序逻辑。需要注意的是 4 个不同关键字的顺序，先是 where，然后是 order by，再是 limit，最后是 offset。

现在新建一个名为 returnUserList(返回用户列表)的测试路由处理程序，并直接在数据表新增两个用户数据(此时表中一共有 3 条用户数据)，设定按 id 进行排序并且每页只能展示两条数据，用来测试分页是否成功，代码如下：

```
//返回用户数据
exports.returnUserList = (req, res) => {
    const number = (req.body.pager - 1) * 2
    const sql = 'select *
                    from users where status = 0
                    order by id limit 2 offset ${number} '
    db.query(sql, req.body.identity, (err, result) => {
        if (err) return res.ce(err)
        res.send(result)
    })
}

//router/user.js
router.post('/returnUserList', userHandler.returnUserList)      //返回用户数据
```

打开 Postman，输入返回用户数据的 API 地址，并传入 pager 页码 1 和 2。响应内容分别如图 5-53 和图 5-54 所示。

由图 5-53 和图 5-54 的测试结果可知，分页的逻辑是行得通的。下面，通过分页的逻辑实现用户模块的分页功能。

5.3.2 实现分页

7min

在本节中，将利用分页的逻辑完善在 5.1.2 节中的用户列表接口，并新增获取指定部门或职位用户列表的接口。

1. 重构获取用户列表

9min

在原有的基础上，添加每页 10 条数据、根据创建时间进行分页的逻辑，代码如下：

```
//获取冻结用户列表
exports.getBanUserList = (req, res) => {
    const number = (req.body.pager - 1) * 10
```

```
    const sql = 'select * from users
                    where status = 1
                    order by create_time limit 10 offset ${number}'
    db.query(sql, (err, result) => {
        if (err) return res.ce(err)
        result.forEach((e) =>{
            e.password = ''
        })
        res.send(result)
    })
}
```

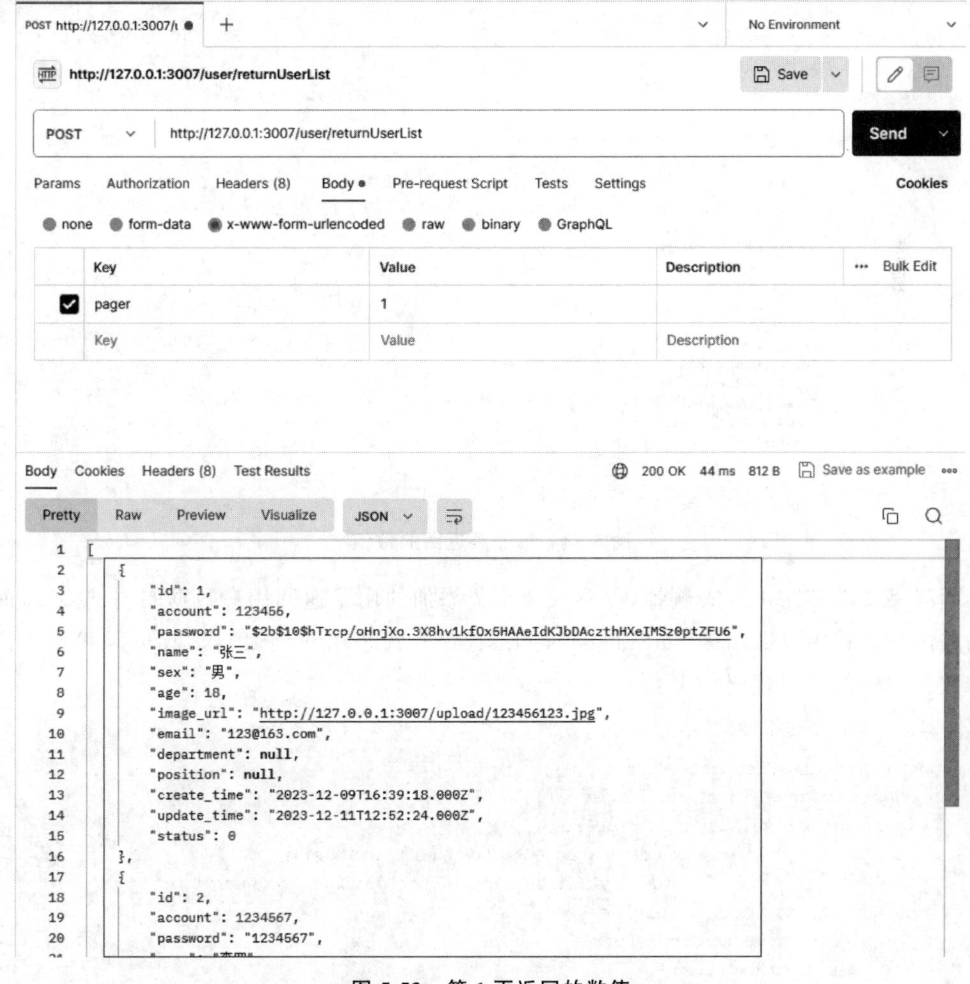

图 5-53 第 1 页返回的数值

同理,获取解冻(正常)用户列表也是同样的分页,只需将状态修改为 0。面对这样的两段只有一处不同的路由处理程序,是不是可以考虑合并为一个路由处理程序呢?这是作为程序员能少写代码就少写的优良品质。那么获取冻结列表和获取正常用户列表都可以在路

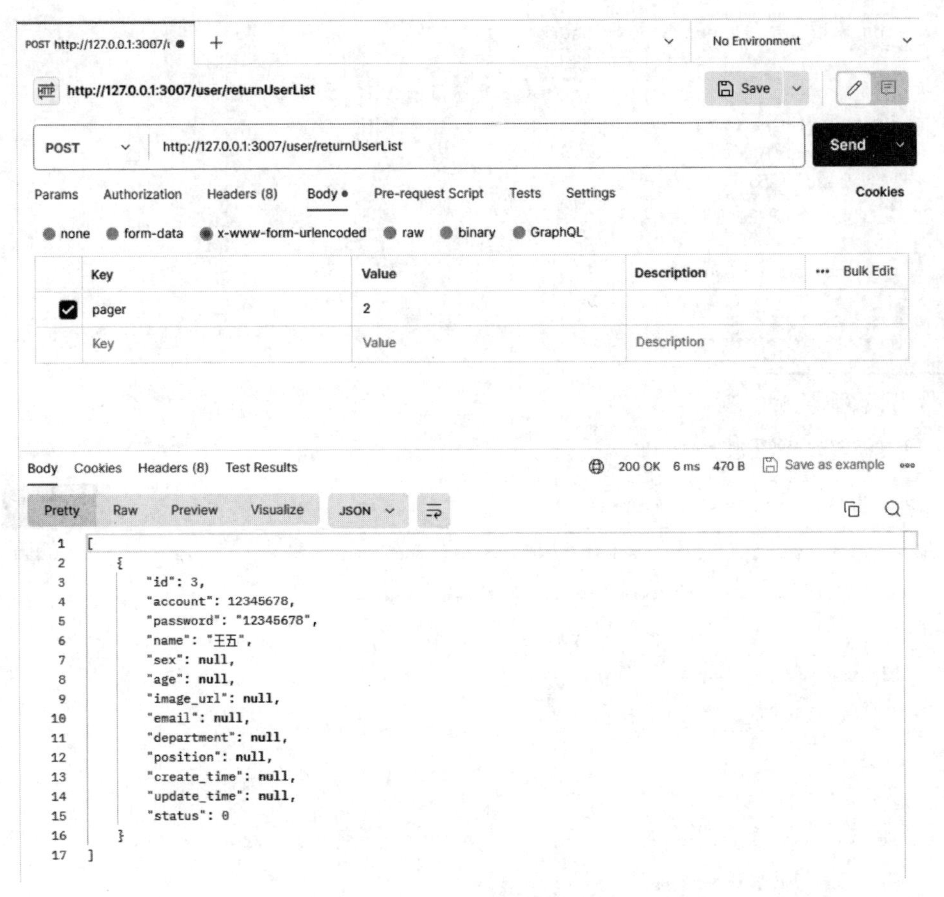

图 5-54 第 2 页返回的数值

由处理程序文件和路由列表删掉，以及 5.3.1 节添加的用于返回用户数据的测试接口，而合并的路由处理程序可命名为 getStatusUserList(获取状态用户列表)，接收页码和状态值作为参数。整体的逻辑代码如下：

```
//获取状态用户列表
exports.getStatusUserList = (req, res) => {
    const number = (req.body.pager - 1) * 10
    const sql = 'select * from users
                        where status = ${req.body.status}
                        order by create_time limit 10 offset ${number}'
    db.query(sql, (err, result) => {
        if (err) return res.ce(err)
        result.forEach((e) =>{
            e.password = ''
        })
        res.send(result)
    })
}
```

对于人事部门的管理员来讲，进入系统的用户模块看到的应该是所有用户数据，而不是单独的冻结或正常状态用户，所以还需添加一个接口，用于获取指定页码的用户列表。新建一个名为 getUserListForPage 的路由处理程序，代码如下：

```
//获取指定页码的用户列表
exports.getUserListForPage = (req, res) => {
    const number = (req.body.pager - 1) * 10
    //排除了条件
    const sql = 'select * from users
                        order by create_time limit 10 offset ${number}'
    db.query(sql, (err, result) => {
        if (err) return res.ce(err)
        result.forEach((e) =>{
            e.password = ''
        })
        res.send(result)
    })
}

//router/user.js
router.post('/getUserListForPage', userHandler.getUserListForPage)
```

此外，对于页码的总数，应该由返回的总人数除于每页的人数，故还需设计一个获取所有用户的数量的接口。实现的方式只需在返回 user 表内容的时候输出 length(长度)属性，但这里还是有个容易出错的点，直接返回数值会出现报错 Invalid status code(无效的状态码)，原因在于 MySQL 不允许直接返回一个数值，所以需使用对象的形式返回，代码如下：

```
//获取所有用户数量
exports.getUserLength = (req, res) => {
    const sql = 'select * from users'
    db.query(sql, (err, result) => {
        if (err) return res.ce(err)
        res.send({
            length:result.length
        })
    })
}

//router/user.js
router.post('/getUserLength', userHandler.getUserLength)
```

2. 新增修改部门和职位接口

整个项目由用户模块和产品模块构成，因为在用户模块中设置了部门和职位的字段，所以应该具有修改部门和职位的接口。同时，也应有对应的选项去获取指定部门或指定职位的用户列表，这里需要考虑的是，在职的员工的账号都应该是正常状态，所以获取时同时兼具部门或职位、账号状态的条件。

对于修改部门和职位的接口都是接收前端传过来的部门名称或职位名称、用户 id 即可,可以先通过一个 if 判断前端传过来的是 department 还是 position,再选择不同的 update 语句,代码如下:

```
//修改用户部门或职位
exports.changeLevel = (req, res) => {
    const update_time = new Date()
    //定义一个空的 SQL 语句,用来接收不同条件下的语句
    let sql = null
    //定义一个空的 content 参数,用于接收部门或职位
    let content = null
    if(req.body.department){
        content = req.body.department
        sql = 'update users set
                        department = ?,
                        update_time = ? where id = ${req.body.id}'
    }
    if(req.body.position){
        content = req.body.position
        sql = 'update users set
                        position = ?,
                        update_time = ? where id = ${req.body.id}'
    }
    db.query(sql, [content,update_time], (err, result) => {
        if (err) return res.ce(err)
        res.send({
            status: 0,
            message: '修改成功'
        })
    })
}

//router/user.js
router.post('/changeLevel', userHandler.changeLevel)        //修改用户部门或职位
```

打开 Postman,测试如果参数为人事部,则 id 为 1 的 department 字段是否会发生变化,如图 5-55 所示。

打开数据表可见只有 department 的值变成了“人事部”,position 的值没有变化,说明接口测试成功,如图 5-56 所示。

3. 获取指定部门用户列表

对于获取指定部门的用户列表,定义一个名为 getUserByDepartment 的路由处理程序,使用 AND 关键字连接条件,代码如下:

```
//获取指定部门的用户列表
exports.getUserByDepartment = (req, res) => {
    const number = (req.body.pager - 1) * 10
    const department = req.body.department
```

```
    sql = 'select * from users
            where department = ? and status = 0
            order by create_time limit 10 offset ${number}'
    db.query(sql, department, (err, result) => {
        if (err) return res.ce(err)
        result.forEach((e) => {
            e.password = ''
        })
        res.send(result)
    })
}

//router/user.js
router.post('/getUserByDepartment, userHandler.getUserByDepartment)
```

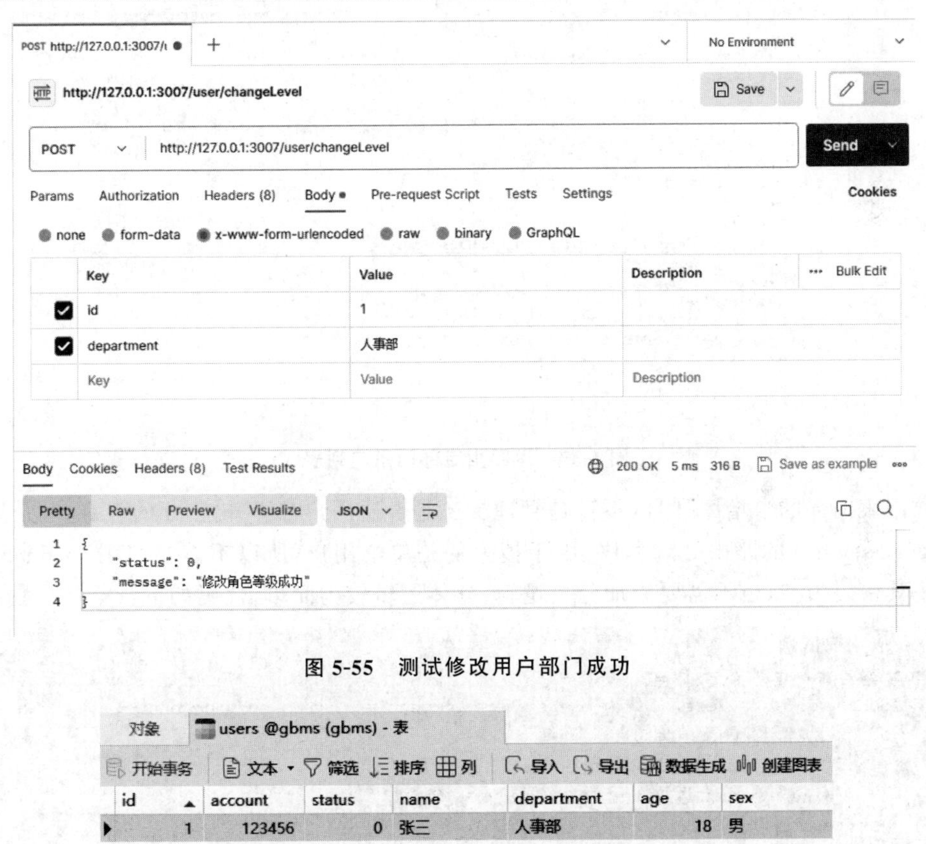

图 5-55　测试修改用户部门成功

id	account	status	name	department	age	sex
1	123456	0	张三	人事部	18	男

图 5-56　department 值更新为人事部

在 Postman 测试获取部门接口，传入 pager 为 1、department 为人事部的条件，得到包含 id 为 1 的用户记录的数组，返回指定部门用户列表测试成功，如图 5-57 所示。

有了获取指定部门的用户列表后，还可增加一个通过账号搜索账号的接口，用于快速地找到某位用户。这里为什么不使用 id 作为搜索条件呢？id 不是具备唯一性吗？这是因为

图 5-57　返回指定部门用户列表

id 是数据表内部的自增序列号，不管是管理员还是普通用户都不知道 id 的存在。创建一个名为 getUserInfo 的路由处理程序，由于搜索的是单个用户，所以不需要使用 forEach 遍历数组使其密码为空，也不需要添加分页逻辑，整体逻辑较为简单，代码如下：

```
//获取用户信息
exports.getUserInfo = (req, res) => {
    const sql = 'select * from users where account = ${req.body.account}'
    db.query(sql, (err, result) => {
        if (err) return res.ce(err)
        //注意,select 返回的是数组,但只有一个元素
        result[0].password = ''
        res.send(result[0])
    })
}

//router/user.js
router.post('/getUserInfo', userHandler.getUserInfo)        //获取用户信息
```

第6章 CHAPTER 6

行业百宝库

企业进行数字化转型最根本的一点就是把线下的流程迁移到线上。大部分企业的系统可以抽象为两点，一是管理人，二是管理事务。管理人的是用户管理模块，在第5章中系统性地对用户管理模块通用的交互行为定义了接口，其目的是便于企业的管理人员通过系统就能实现管理公司员工（普通用户）的权限；管理事务模块可分为多种，如财务、采购、销售等，将线下的各种信息搬到线上统一管理，不仅实现了企业内部不同组织的信息共享，还使企业高层拥有对事务情况的全景视角。

不管什么类型的产品要销售给客户都需经过仓库的入库和出库流程。在本章中，将重点讲解如何实现企业信息化系统产品模块中的核心——库存产品管理。通过库存的出库信息，可以了解产品在终端销售的流动数据，企业可及时调整经营策略，快速响应市场的需求；通过库存的产品信息，可以调整销售重点产品，避免库存出现积压现象，提高企业的盈利能力；通过信息化系统，能够统一管理多个终端的出入库及审核操作，提高了工作效率，降低了沟通成本；根据特定时间范围内的库存出入库数据，可以帮助企业管理人员做出更好的决策，提高企业决策的准确性。可以说，库存管理是最复杂、最能体现企业管理能力的模块之一。

本章将从入库到出库的流程讲起，分析库存管理应具备的产品字段，最后实现产品从入库到出库的代码逻辑。

6.1 从入库到出库

2min

虽然说一个产品从入库到出库跟开发部门的程序员没有太大关系，但了解产品在其中每个步骤的流程，不管是对于程序员自己开发企业系统，还是未来晋升产品经理后与其他行业的高管沟通业务都具有一定的现实意义。

不管是企业自己生产的产品，还是采购的产品都必须入库，原因其实很简单，就是避免企业资产的流失。入库可以使企业产品得到统一管理和存放，库存管理就是产品管理，可以方便地对产品的数量、参数、出入库时间等信息进行记录和追踪，确保每个产品都具有追溯性。追溯性是一个很重要的特性，曾经网上有个段子，讲的是某公司会计在对账时发现多出一块钱,导致整个财务部门通宵对业务进行溯源统计,虽然是个段子,但也侧重地反映了溯源的重要性。

入库要审核,并不是说采购的员工把产品放到仓库就可以走了。在信息系统项目管理的十大管理知识体系中,有个重要的模块叫作质量管理,当然该模块是针对系统在开发时应当保证的质量,其实入库也是同理的。在线下操作时,每个产品入库前都应详细检查是否符合产品所在行业的质量规定和国家标准,避免不良产品或劣质产品入库和流入市场,这是对已存产品和市场的责任,就好比一筐橙子扔进去一个发霉的,不出一个星期整筐橙子都会烂了。在线上,则需填写入库产品的具体信息。以入库计算机为例,需要记录入库的计算机名称、数量、计算机的单价、库存的计算机总价、计算机型号和参数、入库申请人、入库备注等信息。在本项目中直接由负责产品入库的管理员填写入库资料,完成后产品进入产品列表。每次填写成功后,产品列表都会更新新增内容。在这一阶段中,申请入库和审核的都为入库管理员。

产品列表应当具备展示所有库存产品数据的功能,并具有搜索功能、编辑产品信息功能、删除产品功能、申请产品出库功能。搜索功能就好比通过账号搜索用户,通过不同部门或职位搜索用户等,在库的每个产品都应有唯一的产品序列号,由系统自动生成,同时也提供模糊搜索,以便寻找类似的产品;编辑产品信息是管理员的一项权限,当初次入库信息有误时,可通过库存管理员进行修改,值得一提的是,在实际的企业系统中,由于可能涉及修改库存的金额,此项功能往往需要财务管理员授权;删除产品功能用于产品的长期库存为0,并且未来都无采购计划的产品,当产品还存在库存时不能直接删除,除非由程序员直接从数据库删除数据。申请出库功能是普通用户的基本权限,用于申请某项产品出库,用于企业内部使用、终端销售、工程施工、第三方采购等,在申请时同样需要填写申请出库数量、申请人、申请备注等信息。填写成功后,产品进入出库列表等待审核。

在出库审核列表中会展示所有待审核的出库申请。这里需要注意的一项交互操作是当某个成品已经进入出库审核流程时,其他的用户理应不能对该产品进行出库申请,例如当橙子数量有100个时,用户A申请出库100个,该项申请随即进入出库审核列表,此时用户B也申请出库50个,当管理员同意A的请求后,实际橙子数量已经为0个,而用户B应当不能对0库存的橙子进行申请出库。假设出库成功,该产品的库存数量随之减少,如果撤销申请,则开放出库申请供其他用户请求。出库成功后形成出库记录列表。

整个从入库到出库的流程如图6-1所示。

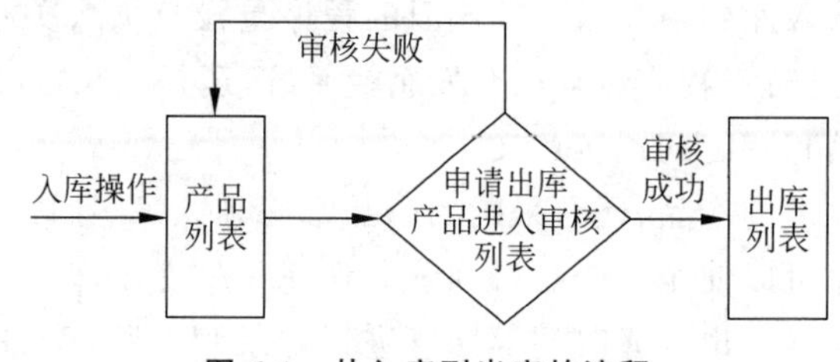

图6-1 从入库到出库的流程

6.2 如何考虑产品的字段

1min

在实际开发工作中，需要从行业标准去设计产品列表的字段，一般包含以下内容。

(1) 产品的 ID：用于唯一标识产品的编号，一般会使用日期加当天批次号或系统设定的内部自增序号。

(2) 产品品牌：如华为 HUAWEI。当库存存在多种相似规格、参数的产品时，可能需要考虑品牌的友好度去做出库首选产品。

(3) 产品名称：如 HUAWEI MateBook D 16 2024。

(4) 产品描述：对产品的主要描述，以 HUAWEI MateBook D 16 2024 为例，官网描述是 13 代酷睿 i5 16GB 1TB 16 英寸护眼全面屏 皓月银，包括 CPU、内存容量、硬盘容量、屏幕特点、外观颜色。

(5) 产品分类：可以从大类方面区分，如消费品类、工业产品类、医疗器械类、电子产品类，也可以从小类方面区分，如消费品类可分为食品类、家电类、日化类、玩具类等。

(6) 产品规格：产品的详细规格参数，如尺寸、质量、颜色、材质等。在本书项目中以单位代替。

(7) 产品价格：产品的售价，一般可进一步细分为成本价、销售价、活动价等字段。

(8) 库存数量：产品位于库存的总数量，便于销售和管理。

(9) 库存状态：根据库存数量得出的状态，如库存充盈、库存过多、库存过少等。

(10) 产品图片：用于详细展示产品的图片，通常会包含多张细节图。

(11) 入库信息：主要包括入库申请人和入库时间。

(12) 备注信息：主要为入库备注和出库备注。

在本书项目中，为了方便读者进行练习，将去掉产品品牌、产品描述及产品图片，原因是产品品牌与产品名称、产品描述与备注都为相似的输入项，在前端代码实现上除名称外其余皆相同，而产品图片上传功能已有上传用户头像作为练习。

在项目设计阶段中，需要考虑 3 个场景的使用字段，分别是产品列表页面、审核列表页面、出库列表页面。产品列表页面用于展示产品的基本信息，如名称、类别、单位、单价、库存数量；审核页面则需强调出库的内容，主要是出库数量、出库申请人、申请出库时间、审核状态、审核人，其他的数据由产品列表提供，方便管理员进行审核；出库列表页面则包括产品 ID、产品名称、出库申请人、出库数量、出库审批人、出库时间、出库备注等。产品列表页面和审核列表页面共同使用产品数据表，出库列表页面使用出库表。

当添加入库的产品后，如果未有此产品，则直接在产品列表的数据表中新增一条产品记录；如果是已有产品，则需要新增库存数量，只需通过模糊查找或产品 ID 查找对应的产品，直接在已有产品上更改库存数量。

此外，如何判断产品出库的审核状态也是需要着重考虑的内容。在本项目中，设定出库的审核状态使用类似于用户账号状态的 status 字段作为判定。在产品数据表对应的状态字段中,分别用在库、审核、不通过代表正常状态、正在审核、审核失败。当用户发起某个产品的出库申请时,状态为审核,产品进入锁定状态,其他用户不能对该产品申请出库。审核成功后,出库记录的数据表新增一条记录,同时用已有库存减去出库的数量,在审核队列的状态变为在库。当出库审核不成功时,审核队列的状态为不通过,库存数量不变,用户可选择撤销申请或继续申请,撤销申请后状态为在库,锁定状态解除,如图 6-2 所示。

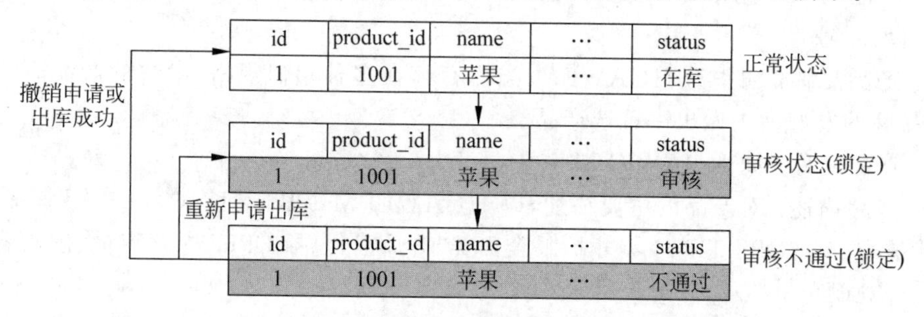

图 6-2 产品状态码变化流程

整个产品管理模块看上去很复杂,用户作为系统的最终使用者,怎样能让用户合理地使用系统是程序员除了写代码之外的另一个责任。开发时会同步形成一份培训文档,用于系统完成基本的功能测试后使用,系统上线前,开发部门会在企业内部展开远程或线下培训,指导企业的内训师如何使用及快速适应系统,再由企业内训师培训全体员工使用系统。

综上可得到两张数据表,分别是名为 product 的产品表,以及名为 out_product 的出库表。

产品表 product 的字段如下。

(1) id:数据表自增 id,类型为 int,长度默认为 11。

(2) product_id:由系统自动生成的产品唯一 id,类型为 int,长度默认为 11。

(3) product_name:产品名称,类型为 varchar,长度默认为 255。

(4) product_category:产品分类,类型为 varchar,长度默认为 255。

(5) product_unit:产品单位,类型为 varchar,长度默认为 255。

(6) product_single_price:产品单价,类型为 int,长度默认为 11。

(7) warehouse_number:库存数量,类型为 int,长度默认为 11。

(8) product_create_person:入库操作人,类型为 varchar,长度默认为 255。

(9) product_create_time:产品入库时间,类型为 datetime,长度默认为 0。

(10) product_update_time:最新编辑时间,类型为 datetime,长度默认为 0。

(11) product_out_number:出库数量,类型为 int,长度默认为 11。

(12) apply_person:出库申请人,类型为 varcahr,长度默认为 255。

(13) audit_person:出库审核人,类型为 varchar,长度默认为 255。

(14) apply_time：出库申请时间，类型为 datetime，长度默认为 0。

(15) audit_time：出库审核时间，类型为 datetime，长度默认为 0。

(16) audit_status：审核状态，类型为 varchar，长度默认为 255。

(17) apply_notes：出库申请备注，类型为 varchar，长度默认为 255。

(18) audit_notes：审核备注，类型为 varchar，长度默认为 255。

产品表在新建数据表的设置如图 6-3 所示。

保存　添加字段　插入字段　删除字段　主键　上移　下移

字段　索引　外键　触发器　选项　注释　SQL 预览

名	类型	长度	小数点	不是 null	虚拟	键
id	int	11		☑	☐	1
product_id	int	11		☐	☐	
product_name	varchar	255		☐	☐	
product_category	varchar	255		☐	☐	
product_unit	varchar	255		☐	☐	
product_single_price	int	11		☐	☐	
warehouse_number	int	11		☐	☐	
product_create_person	varchar	255		☐	☐	
product_create_time	datetime			☐	☐	
product_update_time	datetime			☐	☐	
product_out_number	int	11		☐	☐	
apply_person	varchar	255		☐	☐	
audit_person	varchar	255		☐	☐	
apply_time	datetime			☐	☐	
audit_time	datetime			☐	☐	
audit_status	varchar	255		☐	☐	
apply_notes	varchar	255		☐	☐	
audit_notes	varchar	255		☐	☐	

图 6-3　新建申请表

出库表 product 的字段如下。

(1) id：数据表自增 id，类型为 int，长度默认为 11。

(2) product_id：产品 id，类型为 int，长度默认为 11。

(3) product_name：产品名称，类型为 varchar，长度默认为 255。

(4) product_unit：产品单位，类型为 varchar，长度默认为 255。

(5) product_out_number：出库数量，类型为 int，长度默认为 11。

(6) product_single_price：产品单价，类型为 int，长度默认为 11。

(7) apply_person：出库申请人，类型为 varcahr，长度默认为 255。

(8) audit_person：出库审核人，类型为 varchar，长度默认为 255。

(9) apply_time：出库申请时间，类型为 datetime，长度默认为 255。

(10) audit_time：出库审核时间，类型为 datetime，长度默认为 255。

出库表在新建数据表的设置如图 6-4 所示。

名	类型	长度	小数点	不是 null	虚拟	键
id	int	11		☑	☐	1
product_id	int	11		☐	☐	
product_name	varchar	255		☐	☐	
product_unit	varchar	255		☐	☐	
out_warehouse_number	int	11		☐	☐	
product_single_price	int	11		☐	☐	
apply_person	varchar	255		☐	☐	
audit_person	varchar	255		☐	☐	
apply_time	datetime			☐	☐	
audit_time	datetime			☐	☐	

图 6-4　新建出库表

6.3　实现产品管理的逻辑

数据表建好了,本节将完成整个库存(产品)管理的代码实现。虽然有两张表,但因为同属一个模块下,所以只需在 router 目录和 router_handler 目录下新建名为 product 的 JavaScript 文件。跟用户管理一样,在路由列表文件中先导入 Express.js 框架及使用路由,其次导入路由处理程序的模块,最后向外暴露路由,代码如下:

```
//router/product.js
const express = require('express')
const router = express.Router()                              //使用路由

//导入 product 的路由处理模块
const productHandler = require('../router_handler/product')

//向外暴露路由
module.exports = router
```

在入口文件 app.js 中导入 product 的路由,代码如下:

```
//app.js
const productRouter = require('./router/product')       //新增产品模块
app.use('/product', productRouter)
```

在 product 的路由处理程序模块中,导入数据库操作模块,代码如下:

```
//router_handler/product.js
const db = require('../db/index')                          //导入数据库操作模块
```

6.3.1　进入百宝库

9min

新建一个名为 addProduct(增加产品)的路由处理程序。根据产品表的字段可知,产品入库需要填写产品的名称、类别、单位、入库数量、单价和浏览器保存的当前账号的使用者,即入库人，可以从 req. body 里面获取这些参数。这里还需做一个额外的判断，就是入库的数量不能为 0，虽然在前端可通过 Vue 的双向绑定对输入的数值进行判断，但不要忘了后端永远不能相信前端传过来的数据。除这些参数外，在全局新建一个 count 参数，用于自增 product_id，并通过 Date()对象自动生成产品的入库时间。最后将获取的参数一并插入 product 数据表中。整体的逻辑代码如下：

```
//router_handler/product.js
//id 初始为 1000
let count = 1000

//产品入库
exports.addProduct = (req, res) => {
    const {
        product_name,                   //名称
        product_category,               //类别
        product_unit,                   //单位
        warehouse_number,               //入库数量
        product_single_price,           //单价
        product_create_person,          //申请人
    } = req.body
    if (warehouse_number <= 0) res.ce('入库数量不能小于或等于 0')
    //id 自增
    const product_id = count++
    const product_create_time = new Date()
    const sql = 'insert into product set ?'
    db.query(sql, {
        product_id,
        product_name,
        product_category,
        product_unit,
        warehouse_number,
        product_single_price,
        product_create_person,
        product_create_time,
        audit_status:'在库',
    }, (err, result) => {
        if (err) return res.ce(err)
        res.send({
            status: 0,
            message: '产品入库成功'
        })
    })
}

//router/product.js
router.post('/addProduct', productHandler.addProduct)         //产品入库
```

在 Postman 新建一个窗口，输入产品入库的接口，需要注意的是此时接口前缀已经为 product 而不是 user 了。在参数框输入需要传的值，最后单击 Send 按钮发起请求。可看到

结果为“产品入库成功”，如图6-5所示。

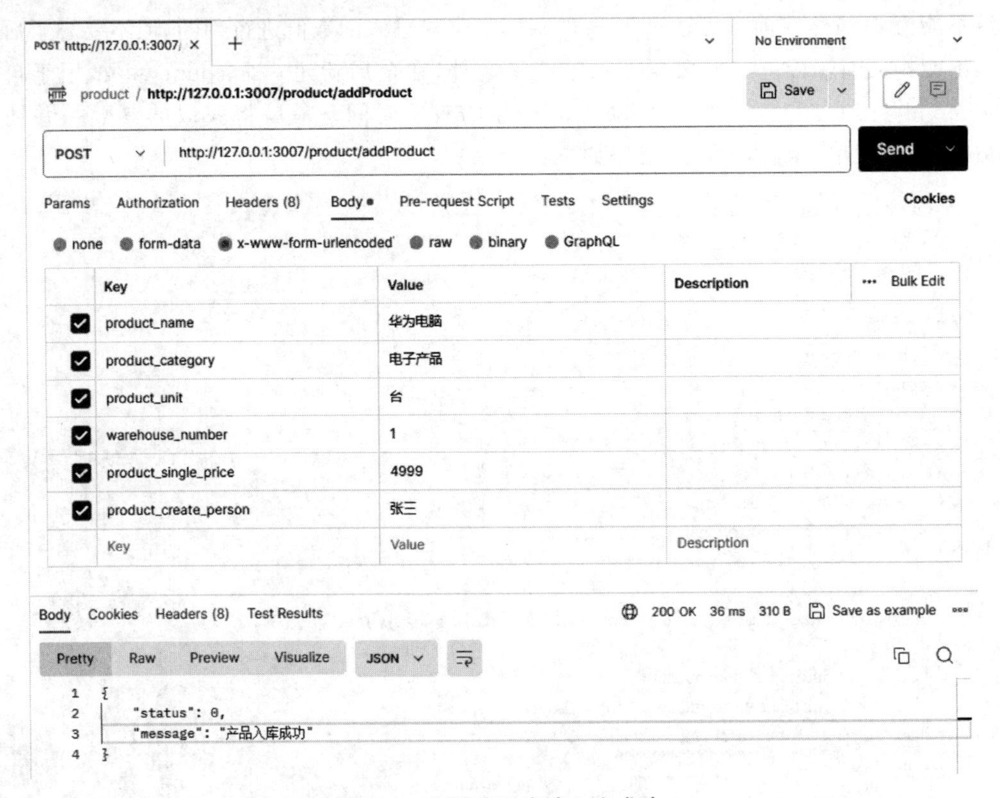

图6-5 测试产品申请入库成功

按照惯例，还需新建一个Collections模块的接口，用于保存产品，读者可自行保存接口并创建，这里不再进行插图叙述。打开product的数据表，可看到已经插入一条数据，如图6-6所示。

id	product_id	product_name	product_category	product_unit	product_single_price
1	1001	华为电脑	电子产品	台	4999

图6-6 产品表新增数据

6.3.2 清点宝物

11min

在本节将完成获取产品列表、编辑产品信息及删除产品的功能实现。

1. 获取产品列表

在6.2节提到，产品数据表包含产品数据和进入审核队列的数据，关键在于audit_status字段的参数值，所以获取产品列表无须限制audit_status。此外，新增的产品应该处于产品列表的顶部，而不是处于尾部，即按时间降序排列，那么可使用DESC关键字。新建

一个名为 getProductList 的路由处理程序,代码如下:

```
//获取产品列表
exports.getProductList = (req, res) => {
    const number = (req.body.pager - 1) * 10
    const sql = `select * from product
        order by product_create_time desc
        limit 10 offset ${number}`
    db.query(sql, (err, result) => {
        if (err) return res.ce(err)
        res.send(result)
    })
}

//router/product.js
router.post('/getProductList', productHandler.getProductList)
```

打开 Postman 进行测试,参数为页码 pager,单击 Send 按钮可得到产品列表,如图 6-7 所示。

图 6-7　测试获取产品列表成功

2. 编辑产品信息

在对产品信息进行编辑时需要注意能编辑哪些内容。由于产品ID是由系统自动生成的，所以不在编辑范围，而产品名称、类别、单位、单价、库存数量等都可以编辑，此外，产品入库负责人不能编辑。新建一个名为editProduct的路由处理程序，从req.body接收可编辑的内容，使用update语句结合该条记录的id值更新数据表内容，并通过Date()对象自动生成产品的编辑时间，代码如下：

```
//编辑产品
exports.editProduct = (req, res) => {
    const {
        product_name,
        product_category,
        product_unit,
        warehouse_number,
        product_single_price,
        id
    } = req.body
    const product_update_time = new Date()
    const sql =
        'update product set product_name = ?,product_category = ?,
                    product_unit = ?,warehouse_number = ?,
                    product_single_price = ? ,
                    product_update_time= ? where id = ?'
    db.query(sql, [
        product_name,
        product_category,
        product_unit,
        warehouse_number,
        product_single_price,
        product_update_time,
        id
    ], (err, result) => {
        if (err) return res.ce(err)
        res.send({
            status: 0,
            message: '编辑产品信息成功'
        })
    })
}

//router/product.js
router.post('/editProduct', productHandler.editProduct) //编辑产品
```

当参数过多时，尤其要注意SQL语句中的更新项与query()方法中的参数一一对应。在Postman输入对应的参数，修改提示“编辑产品信息成功”，编辑产品接口测试成功，如图6-8所示。

打开数据表，可看到产品名称、库存数量都已发生了变化，如图6-9所示。

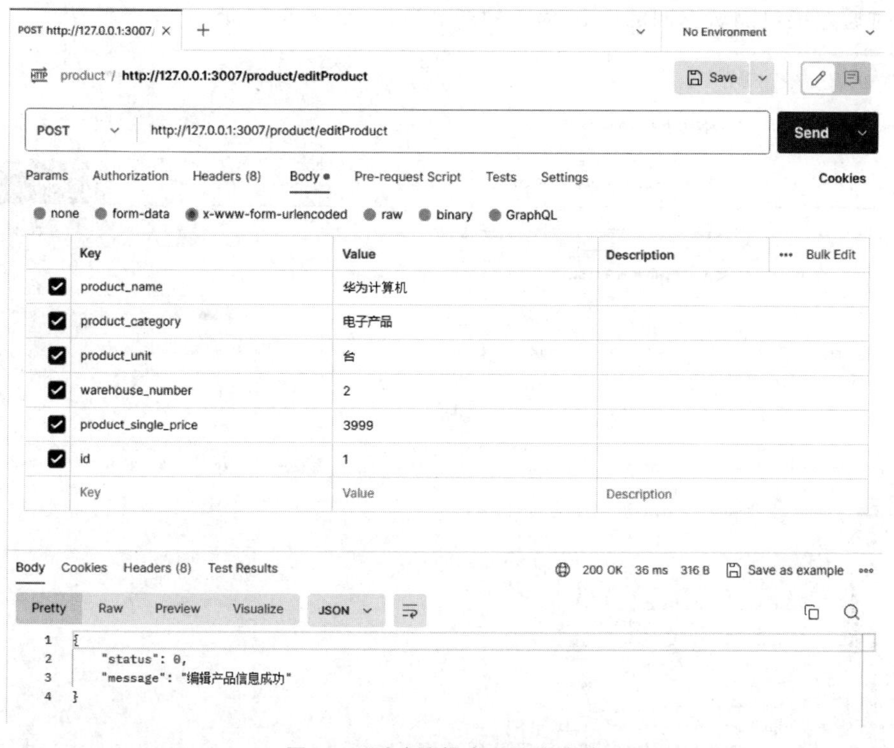

图 6-8　测试编辑产品信息成功

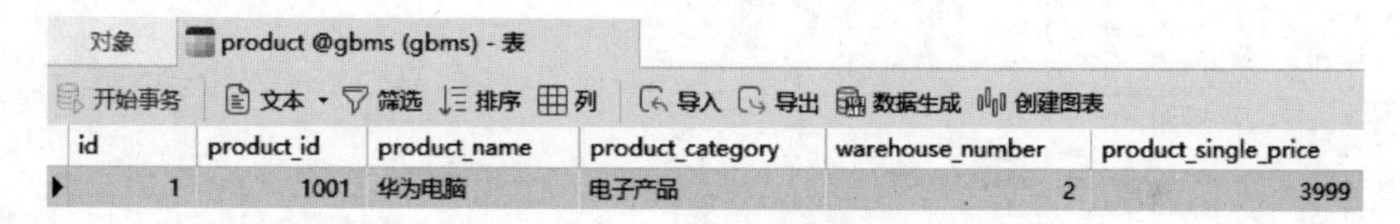

id	product_id	product_name	product_category	warehouse_number	product_single_price
1	1001	华为电脑	电子产品	2	3999

图 6-9　id 为 1 的数据发生变化

3. 通过产品列表查找产品

可通过产品的 id 查找对应的在库产品，新建一个名为 searchProduct 的路由处理程序，使用 select 语句结合条件 product_id 搜索 product 表，代码如下：

```
//搜索产品
exports.searchProduct = (req, res) => {
    const sql = 'select * from product
                        where product_id = ? '
    db.query(sql, req.body.product_id, (err, result) => {
        if (err) return res.ce(err)
        res.send(result)
    })
}

//router/product.js
router.post('/searchProduct', productHandler.searchProduct)     //搜索产品
```

此时通过接口测试返回的即 id 为 1 的产品数据，如图 6-10 所示。

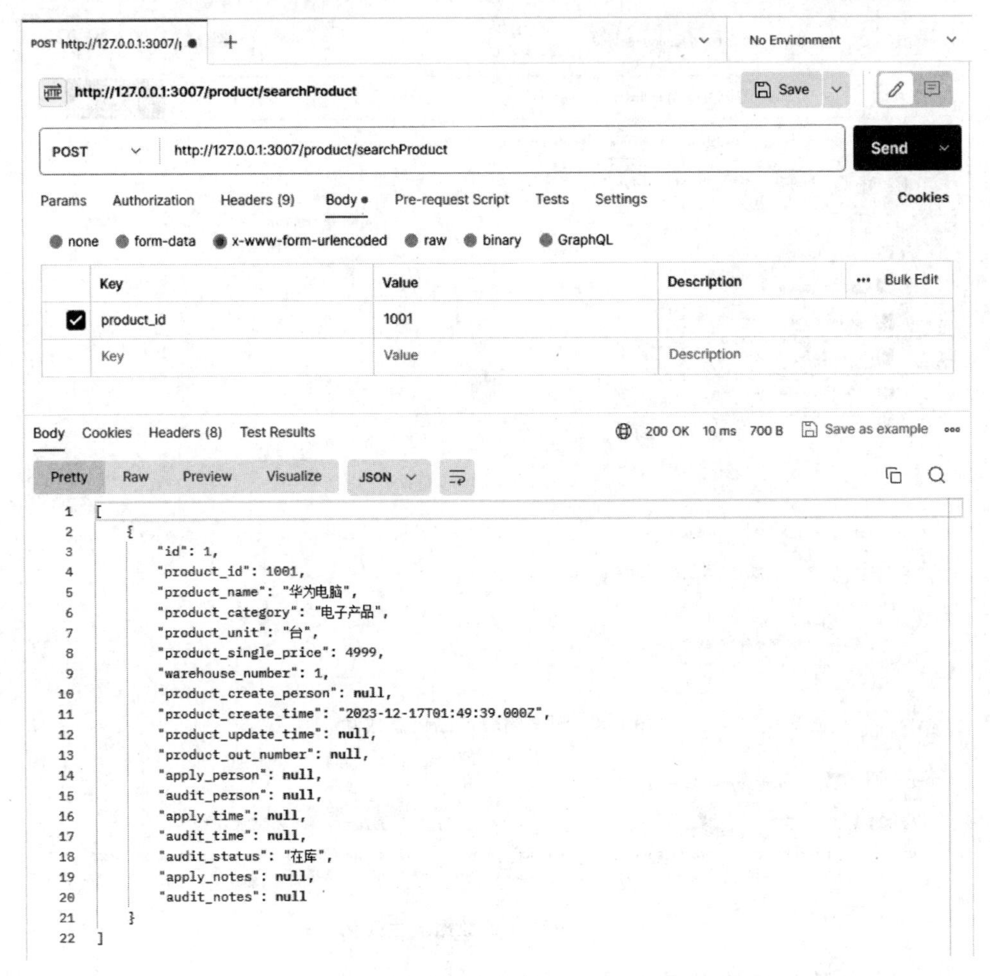

图 6-10　测试通过产品 id 搜索产品成功

4. 删除产品

新建一个名为 deleteProduct 的路由处理程序，使用 delete 语句结合数据表的 id 删除产品。在删除产品时需要判断该产品的库存是否已经为 0，当库存不为 0 时不能执行删除操作，主要在前端根据该条记录的库存值设定删除按钮是否可单击，代码如下：

```
//删除产品
exports.deleteProduct = (req, res) => {
    const sql = 'delete from product where id = ?'
    db.query(sql, req.body.id, (err, result) => {
        if (err) return res.ce(err)
        res.send({
            status: 0,
            message: '删除产品成功'
```

```
            })
        })
    }

    //router/product.js
    router.post('/deleteProduct', productHandler.deleteProduct)        //删除产品
```

打开 Postman 测试接口，可看到“删除产品成功”字样，说明接口测试成功，此时数据表已没有数据了，如图 6-11 所示。

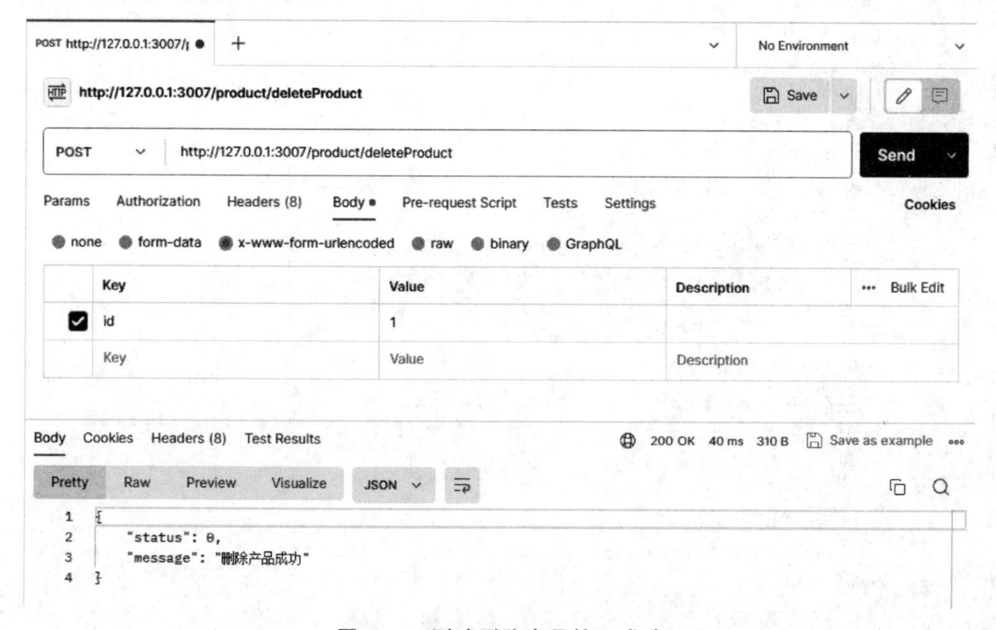

图 6-11　测试删除产品接口成功

6.3.3　锁好库门

本节将实现出库申请、获取申请列表、审核、撤回申请及再次申请功能，如图 6-12 所示。

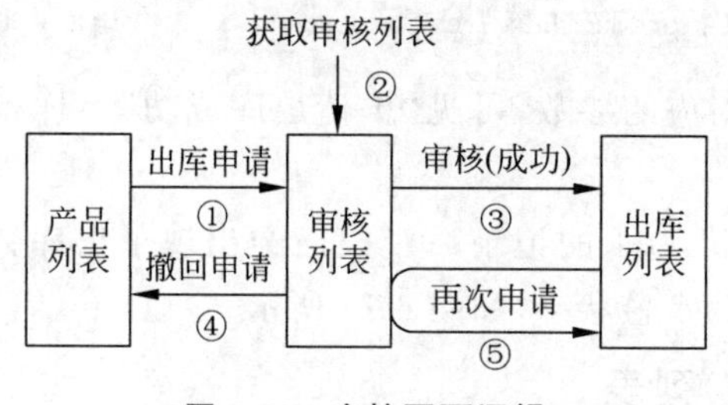

图 6-12　审核页面逻辑

1. 出库申请

因为是在同一条记录上操作，所以出库申请只需传递数据表 id、出库数量、申请人、出库

备注，同时生成申请出库时间，并更新产品状态。新建一个名为 Outbound(出库)的路由处理程序，使用 update 语句更新对应的字段值。在真实开发的情况下，此阶段还应考虑出库价格并计算利润，以及出库目的地等，这里简化了程序，代码如下：

```
//出库申请
exports.Outbound = (req, res) => {
    const audit_status = '审核'
    const {
        id,
        product_out_number,
        apply_person,
        apply_notes,
    } = req.body
    const apply_time = new Date()
    const sql =
        'update product set audit_status = ?,
         product_out_number = ?,apply_person = ?,
         apply_notes = ?,apply_time = ? where id = ?'
    db.query(sql, [
        audit_status,
        product_out_number,
        apply_person,
        apply_notes,
        apply_time,
        id
    ], (err, result) => {
        if (err) return res.ce(err)
        res.send({
            status: 0,
            message: '申请出库成功'
        })
    })
}

//router/product.js
router.post('/Outbound', productHandler.Outbound)        //出库申请
```

打开 Postman，输入对应的参数，可见“申请出库成功”字样，说明测试成功，如图 6-13 所示。

打开数据表，可看到 id 为 1 的记录后半段已经出现了出库数量、申请人、申请时间的值，同时状态也已被更改为审核状态，如图 6-14 所示。

2. 获取申请(审核)列表

申请(审核)列表包括处于审核状态和审核不通过状态的数据，审核不通过的产品可再次进行申请。新建一个名为 getApplyList 的路由处理程序，使用 select 语句通过 audit_status 的两种状态作为条件，并结合分页操作进行实现，代码如下：

图 6-13　测试产品申请出库成功

product_out_number	apply_person	audit_person	apply_time	audit_time	audit_status
1	李四	(Null)	2023-12-17 13:4!	(Null)	审核

图 6-14　产品进入审核阶段

```
//获取审核列表
exports.getApplyList = (req, res) => {
    const number = (req.body.pager - 1) * 10
    //同一字段两种不同状态共存,使用 or 关键字
    const sql = 'select * from product
         where audit_status = '审核' or audit_status = '不通过'
         order by apply_time limit 10 offset ${number}'
    db.query(sql, (err, result) => {
        if (err) return res.ce(err)
        res.send(result)
    })
}

//router/product.js
router.post('/getApplyList', productHandler.getApplyList)      //获取审核列表
```

在三种状态选两种状态的条件下，还可使用 not in 关键字，变为排除状态而不是选择对应的状态，在上述代码中，需要排除在库的情况，代码如下：

```
const sql = 'select * from product
        where audit_status not in ('在库')
        order by apply_time limit 10 offset ${number}'
```

在 Postman 传入页码 pager 进行测试，返回了处于审核状态的数组对象，说明测试成功，如图 6-15 所示。

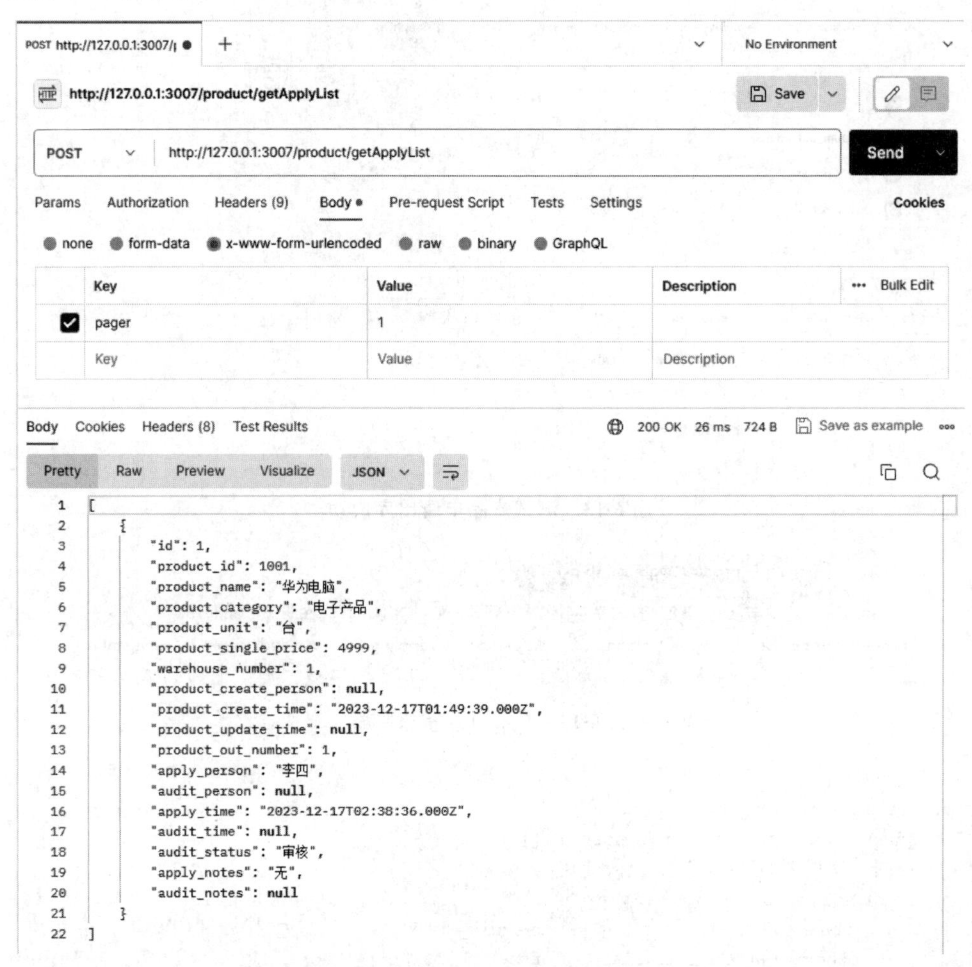

图 6-15　返回审核或不通过的数据

3. 审核

审核分为两种情况，一种是审核通过，此时需要把产品表内相应的产品信息和出库信息复制到出库数据表中，同时将 audit_status 更新为在库状态，并清除产品表的出库信息；另一种是审核不通过，此时只需将产品的 audit_status 更改为不通过。新建一个 audit 的路由处理程序，用 if 语句判断两种不同的情况，添加审核人和审核时间信息，并使用不同的 SQL 语句执行两种情况下的逻辑。整体的逻辑代码如下：

```
//产品审核
exports.audit = (req, res) => {
    const {
        audit_status,
        id,
        product_id,
        product_name,
        product_unit,
        warehouse_number,
        product_out_number,
        product_single_price,
        audit_person,
        apply_person,
        apply_time,
        audit_notes,
    } = req.body
    const audit_time = new Date()
    //当审核不通过时,修改状态及审核信息
    if (audit_status == "不通过") {
        const sql = 'update product set
                            audit_status = '不通过',audit_person = ?,
                            audit_time = ?,audit_notes = ?,
                            apply_time = ?
                            where id = ${id}'
        db.query(sql,[audit_person,audit_time,
                          audit_notes,apply_time],
          (err, result) => {
            if (err) return res.ce(err)
            res.send({
                status: 0,
                message: '审核不通过'
            })
        })
    }else{
        //当审核通过时,将出库信息新增至出库表
        const sql = 'insert into out_product set ?'
        db.query(sql, {
            product_id,
            product_name,
            product_unit,
            product_out_number,
            product_single_price,
            audit_person,
            apply_person,
            apply_time,
            audit_time
        }, (err, result) => {
            if (err) return res.ce(err)
            //库存 = 原库存 - 出库数量
            const newNumber = warehouse_number - product_out_number
            //将产品出库信息置为 null
            const sql1 =
                'update product set warehouse_number = ${newNumber},
```

```
                audit_status = '在库',
                product_out_number = null,apply_person = null,
                apply_notes = null,apply_time = null,
                audit_person = null,audit_time = null,
                audit_notes = null
                where id = ${id}'
            db.query(sql1, (err, result) => {
                if (err) return res.ce(err)
                res.send({
                    status: 0,
                    message: '产品出库成功'
                })
            })
        })
    }
}

//router/product.js
router.post('/audit', productHandler.audit)     //产品审核
```

首先在 Postman 测试审核不通过的情况，传入 req.body 所需参数后，将 audit_status 的值设置为不通过，如果反馈“审核不通过”，则说明审核不通过逻辑测试成功，如图 6-16 所示。

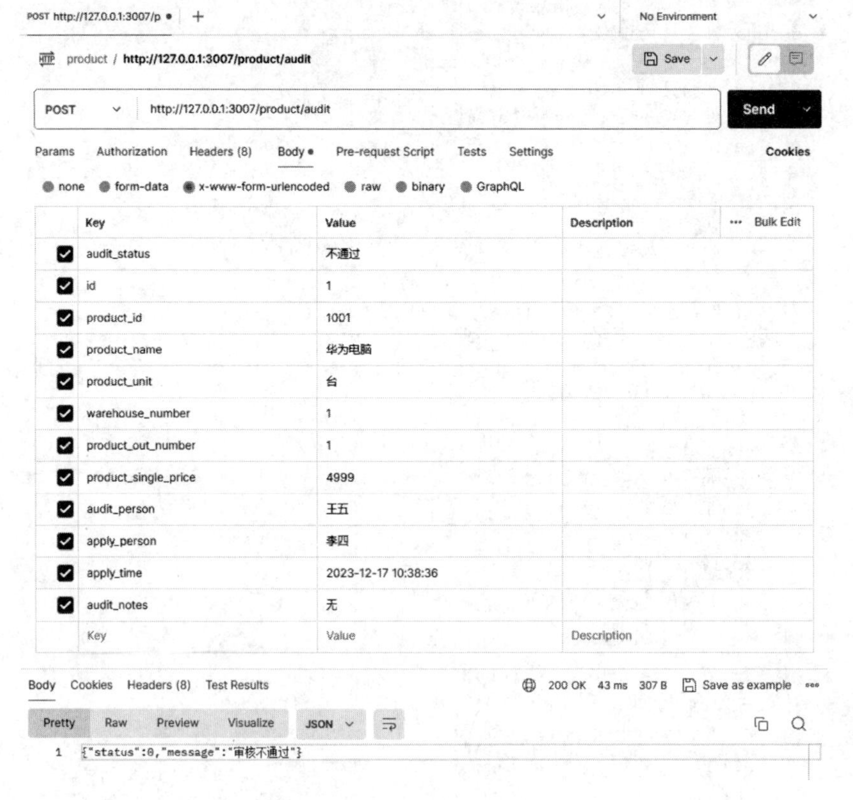

图 6-16　测试审核不通过成功

回到 product 数据表，可看到产品的状态已被修改为不通过，并新增了审核人及审核时间，如图 6-17 所示。

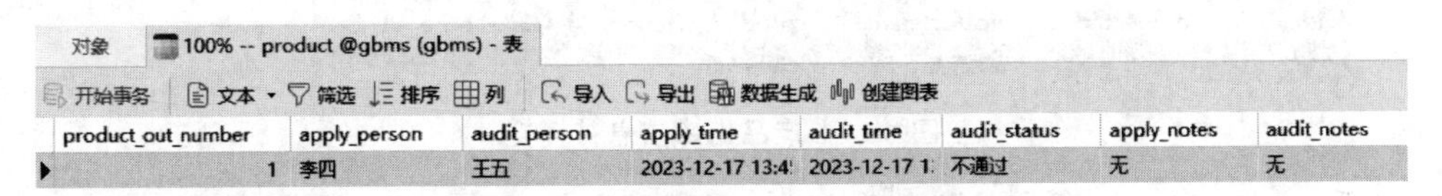

图 6-17 数据表状态变为不通过

把 audit_status 修改为通过，当然，后端并没有通过字段的判断，但如果通过 if-else 排除了不通过的情况，则为通过。如果测试反馈"审核通过"，则说明产品已出库，如图 6-18 所示。

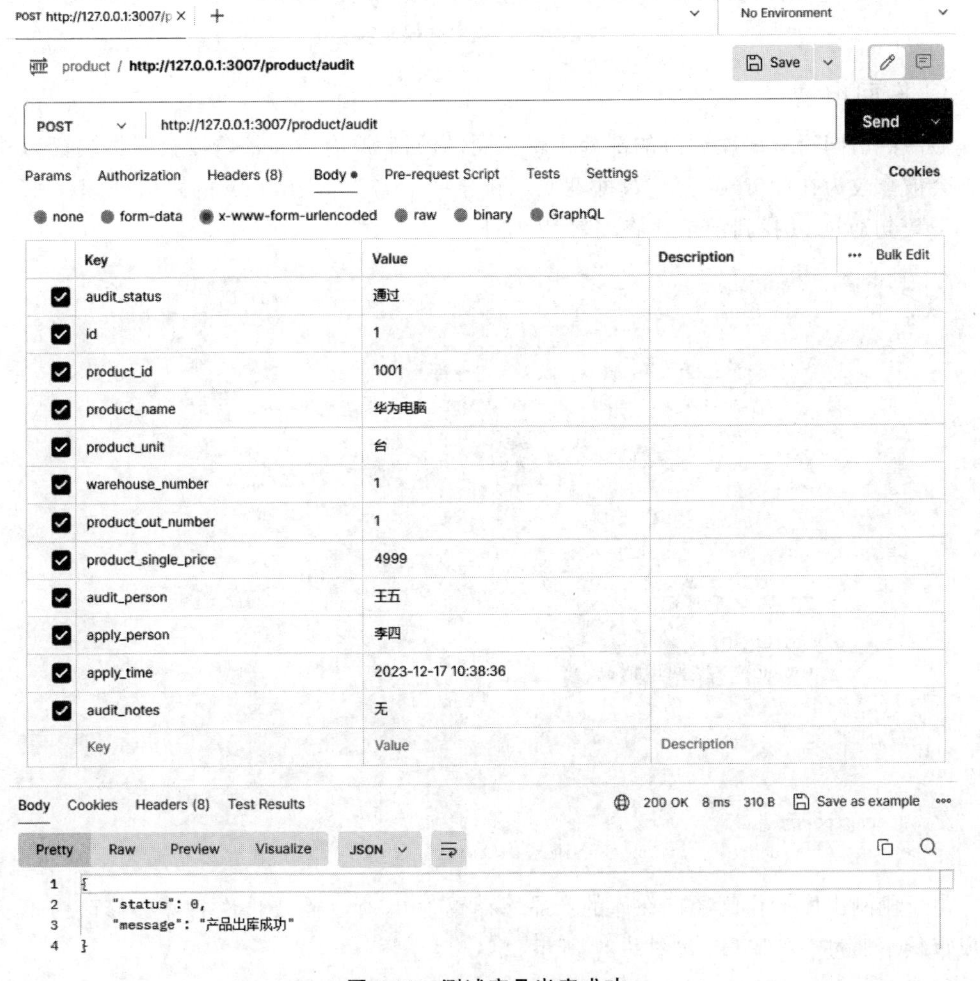

图 6-18 测试产品出库成功

现在打开 product 表，发现该条信息的出库内容已被清空，库存从 1 变为 0，同时状态已更新为在库，如图 6-19 所示。

对象 | product @gbms (gbms) - 表

开始事务 文本 筛选 排序 列 导入 导出 数据生成 创建图表

id	product_id	product_name	product_category	warehouse_number	audit_status
1	1001	华为电脑	电子产品	0	在库

图 6-19 产品出库信息被清空

打开 out_product 表,可以发现新增了一条出库记录,如图 6-20 所示。

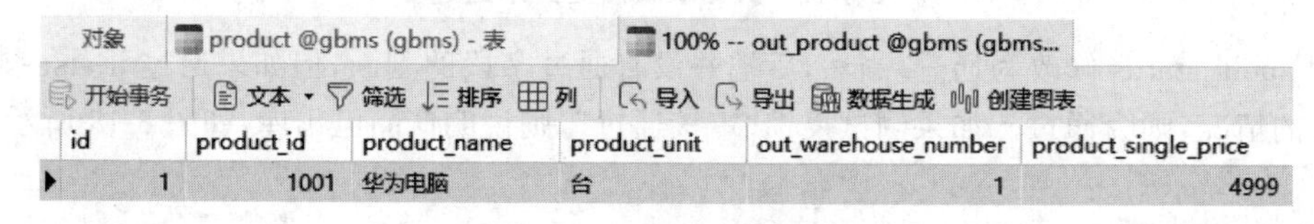

对象 | product @gbms (gbms) - 表 | 100% -- out_product @gbms (gbms...

开始事务 文本 筛选 排序 列 导入 导出 数据生成 创建图表

id	product_id	product_name	product_unit	out_warehouse_number	product_single_price
1	1001	华为电脑	台	1	4999

图 6-20 出库表新增数据

4. 撤回申请

撤回申请同审核出库通过的部分逻辑相同,撤回后原有的审核阶段数据将被置为 null,状态会被修改为在库,产品原有数据不变。新建一个名为 withdraw 的路由处理程序,使用 update 语句通过 id 找到记录并修改,代码如下:

```
//撤回申请
exports.withdraw = (req, res) => {
    const sql =
        'update product set audit_status = '在库',
                 product_out_number = null,apply_person = null,
                 apply_notes = null,apply_time = null,
                 audit_person = null,audit_time = null,
                 audit_notes = null
                 where id = ${req.body.id}'
    db.query(sql, (err, result) => {
        if (err) return res.ce(err)
        res.send({
            status: 0,
            message: '撤回申请成功'
        })
    })
}

//router/product.js
router.post('/withdraw', productHandler.withdraw)      //撤回申请
```

由于刚刚出库操作已经把在库的产品库存置为 0,所以需要再次将库存修改为 1,并恢复成审核不通过后的阶段,如图 6-21 所示。

打开 Postman 测试撤回申请,输入 id 即可,如图 6-22 所示。

打开 product 数据表,可看到审核阶段的出库信息已经被置为 null 了,并且状态已变为在库,如图 6-23 所示。

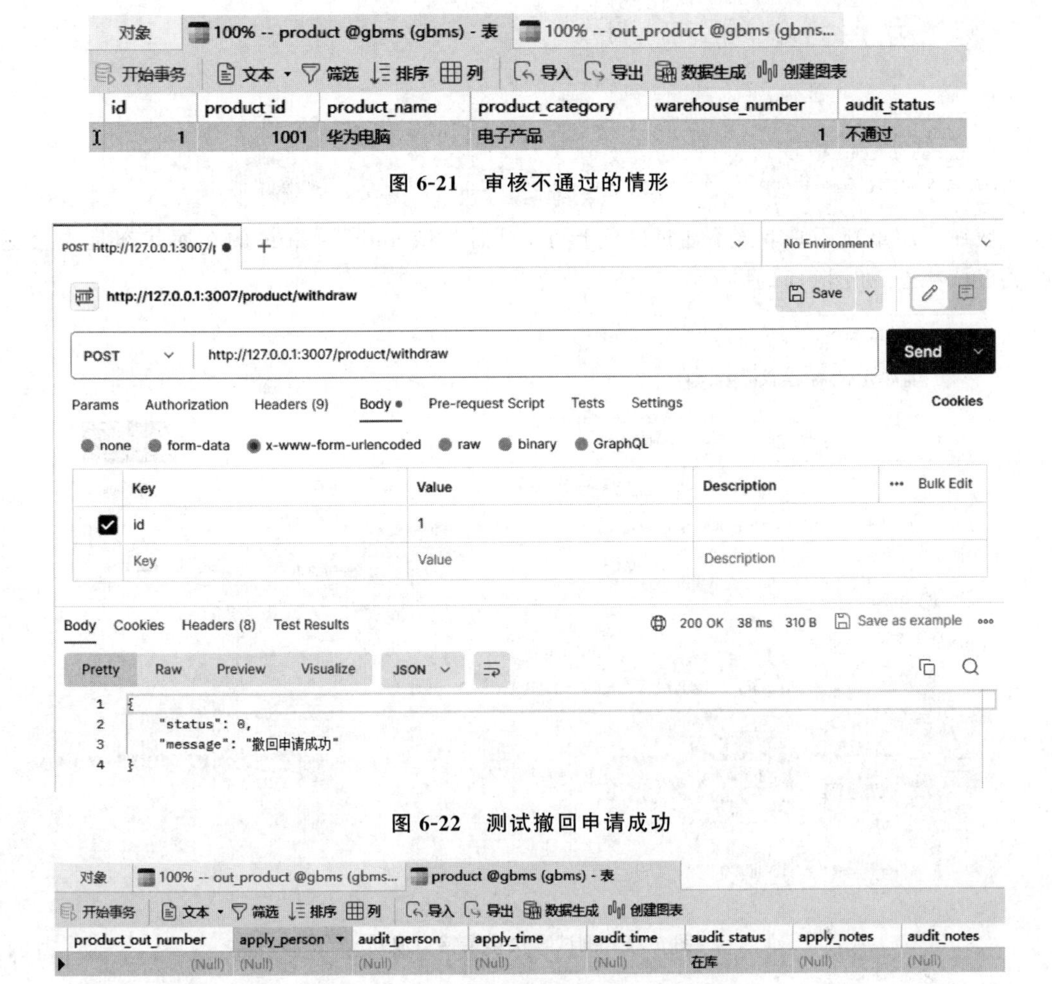

图 6-21　审核不通过的情形

图 6-22　测试撤回申请成功

图 6-23　撤回申请后出库信息为空

5. 再次申请

再次申请比较简单，只需将 audit_status 的不通过状态修改为审核状态。新建一个名为 againApply 的路由处理程序，使用 update 语句结合 id 更新状态字段值，代码如下：

```
//再次申请
exports.againApply = (req, res) => {
    const sql =
        'update product set audit_status = '审核'
         where id = ${req.body.id}'
    db.query(sql, (err, result) => {
        if (err) return res.ce(err)
        res.send({
            status: 0,
            message: '再次申请成功'
```

```
        })
    })
}

//router/product.js
router.post('/againApply', productHandler.againApply)        //再次申请
```

现在不用重新还原审核不通过的情形了，只需测试 audit_status 的在库状态是否会更改成审核状态，如图 6-24 所示。

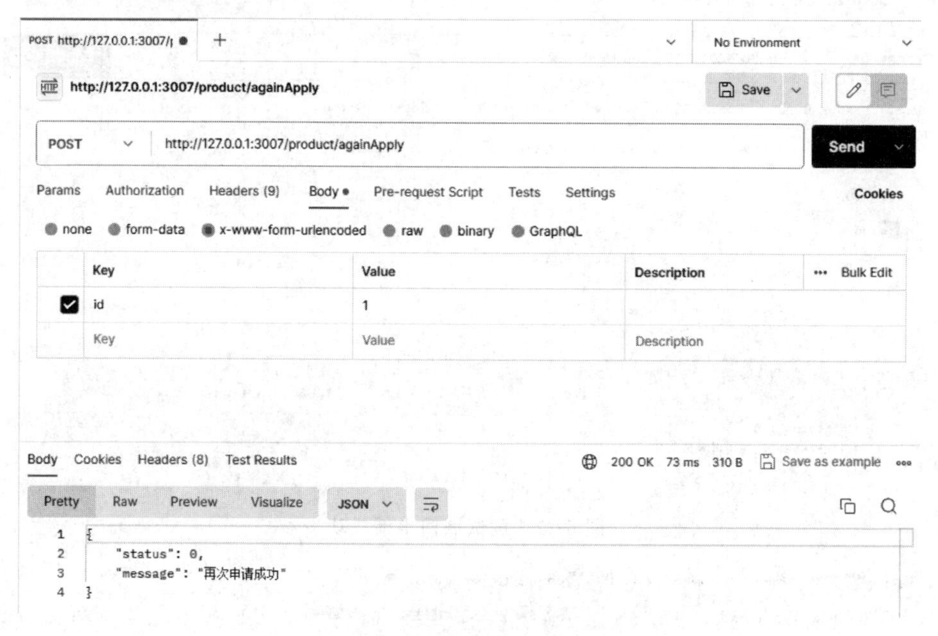

图 6-24　测试再次申请接口成功

打开 product 数据表，可看到在库状态已被修改为审核状态了，如图 6-25 所示。

product_out_number	apply_person	audit_person	apply_time	audit_time	audit_status	apply_notes	audit_notes
(Null)	(Null)	(Null)	(Null)	(Null)	审核	(Null)	(Null)

图 6-25　状态由在库变为审核

6.3.4　获得宝物

5min

当产品审核通过后，产品出库数据就被转移到了出库数据表。在前端出库列表页面主要包括 3 个功能，分别是获取出库列表、通过产品 id 搜索该产品的近期出库数据、清空出库数据列表。

1. 获取出库列表

新建一个名为 getOutboundList 的路由处理程序，直接使用 select 语句获取全部数据即可，这里需要注意的是 order by 关键字要使用审核时间进行排序，代码如下：

```
//出库产品列表
exports.getOutboundList = (req, res) => {
    const number = (req.body.pager - 1) * 10
    const sql = 'select * from out_product
            order by audit_time limit 10 offset ${number}'
    db.query(sql, (err, result) => {
        if (err) return res.ce(err)
        res.send(result)
    })
}

//router/product.js
//出库产品列表
router.post('/getOutboundList', productHandler.getOutboundList)
```

在 Postman 传入 pager 参数，响应数据会返回已出库的内容，如图 6-26 所示。

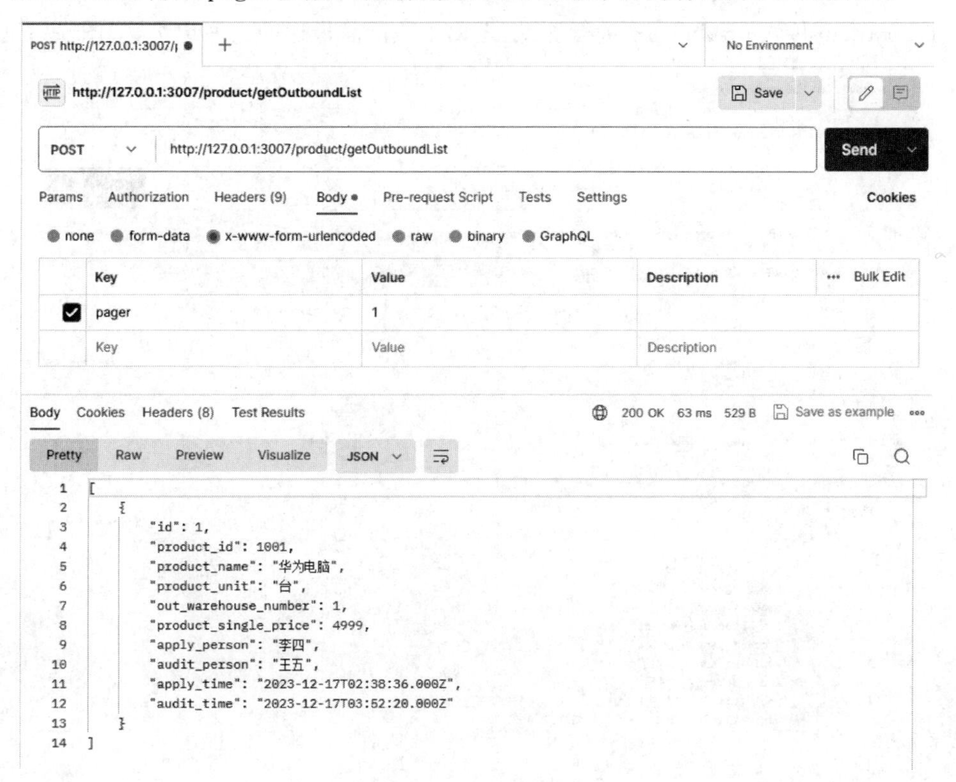

图 6-26　返回出库列表

2. 搜索出库数据

搜索出库数据与搜索产品逻辑大致相同，但不需要判断状态。新建一个名为 searchOutbound 的路由处理程序，使用 select 语句通过 product_id 字段搜索，搜查产品返回的结果只有一个，但某个产品的出库记录可能有许多条，所以可以限制只返回最近的 10

条数据，代码如下：

```
//搜索出库数据
exports.searchOutbound = (req, res) => {
    const sql = 'select * from out_product
                       where product_id = ?
                       order by audit_time limit 10'
    db.query(sql, req.body.product_id,(err, result) => {
        if (err) return res.ce(err)
        res.send(result)
    })
}

//router/product.js
//搜索出库数据
router.post('/searchOutbound', productHandler.searchOutbound)
```

在 Postman 传入 product_id 进行测试，返回了该产品最近的出库记录，如图 6-27 所示。

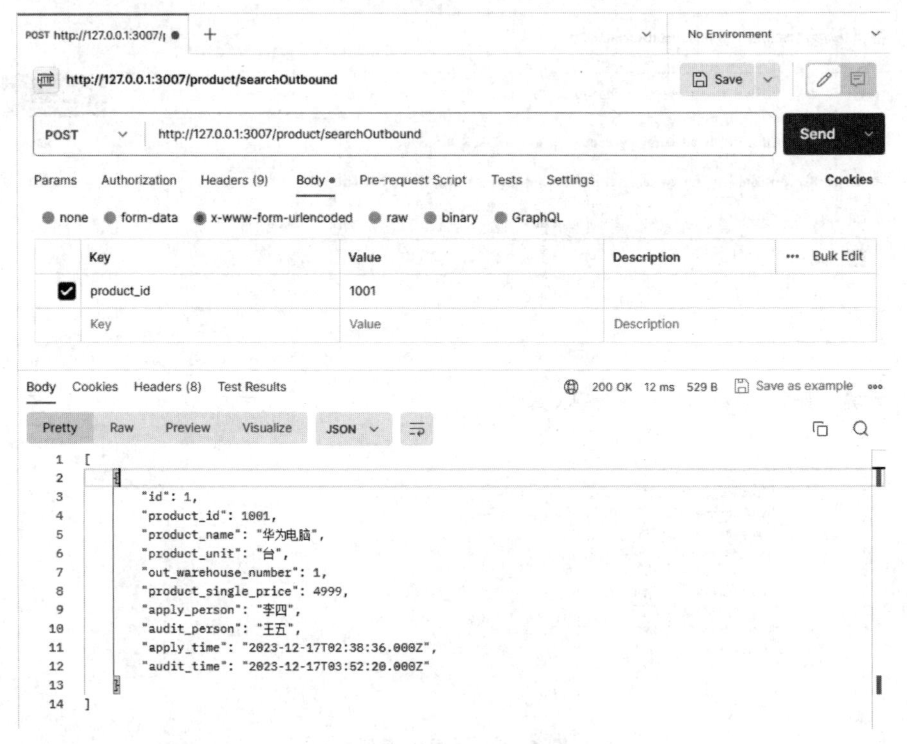

图 6-27 测试搜索出库数据成功

3. 清空出库数据列表

当数据过多时，或者当数据库已满需要进行备份时，可能需要清空出库数据列表，这是一个需要超级管理员才能执行的操作，并且具有较高风险。新建一个名为 cleanOutbound 的路由处理程序，使用 truncate 关键字清空整个出库数据列表，代码如下：

```
//清空出库数据列表
exports.cleanOutbound = (req,res) =>{
    const sql = 'truncate table out_product'
    db.query(sql,(err,result) =>{
        if (err) return res.ce(err)
        res.send({
            status:0,
            message:'出库数据列表清空成功'
        })
    })
}

//router/product.js
router.post('/cleanOutbound', productHandler.cleanOutbound)        //清空出库列表
```

在 Postman 进行测试，无须传入参数，单击 Send 按钮返回响应数据“出库数据列表清空成功”，此时数据库的数据就完全消失了，如图 6-28 所示。

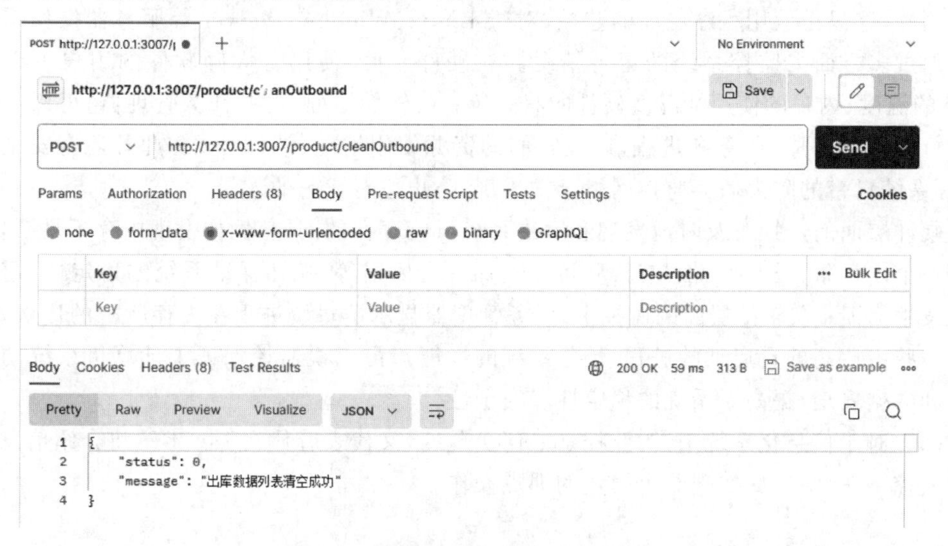

图 6-28　测试清空出库数据列表成功

此时打开 out_product 数据表，如图 6-29 所示。

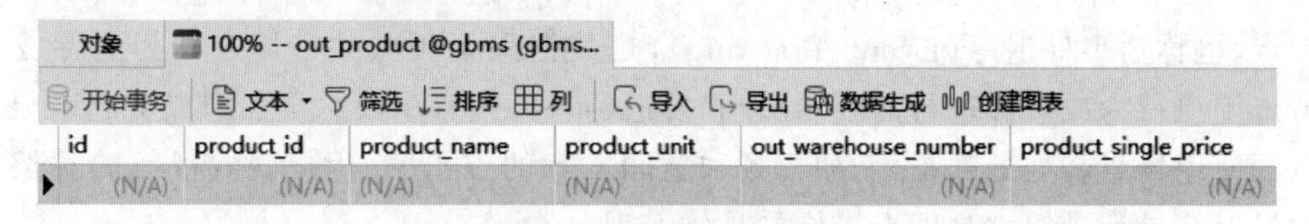

图 6-29　出库数据列表已清空

需要注意的是，使用 truncate 关键字删除数据列表是一个不可逆的操作，主要用于各种记录表的清空，在使用这个关键字之前，一定要先备份必要的数据。除此之外，项目的开发手册也应严格控制使用该关键字或监控其使用频率。

第 7 章

CHAPTER 7

给系统装个监控

对于计算机用户来讲，杀毒软件并不罕见，杀毒软件会时不时地弹出更新补丁的弹窗让用户打补丁及修复漏洞，也会弹出垃圾过多和系统需要清理的提示，这说明杀毒软件在无时无刻地监控计算机的运行情况。

当然，这只是应用程序层面的监控，对于 Linux、Windows Server 等服务器操作系统来讲会通过多方面去监控系统的运行情况。在硬件层面，使用鲁大师软件的用户可以看到 CPU 的温度、内存的使用情况及硬件的状态等；在软件层面，打开任务管理器，可以看到正在运行的应用程序、服务和进程，以及它们的资源使用情况、端口号等；此外还有安全性的监控，系统自带的防火墙会监控网络异常流量，防止恶意代码的入侵。

硬件层面的监控可及时地发现和解决系统可能存在的问题，例如发现内存不足了，可以加多一个内存条，或 CPU 散热过高，可以多加一个风扇等，从而保证系统的稳定性，避免了系统发生崩溃；在软件层面的监控中，任务管理器显示了每个进程在内存所占的比例，可以关闭一些占比高的自启动的进程，优化系统的性能。可以说监控保证了计算机系统的正常运行和数据安全，提高了系统的稳定性和安全性。

那么对于信息化系统来讲，监控是如何实现的，又代表着什么呢？本章将介绍信息化系统的监控——埋点，并实现 3 个模块的埋点操作。

7.1 什么是埋点

1min

埋点，也称为事件追踪(Event Tracking)，是数据采集领域关于用户行为的专业术语，是对特定用户行为或事件进行捕获、处理和发送的一种技术手段。虽然埋点听起来很专业，但埋点的使用场景却处处都是，例如视频和新闻文章的点击率、用户观看视频的时长记录、软件的最近登录记录等都是埋点操作的具体实现。

简单来讲，埋点通过关联某种事件去监听用户在 App、网站的行为，如关联 JavaScript 的 onClick 单击事件，用户单击某个内容后会触发某个接口，数据库就会记录该内容被单击了多少次。现在各种视频平台流行的推送视频也是埋点的一种实现方式，每个视频都有对应的标签，假设某个关于西游记的视频标签是古代、名著、电视剧，那么当用户停留在该视频的时间达到了后端设计的某个时长，就会向后端自动发送该视频绑定的标签和用户 ID，数据表关于该用户的行为爱好字段就会添加上古代、名著、电视剧的值，系统就会通过该值定向地推送涉及西游记、古代、名著、电视剧的视频给该用户，达到用户会长时间停留在该视频平台的目的，达到平台实时在线人数保持高增长的目的，如图 7-1 所示。

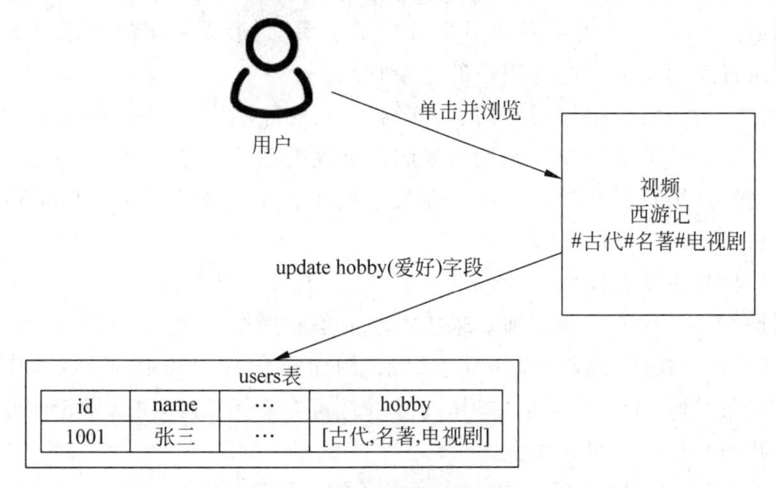

图 7-1 埋点操作示意图

埋点的技术原理，就是监听软件应用在运行的过程中的事件，在事件发生时进行判断和捕获。埋点一般分为三类，分别是单击事件、曝光事件、页面事件。单击事件对应用户的单击行为，每单击一次就记录一次；曝光事件指的是统计应用内的某些局部区域是否被用户有效浏览，一般用于广告，例如页面左下角有个绝对定位的小广告，后台就统计某个时间段有多少用户会单击此广告，从而追踪广告的有效程度；页面事件主要记录用户访问的页面和时长，现在很多购物软件会采取页面事件，例如让用户单击某个商家页面浏览 60s，就可以领取金币等，或者用户玩小游戏多少秒就可以获得贡献值等。

了解了埋点的原理，那么埋点采集的数据能用来干什么呢？最主要的场景就是埋点可以分析用户的喜好行为，如上述所讲的视频推送，提高用户的使用体验和对平台的使用率，同时平台也可根据埋点实时收集的信息调整主要推送内容；在一些销售平台会通过记录用户的访问 IP 分析全国区域内访问内容最多的省份区域，平台可以根据得到的数据把业务放到重点的省份等；对于信息化系统，埋点可对敏感的用户行为进行记录，达到溯源的效果，例如某个管理员手误删除了某个用户账号，当用户发现自己的账号没了时，系统内保存的信息也消失了，此种情况就可以通过操作日志回溯找出原因。

综合来看，通过埋点采集的数据可以形成不同的用户行为模型，对于企业信息化和数字化改革具有十分重要的意义。

7.2 设计并实现埋点

在设计埋点时，首先需要考虑哪些数据是值得采集的，哪些数据能够给系统带来监控作

用。埋点设计时应把劲用在刀刃上,减少无效的数据采集。

在本书项目的注册与登录模块中,读者可以试着通过埋点获取某段时间注册的用户数量并统计某段时间登录系统的用户数量,例如10月份注册1000人,然后统计11月份的登录人数,通过这两项数据可以得到一个大致的黏性用户数据。此外,登录的信息也是值得记录的数据,例如账号123456在某年某月某日登录了系统,形成系统的登录日志。在本书项目中,设计登录日志用于记录所有用户的登录时间。

在用户模块中,涉及了编辑用户信息、冻结用户、删除用户的敏感操作,对比冻结用户与删除用户,可以发现这两个操作带来的后果的严重性是不同的,所以可以对操作添加等级标记,如低级、中级、高级,例如账号123456在某年某月某日删除了账号为1234567的用户,操作等级为高级。

在产品模块中,主要的操作行为包括入库产品、编辑产品信息、产品申请出库及审核出库,可以根据操作的过程进一步将埋点采集对象抽象成操作者、操作对象、操作内容、操作时间、操作状态(可选)、操作等级的操作日志记录,例如账号123456的张三(操作者),对华为计算机(操作对象)进行了出库申请(操作内容),时间为某年某月某日(操作时间),审核状态为通过(操作状态),操作等级为中级。

根据对3个模块的分析,可得到login_log(登录日志)表和operation_log(操作日志)表,登录日志的字段分析如下。

(1) id:数据表自增id,类型为int,长度默认为11。

(2) account:账号,用于唯一标识登录用户,类型为int,长度默认为11。

(3) name:昵称,类型为varchar,长度默认为255。

(4) email:邮箱,用于联系登录用户,类型为varchar,长度默认为255。

(5) login_time:登录时间,类型为datetime,长度默认为0。

在新建登录日志数据表时的字段设计如图7-2所示。

保存 添加字段 插入字段 删除字段 主键 上移 下移

字段 索引 外键 触发器 选项 注释 SQL预览

名	类型	长度	小数点	不是null	虚拟	键
id	int	11		☑	☐	1
account	int	11		☐	☐	
name	varchar	255		☐	☐	
email	varchar	255		☐	☐	
login_time	datetime			☐	☐	

图7-2 设计登录日志数据表

操作日志的字段分析如下。

(1) id:数据表自增id,类型为int,长度默认为11。

(2) account:账号,用于唯一标识登录用户,类型为int,长度默认为11。

(3) name:昵称,类型为varchar,长度默认为255。

(4) content:操作内容,类型为varchar,长度默认为255。

(5) time：操作时间，类型为 datetime，长度默认为 0。

(6) status：操作状态，类型为 varchar，长度默认为 255。

(7) level：操作等级，类型为 varchar，长度默认为 255。

在新建操作日志数据表时的字段设计如图 7-3 所示。

保存 添加字段 插入字段 删除字段 主键 上移 下移

字段 索引 外键 触发器 选项 注释 SQL 预览

名	类型	长度	小数点	不是 null	虚拟	键
id	int	11		☑	☐	1
account	int	11		☐	☐	
name	varchar	255		☐	☐	
content	varchar	255		☐	☐	
time	datetime			☐	☐	
status	varchar	255		☐	☐	
level	varchar	255		☐	☐	

图 7-3 设计操作日志表

7.2.1 登录模块埋点

经过了用户模块和产品模块的练习，想必读者对写接口之前的步骤都比较熟悉了。首先需新建用于存放接口的路由文件，在 router 目录下新建名为 login_log 的 JavaScript 文件，其次新建一个存放路由处理程序的文件，在 router_handler 目录下新建与路由文件同名的 JavaScript 文件。

9min

在 router/login_log. js 文件中导入 Express. js 框架及其路由、导入路由处理程序模块，最后向外暴露路由，代码如下：

```
//登录日志模块
const express = require('express')
const router = express.Router()
//导入登录日志路由处理模块
const loginLogHandler = require('../router_handler/login_log.js')

module.exports = router
```

在 router_handler/login. log. js 文件中导入 db，代码如下：

```
const db = require('../db/index')        //导入数据库操作模块
```

在入口文件 app. js 中挂载路由模块，使用 log 作为前缀，代码如下：

```
//app.js
const loginLogRouter = require('./router/login_log.js')
app.use('/log', loginLogRouter)
```

1. 记录登录信息

经过前面的分析，已知记录登录需要传入用户的账号、昵称及联系方式，登录日期由服务器端生成，参数不多。新建一个名为 loginLog 的路由处理程序，使用 insert 语句往 login_log 数据表插入字段值，代码如下：

```
//登录记录
exports.loginLog = (req,res) =>{
    const {account,name,email} = req.body
    const login_time = new Date()
    const sql = 'insert into login_log set ?'
    db.query(sql,{account,name,email,login_time},(err,result) =>{
        if (err) return res.ce(err)
        res.send({
            status:0,
            message:'记录登录信息成功'
        })
    })
}

//router/login_log.js
router.post('/loginLog', loginLogHandler.loginLog)      //登录记录
```

打开 Postman 测试 loginLog 接口，如果输入账号、昵称、邮箱后返回"记录登录信息成功"的响应信息，则说明接口测试成功，如图 7-4 所示。

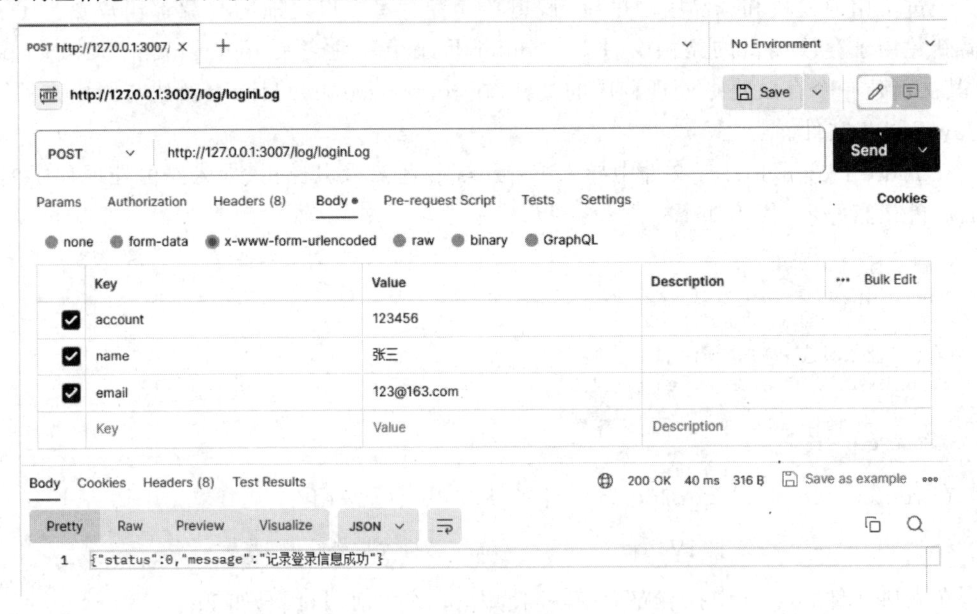

图 7-4　测试登录记录接口成功

打开 login_log 数据表，可以发现已经插入了一条用户登录记录，如图 7-5 所示。

2. 返回登录日志

新建一个名为 getLoginLogList 的路由处理程序，结合 select 语句和分页获取登录记录表数据。当写多了关于列表的接口后，就可以发现获取列表基本上是和分页相结合的，这样

对象　login_log @gbms (gbms) - 表

开始事务　文本　筛选　排序　列　导入　导出

id	account	name	email	login_time
1	123456	张三	123@163.com	2023-12-18 0(

图 7-5　插入一条登录记录

就可以养成一个设计逻辑的习惯,想到列表就要考虑分页。返回登录日志列表的代码如下:

```
//返回登录日志列表
exports.getLoginLogList = (req,res) =>{
    const number = (req.body.pager - 1) * 10
    const sql = 'select * from login_log
                        order by login_time
                        limit 10 offset ${number}'
    db.query(sql,(err,result) =>{
        if (err) return res.ce(err)
        res.send(result)
    })
}

//router/login_log.js
router.post('/getLoginLogList', loginLogHandler.getLoginLogList)
```

打开 Postman 测试返回登录日志列表接口,如果可以看到返回了刚插入的登录记录,则说明测试成功,如图 7-6 所示。

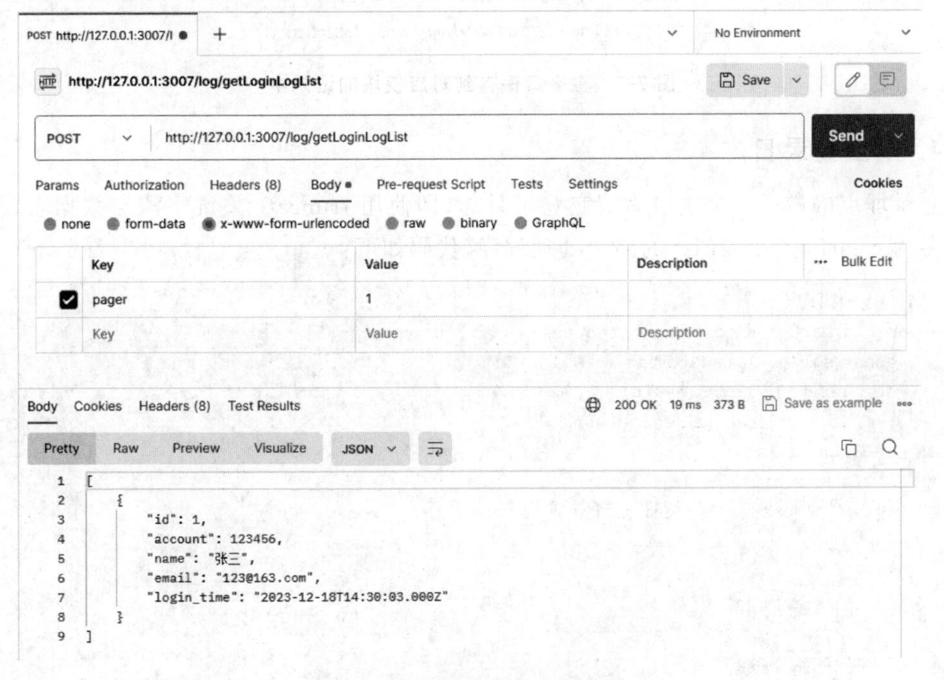

图 7-6　测试获取登录记录成功

3. 搜索用户登录日志

新建一个名为 searchLoginLogList 的路由处理程序，用于管理员搜索指定账号最近 10 条登录记录，代码如下：

```
//搜索最近 10 条登录记录
exports.searchLoginLogList = (req,res) =>{
    const sql = 'select * from login_log
                        where account = ?
                        order by login_time limit 10'
    db.query(sql,req.body.account,(err,result) =>{
        if (err) return res.ce(err)
        res.send(result)
    })
}

//router/login_log.js
router.post('/searchLoginLogList', loginLogHandler.searchLoginLogList)
```

当然，由于目前只有一条记录，所以返回的结果和 getLoginLogList 接口的响应数据一样，故不在 Postman 进行测试，但需要在 Postman 中将该接口的地址添加到 Collections 中，如图 7-7 所示。

login_log
POST http://127.0.0.1:3007/log/loginLog
POST http://127.0.0.1:3007/log/getLoginLogList
POST http://127.0.0.1:3007/log/searchLoginLogList

图 7-7　将接口保存到对应模块的记录中

4. 清空登录日志

登录埋点的最后一个接口为清空登录日志，即使用 truncate 关键字清空数据表。新建一个名为 clearLoginLogList 的路由处理程序，代码如下：

```
//清空登录日志
exports.clearLoginLogList = (req,res) =>{
    const sql = 'truncate table login_log'
    db.query(sql,(err,result) =>{
        if (err) return res.ce(err)
        res.send({
            status:0,
            message:'登录日志清空成功'
        })
    })
}

//router/login_log.js
router.post('/clearLoginLogList', loginLogHandler.clearLoginLogList)
```

打开 Postman 测试清空登录日志接口，如果返回“登录日志清空成功”的响应数据，则意味着此时登录日志的任何数据都已被删除，如图 7-8 所示。

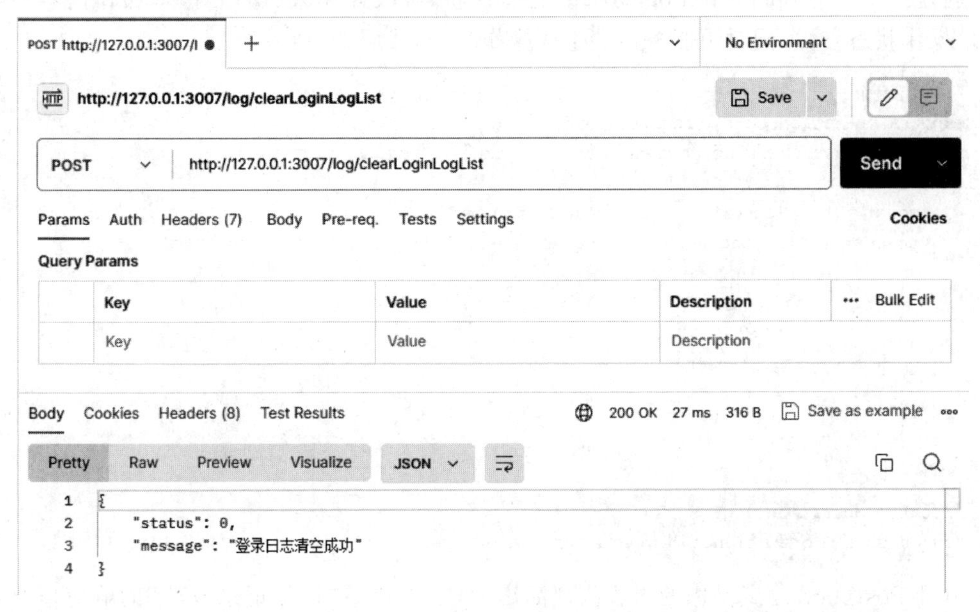

图 7-8 测试清空登录日志成功

7.2.2 用户模块和产品模块埋点

用户模块和产品模块的埋点可以共用接口，原因在于两者的操作都有操作人、操作对象、操作内容及操作等级，唯一不同的是产品审核需要操作状态，可作为可选的形参，如果没有值，则不会影响数据表。

在 router 目录和 router_handler 目录都新建名为 operation_log 的 JavaScript 文件，同之前的逻辑一样，导入必要的模块，并在入口文件挂载路由模块，代码如下：

```
//router/operation_log.js
//操作日志模块
const express = require('express')
const router = express.Router()
//导入操作日志路由处理模块
const operationHandler = require('../router_handler/operation_log.js')

module.exports = router

//router_handler/operation_log.js
const db = require('../db/index.js')

//app.js
const operationRouter = require('./router/operation_log.js')
app.use('/operation', operationRouter)
```

1. 记录操作信息

新建一个名为 operationLog 的路由处理程序，接收操作人、操作对象、操作内容、操作等级、操作状态参数，同时由服务器端生成操作时间，代码如下：

```
//操作记录
exports.operationLog = (req,res) =>{
    const {account,name,content,level,status } = req.body
    const time = new Date()
    const sql = 'insert into operation_log set ?'
    db.query(sql,{account,name,content,level,status,time},(err,result) =>{
        if (err) return res.ce(err)
        res.send({
            status:0,
            message:'操作记录成功'
        })
    })
}

//router/operation_log.js
router.post('/operationLog', operationHandler.operationLog)         //操作记录
```

打开 Postman，测试操作的内容为产品出库，如果返回“操作记录成功”的响应信息，则说明测试成功，如图 7-9 所示。

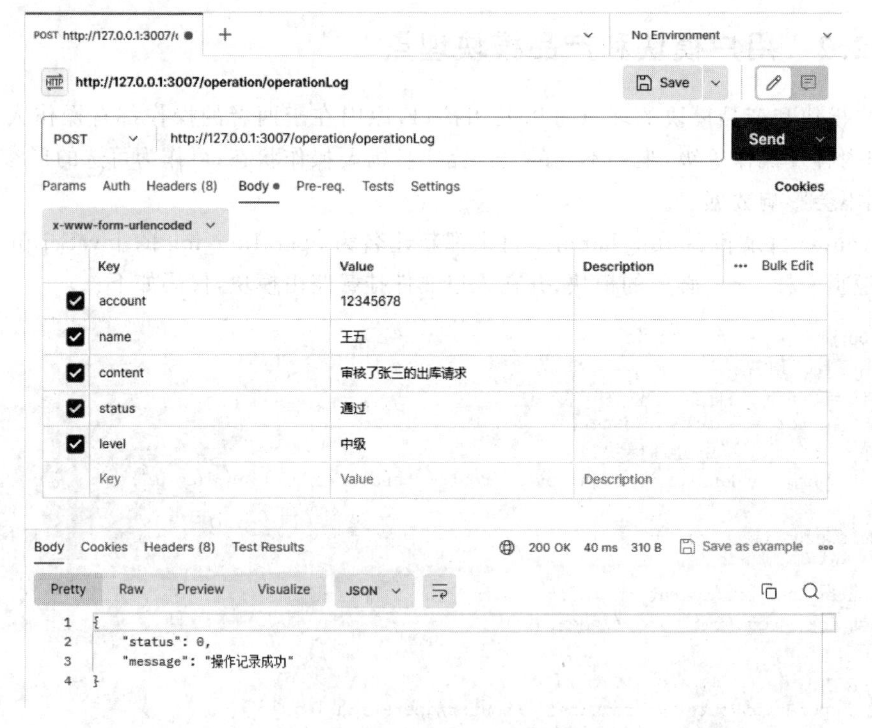

图 7-9 测试记录操作信息成功

打开 operation_log 数据表,可看到已经插入了一条操作记录,如图 7-10 所示。

id	account	name	content	time	status	level
1	12345678	王五	审核了张三的出库请求	2023-12-27 12:02:13	通过	中级

图 7-10 operation_log 插入了一条操作记录

2. 返回操作日志

返回操作日志的逻辑与返回登录日志的逻辑相同,直接将一份返回登录日志的代码复制到操作记录模块,将名字修改为 getOperationLogList,同时将搜索的数据表修改为 operation_log,将 order by 关键字后面的时间修改为 time。由于逻辑相同,所以不再进行接口测试。返回操作日志列表的代码如下:

```
//返回操作日志列表
exports.getOperationLogList = (req,res) =>{
    const number = (req.body.pager - 1) * 10
    const sql = 'select * from operation_log
                        order by time
                        limit 10 offset ${number}'
    db.query(sql,(err,result) =>{
        if (err) return res.ce(err)
        res.send(result)
    })
}

//router/operation_log.js
//返回操作日志
router.post('/getOperationLogList', operationHandler.getOperationLogList)
```

3. 通过指定日期返回操作日志

登录日志一般通过账号返回对应用户的登录信息,而操作一般通过日期定位操作行为,所以可以使用模糊搜索的方式通过指定日期返回操作日志。新建一个名为 searchOperation 的路由处理程序,使用 select 语句结合 like 关键字返回日志内容,需要注意的是,like 关键字在 where 关键字的后面,在 order by 关键字之前。整体的逻辑代码如下:

```
//返回指定日期操作日志
exports.searchOperation = (req, res) => {
    const sql = 'select * from operation_log
                        where time
                        like '%${req.body.time}%'
                        order by time
                        limit 10'
    db.query(sql, (err, result) => {
        if (err) return res.ce(err)
```

```
        res.send(result)
    })
}

//router/operation_log.js
//返回指定日期操作日志
router.post('/searchOperation', operationHandler.searchOperation)
```

打开 Postman 测试该接口，输入 time 参数，返回了当天的操作记录，说明测试成功，如图 7-11 所示。

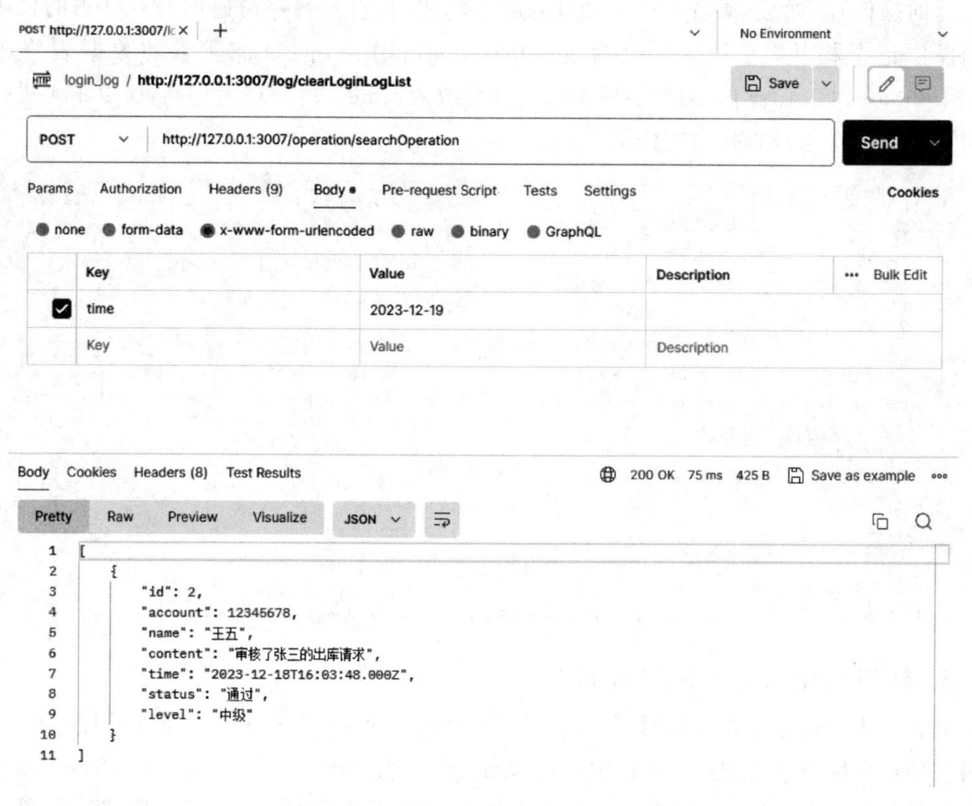

图 7-11　测试返回指定日期记录成功

4. 清空操作日志

清空操作日志的逻辑同清空登录日志的逻辑相同，只需修改接口名和清空的表名，以及相应信息。由于逻辑相同，故不再进行接口测试。清空的逻辑代码如下：

```
//清空操作日志
exports.clearOperationList = (req,res) =>{
    const sql = 'truncate table operation_log'
    db.query(sql,(err,result) =>{
        if (err) return res.ce(err)
```

```
        res.send({
            status:0,
            message:'登录操作清空成功'
        })
    })
}

//router/operation_log.js
//返回指定日期操作日志
router.post('/clearOperationList', operationHandler.clearOperationList)
```

第8章

CHAPTER 8

接口文档

在实际工作的开发过程中，在项目的详细设计阶段会输出一份接口文档，接口文档是对每个接口说明用途的技术文档，会详细描述接口的调用方式、参数、响应数据及其格式和类型等；在一些硬件的开发过程中，接口文档还会包括逻辑特性、功能、性能、互连关系等。开发人员通过接口文档可以了解和明确接口的具体要求和规范，以保证正确地调用和测试接口。

但接口文档却不一定在设计阶段就给出，这往往需要考虑多方面的情况。如果是一个完整的项目团队，即有项目经理、项目总监、UI设计、前后端开发人员、测试和运维等角色，则会在项目初期频繁开会讨论的时候就分析项目的每个功能需求，根据需求的特点、功能特性去分析出传入的参数、返回的响应结果及其格式和类型，并规范每个模块的接口前缀和完整路径，后端开发人员根据得出的数据写具体的实现逻辑，前端也一并开始写页面，并使用Mock.js等工具创建模拟接口实现相关功能，最后只需将伪接口修改为真接口；另外的一种常见情况是项目团队并不完整，在目前降本增效的趋势下，很多公司会让后端开发人员学习前端知识，也就是所谓的全栈开发，那么这样就完全不用接口文档了，属于自己设计接口自己调用；除此之外，如果开发不规范或者由于项目小，则不需要详细设计阶段，通常会让后端先写接口，写完某个模块的接口再输出接口文档，接着前端再调用接口以实现页面具体功能。

总体来讲，接口文档的本质是为了使前后端开发人员的协同工作更方便，是属于先设计再实施的一种文档，就好比建房子总要先画图后施工，但在实际开发中往往会由于团体因素、需求频繁更改而导致接口文档成为一种摆设。由于本项目属于全栈开发练习项目，故而也属于自己设计接口自己调用，也就变成了写完接口再输出接口文档。

在前面章节的开发过程中，已经在Postman收录了5个模块的接口，本章将以注册和登录模块为例，分别使用Postman、Apifox、Express.js的Swagger模块包生成接口文档。

8.1 使用Postman生成接口文档

3min

第1步，打开Postman，在左侧的Collections中找到Login模块，单击模块右侧的“三个点”，即更多的选项，找到View documentation(查看文档)并单击，如图8-1所示。

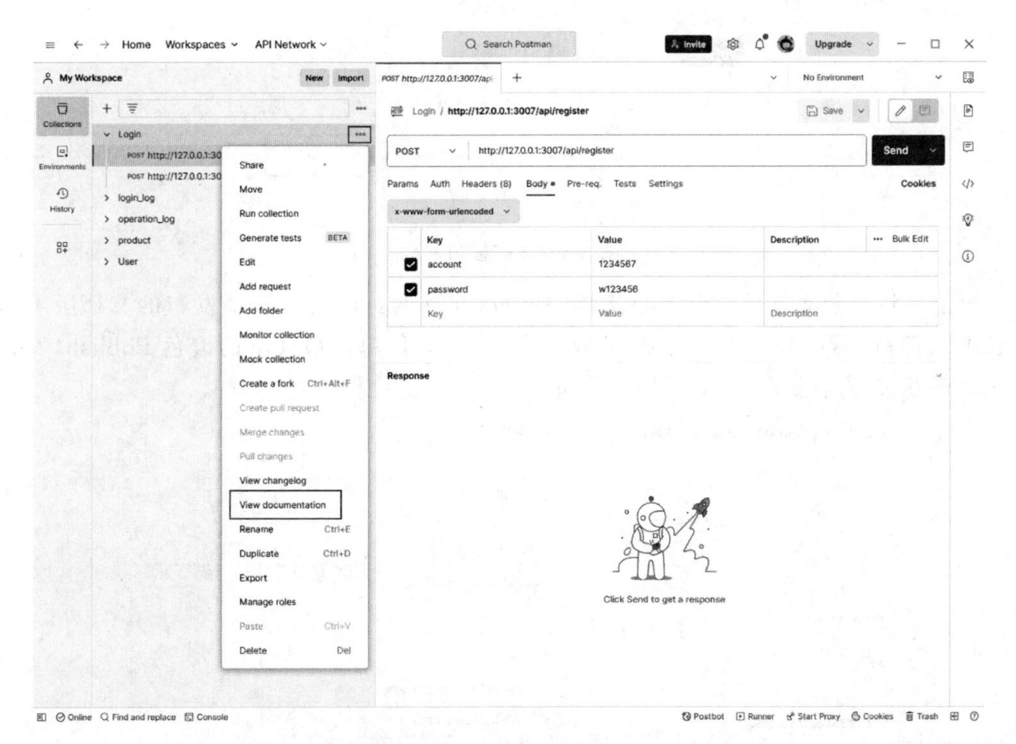

图 8-1　单击 View documentation

单击后就进入了 Login 模块的接口文档，此时文档并没有发布到网络上，只有小组内的人可以看到接口，那么如何往小组内添加组员呢？单击最上方的 Invite（邀请）按钮即可邀请他人进入自己的小组，如图 8-2 所示。

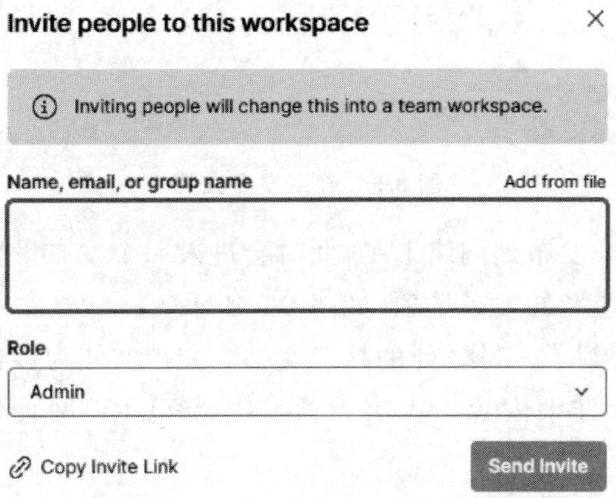

Invite people to this workspace

Inviting people will change this into a team workspace.

Name, email, or group name　　Add from file

Role

Admin

Copy Invite Link　　Send Invite

图 8-2　邀请他人至工作台（小组）

其次就是将接口文档发布到网络上，这样其他人可以通过网址找到该接口文档。单击接口文档右上角的 Publish（发布）按钮进行发布，如图 8-3 所示。

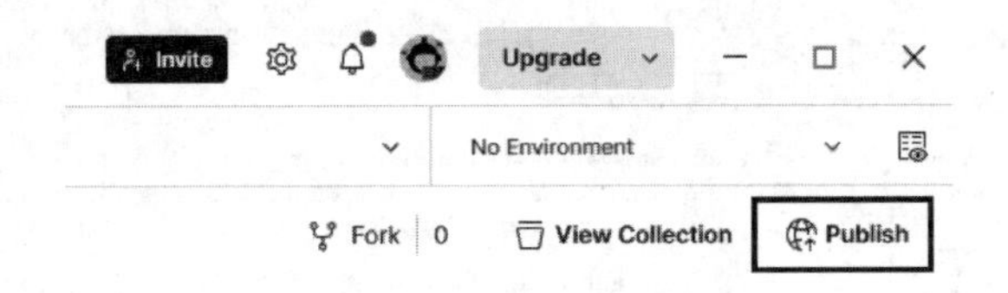

图 8-3　发布接口文档

单击后将会自动打开一个发布文档的网页，在该网页内可以选择发布的文档版本、环境、URL、接口文档、SEO 等的外观，直接全部默认即可，单击最底下的橙色 Publish(发布)按钮进行发布，内容如图 8-4 和图 8-5 所示。

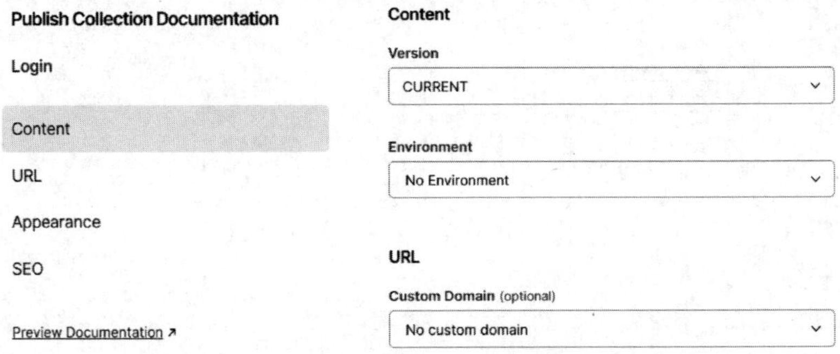

图 8-4　发布文档选项

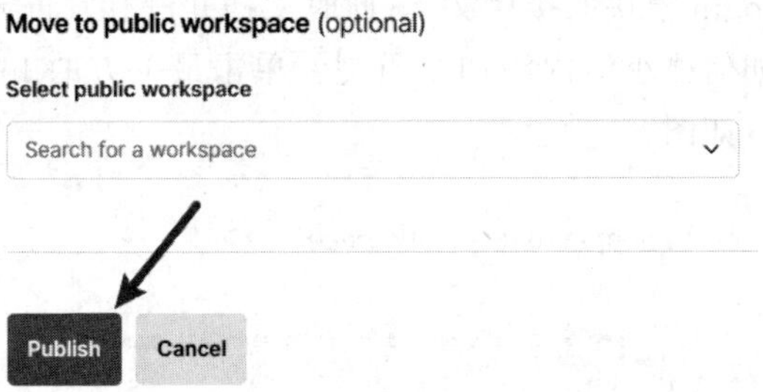

图 8-5　确定发布文档

随即接口文档便已经发布到网络上了，此时会进入一个发布设置概览页面，里面包括了发布的地址及在上一步选择的发布选项，如图 8-6 所示。

单击文档地址，就得到了一份公开的接口文档。文档左侧为该模块下的所有接口，中间为接口的地址、请求体等详细内容。在实际开发中，该 URL 网址只会在开发小组内部共享，如图 8-7 所示。

但不建议读者使用 Postman 生成接口文档，一是生成的文档字体为英文，二是由于 Postman 的服务器位于国外，可能会造成在 Postman 软件内单击橙色 Publish 按钮打开的网页丢失。那该如何快速生成接口文档呢？这就不得不提国内的测试软件后起之秀——Apifox。

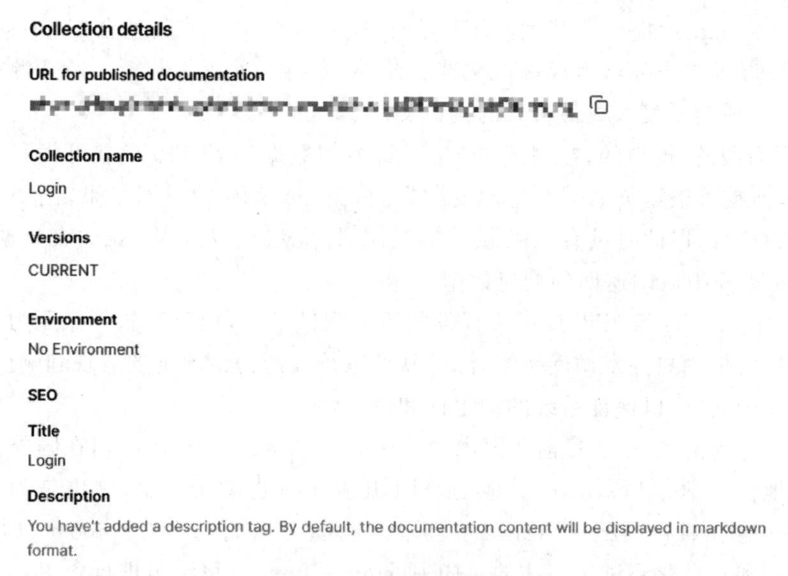

图 8-6 发布设置概览页

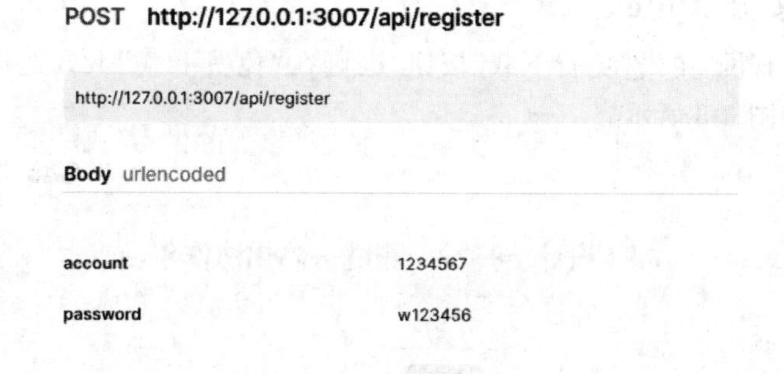

图 8-7 公开的接口文档

8.2 使用 Apifox 生成接口文档

Apifox 是一个集 API 文档、API 调试、API Mock、API 自动化测试于一体的协作平台，定位是 Postman＋Swagger＋Mock＋JMeter。那么 Swagger、Mock 和 JMeter 分别是什么呢？

Swagger 是一个开源的 API 设计和开发工具，用于构建和描述 RESTful 风格的接口文档。简单来讲就是一个生成接口文档的工具，并且符合主流的 RESTful 风格，其实之前在 Postman 设计的接口就属于基于 RESTful 风格。RESTful 基于 HTTP 协议，使用 URL 网址来标识资源，并通过 HTTP 方法（如 GET、POST、PUT、DELETE）来操作这些资源，简单且明了；其通过 URL 区分和访问所带来的层次化架构使系统在模块化开发上更加易于扩展和维护。Swagger 提供了强大的 UI 界面，在 8.3 节中将使用适合 Express.js 框架的 Swagger 模块直接在服务器生成接口文档。此外，支持多种语言和框架及开源和免费的特点，使 Swagger 成为开发人员最喜欢的接口文档工具之一。

Mock 意为假的、模拟的，在测试中 Mock 即模拟数据。当 API 还在开发且没有约定的接口文档时，前端可根据页面需要返回的数据自己模拟 API 的返回结果，例如某张表格用于记录用户的信息，但此时没有 API 供前端调用，即无法获取后端 users 表数据，那么就可以通过 Mock 去模拟后端返回的响应数据。

JMeter 是 Apache 组织基于 Java 开发的压力测试工具，用于对软件做压力测试。压力测试通过模拟大量用户并发访问系统，测试软件系统在压力情况下的表现和响应能力，发现系统可能存在的问题，以保证系统的稳定性和可靠性。

作为后起之秀的 Apifox 目前在国内的使用率已经接近 Postman，但在国外 Postman 还是居于主流地位。学好 Postman，其他的 API 开发工具也易于上手，这也是为什么前面都使用 Postman 测试接口而不是 Apifox 的原因。除此之外，国产的 Apipost 也是集 API 文档、设计、调试和自动化测试于一体的 API 协同开发工具，这里不再进行介绍。

下面对 Apifox 的安装及其使用进行简单介绍。

1. 下载与安装 Apifox

进入 Apifox 官网，单击“免费下载”按钮，也可在“免费下载”下方选择适合本机操作系统后进行下载，如图 8-8 所示。

图 8-8　下载 Apifox

下载后是一个名为 Apifox-windows-latest 的压缩包，也就是适合 Windows 版本的最新 Apifox，解压后是 Apifox 的安装执行文件。单击安装执行文件后首先需要选择用户，读者可根据自己的需求进行选择，如图 8-9 所示。

下一步为选择安装路径，通常为了避免系统盘(默认 C 盘)容量变小会选择安装在 D 盘中，读者可根据需要自定义安装路径，如图 8-10 所示。

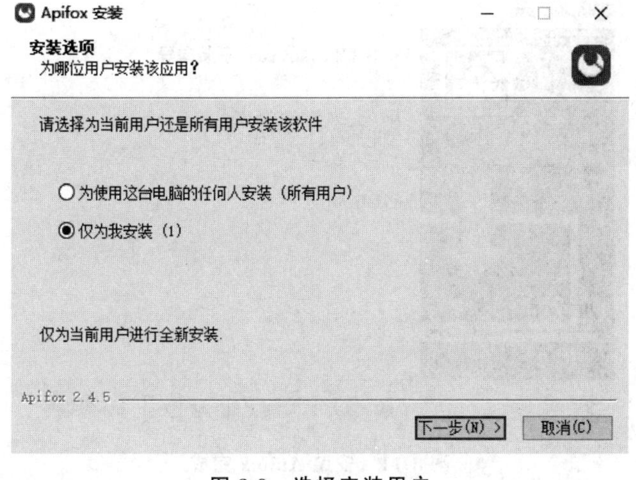

图 8-9 选择安装用户

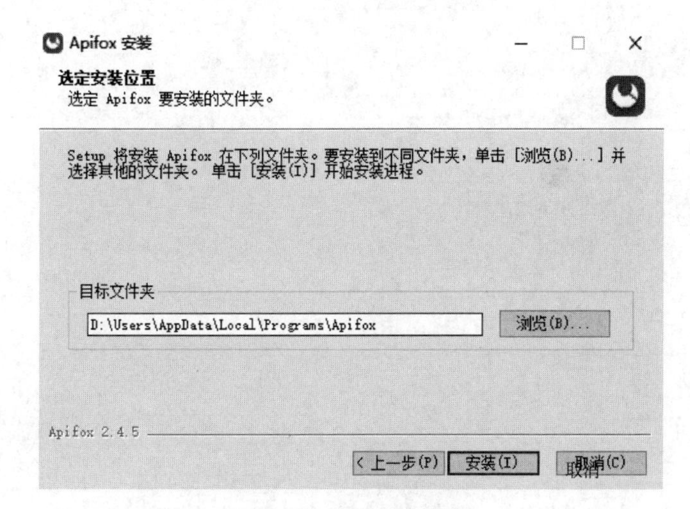

图 8-10 选择安装路径

等待安装完成后，即可运行 Apifox，如图 8-11 所示。

2. 使用 Apifox

打开 Apifox 后会提示使用微信、手机或邮箱登录，读者可选择适合的方式进行登录。这也是 Apifox 与 Postman 的一个主要区别之一，Postman 支持离线使用。进入主页，左侧区域包括我的团队（相当于 Postman 的 My WorkSpace）、API Hub（用于搜索工具、开源项目）、我的收藏（项目）和最近访问（项目）；右边为主要区域，为个人空间，可选择团队项目、查看团队成员及设置团队信息等，如图 8-12 所示。

单击右侧紫色名为“新建项目”按钮，在弹出窗内输入项目名称，项目类型为 HTTP，单击“新建”按钮，即创建好了第 1 个项目，如图 8-13 所示。

在新创建的项目内选择新建接口，如图 8-14 所示。

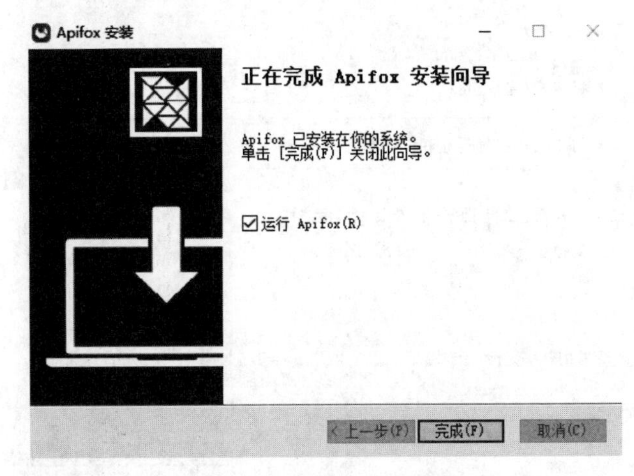

图 8-11 安装 Apifox 完成

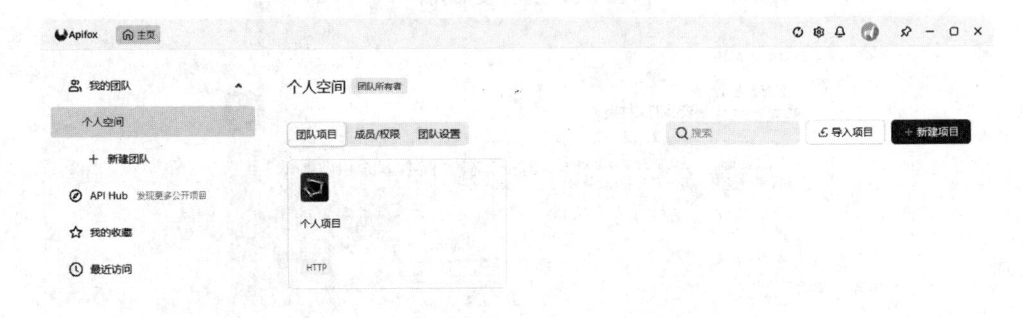

图 8-12 Apifox 主页

此时的页面跟 Postman 有些类似，在请求方式中选择 POST 请求，输入注册账号的接口地址，在参数区域选择 Body 及 x-www-form-urlencoded 格式，传入注册的账号和密码。需要注意的是 Apifox 的类型没有 int，数字类型对应的是 number。单击“发送”按钮后接收服务器端的响应信息，如果提示“注册账号成功”，则说明接口测试成功，如图 8-15 所示。

此时单击“发送”按钮旁的“保存”按钮，会提示保存的接口名称，输入“注册”，保存接口的目录默认为根目录，可单击“新建目录”按钮，创建“注册与登录模块”目录，最后单击“确定”按钮，至此该接口就保存成功了，如图 8-16 所示。

图 8-13　新建项目

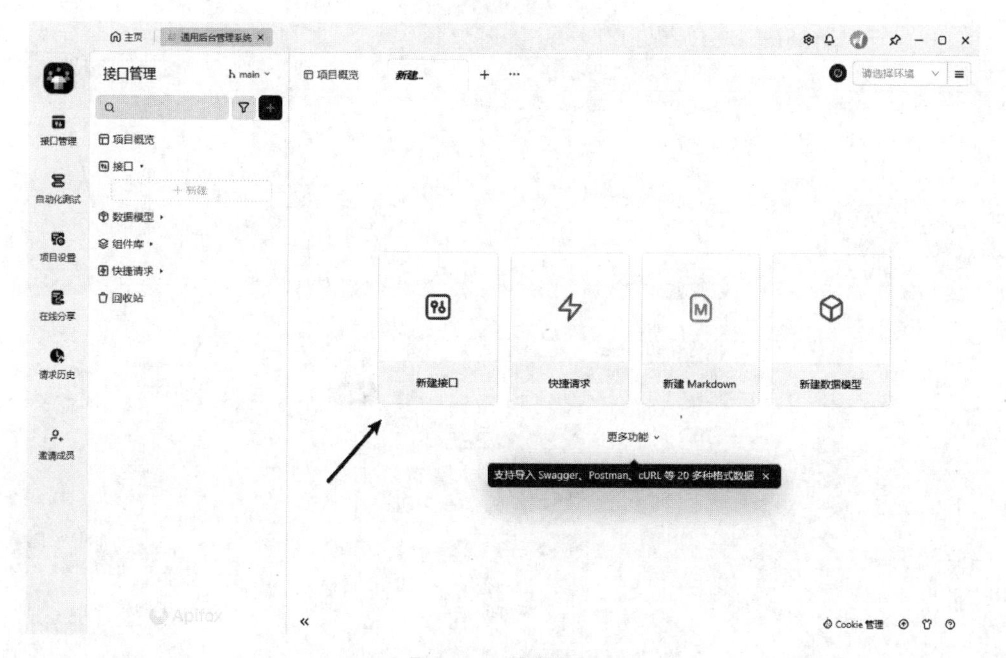

图 8-14　新建接口

单击注册与登录模块的更多选项，选择导出，如图 8-17 所示。

在导出数据的弹框中，可以选择多种不同的数据格式，OpenAPI 格式为 JSON 类型的展示形式；选择 HTML 格式则类似于在 Postman 中将接口文档发布在网络上，可在一个

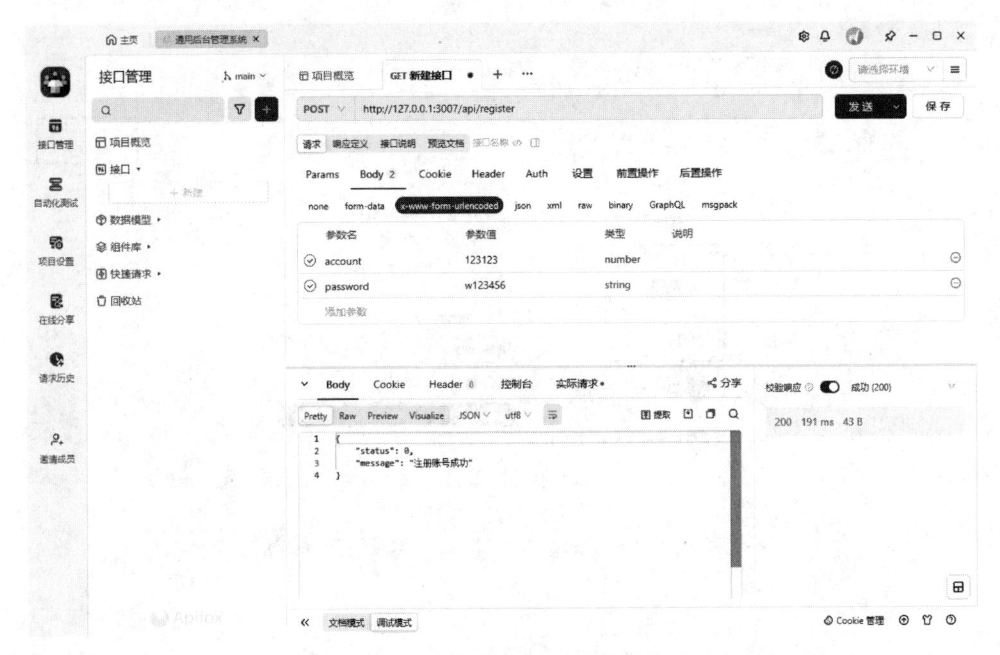

图 8-15　在 Apifox 测试注册账号接口

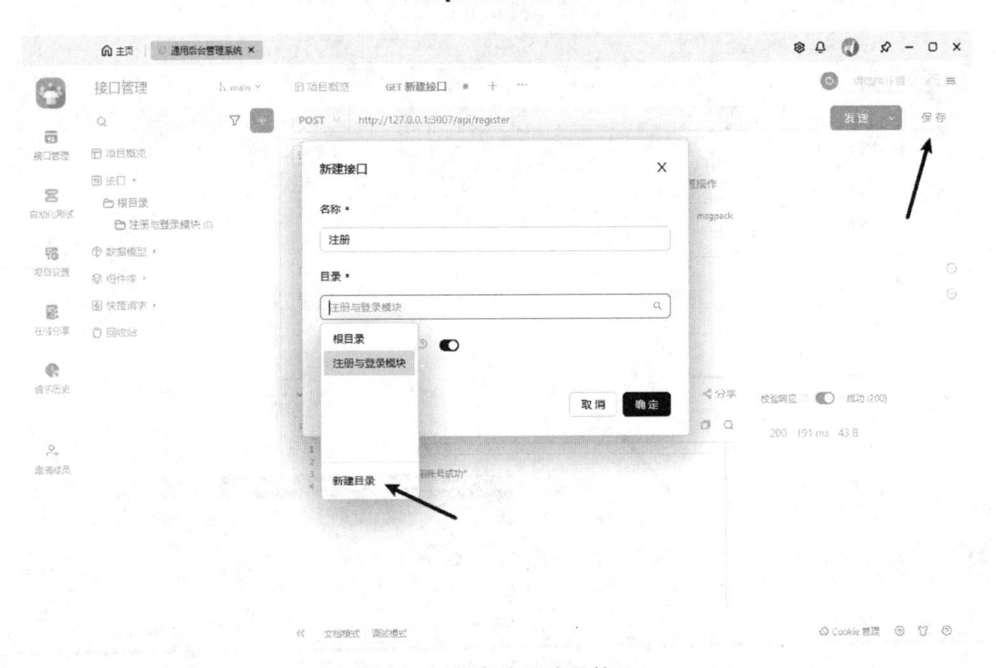

图 8-16　保存注册账号接口

URL 网址上阅读接口文档；Markdown 格式是一种类似笔记本的格式，使用易于阅读、易于编写的纯文本格式编写文档，然后将其转换为结构化的 HTML 输出；最后一种 Apifox 格式展示的接口内容也是 JSON 类型。导出范围可以选择包含全部、手动圈选接口和指定

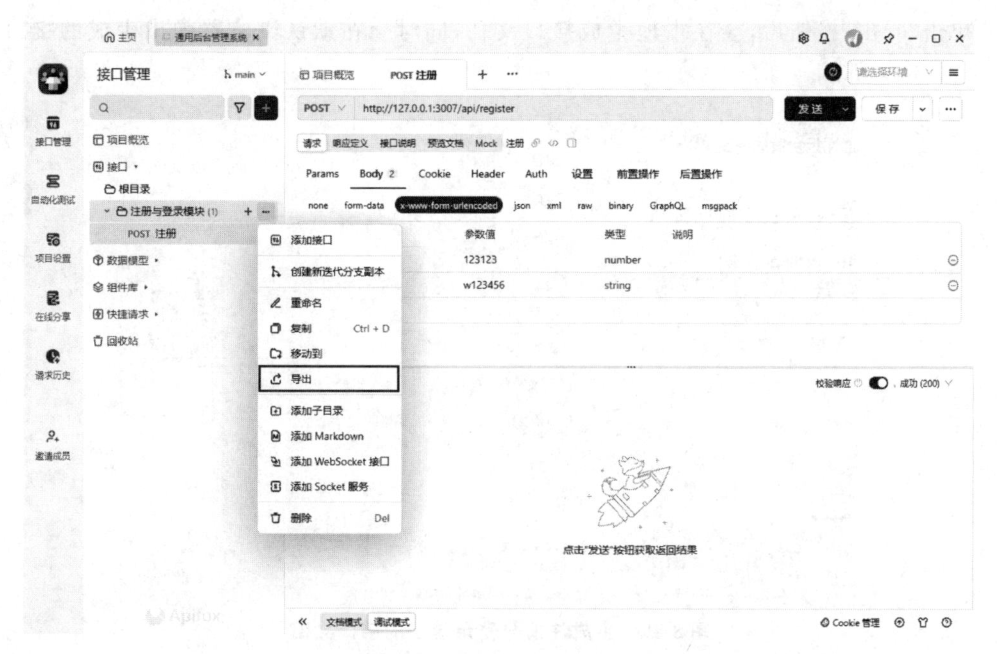

图 8-17 导出注册账号接口

标签,因为这里只有一个注册接口,所以圈选范围只有 1 个接口。运行环境可以选择开发环境、测试环境和正式环境,对应开发、测试和发布的不同场景。

在这里选择 HTML 格式及开发环境,如图 8-18 所示。

图 8-18 导出注册与登录模块

单击“导出”按钮后，会在本地生成接口文档，同时会在默认浏览器弹出生成的接口文档，如图 8-19 所示。

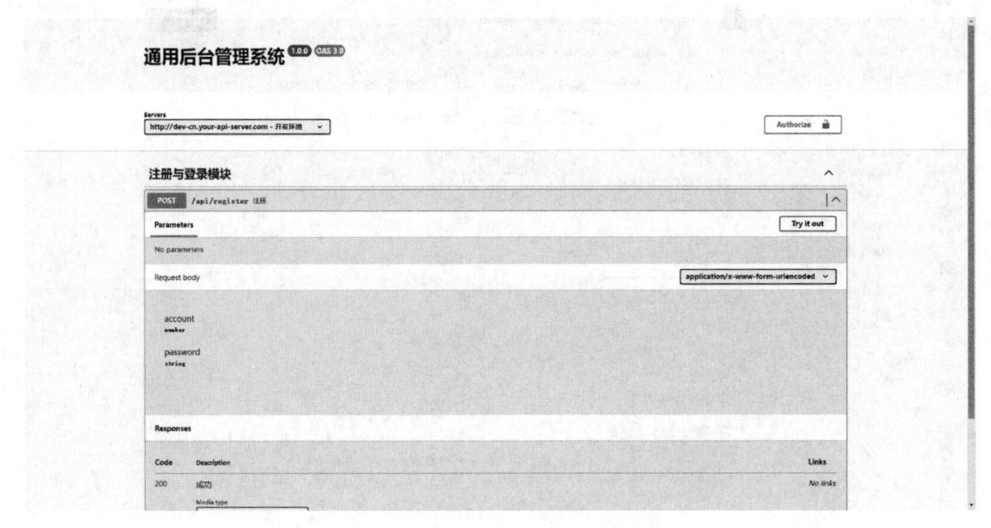

图 8-19 生成注册与登录模块的接口文档

8.3 使用 Swagger 模块生成接口文档

6min

打开编辑器，在终端下载 Express.js 的 Swagger 模块包，代码如下：

```
npm install express-swagger-generator
```

在入口文件中导入 express-swagger-generator，并配置 Swagger 生成器选项，代码如下：

```
//app.js
const expressSwagger = require('express-swagger-generator')
const options = {
  swaggerDefinition: {
    //基本信息
    info: {
      title: '接口文档',                    //文档标题
      version: '1.0.0',                    //当前文档版本
      description: '接口文档描述',          //文档描述
    },
    basePath: '/api',                      //路径
    produces: ['application/json'],        //JSON 格式
    schemes: ['http'],                     //HTTP 请求
  },
  basedir: __dirname,                      //路径
  files: ['./router_handler/*.js'],        //获取注释的目录文件
};
//写在挂载 cors 前
expressSwagger(app)(options)               //调用 Swagger 生成器
```

在 Swagger 的配置项中可看到 files，这是获取注释的目录文件，获取什么注释？生成的接口文档是由 Swagger 注释加工得到的。例如在注册接口的上面写上 Swagger 注释，代码如下：

```
/**
 * 用户信息注册
 * @route POST /api/users/register
 * @group Login - Operations about Login
 * @param {int} account.query.required - 用户名
 * @param {string} password.query.required - 密码
 * @returns {object} 200 - 注册成功的用户信息
 * @returns {Error} default - 注册失败的错误信息
 */

exports.register = (req, res) => {
    //实现逻辑
}
```

对 Swagger 注释的分析如下。

(1) @route：指明了请求方式及路径。

(2) @group：指明了接口所属的模块，如 Login。

(3) @param：指明了接口所需参数及其类型。

(4) @returns：接口返回的信息。

当启动服务器之后会在服务器的/api-docs 文件中生成接口文档，即在本地访问 http://127.0.0.1:3007/api-docs，如图 8-20 所示。

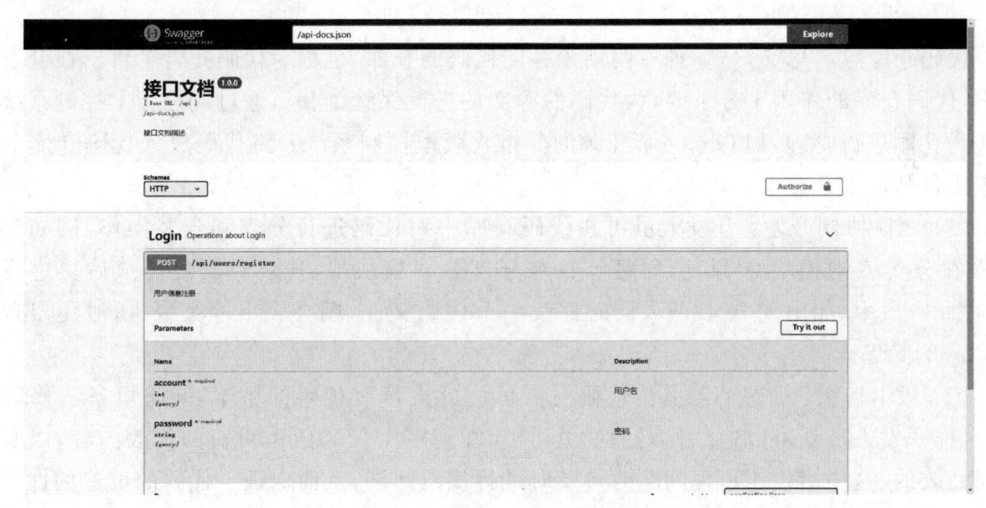

图 8-20 生成注册接口文档

第9章 CHAPTER 9 代码上传至仓库

在实际工作中，在大多数情况下开发项目是协同开发的，极少存在开发组只有一个程序员兼顾前后端开发的情况。在多人协同开发时，需分清每人负责的开发模块，如果出现两个或以上的开发人员同时修改了某个文件，则会出现冲突问题；只有一个人开发时或许可以把代码保存在本地，但这也是一种不规范、存在隐患的行为，如不方便进行代码审查、备份代码复杂、代码无法回溯、计算机发生故障时影响开发进度等。

那有什么好的办法可以预防发生冲突现象且解决代码隐患的行为吗？那就不得不提代码仓库了。在本章中，将对代码仓库进行简要介绍，安装并使用 Git 将后端代码上传至仓库，最后介绍可视化的上传工具 Sourcetree 并可视化地上传代码。

9.1 代码仓库

6min

代码仓库顾名思义，是一种专门用于存储代码的仓库，也称为代码托管平台。在开发过程中，代码仓库的作用十分重要，为代码的源文件进行保管，同时，通过代码版本控制系统可对代码仓库进行管理，如 Git，一个开源的分布式版本控制系统。将代码放入代码仓库的原因主要包括以下几方面。

(1) 团队协同开发：开发人员可在代码仓库中对代码进行分支和合并操作，例如程序员 A 在分支 A 对模块 A 开发，程序包 B 在分支 B 对模块 B 开发，待开发完成后再进行合并，在此阶段中，如出现 A、B 两人同时修改一个代码文件，则会发出冲突警告，避免出现代码 Bug 的隐患。

(2) 版本控制：通过 Git 上传代码时需标注此次修改代码的版本，同时可备注修改内容，这样开发人员就可以追踪代码的变更历史，知道哪个代码版本对应的修改内容，以及是何时修改的，这样当代码出现问题时可及时进行代码回溯，从而保证了代码的可追溯性。

(3) 备份和修复：基于版本号或分支，代码仓库相当于对源代码进行了备份，当源码出现问题时可进行修复，防止源代码丢失或损坏。

(4) 自动化构建与测试：在代码仓库 GitHub 中，可通过 GitHub Actions 进行自动化构建，即用户写一个脚本，仓库自动执行创建分支、提交更改、测试、部署和发布代码等。

常见的代码仓库有GitHub、Gitee(国产码云)、GitLab等,下面只对GitHub和Gitee代码仓库进行简要介绍。

9.1.1 GitHub

GitHub是由Tom Preston-Werner、Chris Wanstrath和PJ Hyett共同开发的一个面向开源及私有软件项目的托管平台,于2008年4月10日正式上线。因为只支持通过Git进行代码托管,故名GitHub,Hub有中心枢纽的意思。

GitHub是目前全球最大的代码托管平台,注册用户已接近1亿名,托管的项目也非常多,众多知名的开源项目能在GitHub找到源码,如jQuery、Python、VS Code(知名的代码编辑器)。以在GitHub官网搜索VS Code为例,能找到有关VS Code的源码、插件等项目,如图9-1所示。

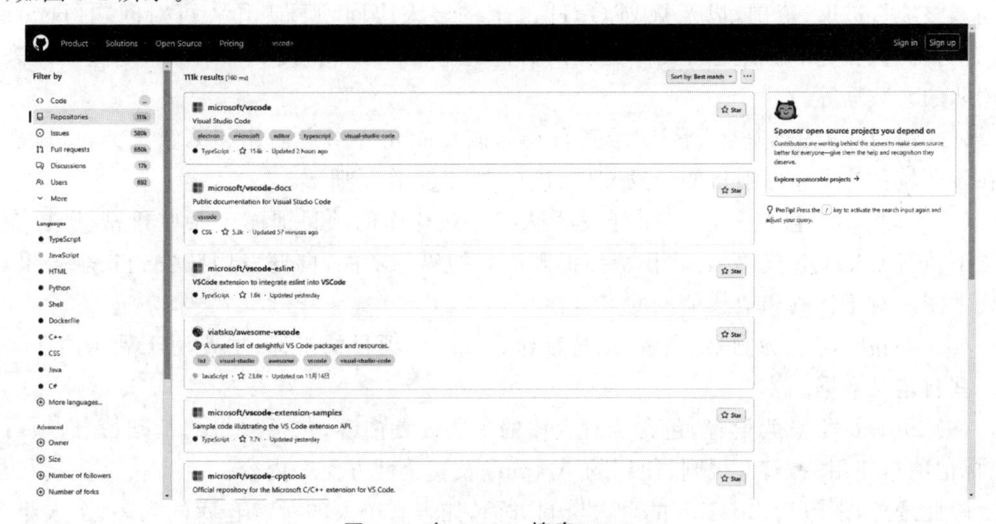

图9-1 在GitHub搜索VS Code

可以说在GitHub能找到任何类型的开源项目源码,为什么这么说?除了因为使用GitHub进行代码托管的用户或企业多之外,在GitHub使用私人仓库(最多3个人共享仓库代码)是需要收费的,当然这也并不是说因为收费而导致开源的项目多,更重要的是开源文化鼓励企业或个人共享项目。GitHub提供了良好的平台和环境,吸引了许多优秀的开发者,平台鼓励开发者将自己的项目开源与社区共享,以获取其他开发者更好的反馈和建议。

在每个项目的仓库里,GitHub提供了多种功能供开发者使用,如图9-2所示。

图9-2 GitHub项目工具栏

下面对工具栏的每个选项进行简单介绍。

(1) Code：Code 即代码，该选项是存放项目的代码区域。

(2) Issues：意为问题，这是 GitHub 开源项目最常用的功能之一，是其他开发者对本项目提供反馈、交流的区域。

(3) Pull requests：Pull 意为拉取，requests 为请求，该功能是一种通知机制，假设其他用户 fork(克隆仓库)本项目，并且有更好的代码方案且修改了代码，就可以通过 Pull requests 通知项目的作者，请求允许将他的代码合并至本项目中，简称 PR。在 GitHub 中可看到知名的开源项目有许多贡献者，除了本项目的作者外，许多贡献者就是通过 PR 完善了该项目，是一种富有贡献和开源精神的象征。

(4) Actions：意为行为，可在此功能实现项目自动化构建。

(5) Projects：意为项目，其实这是一个展现表格、任务板、线路图的区域，主要用于团队之间调整项目进度、范围，以及规划 GitHub 上的多人协同项目工作。可对问题(Issues)、PR 进行筛选、排序和分组；可使用配置图更直观地展示项目进度；可添加自定义字段来追踪团队的元数据等。

(6) Wiki：意为维基，但不是"维基百科"，该功能允许用户创建和编辑文档，可以理解为在该区域托管了仓库项目的开发文档、接口文档、操作手册等。

(7) Security：意为安全，如果开发团队担心该仓库的项目泄露了某些机密，则可在此选项下执行 CodeQL 代码扫描、秘密扫描和依赖扫码等功能，向开发团队发送安全警报，提高开发团队对于代码和敏感信息的安全性。

(8) Insights：意为洞察、了解，该选项包含了一些项目的指标，主要用于展示团队工作的一些自定义数据。

(9) Settings：意为设置，包含了对仓库的一些设置内容，包括项目的基础信息、项目分支、标记项目使用的语言、规则、使用的 Actions 及安全性方面等内容。

除此之外，还包括 GitHub 的个人资料方面，如查看个人的所有仓库的列表、个人组织、个人贡献等信息，这里不再一一叙述。

9.1.2 Gitee

Gitee(码云)是开源中国(OSChina)在 2013 年推出的基于 Git 的代码托管平台，是国内最大的代码托管平台，截至目前已经有 1000 万名注册用户和 2500 万个代码仓库，同时也是 DevOps 一站式研发效能平台。

Gitee 目前有多个版本，包括社区版、企业版、专业版、旗舰版和高校版，其中社区版是免费的开源代码托管平台，相当于国产的 GitHub，其他的版本可以理解为用于特定客户的付费版。不同于 GitHub，在 Gitee 中不管是开源还是私有代码都是免费的，在 Gitee 中也拥有大量优秀的开源项目。

值得一提的是 Gitee 的企业级 DevOps。DevOps 是 Development(研发)和 Operations(行动、企业、运转，在此意为运维)的组合词，是注重软件开发人员(Dev)和运维人员(Ops)

之间沟通的一种模式。通常对 DevOps 的定义是适应敏捷开发的一种流程，实现自动化软件交付。

那么如何去理解 DevOps 呢？先举例一个场景，假设在某个大型项目中存在多个模块，如用户模块、产品模块等，由于项目过于复杂，在这种情况下，每个模块都有专门的开发小组负责开发，使用的技术栈也不一样，如用户模块用 Java，产品模块用 Python，在这种情况下通常会拆分模块，并且把不同的模块内的内容（如产品模块的入库、审核、出库）拆分成一个个微服务，分别部署，便于维护。当项目要上线时会经过测试、发布、部署和维护等阶段，由于微服务众多，可能有几百个，如果每次发布都需要向运维人员提出申请，则运维人员的压力可想而知，如图 9-3 所示。

那不如直接使用一台服务器（平台）专门管理这些微服务的申请和审核，运维人员将每个微服务上线的规则都定义好，各个开发小组只需将代码提交到平台，通过平台自动发布和部署，这样运维人员就只需通过平台提供的可视化模块监控整个流程。当上线出现问题时，开发人员可通过平台的日志检查，快速地定位问题并解决问题。回看整个过程，将代码发布到平台的是开发人员，监控平台的也是开发人员，这就是 DevOps 模式，即开发人员也是运维人员，如图 9-4 所示。

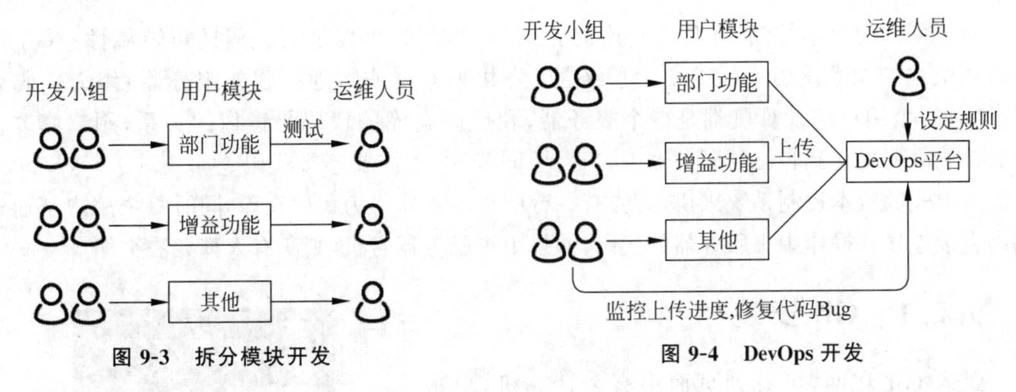

图 9-3 拆分模块开发

图 9-4 DevOps 开发

Gitee 在仓库方面的功能与 GitHub 类似，提供了 Issues、PR、Wiki、统计（访问项目统计、仓库数据统计、提交代码统计等）、流水线（类似 Insights，付费）和代码检查（类似 Security）等功能。在 9.2 节中，将会创建一个 Gitee 仓库，用来托管服务器端的代码。

9.2 Git 介绍

在介绍代码仓库时提到，Git 是一个开源的分布式版本控制系统，由 Linux 创始人 Linus Torvalds 为了帮助管理 Linux 内核开发而开发的一个开源的版本控制软件，可以有效、高速地处理从很小到非常大的项目版本管理。虽然说 GitHub、Gitee 都是基于 Git 的，但并不是只有 Git 一个版本控制系统，还有 CVS、SVN 等，当然都没有 Git 的使用广泛。

对于 Git 的分布式特点，可以简单地举一个例子，主开发者将代码 push（推送）到公共服务器上(如 GitHub),其他处于不同地域的次开发者可通过 pull(拉取)或 fetch(拿取)将公共服务器上的代码放到本地,修改完代码后通过 Issues 或其他方式通知主开发者,表达自己发现和修改了哪些问题,并且将补丁发送给主开发者。主开发者获得补丁后就可以打上补丁,并重新 push 到公共服务器上。在这期间如果主开发者发现两个或以上的次开发者提交的补丁会出现冲突,就可以让次开发者之间协作解决冲突问题,并由其中一人提交无冲突的补丁,如图 9-5 所示。

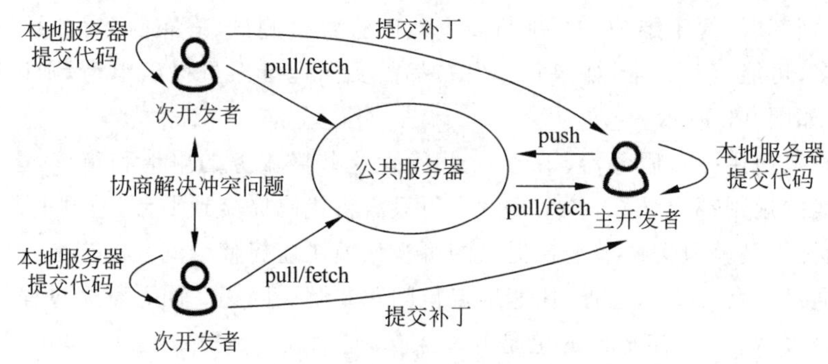

图 9-5 Git 分布式开发

对于 Git 的版本控制,在代码仓库的介绍中曾提到,可保证对代码的可追溯性。Git 的分布式版本控制系统由专门的一台服务器(公共服务器或特地搭建的服务器)作为代码仓库,同时每个用户的计算机都是一个服务器,和代码仓库的代码是镜像的关系,用户修改代码后首先需要提交到自己的服务器中,当需要同步时,才需要连接代码仓库。对于 CVS/SVN 这类集中式的版本控制系统来讲,需要有一台中央服务器作为代码仓库,同时每个用户都通过网络直接连接并操作中央服务器的代码,如果中央服务器宕机,则所有人都无法工作。

9.2.1 Git 安装

进入 Git 官网,可看到页面中有个计算机,单击 Download for Windows 按钮即可进入下载 Git 的界面。如果是 macOS 系统,则可在按钮下方选择 Mac Build 按钮进行下载,如图 9-6 所示。

图 9-6 Git 下载选项

进入下载 Git 的页面后,直接单击 Click here to download 下载安装文件,读者可选择适合自己系统版本的 Git,如图 9-7 所示。

在安装执行文件时不断地单击 Next 按钮直到安装完成即可,安装过程中无须勾选任何选项(通常是新特性的内容),如图 9-8 所示。

安装完成后在桌面上右击鼠标,可看到多了两个选项,一个是 Open Git GUI here(Git 的图形客户端),另一个是 Open Git Bash here(命令行形式),至此 Git 安装完成,如图 9-9 所示。

Download for Windows

单击这里下载最新的2.43.0适合64位的Git

Click here to download the latest (2.43.0) 64-bit version of Git for Windows. This is the most recent maintained build. It was released about 1 month ago, on 2023-11-20.

Other Git for Windows downloads

Standalone Installer　独立安装32位或64位的Git

32-bit Git for Windows Setup.

64-bit Git for Windows Setup.

Portable ("thumbdrive edition")　傻瓜式安装Git

32-bit Git for Windows Portable.

64-bit Git for Windows Portable.

图 9-7　选择适合系统的版本

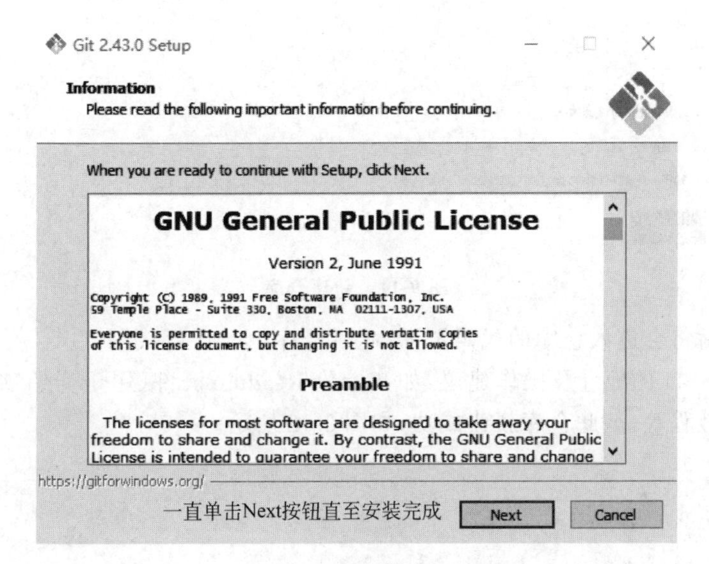

图 9-8　安装 Git

9.2.2　创建 Gitee 仓库

注册 Gitee 并登录后，在右上角的加号区域可选择新建仓库，如图 9-10 所示。

图 9-9　Git 的两种形式

图 9-10　选择新建仓库

在新建仓库页面需要输入仓库名称、仓库介绍、选择开源或私有(图中选择私有)并选择是否初始化仓库、设置模块和选择分支模型(默认不选择),最后单击创建即可,如图 9-11 所示。

新建仓库
在其他网站已经有仓库了吗? 点击导入
仓库名称 *
系统后端
归属
小王hs
路径 *
system-backend
仓库地址: https://gitee.com/whs0114/system-backend
仓库介绍
10/200
通用后台管理系统后端
开源 (所有人可见)
私有 (仅仓库成员可见)
初始化仓库 (设置语言、.gitignore、开源许可证)
设置模板 (添加 Readme、Issue、Pull Request 模板文件)
选择分支模型 (仓库创建后将根据所选模型创建分支)
创建

图 9-11　新建仓库

创建成功后将会进入仓库的代码页面,此时仓库内无任何代码,Gitee 给出了关于仓库的 HTTPS 和 SSH 的地址及操作建议,如初始化 Readme 文件(用于介绍项目内容)、简单的命令行入门教程等,至此仓库新建成功,如图 9-12 所示。

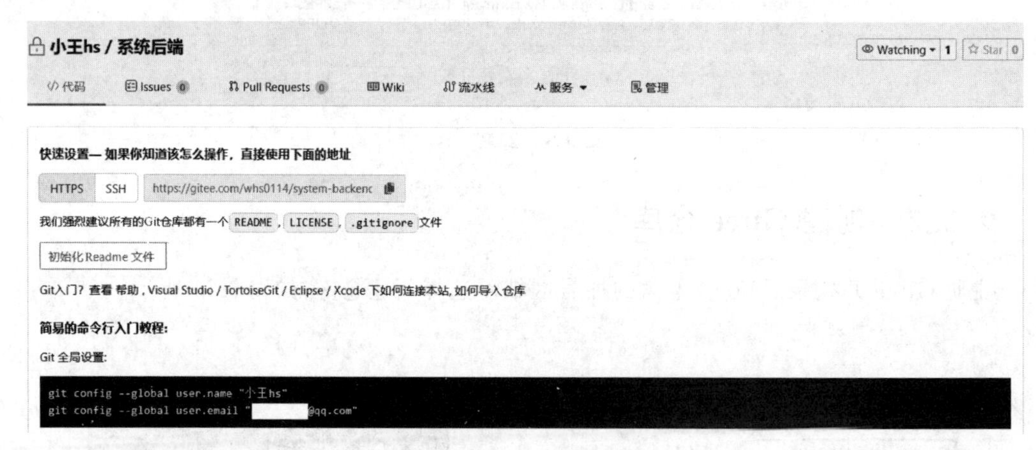

图 9-12　仓库代码页

9.2.3　上传代码

在安装 Git 的时候,由于已经默认在环境变量中添加了 Git,所以可以在终端执行 Git

命令，如在终端显示当前 Git 版本，命令如下：

```
git - version
```

在终端会显示刚刚安装的 2.43.0 版本的 Git，如图 9-13 所示。

```
C:\Users\w>git --version
git version 2.43.0.windows.1

C:\Users\w>
```

图 9-13　终端显示 Git 版本

要上传代码，首先需要配置 Git 的全局设置，连接到 Gitee。这一部分就是代码页面的 Git 全局设置内容，读者需输入 Gitee 的用户名和邮箱，代码如下：

```
//命令行界面
git config -- global user.name "admin"            //输入自己的 Gitee 用户名
git config -- global user.email "123@qq.com"      //输入自己的 Gitee 的邮箱
```

接着打开项目所在的文件夹，在网址栏中输入 cmd 命令进入终端页面，进行初始化仓库并使用 HTTPS 地址连接仓库，代码如下：

```
//初始化仓库
git init
//将仓库拉到本地，这里的地址为代码页面的 HTTPS 地址
git remote add origin https://gitee.com/whs0114/system - backend.git
//通过 pull 拉取 master 分支的代码，此时无代码
git pull origin master
```

此时会报错，该错为无法在仓库里找到 master 分支，这是为什么呢？原因是目前仓库内没有任何代码，也就不存在 master 分支了，master 分支通常默认为主分支，如图 9-14 所示。

```
C:\Users\w\Desktop\新建文件夹>git init
Initialized empty Git repository in C:/Users/w/Desktop/新建文件夹/.git/

C:\Users\w\Desktop\新建文件夹>git remote add origin https://gitee.com/whs0114/system-backend.git

C:\Users\w\Desktop\新建文件夹>git pull origin master
fatal: couldn't find remote ref master          无法找到master分支

C:\Users\w\Desktop\新建文件夹>
```

图 9-14　Git pull 操作报错

这时可在代码主页初始化一个 Readme 文件，这样就出现 master 分支了，如图 9-15 所示。

图 9-15　主分支 master

这时回到终端，重新执行 pull 命令，这样就不会报错了，同时会出现 remote（远程）连接提示及分支情况，根目录也新增了 README.md 和 README.en.md 文件，即从远程仓库拉取过来的文件，如图 9-16 所示。

```
C:\Users\w\Desktop\新建文件夹>git init
Initialized empty Git repository in C:/Users/w/Desktop/新建文件夹/.git/

C:\Users\w\Desktop\新建文件夹>git remote add origin https://gitee.com/whs0114/system-backend.git

C:\Users\w\Desktop\新建文件夹>git pull origin master
fatal: couldn't find remote ref master

C:\Users\w\Desktop\新建文件夹>git pull origin master
remote: Enumerating objects: 4, done.
remote: Counting objects: 100% (4/4), done.
remote: Compressing objects: 100% (4/4), done.
remote: Total 4 (delta 0), reused 0 (delta 0), pack-reused 0
Unpacking objects: 100% (4/4), 1.82 KiB | 155.00 KiB/s, done.
From https://gitee.com/whs0114/system-backend
 * branch            master     -> FETCH_HEAD
 * [new branch]      master     -> origin/master

C:\Users\w\Desktop\新建文件夹>
```

远程连接信息

分支情况

图 9-16　执行 pull 命令成功

这时可以执行上传操作,如上传文件夹中的所有文件,在这一步需要注意的是,通常不会将 node_modules 目录上传到 GitHub 或 Gitee,原因很简单,该文件目录包含的内容比较多且容量大,所以会在项目的根目录中添加.gitignore 文件。这是一个用于 Git 忽略特定文件或目录的规则文件,可以通过简单的语法过滤不需要的文件,在本项目中只需添加 node_modules,代码如下:

```
//.gitignore
node_modules
```

回到终端,执行上传操作,即将文件夹的所有文件上传到暂存区,代码如下:

```
git add .
```

这时还可能出现一个警告,可以说这是执行该命令经常会出现的警告,如图 9-17 所示。

```
C:\Users\w\Desktop\新建文件夹>git add .
warning: in the working copy of 'app.js', LF will be replaced by CRLF the next time Git touches it
warning: in the working copy of 'package-lock.json', LF will be replaced by CRLF the next time Git touches it
warning: in the working copy of 'package.json', LF will be replaced by CRLF the next time Git touches it
```

图 9-17　执行 add 命令出现警告

这时因为 CR 和 LF 是属于不同的操作系统上的换行符,在不同的操作系统上可能会造成不同的影响。如果 UNIX/Mac 系统拉取了 Windows 系统上传的代码,则打开之后每行会多出一个^M 符号;如果是 Windows 系统拉取了 UNIX/Mac 系统上传的代码,则打开之后所有文字会变成一行。解决的办法分为两种,代码如下:

```
//Windows 用户
git config --global core.autocrlf true

//Linux/Mac 用户
$ git config --global core.autocrlf input
```

此时再执行 add 命令，就不会报错了，如图 9-18 所示。

```
C:\Users\w\Desktop\新建文件夹>git config --global core.autocrlf true

C:\Users\w\Desktop\新建文件夹>git add .
```

图 9-18 执行 add 命令成功

然后执行 commit 命令备注此次上传的代码，即添加描述，代码如下：

```
git commit -m '第 1 次上传'
```

添加完文件描述后会出现许多行 create mode 100644＋文件的提示，100644 是一个权限的模式，代表用户有读和写权限(6)、组有读权限(4)、其他人有读权限(4)，如图 9-19 所示。

```
C:\Users\w\Desktop\新建文件夹>git commit -m '第1次上传'
[master ff3b9c6] '第1次上传'
 21 files changed, 2611 insertions(+)
 create mode 100644 .gitignore
 create mode 100644 .idea/.gitignore
 create mode 100644 .idea/modules.xml
 create mode 100644 ".idea/\346\226\260\345\273\272\346\226\207\344\273\266\345\244\271.iml"
 create mode 100644 app.js
 create mode 100644 db/index.js
 create mode 100644 jwt_config/index.js
 create mode 100644 package-lock.json
 create mode 100644 package.json
 create mode 100644 public/upload/123.jpg
 create mode 100644 public/upload/123456123.jpg
 create mode 100644 router/login.js
 create mode 100644 router/login_log.js
 create mode 100644 router/operation_log.js
 create mode 100644 router/product.js
 create mode 100644 router/user.js
 create mode 100644 router_handler/login.js
 create mode 100644 router_handler/login_log.js
 create mode 100644 router_handler/operation_log.js
 create mode 100644 router_handler/product.js
 create mode 100644 router_handler/user.js
```

图 9-19 执行 commit 出现权限提示

最后执行 push 命令将代码上传至远程仓库，代码如下：

```
git push origin master
```

在上传的过程中会提示进度，上传完成后会出现 To 仓库的 HTTPS 地址及主分支更新的字样，如图 9-20 所示。

```
C:\Users\w\Desktop\新建文件夹>git push origin master
Enumerating objects: 30, done.
Counting objects: 100% (30/30), done.
Delta compression using up to 12 threads
Compressing objects: 100% (25/25), done.
Writing objects: 100% (29/29), 36.41 KiB | 7.28 MiB/s, done.
Total 29 (delta 2), reused 0 (delta 0), pack-reused 0
remote: Powered by GITEE.COM [GNK-6.4]
To https://gitee.com/whs0114/system-backend.git
   6a26560..ff3b9c6  master -> master
```

图 9-20 代码上传成功

这时打开 Gitee 仓库的代码主页，可看到所有的文件都已被上传到仓库中，如图 9-21 所示。

图 9-21　代码主页展示项目代码

9.3　可视化的 Sourcetree

在本节将介绍一款免费的可视化 Git 和 Hg(Mercurial,水银,一款分布式版本控制系统)客户端管理工具,支持 Git 项目的创建、克隆、提交、push、pull 和合并等操作。可能有读者会想在下载 Git 的时候不是附带了一个 GUI 图形界面吗?为什么还要使用 Sourcetree?这是由于 Git GUI 不简洁,所以导致使用的人较少。下面进行 Sourcetree 的安装及使用。

9.3.1　下载 Sourcetree

进入 Sourcetree 官网,可看到有个蓝色的 Download for Windows 按钮,对于 Windows 用户直接单击下载即可,如果是 macOS 系统,则可单击蓝色按钮下方的 Also available for Mac OS X 按钮进行下载,如图 9-22 所示。

单击按钮后会出现一个 Important information(重要信息)的弹框,勾选同意并单击 Download 按钮即可,如图 9-23 所示。

下载后是 Sourcetree 的安装执行文件,双击进入 Sourcetree 的安装程序,第 1 步是提示登录 Bitbucket,这一步直接跳过即可,如图 9-24 所示。

图 9-22　Sourcetree 官网下载

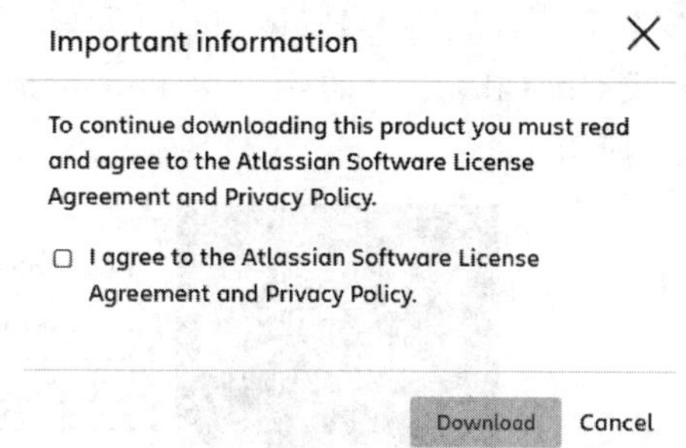

图 9-23　同意软件协议和政策

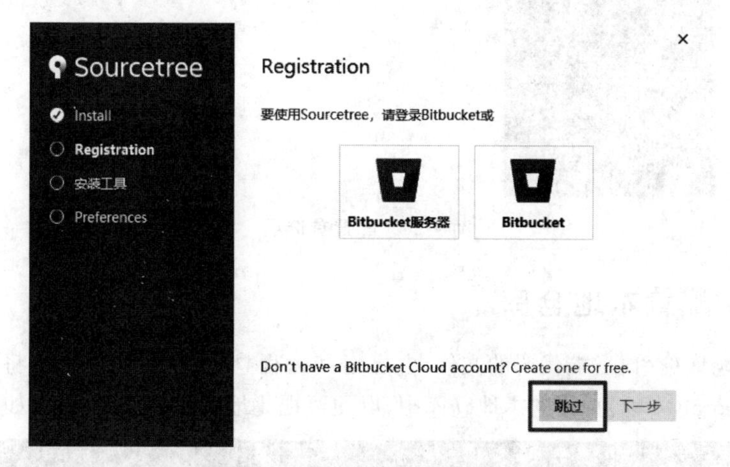

图 9-24　跳过登录 Bitbucket

第 2 步进入选择下载及安装所需工具页面，由于已经安装了 Git，所以会提示已发现和配置预装的 Git v2.43.0，还需勾选安装 Mercurial 工具，同时需勾选高级选项中的默认配置自动换行处理(推荐)，这是避免出现 CR 和 LF 错误的处理方案，如图 9-25 所示。

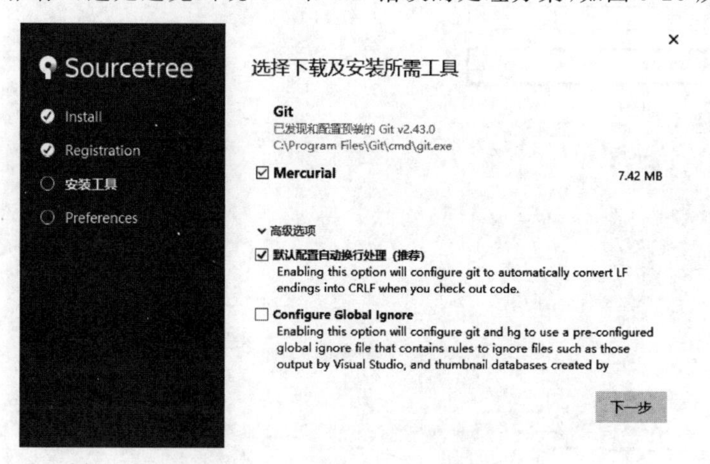

图 9-25　下载及安装所需工具

安装完工具后进入 Preferences(爱好)页面，其实这是一个配置首选项页面，需要输入 Gitee(或 GitHub)用户的用户名和邮箱地址，用于提交代码时使用，至此安装完成，如图 9-26 所示。

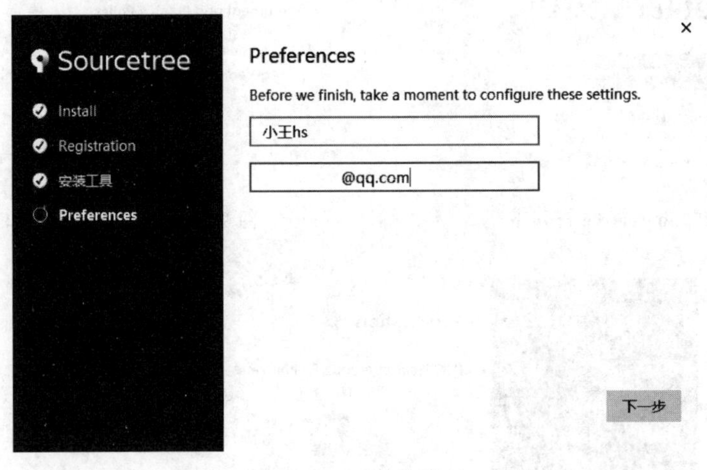

图 9-26　配置首选项

9.3.2　配置本地仓库

由于本地仓库(存放后端代码的文件夹)已经和远程仓库连接，所以可以将该文件夹拖到 Sourcetree 的 Local(本地)页面的本地仓库中，以便可视化地展示上传的内容，如图 9-27 所示。

图 9-27　配置本地仓库

此时就进入了本地仓库的界面,可看到在 Git 命令行界面第 1 次上传的代码记录及其描述“第 1 次上传”,同时记录了上传的日期和作者等信息,如图 9-28 所示。

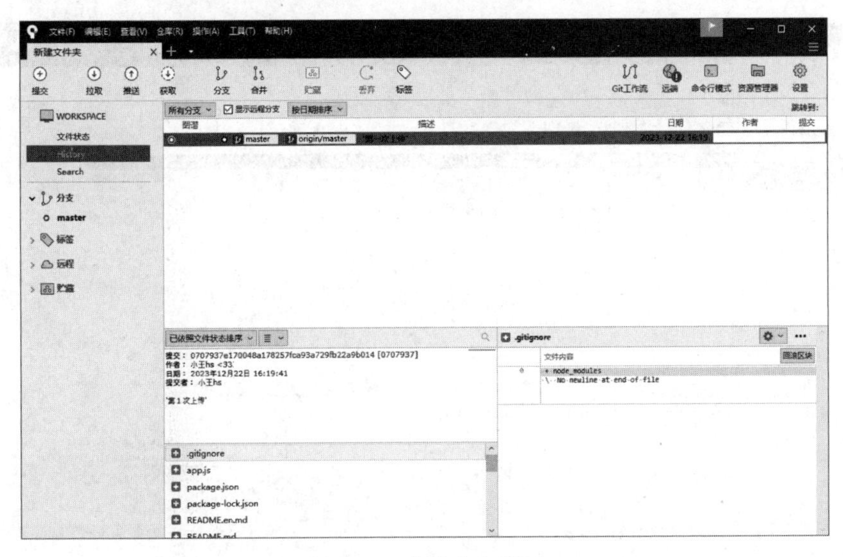

图 9-28　本地仓库界面

9.3.3　修改代码并提交

在 router_handler/login.js 文件中将 token 的有效时长修改为 8h,可看到 Sourcetree 左上角的提交出现了蓝色带数字提示。进入提交页面,首先单击“暂存所有”按钮,将修改的文件提交到已暂存列表中,单击文件可在右侧查看修改的代码内容,在下方的输入框可输入本次提交的备注,最后勾选“立即推送变更到”远程仓库的选项,并单击“提交”按钮,如图 9-29 所示。

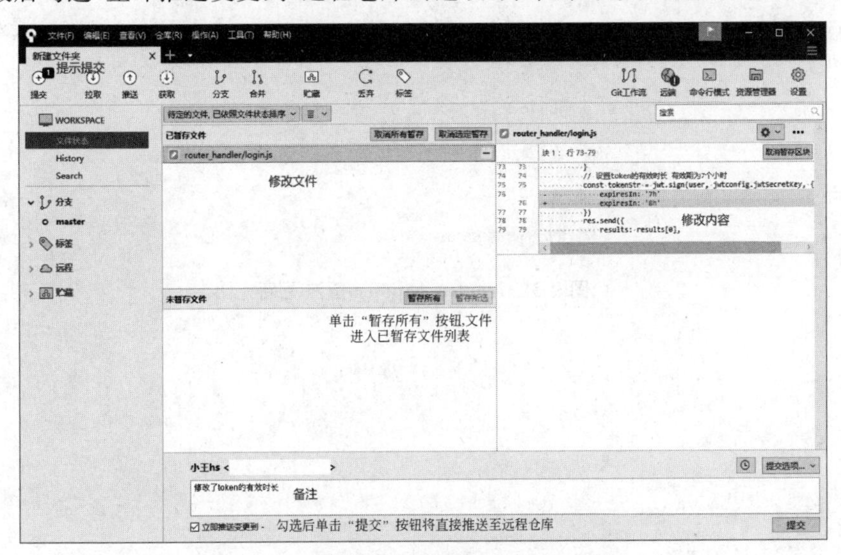

图 9-29　将修改的代码文件提交到远程仓库

提交成功后单击左侧 History 按钮回到主页面，可看到最新的提交记录，此时代码已被推送至远程仓库中，如图 9-30 所示。

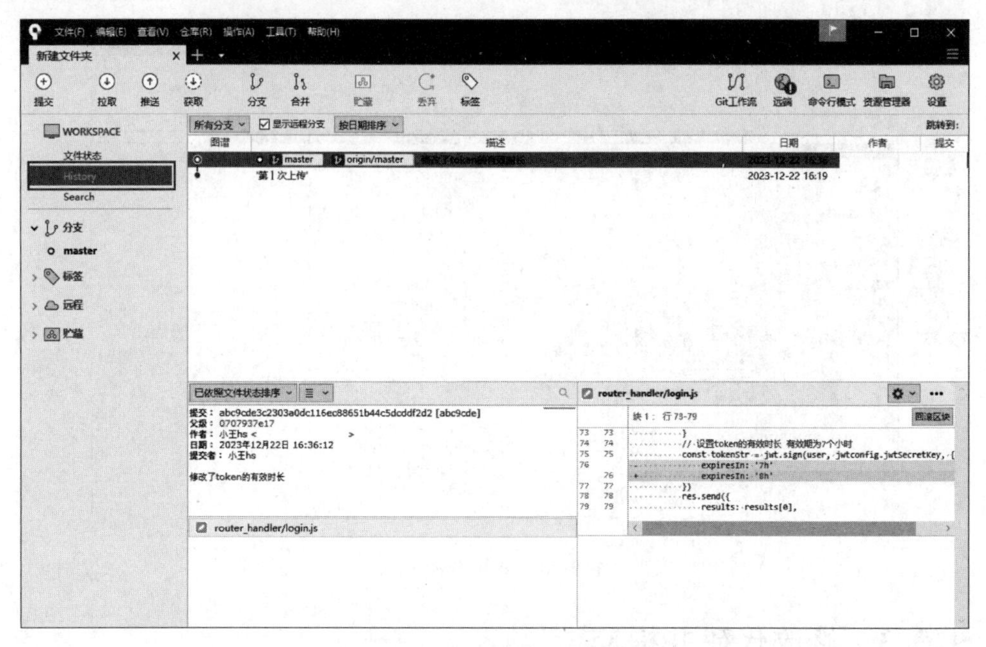

图 9-30 查看提交代码记录

回到 Gitee，可看到仓库中的 router_handler 的备注已经被更新为最新的备注了，如图 9-31 所示。

master ▾　分支 1　标签 0　+ Pull Request　+ Issue　文件 ▾　Web IDE　克隆/下载 ▾

小王hs　修改了token的有效时长　abc9cde　3分钟前　2 次提交

db	'第 1 次上传'	19分钟前
jwt_config	'第 1 次上传'	19分钟前
public/upload	'第 1 次上传'	19分钟前
router	'第 1 次上传'	19分钟前
router_handler	修改了token的有效时长	3分钟前

图 9-31 router_handler 备注更新

Vue.js篇

第10章 前端的变革

CHAPTER 10

前端是展现给用户浏览和操作的页面，可以是网站的网页，也可以是移动端的App应用界面。前端随着浏览器的出现而出现，并且随着科技的不断发展，从浏览器衍生到了各种移动设备上。前端开发涉及的技术非常广泛，从最初的前端三剑客（HTML、CSS、JavaScript）发展到如今的Vue、React、Angular等各种前端框架，在2018年以前，毕业生只会前端三剑客就可以找到一份薪资不错的工作，而现在普遍的要求已经变成了招聘者需掌握1～2个前端框架和些许后端知识，可以说前端的技术目前正处于高速迭代和大爆发的时代。

而前端的变革正是从静态页面到重视交互、个性化的动态页面开始的。在过去，开发者需从零开始通过编写大量的HTML、CSS代码去构建网页的基础布局，并且使用大量的声明式JavaScript去监听用户的鼠标、键盘事件，这种方式对于小型的门户型（如政府网站、学校网站）网站项目是可行的，但对于大型项目来讲，开发效率较低，并且容易出现重复代码和维护困难等问题。

随着AJAX的出现，前端可以实现与后端进行交互，前端JavaScript代码也变得复杂起来，但前后端分离的开发模式使前端和后端可以独立进行开发，提高了开发效率。JQuery的出现弥补了JavaScript的DOM操作代码过于烦琐的问题，其封装了大量常用的DOM操作，使前端开发者在编写DOM操作事件处理时减少了心智负担，可以轻松地完成各种复杂的操作事件，同时支持CSS各种版本的选择器特性也使前端程序员在渲染样式方面更得心应手，而由推特（Twitter）公司推出的Bootstrap则帮助前端开发者能够在短时间使用其内置的响应式组件模块搭建出适应不同屏幕分辨率和设备类型的网页。

而Vue、React等框架的出现，则是前端真正的革新。Vue等框架采用组件化和模块化的思维模式进行开发，从需要把一个页面的所有页面代码都写在一个.html文件变成可以将逐层逐个的组件拆分开来，帮助开发者在构建复杂的前端应用时能够化整为零，像堆积木般进行开发。同时，Vue等框架提供的状态管理、路由、生命周期等功能大幅减少了开发者的工作量，提高了开发效率和可维护性。

虽然说学习前端比学习后端更容易，但前端要学的内容可不比后端少，特别是在如今的“大前端时代”，Nuxt.js、Next.js等用于服务器端渲染（SSR）的JavaScript框架正再一次改变前端的开发思维和方式。框架的出现并不意味着如今的前端开发者不需要学习前端三剑客及 JQuery、Bootstrap 的知识内容,在一些国企和单位的网站还是使用这些老牌框架进行搭建的,作为未来的全栈工程师应该有"可以不会,但不能不懂"的万金油(游戏里意为全能型选手)的想法。

不管是什么框架,其最终的生成内容都是 HTML、CSS、JavaScript,作为前端开发的核心、基础,学习前端三剑客是任何前端开发者的第 1 步,同时也是贯穿整个前端开发生涯的必备技能。本章作为前端内容的开篇,将从前端三剑客开始讲起,并对 JQuery、Bootstrap 框架的简单使用进行介绍。

10.1 HTML

HTML(Hyper Text Markup Language,超文本标记语言)是由 Web 的发明者 Tim Berners-Lee 和同事 Daniel W. Connolly 于 1990 年创立的一种标记语言,在 1997 年 HTML4 成为互联网标准,并被广泛应用于互联网 Web 应用的开发。对于现实世界来讲,一段位于书上或报纸上的文本,如"这是 HTML",读者可以很直观地理解这段文字讲述的内容是什么,但对于计算机来讲,就需要额外的标记,如"这是一段文本内容",内容为"这是 HTML",HTML 的作用即在于此,就好比在商场的商品会打个标签告诉买家这是什么一样。对着处于英语环境下成长的人讲中文,对方可能听不懂是什么意思,同理,标记语言需要有专门的环境去识别这些标记,对于 HTML 来讲浏览器就是其翻译器,使用 HTML 描述的内容需要通过 Web 浏览器才能显示出所描述的内容,任何一个网页本质上就是一个或多个. html 文件。

HTML 获得广泛应用的原因在于能将一系列页面都集成在一个网站中。用户在购买服务器和域名之后,将. html 文件和相关的. css、. js、静态文件等内容放到服务器中,即可通过域名访问网站(站点),而该用户则被称为站长,网站首先展示的页面被称为主页。在 HTML 中可通过超链接(Uniform Resource Locator,URL,译为统一资源定位符)标签添加服务器根目录下其他的. html 文件路径或别的网站域名,通过单击事件即可跳转至其他. html 文件页面或其他域名的网页。本质上,将视为拥有多个页面(服务器根目录包含多个. html 文件)或能跳转到多个页面(一个. html 文件包含多个超链接)的称为网站,如在我国家喻户晓的网站 hao123. com 即是通过超链接将各种常用网站整合在一起的,在如今看来可能没有多少技术含量,但在互联网还未每家每户普及的年代,hao123 对于不会使用鼠标键盘、记不住网址、懒得输入网址的用户来讲,只需傻瓜式的操作就可遨游互联网。

对于 HTML 的历史,其经历了 5 个版本长达 20 年的迭代,目前使用的规范被称为 HTML5,在 2012 年初步形成了稳定版本,并于 2014 年 10 月 28 日由 W3C(World Wide Web Consortium,万维网联盟,Web 领域最具权威和影响力的国际中立性技术标准机构)发布了 HTML5 的最终版。HTML5 在之前的基础上新增并实现了表单、动画、多媒体、数据存储等新特性。每个. html 文件都可称为 HTML 文档,由各种 HTML 标签(元素)组成。

学习 HTML5,本质上是掌握各种标签。

在每个 HTML 文档中都会包含 3 个标签,分别是 html 标签、head 标签和 body 标签。被称为根元素的 html 标签是所有 HTML 元素的容器,不管这个. html 文件的内容是什么,最外层的标签总是 html; 其次是 head(头)标签,head 标签是所有头部元素的容器,用于展示或导入与网站有关的主要信息,包含 title(标题)、meta(定义 HTML 文档的元信息,如页面描述、关键词等)、link(链接外部资源)、script(嵌入或引用 JavaScript 代码)等标签; 最后是 body(主体)标签,网页内的所有展示给用户的内容都被包含在 body 标签中,如文本、超链接、视频、图片、表格、表单等,是 HTML 文档的主体部分。在任何一个网页按 F12 键打开开发者工具都可看到这 3 个标签,如图 10-1 所示。

值得注意的是 HTML 文档的最顶部往往是由<!DOCTYPE html >声明开始的,这是一个文档类型声明(Document Type Declaration,DTD),通过标记 HTML 告诉浏览器这是一个 HTML5 文档,并遵循 HTML5 规范来解析和显示页面。在 HTML5 中只有一种 DTD,如果类型不为 HTML,则这个网站可能是基于 HTML4 或其他版本的规则进行解析的。除此之外,标签基本是成对出现的,除个别可单独使用外,如< br >。

下面简单介绍几种在实际开发中较为常用且在本书项目中使用的标签。

10.1.1　定义标题

< h1 >到< h6 >,对应不同大小的文章标题,代码如下:

```
< h1 >这是一个文章标题</h1 >
```

其中< h1 >是最高级别的标题,并且随数字变大逐级递减标题字号,如图 10-2 所示。

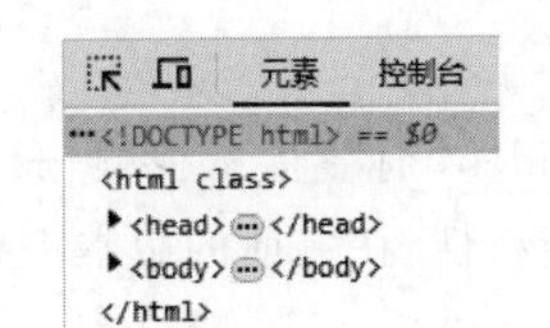

图 10-1　HTML 文档的主要标签(元素)

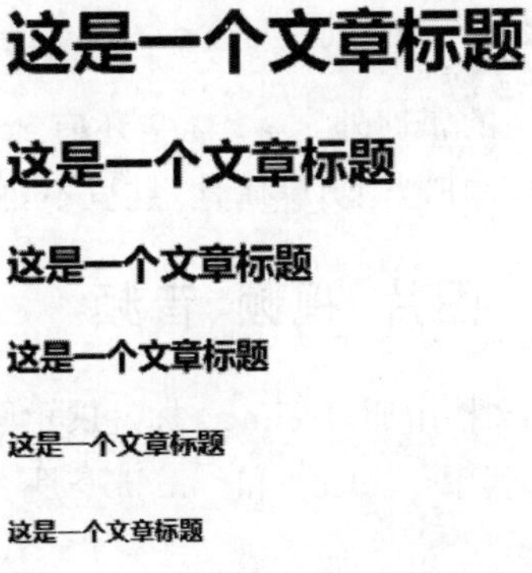

这是一个文章标题

这是一个文章标题

这是一个文章标题

这是一个文章标题

这是一个文章标题

这是一个文章标题

图 10-2　从 h1 到 h6 的标题示例

10.1.2　段落

使用< p >定义段落,段落在网页中就是一段文字,代码如下:

```
< p>这是一个段落</p>
```

10.1.3 超链接

<a>标签是 HTML 的超链接标签,具有多种属性,其中,最重要的属性是 herf,用于指定链接的目标 URL 网址,该地址可以是网址,也可以是绝对地址、相对地址,代码如下:

```
<a href = "https://www.baidu.com">单击访问百度网站</a>
```

通过 target 标签可指定链接如何打开。常见的取值有_blank(在新窗口打开)、_self(在当前窗口打开)、_parent(在父级窗口打开)、_top(在顶层窗口打开)等。以_blank 为例,代码如下:

```
<!-- HTML 的注释格式 -->
<!-- 单击后在新窗口打开页面 -->
<a href = "https://www.baidu.com" target = "_blank">单击访问百度网站</a>
```

假设需要在鼠标停放链接时提供提示信息,可使用 title 属性,该属性也是最为常用的属性之一,代码如下:

```
<a href = "https://www.baidu.com" title = "单击后跳转至百度网站">单击</a>
```

单击

单击后跳转至百度网站

图 10-3 <a>标签的 title 属性

鼠标移至"单击"后会显示"单击后跳转至百度网站",如图 10-3 所示。

<a>标签还具有下载文件的功能。在下载 Git 和 Sourcetree 时单击按钮就下载的原理即通过<a>标签的 download 属性实现的。以下载服务器保存的图片为例,代码如下:

```
<a href = "http://127.0.0.1:3007/upload/123.jpg" download>下载文件</a>
```

除以上常用的属性外,<a>标签还有 rel(用于指示链接与当前文档之间的联系)、type(指定连接的 MIME 类型)等属性,这里不再进行代码和图片示范。

10.1.4 图片、视频、音频

在 HTML 文档中通过<img>标签展示图片、通过<video>标签展示视频、通过<audio>标签展示音频,其中<video>和<audio>是 HTML5 的新特性,在之前的版本需要使用额外的插件去调用。

<img>标签用于显示图片的属性是 src,需注意的是不少初学者容易与<a>标签的 href 属性混淆;同<a>标签一样,<img>也具有 title 属性;除此之外,当图片因为网络或别的原因无法显示时可通过 alt 属性使用文字代替图片,即在图片的地方提供文字描述。<img>标签无须使用 style 去绑定宽和高,直接使用属性 width(宽)和 height(高)即可,代码如下:

```
<!-- 注意!无须尾标签 -->
<img src = "123.jpg" alt = "这是图片" title = "123" width = "200" height = "200">
```

当鼠标移至该标签创建的图片时，显示"123"字样，如图 10-4 所示。

< video >除具有 scr 属性、width 和 height 属性外，还有用于显示视频播放器控制面板的 controls（控制）属性，基本上在使用< video >标签时会用到 controls；当使用 autoplay(auto，自动)属性时，会在页面打开的时候自动播放视频，一些网站打开即播视频的原理即是如此；当添加 loop 属性时，视频会循环播放；假如想设计视频一开始为静音，则可使用 muted 属性，该属性的默认布尔值为 true，当为 false 时可正常播出声音，代码如下：

图 10-4　< img >标签的 title 属性

```
<!-- 当浏览器不支持 video 标签时，显示不支持视频标签 -->
<video src = "123.mp4" muted controls loop>不支持视频标签</video>
```

视频的控制面板包括播放/暂停键、静音/正常、全屏和更多按钮，更多按钮中包含下载、画中画、调整播放速度等选项，如图 10-5 所示。

< audio >的属性与< video >属性大致相同，但没有 width 和 height 属性，代码如下：

```
<audio src = "123.mp3" controls>不支持音频标签</audio>
```

音频的控制面板包括播放/暂停键、音量键和包含调整播放速度的更多键，如图 10-6 所示。

图 10-5　< video >内容及其控制面板

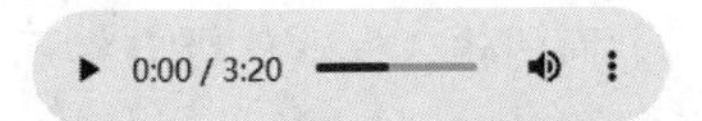

图 10-6　< audio >内容及其控制面板

10.1.5　表格

表格涉及 4 个标签，分别是< table >(table，表格)、< tr >(table row，表格行)、< th >(table head，表格头)和< td >(table data，表格数据)标签，其中< tr >、< th >和< td >必须嵌套在< table >中。< table >标签通常会使用 border 属性设置表格的边框大小，如果为 0，则没有边框，代码如下：

```
<table border = "1">
  <tr>
    <th>姓名</th>
    <th>性别</th>
    <th>年龄</th>
  </tr>
```

```
    <tr>
      <td>张三</td>
      <td>男</td>
      <td>23</td>
    </tr>
  </table>
```

姓名	性别	年龄
张三	男	23

图 10-7　包含用户基础信息的表格

该代码实现的表格如图 10-7 所示。

10.1.6　输入框

在 HTML5 中使用< input >标签来展示输入框，输入框有多种用途，在< input >中提供了 type 属性对应不同的输入场景，如用于文本（text）、密码（password）、邮箱（email）、电话号码（tel）等，代码如下：

```
<!-- 注意!无尾标签 -->
<input type = "text">
```

有时可见到部分网站的输入框的内部会有淡灰色的文字提示，这是通过 placeholder（必要但无意义的词项）属性实现的；如果该输入框表现为禁用，则使用 disabled（禁止）属性，如果为只读，则使用 readonly（只读）属性，更多的情况下会使用 disabled 代替 readonly。这里以 placeholder 和 disabled 为例，代码如下：

```
<input type = "text" placeholder = "这是一个文本框">
<input type = "text" placeholder = "这是一个文本框" disabled>
```

可看到上面的输入框默认带有提示文字，而下面的输入框则有淡灰色标识，表示禁止输入，如图 10-8 所示。

这是一个文本框
这是一个文本框

图 10-8　包含用户基础信息的表格

在表单的输入框的左侧通常会有名字提示，这是通过 name（名字）属性实现的；对于密码、邮箱等值会使用 pattern 属性对输入的值添加正则表达式；假设该输入框是个必填输入框，则需使用 required（必须）属性；如果需要在页面加载时自动获取输入框的焦点，则可以使用 autofocus（focus，集中）属性。在 10.1.9 节关于表单的介绍中会以登录功能为例，展示上面描述的 input 用法。

10.1.7　按钮

按钮有两种形式，一种是单纯的按钮，由< button >标签创建，另一种是由< input >标签结合 type 属性的值 submit（提交）、reset（重置）、image（图片）与 src 创建。在< button >标签之间可以放置任何内容，如图片、文本等，例如单击图片进行跳转便是通过在< button >和</button >之间添加< img >标签实现的，代码如下：

```
<!-- 基础按钮 -->
<button type="button">登录</button>

<!-- 用于提交内容的按钮 -->
<input type="submit" value="自定义文本">

<!-- 用于重置内容的按钮 -->
<input type="reset" value="重置">

<!-- 图片按钮 -->
<input type="image" src="123.jpg" alt="提交">

<!-- 图片按钮 -->
<button><img src="./img/123.jpg" alt=""></button>
```

基础按钮与 input 结合 submit、reset 属性的按钮在外观上并无太大区别。上述 3 部分代码其实只在文字上有所区别，主要在具体的实现场景上进行区分，3 个按钮如图 10-9 所示。

登录 自定义文本 重置

图 10-9 <button>与<input>文字按钮对比图

这里需注意的是<input>标签的图片按钮会显得更真，而<button>标签的图片按钮只是把文字替换成了图片，也就是会存在按钮的边框，如图 10-10 所示。

图 10-10 <button>与<input>图片按钮对比图

10.1.8 单选框、复选框

HTML 的单选框和复选框其实都是使用<input>标签实现的，如果属性 type 的值为 radio，则会创建一个单选框；如果属性 type 的值为 checkbox，则会创建一个复选框。同一组的单选框应该具有相同的 name(名字)属性值，以便用户只能选择其中的一项；相应地，复选框的 value 属性值则不唯一。以选择性别的单选框和选择爱好的复选框为例，代码如下：

```
<!-- 单选框 -->
< input type = "radio" name = "gender" value = "male">男< br >
< input type = "radio" name = "gender" value = "female">女< br >

<!-- 复选框 -->
< input type = "checkbox" name = "hobby" value = "reading">阅读< br >
< input type = "checkbox" name = "hobby" value = "sports">运动< br >
```

单选框通常是一个圆形的，而复选框通常为正方形，并且选择项为打钩状态，如图 10-11 所示。

◉男
○女
☑阅读
☑运动

图 10-11　单选框与复选框

10.1.9　标签、换行、表单

表单是实现用户与页面后台交互的主要组成部分，一个表单可能包含输入框、单选框、复选框、按钮等多种组件，例如常见的用于注册或登录的窗口。在 HTML5 以前，表单的组件内容大多需要 JavaScript 进行控制，如今可以直接使用 HTML5 提供的智能表单实现，还提供了内容提示、焦点处理、数据验证等属性，这些属性可直接作用于组件标签上。

表单使用< form >标签包裹其内容，由于表单涉及将数据传输至后端，所以在实际开发中< form >标签都会使用 action 属性定义传输的目标 URL 及使用 method 属性定义请求方法。以定义一个用于登录的表单为例，代码如下：

```
< form action = "/login" method = "post">
    <!-- < br >标签为换行符 -->
    < label for = "account">账号:</label >< br >
    <!-- < label >即标签 -->
    < input type = "text" id = "account" name = "account"
    placeholder = "6 - 12 位数字" autofocus
    pattern = "[0 - 9]{6,12}" required >< br >
    < label for = "password">密码:</label >< br >
    < input type = "password" id = "password"
    name = "password" placeholder = "字母加数字" required >< br >
    < input type = "submit" value = "登录">
</form >
```

在这段登录表单中，使用了< label >标签展示账号、密码，< label >标签的 for 属性用于绑定相同值的 HTML 元素，当用户单击账号时，账号输入框将获取焦点，需要注意的是，这里是通过< input >标签的 id 属性互相绑定的，而不是 name 属性；在 HTML5 中用于换行的是< br >标签，常用于文段和表单之中；最后，在< input >标签中的 name 属性用于标识表单不同的内容，类似于 Postman 测试时传入名为 account、值为 123456 等数据。表单如图 10-12 所示。

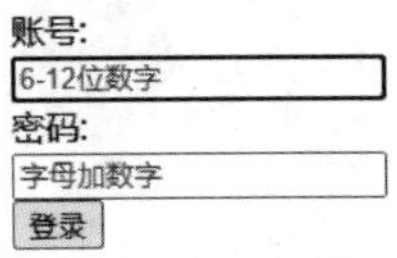

账号:
6-12位数字
密码:
字母加数字
登录

图 10-12　登录表单

10.1.10　列表

HTML5 提供了两种类型的列表，分别是使用< ul >标签定义的无序列表（Unordered

List)和使用< ol >标签定义的有序列表(Ordered List),列表项(list)则使用< li >标签,代码如下:

```
<!-- 无序列表 -->
<ul>
  <li>苹果</li>
  <li>香蕉</li>
  <li>橙子</li>
</ul>
<!-- 有序列表 -->
<ol>
  <li>苹果</li>
  <li>香蕉</li>
  <li>橙子</li>
</ol>
```

无序列表与有序列表的区别在于,无序列表的每个列表项前面是一个小圆点,而有序列表的每个列表项前面是用于排序的数字,如图 10-13 所示。

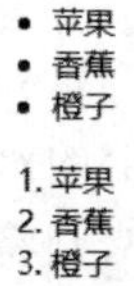

- 苹果
- 香蕉
- 橙子

1. 苹果
2. 香蕉
3. 橙子

图 10-13 无序列表与有序列表

10.1.11 块级元素、行内元素

HTML5 的标签大体分为两类,即块级元素和行内元素。

块级元素默认会占据页面的一行宽度,同时可包含其他的块级元素和行内元素,主要用于构建页面的主体结构,如标题、段落、列表等,例如标签< p >、< h1 >至< h6 >等就是块级元素。有一个特殊的块级元素是< div >,该标签没有特定的语义,也正因为它没有任何语义,所以就像一块砖头,哪里需要就往哪里搬,被大量用于页面的布局和样式化(结合 CSS 调整某区域的宽和高、颜色等)。

与块级元素对应的是行内元素,行内元素不会占据整行宽度,只会占据其内容所需要的宽度,也就意味着行内元素不能使用 CSS 调整宽和高,从这个特点可推出行内元素不能包含块级元素,其只能包含行内元素或文字。行内元素主要用于文字,例如使用< i >标签对文字斜体化、使用< strong >标签对文字加粗等。块级元素有< div >标签,行内元素则有< span >标签,同样是没有语义的,但可以对文本进行分组和样式化(主要为字体风格方面的样式化)。

10.1.12 标识元素

在介绍表单一节曾出现了用于标识元素的属性 id 和 name,此外用于标识元素的还有属性 class(类),标识元素主要用于获取某个唯一或获取多个相同特征的元素。对于 name 的作用就是用于标识表单元素,本节简单介绍 id 和 class。

在 HTML5 中使用 id 属性为某个元素添加唯一的标识符,代码如下:

```
<div id = "1"></div>
```

每个 id 只能在 HTML 文档中出现一次，可用于 JavaScript 的 DOM 操作或 CSS 的 id 选择器。

类的使用场景是为一个或多个元素添加类名，代码如下：

```
<!-- 具有咖啡、水特性的元素 -->
<div id="1" class="coffee water"></div>
<!-- 只具有咖啡特性的元素 -->
<div id="2" class="coffee"></div>
```

一个元素可以有多个类名，通常会为具备相同特征的元素添加相同的类名。类名主要用于结合 CSS 为多个元素添加样式，或用于 JavaScript 的 DOM 操作。

10.2 CSS

CSS(Cascading Style Sheets，层叠样式表)是运用在 HTML 或 XML(另外一种标记语言)元素上的语言，简单来讲，就是为元素添加样式，如宽和高、颜色、显隐等效果。如果页面没有 CSS，则将只会是白纸黑字的模样。

CSS 由 Hakon Wium Lie 在 1994 首次提出相应的概念，当时另一位程序员 Bert Bos 正在设计一款名为 Argo 的浏览器，两人一拍即合，决定设计 CSS。在 CSS 之前，其实已经存在不少针对样式的语言，不同的浏览器开发商使用各自定义的样式语言为用户提供不同的页面显示效果，当然这是属于大杂烩的一种场面。在 1995 年万维网的一次会议中，Hakon 演示了 Argo 浏览器支持 CSS 的例子，Bos 则展示了另一款支持 CSS 的浏览器 Arena(第 1 个支持背景图片、表格、文字绕流图片和内嵌数学表达式的浏览器)。在 1994 年 10 月 W3C 组织成立之后，CSS 的创作成员全部成为组织成员，并为了 CSS 标准统一样式语言的目标前进。

目前使用的是 CSS 的第 3 个版本(标准)，也称为 CSS3，所以不少相关书籍中写的是 CSS3，或者 HTML5＋CSS3。CSS 的第 1 个版本于 1996 年 12 月发布，过了两年，即在 1998 年的 5 月就发布了 CSS2，并且于 3 年之后，即 2001 年 5 月发布了 CSS3(草案)，直至 2017 年，才正式发布 CSS3。怎么过了 20 年了版本还是 CSS3？没错，这是因为千禧年之后 Web 的技术发展过于迅速，而不同浏览器厂商和新旧浏览器之间对于 CSS 标准的支持有所差异，一些特性可能在 Chrome(谷歌浏览器)得到支持，而在 Firefox(火狐浏览器)不被支持，CSS 需要不断地更新和完善才能适应快速发展的 Web 环境。值得一提的是，目前已有部分 CSS4 的新特性在一些浏览器中得到支持。

此外，CSS 原子化(Atomic CSS)也正在逐渐得到前端开发人员的青睐。原子，即在化学反应中不可再分的基本微粒，而在 CSS 中，将样式属性拆分为最小单元，并用简洁的类名来表示被称为 CSS 原子化。原子化将每个样式属性拆分为非常小的部分，实现细粒度的样式控制，实现通过不同的类名去组合不同的样式，给开发带来高度可定制和易于扩展的特性。目前国内企业开发流行的 CSS 原子化框架主要有 Tailwind CSS 和 UnoCSS。以一个简单的标题为例，分别使用 Tailwind CSS 和传统方式配置样式，代码如下：

```
<!-- 使用 Tailwind CSS 框架 -->
<h1 class = "text - green text - center">标题</h1>
//使用传统方式
<style>
/* CSS 注释格式 */
/* Scss 可使用//注释 */
    /* 通过类名即可为元素添加样式 */
    .title{
          /* 字体颜色,绿色 */
        color: green;
          /* 字体水平位置,居中 */
        text - align: center;
    }
</style>
<body>
      <h1 class = "title">标题</h1>
</body>
```

可看到，通过 Tailwind CSS 框架，只需书写 HTML 代码，而无须书写 CSS，便可配置元素的样式，显而易见的是减少了开发时的代码量、提高了开发效率，在管理 CSS 代码方面也带来了更好的维护性。当然，有利就有弊，对于支持传统样式写法或更喜欢使用预编译语言的开发者来讲会觉得在元素上添加太多的类名反而不好管理样式，不过这也是仁者见仁智者见智的问题了。在本书项目中会使用预编译语言 Sass 去书写 CSS，对原子化 CSS 感兴趣的读者可通过 Tailwind CSS 或 UnoCSS 的官网进一步了解其特性。

学习 CSS 主要包括学习常用的样式属性、选择器、盒子模型、布局方式、响应式开发及 CSS 的预编译语言如 Less 和 Sass(Scss)。本节简单介绍在实际开发中常用的 CSS 样式属性、选择器、盒子模型等，在 10.2 节介绍 CSS 的预编译语言，并于第 13 章布局中对常用的布局方式进行介绍。

10.2.1 选择器

在上述使用传统方式设置样式的代码中，通过给标题添加类名，就可在<style>标签内使用类名配置样式，这就是类选择器的实现方式。在 CSS 中，包含元素选择器、类选择器、ID 选择器、属性选择器和伪类选择器，通过 CSS 选择器，开发者可以精确地定位到页面中的特定元素，然后为其添加样式。

元素选择器是针对某个元素获取的，例如存在多个<p>标签定义的文段，如果需要把这些文段内的文字都设置为红色，则只需将 p 取出来，代码如下：

```
p {
  color: red;
}
```

类选择器是最常用的选择器，通过给元素添加不同的类可实现不同样式的叠加。需注意的是类选择器在单词的前面有个"."，代码如下：

```
.class {
  color: red;
}
```

ID 选择器则根据元素绑定的 id 获取指定元素，在 id 面前需加上井号"#"，代码如下：

```
#id {
  color: red;
}
```

属性选择器比较特殊，例如<a>标签会搭配 href 属性来使用，而在页面中展示的内容通常会有一条下画线，如图 10-3 所示，那么可通过 href 属性获取元素并去掉下画线，代码如下：

```
/* 选择所有 a 元素中 href 属性值以 https://开头的元素 */
a[href^ = "https://"] {
  /* 定义无文字下画线 */
  text-decoration: none;
}
```

可看到代码里使用了"^"符号，这表示该属性值是以 https://开头的。在属性选择器中也提供了多种相对灵活的选择方式，可指定包含某属性值的元素，也可指定以某属性值结束的元素，由于属性选择器的使用次数不多，这里不再进行详细叙述。

伪类选择器是一种特殊的选择器，这种特殊的选择器是根据伪类的状态来选择的，也是一种非常常用的选择器。那么什么是伪类呢？伪类主要包含与用户交互的元素和特定的元素，与用户交互的元素主要包括鼠标悬停(鼠标移上去，但未单击)的元素、鼠标正在单击的元素、被单击过的元素、获取焦点的元素(例如单击输入框)等，代码如下：

```
/* 通过 hover(悬停)伪类，当鼠标移到按钮上时，按钮颜色将变为黄色 */
button:hover {
  /* 定义背景颜色 */
  background-color: yellow;
}

/* 通过 active(激活、行动)伪类，当鼠标单击按钮时，按钮颜色变为红色 */
button:active {
  background-color: green;
}
/* 通过 focus 伪类，当鼠标单击输入框时，输入框边框将变为紫色 */
input:focus {
  /* 定义边框颜色 */
  border-color: purple;
}
/* 通过 visited(查看过)属性，将单击过的链接变为紫色 */
a:visited {
  /* 定义字体颜色 */
  color: purple;
}
```

特定的元素是指存在列表或多个文段的情况下，通过父元素去选择指定的子元素。下面以定义无序列表的第 1 个、第 n 个和最后一个元素的样式为例进行演示，代码如下：

```
/* 无序列表中的第 1 个元素
   first 译为第一，child 译为孩子 */
ul:first-child {
  /* 设置字体粗细 */
  font-weight: bold;
}

/* 无序列表的最后一个元素，last 译为最后 */
ul:last-child {
  color: red;
}
/* 无序列表的第 n 个元素 */
ul:nth-child(n) {
  color: blue;
}
```

10.2.2 字体、对齐、颜色

从对页面抽象的角度来讲，整个页面无非就是一堆大小不同、颜色各异的字体，可能还有一些图片。对于字体(font)，主要是定义字体的系列、大小、颜色、粗细、样式。什么是字体系列呢？如果是在学校或单位写过文字材料的读者，则可能会有过将 Word 文档的中文设置为“仿宋”，将英文设置为 Times New Roman 等的经历，诸如此类的即为字体系列，设置字体系列的代码如下：

```
/* font-family 属性应设置多种字体作为备用，以便在浏览器不支持首字体的情况下切换字体 */
p {
  font-family: "Times New Roman", Times, serif;
}
```

字体的大小通过 font-size 属性进行设置。字体大小通常结合单位 px(像素)、em、rem 进行定义。像素单位即根据一像素作为基准调整大小，代码如下：

```
p {
  font-size: 16px;
}
```

需要注意的是 em 和 rem，两者都是相对长度单位，也是用于响应式的单位。在行内元素中 em 单位是根据父元素的大小计算的，在块级元素中则根据相对浏览器默认字体大小进行计算，在浏览器中通常默认的文字大小是 16px。例如想将某个类为 title 的<div>标签的文字设置为 14px，代码如下：

```
.title {
  /* 14px/16 = 0.875em */
  font-size: 0.875em;
}
```

1rem 等于 HTML 根元素的大小，在设置 rem 时一般需先通过标签选择器去设定<html>标签的 font-size。使用 rem 比 em 更加灵活(em 需要根据父元素计算来计算去)，只需修改根元素的字体大小就可影响整个页面布局，代码如下：

```
html {
  /* 此时 1rem 等于 16px */
  font-size: 16px;
}
```

假设标题文本在一个块级元素中，由于块级元素的特性，文字会默认居于整行的最左边，对于这种情况可以使用 text-align 属性使文本居中对齐，代码如下：

```
.title {
    text-align: center;
}
```

如果该块级元素设置了高度，则可以结合使用 line-height(行高)属性和高度定义文本垂直居中，这是一个在实际开发中常用的操作，代码如下：

```
.title {
    text-align: center;
    line-height: 200px;
    height: 200px;
}
```

字体的颜色通过 color(颜色)属性定义，CSS 中颜色的使用场景一般是行内元素的字体或块级元素的背景颜色。一般使用 3 种形式去设定颜色，分别是 CSS 预定义的单词(如 red、blue、yellow)、十六进制颜色代码、RGB 颜色值，除此之外还可用 HSL 颜色值和 HSLA 颜色值去调整色调，代码如下：

```
/* 字体颜色 */
p {
  /* 白色,等同于十六进制#FFFFFF、RGB 颜色值(255,255,255) */
  color: white;
}

/* HSL */
p {
  /* 绿色 */
  color: hsl(120, 100%, 50%);
}

/* HSLA */
p {
  /* 最后一个参数为透明值 */
  color: hsl(120, 100%, 50%,0.5);
}
```

字体使用 font-weight 属性定义粗细，有两种实现方法，一种是通过 CSS 预定义的关键词 lighter、normal、bold 和 bolder 分别定义细、正常、粗和更粗；另一种是通过 100～900 的数字定义，代码如下：

```
/* 关键字 */
p {
  /* 将段落字体设置为粗体 */
  font-weight: bold;
}
/* 数字值,700 将段落字体设置为接近粗体的效果 */
p {
  font-weight: 700;
}
```

最后是字体常见的样式，通过 font-style 属性可将字体定义为斜体(italic)或倾斜(oblique)。斜体是字体的笔画会被设计成倾斜样式，而倾斜是将字体旋转一定的角度，一般用于英文的标题或书名，代码如下：

```
p {
  /* 设置为斜体样式,默认为 normal(正常) */
  font-style: italic;
}

p {
  /* 设置为倾斜样式 */
  font-style: oblique;
}
```

10.2.3 背景、宽和高

图片除了可以使用 HTML 的< img >标签创建外，还可通过 background-image 属性为块级元素添加背景(background)图片。图片通常需要结合宽(width)、高(height)进行定义，代码如下：

```
.class {
  /* 特别容易忽略的是路径应带有引号 */
  background-image: url("./123.jpg");
  /* 宽度 */
  width: 300px;
  /* 高度 */
  height: 200px;
}
```

宽、高的单位在不同的场景下有不同的选择，对于需要在页面保持一定比例的图片，通常会使用百分比单位(%)或视口单位(vh 和 vw)，代码如下：

```
.class1 {
  background-image: url("./123.jpg");
  width: 100%;
```

```
  height: 50 % ;
}
.class2 {
  background - image: url("./123.jpg");
  /* 相对于浏览器视窗宽度的百分比 */
  width: 30vw;
  /* 相对于浏览器高度的百分比 */
  height: 20vh;
}
```

背景图片可通过 background-repeat 属性定义图片是否重复及重复位置，代码如下：

```
.class {
  background - image: url("./123.jpg");
  /* 水平位置重复图片 */
  background - repeat: repeat - y;
  /* 垂直位置重复图片 */
  background - repeat: repeat - x;
  /* 水平和垂直位置都重复 */
  background - repeat: repeat;
  /* 不重复 */
  background - repeat: none - repeat;
}
```

前面曾通过 background-color 属性为< input >的 focus 伪类添加背景颜色，在只设置背景颜色的情况下可简写为 background，代码如下：

```
.class {
  background: red;
}
```

当使用简写属性时，还可合并其他的属性，代码如下：

```
.class {
  background: red url("123.png") no - repeat;
}
```

对于图片的起始位置，可通过 background-position 属性进行定位(position)，值可为5个预定义的关键字 top(上)、right(右)、center(中)、left(左)、bottom(下)，也可使用 x 轴和 y 轴的百分比进行定义，代码如下：

```
.class {
  /* 水平和垂直居中 */
  background - position: center center;
}

.class {
  /* 水平和垂直居中 */
  background - position: 50 % 50 % ;
}
```

10.2.4 定位

定位是十分常用的，块级元素的定位则使用 position 属性，例如有些网站某侧会添加广告图片，无论用户如何滑动页面广告都依旧在那个位置，这是通过固定定位实现的。定位分为静态定位（没有定位）、相对定位、固定定位、绝对定位和黏滞定位。相对（relative）定位是依据其原来的位置进行定位的，例如某个元素想向左偏移 20 像素，代码如下：

```
.class {
  position: relative;
  left: 20px;
}
```

固定（fixed）定位就是相对于浏览器的窗口进行定位的，所以对于固定在浏览器一侧的广告，无论用户怎么滚动页面，广告图片都还是固定在那里，代码如下：

```
.class {
  position: fixed;
  left: 20px;
}
```

绝对定位是需要在父元素开启相对定位的前提下定义的，是根据父元素的位置进行定位的，不少刚学习前端的开发者经常会遇到绝对定位失效的情况，这往往是因为父元素没有相对定位导致的，此时它的位置会相对于根元素进行定位，代码如下：

```
.father {
  /* 父元素 */
  position: relative;
  left: 20px;
}
.son {
  /* 子元素 */
  position: absolute;
  left: 20px;
}
```

黏滞定位是基于用户的滚动位置来定位的，是一种在相对定位和绝对定位之间切换的定位。在一定的高度内，元素会随着页面的滚动而移动，当过了这个高度，元素则会呈现固定的状态。比较常见的场景是标题的应用，当还未浏览到标题概括的内容时，标题会相对于页面变化，当标题随着页面高度的变化已经到顶部时，则卡在顶部不动了，除非浏览到下一个标题内容。使用时需开启 top、right、bottom、left 中的一种，黏滞定位才会生效，代码如下：

```
.father {
  height: 500px;
  /* 开启滚动条 */
  overflow-y: scroll;
}
```

```
.son {
  position: sticky;
  top: 0;
  background-color: #f2f2f2;
}
```

10.2.5 显示

在 CSS 中有两种方式可使元素隐藏起来，一种是将 display(展示)属性的值设为 none；另一种是将 visibility(可见)属性的值设为 hidden(隐藏)，但两种方式的结果有所不同，使用 display 后元素将完全消失，不会占用页面的空间，而使用 visibility 隐藏元素后，虽然看不到元素，但元素还是占据着页面中的空间，代码如下：

```
.class {
  display: none;
}

.class {
  visibility: hidden;
}
```

对于 display，如果想让元素再次显示，则可将值设为 block(区块)，而对于 visibility，则可将值设为 visible(可见)，代码如下：

```
.class {
  display: block;
}

.class {
  visibility: visible;
}
```

对于 block，还有另外一个作用，即可以将行内元素变为块级元素，而如果将块级元素变为行内元素，则需使用 inline(行内)定义，某些时刻还可使用 inline-block 使元素同时具有行内和块级的特性，即可对行内元素设定宽和高，代码如下：

```
.div {
  display: inline;
}

.span {
  display: inline-block;
  width: 300px;
  height: 200px;
}
```

在一些广告的右上角会有个关闭的按钮，当用户单击按钮后广告就消失了，这就是通过

display 属性实现的。

10.2.6　盒子模型

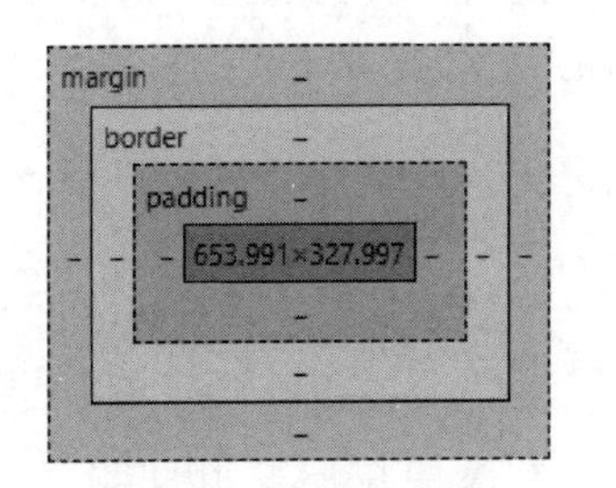

图 10-14　盒子模型

盒子模型是指 HTML 的元素除 content(内容)本身外,还包括 padding(内边距)、border(边框)、margin(外边距),盒子模型用于决定元素在页面中的定位和尺寸。一个很好的查看方式是在网页打开开发者工具,在元素选项下的详细样式中的最底部有个盒子模型的图,如图 10-14 所示。

首先是 padding,用于调整内容与边框之间的距离,或者说在边框内填充左右宽度或上下高度。一般来讲,padding 主要用于存在边框的情况下给内容留白,以便凸显内容所在区域。

在设定内边距时有简写属性,如果内容四周的内边距都不同,则可遵循顺时针的方向,即上、右、下、左的顺序分别添加内边距;如果左右的内边距相同而上下的内边距不相同,则遵循上、左右、下的顺序;如果上下、左右分别相同,则遵循上下、左右的顺序;在四周都相同的情况下,只需一个边距参数,该规则同样适应于 margin,代码如下:

```
/* 4 个内边距都不同 */
.class {
  padding-top: 20px;
  padding-bottom: 30px;
  padding-left: 35px;
  padding-right: 25px;
}

/* 4 个内边距都不同的简写形式 */
.class {
  /* 上、右、下、左 */
  padding: 20px 25px 30px 35px;
}
/* 上下不同、左右相同 */
.class {
  /* 上为 20px、左右都为 25px、下为 30px */
  padding: 20px 25px 30px;
}
/* 上下、左右分别相同 */
.class {
  /* 上下为 20px、左右为 25px */
  padding: 20px 25px;
}
/* 上下左右都相同 */
.class {
  /* 上下左右为 20px */
  padding: 20px;
}
```

还有一种情况是三边相同，一边不同，那么可以在上下左右都相同的基础上单独设置一边的值，代码如下：

```
.class {
  padding: 20px;
  /* 单独将底部设置为 30px */
  padding-bottom: 30px;
}
```

其次是 border，用于指定元素边框的样式和颜色，主要包括 border-style(style，样式)、border-width 和 border-color 共 3 个属性。

任何一个元素在默认情况下都没有边框的状态，即 border-style 的值为 none，在需要添加边框的情况下，可以使用 dotted(加点)、solid(实线)等值定义边框，代码如下：

```
.class {
  border-style: solid;
}
```

对于边框的宽度，可使用 border-width 属性定义 4 条边的宽度，代码如下：

```
.class {
  border-style: solid;
  border-width: 8px;
}
```

可单独设置边框的宽度，以设置上边框为例，代码如下：

```
.class {
  border-style: solid;
  border-top-width: 8px;
}
```

边框的颜色同字体颜色一样，可使用颜色名称、RGB 和十六进制进行定义，代码如下：

```
.class {
  border-style: solid;
  border-color: red;
}
```

更为常见的操作是使用简写，直接设置宽度、样式和颜色，因为在实际开发中注重样式的规整性，很少会发生 4 条边都宽度不一、样式不同的情况，简写代码如下：

```
.class {
  border: 1px solid red;
}
```

最后是 margin，用于调整本元素与其他元素之间的距离，由于写法与 padding 相同，这里不再进行定义外边距代码的示例，但 margin 有个十分常用的属性值，可以使容器内块级元素水平居中，代码如下：

```
.div {
  /* 上下 0,左右 auto */
  margin: 0 auto;
  width: 300px;
}
```

该属性值表示上下外边距为0,左右外边距自动计算,当该元素处于某个容器内(有父元素)时会使其自动保持水平居中。

此外,通过对盒子模型的观察,可以得到两条公式:

(1) 元素的总宽度=宽度+左内边距+右内边距+左边框+右边框+左外边距+右外边距。

(2) 元素的总高度=高度+上内边距+下内边距+上边框+下边框+上外边距+下外边距。

通过计算盒子模型的总宽度和总高度,可以在结合UI设计图开发时更加精确地控制元素的位置和尺寸。

10.2.7 外部样式、内部样式、行内样式

CSS使用选择器在当前HTML文档下定义样式的方式称为内部样式,与之相对的是额外创建一个.css文件专门用于定义样式,或者说封装样式,并通过<link>标签在页面进行链接,这样的好处是如果有多个页面的样式相同,则直接引用这个公共.css文件即可,代码如下:

```
<html>
  <head>
    <link rel="stylesheet" href="styles.css">
  </head>
  <body>
    <p>这是一段红色的文字.</p>
  </body>
</html>

/* styles.css */
p {
  color: red;
}
```

最后一种是直接通过在元素中添加style属性定义样式,称为行内样式,代码如下:

```
<p style="color:red;">这是一段红色的文字.</p>
```

如果大量使用行内样式,则无疑该元素的头标签会变得很长,其实CSS原子化也会出现这样的问题,使用原子化头标签可能会包含非常多的样式类,所以在写样式时需分情况使用不同的方式去实现CSS代码。

10.2.8 响应式

在CSS中，除了可使用%单位和视口单位实现CSS响应式之外，还有媒体查询、栅格布局、弹性布局等方法。本节仅简单介绍媒体查询的使用方法，将在10.4节关于Bootstrap框架的内容中介绍栅格布局，并在13.2节介绍弹性布局。

媒体查询是一种允许根据设备的特性(如宽度、高度)使用不同的样式，在代码中使用@media规则去定义不同条件下的样式。例如在正常情况下，页面的字体大小为16px，如果是在屏幕宽度小于600px的情况下，则可适当地将字体的大小修改为10px，代码如下：

```
/* 默认样式 */
body {
  font-size: 16px;
}

/* 当屏幕宽度小于600px时应用以下样式 */
@media screen and (max-width: 600px) {
  body {
    font-size: 10px;
  }
}
```

10.3 JavaScript

7min

JavaScript(JS)是一门用于Web的脚本语言，用于实现网页的交互效果，具备轻量级、面向对象、弱类型的特点。所谓脚本语言，即代码不需编译成机器语言和二进制代码，由解释器直接解释执行，也称为解释型语言，最简单的例子是直接打开浏览器的开发者工具，在控制台输入JS代码就可运行。通常解释型语言具备语法较为简单的特性，JavaScript也不例外。

JavaScript在1995年由Netscape(网景)公司的Brendan Eich在网景导航者浏览器上首次设计实现而成，最初的用途只是用于前端表单的验证。最初JavaScript被命名为LiveScript(Live译为生活、Script译为脚本)，后来由于网景与Sun公司(开发Java的公司)合作，更名为JavaScript，但实际上跟Java并无多大关联。

提到JavaScript，就不得不提ECMAScript(ES)。在JavaScript发布之后，微软的IE 3.0搭载了一个JavaScript的克隆版Jscript，除此之外还有另一个名为ScriptEase的脚本语言，导致了3种不同版本的客户端脚本语言同时存在。为了建立语言的标准化，网景公司将JavaScript提交给欧洲计算机制造商协会统筹标准化，并在网景、Sun、微软等公司的参与下制定了ECMA-262标准。目前，JavaScript的版本为ECMAScript 2023，而最近一次主要改动的版本为ECMAScript 2015，即ES6，在ES5语言规范时代的245页扩充至600页，其中增添的许多新特性也是目前使用JavaScript最常用的特性，本书项目后端部分使用的

const、let 关键字、解构赋值等即为 ES6 的新特性。

JavaScript 是一门面向对象的语言。学习面向对象的语言经常能听到一句话——万物皆对象，面向对象其实也是一种较为抽象的表述，与之对应的是面向过程的语言，如 C 语言。对象是从一个特定的模板实例化出来的实体，更为确切地说是从称为类的“东西”实例化出来的，所谓实例化，就是从虚到实的一个过程。要想明白对象，首先要明白类是什么，类是对多个对象的抽象，比方说农民的仓库中有铲子、钉耙、犁等，这些是实实在在且摸得着看得见的东西，能够在下地干活时派上用场，那么这些工具可以统称为“农具”，铲子可以叫作农具，钉耙同样也可以叫作农具，那么农具就是一种“类”，而铲子就是农具的一种具体实现，也就是实例化，所以铲子就是农具这个类的一个对象；同样还可以举例动物园的各种动物，如大象、狮子、老虎等都是实体的，而这些实体可以统称为动物，动物只是一个虚的、摸不到的名称，那么动物也是一个类。

从上面的两个例子中可以简单地得到一个结论，对象是具有属性和行为的实体，例如铲子的属性是有具体的使用年限，大象、狮子则具备体重属性且有确切的数值，而类是虚拟的，是对对象的属性和行为封装形成的一个独立的模板或蓝图。面向对象开发，就是通过类去实例化对象，根据对象本身具有的属性和方法去执行现实逻辑。

在 JavaScript 中，生成实例对象的传统方法是通过构造函数实现的，代码如下：

```
//构造一个名为 Person(人)的函数，接收名字和年龄作为参数
function Person(name, age) {
  this.name = name;                          //名字模板
  this.age = age;                            //年龄模板
}

Person.prototype.play = function(game){      //定义一种方法
   return console.log("我在玩" + game)
}

//实例化对象，此时 person 已经有从模板获取的 name 和 age 两个属性，并且实际值为张三和 23
var person = new Person("张三", 23);
console.log(person.name)                     //输出：张三
console.log(person.play("斗地主"))            //输出：我在玩斗地主
```

在上述代码中，通过构造一个名为 Person 的函数来表示人的共性，即人拥有名字、年龄，同时通过 JavaScript 的原型链添加了 play 函数(方法)，表达人玩游戏的这种行为。最后，通过 new 关键字调用 Person 函数实例化一个对象，即真实的人，该对象名为张三且年龄为 23 岁，并且喜欢玩斗地主。

在代码中 this 是指谁调用该函数，属性就会指向该对象，或者说该对象拥有这些属性。从 this 的角度看，person 对象是通过调用 Person 构造函数实例化的，那么 person 对象就拥有了 name 和 age 属性。在实际情况下，this 在不同的环境下有不同的指向对象，其中，最常用的场景即为在上述代码中在方法内使用 this 为对象添加属性，其余的情况都较为特殊且少用，所以不再进行详细叙述。

在 ES6 中通过 class 关键字定义类，相比于构造函数，更符合类这个定义，代码如下：

```
class Person{
  constructor(name, age) {                //constructor 方法用于设置对象的初始属性
    this.name = name;
    this.age = age;
  }

  play(game) {                            //行为
    return console.log('我在玩 ${game}');
  }
}
```

JavaScript 的另一个特点是弱类型，即在定义变量时并没有对变量的数据类型进行限制，例如定义一个名为 number(数量)的变量，代码如下：

```
var number = 1;                           //类型为 int,即整数
```

虽然变量名为数量，并且值也是数字，但这不代表变量 number 的值就一定为数字，后续还可把 number 的值变为字符串，并且不会报什么错误，代码如下：

```
var number = "数字";                      //类型为 string,即字符串
```

这样的好处是允许变量类型的动态改变，使编程更加灵活，但不好的地方是可能会在运行时出现错误，例如在不知道变量类型的情况下对变量进行比较，可能会出现整数类型与字符串类型对比的情况；其次是由于变量的类型不固定，当接替其他的程序员的业务时，可能还需要花些时间去弄清楚每个变量的类型是什么，以及代表什么意思。正是因为 JavaScript 弱类型的特点，才使 TypeScript——一个基于 JavaScript 构建的强类型编程语言诞生了。

JavaScript 包含 3 个主要部分，分别是 ECMAScript 规定的基本语法、文档对象模型(DOM)和浏览器对象模型(BOM)。ECMAScript 是 JavaScript 的核心，规定了语言的各方面，如语法、数据类型、关键字、操作符、对象及其扩展、编程风格等；DOM 是一组操作 HTML 元素的接口，通过元素的 id、class 属性去获得对应的一个或多个元素，并挂载相应的事件，抽象地看，整个浏览页面的操作无非就是单击和输入，而 DOM 操作就是监听单击或输入的内容，并做出相应的逻辑；BOM 提供了浏览器窗口交互的方法和接口，例如可通过 BOM 接口获取浏览器的分辨率信息，对样式做出一定的响应式变化，此外，使用 BOM 管理浏览器的历史记录也是常见的场景，如实现前进、后退操作。

下面将简单介绍 JavaScript 常用的主要语法、DOM 和 BOM 操作。

5min

10.3.1 运行、输出

JavaScript 主要运行在浏览器和 Node.js 环境中，其中，在 Node 篇中已经通过 Express.js 框架实现了服务器端的逻辑，本节将讲述如何在 HTML 文档中使用 JavaScript

代码及在浏览器运行 JavaScript 并进行输出内容的用法。

在 HTML 文档中，JavaScript 代码必须写在< script >与</ script >标签之间，而< script >标签可放置在< body >和< head >部分中，通常会放在< head >中，使其代码位于页面的顶部，让< body >内部只有 HTML 元素，代码如下：

```
<! DOCTYPE html >
< html >
  < head >
    < title >使用 JavaScript </title >
    < script >
      console.log("123")              //输出 123
    </script >
  </head >
  < body >
    <!-- HTML 元素 -->
  </body >
</html >
```

当然，JavaScript 并不一定要写在. html 文件内，同封装 CSS 一样，JavaScript 也可以对多个. html 文件共有的逻辑进行封装，例如有多个页面需要获取当前的用户信息，那么可以封装一个名为 getUserInfo(获取用户信息)的. js 文件，并在需要的. html 文件使用< script >标签的 scr 属性进行调用，代码如下：

```
<! DOCTYPE html >
< html >
  < head >
    < title >使用 JavaScript </title >
    < script src = "./js/getUSerInfo.js"></script >
   </head >
  < body >
    <!-- HTML 元素 -->
  </body >
</html >
```

此外，打开浏览器的开发者工具，并进入控制台(console)界面，可直接编写 JavaScript 代码并运行，如图 10-15 所示。

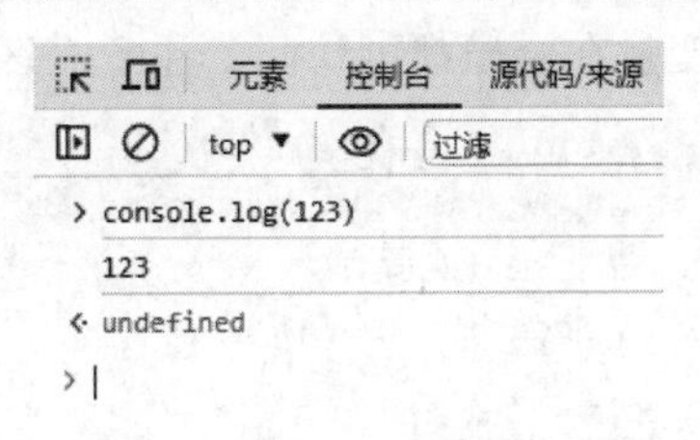

图 10-15　控制台输出内容

在 JavaScript 中，有多种输出内容的方式，最为重要的为 console. log()(log，日志、记录)，它可将内容输出至控制台。在开发期间，如果前端发现传给后端的参数不对，就需要使用 console. log 去输出传的值，检查哪里的值没有获得；在没有接口文档的情况下，对于后端传给前端的值，前端也需通过 console. log 输出响应数据以查看格式。一个重要的开发思维，就是能够独立使用 console. log 去排查错误。此外，还有 windows 对象的 alert()方法、innerHTML、document. write()这

3 种输出方式。值得注意的是 alert()方法，代码如下：

```
<script>
window.alert("注意,该操作会导致数据丢失");
</script>
```

该方法可在浏览器弹出一个警告框，通常会作为用户在执行某些敏感操作时的埋点响应，如图 10-16 所示。

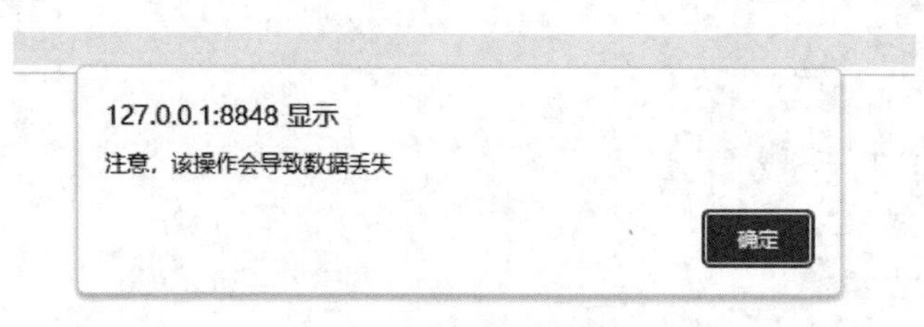

图 10-16　浏览器弹出警告

单词 inner 译为里面的，innerHTML 即通过 DOM 操作获取某个元素并修改其文本内容；document.write()(write，写)则直接在页面上输出内容。这里需要解释的是，同样是输出内容，为什么 document.write()没有 console.log()那么实用，或者说为什么不用 document.write()直接在页面输出内容或数值，原因有两个，第一是会影响页面原来的内容，第二是返回的数据通常有一定的格式，页面作为 HTML 文档不能清晰地展示出来。由于这两种输出方式在框架开发中不常使用，这里不再进行代码演示。

10.3.2　var、let、const 及作用域

在后端代码中，使用了 let 关键字声明变量和使用 const 关键字声明常量，这两个关键字都是在 ES6 引入的，并且都具有块级作用域、不能重复声明、暂时性死区的特性。在 JavaScript 中，块级作用域指的是花括号{}包围的代码块，通常是函数、条件语句或者循环语句，用 let 声明的变量只在当前{}下可见，在{}外访问不了该变量，即为块级作用域特性，const 声明的常量也是同理的。与之相对的函数作用域或全局作用域，使用 var 关键字定义的变量在全局都可访问。注意需区分函数作用域和块级作用域，代码如下：

```
//使用 var 定义全局变量
var x = 10;
function test() {
    console.log(x);                    //输出 10,即在函数内部可以直接访问全局变量
}
test();
//函数作用域
function test1() {
    var y = 10;
    console.log(y);                    //输出 10
}
test1();
```

```
console.log(y)                    //此时位于函数外,y 没有定义,会出现报错情况

//使用 let
if (true) {                       //这是一个块级作用域,而不是函数
    let y = 30;                   //在 if 条件语句的内部声明 y
    console.log(y);               //输出 30
}
console.log(y);                   //此时位于{}外,y 没有定义,会出现报错情况
```

变量即声明参数的值是可变的,就如同声明一个 number,值可以是 1,也可以是字符串“数字”,那么常量的值是不是不可以改变呢?并不是,常量的含义是指声明的对象不能更改,但可以改变对象的属性,从原理上来看只是声明了一个对象,其实 JavaScript 引擎会在堆中开辟一个空间用于存放对象的属性及值,代码层面的常量只是该对象在内存堆里的地址值,可以以一个简单的例子演示修改 const 定义对象的属性值,代码如下:

```
const person = {
    name: "张三",
    age: 23
}
person.name = "李四";
console.log(person.name);                 //输出: 李四
```

但如果通过 const 声明了一个数值,就不能修改了,代码如下:

```
const a = 10;
a = 20;                                   //执行时会出现报错情况
```

不能重复声明是指已经在当前块级作用域下声明了一个名为 number 的变量的情况下,再次声明一个名为 number 的变量会出现报错情况,代码如下:

```
//块级作用域 a
function a() {
    let number = 20;
    let number = 30;                      //会提示重复声明的报错
}
//块级作用域 b
function b() {
    let number = 20;                      //因为不在同一块级作用域,所以不会产生影响
}
//使用 var 重复声明
var a = 10;
var a = 20;                               //重复声明 a

console.log(a);                           //输出 20,不会提示重复声明报错
```

暂时性死区是指声明的常量不存在“变量提升”,也就是只能在声明之后才能使用,与之对应的例子是使用 var 定义的变量存在“变量提升”,代码如下:

```
//按常理此时还没用 var 定义变量 a,但由于存在变量提升,已经存在 a,但没定义值
console.log(a)                        //不报错,输出 undefined
var a = 100
//使用 let
console.log(b)                        //不存在变量提升,报错
let b = 100
```

此外还需要注意的是使用 const 声明时必须赋值，否则会报错，代码如下：

```
let a                                 //不报错
const b                               //报错
```

在实际开发中应避免使用 var 去定义变量。首先是 var 的作用域问题，当一个函数内部有多个条件语句(块级作用域)时，var 定义的变量在每个条件语句中都是可见的，这可能会导致冲突；其次是定义变量，按照正常思维是先定义才能使用，但由于 var 的变量提升特性，也容易导致意想不到的错误出现；最后是可重复声明，可以在同一个作用域多次声明同一个变量，这也可能会导致混淆和错误，所以读者在开发时应养成定义变量用 let 而定义常量用 const 的习惯。

10.3.3 数据类型

7min

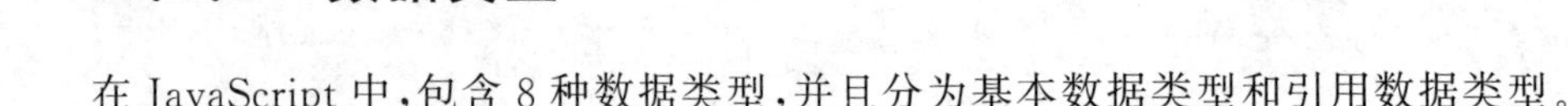

在 JavaScript 中，包含 8 种数据类型，并且分为基本数据类型和引用数据类型。

1. Number

用于表示数值的类型，支持整数、浮点数、八进制和十六进制，代码如下：

```
let number = 10                       //整数
let number = 0.1                      //浮点数
let number = 070                      //八进制的 56
let number = 0xA                      //十六进制的 10
console.log(typeof number)            //typeof 是用于判断类型的方法,输出 number
```

2. String

用于表示字符串的类型，字符串可以使用单引号(')、双引号(")或反引号(`)标识，代码如下：

```
let name = '张三'
let name = "张三"
let name = `张三`
console.log(typeof name)              //string
```

在后端曾使用模板字符串的方法直接在 SQL 语句中添加值，模板字符串是 ES6 的新特性，可定义多行字符串，同时可通过 ${}在字符串中插入变量，代码如下：

```
const sql = `select * from product
    where audit_status = '在库'
    order by product_create_time limit 10 offset ${number}`
```

3. Boolean

Boolean(布尔值)即布尔类型,包括 true(真)和 false(假),通常用于条件语句的判断,代码如下:

```
if (true) {                               //默认为 true
    let y = 30;
    console.log(y);                       //输出: 30
}
```

4. Undefined

Undefined(未定义)类型只有一个值 undefined,当声明变量但没有初始化时,变量的值为 undefined,代码如下:

```
console.log(a)                            //变量提升,输出 undefined
var a = 100

let b;
console.log(b)                            //未定义,输出 undefined
```

5. Null

Null 类型表示空值或无值,只有一个值 null。在某些情况下,存在一些没有使用但依旧有指针指向的对象,占据着堆空间的内存,如果不进行处理就会导致浏览器或 Node.js 进程使用的内存越来越大,最终导致程序崩溃,这种现象被称为"内存泄漏",这时可通过 null 来解除对象的指针引用以释放内存,代码如下:

```
var obj = null;      //变量 obj 保存的是对象在堆内存的地址(指针),置为 null 即可断掉联系
```

6. Symbol

Symbol(记号、象征)类型是 ES6 引入的新类型,用于表示唯一的值,通过 Symbol()函数生成,代码如下:

```
let s = Symbol();
console.log(typeof s)                         //"symbol"

//使用 Symbol 设定唯一的属性名
let a = {};                                   //定义一个对象
a[s] = "name";                                //对象 a 包含一个名为 s 的属性,并且该属性名是唯一的
```

7. BigInt

BigInt 是 ES2020 新增的基本数据类型,可表示任意长度的整数,通常用于解决 Number 类型无法表示的数据,Number 类型对于超过 16 位的十进制数无法精确表示,而 BigInt 则没有这种精度问题。定义 BigInt 有两种方法,一种是直接在数字后面加 n,另一种是调用 BigInt 函数,代码如下:

```
let bi1 = 10n;
//Number.MAX_SAFE_INTEGER 为 JavaScript 的最大安全整数,是在 ES6 中引入的
let bi2 = BigInt(Number.MAX_SAFE_INTEGER);
console.log(bi1);                                    //输出: 10n
console.log(bi2);                                    //输出: 9007199254740991n
```

8. Object

Object(对象)是唯一的引用数据类型,包含 Array(数组)、Function(函数)、Date(日期)等数据结构,所谓引用,即该变量引用(保存)的是该对象的内存地址。可以通过 Objcet()函数创建对象,也可以使用对象字面量表示法,代码如下:

```
let person = new Object();                          //创建了一个空对象
person.name = "张三";                                //添加属性
//字面量表示法
let person = {
    name: "张三",
    age: 23
};
```

在后端的入库时间、出库时间等便是通过 Date()函数构造的,代码如下:

```
const product_create_time = new Date()          //调用 Date()创建入库时间
```

10.3.4 条件语句

6min

在 JavaScript 中,包含 4 种条件语句,分别 if 语句、if-else 语句、if-else if-else 语句和 switch 语句。条件语句通常结合比较运算符和逻辑运算符使用。假定存在对 x=3 进行比较,见表 10-1。

表 10-1 比较运算符

运算符	描述	比较	布尔值结果
==	等于	x==3	true
		x==5	false
===	值和类型都需相等	x===3	true
		x==="5"	false
!=	不等于	x!=5	true
!==	不绝对等于	x!=="5"	true
		x!==5	true
>	大于	x>1	true
<	小于	x<1	false
>=	大于或等于	x>=3	true
<=	小于或等于	x<=3	true

逻辑运算符用于变量与变量之间的逻辑运算,假定存在 x=3 和 y=5 并进行逻辑运算,

见表 10-2。

表 10-2　逻辑运算符

运　算　符	描　　述	结　　果
&&	AND,和,左右两个条件都需符合	(x<5&&y>1)为 true
||	OR,或,左右两个条件只需一个符合	(x==3||y==6)为 true
!	NOT,不,不符合的情况	!(x==y)为 true

条件语句需注意的是,用于判断相等的是相等运算符,即"==",而不是创建变量时的赋值运算符,即"=",相等运算符比较时会自动进行类型转换;此外还有严格相等运算符,即"===",会比较值和类型是否都相同,不会自动进行类型转换。条件语句的示例代码如下:

```
//if 语句,适用于单一情况
if (number == 100) {                        //当数值为 100 时,执行代码块内的逻辑
    //代码块
}

if (err) return res.ce(err)                 //后端实际运用

//if - else 语句,适用于两种情况下的选择
if (number > 100) {                         //当数值大于 100 时执行代码块 1 的逻辑
    //代码块 1
} else {                                    //否则执行代码块 2 的逻辑
    //代码块 2
}

//if - else if - else 语句,适用于 3 种不同情况下的选择,如成绩的分数段
if (number < 60) {                          //当数值小于 60 时,执行代码块 1 的逻辑
    //代码块 1
} else if (number > 60 && number < 90) {    //当数值在 60～90 之间时,执行代码块 2
    //代码块 2
} else {                                    //除去两种情况外的默认情况,执行默认代码块
    //默认代码块
}

//switch 语句,适用于多种情况,比 if - else if - else 语句更直观
switch (number) {
    case 1:                                 //当 number 为 1 时,执行代码块 1
        //代码块 1
        break;                              //表示跳出循环
    case 2:
        //代码块 2
        break;
    default:
        //默认代码块
}
```

10.3.5 循环语句

在 JavaScript 中,包含 6 种循环语句,分别是 for 循环、for-in 循环、for-of 循环、forEach 循环、while 循环、do-while 循环。在本节中,主要介绍 for 循环、for-in 循环及 forEach 循环,这 3 种循环在实际开发中是常用的循环,其他的循环反而使用场景相对较少,同时本节对关键字 continue 进行简要介绍。

在 for 循环中,包含 3 个条件,或者包含 3 个语句。第 1 个语句是用来设置初始条件的;第 2 个语句用来定义条件范围;第 3 个语句用于在每次循环之后执行。例如输出 3 次“123”,代码如下:

```
for (let i = 0; i<3; i++) {                    //起始条件为 0,范围是 0~2,每次循环都加 1
    console.log(123)
}
```

这里容易混淆的是 i++ 和 ++i,i++ 表示每次执行后都加 1,++i 则表示先加 1 后执行,分辨很容易,看 i 在加号的前面还是后面,如果 i 在加号的前面,则说明先使用 i,然后是+,而如果 i 在加号的后面,即加号在前面,则说明先+后使用 i。

关键字 continue 在循环中起着跳过某一循环的作用,在实际开发中可通过 continue 在循环中过滤某些数据,例如在上述代码中,设定当 i 等于 1 时不输出 123,那么代码如下:

```
for (let i = 0; i<3; i++) {
    if(i = 1) continue;                        //i 为 1 时,跳过循环
    console.log(123)
}
```

其次是 for-in 循环,主要用于遍历对象的所有属性。假设存在名为 person 的对象,使用 for-in 遍历属性名和属性值,代码如下:

```
const person = {
  name: "张三",
  age: 23,
};

for (let property in person) {
  console.log(property, person[property]);     //输出属性名和对应的值
}
```

最后是 forEach 循环,在 5.1.2 节曾使用其处理密码值为空,这是 forEach 循环的主要使用场景,用于处理数组中的值,代码如下:

```
result.forEach((e) =>{
    e.password = ''
})
```

10.3.6 DOM及其事件

前面介绍JavaScript时曾提到，DOM(Document Object Model，文段对象模型)是一种用于操作HTML文档的接口，而其本质是在HTML文档加载的时候将文档内的元素、元素包含的属性和元素的值都转换为一个个对象构成的模型，这些对象表示文档的各种元素节点，以及文本节点、属性节点等，也就是说，通过DOM提供的API，可以找到并操作这些由元素或其文本、属性构成的对象，这些对象包括Document(文档)、Element(元素)、Text(文本)等。

在操作HTML元素时，首先应获得该元素。假设存在一个包含id、class且有样式、文本的元素，代码如下：

```
<div id = "1" class = "title" style = "color: red;"> Hello, World! </div>
```

可通过Document对象的5种API获得元素，代码如下：

```
//get(获取)Element(元素)by(通过)Id
let element = document.getElementById("1");

//Tag(标签)Name(名字),通过标签获取元素,通常用于获取多个元素
let element = document.getElementsByTagName("div");

//Class(类)Name(名字)
let element = document.getElementsByClassName("title");
```

可以看到上述API的名字是十分直观且具体的，通过单词就可知道是通过什么方式获得元素的，另外两种方式是通过CSS选择器获取页面的元素，代码如下：

```
//query(查询)Selector(选择器),通过 id 获取符合条件的第 1 个元素
let element = document.querySelector("#1");

//All(所有),此时返回一个类名皆为 title 的节点对象数组
var elements = document.querySelectorAll(".title");
```

此时，可对获得的Element元素进行修改操作，如使用innerHTML属性修改文本内容，代码如下：

```
let element = document.getElementsByTagName("div");             //获取元素
element.innerHTML = "Hello!";                                    //修改元素文本
```

对于该元素的字体颜色样式，可通过Element元素的style属性的color属性(多层嵌套对象)进行修改，代码如下：

```
element.style.color = "yellow";
```

通常DOM操作是结合监听方法来使用的。在实现监听案例之前，需要简单了解JavaScript事件。在JavaScript中有丰富的事件满足现实世界用户可能与页面做出的交互

动作,如 onclick 事件,用于当用户单击元素时触发响应; onload 事件,当用户进入页面时会触发响应; onchange 事件,当用户改变输入框内容时会触发响应; 此外还有用于鼠标的 onmouseover 事件和 onmouseout 事件,用于鼠标移至元素上方或移出元素时触发函数。以 onclick 为例,为按钮添加单击事件及其响应函数,代码如下:

```
//在按钮中添加 onclick 事件
<button onclick = "open()">单击我</button>

//用户单击按钮时触发函数
function open() {
    console.log(123);
}
```

什么是监听方法呢? 以 onclick 事件为例,可通过元素的 addEventListener(添加事件监听)方法,传入 click 参数触发 onclick 事件,代码如下:

```
//定义了一个按钮
<button id = "myButton">单击我</button>

//获取按钮元素
let button = document.getElementById("myButton");
//添加单击事件监听器,给按钮添加 click 事件,以及其对应的响应逻辑
button.addEventListener("click", function() {
  //单击后触发逻辑
  console.log("按钮被单击了!");
});
```

两者的区别在于,onclick 是事件,而 click 是一种方法,执行 click 就是模拟鼠标单击的情况,例如可把 click 方法绑定在一个标题上,当单击标题时,同时触发 onclick 事件。需注意的是,如果一个按钮同时绑定了事件和方法,则会先触发方法的内容,而后执行事件的响应。在 JavaScript 中,事件还有事件冒泡和事件捕获两种机制,由于在 Vue 框架中不常使用,所以这里不进行介绍,感兴趣的读者可自行查阅关于事件机制相关的内容。

10.3.7 BOM

1min

BOM(Browser Object Model,浏览器对象模型)是指将浏览器作为对象进行操作,让 JavaScript 能够与浏览器进行交互。BOM 中表示浏览器窗口的是 window(窗口)对象,所有 JavaScript 的全局对象都是 window 对象的属性,并且全局函数都是 window 对象的方法。通过 window 方法,可以访问 document 对象,也可以访问浏览器窗口的高度、宽度等对象,代码如下:

```
//获取 header 标签
window.document.getElementById("header");

//获取浏览器窗口的高度和宽度
```

```
let height = window.innerHeight;
let width = window.innerWidth;
//将结果输出到控制台
console.log("浏览器窗口的高度:" + height + "px");
console.log("浏览器窗口的宽度:" + width + "px");
```

输出结果显示了浏览器窗口的高度和宽度，如图 10-17 所示。

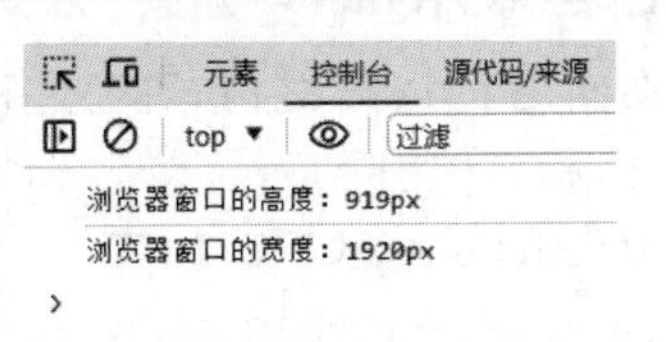

图 10-17　获取浏览器窗口宽度和高度

在 BOM 中还需了解的是 history 对象，通过该对象可以实现页面的前进和后退操作，以实现页面前进为例，代码如下：

```
<button id="forwardButton" onclick="goForward()">前进</button>

//触发页面前进,forward(前进)
function goForward()
{
    window.history.forward()        //当用户从页面 A 退回页面 B 时,单击按钮会重回页面 A
}
```

10.4　框架的出现

框架的出现代表着对原生内容的封装，如果把原生的知识点比作砖头，框架就是在砖头的基础上砌上了水泥。本节将简单介绍 jQuery 框架的常用语法和 Bootstrap 框架栅格布局的使用方法。

或许有读者会问 jQuery 这么古老的框架有必要学吗？其实只有在了解了 jQuery 才能更清楚地理解 Vue 在操作 DOM 元素上给予开发者多大的帮助，通过对比不同的 JavaScript 框架，去体会不同框架之间的特性，对于学习前端是非常有好处的。截至目前，我国有部分国企、机关单位还在使用 jQuery 框架，所以了解 jQuery 是有必要的。

对于 Bootstrap，则能了解在实际开发中常用的栅格布局，以及响应式设计。

10.4.1　jQuery

4min

在了解了 JavaScript 的 DOM 操作之后，可以发现 DOM 提供的 API 是一段较为长的由多个单词组成的内容，虽然看上去很直观且单词意义很明显，但在以前编辑器还没有强大的智能补全功能的时候，开发时仍较为不方便。于是，在 2006 年 1 月，程序员 John Resig 发布了 jQuery，一个快速、简洁的 JavaScript 框架，遵循"Write Less，Do More"（写更少的代码，做更多的事情）的原则，极大地优化了 JavaScript 常用的代码，其中，最为核心的是链式语法和封装了原生 DOM 操作的各种 API。

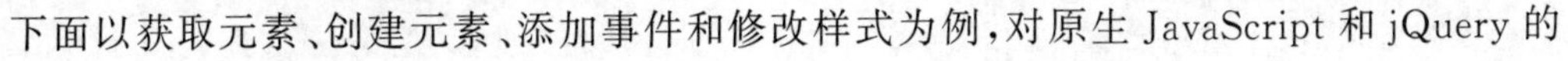

下面以获取元素、创建元素、添加事件和修改样式为例，对原生 JavaScript 和 jQuery 的

代码实现进行对比，了解 jQuery 的使用方式。假设存在一个包含 id 且有样式的元素，代码如下：

```
<div id="1" style="color: red;"> Hello, World!</div>
```

1. 安装 jQuery

在使用 jQuery 之前，可通过官网下载 jQuery 文件，这是一个.js 文件，放在根目录并在<head>标签中引入。

引入 jQuery 的代码如下：

```
<head>
    <script src="jquery-1.9.1.min.js"></script>
</head>
```

此外，还可通过 CDN(Content Delivery Network，内容分发网络)的方式链接 jQuery，CDN 是一种构建在网络上的内容分发网络，也就是将主服务器上的内容分发到部署在世界各地的边缘服务器，用于减轻主服务器的压力，而用户可通过 CDN 获取离自己最近的服务器的内容。在 HTML 文档中，可通过<link>标签的 href 属性链接 jQuery 的 CDN 地址，由于 CDN 地址的长度过长，所以这里不进行代码示范。

2. 获取元素

在 jQuery 中，通过"$"符和()函数获取该元素，相较于 JavaScript 减少了代码长度，代码如下：

```
let element = document.getElementById("1");           //原生 JavaScript

let element = $("#1");                                //jQuery 获取元素
```

3. 创建元素

对比创建元素，jQuery 也极为方便，代码如下：

```
let newElement = document.createElement("div");       //原生 JavaScript

let newElement = $("<div></div>");                    //jQuery 创建元素
```

4. 添加事件

在原生的添加事件中，JavaScript 需要先执行获取元素操作，再添加单击事件，而 jQuery 可通过链式操作在一条语句中同时执行多个操作，代码如下：

```
let element = document.getElementById("1");      //获取元素
element.addEventListener("click", function() {   添加单击事件
  //执行逻辑
});

$("#1").on("click", function() {                 //链式操作，在一条语句同时执行多个操作
  //执行逻辑
});
```

5. 修改样式

同样，对于修改样式，jQuery 也可通过链式操作执行逻辑，代码如下：

```
let element = document.getElementById("1");
element.style.color = "yellow";                    //将样式修改为 yellow

$("#1").css("color", "yellow");                    //jQuery
```

10.4.2 Bootstrap

Bootstrap 是美国 Twitter 公司的设计师 Mark Otto 和 Jacob Thornton 合作开发的前端开发框架，不同于 jQuery 只对 JavaScript 进行了封装，其结合了 HTML、CSS 和 JavaScript 这 3 种语言，提供了丰富的 Web 组件和全局 CSS 样式，使 Web 开发更加快速、便捷。截至目前，Bootstarp 已经更新到了第 5 代版本，其响应式的组件库和网页模板成为开发官网项目的首选，如 Twitter 便是使用 Bootstrap 开发的。

在 Bootstrap 3 的底层样式代码中，使用了 CSS 的预编译语言 Less，而在 v5 版本中变成了 Sass。使用 Bootstrap 框架及其组件开发的源代码可同时适配手机、平板和 PC 设备，这源于 CSS 媒体查询特性。

Bootstrap 的特点在于提供了丰富的全局 CSS 样式，也是通过类名去实现样式的。例如可通过其内置的.container（容器）类添加用于固定宽度且支持响应式布局的容器，这也是使用栅格布局的前提。在使用 Bootstrap 之前，需通过 link 标签链接 Bootstrap 的 CDN，可在官方查询最新的 CDN。

使用布局容器，代码如下：

```
<div class = "container">
  <!-- 子元素 -->
</div>
```

栅格布局指的是通过行（row）与列（column）的组合来创建布局。在 Bootstrap 中，将栅格布局中的每行平均分成 12 等份，通过调整列的样式类，去实现适应不同的屏幕设备，代码如下：

```
<div class = "container">
  <div class = "row">
    <!-- 每行分成三份,每份为总宽度的 1/3 -->
    <div class = "col - md - 4"> Column 1 </div>
    <div class = "col - md - 4"> Column 2 </div>
    <div class = "col - md - 4"> Column 3 </div>
  </div>
  <div class = "row">
    <!-- 每行分成三份,其中第一份和第三份为总宽度的 1/4,第二份为 1/2 -->
    <div class = "col - md - 3"> Column 1 </div>
    <div class = "col - md - 6"> Column 2 </div>
    <div class = "col - md - 3"> Column 3 </div>
  </div>
</div>
```

给每列的元素都添加上颜色样式,能更为直观地展示栅格布局,如图 10-18 所示。

图 10-18　栅格布局

在代码中可看到列的类名除了表达列和几等份的意思外,还有个 md(middle,中间),这是代表适应中等屏幕的列,在 Bootstrap 的官网中提供了适应不同屏幕的栅格参数,在使用布局时只需查询设备的屏幕,选择不同的类前缀,如图 10-19 所示。

	超小屏幕 手机 (<768px)	**小屏幕** 平板 (≥768px)	**中等屏幕** 桌面显示器 (≥992px)	**大屏幕** 大桌面显示器 (≥1200px)
栅格系统行为	总是水平排列	开始是堆叠在一起的，当大于这些阈值时将变为水平排列C		
`.container` **最大宽度**	None （自动）	750px	970px	1170px
类前缀	`.col-xs-`	`.col-sm-`	`.col-md-`	`.col-lg-`
列（column）数	12			
最大列（column）宽	自动	~62px	~81px	~97px
槽（gutter）宽	30px （每列左右均有 15px）			
可嵌套	是			
偏移（Offsets）	是			
列排序	是			

图 10-19　栅格布局参数

使用栅格布局,对于 UI 工程师来讲可以更好地控制页面元素的布局,从而保证页面的一致性；对于开发者来讲,一套源码适应不同设备,能够有效地提升开发效率；从用户的角度看,多端一致性的页面风格,能提升用户的体验感,提高页面的访问量。在本书项目 15.3.2 节使用了 element-plus 组件库中的 layout 布局,即是通过栅格布局实现的。在实际开发中,栅格布局的使用率是非常高,也是前端开发者必须掌握的技术。

10.4.3　Sass

Sass(Syntactically Awesome Style Sheets,语法很棒的样式表)是 CSS 的预编译语言,预编译是指用这类语言写的代码需要经过编译才能使用,道理其实很简单,浏览器只能识别 CSS 语言,不认识 Sass 语言,所以 Sass 写过的样式代码需要编译成 CSS,才能在浏览器上呈现。常见的 CSS 预编译语言有 Less、Sass 和 Stylus 等,由于本书项目使用的是 Sass,所以只对 Sass 进行介绍,对其他预编译语言感兴趣的读者可自行查阅其文档。

Sass 使用类似 CSS 的语法,并且在 CSS 的基础上增加了嵌套、混合、变量等功能,相对于 CSS 减少了重复的代码,为样式代码提高了可读性和灵活性,使 CSS 更易于组织和维护。在 Sass 版本 3.0 之前的文件名后缀为.sass,而版本 3.0 之后的后缀为.scss,所以将最新版本的 Sass 称为 Scss。

可通过两个简单的例子来展示 Scss 是如何使用样式代码，以便更易于维护，假设存在一个父元素包含子元素的情况，分别使用原生 CSS 和 Scss 书写样式代码，代码如下：

```
<div class = "wrapper">                        //wrapper,外壳
    <div class = "container"></div>           //container,内容
</div>

//原生 CSS,不同的类需要分开写
<style>
    .wrapper{
    /* … */
    }
    .container{
    /* … */
    }
</style>

//Scss,使用嵌套语法
<style lang = "scss">
    .wrapper{
    //样式内容
        .container{
        //样式内容
        }
    }
</style>
```

可看到通过 Scss 可使.container 嵌套在.wrapper 中，与元素在 HTML 文档中的关系保持一致，样式与元素之间的关系一目了然，使样式表更加模块化和更易于组织。

另一个例子是，假设存在两个具有相同样式属性但值不同的元素，如果使用原生 CSS，则需要分开写相同的属性，这样就造成了代码重复问题，在 Scss 中，可使用@mixin（混合）的方式去处理这种问题，代码如下：

```
<div class = "a"> 123 </div>
<div class = "b"> 123 </div>

//原生 CSS,不同的类需要分开写
.a{
  color: blue;
  font - size: 3px;
}

.b{
  color: red;
  font - size: 5px;
}

//Scss,混合语法,接收字体颜色和大小作为参数
```

```
@mixin button( $color, $font-size: 3px) {
  color: $color;           //Scss 支持变量
  font-size: $font-size;
}

.a{
  @include button(blue);
}

.b{
  @include button(red, 5px);
}
```

综上两个例子，可看到 Scss 对比原生 CSS 所表现的优异之处，是在复杂的 HTML 元素结构情况下书写样式的首选。当然，在实际开发中，选择 CSS 的预编译语言还是 CSS 原子化的相关框架都由项目总监决定，所以读者在实际工作时应当对多种方式有所了解，这样才能在不同的工作环境下保持竞争力。

10.5 真正的变革

2min

前端的变革不在于 jQuery 对 DOM 操作的高度封装，也不在于 Bootstrap 在响应式方面的突出表现，而在于前端模块化和组件化开发的思维及在前端架构、前端工程化方面的发展。

前端模块化和组件化是指将应用程序的代码拆分成多个独立的模块和组件，每个模块或组件负责特定的功能或界面元素。在本书项目的 Vue 框架中，通过 vue-router 对每个模块进行拆分且对应其单文件组件，使代码更易于管理和扩展；此外，还可将常用的组件及其逻辑、样式单独封装成一个文件，通过 ES6 的 import 语法在需要使用的页面导入，实现代码的可重用性。

前端工程化指的是引入工程化开发思想，通过制定一定的规则，对前端开发过程进行工程化管理，模块化和组件化即为其中的一项。例如使用 Vue 2 的 Vue-CLI 或 Vue 3 的 Vite 工具，能够快速地搭建框架的脚手架并自动配置项目的启动、打包等操作，简化项目的初始化和配置过程，这是前端工程化思想的具体实现；在开发过程中，使用 ESLint 等工具来保证全局的代码质量，就好比工程中的质量检查流程；此外，通过 Git 对代码进行版本控制也是一种工程化思维的体现。在本书项目中，使用 Vite 构建工具，能够为项目提供更快的启动速度、更轻量的构建体积、更丰富的插件系统，有效地提高了开发效率。

在前端架构方面，如果使用 Java、Python 等开发 Web 应用程序，则通常会采取 MVC（Model-View-Controller）架构，MVC 架构将应用程序分为模型（Model）、视图（View）和控制器（Controller）3 个核心部分。

视图即用户看到的页面，负责将模型中的数据呈现给用户，并接收用户的输入事件；控制器则负责接收用户的输入事件，通过模型提供的接口去改变模型中的数据；模型是核心的数据层，封装了数据及对数据的处理方法，并提供了访问和修改数据的接口，接收到控制器的命令后修改数据并提供给视图展示。由此带来的好处是，三部分彼此分离，降低了代码的耦合度，开发人员可以专注于开发自己的部分，并且在各自部分添加扩展不会对其他部分造成影响，从而提高了开发效率；在测试方面，可以对每部分独立地进行测试，这也提高了代码的可维护性。当然，有利就有弊，如果小型项目也严格遵循 MVC 架构，就需要过多的接口去实现简单的功能，增加了代码的复杂性，所以 MVC 在大型项目上更能体现其优势。三部分之间的逻辑如图 10-20 所示。

而在本书使用的 Vue 技术栈，则采用了 MVVM(Model-View-ViewModel)架构，这是一种基于数据双向绑定的架构。MVVM 由模型(Model)、视图(View)和视图模型(ViewModel)三部分组成。

Model 层即数据模型层，泛指后端的数据处理程序(如路由处理程序)及数据库，本书项目的整个后端都可称为 Model 层；View 层即用户界面，主要由 HTML 和 CSS 构成，在各个框架中则表现为"模板"语言，如 Vue 的 View 视图层被包裹在< template >标签中；ViewModel 层则是连接 Model 层和 View 层的桥梁，但不同于 MVC 架构的 Controller 层，View 层和 ViewModel 层通过数据双向绑定进行通信，如果 View 层数据发生了变化，则 ViewModel 层数据也会变化，反之亦然；此外，该层还包括了跟用户交互相关的逻辑和事件处理机制，通过 Model 层提供的接口修改数据库内的数据，并更新 ViewModel 的数据，最后呈现在 View 层中，这一步在 MVC 架构中则直接由 Model 层更新 View 层。

MVVM 架构带来的好处是，只要开发者将模板和后端设计好，那么后期只需维护 ViewModel 层，毕竟 ViewModel 层的数据会实时展现在 View 层中。MVVM 架构通过 ViewModel 层实现了 View 层和 Model 层的分离，这是前后端分离开发的重要体现。三部分之间的逻辑如图 10-21 所示。

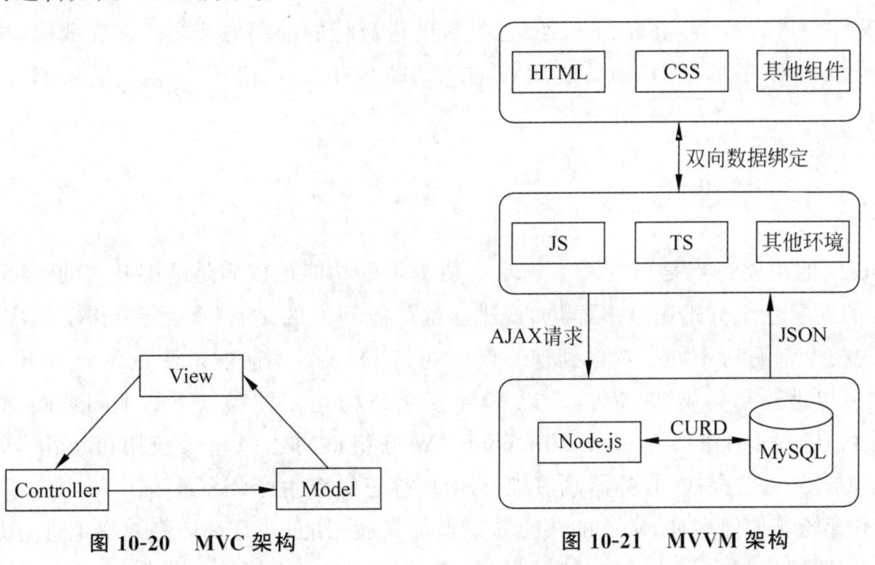

图 10-20　MVC 架构　　**图 10-21　MVVM 架构**

除 Vue 外，目前主流的前端框架 React、Angular 都使用了 MVVM 架构。此外，除上述两个架构外，还有 MVP、VIPER 等架构，这里不再进行叙述。

第11章 初识 Vue

CHAPTER 11

随着前端技术的不断发展，涌现出一批具有颠覆性的先进前端框架，以模块化、组件化和响应式的设计思维为重点，让前端开发人员可以创建出更丝滑、更具吸引力的页面，契合了在当今社会高度发展下人们不断提高的审美要求。如今，Vue.js、React、Angular.js框架已成为目前主流的前端开发框架，而Vue更是由于其创始人尤雨溪的华人身份，以及全中文的技术文档，在我国的前端开发人员掀起了学习的热潮。

本章，读者将走进Vue的世界，认识Vue.js，创建第1个Vue项目。

11.1 Vue.js的介绍

Vue是由知名程序员尤雨溪于2014年作为个人项目创建的，在社区的驱动下不断成为一个成熟的渐进式的JavaScript框架，也是目前最流行的前端框架之一。在我国，可能在从事前端开发的程序员中有60%使用Vue.js，剩下有30%使用React，最后有10%使用Angular.js。

11.1.1 渐进式

2min

Vue.js的主要特点是渐进式。Vue.js所提供的功能可以满足前端开发的大部分需求，但Web的发展是十分迅速且多样化的，开发者可能开发的是官网、后台、移动端应用等，在形式和规模上都有所不同。考虑到这一点，Vue.js的设计团队非常注重Vue在开发时的灵活性和"可以被逐步集成"的特性，所以Vue.js可以构建多种场景下的不同页面，如普通的静态页面、在页面中作为Web Components（Web组件）嵌入、单页应用（Single Page Web Application，SPA）、全栈/服务器端渲染（SSR）、静态站点生产（SSG）等。

但不管场景如何多变，Vue的核心知识点都是通用的，并且都能高效率地进行开发。基于这一点，即使是初次接触Vue的开发者，随着学习的不断深入，当能够完成复杂的项目时，Vue的核心知识点依然适用。这也就是Vue为什么是一个渐进式的框架，是一个可以与初学者共同成长，让初学者渐入佳境的框架。

11.1.2 声明式代码

Vue.js 基于标准 HTML、CSS 和 JavaScript 构建，并提供了一套声明式的组件化的编程模型。下面以在 Vue.js 文件中对一个按钮添加单击事件为例进行演示，代码如下：

```
<button @click="() => alert('123')">按钮</button>
```

所谓声明式，即只需声明实现的结果，而无须关心其内部实现过程，在模板内部已经由 Vue 封装了过程，如果以原生 JavaScript 的命令式写法去实现上述过程，则代码如下：

```
const div = document.getElementsByTagName('button')            //获取 button 元素
div.innerText = '按钮'                                          //添加元素文本内容
div.addEventListener('click', () => { alert('123') })          //绑定单击事件
```

从上述代码可看到，原生 JavaScript 更符合自然语言的描述，即每步的过程都可以描述得很清楚，符合人们在做某一件事情时的逻辑。通过对比声明式和命令式的实现代码，可以看到声明式渲染缩短了大量的代码，让用户无须关心代码是如何实现这个单击事件的，并最终输出 HTML 和 JavaScript 状态之间的关系。当然，Vue 的底层还是使用原生的命令式去实现这一过程，并且在性能上并没有优于命令式代码的性能。

11.1.3 组件化

组件化是指在 Vue 中会以一种类似写 HTML 文档的格式去写 Vue 组件，也被称为单文件组件(Single-File Component，SFC)，以.vue 后缀结尾。每个单文件组件中都包含了模板(HTML)、逻辑(JavaScript)和样式(CSS)三部分，以上述按钮为例，代码如下：

```
//一个完整的单文件组件
<template>                              //对应 HTML 部分
  <button @click="() => alert('123')">按钮</button>
</template>

<script setup>                          //对应 JavaScript 部分
</script>

<style scoped>                          //对应 style 部分
button {
  background: red;
}
</style>
```

可以看到，该组件与常规的 HTML、CSS、JavaScript 并无太大区别，这体现了开发团队在设计框架时考虑了易学易用性，让了解前端三剑客的程序员能够使用熟悉的语言编写模块化的组件。

组件化的另一个特点是关注点内聚，传统的 Web 开发通常会将 HTML、JavaScript 和 CSS 分离，并通过<script>标签和<link>标签引入.js 文件和.css 文件，这是一种基于文件

类型分离的开发方式，但在一个单文件组件中，其模板、逻辑和样式是联系的，是耦合的，其目的是使组件具有内聚性和可维护性。面对元素较多的页面，可通过多个单文件组件组合起来，代码如下：

```
//多个组件组合
<template>                                    //对应 HTML 部分
  <title></title>                             //标题组件，其内部同样由 3 部分组成
  <button @click="() => alert('123')">按钮</button>
</template>

<script setup>                                //对应 JavaScript 部分
import title from '../title.vue'              //引入标题组件
</script>

<style scoped>                                //对应 style 部分
</style>
```

在这种开发方式下，开发者在面对包含多种不同类型的元素的复杂页面时，只需关心具体元素组件内部的模板、逻辑和样式，这其实也是一种前端工程化的思维体现，好比一个施工队有不同的工种，刷漆的人员负责刷漆，贴墙砖的人员负责贴墙砖，只需负责各自的模块。

在单文件组件的<style>标签中，可看到有个 scoped 属性，其作用是样式只会在当前单文件组件内生效。前面提到，一个复杂的页面往往会存在多个单文件组件，scoped 即是用在此种情况的。

11.1.4 选项式 API 与组合式 API

此外，在逻辑部分的<script>标签中，可看到有个 setup 属性，这是一种组合式 API 的编译时语法糖(简化代码的方式)，本书项目所使用的就是此种方式。在 Vue 的 2.0 版本(不包括 v2.7)中，逻辑部分的代码使用的是选项式，代码如下：

```
<template>
  <div @click='increment'>{{ count }}</div>
</template>

<script>
export default {
  data() {                                    //参数区域
    return {
      count: 0                                //count，总数
    }
  },

  method:{                                    //方法区域
    increment() {                             //单击后数字递增
     this.count++
    }
```

```
    }
  }
</script>
```

使用选项式 API，在< script >部分会包含多个选项的对象来描述组件的逻辑，如在上述代码中的 data，其 return 返回的属性会成为响应式的状态，此外还有用于改变状态与触发更新函数的 methods（方法）选项和生命周期钩子函数选项。选项内定义的属性会暴露在函数内部的 this 上，并指向当前的组件实例。

下面再来看 Vue.js 的 3.0 版本（包括 v2.7）所使用的含语法糖的组合式 API，代码如下：

```
<template>
  <div @click='increment'>{{ count }}</div>
</template>

<script lang='ts' setup>
import { ref } from 'vue';
const count:number = ref(0);                    //使用 ref 创建响应式数据
//const count = ref(0) 也是可以的,ref 会根据初始化的值推导其类型

const increment = () => {
  count.value++;                                //使用 value 访问响应式数据的当前值,并递增
};
</script>
```

相对于选项式 API，可以很明显地看到使用组合式 API 的代码更加简洁，并且能够使用纯 TypeScript 声明 props（属性），其核心思想在于直接在函数作用域定义响应式状态变量，并将从多个函数中得到的状态组合起来处理复杂问题，例如在代码中除 increment 函数操作 count 外，还可以定义其他的函数去操作 count，这种形式更加自由和灵活。在官方介绍中，组合式 API 在运行时还拥有比选项式 API 更好的性能。为什么有组合式 API，在 Vue 3.0 还有选项式 API 呢？一方面是衔接 Vue 2.0 的开发方式，让熟悉 Vue 2.0 开发方式的用户更快上手；另一方面是选项式 API 以“组件实例”的概念为中心（如代码中的 this 指向实例），对于使用过面向对象语言背景的用户来讲，这通常与基于类的心智模型更为一致，在某些方面按照选项来组织代码，可能对初学者更友好。

11.1.5 生命周期

钩子函数是一种在特定阶段调用的函数，在 Vue.js 文件中提供了多种不同的生命周期钩子函数，作用在组件的不同发展阶段。在 Vue 3.0 使用的 setup 即是一个钩子函数，作用于创建组件之时，用于创建 data 和 method。下面举例常用的生命周期钩子函数，包括以下几种。

（1）setup()：创建组件时调用，在 Vue 2.0 中为 beforeCreate()和 created()钩子函数。

（2）onBeforeMount()：组件挂载到节点上之前调用。

(3) onMounted()：组件挂载完成后执行。

(4) onBeforeUpdate()：组件更新之前调用。

(5) onUpdated()：组件更新完成之后调用。

(6) onBeforeUnmount()：组件销毁之前调用。

(7) onUnmounted()：组件销毁完成后调用。

(8) onActivated()：组件从< keep-alive >激活后调用。

(9) onDeactivated()：组件从< keep-alive >停用后调用。

(10) onErrorCaptured()：子组件或孙组件发生错误时调用。

其中，第8个和第9个生命周期钩子函数的调用场景在于存在缓存组件的场景。以使用按钮动态切换不同的组件为例，代码如下：

```
<template>
  <div>
    <button @click="toggleComponent">切换组件</button>
    <keep-alive>
      <component v-if="show" :is="dynamicComponent" />
    </keep-alive>
  </div>
</template>

<script setup>
import { ref } from 'vue'
import ComponentA from './ComponentA.vue'
import ComponentB from './ComponentB.vue'

const show = ref(false);
const dynamicComponent = ref(ComponentA);

const toggleComponent = () => {
  show.value = !show.value;                  //单击按钮后 false 变为 true
  if (show.value) {                          //当为 true 时值为 1
    dynamicComponent.value = ComponentA;     //切换为组件 A
  } else {
    dynamicComponent.value = ComponentB;     //切换为组件 B
  }
}
</script>
```

在上述代码中，组件A和组件B被缓存在< keep-alive >标签中，而不是重新创建和销毁，当需要频繁切换组件的时候，使用< keep-alive >能够有效地提高性能。

11.1.6 响应式

在组合式API中，使用ref()函数声明响应式状态，该函数接收参数并将其包裹在一个带有.value属性的ref对象中，代码如下：

```
//无 setup 语法糖
import { ref } from 'vue'

export default {
  setup() {
    const count = ref(0)
    //将响应式状态暴露给模板使用
    return {
      count
    }
  }
}

//setup 语法糖
import { ref } from 'vue'

const count = ref(0)

console.log(conut)                    //{ value:0 }
console.log(count.value)              //0

//在模板中直接访问,无须添加.value
<div>{{ count }}</div>                //0
```

在原生 JavaScript 中,声明一个变量无须使用 ref,但也无法被检测到变量是否被访问或修改,代码如下:

```
const count = 0
```

而在使用了 ref 后,Vue.js 会在组件首次渲染时,追踪在渲染过程中使用的每个 ref,当 ref 被修改时,将检测到变化并触发该组件的一次重新渲染,而不会将整个页面重新渲染,这就是所谓的响应式,而这种声明式地将组件实例的数据 count 绑定到呈现的 DOM 元素上称为"模板语法"。

另一种声明响应式状态的是 reactive()函数,与 ref 将值包裹在对象中不同,reactive()将使对象本身具有响应式,即无须.value 去访问内部值,代码如下:

```
import { reactive } from 'vue'

const obj = reactive({ count: 0 })

console.log(obj.count)                //0 无须通过 obj.count.value 访问

//在模板中使用
<div>{{ obj.count }}</div>
```

需要注意的是,reactive()只能用于对象类型,如对象、数组等,不能用于 string、number 或 boolean 这样的原始类型,此外其与 ref()都会深层地转换对象,即如果对象中还嵌套了别的对象,则嵌套的对象也具有响应式,不过可通过 shallowReactive()函数选择退出深层响应性。

需要注意的是 Vue 2.0 与 Vue 3.0 实现响应式的原理是不同的，在 Vue 2.0 中使用 Object.defineProperty()函数实现数据劫持，通过 getter 和 setter 函数来追踪数据变化，从而实现数据和视图的同步；在 Vue 3.0 中使用了 Proxy 对象来替代 Object.defineProperty()实现响应式数据，这是一个在面试中常会被问到的重点原理问题。有关响应式的原理在官网中有更详细的叙述，对 Vue 3.0 的响应式实现原理及其源码感兴趣的读者可访问 Vue 3.0 官网文档进行查阅，本书只介绍到此。

在后续的项目实战中，将对 Vue.js 文件中的核心知识点逐一实践。那么现在读者将随着知识点的镜头来创建一个 Vue.js 项目的 demo，并在 demo 的基础上逐步实现完整的后台前端页面。

11.2 第 1 个 demo

demo 是 demonstration 的缩写，译为示范、证明，在计算机领域通常是指代码的示范，也可以理解为某个项目的雏形、代码片段。本节将介绍如何创建一个 Vue 的 demo，并对 Vue 的脚手架进行分析。

11.2.1 安装 Vue.js 项目

在桌面按 Windows+R 键，输入 cmd 命令打开终端命令行，输入创建 Vue.js 项目的命令，命令如下：

```
npm create vue@latest
```

执行这一指令将会安装并执行 create-vue，它是 Vue.js 官方的项目脚手架工具，如图 11-1 所示。

```
Need to install the following packages: 需要安装下列包
  create-vue@latest      Vue官方的脚手架工具create-vue
Ok to proceed? (y)   是否继续 输入y 继续
```

图 11-1 安装 create-vue

输入 y 后，将出现输入项和几个可选项。第 1 个输入项是输入项目的名称，读者可根据自己的喜好给项目输入名称，这里输入的是“后台前端”；第 2 个输入项是输入包的名称，默认按 Enter 键跳过即可。可选项包含是否使用 TypeScript 语法、是否启用 JSX(JavaScript 的语法扩展，主要用于 React 框架)支持、是否引入 Vue Router、Pinia、Vitest 等内容，如图 11-2 所示。

在项目中，使用了 Vue.js 的全家桶，即 Vue+Vue Router+Pinia 的技术栈，所以在配置选项中都选了是，其余的 JSX、Vitest、测试工具和 ESLint 选择了否或不需要。项目构建完成后，使用 cd 命令进入项目根目录，输入安装依赖的命令并启动项目，代码如下：

Vue.js - The Progressive JavaScript Framework
√ 请输入项目名称： ... 后台前端
√ 请输入包名称： ... -
√ 是否使用 TypeScript 语法？ ... 否 / 是
√ 是否启用 JSX 支持？ ... 否 / 是
√ 是否引入 Vue Router 进行单页面应用开发？ ... 否 / 是
√ 是否引入 Pinia 用于状态管理？ ... 否 / 是
√ 是否引入 Vitest 用于单元测试？ ... 否 / 是
√ 是否要引入一款端到端（End to End）测试工具？ » 不需要
√ 是否引入 ESLint 用于代码质量检测？ ... 否 / 是
ers\1\Desktop\后台前端\后台前端...
执行以下命令：

图 11-2 配置 Vue 项目

在本地搭建一个服务器，所示。

览项目的页面需要搭建服以直接通过本地浏览器访

```
Vite v5.0.10 ready in 506 ms

[ Local:   http://127.0.0.1:5173/
[ Network: use --host to expose
[ press h + enter to show help
```

图 11-3 Vite 启动服务器

面应用(SPA)，即不管这个项目有多少个页面，例如用于登录本质上是在同一个页面，页面在变换时是通过 JavaScript 动由于这一特性，需要通过服务器去完成资源的加载和管理及和调整，确保用户访问不同的路由地址能够被正确地加载和通过 Vue-CLI 工具来创建服务器的，而在 Vue 3.0 则通过

制到服务器，即可看到由 vue-create 创建的 Vue.js 初始页面，

有关 Vue 的文档、工具、生态系统、社区及支持 Vue.js 的方式。都可找到，在后续将会对该页面的内容进行删除并重绘。

手架

是为了保证各施工顺利而搭设的工作平台，而在 Vue.js 文件中，就建项目的基本目录结构，把必要的文件搭建好。

打开项目根目录，如图 11-5 所示。

1. .vscode 文件夹

Vue 官方推荐的 IDE（Integrated Development Environment，集成开发环境）配置是 Visual Studio Code（下称 VS Code）＋Volar 扩展，VS Code 是一个知名的编辑器，Volar 则

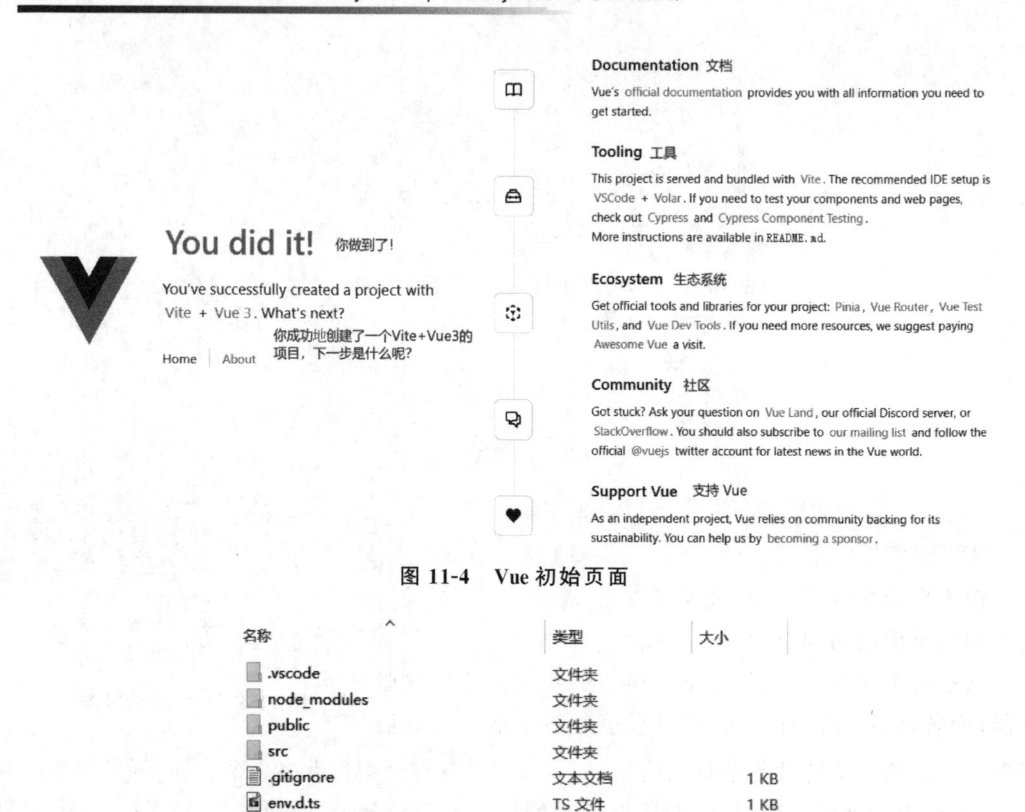

图 11-4 Vue 初始页面

名称	类型	大小
.vscode	文件夹	
node_modules	文件夹	
public	文件夹	
src	文件夹	
.gitignore	文本文档	1 KB
env.d.ts	TS 文件	1 KB
index.html	Chrome HTML D...	1 KB
package.json	JetBrains WebSt...	1 KB
package-lock.json	JetBrains WebSt...	57 KB
README.md	Markdown File	2 KB
tsconfig.app.json	JetBrains WebSt...	1 KB
tsconfig.json	JetBrains WebSt...	1 KB
tsconfig.node.json	JetBrains WebSt...	1 KB
vite.config.ts	TS 文件	1 KB

图 11-5 项目根目录

是 Vue 官方发布的在 VS Code 的扩展，所以生成的脚手架会包含. vscode 文件夹。在文件夹中包含了 extensions. json 文件，里面推荐了当前项目使用的插件。当使用 vscode 编辑代码时还有包含 setting. json 文件，里面记录了编辑器和插件的相关配置，其目的是保证多人协同开发时编辑器环境的一致。

当然，并不是一定需要使用 vscode 进行代码编辑，JetBrains 出品的 WebStorm 和国产的 HBuilderX 都是不错的选择。由于笔者使用的是 WebStorm，故将. vscode 目录删除，读者可根据自己对编辑器的喜好进行选择。

2. node_modules

与后端的 node_modules 文件相同，用于存放项目所使用的依赖，此时为 NPM 包管理器的管理目录，在 12.2 节中将迁移为 pnpm 包管理器的管理目录。

3. public

这是用于存放静态资源的地方，此时目录内只保存了 Vue.js 的图标。在一个项目中通常会有两处存放静态资源，一个是根目录下的 public 目录，另一个是位于 src 文件下的 assets 目录。两者的区别在于 public 内的静态资源在打包时不需经过前端构建工具（如 Vite、Webpack）的处理，而 assets 目录下的静态资源则会由构建工具进行处理，举个简单的例子，在 public 下的文件可以使用绝对路径引用，而 assets 的资源因为被处理过，所以只能使用相对路径的形式。

4. src

src 是 Vue.js 项目的核心目录，包含项目所使用的静态资源（assets 目录）、全局组件（components 目录）、路由（router 目录）、全局状态管理（stores 目录）、页面文件（views 目录）、根组件（App.vue）和入口文件（main.ts）。

全局组件是在项目中较为大型的容器组件，通常用于页面的主体框架；路由与后端的路由相差不大，目录内存放的是包含了每个组件页面路径的文件；全局状态管理存放的是一些多组件内共用的数据；根组件是整个应用程序的入口点，负责统筹其他的组件页面；入口文件则是整个项目的启动点，当运行 Vue 项目时会加载实例化 Vue、配置路由、配置 Pinia 等步骤。

5. .gitignore

与后端相同，该文件保存了无须上传至 Git 仓库的目录或文件。

6. env.d.ts

这是一个为用户自定义的环境变量添加 TypeScript 智能提示的文件，例如某个环境变量（可以理解为项目全局都可访问的变量）的类型为字符串，代码如下：

```
//< reference types = "vite/client"/>

interface ImportMetaEnv {
  VITE_API_BASEURL: string
}
```

当用户在组件内设置 VITE_API_BASEURL 时会提示该变量类型为 string。

7. index.html

项目的默认入口文件，当 Vue.js 项目被访问时，浏览器会加载并显示这个文件的内容。容易混淆的是 index.html、App.vue 与 main.ts 的关系。App.vue 是一个单文件组件，里面包含模板、逻辑和样式三部分。下面来看 main.ts 文件内的关键代码，代码如下：

```
//main.ts
import App from './App.vue'                    //引入 App.vue

const app = createApp(App)                     //创建 app 应用实例

app.mount('#app')                              //挂载 app 应用实例
```

在上述代码中，可看到组件 App. vue 被引入了 main. ts 文件中，并通过 createApp()方法创建了应用实例 app，最后通过实例对象的 mount()方法将应用实例挂载到一个容器元素中，而这个容器元素就是 index. html，代码如下：

```
//index.html
<body>
  <div id="app"></div>
  <script type="module" src="/src/main.ts"></script>
</body>
```

根组件的内容将替换容器内 id 为 app 的元素，同时引入 main. ts 文件中的模块内容。

8. package. json、package-lock. json

在 package. json 文件中记录了项目的名称、版本号、类型、项目脚本(用于启动、打包、浏览等)、开发和生产环境依赖；在 package-lock. json 文件中除记录项目的基础信息外，详细记录了依赖的具体版本信息，也就是锁定了依赖，确保协同开发小组的成员所下载的依赖是相同版本的。

9. README. md

后缀为. md 的文件是 Markdown 类型文件，Markdown 是一种轻量级的标记语言，通俗来讲就是结合其设定的语法规则去编写文档，如想加粗字体，代码如下：

```
**用两个星号包裹文本为加粗内容**
```

由于其支持的格式多样和轻量化、易学易用的特点，对于代码片段、图片、图表和数学表达式都能被写进文档，所以得到了广泛使用和支持。

在脚手架中主要介绍了项目的推荐 IDE 设置、支持 TypeScript 和如何启动项目等内容。

10. TypeScript 相关文件

在脚手架中包含了 tsconfig. app. json、tsconfig. json、tsconfig. node. json 这 3 个与 TypeScript 相关的文件，其中 tsconfig. json 是用于整个 TypeScript 项目的根配置，打开该文件可看到引入了 tsconfig. app. json 和 tsconfig. node. json，代码如下：

```
{
  "files": [],
  "references": [
    {
      "path": "./tsconfig.node.json"
    },
    {
      "path": "./tsconfig.app.json"
    }
  ]
}
```

在 tsconfig. app. json 文件中包含了 TypeScript 对应用程序的全局配置，代码如下：

```
//tsconfig.app.json
{
  "extends": "@vue/tsconfig/tsconfig.dom.json",              //继承了 Vue 官方的 TS 配置
  "include": ["env.d.ts", "src/**/*", "src/**/*.vue"],   //需要进行编译的文件
  "Excelude": ["src/**/__tests__/*"],                        //排除不需要编译的文件
  "compilerOptions": {                                       //配置项
    "composite": true,                    //当为 true 时允许在项目中引用另一个项目
    "noEmit": true,                       //当为 true 时 TypeScript 编译器不输出 JavaScript 文件
    "baseUrl": ".",                       //从哪个目录开始解析相对路径,为.即从根目录开始解析
    "paths": {                            //配置路径映射
      "@/*": ["./src/*"]                  //使用@代替 src,简化了代码的复杂性
    }
  }
}
```

在 tsconfig. node. json 文件中包含了用于 Node. js 环境的 TypeScript 配置，代码如下：

```
//tsconfig.node.json
{
  "extends": "@tsconfig/node18/tsconfig.json",
  "include": [
    "vite.config.*",                        //编译 vite.config.ts 配置
    "vitest.config.*",
    "cypress.config.*",
    "nightwatch.conf.*",
    "playwright.config.*"
  ],
  "compilerOptions": {
    "composite": true,
    "noEmit": true,
    "module": "ESNext",                     //使用 ESNext 模块系统
    "moduleResolution": "Bundler",          //使用 Bundler 管理器进行模块解析
    "types": ["node"]                       //对 Node.js 类型的支持
  }
}
```

一般来讲，前端项目运行在浏览器的环境中，只需配置 tsconfig. app. json 内的配置项，如果读者需要在 Node 环境下运行，则需额外配置 tsconfig. node. json 文件。

11. vite. config. ts

用于配置 Vite 的文件，在默认情况下只配置了路径的转换，代码如下：

```
//vite.config.ts
export default defineConfig({
  plugins: [                              //用于 Vue
    vue(),
  ],
  resolve: {                              //解析
```

```
    alias: {                              //别名
      '@': fileURLToPath(new URL('./src', import.meta.url))
    }
  }
})
```

当引用 src 下面的文件时,可使用“@”代替“./src”,与 tsconfig.app.json 内的 paths 配合使用。

11.2.3 去除初始文件

在初始化的项目中,由于包含了一些用于介绍 Vue 项目的页面(如首页),所以可将这些页面删除。

打开 App.vue 文件,删除导入的 HelloWorld 组件,同时将逻辑内容、模板内的<header>标签及其包裹的代码、<style>标签包裹的样式删除,最终的代码如下:

```
<template>
  <RouterView />                  //展示当前路由页面
</template>

<style scoped>
</style>
```

删除 src/components 目录下的内容,包括 icons 目录和 3 个 Vue 文件,如图 11-6 所示。

名称	类型	大小
icons	文件夹	
HelloWorld.vue	VUE 源文件	1 KB
TheWelcome.vue	VUE 源文件	4 KB
WelcomeItem.vue	VUE 源文件	2 KB

图 11-6 删除 components 内的 Vue 文件

删除 src/views 目录下的两个 Vue 文件,如图 11-7 所示。

名称	类型	大小
AboutView.vue	VUE 源文件	1 KB
HomeView.vue	VUE 源文件	1 KB

图 11-7 删除 views 内的 Vue 文件

删除 src/stores 目录下的 counter.ts 文件,如图 11-8 所示。

名称	类型	大小
counter.ts	TS 文件	1 KB

图 11-8 删除 stores 下的 counter.ts 文件

删除 src/assets 目录下的 base.css 和 main.css 文件，如图 11-9 所示。

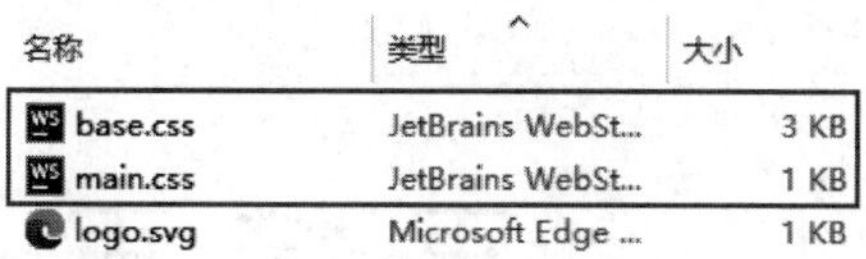

名称	类型	大小
base.css	JetBrains WebSt...	3 KB
main.css	JetBrains WebSt...	1 KB
logo.svg	Microsoft Edge ...	1 KB

图 11-9 删除预设的.css 文件

打开 main.ts 文件并删除引入 main.css 的代码，代码如下：

```
//main.ts
import './assets/main.css'          //删除
```

打开 src/router/index.ts 文件，删除 routes 数组对象内的内容，最终的代码如下：

```
//src/router/index.ts
import { createRouter, createWebHistory } from 'vue-router'

const router = createRouter({
  history: createWebHistory(import.meta.env.BASE_URL),
  routes: [
  ]
})

export default router
```

此时，通过 dev 命令启动项目，项目首页就变成了一片空白。不过不要紧，在第 12 章中，将从 router(路由)开始，创建第 1 个 Vue 组件，让页面呈现不一样的内容。

第 12 章 CHAPTER 12 再接再厉

在 11.1.3 节关于 Vue.js 的介绍中提到，Vue.js 是用于单页应用（SPA）开发的框架，与之相对的则是以传统方式开发的多页应用（MultiPage Application，MPA）。在 MPA 模型中，每个页面都是一个独立的 HTML 文件，页面之间的跳转通过<a>标签的 href 属性实现，当用户单击对应页面的链接时，服务器会将对应的 HTML 文件返回至浏览器。

多页应用的优点很明显，每个独立的 HTML 文档都有<head>标签，在每个文档中都使用<meta>标签添加网站网页的描述和关键字，有助于提高网站在搜索引擎的排名，即 SEO，代码如下：

```
<head>
  <meta charset = "UTF - 8">
  <title>网页标题</title>
  <meta name = "description" content = "描述">
  <meta name = "keywords" content = "关键词 1, 关键词 2, 关键词 3">
</head>
```

其次是每个页面都是独立的，有独立的布局和样式，有利于单独开发和维护，而问题也很明显，浏览器每次跳转页面都需要等待服务器响应后才加载整个页面，这其中可能会带来网络延迟；一个页面包括 HTML、CSS、JavaScript 等资源，加载的资源过多也会造成渲染速度过慢，容易影响用户的体验。

单页应用在打包时会将所有的单组件文件都放在一个 HTML 文件中，意味着无论用户单击的是哪个应用页面，浏览器都还是在当前的 HTML 文件。打包是上线项目至服务器的前置操作，打包代码如下：

```
npm run build
```

在项目根目录打开终端，输入打包命令，可得到一个名为 dist 的文件夹，打开该文件夹发现只有 3 个内容，一个是包含 CSS 和 JavaScript 文件的静态目录，另一个是项目的图标，最后一个是包含所有单组件文件内容的 HTML 文件，如图 12-1 所示。

图 12-1 dist 目录内容

当然，读者可能会想，所有的资源都在这个页面，那岂不是首次加载会很慢吗？这就不得不提到路由管理技术了，在路由中通过单文件组件在根目录下的路径去映射每个组件页面，允许在不变化 URL 的情况下更改视图，这其实和后端通过路径去映射每个路由处理程序是一样的逻辑。路由中可使用懒加载技术，首次加载时，只展示定义在路由的首页，当单击其他页面时，路由会根据组件路径动态地加载和渲染组件内容，在组件内部，还可通过复用不同的子组件，减少渲染的加载时间。此外，通过缓存数据和状态管理等技术，也能让单页应用在展示数据时更加流畅。

本章将讲解 Vue.js 全家桶的第 1 个角色——Vue Router，了解路由并创建第 1 个单文件组件，使用 Element Plus 完成注册和登录表单的基本内容。

12.1 Vue Router

Vue Router 是 Vue.js 生态的一部分，与 Vue.js 的核心深度集成，有单独的文档和 API，主要功能包括嵌套模式路由映射、动态路由选择、模块化和基于组件的路由配置、路由参数、导航守卫、HTML5 的 history 模式或 hash 模式、路由懒加载等。

如果在使用 create-vue 时没有选择添加路由用于单页应用开发，则需要额外使用 CDN 链接或命令安装路由，安装命令如下：

```
npm install vue-router@4
```

如同脚手架的核心文件下有 router 目录一样，在使用命令安装完路由后，需要在 src 目录下新建 router 目录，并创建名为 index 的 TypeScript 文件，用于创建路由实例并暴露，最后在 main.ts 文件中引入并挂载。完整的路由文件基础代码即为 11.2.3 节中删除 routes 内容后的代码，代码如下：

```
//src/router/index.ts
//导入创建路由和创建历史模式的函数
import { createRouter, createWebHistory } from 'vue-router'

const router = createRouter({
  history: createWebHistory(import.meta.env.BASE_URL),
  routes: [
  ]
})

export default router                    //向外暴露

//main.ts
import router from './router'           //引入路由

const app = createApp(App)
app.use(router)                          //将路由挂载到实例上，注意顺序，先创建实例再挂载路由
app.mount('#app')                        //将实例挂载到#app节点是最后一步
```

从路由模块中引入的 createRouter 函数很好理解，create 是创建的意思，即可使用 createRouter 函数去创建路由实例。通过上述代码可知，其接收的是一个对象类型的参数，包括 history(历史)和 routes(路由项)，在更复杂的场景下，对象内还可添加其他的配置。

在 history 中，默认使用了 createWebHistory 函数，即历史模式，该模式是一种基于浏览器 history API 的路由模式，使用 HTML5 中的 history. pushState(push，推入)和 history. replaceState(replace，替换)方法实现路由跳转。首先是 history. pushState 方法，该方法允许在不重新加载页面的情况下更改浏览器的 URL，同时会向历史记录列表添加一个新的条目，换句话说，就是在单页应用中切换不同的路由地址以呈现不同的内容，但页面不会重新加载；其次是 history. replaceState 方法，其作用与 history. pushState 大致相同，主要的区别在于其不会像历史条目那样添加新的条目，而是将旧的条目替换成新的条目。

但使用 createWebHistory 函数会有个问题，就是服务器必须能够处理前端发起的 URL 请求，例如前端请求服务器响应返回某个用户的信息，发起了路径为/user/getUserInfo/?id=1 的请求(GET 请求会在路径后添加参数)，但服务器不能处理携带了 id 的路径，只能处理/user/getUserInfo，那么将会返回一个 404 的报错并会传给前端，在这种情况下就需要添加额外的防丢失措施，如返回 404 时跳转至首页、后端额外配置处理参数的路由等，而如果使用 createWebHashHistory 函数，即 hash(哈希)模式，就不会出现这种问题。

与历史模式不同，哈希模式生成的 URL 会包含“#”号，对于有 URL 强迫症的用户来讲会显得并不美观。哈希模式的本质是 hashchange 事件，该事件监听 URL 哈希值的变化，当“#”号后面的内容(哈希值)发生变化时，该事件会被触发，在路由中表现为更新页面内容。在哈希模式下，仅“#”号前面的内容会被包含在请求中，例如路径/user/getUserInfo/#id，对于后端来讲，即使 URL 不全对，也不会返回 404 错误。

在 vue-router 官网中也特别提到，哈希模式在没有主机的 Web 应用(本地运行)或无法通过配置服务器来处理 URL 的时候非常有用。对于初次接触 Vue 项目的读者来讲，基于官方的建议和为了在实际操作中拥有更好的容错性，将 history 修改为 hash 模式是个不错的选择，代码如下：

```
//导入创建路由和创建 hash 模式的函数
import { createRouter, createWebHashHistory } from 'vue-router'

const router = createRouter({
  history: createWebHashHistory(),          //可无参数
  routes: [
  ]
})
```

12.1.1 配置路由

在创建路由实例的对象中，还有一个属性，即包含路由数组的 routes。在 routes 数组中的每个路由必须包含两个属性，一个为 path(路径)，另一个为路径所指向的 components(组

件),代码如下:

```
//定义路由组件
const Home = { template: '<div>Home</div>' }

const router = createRouter({
  history: createWebHashHistory(),
  routes: [
    { path: '/', component: Home },          //路径及其映射的路由组件
  ]
})
```

1. 命名路由和传参

如果给每个路由添加 name(名字)属性,就变成了命名路由,代码如下:

```
const router = createRouter({
  history: createWebHashHistory(),
  routes: [
    {
    path: '/',
    name: 'home',                           //为路由命名
    component: Home,
    },
  ]
})
```

添加命名路由有诸多好处,首先是没有硬编码的 URL,所谓硬编码 URL,就是在代码中嵌入的 URL 网址。在传统的 HTML 文档中,通常会使用< a >标签的 href 属性嵌入 URL 网址跳转页面,由于 Vue.js 是单页应用,在 Vue.js 文件中则使用< router-link >标签代替< a >标签定义导航链接,例如跳转至首页的代码如下:

```
<router-link :to="/">首页</router-link>
```

那么问题来了,如果首页的地址(path)在开发中被频繁修改,则在项目中有用到跳转首页的< router-link >标签所绑定的 to 属性值都需要修改,这无疑是个难题,而如果使用命名路由,则可通过名字去代替路径,不管路径怎么变,只要名字不变都可跳转至首页,这就是没有硬编码的 URL,代码如下:

```
<router-link :to="{ name: 'home' }">Home</router-link>
```

其次使用命名路由传值,params 的传递和解析都是自动的。假设存在一个用于展示用户个人资料界面的组件,并且是通过用户的 id 去获取详细信息,那么可以在跳转到该组件时通过路由携带参数进行渲染,代码如下:

```
const router = createRouter({
  history: createWebHashHistory(),
  routes: [
```

```
    {
    path: '/user/:id',            //路径携带参数,也称为路由组件传参
    name: 'userInfo',
    component: User,
    },
  ]
})
```

例如访问 id 为 1 的用户,将被导航至/user/1,代码如下:

```
<router-link :to="{name: 'user', params: { id: 1 }}">
  张三
</router-link>
```

这里有一个知识点,即 params(参数)和 query(查询),它们两个都是 URL 的参数部分,但表现形式、作用都有所不同。如同路由里的 path 一样,params 的表现形式为拼接在 URL 后面,并在冒号后面添加参数名,通常用于传递额外的信息或参数,而且在网址栏中并不能看到参数,而 query 就好比 GET 请求方式的路径,在 URL 网址后的"?"符号后添加参数名和参数值,例如/user/?id=1,查询参数会直接显示在浏览器的网址栏中。

2. 导航

使用< router-link >进行导航称为声明式导航,另一种导航方式是编程式导航,将上述代码修改为编程式导航,代码如下:

```
router.push({ name: 'user', params: { id: 1 } })
```

两者很容易区分,声明式导航明显是一个标签,是写在模板内的,而编程式导航是一种方法,写在逻辑部分。声明式导航通常用于无须发起请求或无须判断逻辑的按钮,编程式导航则用于有发起请求且需要判断的按钮。例如单击"登录"按钮,往往需要先判断后端返回的响应信息才会进行下一步的跳转,如果登录成功,则会在逻辑调用编程式导航,以便跳转至首页,而声明式导航的场景就类似于在用户列表中单击按钮查看用户的信息,通过 id 从后端获取用户的信息就行了,无须在逻辑上进行跳转操作。

如果使用 query 方式传参,则把 name 改为 path、把 params 改为 query 即可,代码如下:

```
//结果为 /?id=1
router.push({ path: '/', query: { id: 1 } })
```

另外几种方式是使用哈希值及直接路径访问,代码如下:

```
//结果为 /#home
router.push({ path: '/', hash: 'home' })

//字符串路径
router.push('/')
```

```
//带有路径的对象
router.push({ path: '/' })
```

需要注意的是，如果使用了path，则params会被忽略，即path和params不能同时使用，代码如下：

```
//错误写法
router.push({ path: '/', params: { id: 1 } })
```

3. 路由重定向

路由重定向是指当访问某个路由路径时，将会重新导航到指定的某个路由路径，该过程在routes对象中使用redirect（改变方向）属性实现，该属性接受一个路径作为属性值。下面举例两个常见的使用场景，第1个是项目启动时通常访问的是根目录，路径为"/"，而系统的第1个页面通常是登录页面，那么可重定向至登录页面，假设登录页面的路径为/login，代码如下：

```
const routes = [{
  path: '/',
  redirect: '/login'
}]
```

另一种则是应对开发页面时的场景，例如当登录模块开发完后，可能需要登录系统才能进入对应的开发页面，这样就显得多此一举，可直接将重定向路径修改为对应开发页面的路由路径，这样在启动前端项目后打开的页面就是正在开发的页面。

4. 嵌套模式路由

当某个组件页面嵌套多个组件页面时，被嵌套的组件路由称为子路由。实现方式为在需要嵌套子页面的路由添加children属性，该属性值为一个路由数组，与routes结构相同；在父路由的模板中通过<router-view>标签实现呈现不同的子路由内容。一个常见的场景是在顶部或左侧有菜单栏的页面，当单击不同的菜单选项内容区时会呈现不同的页面，如果单击用户管理，则呈现用户管理列表页面，如果单击产品管理，则呈现产品列表页面，需要在菜单的路由下嵌套两个子路由。假设菜单嵌套了用户页面，并且菜单路径为/views/menu/index.vue，用户路径为/views/user/index.vue，代码如下：

```
{
path: '/menu',
name: 'menu',
component: () => import('@/views/menu/index.vue'),
children: [ {
  name: 'user',
  path: '/user',
  component: () => import('@/views/user/index.vue')
  }]
}
```

4min

12.1.2 创建一个 Vue 组件

在了解了 Vue Router 的基础知识后，就可以创建 Vue 组件并将其渲染至指定路径上了。

首先，在 src/views 目录下新建一个名为 login 的目录，用于放置登录的单文件组件(以下简称 vue 文件)。创建名为 index 的 vue 文件，在< template >中添加块级元素，将此页面标记为登录页面，代码如下：

```
//src/views/login/index.vue
<template>
  <div>登录页面</div>
</template>
```

其次，在路由文件中添加关于该组件的路由，代码如下：

```
//src/router/index.ts
const router = createRouter({
  history: createWebHashHistory(),
  routes: [
    {
      path: '/',
      name: 'login',
      component: () => import('@/views/login/index.vue')
    }
  ]
})
```

这里有两点需要注意，一个是 component 采用了路由懒加载的形式，另一个是导入 vue 文件会报红线的问题，如图 12-2 所示。

```
const router : Router  = createRouter( options: {
  history: createWebHashHistory(),
  routes: [
    {
      path: '/',
      name: 'login',
      component: () => import('@/views/login/index.vue')
    }
  ]
})

2 用法
export default router
```

Volar: Cannot find module '@/views/login/index.vue' or its corresponding type declarations.
不能找到模块或没有符合的类型声明

图 12-2　引入 vue 文件报红线

以 ES6 的 import 导入组件称为静态导入，以导入登录的单文件组件为例，代码如下：

```
//静态导入
import Login from './views/login/index.vue'

//routes 中
{ path: '/', component: Login }
```

这种方式在打包时会将所有的页面组件都导入路由中，这会导致 JavaScript 包变得非常大，影响页面加载。解决的方案是把不同路由对应的组件分割成不同的代码块，只有当路由被访问的时候才加载对应的组件，这就是路由懒加载，亦称为动态导入。Vue Router 支持开箱即用的动态导入，只需使用箭头函数传入组件路径，代码如下：

```
//routes 中
{
path: '/',
name: 'login',
component: () => import('@/views/login/index.vue')
}
```

另一个问题的原因在于 TypeScript 不会识别 Vue 文件，故而需要给 TypeScript 提供关于 Vue 文件的类型信息。打开 env.d.ts 文件，添加模块声明，代码如下：

```
//< reference types = "vite/client" />
//添加如下代码
declare module '*.vue' {
    import { DefineComponent } from 'vue'
    const component: DefineComponent < object, object, any >
    export default component
}
```

该代码块声明(declare)了一个新的模块(module)，用于匹配任何以.vue 结尾的文件。在代码块中首先导入了 Vue 3 关于定义 Vue 组件的 API——DefineComponent(定义组件)，并定义了一个名为 component 的常量用于接收该 API 返回的组件对象，最后暴露出去。该 API 的作用非常单纯，内部没有实现任何逻辑，只把接收的组件对象添加个 any 类型后直接返回，纯粹是为了给 TypeScript 提供类型推导。整段代码就是告诉 TypeScript 有以.vue 结尾的组件对象，该对象的类型为 any。

现在，在终端输入启动项目的 dev 命令，按住 Ctrl 键并单击终端的 URL 网址，可在浏览器打开该项目，能看到默认页面出现了“登录页面”这几个字，说明路由和组件都配置成功了，如图 12-3 所示。

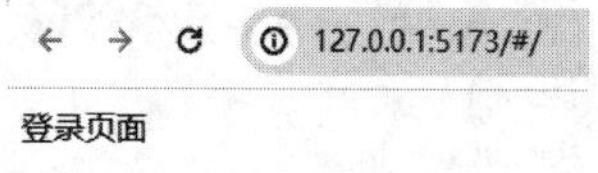

127.0.0.1:5173/#/

登录页面

图 12-3　成功打开组件页面

但每次打开项目时都需要按住 Ctrl 键并单击 URL 才能打开页面实在太麻烦了，能不能输入启动命令后直接自动打开浏览器呢？还真能这样处理。在 vite.config.ts 文件的配置项中，添加 server 对象，并设置启动端口号、自动打开默认浏览器及跨域，代码如下：

```
//vite.config.ts
export default defineConfig({
  plugins: [
    vue(),
  ],
  server: {
    port: 8080,                    //这里将默认启动时的端口号设置为 8080
```

```
    open: true,                       //自动打开默认浏览器
    cors: true,                       //允许跨域
  },
  resolve: {
    alias: {
      '@': fileURLToPath(new URL('./src', import.meta.url))
    }
  }
})
```

```
终端    本地 × + ∨

  Vite v5.0.10  ready in 361 ms

  ➜  Local:   http://127.0.0.1:8080/
  ➜  Network: use --host to expose
  ➜  press h + enter to show help
```

图 12-4　端口号变为 8080

此时重新启动项目，可看到终端中的端口号已经从默认的 5173 变成了 8080，并自动在浏览器打开了项目，如图 12-4 所示。

需要注意的是，无论端口号是 5173 还是 8080 都是可以使用的，8080 是 Vue 2 使用 Vue-CLI 脚手架工具打包时的默认启动端口号。在选择端口号时只要不是被其他应用程序占用的及符合用户端口的范围(1024～65535)即可。

12.2　Element Plus

大部分页面含有单击项，这是因为页面与用户之间的交互途径绝大部分是通过鼠标单击实现的，而单击事件的发生在符合现实逻辑的情况下，只需要一个按钮。最原始的按钮是通过<button>标签实现的，但由于其样式较为“朴素”，所以往往会通过其他方式实现一个按钮，例如通过块级元素模拟实现一个按钮，代码如下：

```
<div class = "button">按钮</div>

.button {
    width: 60px;
    height: 30px;
    background - color: #007BFF;
    /* 为边框添加弧度 */
    border - radius: 5px;
    /* 当鼠标悬停在按钮上时，将鼠标的形状改变为手形 */
    cursor: pointer;
    /* 设置字体颜色、行高及居中 */
    color: white;
    line - height: 30px;
    text - align: center;
}
```

在上述代码中，通过定义块级元素的宽和高、背景颜色、边框弧度，模拟出了按钮的基础结构；通过定义字体的颜色、行高和位置，模拟出了按钮中间的文字，并且使用 cursor 属性

模拟了将鼠标移动到按钮上出现“手形”的可单击感觉，如图 12-5 所示。

按钮

图 12-5 模拟一个按钮

通过编写这个按钮可以发现，使用这种方式去模拟页面的按钮或者其他元素，无疑会给开发者带来极大的负担，因为一个按钮就需要写如此多的样式，更何况一个页面可能存在多种不同颜色、类型、形状的按钮，更不用说使用这种原生方式去开发其他页面元素了，如输入框、表格、表单等。

那么有更便捷的办法去实现这种页面元素吗？有，例如 10.4 节提到的 Bootstrap 框架，在 Bootstrap 中提供了许许多多常用组件，例如按钮、输入框、导航条、进度条等，如图 12-6 所示。

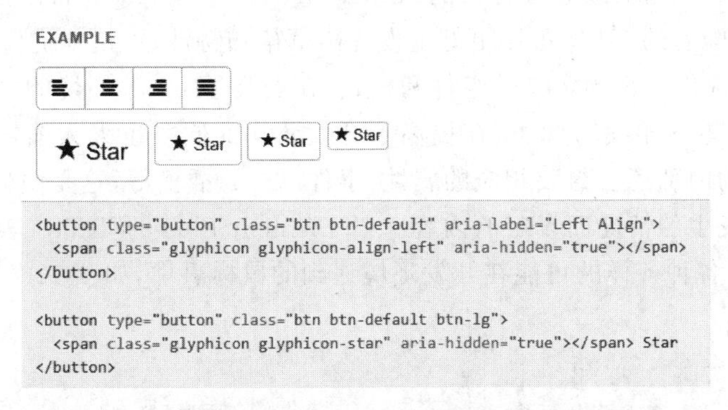

图 12-6 Bootstrap 按钮组件

可以看到，通过给< button >标签添加 Bootstrap 内置的类及属性，就可以实现不同大小和形状的按钮了，这对于使用 Bootstrap 框架进行开发网页的用户是非常友好的，但别忘了现在是使用 Vue 3 在开发系统后台，这就不得不提到基于 Vue 3 开发，面向设计师和开发者的组件库——Element Plus。

Element Plus 首先是 Element UI 的升级版，是用于 Vue 3 项目开发的 UI 库，并且是由饿了么（Eleme）公司开发的，没错，就是蓝骑士的饿了么公司。打开手机上的饿了么 App，可看到整体的样式风格是与 Element UI、Element Plus 一脉相承的，总体来讲就是偏蓝色，并且很直观。

Element Plus 的组件在设计理念上遵循了 4 种设计理念，分别是一致（Consistency），包括现实生活的流程、逻辑保持一致和所有的元素和结构保持一致，也就是整体风格上具有统一性；反馈（Feedback），即通过其组件的交互动效可以提供清晰的操作反馈感及整体页面元素的状态变化；效率（Efficiency），组件设计简洁、文档清晰明了，开发者可通过简单的属性和配置跳转组件的样式，保证学习、使用和开发上都能达到高效性；最后是可控（Controllability），包括用户决策可控和结果可控，用户抉择可控是指其包含多种不同的提示组件，可以根据场景给予用户操作建议或安全提示，但最终决策权在用户手中，结果可控是指用户可以自由地进行操作，能够对操作进行撤销、回退等，例如在输入框的数据在还没确认前可以随意填写，不会对系统造成任何影响。

基于 Element Plus 的设计理念,其文档提供了大量实用的 UI 组件,如按钮、布局容器、图标、表单、表格、轮播图等,能够帮助开发者快速构建起一个实用且高质量的网站或系统。此外 Element Plus 还提供了 UI 设计师可用的工具包,包括 Sketch Template、Figma Template 等设计模板资源,帮助 UI 设计师快速生成页面模板,提高效率。

12.2.1 如虎添翼的 UI 库

4min

在安装 Element Plus 之前,先简单介绍 UI 库的作用。就如同 Vue 2.0 有 Element UI、Vue 3.0 有 Element Plus 一样,不同的框架都会使用基于自己语言开发的 UI 库,例如基于 React 且用于 React 的由蚂蚁金服开发的 Ant Design,每个框架都有自己独特的设计理念和开发方式,而与之配套的 UI 库可以更好地发挥出框架的特性,可谓如虎添翼。

UI 库通常会提供一套预定义的组件和样式,在安装了 UI 库环境的情况下便可开箱即用,无须开发者从零开始编写代码,在提高了开发效率的同时也大大缩短了模块的开发周期。在每个组件的内部还会封装相应的属性、事件、方法、插槽等,这是组件设计师基于现实逻辑去应对可能发生的情况而设定的内容。以 Element Plus 的 Table(表格)为例,内置的 Table 事件包含了各种各样的可能在开发环境遇到的鼠标事件,如图 12-7 所示。

Table 事件

事件名	说明	回调参数
select	当用户手动勾选数据行的 Checkbox 时触发的事件	selection, row
select-all	当用户手动勾选全选 Checkbox 时触发的事件	selection
selection-change	当选择项发生变化时会触发该事件	selection
cell-mouse-enter	当单元格 hover 进入时会触发该事件	row, column, cell, event
cell-mouse-leave	当单元格 hover 退出时会触发该事件	row, column, cell, event
cell-click	当某个单元格被单击时会触发该事件	row, column, cell, event
cell-dblclick	当某个单元格被双击击时会触发该事件	row, column, cell, event

图 12-7 Element Plus 表格事件

UI 库提供的组件还具有统一的设计规范和标准,例如饿了么 App 在整体风格上呈现偏蓝的色调,而美团 App 则呈现出黄色调。这样带来的好处是,不管是开发网站、系统还是移动端应用都具有一致的视觉效果,从而提升用户的跨平台使用体验;其次是增加品牌的认知度,统一的设计风格可以更好地传递出品牌的价值和特点,让品牌的形象更加鲜明,例如提起蓝骑士,脑子里就会想起饿了么,而如果说到黄色袋鼠,脑子里就会自动浮现出美团的形象,最具代表性的还有理发店门口不断旋转的红蓝白三色转筒。在潜意识的影响下,增强了访问者的内心联想,达到增加品牌知名度的效果。

学习使用多种UI库也是前端开发者的一条必经之路，同样的框架在不同的公司中使用的UI库可能会不一样，例如A公司可能使用的是Element Plus，B公司可能使用的是Ant Design Vue，C公司还有可能使用的是Naive UI，三者都是用于Vue的UI库，并且不同的框架要掌握的UI库更多。对于前端开发者来讲，一个好的开发习惯是在学习优秀项目的同时多了解不同的UI库，去体会和感悟不同UI库所代表的风格、内涵，这样当自己日后进阶为项目总监时，就能够选择合适的UI库去配合客户需求所要表达的内容。

12.2.2 安装 Element Plus

在后端部分使用了npm去安装项目的依赖，为了方便读者熟悉不同的包管理器，所以在前端部分选择使用pnpm完成项目依赖的安装。在安装之前，需要先把基于npm包管理器的node_modules目录删除，再执行安装Element Plus的命令，命令如下：

```
pnpm install element-plus
```

此时项目的根目录会重新生成node_modules目录，并新生成用于锁定依赖版本的pnpm-lock.yaml文件，这时再把npm用于锁定依赖版本的package-lock.json删除即可，这样就完成了从npm到pnpm包管理器的迁移。

安装完之后需要在main.ts文件中导入Element Plus并挂载，代码如下：

```
//main.ts
import ElementPlus from 'element-plus'                    //导入 Element Plus
import 'element-plus/dist/index.css'                      //导入样式

//挂载 ElementPlus
app.use(createPinia())
app.use(router)
app.use(ElementPlus)
app.mount('#app')
```

这是一种完整导入Element Plus的方式，即不管有没有使用内置的组件，在打包时都会包含该组件的源码，这样带来的好处是开发时非常方便，副作用则是打包后的文件会更大。在Element Plus中还提供了自动导入、手动导入等方式，读者可自行尝试不同方式带来的变化。在本项目中为了方便读者开发，所以采取了完整导入的方式。

此时还可进行一个代码优化操作，可看到app挂载了3个不同的应用。在Vue中对于挂载多个应用提供了链式挂载的方式，实现了更为简洁的代码，代码如下：

```
app.use(createPinia()).use(router).use(ElementPlus).mount('#app')
```

12.2.3 引入第1个UI组件

3min

本节使用Card(卡片)组件，用于登录和注册表单的外壳。

1. 引入 Card 组件

在 Element Plus 的组件区域找到 Card，可看到有对卡片容器组件的介绍及其使用的基础场景，单击右下角的“< >”符号，可查看示例组件的源码，如图 12-8 所示。

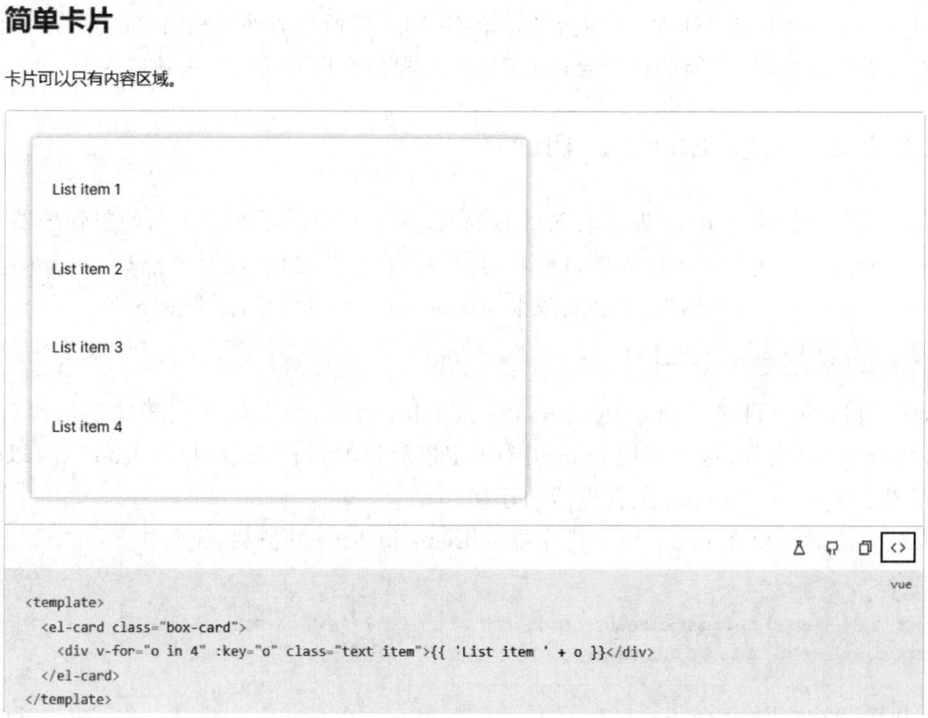

简单卡片

卡片可以只有内容区域。

List item 1

List item 2

List item 3

List item 4

```vue
<template>
  <el-card class="box-card">
    <div v-for="o in 4" :key="o" class="text item">{{ 'List item ' + o }}</div>
  </el-card>
</template>
```

图 12-8 卡片示例及其源码

直接将示例源码部分的< template >和< style >内容复制至登录模块的单文件组件，代码如下：

```
//src/login/index.vue
<template>
  <el-card class="box-card">
    <div v-for="o in 4" :key="o" class="text item">{{ 'List item ' + o }}</div>
  </el-card>
</template>

<style scoped>
.text {
  font-size: 14px;
}

.item {
  padding: 18px 0;
}
```

```
.box-card {
  width: 480px;
}
</style>
```

此时在浏览器中出现了一个包含列表项的卡片，如图 12-9 所示。

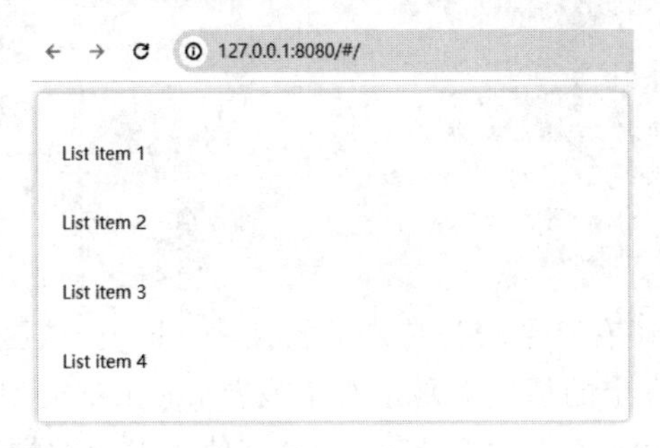

图 12-9　卡片组件

2. 列表渲染

为什么代码内只有一个< div >却出现了 4 行内容呢？原因在于 Vue 的列表渲染——v-for 指令。在上述代码的 v-for 指令中，使用了一个范围值，在这种情况下会将该模板基于 1～n 的取值范围重复多次渲染。该指令常见的用法是，基于一个数组去循环里面的内容，其语法为 item in items 的形式，item 译为一条、一项，其中 items 是源数据的数组，item 则是迭代项的别名，代码如下：

```
<div v-for="item in items">
  {{ item.name }}
</div>

//定义一个数组
<script setup lang="ts">
import {ref} from 'vue'                    //导入 ref
const items = ref([{ name: '张三' }, { name: '李四' }])
</script>
```

其中 item 选项还支持第 2 个参数，用于表示当前项的位置索引，代码如下：

```
<div v-for="(item, index) in items">
  {{ item.index }} : {{ item.name }}
</div>
```

输出的结果如图 12-10 所示。

127.0.0.1:8080/#/
0：张三
1：李四

图 12-10　v-for 循环数组

此外，该指令还可以用来遍历对象的所有属性，代码如下：

```
//定义一个对象
const person = ref({
  name:'张三',
  age:23,
  sex:'男'
})

//value 为值,key 为属性名,index 为索引
<div v-for="(value,key,index) in person">
  {{ index }} - {{ key }} - {{ value }}          //输出的第 1 项为 1 - name - 张三
</div>
```

值得注意的是，v-for 还有一个较为特殊的属性——key。该属性用来跟踪每个节点，减少重新渲染带来的开销，绑定的值一般是字符串或者 number 类型。举个例子，假设当前的数组是动态改变的，当某个元素发生变化时，在没有使用 key 的情况下，因为 Vue 不知道哪些节点发生了变化，所以会全部进行更新；如果添加了 key，则 Vue.js 能识别出发生变化的节点，并只更新该节点。在内容过多的情况下，添加 key 能极大地减少性能的开销，当然，Vue.js 官方也是推荐开发者在使用 v-for 时尽量都加上 key，代码如下：

```
<div v-for="(value,key,index) in person" :key="index">
  {{ index }} - {{ key }} - {{ value }}
</div>
```

现在将卡片内的示例代码及样式代码删除，代码如下：

```
<template>
  <el-card class="box-card">
  </el-card>
</template>

<style scoped>
.box-card {
  width: 480px;
}
</style>
```

可看到当前单页面组件是纯白背景的，而卡片组件除了有个边框外也是白色的，这样容易在视觉上带来疲劳，如图 12-11 所示。

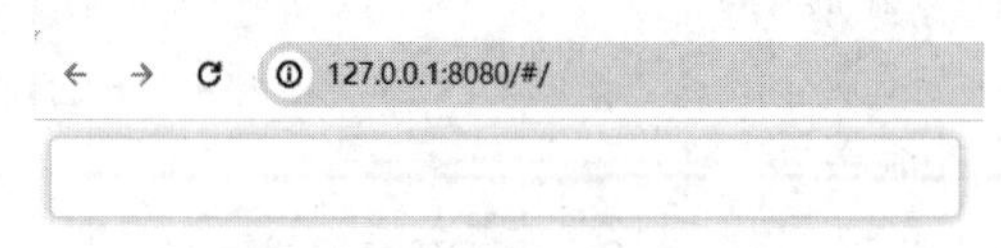

图 12-11　无内容卡片组件

在实际开发时，为了便于区分不同组件的所属区域，通常会给页面的不同区域添加上背景色，这样有利于更好地呈现组件，提高开发效率。

3. 去除默认边距

这里可以看到,卡片与页面之间有个外边距,而此时并没有设置任何关于外边距的代码,那么边距是从哪里来的呢?在开发者工具中选择元素选项,选中< body >标签可看到默认带有 8 像素单位的外边距,这是 Chrome 浏览器的一个默认样式,如图 12-12 所示。

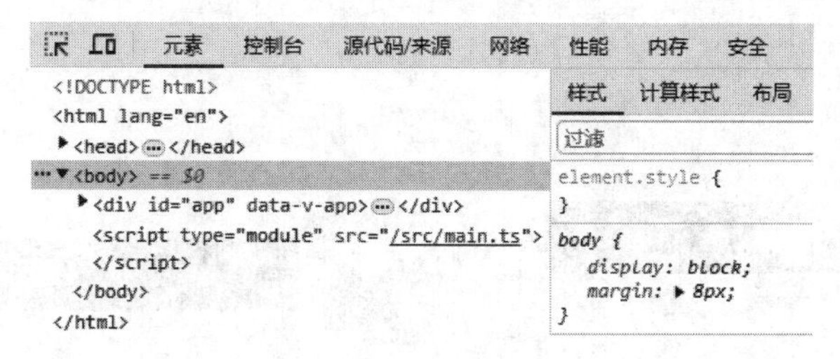

图 12-12 < body >标签默认有 8px 的外边距

在这种情况下可以找到位于 index.html 文件中的< body >标签,将 margin 属性设置为 0,代码如下:

```
< style >
body {
  margin: 0;
}
</style >
```

4. 安装 Sass

此时,卡片位于页面的左上角并挨着边,为了后期易于调整卡片组件的位置,可给< el-card >标签添加父级元素,代码如下:

```
< div class = "card - wrapper">                    //wrapper 即外壳
  < el - card class = "box - card">
  </el - card >
</div >
```

在出现了嵌套类的情况下可安装 CSS 预编译语言 Sass,便于调整样式,命令如下:

```
pnpm i sass  - s
```

安装完成后,在< style >标签中即可通过 lang 属性添加上 scss(第 3 代 Sass),代码如下:

```
< style scoped lang = "scss">
</style >
```

12.2.4 定义一个表单

在本节中,将在卡片组件内使用 Tabs(标签页)组件和 Form(表单)组件完成用于登录和注册功能表单的基础结构,如图 12-13 和图 12-14 所示。

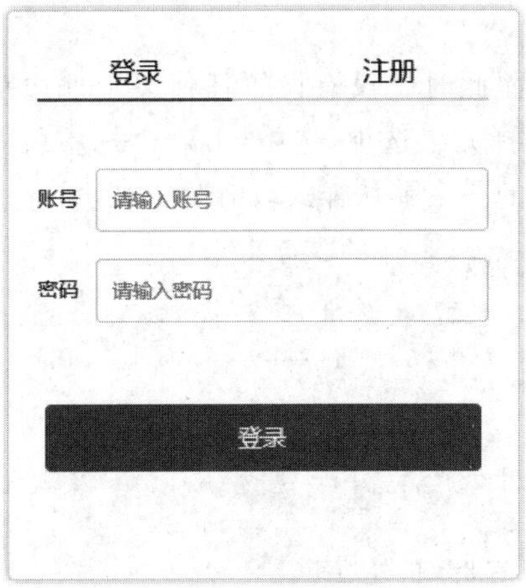

登录
注册
账号
请输入账号
密码
请输入密码
登录

图 12-13 登录表单

登录
注册
账号
账号长度6-12位
密码
密码长度6-12位,含字母数字
确认密码
请再次输入密码
注册

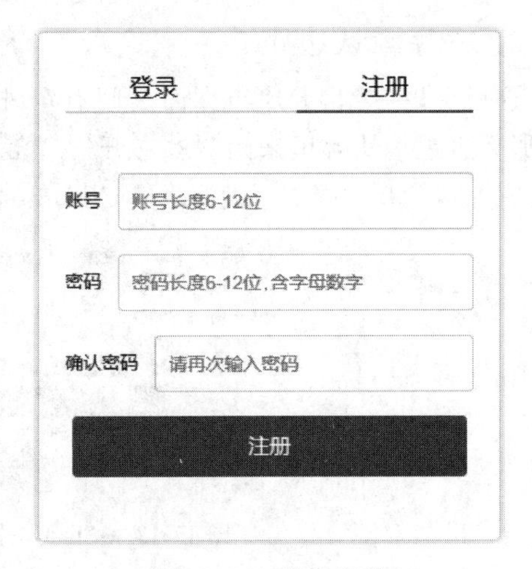

图 12-14 注册表单

1. 引入 Tabs

在 Element Plus 中的 Navigation(导航)列中找到标签页组件,这是一个用于分隔内容上有关联但属于不同类别的数据集合的组件,如图 12-15 所示。

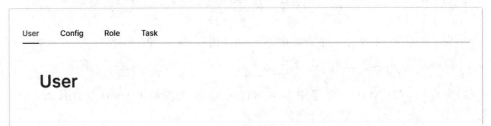

Tabs 标签页
分隔内容上有关联但属于不同类别的数据集合。
基础用法
基础的简洁的标签页。
Tabs 组件提供了选项卡功能，默认选中第1个标签页，你也可以通过 value 属性来指定当前选中的标签页。
User
Config
Role
Task
User

图 12-15 标签页组件

将基础用法源码中的< el-tabs >标签及其内容复制至< el-card >中,并将其逻辑源码一并复制到组件内的逻辑部分。在案例中有 4 个< el-tab-pane >,分别对应 User、Config、Role 和 Task 的标签页,而在要实现的登录与注册功能中只需两个标签页,所以删掉两个< el-tab-pane >标签。在剩余的两个< el-tab-pane >标签中,将用于展示标签页名称的 label 属性值更改为登录和注册,代码如下:

```
<!-- wrapper 即外壳 -->
<div class="card-wrapper">
  <el-card class="box-card">
    <el-tabs v-model="activeName" class="demo-tabs"
      @tab-click="handleClick">
      <el-tab-pane label="登录" name="first">登录</el-tab-pane>
      <el-tab-pane label="注册" name="second">注册</el-tab-pane>
    </el-tabs>
  </el-card>
</div>

//逻辑部分
import { ref } from 'vue'
import type { TabsPaneContext } from 'element-plus'

const activeName = ref('first')

const handleClick = (tab: TabsPaneContext, event: Event) => {
  console.log(tab, event)
}
```

此时可看到在卡片中包含了两个标签页,如图 12-16 所示。

图 12-16 卡片组件包裹标签页组件

但此时样式有点不太对,注册后面出现了这么长的空间,不过没关系,在标签页中提供了 stretch 属性使标签的宽度自动撑开,代码如下:

```
<el-tabs v-model="activeName" class="demo-tabs"
@tab-click="handleClick" :stretch="true">
```

这时再回看卡片中的标签页,就和图 12-13 中的差不多了,如图 12-17 所示。

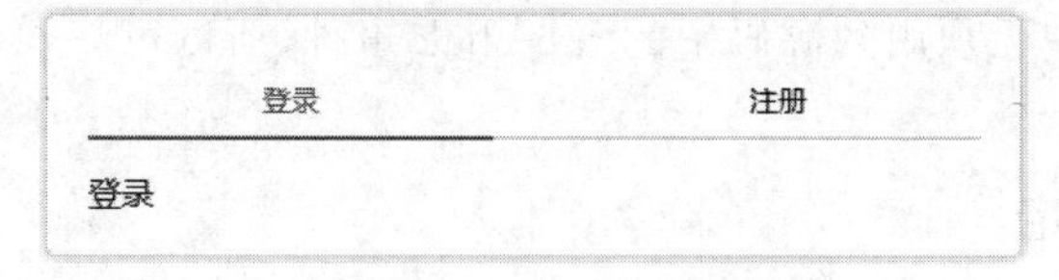

图 12-17 标签页自动撑开

2. 事件处理

在 Vue.js 中可以使用 v-on 指令(简写@)来监听 DOM 事件,并在事件触发时执行对应的逻辑。在引用标签页源码时,可看到< el-tabs >的属性中使用了"@"符号对 DOM 元素进行事件监听,并绑定了在触发监听时执行的 handleClick(手柄单击)函数。

事件触发可以绑定定义在< script >内的方法名，如< el-tabs >，也可以绑定内联的JavaScript语句，代码如下：

```
const count = ref(0)

//模板中
<button @click = "count++">加 1 </button>              //单击时 count 将会自动增加 1
```

事件处理的场景在项目中非常常见，如监听登录按钮的单击事件并执行逻辑。在Element Plus的组件中几乎提供了对应的事件，以标签页为例，如图12-18所示。

Tabs 事件

事件名	说明	回调参数
tab-click	Tab 被选中时触发	(pane: TabsPaneContext , ev: Event)
tab-change	activeName 改变时触发	(name: TabPaneName)
tab-remove	单击Tab 移除按钮时触发	(name: TabPaneName)
tab-add	单击Tab 新增按钮时触发	—
edit	单击Tab 的新增或移除按钮后触发	(paneName: TabPaneName | undefined , action: 'remove' | 'add')

图 12-18　组件预设事件

在使用时只需通过"@事件名"的形式绑定触发函数，如绑定图12-18中的tab-change事件，代码如下：

```
<el - tabs v - model = "activeName" class = "demo - tabs"
@tab - change = "handleClick">
handleClick

//函数名一般根据场景自定义
const handleClick = (name: TabPaneName) => {
  console.log(TabPaneName)
}
```

由于在项目开发中无须用到源码中的tab-click事件，所以可将< el-tabs >绑定的事件及其逻辑删除。

3. Attribute 绑定

在Vue中通过v-bind指令对attribute(属性)进行绑定，简写为一个英文冒号":"，在< el-tabs >中通过v-bind指令绑定了stretch属性，并且这是一个布尔类型的属性。在Element Plus中，通常会提供布尔类型的属性去决定某个组件是否具备某种状态，如输入框组件可通过绑定disabled属性决定是否禁用该输入框、绑定show-password用于输入密码时呈现加密样式。有时可不通过":"绑定属性，以show-password为例，因为该属性的默认值为false，所以在标签添加该属性时就变为了true，故而不需要使用":"，代码如下：

```
<!-- 相当于:show - password = "true" -->
<el - input show - password>
```

在实际开发中,通常会绑定动态类或样式。例如某个元素可能有多种不同的样式,并且在< style >标签中根据不同样式定义了不同的类,那么就可以通过 v-bind 及其布尔值去切换不同的类,代码如下:

```
<div class = "static" :class = "{ active: isActive }"> 123 </div>

<style lang = "scss" scoped>
.static {
  font - size:16px;
}

.active {
  color:red;
}
</style>
```

当 isActive 为 true 时将会添加名为 active 的类,字体将变为红色。可能有的读者会问,假设原来的 static 中也有 color 样式,并且颜色为绿色,字体会呈现什么颜色呢?这看似是个优先级的问题,其实不然,但在实际开发中,决定权应该是由开发者决定的,也就是应该规避这种可能出现冲突的情况,而不是交由浏览器做决定。

当有多个样式类时,还可通过绑定数组的形式去渲染,代码如下:

```
const fontClass = ref('fontstyle')                //字体样式
const imgClass = ref('imgstyle')                  //图片样式

<div :class = "[fontClass, imgClass]"></div>
```

如果想根据条件去渲染指定的类,则可以使用三元表达式,代码如下:

```
<!-- isTrue 为 true 时,渲染 trueClass,反之渲染 falseClass -->
<div :class = "[isTure ? trueClass : '', falseClass]"></div>
```

4. 登录表单及其输入绑定

在 Element Plus 组件的 Form 表单组件中找到 Form(表单),它是一组用于用户输入数据的组件的统称。通常一个表单会包含输入框、单选框、复选框、下拉选择框等组件,如图 12-19 所示。

以在典型表单的源码中关于输入框的代码为例,代码如下:

```
<el - form - item label = "Activity name">
  <el - input v - model = "form.name" />
</el - form - item>

//对应该输入框的逻辑部分
```

```
import { reactive } from 'vue'

const form = reactive({
  name: '',
  //其他数据
})
```

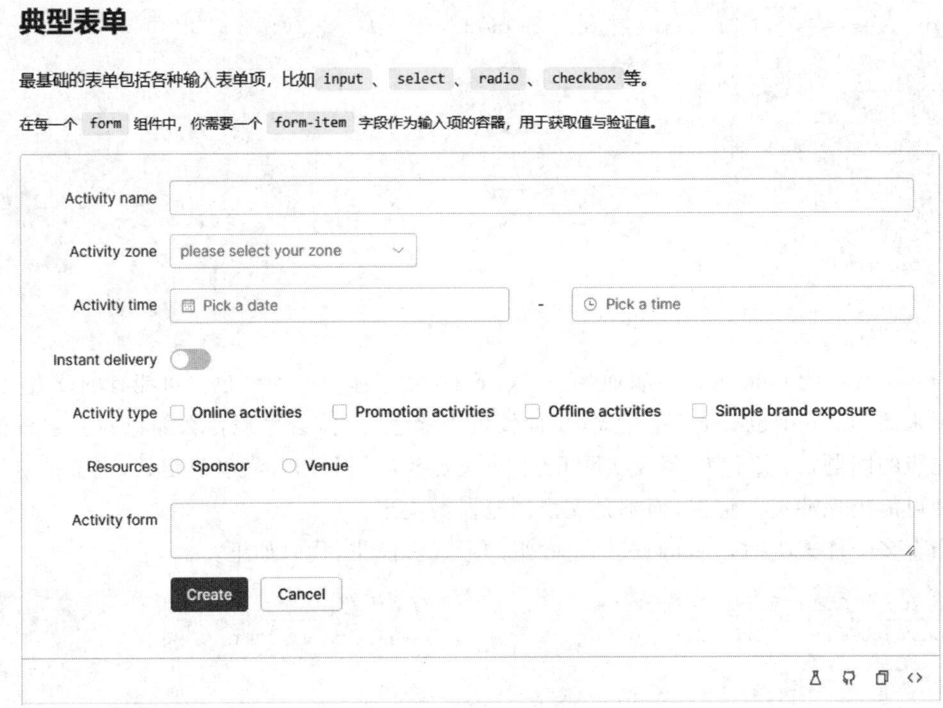

典型表单

最基础的表单包括各种输入表单项，比如 input 、 select 、 radio 、 checkbox 等。

在每一个 form 组件中，你需要一个 form-item 字段作为输入项的容器，用于获取值与验证值。

Activity name

Activity zone please select your zone

Activity time Pick a date - Pick a time

Instant delivery

Activity type Online activities Promotion activities Offline activities Simple brand exposure

Resources Sponsor Venue

Activity form

Create Cancel

图 12-19　典型表单

在< el-input >标签中，可看到有个 v-model 指令，这是 Vue 用于绑定表单输入的指令，当用户修改输入框的内容时，form 中的 name 也会随之修改。根据典型表单模板和逻辑部分的源码可知，v-model 可用于不同类型的输入，不管是单选框、复选框还是文本框。该指令是 Vue 响应式系统的主要体现之一。

在登录与注册功能中只需将输入框添加至< el-tab-pane >中，并定义相应的 form 对象绑定账号与密码，代码如下：

```
<!-- template 部分 -->
< el - tab - pane label = "登录" name = "first">
  < el - form >
   <!-- label 属性为标签文本 -->
    < el - form - item label = "账号">
      < el - input v - model = "loginData.account" placeholder = "请输入账号" />
    </el - form - item >
    < el - form - item label = "密码">
```

```
      < el - input v - model = "loginData.password" placeholder = "请输入密码" show - password />
    </el - form - item >
  </el - form >
</el - tab - pane >

//逻辑部分
import { ref,reactive } from 'vue'
//登录表单数据
const loginData = reactive({
  account: null,                //账号
  password: '',                 //密码
})
```

此时在浏览器就可看到多出了用于输入账号和密码的输入框，由于在密码输入框添加了 show-password 属性，所以输入的密码呈密文状态，如图 12-20 所示。

图 12-20　账号及密码输入框

这时还缺少用于登录的按钮，在密码输入框的下方定义一个用于包裹登录按钮的块级元素，在其中使用 Element Plus 的 button（按钮）组件创建登录按钮，代码如下：

```
<!-- template 部分 -->
< el - tab - pane label = "登录" name = "first">
  < el - form >
    < el - form - item label = "账号">
      < el - input v - model = "loginData.account" placeholder = "请输入账号" />
    </el - form - item >
    < el - form - item label = "密码">
      < el - input v - model = "loginData.password" placeholder = "请输入密码" show - password />
    </el - form - item >
    <!-- 底部外壳 -->
    < div class = "footer - wrapper">
      < el - button type = "primary">登录</el - button >
    </div >
  </el - form >
</el - tab - pane >
```

此时，一个基本的登录表单雏形就已经出来了，如图 12-21 所示。

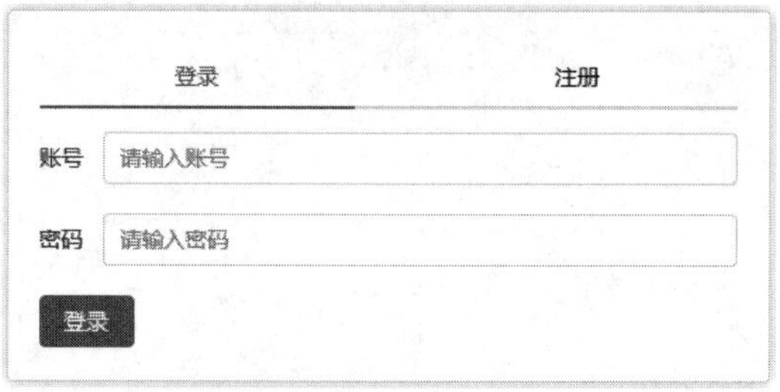

图 12-21　登录表单雏形

5. 完成注册表单

在图 12-14 中，注册表单主要为 3 个输入框及一个按钮，在尝试过登录表单后，就可以照葫芦画瓢将注册表单的内容实现了，代码如下：

```
<!-- template 部分 -->
<el - tab - pane label = "注册" name = "second">
  <el - form class = "login - form">
     <el - form - item label = "账号">
       <el - input v - model = "registerData.account"
            placeholder = "账号长度 6 - 12 位" />
       </el - form - item>
     <el - form - item label = "密码">
       <el - input v - model = "registerData.password" show - password
            placeholder = "密码长度 6 - 12 位,含字母数字" />
     </el - form - item>
     <el - form - item label = "确认密码">
       <el - input v - model = "registerData.rePassword" show - password
            placeholder = "请再次输入密码" />
     </el - form - item>
     <div class = "footer - wrapper">
       <el - button type = "primary">注册</el - button>
     </div>
  </el - form>
</el - tab - pane>

//逻辑部分新增注册表单数据
const registerData = reactive({
  account: null,
  password: '',
  rePassword: '',              //再次输入密码数据
})
```

此时，单击标签页组件中的注册按钮，即可看到注册表单的内容，如图 12-22 所示。

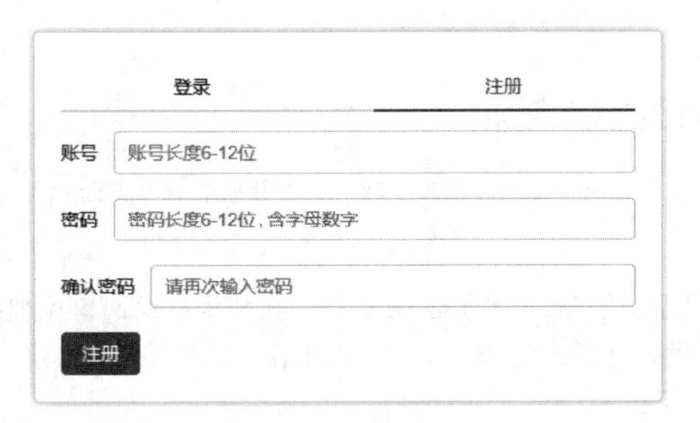

图 12-22 注册表单雏形

12.3 给 JavaScript 加上紧箍咒

在使用标签页组件时可看到有一段导入了 type 的代码，代码如下：

```
import type { TabsPaneContext } from 'element - plus'
```

这里的 TabsPaneContext 就是标签页组件内置的一个 TypeScript（TS）类型，用于描述标签页上下文属性的类型。在本节将简单地介绍 TS 及其使用方法，并给表单数据添加上 TS 类型。

12.3.1 TypeScript 是什么

6min

TypeScript 是由微软公司基于 JavaScript 构建的强类型编程语言，是 JavaScript 的超集，其主要目的是解决由于 JavaScript 弱类型而可能导致的类型问题。在 2012 年微软首次发布了 TypeScript，目前最新的版本是 2023 年 8 月发布的 5.2 版本。

其诞生的背景是微软使用 JavaScript 开发大型项目，但发现其弱类型特性容易导致一些平时难以发现的类型错误，于是由微软任职的计算机科学家 Anders Hejlsberg 领衔开发了 TypeScript，值得一提的是，作者 Anders Hejlsberg 同时还是语言 Delphi、C＃之父，以及开源开发平台.NET 的创立者。

TypeScript 虽是 JavaScript 的超集，但需注意这是两种不同的语言，其在目录中以.ts 为文件后缀。通过 TypeScript 编译器（TSC），可将 TypeScript 代码转译成 JavaScript 代码，这样就可运行在浏览器或 Node.js 环境中。同时，任何 JavaScript 代码都是有效的 TypeScript 代码，也就是说可以在.ts 文件中写 JavaScript 代码，而在.js 文件中写 TypeScript 时却会报错。

TypeScript 支持许多尚未发布的 ECMAScript 新特性，也支持一些之前仅在后端语言中的接口和特性，如泛型、枚举、声明文件（如 env.t.ds）等。学会并使用 TypeScript 可以有效地提高代码质量，减少后期的维护时间。在目前的前端开发招聘岗位中，要求求职者掌握

TypeScript 已经是一个普遍性的要求。

12.3.2 基础类型定义

5min

本节将简要介绍 TypeScript 的类型注解、高级类型系统、面向对象编程等主要特性。

1. 类型注解

TypeScript 的类型注解是一种为变量、函数参数和函数返回值添加约束的方法,通过添加类型注解,可以提供静态类型检查功能,即在引用变量或传参时如果类型不一致,在编译时就能捕获到类型错误。

定义变量时可通过在变量名后添加冒号":"和类型的方式添加类型注解,以 JavaScript 的 8 种基本类型为例,代码如下:

```
let str: string = "张三";
let num: number = 23;
let bool: boolean = true;
let u: undefined = undefined;
let n: null = null;
let obj: object = {name: "张三"};
let big: bigint = 10n;
let sym: symbol = Symbol("i");
```

在默认情况下 null 和 undefined 是所有类型的子类型,即可将 null 和 undefined 赋值给其他已定义了类型的变量,代码如下:

```
let str: string = "张三";
str = null
str = undefined
```

对于函数,则可为函数形参和返回值添加类型注解,也称为函数声明,代码如下:

```
//函数形参和返回值类型注解
function add(a: number, b: number): number {
  return a + b;
}

//如果没有返回值
function add(a: number, b: number): void {
  console.log(a + b);
}

//可选参数,形参 b 非必需的参数
function add(a: number, b?: number) {
  if (b) {
    console.log(a + b);
  } else {
    console.log(a);
  }
```

```
}

//默认参数值
function add(a: number, b: number = 3): void {
  console.log(a + b);
}
```

类型注解不是必需的，而是可选的。如果忽略类型注解，TypeScript 则会根据上下文自动推断出变量的类型，称为类型推断，代码如下：

```
//类型推断为 string
let str = "张三";

//两个形参都是 number 类型,TypeScript 会推断返回的为 number 类型
function add(a: number, b: number) {
  return a + b;
}
```

对于数组，TypeScript 支持限制数组的个数和类型，称为元组，代码如下：

```
//定义一个元组类型
type Person = [string, number];

//创建一个元组实例
let person: Person = ["张三", 23];
//let person: Person = ["张三", 23 , "男"]; 报错
//访问元组中的元素
console.log(person[0]);                    //输出 "张三"
console.log(person[1]);                    //输出 23
```

但元组的限制个数并不是绝对的，在元组中可通过剩余元素去实现不受个数限制，代码如下：

```
//定义一个元组类型,假定为班级人数及人名
type StudentName = [number, ...string[]];
let OneClass: StudentName = [3, "张三", "李四", "王五"];
```

这里的 type 是高级类型系统中的类型别名，即给一个包含多种类型的类型起个别名，在标签页中引入的 TabsPaneContext 即为 Element Plus 预设的类型别名。在实际开发中通常会在一个.ts 文件中统一定义公共使用的类型别名，并在需要使用的文件中引入。

元组同样支持使用“?”实现可选元素，代码如下：

```
//定义一个可选元组类型
type Person = [string, number?];

//创建一个元组实例
let person: Person = ["张三"];             //不报错
```

另外值得注意的是 any 类型，这是 TypeScript 类型系统的顶级类型，任何类型都可视

为any类型，由于在开发中any类型常被不熟悉TypeScript的开发人员滥用，故TypeScript也被戏称为AnyScript，代码如下：

```
//相当于未指定类型,用了 TypeScript,好像又没用
let str: any = 123;                //名字是 str,但值又为 number 类型
```

此外，在类型注解中还有never、unknown、object、Object和{}等类型，碍于项目使用TypeScript的情况，这里不再进行详细介绍。

2. 高级类型系统

假设存在一个函数能够接收任何类型的参数，而返回值也只能是其类型，那么可能就需要根据每种类型都写一遍函数，代码如下：

```
//接收一个 number 类型并返回一个 number 类型,arg 译为参数
type isNumber = (arg: number) => number;
//接收一个字符串类型并返回一个字符串类型
type isString = (arg: String) => String;
//其他类型也是如此

//以 isNumber 为例,在函数中使用
function outputNum(num: idNumber){
  console.log(num)
}
```

这种方式无疑是一种笨方法，好在TypeScript提供了一种能够处理多种数据类型的函数或类的方法——泛型，代码如下：

```
function identity<T>(arg: T): T {
  return arg;
}
```

这里的T是一种抽象的类型，取决于调用该函数的第1个参数的类型，以传入一个数字为例，那么T就变成了number；如果传入的是一个字符串，T就变成了string，这样就很好地解决了开头提到的类型问题。泛型是高级类型系统最重要的知识点之一，也是掌握TypeScript的里程碑之一。

在泛型中还有多种其他方式可定义类型，代码如下：

```
//多种类型参数
function Person<T, U>(name: T, age: U): [T, U] {
  return [name, age];
}

const person = Person("张三", 23);
console.log(person) //["张三", 23]
console.log(Person<string,number>("张三", 23))          //显示设定类型
console.log(Person("张三", 23))                          //可省略尖括号

//默认类型
```

```
function Person<T = string, U>(name: T, age: U): [T, U] {
  return [name, age];
}

//泛型约束
//定义一个接口
interface Age{
  age: number;
}

//在传值给 Person 函数时,对象应具有 Age 属性,否则会报错
function Person<T extends Age>(arg: T) {
  console.log(person.age);
}
const person = Person("张三");           //报错
```

在定义类型注解时,假设一开始并不知道该类型的取值,可采取联合类型的方式,该方式在定义类型时通过"|"分隔多种类型,代码如下:

```
//userInfo 既可以是 string 类型也可以是 number 类型
let userInfo: string | number;
userInfo = "张三"
userInfo = 23

//在函数参数中同样适用
function userInfo(arg: number | string){
  console.log(arg)
}
```

一个常见的场景是,输入框的账号初始值应该是空的,即为 null,但输入的值是 number 类型,那么就可以使用联合类型让 account 同时具有两种类型,代码如下:

```
//表单接口
interface FormData {
  account : number|null;
}
```

在泛型约束例子中使用 extends(扩展)关键字对泛型进行了约束,可结合 extends 关键字和联合类型达到条件类型的作用,相当于类型中的三元表达式,代码如下:

```
//条件的类型是否为 string,如果 T 的类型是 string 类型,则为 string 类型,反之为 number 类型
type Type<T extends string | number> = T extends string ? 'string' : 'number';
```

在某些时刻,TypeScript 并不能准确地检测到类型,例如通过后端接口返回的数据,这时可使用 as 语法进行类型断言,即人为地告诉 TypeScript 这是什么类型。类型断言是非常常用的一种语法,代码如下:

```
//登录交互逻辑
const Login = async () => {
  //login 为接口名,当然,读者现在只需知道这段代码会返回一个对象,并赋值给 res
```

```
    const res = await login(loginData) as any          //调用登录接口,返回类型为 any
    //当没有类型断言时,TS 会提示类型错误,因为假设返回的不是对象,那么是没有.status 的
    console.log(res.status)
  }

  //在定义响应式变量时,可通过<类型>方式添加类型断言
  const account = ref<number>()
  const password = ref<string>()
```

3. 面向对象编程

6min

TypeScript 具有面向对象编程的特性,包括类、继承、接口等。在 10.3 节 JavaScript 的介绍中曾使用 class 关键字定义类,TypeScript 的类则是在此基础上对类的内容添加了类型注解,代码如下:

```
class Person {
  name: string;
  age: number;

  constructor(name: string, age: number) {
    this.name = name;
    this.age = age;
  }

  play(game:string):void {                    //行为
     return console.log('我在玩 ${game}');
  }
}
```

通过 extends 关键字,TypeScript 实现了类之间的继承。定义一个 Employee(雇员)类,雇员除了有工号外,还应有姓名、年龄等属性,那么可通过 extends 关键字继承 Person 类实现,代码如下:

```
class Employee extends Person {
  id: number;                                //工号

  constructor(name: string, age: number, id: number) {
     super(name, age);                       //调用父类的构造函数
     this.id = id;
  }
}
```

此外还可在 Employee 类中对 play()方法进行重写和重载,代码如下:

```
//重写
class Employee extends Person {
  id: number;                                //工号

  constructor(name: string, age: number, id: number) {
     super(name, age);                       //调用父类的构造函数
```

```
        this.id = id;
    }
    //重写 play,即覆盖父类的原方法
    play(game:string, time:number):void {
        return console.log('我玩了 ${game}一共 ${time}小时');
    }
}

//重载
class Employee extends Person {
    id: number;                     //工号

    constructor(name: string, age: number, id: number) {
        super(name, age);           //调用父类的构造函数
        this.id = id;
    }

    //重载即在一个类中有多个同名方法,但参数数量、类型、顺序有所不同
    play(time:number, game:string):void;
    play(time:number, game:string, year:number):void;
}
```

与类相关的是在泛型约束的例子中曾使用的 interface(接口),在例子中定义了 age 属性。接口在面向对象编程中是一种对行为的抽象,在 TypeScript 中通常用来定义属性的类型,代码如下:

```
//一个惯例是接口名通常使用大写字母开头
interface Person{
  [key: string]: any;              //索引签名
  name: string;
  age: number;
  play(): void;
}
```

在上述代码中,除定义了规定的属性名及其对应的值类型外,还使用了索引签名。代码中的索引签名规定了属性名 key 为字符串类型,值可为任何类型,在这种情况下能够更方便地访问和添加属性,特别是在循环对象内的属性时。

接口与类一样,可以使用继承的方式,区别在于子类只能继承一个父类,而接口可以继承多个接口,同时类也能继承多个接口,代码如下:

```
interface Animal {                 //动物接口
  makeSound(): void;               //发声行为
}

interface Dog {                    //狗
  bark(): void;                    //狗吠
}
```

```
interface Cat {                              //猫
  meow(): void;                              //猫叫
}

interface DogAndCat extends Animal, Dog, Cat {
  //继承了 Animal、Dog 和 Cat 的属性和方法
}
```

与接口通过 extends 继承接口不同，在类中通过 implements 关键字继承接口，代码如下：

```
//定义一个 MyAnimal 类，继承 Animal 接口
class MyAnimal implements Animal {
  name: string;

  constructor(name: string) {
   this.name = name
  }

  findFood(): void {
    console.log('${this.name}正在找食物');
  }
}

//定义一个 MyDog 类，在继承父类 MyAnimal 的同时继承 Dog 接口
class MyDog extends MyAnimal implements Dog {
  play(): void {
    console.log('这个名为${this.name}的狗正在玩游戏');
  }
}
```

看到这里读者可能会觉得接口能实现的，类不也能实现吗？为什么多此一举还需要接口呢？如果从子类只能继承一个父类的角度来看，这个答案就很明显了，如果子类在一些场景下即使通过重载或重写方法都不能满足需求，就可以额外定义接口去添加方法，因为类可以继承多个接口，因此，在面向对象编程语言中，接口通常只定义一组方法名，但没有具体的内部逻辑。这也是面向对象编程的多态性实现方法之一，一个类可以以多种形态存在，使程序更加易于扩展。

在某些情况下，前面提到的类型别名与接口有些许相同之处，代码如下：

```
//描述对象
interface Person {
  name: string;
  string: number;
}

type Person = {
  name: string;
  age: number;
```

```
};

//描述函数
interface add{
  (x: number, y: number): number;
}

type add = (x: number, y: number) => number;
```

但 type 可以用于基本类型、元组中，而接口不行，代码如下：

```
type Name = string;

type UserInfo = [number, string];
```

接口可以定义多次，并且多次定义的接口最终会被合并，而类型别名不行，代码如下：

```
interface Person { name: string; }
interface Person { age: number; }
const person : Person = {
  name: "张三";
  age: 23;
}
```

在扩展方面，接口使用 extends 关键字扩展(继承)其他的接口，而类型别名通过"&"符号扩展多种类型别名，这种方式也称为交叉类型，代码如下：

```
type Person = {
  name: string;
  age: number;
};
type User = Person & {
  Sex: string;
};
```

此外，接口也可通过 extends 扩展类型别名，代码如下：

```
interface Person extends User {
  phone: number;
}
```

12.3.3 常用的 TypeScript 配置

在 11.2.2 节曾分析过 TypeScript 的配置文件 tsconfig.json，在通过 create-vue 创建的项目脚手架中该文件并没有直接对 TypeScript 进行配置，而是引用了其他两个文件内的配置。该项目文件包含了 TypeScript 编译相关的配置，如是否进行严格检查、是否允许编译 JavaScript 文件等，本节简单地对部分常用的配置项进行介绍，代码如下：

```
//常规部分选项
"target": "es6",                //指定 ECMAScript 版本
```

```
"module": "commonjs",    //指定使用模板,如果使用 ES6 的模块体系,则可选为 "es2015"
"allowJs": true,         //允许编译 JS 文件
"checkJs": true,         //检查 JS 文件的错误
"outDir": "./",          //用于指定编译输出目录
"declaration": true,     //是否生成声明文件,如 env.t.ds
"noEmit": true,          //不生成输出文件
"lib": [],               //编译时包含哪些库文件,如"dom"和"es2015"

//类型检查部分选项
"strict": true,           //启用所有严格类型检查选项,包括下列检查选项和其他未列出检查选项
"noImplicitAny": true,  //捕获未明确声明类型的变量、参数、返回值等,包括 any 类型
"strictNullChecks": true,            //严格空值检查
"alwaysStrict": true,                //每个文件都采取严格模式

//模块解析部分选项
"moduleResolution": "node",          //选择模块解析策略
"baseUrl": "./",                     //模块解析基础路径
```

在项目中已经默认存在 noEmit、baseUrl 等配置项,由于在开发过程中会用到浏览器的 localStorage,所以需要在 lib 选项中添加 dom 库文件,使 TypeScript 能够识别浏览器 DOM 的类型定义,代码如下:

```
//tsconfig.app.json
"lib": ["dom"],
```

12.3.4 给表单数据加上 TypeScript

回到登录与注册的单文件组件中,为逻辑部分的登录与注册表单数据添加接口,声明账号、密码及再次输入密码的类型,最终的代码如下:

```
//表单接口
interface FormData {
  account : number|null;              //默认为 null,输入时为 number
  password : string;
  rePassword?: string;                //在登录表单数据中无该选项,故为可选项
}

//登录表单数据
const loginData : FormData = reactive({
  account: null,
  password: '',
})

//注册表单数据
const registerData : FormData = reactive({
  account: null,
  password: '',
  rePassword: '',
})
```

第13章 CHAPTER 13 页面设计思路

一个页面可以没有 JavaScript,但不能没有 CSS,不然页面只是空有一堆文字。通过 CSS 可以创造出一个美观、自然、易于使用的页面,给页面赋予丰富的精神内涵。如何去设计页面,不仅是 UI 设计师需要考虑的问题,也是整个项目团队需要考虑的问题,在实际开发中,可能实现一个页面需要筛选掉几个方案甚至几十个方案,所以经常有人说 UI 设计师也是“掉头发”专业。前端程序员在开发中虽然无须花费额外的时间去学习 UI 设计,但就如同应该掌握不同的 UI 组件库一样,了解一些常见的设计思路能够让自己有更多的闪光点,在小组开会讨论时也能够提出自己的想法去帮助实现项目,解决一些可能 UI 设计师没有考虑到的实现难点,这对于自身发展前景无疑是有利的。

在本章中,将对页面设计的布局思路和样式思路进行简单介绍,并完成登录与注册页面的样式,为后续系统的其他页面布局做铺垫。

13.1 布局

5min

在设计时首先应考虑页面的基本结构。一个页面通常包括头部、页面标题或 LOGO、导航栏、内容区、底部区,在一定程度上符合 HTML 的< head >< body >和< footer >标签,而在 HTML5 中有更符合这种描述的语义化标签,包括< aside >侧边栏标签、< nav >导航栏标签、< section >章节标签、< article >文章标签等,这些标签名字就好似其在页面中的布局位置,如图 13-1 所示。

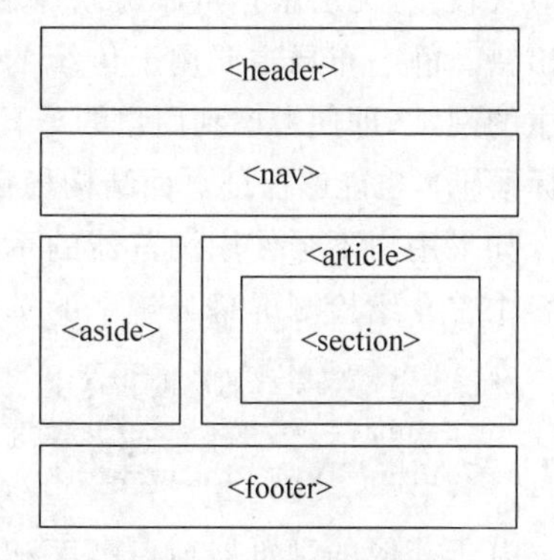

图 13-1　页面结构元素

当然,不是每个页面都采用如图 13-1 所示的结构。在实际开发中,有可能一个页面只有头部和内容区;或只有头部、内容区、底部区;又或只有侧边栏和内容区等。在 Element Plus 的布局容器中,对常见的页面布局提供了容器和组件标签,如图 13-2 所示。

对于用户来讲,良好的页面布局无疑能提高使用体验,帮助用户更快地理解网页内容,降低认知负担;

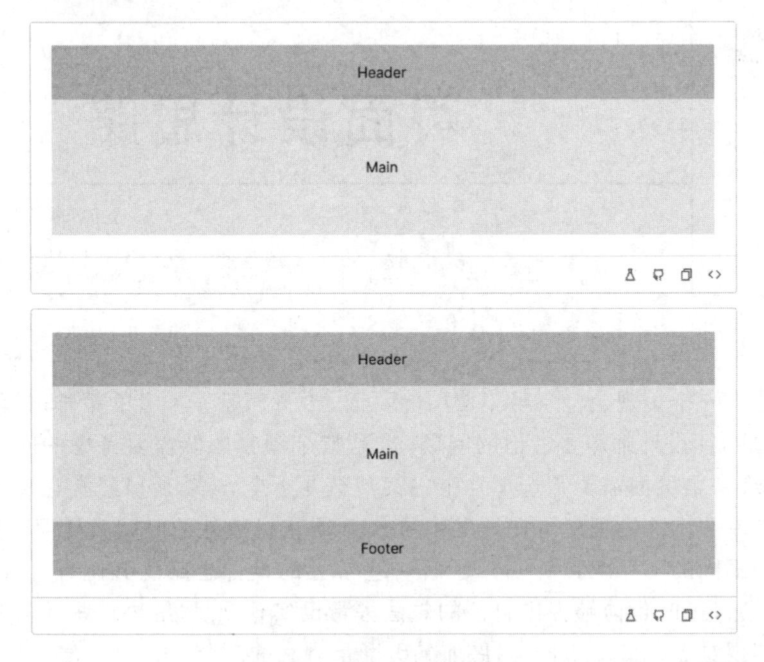

图 13-2　部分常见页面布局

对于开发者来讲，清晰的页面结构也意味着清晰的 HTML 模板代码及明朗的样式嵌套，在一定程度上提高了开发效率，对后续的扩展和维护也带来了便利。页面布局与 CSS 布局是相互依赖的，HTML 定义了页面的基本结构，而 CSS 则通过不同的布局方式使内容具有兼容性、清晰性。下面，对 CSS 常见的布局方式及其适用场景进行介绍。

最简单的布局方式即仅通过 px 作为单位，不需要进行复杂的计算和样式调整的静态布局，带来的好处是呈现样式时会保证样式完整，例如图片使用 px 单位设定宽和高后，不管页面放大还是缩小都不会对图片进行拉伸或挤压；静态布局带来的缺点也比较明显，即响应式较差，无法根据屏幕分辨率和设备进行自适应调整，如果需调整就得手动微调，则容易出错。静态布局主要用于传统的 PC 端网页，如新闻网站、导航网站、个人博客等以内容为主的网站，即使考虑到用户的屏幕分辨率可能不同，但结合浏览器的手动缩放功能(Ctrl+鼠标滚轮)，也能够保证页面结构稳定且展现清晰的内容。

如果用户不会使用浏览器的手动缩放功能，则该怎么办呢？在 10.3.7 节关于 BOM 的内容中曾介绍检测屏幕分辨率的 API，代码如下：

```
//获取浏览器窗口的高度和宽度
let height = window.innerHeight;
let width = window.innerWidth;
```

基于获取的浏览器窗口高度和宽度，去设计多套适合不同高度和宽度范围的静态布局，根据不同的屏幕分辨率进行切换，这种布局称为自适应布局。听起来这种需计算的操作好像很复杂，但由于屏幕有规范的参数，如笔记本和 PC 端屏幕主流分辨率是 1920×1080；参数 2k 表示 2560×1440，参数 4k 表示 3840×2160。只要根据常规参数去设计即可，但在实际开发中，响应式布局比自适应布局更为方便，也更为常用。

响应式布局主要包括媒体查询、流式布局、弹性盒子布局等技术。在 10.1.7 节中曾介绍过媒体查询的实现方式，这里不再赘述。流式布局是一种基于百分比宽度实现的布局，也称为百分比布局，注意，是基于宽度而不是高度，也不是基于宽度和高度，因为页面宽度往往是相对的，而页面高度可以通过滑动滚动条去展现内容，所以高度可以设置为其他单位或自动撑开。通过配合 max-width（最大宽度）和 min-width（最小宽度）等属性，流式布局能够在 PC 端和平板之间、平板与移动端之间这种屏幕分辨率差异不大的场景下实现页面结构的衔接，因为两者在呈现页面的内容结构上基本相同，而 PC 端和移动端往往会采用不同的页面设计。以 iPad 和 iPhone SE 尺寸下的京东商城为例，如图 13-3 和图 13-4 所示。

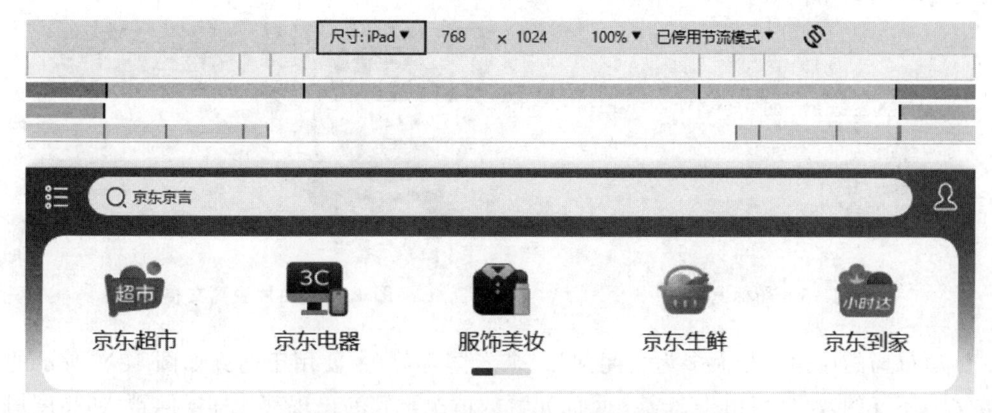

图 13-3　iPad 中的京东类别便捷栏

图 13-4　iPhone SE 中的京东类别便捷栏

可看到在不同的尺寸下，每个图标之间的间隔是不同的，但通过在开发者工具中检查其宽度，可看到 5 个图标的宽度都是 20%，如图 13-5 所示。

流体布局与 10.4.2 节 Bootstrap 中提到的栅格布局有些许相似，但不完全相同，如果将包裹栅格布局的容器宽度设为 100%，就变成了流式布局。

在 CSS 中还有一种传统的布局叫浮动布局，通过将元素的 float（浮动）属性设置为

left(左)或 right(右),使元素脱离文档流,并在水平方向上浮动,代码如下:

```
<div class = "container">
  <p>
    <img src = "./img/123.jpg" alt = "" />
    这是一段文字.
  </p>
</div>

img {
  float: left;
}
```

在这段代码中,通过给图片添加浮动,使元素脱离了<p>标签的文档流,"漂浮"在文字左边,如图 13-6 所示。

```
.m_index_box_new_container_nav_box {
  width: 20%;
  text-align: center;
  display: block;
  float: left;
  font-size: 0;
  line-height: 0;
}
```

图 13-5 图标宽度

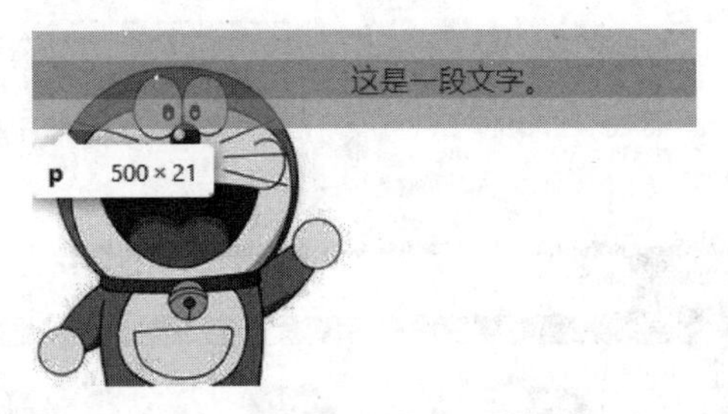

图 13-6 图片脱离文档流

浮动布局的使用场景大多为新闻网站、个人博客等,主要用于达到如图 13-6 所示的图片被文字环绕的效果,但由于在多个页面元素的情况下容易出现其他样式问题,如高度坍塌等,浮动布局也逐渐变得较少采用了。

此外,在 10.2.4 节中介绍的通过 relative 和 absolute 等属性对元素进行定位的布局也称为定位布局,使用的场景大部分是侧边栏或顶部的广告。

13.1.1 弹性布局

在响应式布局中,弹性盒子(Flex Box)布局是 CSS3 的新特性,是一种全新的、目前主流的布局方式,能够对容器内的子元素进行合理排列、对齐和分配空白空间。弹性盒子由弹性容器(Flex Container)和弹性子元素(Flex Item)组成,通过将父元素 display 属性的值设置为 flex 或 inline-flex 而将其定义为弹性容器,其子元素将变为弹性子元素。

在弹性盒子中包括许多属性,以下列举了几个常用的属性,见表 13-1。

表 13-1 弹性盒子常用属性

属　性	描　述
flex-direction	指定弹性子元素的排列(主轴)方式,如横向排列或纵向排列
justify-content	用于子元素沿弹性容器的主轴(横轴)线对齐

续表

属　性	描　述
align-items	用于子元素沿弹性容器的侧轴(纵轴)线对齐
flex-wrap	用于子元素溢出时换行
align-content	用于子元素所在行对齐
align-self	用于子元素在侧轴(纵轴)方向上的对齐

在每个属性当中,又有几个属性值,以 flex-direction 为例,代码如下:

```
<div class = "container">
  <div class = "flex - a"> 1 </div>
  <div class = "flex - b"> 2 </div>
  <div class = "flex - c"> 3 </div>
</div>

.container {
  display: flex;
  flex - direction: row;
}
```

当将属性值设置为 row(行)时,主轴为水平方向,子元素从页面的左侧向右排列,如图 13-7 所示。

当将属性值设置为 row-reverse(行-翻转)时,主轴为水平方向,但子元素从页面的右侧向左排列,如图 13-8 所示。

图 13-7　flex-direction 属性值为 row

图 13-8　flex-direction 属性值为 row-reverse

当将属性值设置为 column(列)时,主轴为垂直方向,子元素从页面的顶部向下排列,如图 13-9 所示。

当将属性值设置为 column-reverse(列-翻转)时,主轴为垂直方向,子元素在顶部从尾元素向下开始排列,如图 13-10 所示。

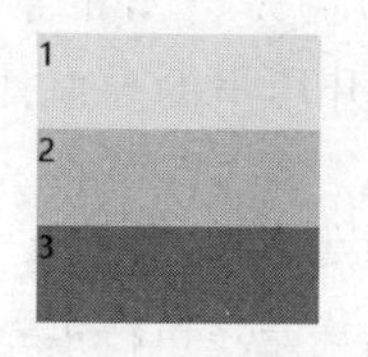

图 13-9　flex-direction 属性值为 column

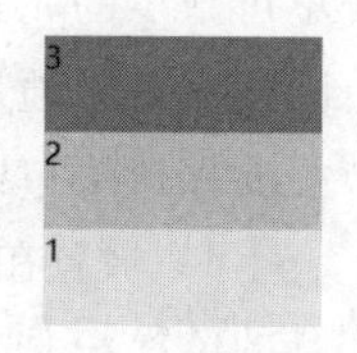

图 13-10　flex-direction 属性值为 column-reverse

不管是在学习中还是在开发中想要第一时间准确地判断弹性盒子的属性和属性值都是不太可能的,也是没有必要的,毕竟有那么多属性和属性值,并且通常是由多个属性结合起来使用的,但因为有谷歌浏览器这个助手在,可以准确且灵活地运用弹性盒子。当给弹性容器(父元素)添加 display 属性和 flex 属性值后,在开发者工具的元素中找到父元素,可看到在 flex 属性值旁边有个小按钮,单击该按钮即可查看可选的属性、属性包含的属性值和简略示意图,单击简略示意图可在浏览器直接看到该子元素在当前属性下的效果,例如单击 flex-direction 选项的第 3 个示意图,即将属性值设为 row-reverse,子元素在水平方向上从页面右侧向左排列,如图 13-11 所示。

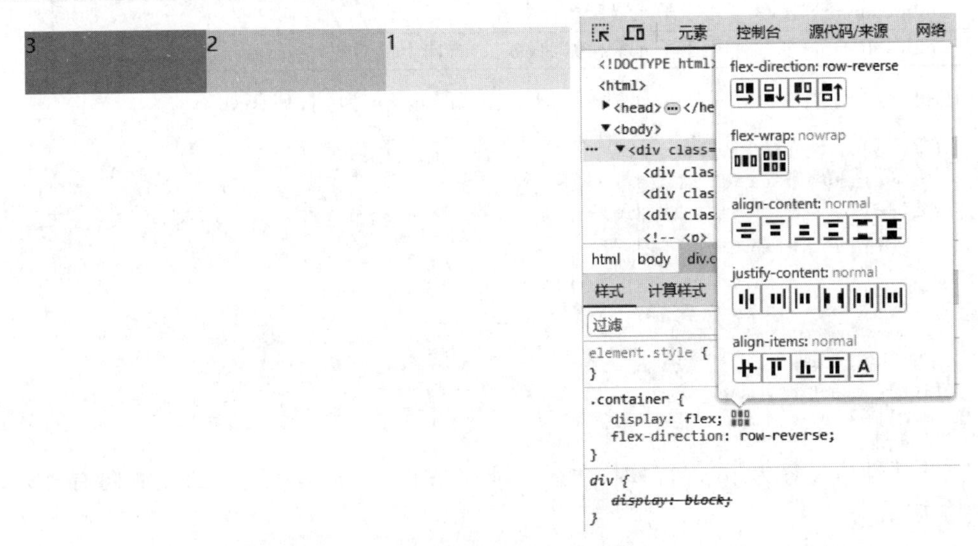

图 13-11　弹性盒子工具调整弹性样式

如同弹性盒子这个名字般,其对于盒子内元素强大的对齐和排列能力,使开发者能够灵活地兼顾不同屏幕分辨率去设计页面布局,是响应式设计的首选方案。虽然其需要掌握的属性较多,但有浏览器的弹性盒子工具也能快速上手。在实际开发中,弹性盒子主要用于需要精确对齐和分布的场景,如存在多个卡片组件的页面、元素需左右平均分布的场景等,但其实由于其灵活的特性,弹性盒子被广泛地使用在各种场景中。

13.1.2　菜单

菜单是系统不可缺少的元素,是通向系统各个模块的基础。一个好的菜单应具备清晰、简单、合理的设计,最大限度地展示系统的主要功能模块,提升用户的导航体验和提高系统的可用性。本节主要探讨菜单的两种设计方案及其缘由。

理论上一个元素可以放置在页面的任何一个位置,但就像观看电影、足球比赛有最佳位置一样,菜单也有其最佳的位置,一种方式是菜单位于顶部,另一种方式是菜单位于左侧。以 Element Plus 为例,其主要模块菜单是位于顶部的,包括进入指南、组件、资源等模块,如图 13-12 所示。

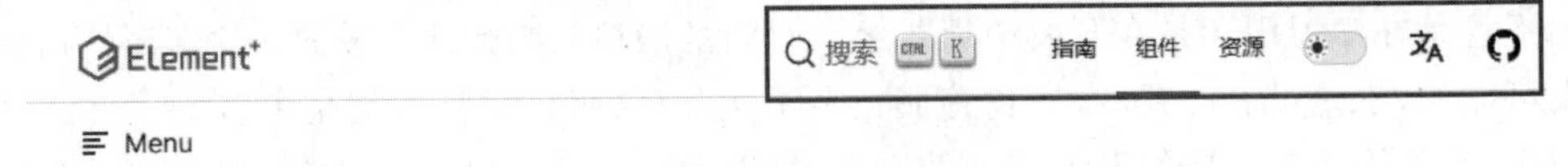

图 13-12　顶部菜单栏

当进入指定的模块后，其菜单是位于左侧的，如组件模块内选择组件的菜单，如图 13-13 所示。

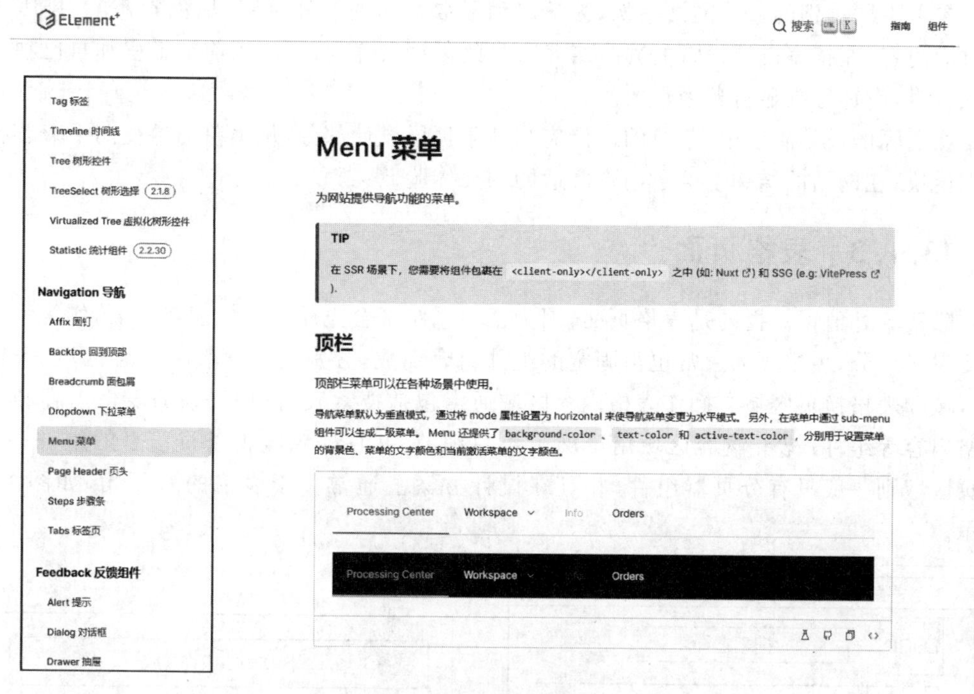

图 13-13 左侧菜单栏

在 Element Plus 提供的菜单组件中只有位于顶栏和左侧栏的可选项，这其实是一种基于用户习惯的设计方式。可以说大多数用户已经习惯了顶部或左侧的菜单布局，这种布局具有极高的认知度和可读性。使用顶部或左侧的菜单布局能够让本就熟悉这种布局的用户更快地熟悉新系统，如果某个网站“创造性”地设计了右侧菜单，就像开惯了左舵车的司机开右舵车一样别扭。

那什么选项适合顶部菜单，什么选项又适合左侧菜单呢？一般来讲，顶部适用放置一级和二级菜单，能够一步到位切换到对应的页面，而左侧菜单适合多级菜单，逐级展开，方便用户在一级菜单对应的模块下进行导航操作。常规的设计是，顶部的菜单项会包括网站的 LOGO，该 LOGO 往往也是返回首页的按钮；网站的重要页面或全局功能，如搜索框、个人资料入口；在官网的顶部栏通常包括企业简介、联系我们等内容，是用户最常单击的内容。左侧的菜单项一般是顶部菜单对应的二级菜单或三级菜单，即作为顶部菜单相关页面的功能。

千篇一律的菜单布局，或者说采取与大部分网站相同的架构设计，并不意味着是抄袭。优秀的网站设计案例往往经过了市场的检验，能够帮助设计师避免一些常见的错误设计思维，减少不必要的方案迭代，对前端工程师乃至整个开发周期都是有利的。常见的商城网站就是个很好的例子，大部分商城网站除品牌 LOGO、颜色之外并无太大区别，一般顶部为一级菜单、菜单下方为 LOGO 和搜索框，再下面为商品分类和轮播图区域，如图 13-14 所示。

不管是 UI 设计师还是前端工程师都是直面用户第一感官的。在开发的空余时间可以多去参考不同类别的成功网站案例，去学习和汲取页面的设计灵感，如色彩搭配、排版布局等方面内容，在拓宽设计视野的同时培养自身的设计素养，特别是当前端工程师自己独立开发项目时，设计思维显得尤为重要。

在实际的设计阶段中，菜单的设计应当处于顶层设计部分，从菜单的角度向下兼容各种功能模块，在网站的结构上给予用户舒适的用户体验。

13.1.3 表格页面

除菜单外值得一提的是表格页面，因为任何系统都会充斥着大量表格页面，作为系统的重要组成部分，表格页面通常也由固定的组件组合而成，分别是操作表格内容区域、表格内容区域和表格换页区域。操作表格内容区域通常包括搜索表格内容、添加表格内容和清空表格内容等组件；表格内容区域用于展示条目细节，并且提供编辑条目信息的组件；表格换页区域则一般只有分页器组件，并且在设计方案上通常位于表格的右下角，如图 13-15 所示。

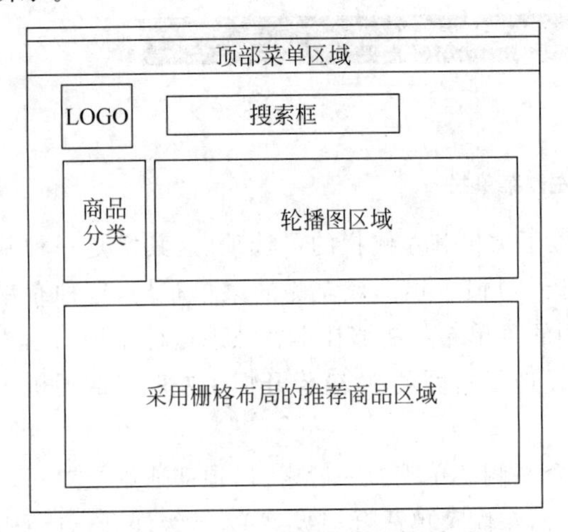

图 13-14 常见商城布局

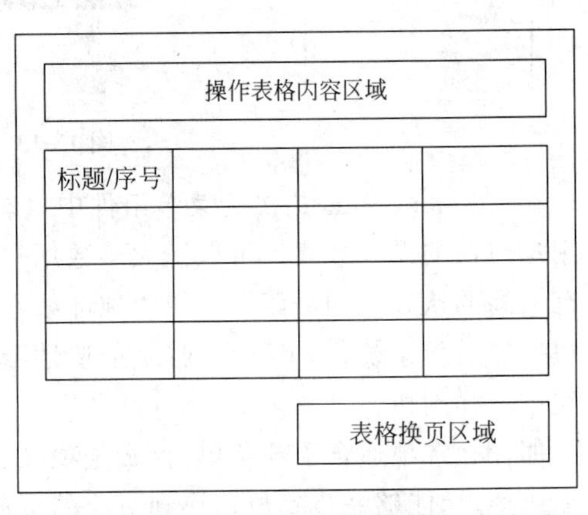

图 13-15 表格页面布局

在对表格内容进行便捷搜索设计时，应当考虑到搜索内容的唯一性和多样性，即搜索的结果是唯一的还是有多个结果。假设表格存在一个班级的数据，那么搜索学号就是唯一性结果，而搜索出生年月则可能是多样性结果。在搜索框的 placeholder 属性中应给予用户明确的提示，如图 13-16 所示。

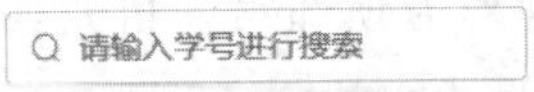

请输入学号进行搜索

图 13-16 明确搜索内容

在对表格的换页区域进行设计时，应当考虑到未来表格内容的数量。如果未来表格展示的内容足够多，如一页展示 10 条数据，但总数可能有几百条数据，则应该添加上能够直接跳转到指定页面的功能，如图 13-17 所示。

Jump to 跳转至

‹ 1 ··· 3 4 5 6 7 ··· 10 › Go to 5

图 13-17 跳转分页器

如果后端对数据有数量限制，即数据有默认存储条数，多余的不展示或自动删除，设计时就需对表格页数进行限制，如一共展示 100 条数据，那么可将页数限制为 10 页，每页 10 条，过了 10 页后的内容默认不展示，在这种情况下选择能够换页的组件就可以了，如图 13-18 所示。

When you have few pages 当你有一些页面

‹ 1 2 3 4 5 ›

图 13-18 普通分页器

13.2 样式

一个好的网页，应在保证内容协调的基础上突出展示内容，本节通过结合部分网站案例和 Element Plus 组件简单介绍在样式方面应当考虑的问题。

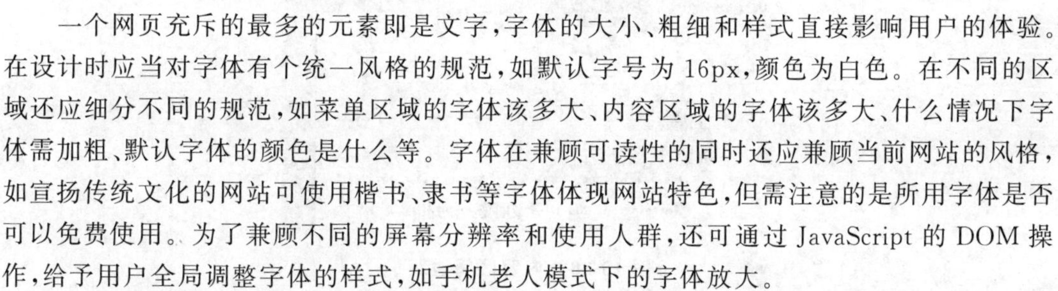

一个网页充斥的最多的元素即是文字，字体的大小、粗细和样式直接影响用户的体验。在设计时应当对字体有个统一风格的规范，如默认字号为 16px，颜色为白色。在不同的区域还应细分不同的规范，如菜单区域的字体该多大、内容区域的字体该多大、什么情况下字体需加粗、默认字体的颜色是什么等。字体在兼顾可读性的同时还应兼顾当前网站的风格，如宣扬传统文化的网站可使用楷书、隶书等字体体现网站特色，但需注意的是所用字体是否可以免费使用。为了兼顾不同的屏幕分辨率和使用人群，还可通过 JavaScript 的 DOM 操作，给予用户全局调整字体的样式，如手机老人模式下的字体放大。

在网页设计时应当使用颜色和边距去突出重点内容。以腾讯云的控制台为例，如图 13-19 所示。

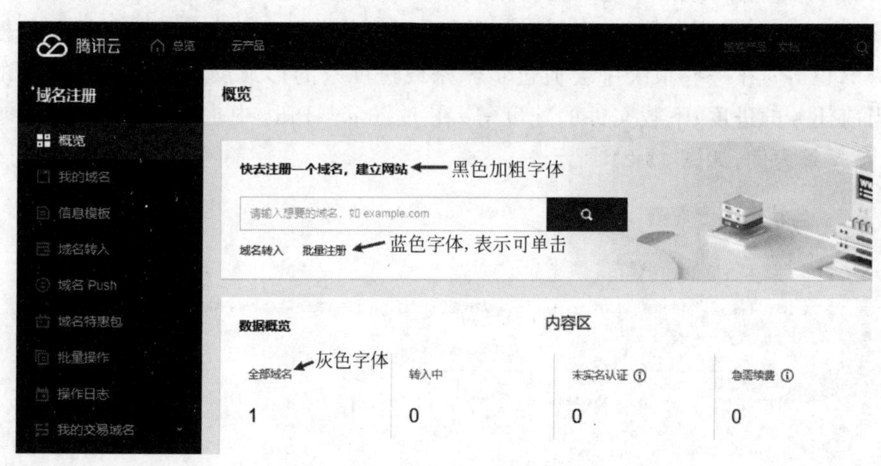

图 13-19 菜单与内容颜色对比

首先,可看到图中左侧菜单栏和概览区域分别使用了深色和浅色,呈现出一种色差感,采取对比的方式突出主要的内容,使用户的视觉焦点处于光亮的区域,在视觉上隐藏了其他不重要的信息;其次,在整个概览区域的背景色和主要内容的背景色之间也采取了对比的方式去达到一种层次感;最后,在主要内容之间,标题字体采用了加粗的方式;对于"域名转入"等按钮使用了蓝色字体表示可单击;"全部域名"等标题使用了浅灰色以提升可读性。可以说充分体现了逐层变化的视觉效果,让用户的注意力集中在操作区域中。

此外,在概览区域还通过固定的边距或者留白去分隔不同的展示内容,对于边距应当使用 4 的倍数或者其他偶数,这是由于屏幕分辨率是偶数的缘故,在上述图中不同的内容区块的边距为 20px,如图 13-20 所示。

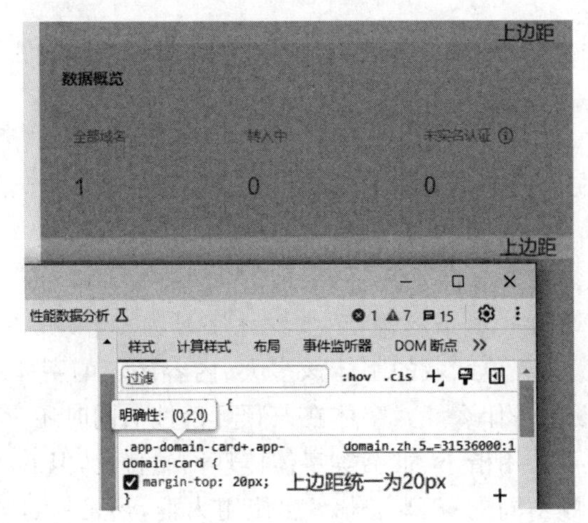

图 13-20　内容区间边距

在设计项目时还应通过样式给予用户反馈信息,例如展现不同程度状态、不同进度之间的信息。在一些包含等级的系统中会将某项任务标记为紧急、加急和普通等状态,那么在设计时就该考虑通过色调去展现不同程度的等级,例如危急状态为红色、加急状态为橙色、普通状态为绿色等;在一些系统中会通过步骤条或进度条的形式反馈进度状态之类的信息,如显示当前任务的进度、下载文件的速度等,在 Element Plus 中也提供了步骤条和进度条组件,以步骤条为例,如图 13-21 所示。

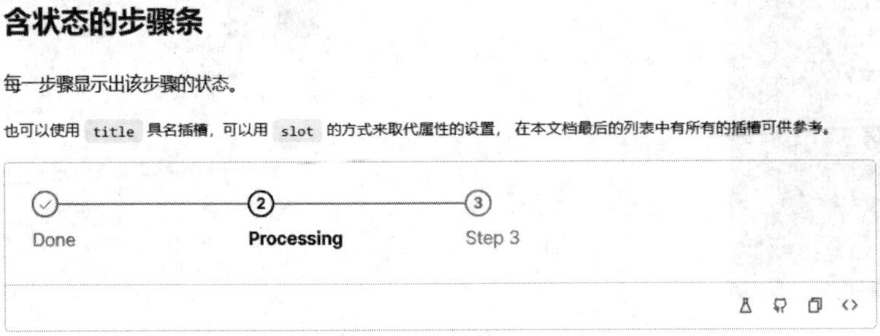

含状态的步骤条

每一步骤显示出该步骤的状态。

也可以使用 title 具名插槽,可以用 slot 的方式来取代属性的设置,在本文档最后的列表中有所有的插槽可供参考。

Done　　**Processing**　　Step 3

图 13-21　步骤条

13.3 颜色

图 13-19 充分体现了颜色在样式方面的重要意义，在网页可读性、视觉吸引力和用户体验上起到了不可替代的作用。在样式一致性上，统一色调的颜色能够传达给用户一种充满活力或宁静的体验，在商业软件上还能表现出品牌的特色，就如同 12.2.1 节提到的饿了么和美团的案例。

如同图 13-14 所示的商城经典布局一样，在成功的网站案例上，颜色也具有参考性。每种呈现出来的颜色都是经过这些网站的 UI 设计师千挑万选出来的，是经过了多次用户视觉与心理暗示方面的实验所得出来的，所以看一个优秀的网站案例不仅要看整体布局，也要看颜色。以京东商城为例，虽然整体看上去是红色的，但又并不是真正意义上的纯红，整体色调其实是基于 RGB(243,2,19)这个色号的，属于偏向鲜艳的颜色，以商品分类和搜索框的背景色为例，如图 13-22 和图 13-23 所示。

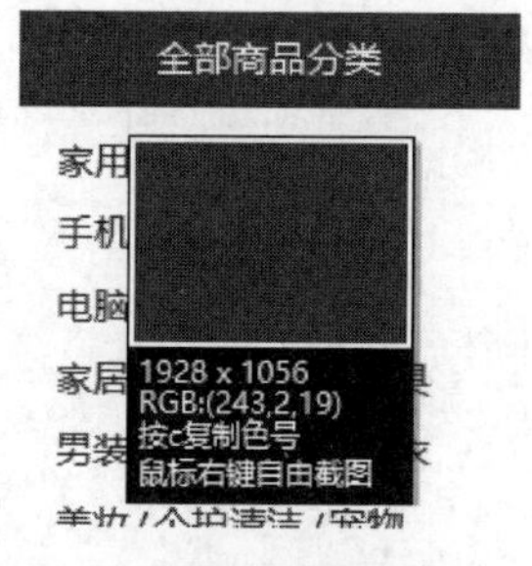

图 13-22 商品分类背景色

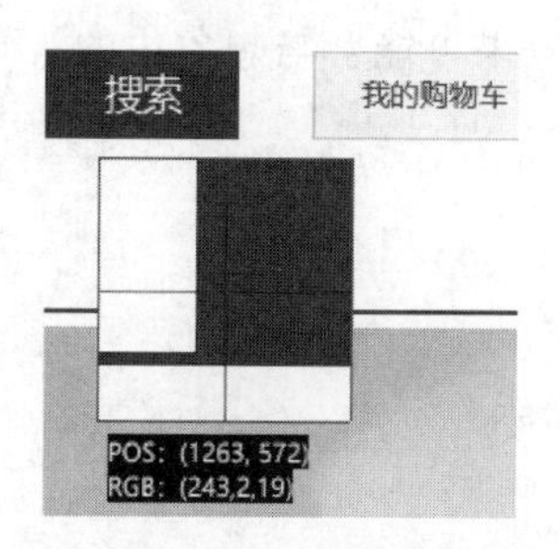

图 13-23 搜索框背景色

那么，如何去获取颜色的色号呢？最简单的方式是通过截图，可以利用 QQ 或微信的截图，如图 13-22 所示，通过 QQ 截图的方式，能够按 C 键复制色号；图 13-23 则通过微信截图的方式显示色号，但不能复制色号，只能手动记下来。此外，国产的截图神器软件 Snipaste 也能够实现获取色号的功能，并且支持 RGB 和十六进制两种色号的转换，可以说这是程序员必备的软件之一。

13.4 完成登录页面

经过前面布局、样式和颜色的内容铺垫之后，相信读者已经对如何实现登录与注册页面有了大致的思路了。在本节中将通过弹性布局去调整卡片组件位置及其内部元素的结构，并介绍一种能够调整组件样式的样式选择器，从 0 到 1 完成前端部分的第 1 个页面样式。

6min

13.4.1 卡片位置

在给卡片组件添加 Wrapper 后，即可通过弹性盒子使卡片组件具有弹性，给外壳添加

justify-content 属性的 center 属性值，便可将卡片调整至主轴的居中位置，不过此时卡片组件还是位于页面的顶部，想要让卡片组件位于中间位置还需加上高度，并且结合 align-items 属性的 center 属性值。

需注意的是高度，这里的高度应该选择什么单位呢？一个好的建议是使用视口高度，即 vh，这样可以在不同的屏幕分辨率上都保持一个相对稳定的位置；如果使用 px，则无法保证在不同屏幕分辨率下的位置，而如果使用百分比高度，则在当前元素的父元素上添加百分比高度还不够，需逐层添加高度直至顶级标签< html >，这样做就太麻烦了，所以使用视口高度是个不错的方案，代码如下：

```
.card - wrapper {
  display: flex;
  justify - content: center;
  align - items: center;
  height: 100vh;
}
```

但实现的效果可能会与想象中的视觉效果有所偏差，如图 13-24 所示。

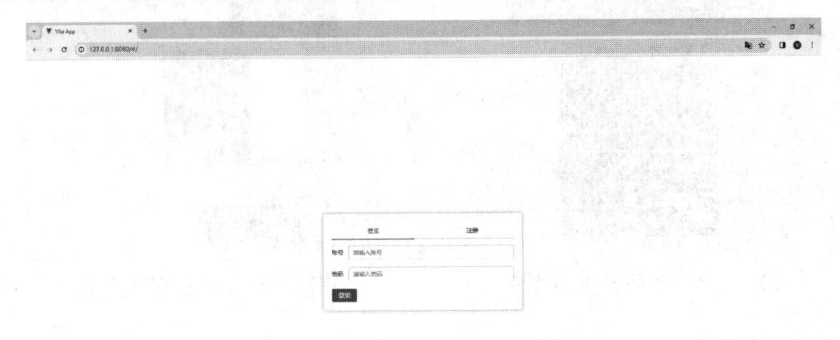

图 13-24　卡片组件居中

在包含浏览器顶部标签页和 URL 网址栏的情况下，卡片组件更偏下一点，这是由于视口高度是基于浏览器的高度来决定的，以高度 0vh 为例，可见半个卡片组件被嵌入了浏览器顶部中，如图 13-25 所示。

图 13-25　卡片组件高度 0vh 样式

而 align-items 属性居中则是指卡片组件处于可视区的水平位置(不包括浏览器顶部)，如图 13-26 所示。

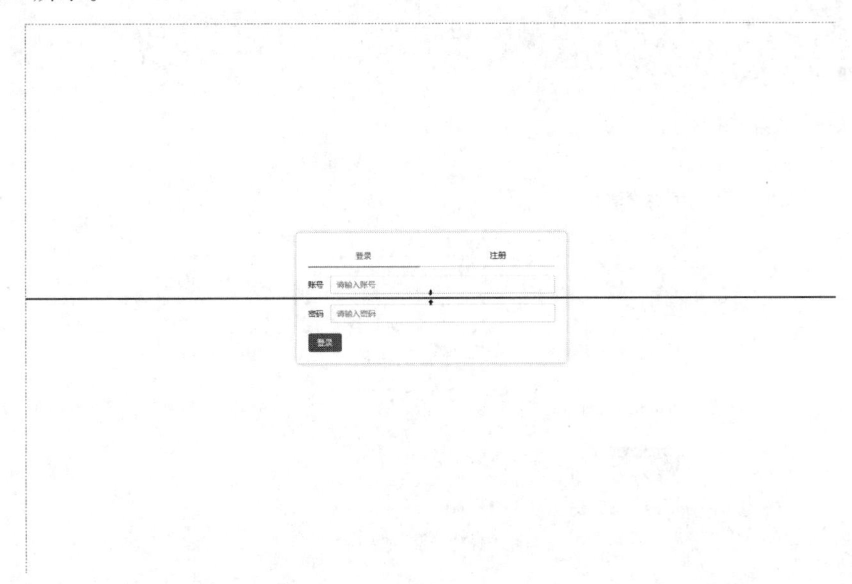

图 13-26 align-items 属性居中

用户在浏览页面时视觉系统会将浏览器顶部内容也包括在内，所以相当于在内容区居中的情况下又增加了顶部属于浏览器操作区的高度，这就显得组件处于中间偏下的位置，而解决办法也很简单，将视口高度调整为 90vh 或更少，让卡片组件看起来偏上一点，达到一个比较舒适的视觉角度，代码如下：

```
.card-wrapper {
  display: flex;
  justify-content: center;
  align-items: center;
  height: 90vh;
}
```

13.4.2 卡片样式

本节将完善卡片组件的样式，调整卡片的宽和高、字体、输入框和按钮样式。

1. 字体

在 12.2.4 节原有模板结构上，登录系统时无任何文字提示，呈现给用户的只有登录页面和注册页面，按常规思路来讲应该有系统名去提醒用户正在登录的系统，所以在卡片组件内应当添加系统名作为标题，用于提示，代码如下：

```
<template>
  <div class="card-wrapper">
    <el-card class="box-card">
```

```
      <div class = "title">后台管理系统</div>
      <!-- 标签页组件... -->
    </el - card>
  </div>
</template>
```

添加后的效果如图 13-27 所示。

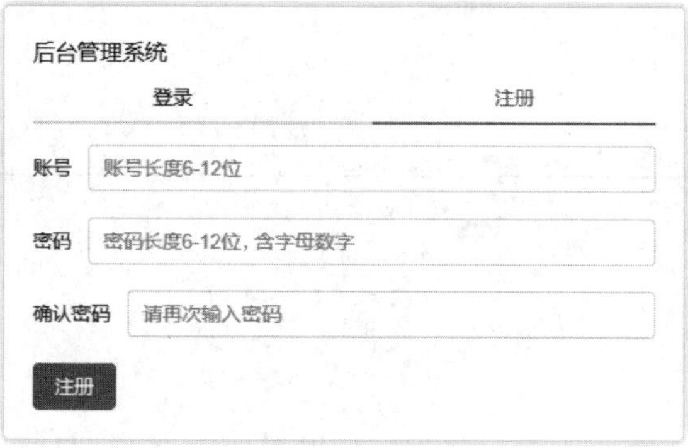

图 13-27　添加标题

新增的系统名字还应处于居中位置用以表示严谨，并且应使用字体加粗和字号加大的样式去突出系统名字，那么可通过 font-weight 和 font-size 去调整字体粗细和字号大小。对于居中显示，这里有两种思路，一种是给该元素添加弹性盒子，通过 justify-content 属性的 center 属性值使其居中；另一种是直接使用 text-align 属性的 center 值使其居中，这样就只需一行代码便可实现居中效果了，代码如下：

```
//卡片组件
.box - card {
  width: 480px;

  //标题
  .title{
    font - size: 20px;
    font - weight: 700;
    text - align: center;
  }
}
```

对比图 12-13 可以发现标签页的字体和登录按钮相对于账号输入框旁的标题字号是更大的，但代码上标签页的字体是写在属性内的，没有类名能获得这个元素，以登录为例，代码如下：

```
<el - tab - pane label = "登录" name = "first">
```

面对这样的组件应该如何处理呢？一个好的办法是“样式穿透”，也称为深度选择器。首先，在浏览器的开发者工具中找到当前组件元素的隐藏类名，如图 13-28 所示。

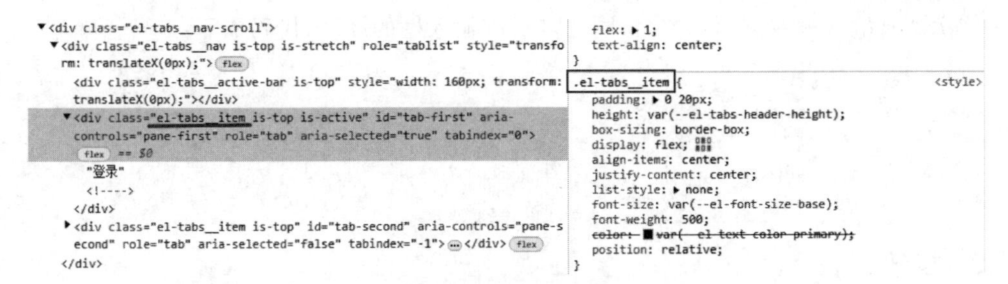

图 13-28 元素隐藏类名

然后通过:deep(.类名)的语法即可修改该元素的样式,代码如下:

```
//标签页字体大小
:deep(.el - tabs__item) {
  font - size: 18px;
}
```

这里需要注意的是在不同的预编译语言和框架中可能有些许差别,例如在使用 Vue-CLI 构建的项目中用的是::v-deep,此外还有/deep/,但不被 Vue-CLI 支持,代码如下:

```
::v - deep .class {
  font - size: 18px;
}

/deep/ .class {
  font - size: 18px;
}
```

最终的实现效果如图 13-29 所示。

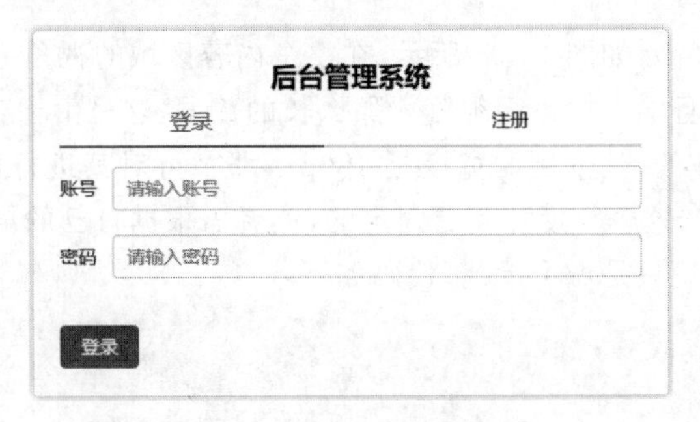

图 13-29 字体的最终效果

2. 输入框

默认的输入框同样可通过样式穿透调整高度,首先调整输入框,代码如下:

```
//输入框高度
:deep(.el - input__inner) {
  height: 40px;
}
```

其次调整输入框左侧的标签名，同样需适应输入框的高度，代码如下：

```
//输入框标签名高度
:deep(.el-form-item__label) {
  height: 40px;
  line-height: 40px;
}
```

3. 按钮

按钮需位于居中位置，给父元素添加弹性盒子，调整子元素(<el-button>)，使其位于居中的位置，这里不管登录还是注册按钮外壳都是相同的类名，代码如下：

```
//底部按钮外壳
.footer-wrapper {
  display: flex;
  justify-content: center;
}
```

对于按钮，可通过添加类名或以标签选择器的方式去修改样式，但按钮组件的隐藏类名跟标签名是一模一样的，所以可直接通过类名去修改样式，代码如下：

```
//登录按钮
.el-button {
  width: 300px;
  height: 45px;
  font-size: 16px;
}
```

4. 卡片的宽和高

最后是卡片的宽和高，如图13-24所示，在整个内容区域的视角上能发现卡片组件的宽度着实有点过长了，况且输入框也无须输入那么长的数据，这是由于直接复制Element Plus卡片组件上的源码导致的，其案例的宽度是480px，那么可对其进行适当修改，笔者这里将其修改为400px。当然，这个宽度并不是固定的，读者需根据自己的屏幕分辨率去调整宽度以达到舒适的效果，这里只是做个示范，代码如下：

```
.box-card {
  width: 400px;
}
```

卡片的高度是由内部的表单组件撑开的，这里就涉及了一个问题，登录页由两个输入框、文字按钮和登录按钮组成，而注册页由3个输入框和注册按钮组成，导致注册页的高度会比登录页的高度更高。为了保证切换标签页时高度不变，卡片组件的高度需以注册页的高度为标准，即在原有样式上添加注册页的高度——345px，代码如下：

```
.box-card {
  width: 400px;
```

```
    height: 345px;
    //系统标题
    //底部外壳
}
```

至此,登录页和注册页就完成了,如图 13-30 和图 13-31 所示。

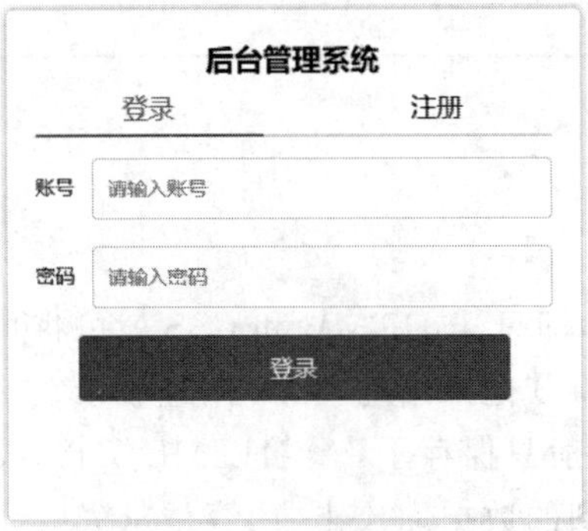

图 13-30　登录页面

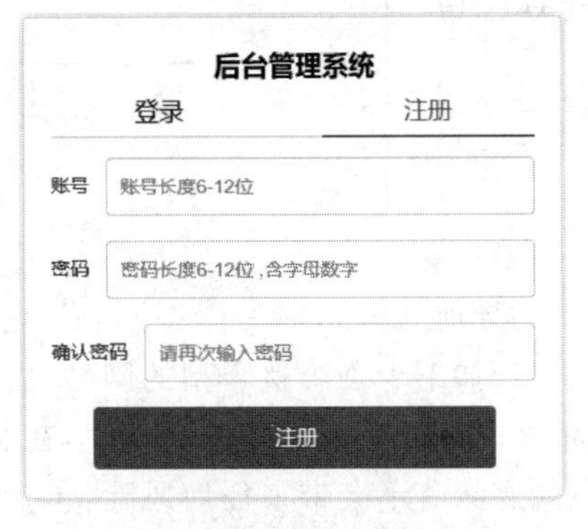

图 13-31　注册页面

第14章 交 互

CHAPTER 14

传统的导航式网站称为静态网站或静态页面，即只需 HTML 和 CSS 就可将页面的内容呈现出来，如不少资源整合型的网站，内容就是将其他网站的 URL 网址收录在一起。静态页面带来的好处是无须添加数据库，在服务器一般只保存了一个 HTML 文档，没有任何脚本，也就意味着不会带来任何风险，包括可能受到的数据库攻击、内容请求失败导致网页崩溃等，在一定程度上提高了网站的性能。

但静态网页带来的问题也很明显，一个是当网页内容较多时，更新起来比较麻烦，需要开发人员手动编辑和替换服务器保存的 HTML 文档；另一个是缺乏交互性，特别是在当今注重用户个性化的时代，缺乏交互性也就意味着无法获取更丰富、更符合个人需求的内容，而动态网页则完美地解决了这两个问题。

动态网页从抽象的角度来看就是添加了交互功能的静态网页，能够动态地改变页面的内容，有自己的后端和数据库，能够实现实时的数据交换和处理，而实现这一过程的关键技术在于网络协议，在前后端分离的开发模式中，广泛使用 HTTP 协议完成客户端的请求和服务器端的内容响应。

本章将从基础的 AJAX 技术开始讲起，逐步探索异步请求的实现过程，通过基于 Promise 的 HTTP 库(模块)——Axios，实现登录与注册功能。

14.1 Axios

Axios 是一个可用在浏览器和 Node.js 环境中的 HTTP 库，其作用非常简单，也就是能够创建 HTTP 请求访问后端，同时可在内置的拦截器中对请求数据和响应数据进行加工。安装 Axios 的命令如下：

```
pnpm add axios
```

在配置 Axios 之前，不得不先提 JS 原生的 AJAX 技术与 ES6 新增的 Promise 对象，原因在于 Axios 是基于 Promise 实现对 AJAX 技术的封装。了解 AJAX 能够更好地使用 Axios，也能让自己处理更多的请求场景，特别是当遇到需要维护老项目时，交互往往就是通过 jQuery 封装的 AJAX 实现的；Promise 对象的重要性在于处理异步请求，在前端的学习路线中 Promise 已经被单独地从 ES6 分离出来作为一个知识点，在本节了解 Promise 只是为使用 async await 语法做铺垫。

14.1.1 AJAX

AJAX(Asynchronous JavaScript and XML，异步的 JavaScript 和 XML)不是一种编程语言，而是一种现行的互联网标准，是指通过原生 JavaScript 的 XMLHttpRequest 对象向服务器请求数据。这里的 XML(Extensible Markup Language，可扩展标记语言)是指另一种不同于 HTML 的标记语言，通常用于表示和存储结构化数据，是进行数据交换的常见选择之一。与 HTML 最大的不同是可自定义标记名，这意味着 XML 能给开发者带来极高的自由度，以展现一名学生信息为例，代码如下：

```
<student>
  <id>1001</id>
  <name>张三</name>
  <age>23</age>
</student>
```

如上述代码所示，标签可使用通俗易懂的英文单词，能够直观地描述标签内容。XML 没有固定的标签，这使其学习难度大大降低，但缺点是占用空间比二进制数据多。

在早期，由于 XML 的简单特性，使其在任何程序中读写数据都非常容易，也让 XML 成为数据交换的唯一公共语言，如将 XML 数据传输到服务器，或从服务器中加载 XML 数据并以 XML 格式输出结果，例如将名字传输至服务器，代码如下：

```
//创建 xhr 对象
//创建 XML 数据
var xmlData = '<data><name>张三</name><data>'
//发送请求
xhr.send(xmlData);
```

正是在这样的环境下，AJAX 在命名上带有 XML，但这并不意味着 AJAX 只能使用 XML 来传输数据，所以这是一个颇有误导性的命名。现在，AJAX 更多地使用 JSON 格式作为数据交换的格式，因为 JSON 更加简洁，在数据处理方面更容易解析和操作。下面以通过 AJAX 请求在 5.3.2 节创建的获取用户信息接口 getUserInfo 为例，逐步分析 AJAX 的请求步骤。

第 1 步是创建 XMLHttpRequest 对象实例，代码如下：

```
var xhr = new XMLHttpRequest();
```

第 2 步使用实例的 open()方法设置请求类型、URL 网址及是否异步，代码如下：

```
xhr.open('POST', 'http://127.0.0.1:3007/user/getUserInfo', true);
```

第 3 步设置请求头格式，代码如下：

```
xhr.setRequestHeader('Content-Type', 'application/json');
```

第4步使用实例的send()方法传输参数，在getUserInfo接口中传输的是用户的账号，代码如下：

```
xhr.send(JSON.stringify({ account: 123456 }));
```

通过上述4个步骤，就已成功地将数据传输至服务器了，现在对服务器返回的状态进行判断及输出响应数据。在实例中提供了onreadystatechange事件监听readyState(准备状态)，一共有5种readyState状态，状态码从0到4分别表示请求未初始化、与服务器建立连接、请求已接收、请求处理中和请求完成且响应就绪，代表了请求过程中的每个过程。通常只需监听状态码4；此外实例中还提供了status属性，即HTTP状态码，常见的HTTP状态码见表14-1。

表14-1 常见的HTTP状态码

状 态 码	描 述	状 态 码	描 述
200	请求成功	403	禁止访问
400	请求错误	404	文件未找到或请求出错
401	未经授权	500	服务器内部错误

当readyState等于4且status为200时表示响应已就绪，代码如下：

```
xhr.onreadystatechange = function() {
  if (xhr.readyState === 4 && xhr.status === 200) {
    console.log(JSON.parse(xhr.responseText));        //使用了JSON转换格式
  }else{
    console.log('请求出问题了。')
  }
};
```

此时打开开发者工具中的控制台，即可看到返回的响应数据，如图14-1所示。

上述代码在jQuery中可被封装为一个对象，请求成功和失败将分为两种方法进行处理，代码如下：

```
$.ajax({
    url: 'http://127.0.0.1:3007/user/getUserInfo',
    type: 'POST',
    data: JSON.stringify({
        account: 12345699
    }),
    contentType: 'application/json',
    success: function(response) {
        console.log(JSON.parse(response));
    },
    error: function() {
        console.error('请求出问题了。');
    }
});
```

图 14-1 AJAX 响应数据

在 jQuery 框架出现以后，大部分网站使用这种方式请求服务器。此外，在 error 方法中一般会有 3 个形参，分别是 jqXHR，它是由 jQuery 对 XMLHttpRequest 对象的封装，包含服务器返回的所有信息对象，如 readyState、status、statusText（对应状态码的描述）和 responseText（服务器返回的文本信息）；textStatus 是描述请求失败的字符串，如"timeout"（超时）、"error"（错误）、"abort"（请求被中止）等；最后一个是 errorThrown，包含服务器返回的具体错误信息的异常对象。

14.1.2 Promise

在介绍 Promise 之前，先来看一段 Axios 官网用于请求接口的示例，代码如下：

```
axios.get('/user?ID=12345')
  .then(function(response) {
    //捕捉请求成功的响应及其处理逻辑
    console.log(response);
  })
  .catch(function(error) {
    //捕捉报错及其处理逻辑
    console.log(error);
  })
  .finally(function() {
    //不管成功还是报错都执行的逻辑
  });
```

在这段代码中，使用了 then()和 catch()方法去处理请求成功和失败的响应内容，以及使用 finally()方法执行无论成功还是失败都需处理的逻辑，而这 3 种方法都来自 Promise 实例，也就是说，Axios 请求返回的结果是一个 Promise 对象。

Promise 是异步编程的一种解决方案，是 ES6 的一个重要新特性。Promise 对象有两个特点，一个是对象的状态不受外界影响，每个 Promise 对象都如同上述代码一样对应一个异步操作，其状态可能为 pending(进行中)、fulfilled(已成功)和 rejected(已失败)，只有异步操作的结果能决定其状态，并且不能更改，这也是 Promise(承诺)名字的由来；另一个特点是状态一旦改变就不会再变，状态的转变只有两种，一种是从 pending 转变为 fulfilled，另一种是从 pending 转变为 rejected，其最终结果称为 resolved(已定型)，在转变之后任何时候都可以得到这个结果。

在 ES6 中规定 Promise 对象是一个构造函数，用来生成 Promise 实例。Promise 对象接收一个函数作为参数，该函数包含的两个形参也是函数，分别是用于异步操作成功时的 resolve 函数和异步操作失败时的 reject 函数，代码如下：

```
const promise = new Promise(function(resolve, reject) {
  if (异步操作成功){
    resolve(value);
  } else {
    reject(error);
  }
});
```

当异步操作成功时，resolve 函数会被调用，并将异步操作请求的结果传递给 Promise 实例的 then()方法，对结果进一步操作或执行其他逻辑；反之即为操作失败，那么会调用 Promise 实例的 reject()函数，将导致失败的信息传递给 Promise 实例的 catch()方法，并进一步对错误进行处理或执行其他操作。以请求 getUserInfo 接口为例，当成功时会将图 14-1 的内容作为 resolve 函数的参数，该函数的作用就是将结果传至 then()方法的回调函数形参中。这一步其实就是对应 Axios 示例代码的前两个代码块。

Promise 实例的 then()方法是定义在原型对象 Promise. prototype 上的，catch()方法和 finally()方法都是如此。在 then()方法中包含两个参数，一个是对应成功状态的回调函数，另一个是对应失败状态的回调函数，代码如下：

```
promise.then(function(value) {
  //处理成功逻辑
}, function(error) {
  //处理失败逻辑
});
```

这好像跟之前讲的处理失败不一样，怎么没有 catch()？答案是 catch()方法其实是 then()方法第 2 个回调函数的别名，这两者其实是相同的。使用 catch()能更清晰地表示处理错误，所以一般不会使用 then()方法的第 2 个函数参数，代码如下：

```
promise.then(function(value) {
  //处理成功逻辑
}).catch(function(error) {
  //处理失败逻辑
});
```

Promise 是异步编程的解决方案，但更准确地说，是为了解决“地狱回调”(Callback

Hell)而提出的。什么是地狱回调呢？就是在一个回调函数内再次调用其他的回调函数，换句话说，就是在回调中不断嵌套其他的回调。假设使用 fs.readFile 函数连续异步读取两个文件，代码如下：

```
fs.readFile(fileA, function(err, data) {
  console.log(data)
  fs.readFile(fileB, function(err, data) {
    console.log(data)
  });
});
```

这样的代码无疑特别糟糕，不仅代码难以阅读，而且要修改读取某个文件的参数时，可能前后的读取操作都需要修改，但通过 Promise 的 then()方法可以将这样的地狱回调改成链式调用，代码如下：

```
//该模块是 Promise 版本的 fs.readFile,返回一个 Promise 对象
const readFile = require('fs-readfile-promise');
readFile(fileA)                         //开始读取 fileA
.then(data => {
  console.log(data)
})                                      //读取 fileA 完毕
.then(() => {
  return readFile(fileB);               //开始读取 fileB
})
.then(data => {
  console.log(data)
})                                      //读取 fileB 完毕
.catch(err => {
  console.error('读取错误:', err);
});
```

在上述代码中，假设读取 fileA 时出现错误，那么错误结果会一直传递到某个 then()后面的 catch()被捕捉，后续的读取操作不会继续执行。在处理 Promise 对象时，最好带有 catch()方法，如果没有 catch()方法指定错误处理的回调函数，则抛出的错误将不会被传递到外层代码，整个逻辑暂停了都没有人知道。

最后是 finally()方法，就如同 finally(最终)的含义，只要添加了 finally()方法，那么不管状态是成功还是失败都会执行 finally()方法内定义的逻辑，可用于提醒某个 Promise 对象结束了异步操作，代码如下：

```
//创建一个新的 Promise 对象
const promise = new Promise((resolve, reject) => {
  //定义一个定时器,模拟异步操作网络请求
  setTimeout(() => {
    //模拟成功的情况,resolve 参数为成功的值
    resolve('Success!');
  }, 1000);                               //1s 后执行请求
});
```

```
promise
  .then(result => {
    console.log(result);                //输出 'Success!'
  })
  .catch(error => {
    console.error(error);               //输出错误信息
  })
  .finally(() => {
    console.log('操作结束');             //无论成功还是失败都会执行的操作
  });
```

此外，在 Promise 中还包括 all()、race()、any()等方法，这里不再进行详细叙述。

14.1.3 async await

Promise 虽然能够使用 then()方法让地域回调更简洁，但除此之外，并没有带来更好的写法，特别是当链式的 then()数量多了之后。那么有没有更好的办法呢？先来了解一下这个好办法的“前身”。

2min

1. Generator 函数

在 ES6 中提出了另一种异步编程解决方案——Generator 函数，也称为生成器函数，该函数比较特别，在 function 和函数名之间有个“ * ”星号；其次是在函数体内部使用 yield(产出)定义不同的“状态”。执行该函数会返回一个能够遍历函数内部每种状态的对象，这句话听起来很抽象，什么是状态？怎么算是遍历函数内部每种状态呢？以一个简单的返回字符串的代码为例，代码如下：

```
//定义一个生成器函数
function* returnString() {
  yield '第 1 次执行';
  yield '第 2 次执行';
}

//创建生成器函数的实例
const gen = returnString();

//使用 next 方法迭代生成器函数
console.log(gen.next());          //输出{ value: '第 1 次执行', done: false }
console.log(gen.next());          //输出{ value: '第 2 次执行', done: false }
console.log(gen.next());          //输出{ value: undefined, done: true }
```

在上述代码中，通过调用 3 次 console.log 可看到定义的 returnString 生成器函数每次输出的内容都是不同的，好像这个函数每次执行的过程中都会发生暂停，只有使用 next()方法才会继续执行，没错，生成器函数一共经历了 3 种不同的状态，分别是开始执行、第 1 次暂停和第 2 次暂停，这种暂停及使用 next()方法继续执行的状态即为生成器函数中的“状态”。在生成器函数中，yield 语句的作用就是暂停函数的执行并将控制权返给调用者，只有当调用者使用 next()方法时，生成器函数才会再次从上一次暂停的地方开始执行，直至下一个 yield 之前。

上述代码的每次调用，生成器函数都会返回一个指向内部状态的指针对象——遍历器对象(Iterator Object)。第 1 次调用 next()方法时，生成器函数开始执行，输出“第 1 次执行”，并进入第 1 次暂停；第 2 次调用时，从第 1 次暂停的位置继续执行，执行下一句代码，输出“第 2 次执行”，并进入第 2 次暂停；最后一次调用时，生成器函数执行至结束，遍历器对象中的 done(结束)值变成了 true。

生成器函数的另外两个特性是能够进行数据交换和具备错误处理机制。所谓数据交换，即可通过 next()方法传参到生成器函数内部再 return 出来，需要注意的是，这里的 next()参数会被当作上一个 yield 表达式的返回值，代码如下：

```
//定义一个生成器函数
function * Add(x){
  var y = yield x + 1;
  return y;
}

var add = Add(1);                    //初次执行，传入 1
add.next()                           //{ value: 2, done: false }
add.next(3)                          //{ value: 3, done: true }
```

在初次执行时，传入 1，此时 yield 的值变成了 2，进而执行 next()函数输出的是 2，而最后一次执行时，参数 3 是作为上一次执行完的结果传入生成器函数内的，此时 y 由 2 变成了 3，进而 return 返回的值也是 3，此时遍历结束。

错误处理机制是指在生成器函数内可结合 try-catch 代码块捕捉错误。以使用 throw()方法抛出错误为例，代码如下：

```
function * Add(x){
  try {
    var y = yield x + 1;
  } catch (e){
    console.log(e);
  }
  return y;
}

var add = Add(1);
add.next();
add.throw('抛出一个错误');                //输出 '抛出一个错误'
```

现在，将 Promise 使用 readFile 函数连续异步读取两个文件的案例换成生成器函数，以此来看两者的区别，代码如下：

```
function * readFilesGenerator() {
  try {
    const dataA = yield readFile(fileA);
```

```
      console.log(dataA);              //输出 fileA 的数据

      const dataB = yield readFile(fileB);
      console.log(dataB);              //输出 fileB 的数据
    } catch (err) {
      console.error('读取错误:', err);
    }
  }
```

对比两者的代码可看到,生成器函数比 Promise 具有更清晰的流程逻辑,直观感受就是少了一大堆 then();通过 yield 关键字的暂停执行能让多个异步操作变得如同同步操作,设想一下,当上述代码的第 1 个 yield 语句读取完 fileA 之后,是不是可以把处理数据放置在下一个 yield 语句中?相当于无须写回调函数,这就是异步操作的同步化表达。

生成器函数一定要每次执行都使用 next()吗?那无疑太麻烦了,著名的程序员 TJ Holowaychuk 于 2013 年 6 月发布了一个用于自动执行生成器函数的小工具——co 模块,这个名字是不是听起来很熟悉?答案在第 4 章的 4.2 节,他正是 Express.js 框架的创始人。现在来看 co 模块是如何使用的,以连续读取两个文件为例,代码如下:

```
//定义一个生成器函数
const readTwo = function* () {
  const data1 = yield readFile('fileA');
  const data2 = yield readFile('fileB');
  console.log(data1);
  console.log(data2);
};
```

只需导入 co 模块,将生成器函数传入 co 函数。该函数会返回一个 Promise 对象,故可使用 then()方法进行下一步处理,代码如下:

```
const co = require('co');
co(gen).then(() =>{
  console.log('读取完成');
})
```

2. 更简单的语法糖

能不能无须导入 co 模块就能自动执行且具有更清晰的语法?还真有,也就是本节的主角,ES2017 新增的 async 函数。

使用 async 函数的方法与生成器函数在形式上并无太大区别,还是以连续读取两个文件为例,代码如下:

```
//定义一个 async 函数
const readTwo = async() =>{
  const data1 = await readFile('fileA');
  const data2 = await readFile('fileB');
  console.log(data1);
  console.log(data2);
```

```
};

//直接调用
readTwo();
```

对比发现，只是将"*"号变成了 async（异步），将 yield 变成了 await（等待）。由此可见使用 async 函数比生成器函数有更好的语义，明确地告诉调用者这是一个异步函数，并且函数里面有正在"等待"执行的函数及其结果；由于在 async 函数中内置了执行器，所以执行只需一句代码，无须导入 co 模块和传参；await 关键字返回的内容是 Promise 对象解析的结果，比生成器返回的遍历器对象更好处理。

当使用函数声明的方式定义 async 函数时，可对其返回的 Promise 对象使用 then()方法添加回调函数，例如处理错误，代码如下：

```
//函数声明
async function Add(x) {
  return await x + 1;                    //等同于 return x + 1
}

Add(1).then((data) => {
  console.log(data);
}).catch((err) => {
  console.log(err);
})
```

假如在 async 函数中有多个 await 命令等待执行，那么只有等所有的 await 命令都执行完毕，才会执行 then()方法内的回调函数。如果某个 await 命令后面的 Promise 对象出现了 reject 状态，则后面的 await 将会暂停执行，等同于 async 函数返回的 Promise 对象是 reject 状态，这种状态将被 catch 捕捉。

错误处理机制分为两种情况，一种是为可能出现异常的异步操作添加 try-catch，代码如下：

```
async function readTwo() {
  try{                                   //可包含多个可能出错的 await
  await readFile('fileA');
  await readFile('fileB');
  } catch(err) {
  console.log(err)
  }
  return await readFile('fileC');        //继续执行读取 fileB 操作
}
```

另一种是直接在 await 后面的 Promise 对象添加 catch()，代码如下：

```
async function readTwo() {
  await readFile('fileA').catch((err) =>{
    console.log(err)
```

```
    })
    return await readFile('fileB');        //继续执行读取 fileB 操作
}
```

生成器函数对比 Promise 结构更加清晰,而 async 函数比生成器函数具有更明显的语义,并且实现了自动执行。正所谓青出于蓝而胜于蓝,在实际开发中,基本上会使用 async 函数去完成对异步操作返回数据的处理。

在本书项目中,前端使用的 API 都会经过 Axios 二次封装,而调用 Axios 实例返回的正是 Promise 对象,所以可使用 async 函数调用 API 实现对响应结果的处理。

14.1.4 Axios 的二次封装

7min

安装完 Axios 之后,需对 Axios 进行二次封装。封装的内容包括创建 Axios 实例、配置请求的 URL 网址前缀、请求超时范围、请求头类型及添加请求拦截器和响应拦截器。

请求拦截器是用于请求在发送至服务器之前进行操作的区域,例如请求时携带 token 就是在此完成的;响应拦截器则是在请求得到响应之后,对响应体进行一些处理,通常会在此添加判断 HTTP 的状态码、统一处理错误等内容。整个请求和响应流程如图 14-2 所示。

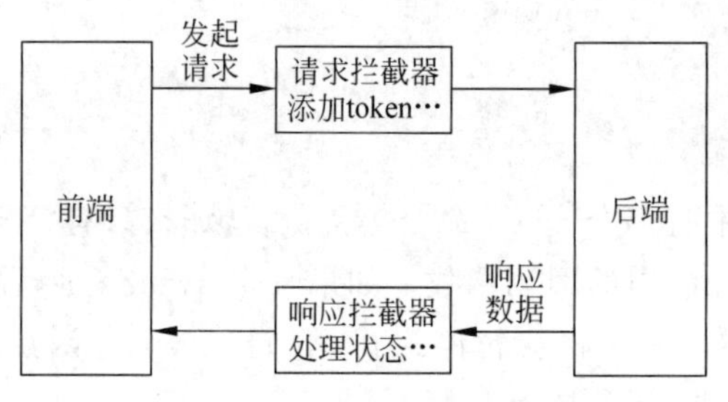

图 14-2 请求和响应流程

在 src 目录下新建一个名为 http 的目录,并新建一个名为 index 的 TypeScript 文件,用于二次封装 Axios。

首先导入 Axios 模块,通过 Axios 的 create()方法创建实例。为了统一处理响应携带的信息,这里引入了 Element Plus 的 Message(消息提示)组件,代码如下:

```
//src/http/index.ts
import axios from 'axios'
import { ElMessage } from 'element - plus'

const instance = axios.create({
    baseURL: 'http://127.0.0.1:3007',                //后端 URL 网址
    timeout: 6000,                                   //设置超时
    headers: {                                       //请求头
    'Content - Type': 'application/x - www - form - urlencoded'
    }
});
```

Message 组件可提供成功、警告、消息、错误类的操作反馈，代码如下：

```
ElMessage({
  message: '登录成功',
  type: 'success',          //成功状态
})
```

然后需要添加请求拦截器，为了方便后面进行测试，此时不在请求拦截器添加携带 token 的逻辑，代码如下：

```
instance.interceptors.request.use(function(config) {
  //添加请求之前的逻辑
  return config;
  }, function(error) {
  //当请求出现错误时的逻辑
  return Promise.reject(error);
});
```

这里返回的 Promise 对象可能会发出一个警告，提示该 Promise 对象不存在，原因在于 TypeScript 默认情况不能识别 Promise 对象，解决办法是在 TypeScript 配置的库文件中添加上"es2015"，即 ES6，代码如下：

```
//tsconfig.app.json
"lib": ["dom","es2015"],
```

其次是添加响应拦截器，代码如下：

```
instance.interceptors.response.use(function(response) {
  //对响应数据进行处理
  return response;
  }, function(error) {
  //当响应出现错误时的逻辑
  return Promise.reject(error);
});
```

这里配置的内容就比较多了，还记得在后端设置的响应状态码 status 和 message 吗？以注册接口为例，代码如下：

```
res.send({
  status: 0,
  message: '注册账号成功'
})
```

针对这些内容，可在响应拦截器的处理数据函数中添加判断响应数据是否存在 status 和 message，如果 status 为 0，则输出 success（成功）状态的绿色消息提示，反之则以 Message 组件的 error（错误）形式弹出红色消息提示，代码如下：

```
//对响应数据进行处理
//判断响应数据中的 status
if(response.data.status||response.data.message){
  if(response.data.status == 0){
```

```
      ElMessage({
        message: response.data.message,               //返回的 message,如注册成功
        type: 'success',                              //成功状态为绿色消息提示
      })
    }else{
      ElMessage.error(response.data.message)          //错误状态为红色消息提示
    }
  }
```

这里需注意的是,在 7.2 节设计的埋点接口的响应值中同样包含 message,而埋点应当是"悄悄"进行的,故需把记录登录信息和记录操作信息的 message 去除,只返回状态码。

其次是在响应拦截器的错误处理函数中,可判断是否存在报错响应,以及针对可能出现的 HTTP 错误状态码进行消息提示。在有多种状态码的情况下,可通过 switch 语句进行判断,代码如下:

```
//添加响应拦截器
instance.interceptors.response.use(function(response) {
    //判断响应数据中的 status 逻辑
    return response.data
}, function(error) {
  if (error && error.response){
    switch (error.response.status){
      case 400:
        ElMessage.error('请求错误')
        break
      case 401:
        ElMessage.error('未授权,请登录')
        break
      case 403:
        ElMessage.error('拒绝访问')
        break
      case 404:
        ElMessage.error('请求地址出错: ${error.response.config.url}')
        break
      case 500:
        ElMessage.error('服务器内部错误')
        break
      default:
        ElMessage.error('连接出错: ${error.response.status}')
    }
  }
  //对响应错误做点什么
  return Promise.reject(error);
});
```

最后,向外暴露 instance 实例,代码如下:

```
export default instance
```

14.2 编写前端接口

本节将通过暴露的 Axios 实例在前端编写接口函数。在 src 目录中新建一个名为 api 的目录，用于统一存放各模块的接口函数，然后在该目录中新建一个名为 login 的 TypeScript 文件，用于存放登录与注册模块使用的接口函数。

首先是注册的 API。定义一个名为 register 的函数并向外暴露，接收表单数据代码后通过解构赋值获取账号和密码，在返回的 instance 实例中添加注册接口的请求路径、请求类型、请求参数，代码如下：

```
//src/api/login.ts
import instance from '@/http/index'           //导入 Axios 实例

//注册 API
export const register = (data:any):any => {
  const {
    account,
    password
  } = data                                     //解构赋值获取账号和密码
  return instance({
    url: '/api/register',                      //请求地址
    method: 'POST',                            //请求类型
    data: {                                    //请求参数
      account,
      password
    }
  })
}
```

其次是登录 API，与注册 API 逻辑相同，只需修改请求路径，代码如下：

```
//登录 API
export const register = (data:any):any => {
  const {
    account,
    password
  } = data
  return instance({
    url: '/api/login',                         //登录接口请求地址
    method: 'POST',
    data: {
      account,
      password
    }
  })
}
```

14.3 完成登录与注册功能

如果要完成登录与注册功能，则首先需导入定义在 api/login.ts 文件下的两个 API，代码如下：

```
//src/views/login/index.vue,下同
//逻辑部分
import {
  login, register
} from '@/api/login'
```

然后分别给登录按钮和注册按钮绑定对应的单击事件，并定义对应的单击函数，其中，在注册单击事件中需对两次输入的密码进行判定，并且当注册成功后跳转至登录标签页，代码如下：

```
<!-- 登录按钮绑定名为 Login 的函数 -->
<el-button type="primary" @click="Login">登录</el-button>
<!-- 注册按钮绑定名为 Register 的函数 -->
<el-button type="primary" @click="Register">注册</el-button>

//逻辑部分
const Login = async() => {
  const res = await login(loginData)                //传入登录表单数据
  console.log(res)                                  //查看输出信息
  if (res.status == 0) {                            //如果 status 为 0,则代表登录成功
    //登录成功逻辑
  }
}

const Register = async() => {
  //判断初次和再次输入的密码是否相等
  if (registerData.password == registerData.rePassword) {
    const res = await register(registerData)        //传入注册表单数据
    console.log(res)
    if (res.status == 0) {                          //注册成功
      activeName.value = 'first'                    //跳转至登录标签页
    }
  }
}
```

现在，打开浏览器进行注册测试，输入要注册的账号和密码并单击“注册”按钮，提示注册成功，如图 14-3 所示。

当再次单击“注册”按钮时会提示账号已存在，说明逻辑没有问题，如图 14-4 所示。

从整个注册流程可以发现一个问题，就是注册成功后并没有切换到登录标签页，而这个逻辑是根据返回的状态值是否为 0 进行判断的，难道注册成功了状态值也不为 0 吗？打开控制台查看输出的结果便知道原因了，如图 14-5 所示。

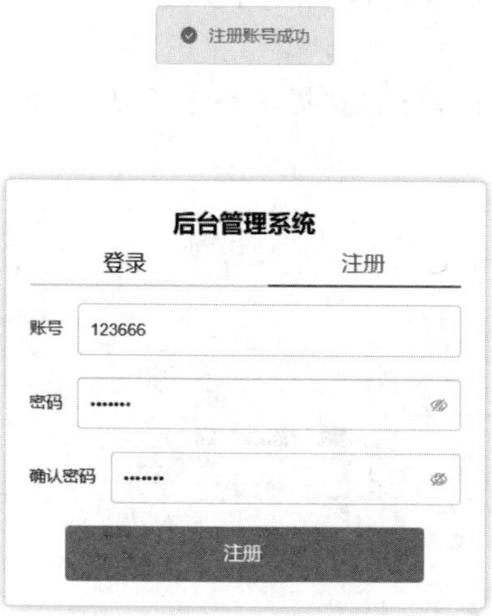

图 14-3　注册成功

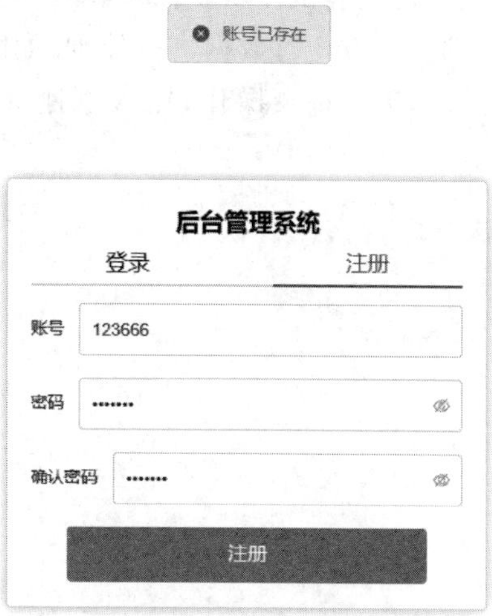

图 14-4　注册拦截

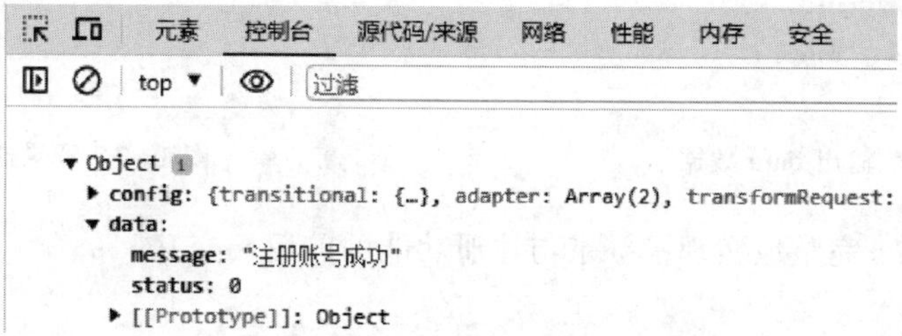

图 14-5　返回信息

通过控制台输出的信息可看到整个返回的 response 信息内容，而输出的 status 被包裹在 data 对象中，并不能直接通过 res. status 获取，在判断语句中应该是 res. data. status，但这样就太复杂了。正确的做法是在响应拦截器中返回 response 对象的 data 属性，而不是直接返回 response 对象，代码如下：

```
//src/http/index.ts
//对响应数据进行处理
if(response.data.status||response.data.message){
  if(response.data.status == 0){
    ElMessage({
      message: response.data.message,
      type: 'success',
    })
  }else{
    ElMessage.error(response.data.message)
  }
}
return response.data;                //将代码修改为返回 response.data
```

此时再次尝试注册，可看到输出的就是 data 属性中的内容了，与 Postman 返回的数据形式相同，更方便对数据进行处理，如图 14-6 所示。

最后，进行登录操作，输入刚刚注册的账号和密码，可看到提示登录成功，如图 14-7 所示。

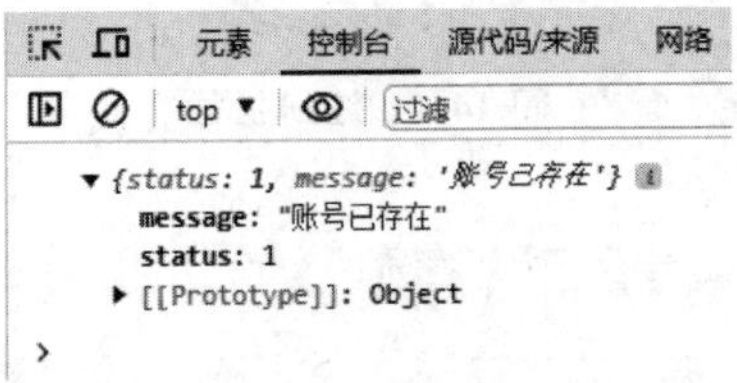

图 14-6　输出 data 数据

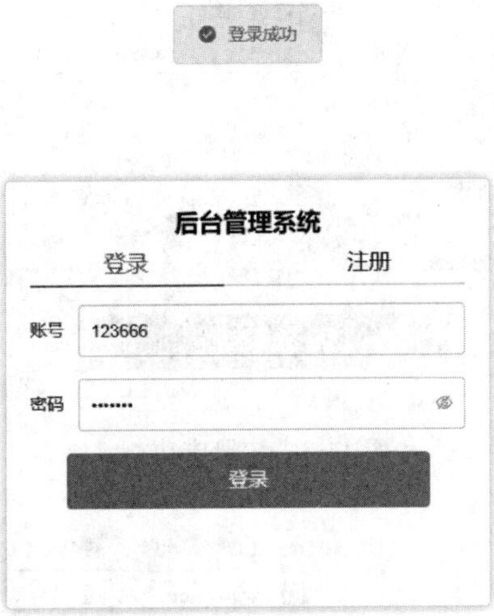

图 14-7　登录成功

至此，从 0 到 1 完整地实现了登录与注册功能的前后端交互。

第 15 章

CHAPTER 15

登 堂 入 室

在跨过了登录模块这扇大门后，读者就正式进入开发系统内部的阶段了。本章将从 0 到 1 由浅入深地构建系统基本布局，根据模拟的 UI 图开发个人信息设置模块和用户列表模块，使用 Element Plus 的布局容器、菜单、图标、表格等多种组件，结合 Vue Router、Pinia（Vue 3 全家桶成员）实现系统的各种样式，并自定义封装全局可用的面包屑组件和页面内弹窗组件。

同时，本章将进一步地结合第 4、第 5 章开发的接口进行前后端交互，实现个人信息设置模块和用户列表功能，相信读者在本章中也能够进一步地体会到前后端分离开发所带来的高效率。

15.1 构建系统基本布局

本节将使用 Element Plus 的布局容器构建系统的基本布局，使用的容器如图 15-1 所示。

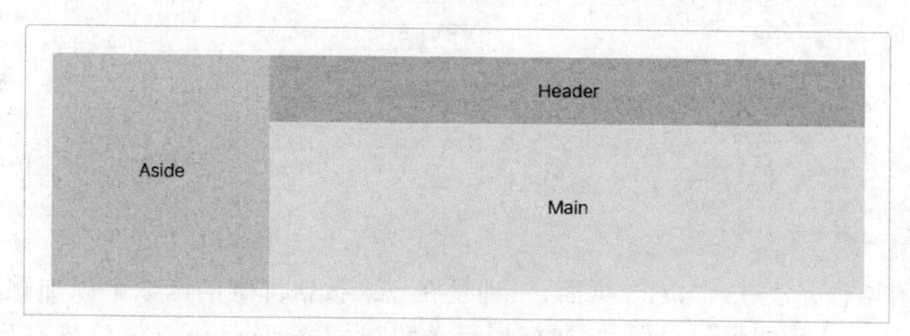

图 15-1 容器示意图

从容器示意图可知，该容器包含 3 部分。在本书项目中，左侧 Aside 区域将设定为菜单栏，包含个人设置、用户模块和产品模块菜单选项；右上侧 Header 区域将设定为欢迎标语、用户头像、退出系统等；右下侧 Main 区域将展示不同的模块内容。依据此设计思路可知，在路由中整个菜单页面将包含其他的页面，也就是菜单页面将作为父路由，而其他页面将作为子路由，如个人设置、用户模块等。

在实现路由之前，需新建菜单页面、个人设置页面和用户模块页面，新建页面的逻辑与登录页面相同，在 views 目录下新建名为 menu(菜单)、set(设置)、user(用户)的文件目录，并在各自目录下新建名为 index 的单文件组件。当完成后，在 routes 中添加 menu 路由，并在 menu 路由中使用 children 属性包裹其他子路由，代码如下：

```
//src/router/index.ts
{
path: '/menu',
name: 'menu',
component: () => import('@/views/menu/index.vue'),
children: [ {
  name: 'set',
  path: '/set',
  component: () => import('@/views/set/index.vue')
  }, {
  name: 'user',
  path: '/user',
  component: () => import('@/views/user/index.vue')
  }]
}
```

接着便可在菜单的单文件组件中导入容器。将容器的源代码复制到模板中，需要注意的是，<el-main>标签内应为<router-view>，用嵌套的子路由展示页面，代码如下：

```
//views/menu/index.vue
<template>
  <div class="common-layout">
    <el-container>
      <el-aside width="200px">Aside</el-aside>
      <el-container>
        <el-header>Header</el-header>
        <el-main>
          <router-view></router-view>
        </el-main>
      </el-container>
    </el-container>
  </div>
</template>
```

此时，有两种办法进入 menu 页面，一种是在登录按钮绑定的函数中添加跳转逻辑，另一种是直接在路由中添加重定向，在访问根目录"/"时重定向至/menu，这样在启动项目时打开的页面就是 menu。由于后续登录成功后需要跳转至 menu，所以在这里使用第 1 种方法访问 menu，同时为了方便开发，可将调用登录 API 的代码注释掉，这样就不会发起请求了，这也是在实际开发中一种常用的手法，代码如下：

```
//views/login/index.vue
//引入路由、定义路由实例
import { useRouter } from 'vue-router'
```

```
    const router = useRouter()

    const Login = () => {
      //单击"登录"按钮跳转至 menu
      router.push('/menu')
      //const res = await login(loginData)
      //console.log(res)
      //if (res.status == 0) {
      //实际跳转应位于判断逻辑内
      //}
    }
```

此时，menu 页面除模板内的两个单词外并无任何内容。下面将使用菜单、图标、头像等组件逐步完善 menu。

15.1.1 容器布局

在实现之前，先分析以最终实现效果模拟的 UI 图，如图 15-2 所示。

10min

5min

通用后台管理系统
标题 字体20px 内边距20px 居中
尊敬的 张三 欢迎您登录本系统
Header区域 字体14px 高56px
头像 尺寸24
退出登录
文字按钮
个人设置面包屑 高度30px 左边距20px
图标与文字间隔4px
Main区域 背景色号#f3f4fa
个人设置
用户模块
菜单 宽度210px
右边框色号#dcdfe6
用户头像：
用户账号：
用户密码： 修改密码
用户姓名： 保存
用户年龄： 保存
用户性别： 选择性别 保存
用户职位：
用户部门：
用户邮箱： 保存

图 15-2 系统基本布局图

通过 UI 图可知，Aside 区域由标题与菜单组成，并且每个菜单选项包含图标和文字；在 Header 区域则分为左右两部分，左侧是包含用户姓名的欢迎语，右侧为用户的头像和退出登录（系统）的文字按钮；最后是 Main 区域，为了突出主体，使用了与其余区域不同的背景色号。

在实际开发中,开发者对于类似 Aside 区域中的标题部分首先应想到是否需要使用 text-align 属性及其 center 属性值,这是因为标题通常是居中的,而如果包裹标题的块级元素设定了高度,则需考虑使用 line-height 达到垂直居中的效果,当然,另一种思路是使用万能的弹性布局。对于 Header 区域这种左右有内容的场景,则首先考虑使用弹性布局去实现。

1. 菜单栏

在 Element Plus 组件的 Navigation 导航一列中找到 Menu 菜单组件,并下滑至侧栏,如图 15-3 所示。

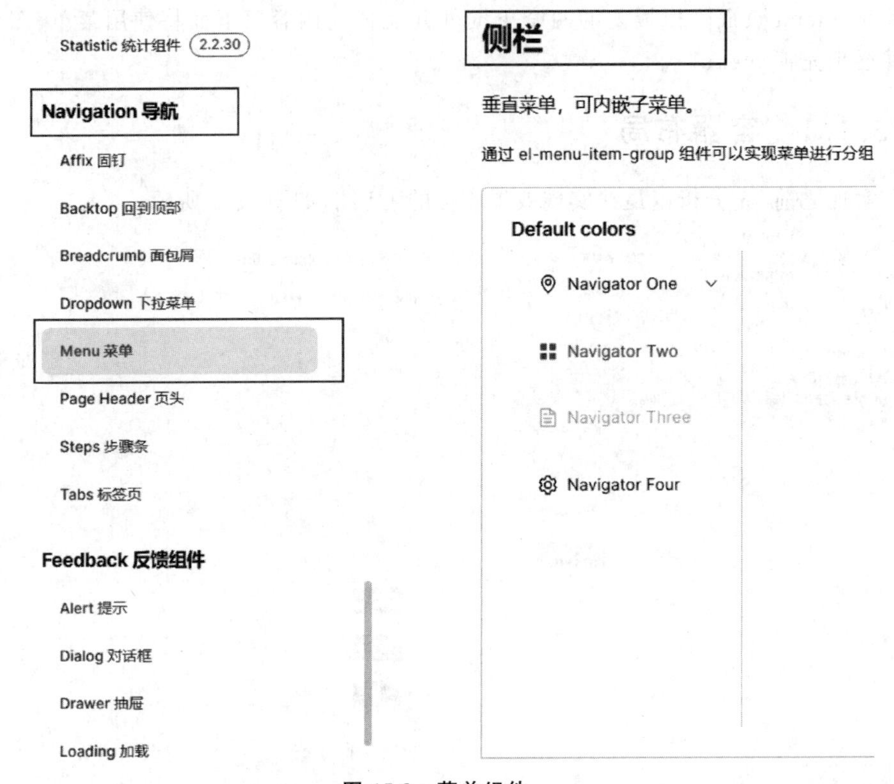

图 15-3 菜单组件

侧栏菜单的源码部分包含多个菜单项,其中 index 为 1 的菜单项还包含子菜单栏,index 为 2 的菜单项是默认打开的菜单选项,index 为 3 的菜单项是禁用的菜单选项,index 为 4 的菜单项是正常的菜单选项。目前个人设置和用户模块皆为不包含子菜单的选项,故将一个不包含子菜单选项的源码复制至<el-aside>标签中即可,代码如下:

```
//views/menu/index.vue
<!-- 依据 UI 图将宽度设置为 210px -->
<el-aside width="210px">
  <el-menu
```

```
    default - active = "2"
    class = "el - menu - vertical - demo"
    @open = "handleOpen"
    @close = "handleClose"
  >
    < el - menu - item index = "2">
      < el - icon >< icon - menu /></el - icon >
      < span > Navigator Two </span >
    </el - menu - item >
  </el - menu >
</el - aside >
```

在上述复制的源码中，包含了 default-active 属性，该属性接收一个字符串作为参数，源码中默认打开 index 为 2 的菜单页面，而在项目中单击菜单选项后呈现不同模块页面使用的是菜单组件的默认属性 router，该属性会将 index 的值作为 path 进行路由跳转，所以要将 < el-menu-item >标签的值都修改为对应模块的路径，并且把 default-active 的属性值修改为 set，即默认打开个人设置页面，也就是进入系统后展现的内容首先是个人设置页面。在 < el-menu >标签中还有两个绑定函数，分别绑定了打开包含子菜单时的回调和关闭包含子菜单时的回调，但在项目中无须使用该回调函数，故将它们删除。

接着，将 index 为 2 的代码复制一份，把两段< el-menu-item >标签中的< span >修改为个人设置、用户模块，并且将 router 属性的值修改为对应的路由路径 set 和 user。

另外还需要注意的是< el-icon >，即 Element Plus 的图标组件，这是一个需要额外下载并配置的组件，使用 pnpm 下载，命令如下：

```
pnpm install @element - plus/icons - vue
```

安装完成后需要在 main. ts 文件中导入所有图标并注册，代码如下：

```
//main.ts
//导入图标
import * as ElementPlusIconsVue from '@element - plus/icons - vue'

const app = createApp(App)
//注册
for (const [key, component] of Object.entries(ElementPlusIconsVue)) {
    app.component(key, component)
}
```

需要注意的是，在注册图标的代码中可能会出现 TypeScript 警告，如图 15-4 所示。

entries(ElementPlusIconsVue)) {

Volar: Property 'entries' does not exist on type 'ObjectConstructor'. Do you need to change your target library? Try changing the 'lib' compiler option to 'es2017' or later.

重命名引用 Alt+Shift+Enter　更多操作... Alt+Enter

图 15-4　entries 属性警告

警告显示 entries 属性不存在于类型 ObjectConstructor 中，并给出了修改目标库的解决方案，即在 lib 中添加 es2017 或者添加更新的标准，代码如下：

```
//tsconfig.app.json
"lib": ["dom","es2015","es2017"]
```

在 UI 图中，个人设置使用的图标是< Setting/>、用户模块使用的图标是< User/>，需将< el-icon >包裹的标签修改为对应的图标。最后，还需给侧边栏添加标题，代码如下：

```
//views/menu/index.vue 本节其余代码同此路径
<el-aside width="210px">
  <div class="title">通用后台管理系统</div>
  <el-menu
    default-active="set"
    class="el-menu-vertical-demo"
    router
  >
    <el-menu-item index="set">
      <el-icon><Setting /></el-icon>
      <span>个人设置</span>
    </el-menu-item>
    <el-menu-item index="user">
      <el-icon><User /></el-icon>
      <span>用户模块</span>
    </el-menu-item>
  </el-menu>
</el-aside>
```

此时，Aside 区域就出现了标题和菜单，如图 15-5 所示。

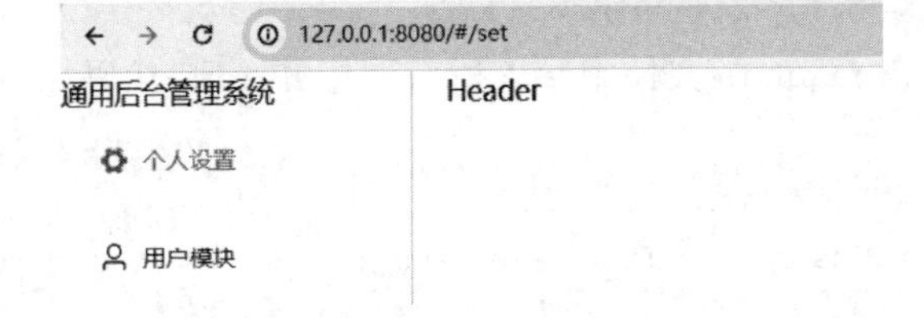

图 15-5　菜单栏内容

目前容器的父元素< el-container >并没有设置高度，所以其高度是由内容撑开的，但这是不妥的，整个< el-container >应该占满浏览器可视区，在这种情况下，通常使用视口单位去添加高度，代码如下：

```
.el-container {
  height: 100vh;
}
```

其次可看到 Aside 区域与右侧区域之间有个边框，这是< el-menu >的默认样式，如图 15-6 所示。

从图 15-5 可看出边框的样式有点问题，即只在有内容的部分才有边框，而下面的空白区域没有边框，这是因为有高度的地方才有边框，而高度是由内容撑开的。如果要实现图 15-2 的效果，则可将< el-menu >的默认边框去除，转而给整个左侧区域的< el-aside >添加边框，< el-aside >的高度是由< el-container >决定的，这在图 15-1 的示意图中有所体现，而其高度已经被设置为 100vh，所以从上到下的边框就实现了，代码如下：

```
样式  计算样式  布局  事件监听器  >>
过滤                      :hov  .cls  +
element.style {
    --el-menu-level: 0;
}
.el-menu {                                  <style>
    border-right: ▶ solid 1px
        var(--el-menu-border-color);
    list-style: ▶ none;
    position: relative;
    margin: ▶ 0;
    padding-left: 0;
    background-color:
        var(--el-menu-bg-color);
    box-sizing: border-box;
}
```

图 15-6　菜单边框

```
//菜单
.el - menu {
  border - right: 0px;                    //去除边框
}

//左侧区域
.el - aside{
  border - right: 1px solid #dcdfe6;      //添加边框
}
```

最后是标题的样式，在 UI 图中为字体 16px、内边距 20px 和居中，由于浏览器默认字体大小为 16px，所以只需设置内边距和居中，代码如下：

```
//标题
.title {
  padding: 20px;
  text - align: center;
}
```

现在，整个菜单栏就和 UI 图中需显示的内容一模一样了，如图 15-7 所示。

2. Header 信息区

Header 区域的两部分内容可通过两个块级元素实现，再使用弹性布局的 justify-content 属性及其 space-between 属性值实现靠近的均匀分布。左侧的内容很简单，定义一个类名为 left-content（左侧内容）的< div >，只需包裹住欢迎语，右侧类名为 right-content（右侧内容），代码如下：

```
<el - header>
  <div class = "left - content">尊敬的 张三 欢迎您登录本系统</div>
  <div class = "right - content"></div>
</el - header>
```

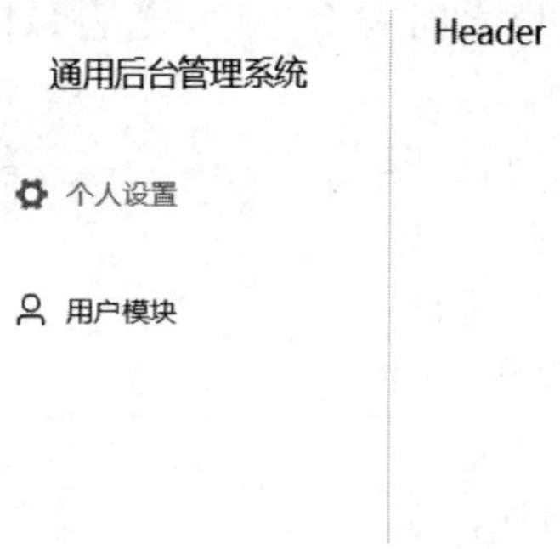

通用后台管理系统

个人设置

用户模块

Header

图 15-7 完整菜单样式

此时，欢迎语中的名字是静态的，在前后端分离的开发情况下，前端页面的动态内容在没有调用接口前都是使用静态数据去充当占位元素的，除非使用 Mock.js 模拟真实接口进行渲染。

在右侧内容中，使用了一个头像组件。该组件位于 Element Plus 组件的 Data 数据展示一列，基础用法的源码属性包括调整头像大小的 size(尺寸)和路径 src，代码如下：

```
<el-avatar :size = "50" :src = "circleUrl" />
```

在 UI 图中，size 为 24；src 的用法与< img >标签相同，需注意的是这里绑定的图片路径为绝对路径，在 5.2.1 节讲解 Multer 中间件时曾提到静态托管，所以在后端服务器开启的情况下，可使用静态托管的图片。最后是退出登录的文字按钮，定义一个< span >标签包裹"退出登录"字样，并绑定单击后退回登录页面的函数，代码如下：

```
<el-header>
  <div class = "left-content">尊敬的 张三 欢迎您登录本系统</div>
  <div class = "right-content">
    <el-avatar :size = "24" :src = "imageUrl" />
    <span class = "exit" @click = "exit">退出登录</span>
  </div>
</el-header>

//逻辑部分
import {useRouter} from 'vue-router'
const userStore = useUserInfo()
//定义一个 imageUrl,值为图片位于服务器的静态托管地址
const imageUrl = ref('http://127.0.0.1:3007/upload/123.jpg')

//退出登录
const exit = () => {
  router.push('/')
}
```

接着，依据 UI 图中关于 Header 区域的高度、字体大小等关键信息给 Header 区域添加样式，代码如下：

```
//头部样式
.el-header {
  display: flex;
  height: 56px;
  align-items: center;
  justify-content: space-between;
  font-size: 14px;
}
```

但是现在右侧的头像与文字按钮是紧挨在一起的，并且头像和文字并不在同一水平线上，如图 15-8 所示。

图 15-8 头像挨着按钮

这是什么原因，又该如何处理呢？原因在于此时右侧内容并无宽度，头像元素是块级元素、文字按钮是行内元素，所以会挨在一起并且没有换行。可给右侧内容添加一个适当的宽度，再采取弹性布局 justify-content 属性的 space-between 属性值，将元素放置在内容区的起始和结束位置，并使用 align-items 属性使头像和文字按钮同处于纵轴（水平）上。最后，给文字按钮添加上单击样式，代码如下：

```
//头部右侧内容
.right-content {
  width: 120px;
  display: flex;
  justify-content: space-around;
  align-items: center;

  //文字按钮
  .exit{
    cursor: pointer;
  }
}
```

至此，Header 区域就完成了，如图 15-9 所示。

图 15-9 完成 Header 区域布局

3. Main 区域样式

在 UI 图中可知，Main 区域的背景色号为＃f3f4fa，但除给< el-main >添加背景色外，还需要注意的是其默认自带有 20px 的内边距，如图 15-10 所示

```
.el-main {                                   <style>
   --el-main-padding: 20px;
   display: block;
   flex: ▶ 1;
   flex-basis: auto;
   overflow: ▶ auto;
   box-sizing: border-box;
   padding: ▶ var(--el-main-padding);
}
```

图 15-10　分析 el-main 默认样式

在 UI 图中的面包屑是紧挨着 Main 区域上侧的，所以其内边距应该设置为 0px，以方便 Main 区域的内容更好地进行布局，这其实与去除浏览器默认的 8px 外边距是相同的道理。在使用不同的 UI 组件库的容器组件时都应分析其默认样式是否携带有（内外）边距，通常情况下为了更好地布置主体内容会将边距设置为 0，代码如下：

```
.el-main {
  --el-main-padding: 0;
  background-color: #f3f4fa;
}
```

15.1.2　封装全局面包屑

3min

面包屑是一种常见的网站导航元素，用于标识用户在网站中的当前位置，并允许在多层路径的情况下单击面包屑返回之前的位置。读者可能会觉得这个元素的名字很奇怪，面包屑不就是面包的边角料吗？关于面包屑的由来有两种说法，一种是猎人使用面包屑引诱小动物一步一步地走向陷阱；另一种说法来源于是格林童话的一则故事，故事中被继母和父亲抛弃的兄妹 Hansel 和 Gretel 使用面包屑作为路标，以此标记回家的路。两种说法都带有使用面包屑进行指路的作用。本节读者将学会如何封装组件及在具体页面中导入组件。

在 Element Plus 组件的 Navigation 一列中提供了 Breadcrumb 面包屑组件，如图 15-11 所示。

Breadcrumb 面包屑
显示当前页面的路径，快速返回之前的任意页面。
基础用法
在 el-breadcrumb 中使用 el-breadcrumb-item 标签表示从首页开始的每一级。该组件接受一个 String 类型的参数 separator 来作为分隔符。默认值为 '/'。
homepage / promotion management / promotion list / promotion detail

图 15-11　面包屑

面包屑基础源码主要包括两个标签,如下所示。

```
<template>
  <el-breadcrumb separator="/">
    <el-breadcrumb-item :to="{ path: '/' }">homepage</el-breadcrumb-item>
  </el-breadcrumb>
</template>
```

一个是<el-breadcrumb>,用于包裹面包屑选项,separator 属性表示不同层级之间的分隔符号;另一个是<el-breadcrumb-item>,可绑定 to 属性并以此调整路径。

由面包屑的作用可知,它是全局各个模块都需使用的组件。相比于在每个模块页面中单独使用面包屑,将面包屑作为全局组件单独封装,并在需要的页面中进行引用更符合逻辑。在实际开发中,需要对多次复用或全局使用的组件进行封装,这种做法能够有效地提高代码的可维护性,减少代码冗余度。

在 src/components 目录下新建名为 bread_crumb 的单文件组件,用于封装包含图标的面包屑。在模板中新建类名为 bread-crumb 的块级元素,以此包裹图标和面包屑,在 UI 图中可知该块级元素的高度为 30px、左内边距为 20px,其中,使用的坐标图标的标签名为<Location/>。由于图标和面包屑都是块级元素,所以可以使用弹性布局使其位于同一(水平)纵轴上,代码如下:

```
//scr/components/bread_crumb.vue
<template>
  <div class="bread-crumb">
    <el-icon><Location /></el-icon>
    <el-breadcrumb separator="/">
      <el-breadcrumb-item>个人设置</el-breadcrumb-item>
    </el-breadcrumb>
  </div>
</template>

//样式部分
.bread-crumb {
  height: 30px;
  padding-left: 20px;
  display: flex;
  align-items: center;
  //图标
  .el-icon{
    margin-right: 4px;
  }
}
```

这里代码中的"个人设置"应由引用面包屑的组件来决定,这就涉及了两个组件之间的传值。

在 Vue 中提供了 Props 声明的方式进行组件传值,该方式是在子组件内使用 defineProps()方法显式声明所接收的 Props,并由父组件单向将数据传递至子组件。听起来组件传值很复杂，下面从组件传值的实践中了解 Props 的使用方法。首先，在面包屑组件中声明接收的 Props，并将从父组件接收的值通过模板语法呈现到< el-breadcrumb-item >标签中，代码如下：

```
<el-breadcrumb-item>{{props.name}}</el-breadcrumb-item>

//声明接收的 Props
const props = defineProps(['name'])
```

其次，在个人设置页面导入需要使用的面包屑，在模板上添加面包屑标签并传值，代码如下：

```
<template>
  <BreadCrumb :name='name'></BreadCrumb>
</template>

//逻辑部分，导入面包屑
import BreadCrumb from '@/components/bread_crumb.vue'

//传给子组件 name
const name = ref('个人设置')
```

在模板上添加组件通常使用 PascalCase(帕斯卡命名法)，由两个或两个以上的单词组合而成，并且首字母为大写，需区分的是另一种常用于函数名的驼峰命名法，该命名法首字母为小写。当在模板上看到具有帕斯卡命名方式的标签时，即为一个 Vue 组件。

此时，打开个人设置页面，即可看到出现了面包屑，如图 15-12 所示。

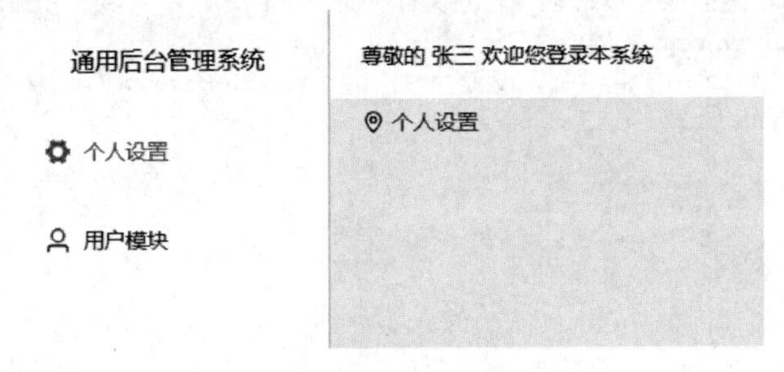

图 15-12 实现面包屑

同理，需给用户模块添加面包屑组件，代码如下：

```
//views/user/index.vue
<template>
  <BreadCrumb :name='name'></BreadCrumb>
</template>

//逻辑部分
import BreadCrumb from '@/components/bread_crumb.vue'

//传给子组件 name
const name = ref('用户模块')
```

整个传值的流程是一个单向的过程，即只能由父组件传值给子组件，而不能由子组件传值给父组件，如图 15-13 所示。

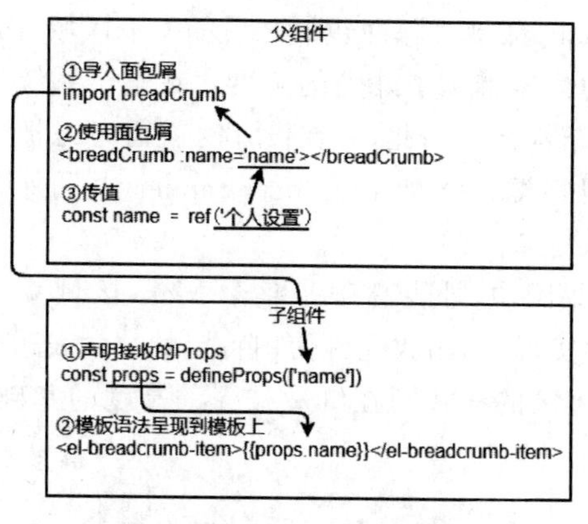

图 15-13　Props 传值流程

15.2　个人设置模块

本节将实现个人设置模块的页面样式及功能，并通过 Pinia 实现个人设置上传头像与头部头像联动效果，以及使用 localStoage 在个人设置页面呈现用户信息。读者将会以更贴近实际开发的形式逐一了解在样式和功能实现上的关键点。现在，先分析由最终效果图作为 UI 图的具体细节，如图 15-14 所示。

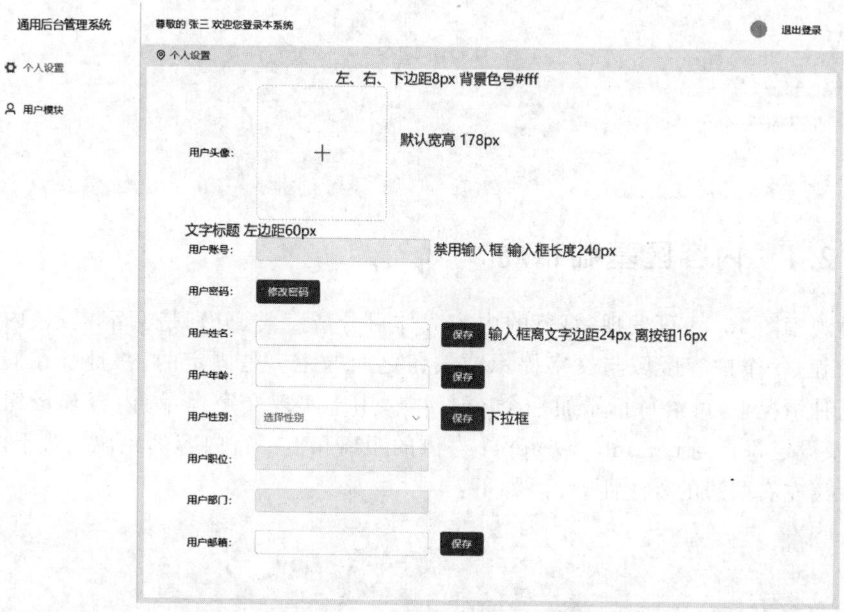

图 15-14　个人设置页面显示效果图

在面对容器内(除面包屑)通过内边距去突出主体内容的情况时,需要知道这其实是两个块级元素共同实现的效果,其中一个块级元素作为 wrapper(外壳),而另一个作为 content(内容)。外壳是 Main 区域排除面包屑之后的剩下区域,内容区域则是由外壳添加 8 像素的内边距实现的,同时内容继承了外壳的高度。在整个系统中,不管是个人设置页面、用户模块还是产品模块其结构都是如此,故在设计时就需考虑把外壳和内容两个元素的样式定义为公共样式,所以可将类名设为 common-wrapper(共同外壳)和 common-content(共同内容)。

在个人设置页面的效果图中,外壳高度是整个 Main 区域减去面包屑的高度和下边距的高度,可通过 calc()函数实现,该函数允许使用特定的数学表达式来动态地计算 CSS 属性值,如加、减、乘、除等;内容区的样式则在继承外壳的高度的基础上添加白色的背景颜色,代码如下:

```
<!-- 外壳 -->
<div class="common-wrapper">
  <!-- 内容 -->
  <div class="common-content">
  </div>
</div>

//样式部分
.common-wrapper {
  padding: 0px 8px 8px 8px;
  //高度减去面包屑和底部内边距
  height: calc(100% - 38px);

  //内容
  .common-content {
    height: 100%;
    background: #fff;
  }
}
```

15.2.1 内容区基础布局

3min

通过观察图 15-14 可发现,每行的内容大体可分成三类,分别是文字提示、内容及部分选项的按钮,每个内容区域与文字提示或按钮之间的距离是固定的,并且都在同一水平线上。在这种情况下,可给每行添加一个 wrapper,用于实现文字提示、内容和按钮同处于纵轴上,以及设定每行与 common-wrapper 左侧的距离和上一行内容的距离;对于内容,则需要添加距离左右两边的外边距,代码如下:

```
<!-- 外壳 -->
<div class="common-wrapper">
  <!-- 内容 -->
  <div class="common-content">
```

```
    <div class="info-wrapper">
      <span>文字提示:</span>
      <div class="info-content">
      <!-- 头像框、输入框 -->
      </div>
      <!-- 按钮 -->
    </div>
  </div>
</div>

//样式部分
.common-wrapper {
//外壳样式
  .common-content {
  //内容样式

    //用户信息外壳
    .info-wrapper {
      display: flex;
      align-items: center;                        //水平居中
      padding-left: 60px;                         //左内边距
      padding-top: 24px;                          //上内边距
      font-size: 14px;                            //文字提示的字体大小

      //用户信息内容
      .info-content {
      margin-left: 24px;
      margin-right: 16px;
      }
    }
  }
}
```

此外,图 15-14 还提到输入框的宽度为 240px,这里就不能直接通过类名 el-input 设定宽度,因为用户性别是下拉列表而不是输入框,但好在 Element Plus 的下拉列表是在输入框的基础上修改而来的,所以可使用样式穿透法修改其宽度,代码如下:

```
//只改变输入框宽度,无法改变下拉列表宽度
.el-input {
  width: 240px;
}

//使用样式穿透法修改输入框和下拉列表宽度
:deep(.el-input) {
  width: 240px;
}
```

最后,在 api 目录下新建一个名为 user 的 TypeScript 文件,用于放置个人设置模块的封装接口,代码如下:

```
//api/user.ts
import instance from '@/http/index'
```

1. 添加上传头像

上传头像的位置在于 Element Plus 组件的表单一列的最后一个选项，如图 15-15 所示。

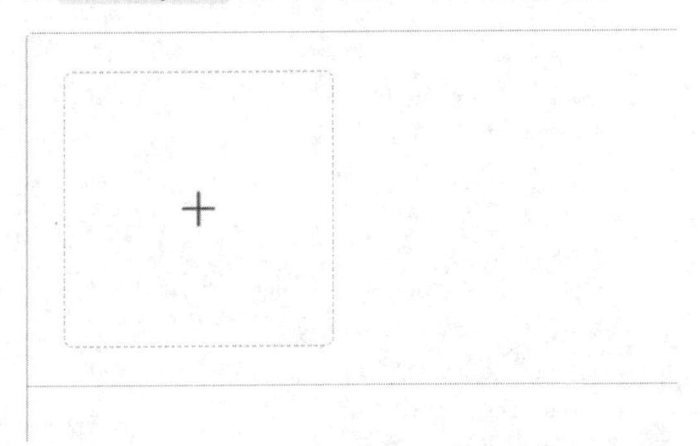

图 15-15　上传头像

下面来分析上传头像的源码，便于后期修改。首先是模板内的源码，代码如下：

```
<el - upload
  class = "avatar - uploader"
  action = "https://run.mocky.io/v3/9d059bf9 - 4660 - 45f2 - 925d - ce80ad6c4d15"
  :show - file - list = "false"
  :on - success = "handleAvatarSuccess"
  :before - upload = "beforeAvatarUpload"
  >
  < img v - if = "imageUrl" :src = "imageUrl" class = "avatar" />
  < el - icon v - else class = "avatar - uploader - icon">< Plus /></el - icon >
</el - upload >
```

首先是模板内的 action 属性，可看到源码中的 action 是一个 URL 网址，这是 Element Plus 官网提供的上传头像测试地址，在本项目中应修改为在后端设置的 URL 网址；其次是 show-file-list(展示文件列表)属性，用于显示已上传的文件列表，该属性会在上传框的下方出现上传文件列表，这会影响页面布局，所以单个文件上传时都会设置为 false，使用的场景是在上传多个文件时帮助用户查看是否已上传需要上传的文件。

第 3 个属性 on-success(成功后)挂载的是一个名为 handleAvatarSuccess(处理图片成功)的函数，即上传成功后的钩子函数，代码如下：

```
import { ElMessage } from 'element - plus'              //引入消息提示
import { Plus } from '@element - plus/icons - vue'      //引入" + "图标
```

```
import type { UploadProps } from 'element-plus'          //官方封装类型

const imageUrl = ref('')
const handleAvatarSuccess: UploadProps['onSuccess'] = (
  response,
  uploadFile
) => {
  imageUrl.value = URL.createObjectURL(uploadFile.raw!)
}
```

该钩子函数返回两个数据，response 即后端 res.send()返回的数据；uploadFile 则包含了上传文件的信息，如上传名字、尺寸、类型等信息。在回调函数部分的代码执行了一个逻辑，也就是从 uploadFile 创建了一个对象 URL 网址，并传递给 imageUrl，而 imageUrl 对应着<el-upload>标签内的<img>标签，再看<img>标签下方的<el-icon>标签，可知两者是互为显示和隐藏的，当有图片路径时切换到<img>呈现图片，当没有图片时呈现的是"+"形状的图标。

但问题是后端返回并不是 URL 网址，而是状态码和消息提示，代码如下：

```
res.send({
  status: 0,
  message: '修改头像成功'
})
```

此外，上传头像不同于登录与注册功能那样在 script 部分定义参数和传参，也不用在 api 目录下封装 API，而是直接在 action 属性中添加 URL 网址，单击图片方框后直接上传文件完成请求。这就带来一个问题，在 5.2.4 节写的上传用户头像接口需接收用户的账号信息，但在此好像并不能携带其余参数的属性，代码如下：

```
const sql = 'update users set image_url = ? where account = ?'
```

这就需要分成两步来完成了，第 1 步是完成上传头像并返回头像位于服务器的 URL 地址，第 2 步是将地址与 user 表中的用户进行绑定。在原来的上传头像代码中，使用的是 account 作为图片的唯一标识，由于不能传入 account，故可采取与生成产品 product_id 相同的方式给每张图片添加唯一标识，代码如下：

```
//router_handler/user.js
//id 初始为 1000
let image_id = 1000

//上传头像
exports.uploadAvatar = (req, res) => {
  let oldName = req.files[0].filename
  image_id++                    //id 自增
  //添加唯一 id 作为前缀
  let originalname =
  Buffer.from(req.files[0].originalname,'latin1').toString('utf8')
```

```
    let newName = '${image_id}' + originalname
    fs.renameSync('./public/upload/' + oldName, './public/upload/' + newName)
    res.send({
      status: 0,
      url: 'http://127.0.0.1:3007/upload/${newName}'
    })
}
```

当返回 url 后，再使用另外的接口接收 url 并更新至 user 表的 image_url 字段中，代码如下：

```
//router_handler/user.js
//绑定账号
exports.bindAccount = (req, res) => {
  const { account, url } = req.body
  const sql = 'update users set image_url = ? where account = ?'
  db.query(sql, [url, account], (err, result) => {
    if (err) return res.ce(err)
    res.send({
    status: 0,
    message: '修改头像成功'
    })
  })
}

//router/user.js
router.post('/uploadAvatar', userHandler.uploadAvatar)        //上传头像
```

此时可在 user.ts 封装绑定账号的接口，该接口接收用户账号和图片地址作为参数，代码如下：

```
//api/user.ts
//绑定用户与头像
export const bindAccount = (account:number, url:string) => {
  return instance({
    url: '/user/bindAccount',
    method: 'POST',
    data: {
      account,
      url
    }
  })
}

//views/set/index.vue
import { bindAccount } from '@/api/user'        //个人设置页面导入接口
```

此外，使用自增 id 需考虑到产品或用户的数量范围，虽然这是一个简单的方法，但在实际开发中通常会使用 UUID(生成唯一标识的模块)或雪花(Snowflake)算法去生成唯一标识。

另外一个属性 before-upload(上传之前)挂载的是一个名为 beforeAvatarUpload(上传图片之前)的函数,即用于图片上传至服务器之前的钩子函数,代码如下:

```
const beforeAvatarUpload: UploadProps['beforeUpload'] = (rawFile) => {
  if (rawFile.type !== 'image/jpeg') {
    ElMessage.error('Avatar picture must be JPG format!')
    return false
  } else if (rawFile.size / 1024 / 1024 > 2) {
    ElMessage.error('Avatar picture size can NOT exceed 2MB!')
    return false
  }
  return true
}
```

该钩子函数接收一个 rawFile(原生文件)作为参数,通过其内部的逻辑可知,在函数中对上传文件的类型和大小进行了限制和提醒,在实际开发中,只需将这段代码的提示修改为中文,代码如下:

```
//头像上传之前的函数
const beforeAvatarUpload = (rawFile:any) => {
  if (rawFile.type !== 'image/jpeg') {
    ElMessage.error('头像必须是 JPG 格式!')
    return false
  } else if (rawFile.size / 1024 / 1024 > 2) {
    ElMessage.error('头像必须小于 2MB!')
    return false
  }
  return true
}
```

回到模板上,结合开头分析的 info-wrapper 和 info-content 块级元素,将文字提示"用户头像:"添加到上传头像左侧,代码如下:

```
<div class="info-wrapper">
  <span>用户头像:</span>
  <div class="info-content">
    <el-upload
      class="avatar-uploader"
      action="http://127.0.0.1:3007/user/uploadAvatar"
      :show-file-list="false"
      :on-success="handleAvatarSuccess"
      :before-upload="beforeAvatarUpload"
    >
      <img v-if="imageUrl" :src="imageUrl" class="avatar"/>
      <el-icon v-else class="avatar-uploader-icon">
        <Plus/>
      </el-icon>
    </el-upload>
  </div>
</div>
```

最后是样式,直接复制 Element Plus 的默认样式即可,这里不再展示。最终的实现效果如图 15-16 所示。

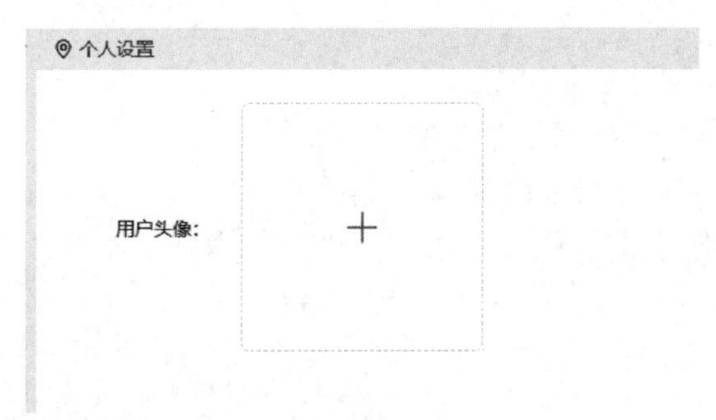

图 15-16 完成上传头像布局

2. 完成用户账号布局

8min

用户的账号、职位和部门都应只能由管理员设置,用户本身无权设置,故在图 15-14 中使用禁用的输入框,只作为展示数据用。以账号为例,代码如下:

```
<div class = "info - wrapper">
  <span>用户账号:</span>
  <div class = "info - content">
    <!-- disable 为禁用输入框 -->
    <el - input v - model = "userAccount" disabled></el - input>
  </div>
</div>

//逻辑部分
const userAccount = ref()
```

由于用户职位、部门和用户账号在模板上的结构相同,这里不再展示。实现的效果如图 15-17 所示。

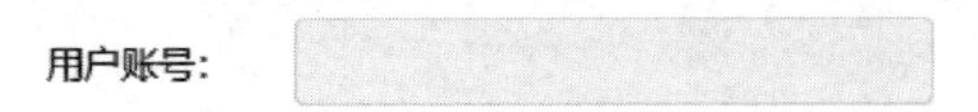

图 15-17 完成用户账号布局

3. localStorage 与 sessionStorage

问题来了,如何能在个人设置页面内呈现用户的头像、账号、姓名等个人信息呢?在后端设计登录接口的返回数据时,除返回 status、token 外,还返回了排除了密码的用户信息,但那是登录模块,有没有办法在个人设置页面也能获取用户信息呢?有,那就是 HTML5 的 Web Storage 提供的两个 API——localStorage 与 sessionStorage。通过这两个 API 能够在浏览器端存储数据和获取数据,显然不管什么页面都处于浏览器的环境内,这就实现了不同模块之间的数据联动。

localStorage 与 sessionStorage 的主要区别在于，前者的生命周期是永久的，并且能在同源的不同窗口之间共享，即使关闭页面或浏览器之后存储的数据也不会消失，除非主动删除数据；后者的生命周期只在当前会话下有效，并且不能共享，一旦关闭页面或浏览器，数据就会被清空。此外，两者的存储空间都为 5MB，基于 sessionStorage 的特性，通常其存储空间不会被占满，但当 localStorage 存储空间达到最大限制时会怎样呢？会存不进去并报错，项目设计者通常不会往 localStorage 存储过多的数据。

基于两者的特性，在存储方面就变得有选择了，如果是重要的信息，则通常会选择 sessionStorage，毕竟时间长了总会有风险；如果是需要长期存储的数据，则 localStorage 是一个好选择。一个常见的场景是一些网站的 7 天免登录功能，就是将具有 7 天时效的 token 存储到 localStorage 中，当用户打开页面时会自动向服务器端发送 token 并进行校验是否过期，当没过期时就能实现自动登录。

在项目中 5.3.2 节曾设计了通过账号获取用户信息的接口，其目的是用于用户模块的搜索功能，那么可在个人设置组件中通过该接口获取用户的信息并呈现，但首先需要获取账号，可在登录成功后先将响应信息中的用户账号存储到 localStorage 中，然后进行页面跳转。用户账号保存在返回的 results 对象中，代码如下：

```
//login/index.vue
const Login = async() => {
  const res = await login(loginData)
  console.log(res)
  if (res.status == 0) {
    localStorage.setItem('account', res.results.account)        //存储账号
    router.push('/set')        //登录成功后跳转至个人设置页面
  }
}
```

此时打开开发者工具中的应用，选择本地存储空间，可看到已经保存了 account，如图 15-18 所示。

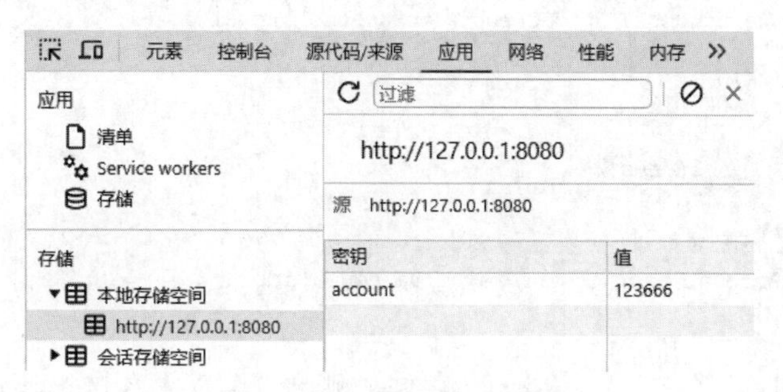

图 15-18 浏览器存储数据

在前端封装通过账号获取信息的接口，代码如下：

```
//api/user.ts
//获取用户信息
```

```
export const getUserInfo = (account:number):any => {
  return instance({
    url: '/user/getUserInfo',
    method: 'POST',
    data: {
      account
    }
  })
}
```

在个人设置页面中导入该接口，并在组件挂载之后调用，代码如下：

```
//set/index.vue
import {onMounted,ref} from 'vue'                          //导入 onMounted 生命周期
import { bindAccount, getUserInfo } from '@/api/user'      //导入接口

onMounted(async() => {
  let account = localStorage.getItem('account') as any     //类型断言
  const res = await getUserInfo(account) as any
  userAccount.value = res.account
})
```

这时，用户账号的输入框就显示内容了，如图 15-19 所示。

用户账号: 123666

图 15-19 输入框数据展示

获得了上传头像的 bindAccount 接口所需要的账号，接下来可进一步完善其逻辑，代码如下：

```
//上传成功后
const handleAvatarSuccess: UploadProps['onSuccess'] = async (
  response,
  uploadFile
) => {
  //res.send 返回的 status 为 0
  if (response.status == 0) {
    //传入账号和图片地址，实参需和 API 形参的顺序一致
    await bindAccount(userAccount.value,response.url)
  }
```

读者可能会问，已经在 localStorage 存储了账号了，为什么这里还通过调取接口获取呢？确实可以直接将 localStorage 保存的账号赋值给 userAccount，但通过账号获取的不仅是用户账号，还有用户图像、部门、职位、姓名、性别等信息，所以可在 onMounted 钩子函数内使用返回的数据继续赋值。

此外，对于 Header 区域的用户姓名，此时也可通过 localStorage 获取，代码如下：

```
//login/index.vue
//在 Login 函数内保存姓名
localStorage.setItem('name', res.results.name)

//menu/index.vue
<div class = "left - content">尊敬的 {{name}} 欢迎您登录本系统</div>
//逻辑
const name = ref(localStorage.getItem('name'))
```

当用户单击 Header 区域退出登录时，应该使用 localStorage 的 clear()方法清除所有保存在 localStorage 的数据，代码如下：

```
//menu/index.vue
//退出登录
const exit = () => {
  router.push('/')
  localStorage.clear()
}
```

4. 完成用户姓名布局及功能

用户姓名在用户账号布局的基础上取消了禁用属性，增加了按钮。在按钮中可绑定保存姓名的函数，代码如下：

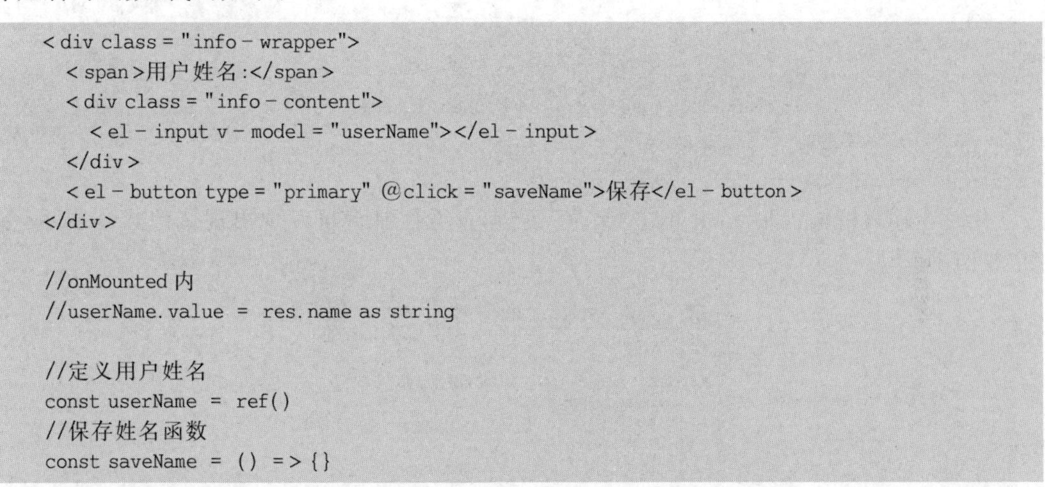

```
<div class = "info - wrapper">
  <span>用户姓名:</span>
  <div class = "info - content">
    <el - input v - model = "userName"></el - input>
  </div>
  <el - button type = "primary" @click = "saveName">保存</el - button>
</div>

//onMounted 内
//userName.value = res.name as string

//定义用户姓名
const userName = ref()
//保存姓名函数
const saveName = () => {}
```

由于是新注册的用户，所以用户姓名为空，如图 15-20 所示。

图 15-20 完成用户姓名布局

布局完成后，可封装修改用户姓名的接口，并在组件中导入和使用。该接口接收用户 id 和姓名作为参数，代码如下：

```
//api/user.ts
//修改姓名
export const changeName = (name:string, id:number) => {
  return instance({
    url: '/user/changeName',
    method: 'POST',
    data: {
      name,
      id
    }
  })
}

//...为先前导入的接口
import { ...,changeName } from '@/api/user'
```

由于该接口接收一个姓名和id，所以可定义一个 userId 并从 onMounted 中获取用户的 id 对其复制，最后传进修改姓名的接口中，代码如下：

```
//onMounted 赋值 id
//userId.value = res.id as number

//定义一个 id
const userId = ref<number>()
//保存姓名函数
const saveName = async () => {
  const res = await changeName(userName.value,userId.value)
  console.log(res)
}
```

此时在输入框输入张三，并单击"保存"按钮，查看控制台可发现出现修改成功提示，如图 15-21 所示。

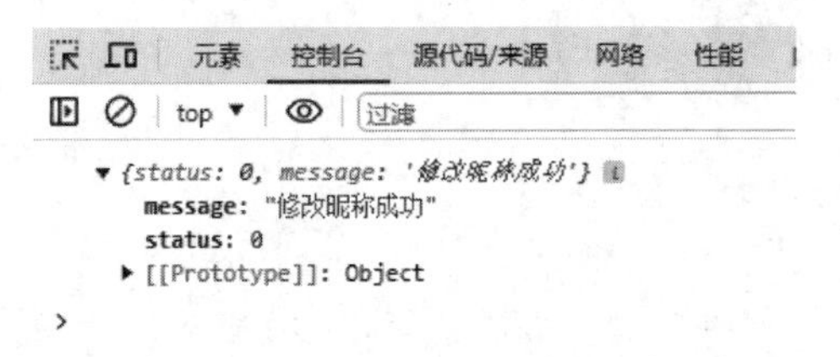

图 15-21　修改昵称成功

对于修改年龄、修改邮箱也是相同的逻辑，首先封装 API，其次在组件中导入，最后在绑定函数中传参并调用接口。需要注意的是，在进行开发时必须先定义 res(result)去输出响应内容，这样才能保证前后端是正常交互的状态。在确保响应信息没问题后，只需在函数中保留 await 语句。读者可在参考修改姓名代码的基础上，手写修改年龄、邮箱功能代码来提升对 Vue 3 的熟练度。另外由于用户年龄、邮箱与用户姓名在模板上的结构相同，这里不再演示。

5. 完成用户性别布局及功能

在图 15-14 中,用户性别采用了下拉列表的方式。下拉列表在 Element Plus 中称为选择器,在 From 表单组件一列中,组件由< el-select >标签标识,选择项由< el-option >包裹,代码如下:

```
<div class="info-wrapper">
  <span>用户性别:</span>
  <div class="info-content">
    <el-select v-model="userSex" placeholder="选择性别">
      <el-option label="男" value="男"/>
      <el-option label="女" value="女"/>
    </el-select>
  </div>
  <el-button type="primary" @click="saveSex">保存</el-button>
</div>

//定义用户性别
const userSex = ref<string>()
//保存性别函数
const saveSex = () => {}
```

实现的效果如图 15-22 所示。

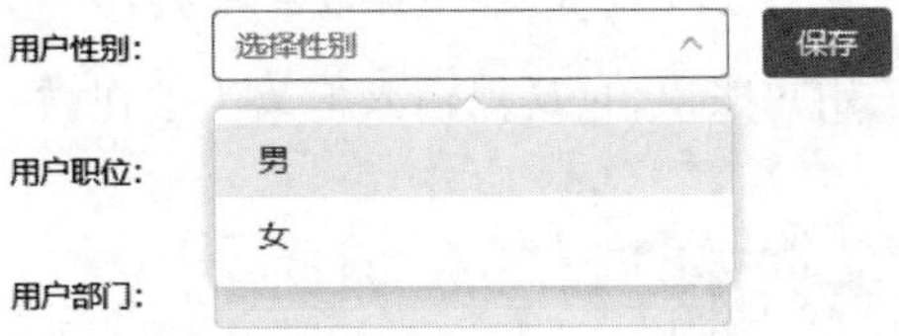

图 15-22 完成用户性别布局

这里需要注意的是 label 值最好与 value 值相同,并且与数据表中定义的类型相同,这是因为在前后端分离开发时,前端可能在 value 值使用 1 代表男性,使用 0 代表女性,当后端采取的是字符串类型存储时就会出现错误问题。

保存性别逻辑与保存姓名相同,代码如下:

```
//api/user.ts
//修改性别
export const changeSex = (sex:string, id:number):any => {
  return instance({
    url: '/user/changeSex',
    method: 'POST',
    data: {
      sex,
      id
    }
  })
}
```

```
//导入 changeSex 接口并使用
const saveSex = async() => {
  await changeSex(userSex.value, userId)            //只保留 await 语句
}
```

9min

6. 封装用户密码弹窗

最后需要完成修改用户密码功能，由于修改密码需要对旧密码和新密码进行校验，所以在本项目中修改密码将采取弹窗的形式，如图 15-23 所示。

5min

图 15-23　完成用户修改密码功能

修改密码的布局类似于用户账户，只是把输入框改为按钮，在按钮中添加打开弹窗的函数，代码如下：

```
<div class="info-wrapper">
  <span>用户密码:</span>
  <div class="info-content">
    <el-button type="primary" @click="openChangePassword">
    修改密码
    </el-button>
  </div>
</div>

//打开修改密码弹窗函数
const openChangePassword = () => {}
```

在 Element Plus 组件的 Feedback 反馈组件一列中提供了 Dialog 对话框组件，该组件会弹出一个对话框，下面简要分析其基础用法中模板的源码，代码如下：

```
<el-dialog
  v-model="dialogVisible"
  title="Tips"
  width="30%"
  :before-close="handleClose"
>
  <div>内容区域</div>
```

```
</el-dialog>

//控制弹窗关闭
const dialogVisible = ref(false)
```

弹窗使用<el-dialog>标签进行标识。如源码所示，弹窗的属性主要包括3个，分别是用于控制弹窗开合的v-model属性，用于展示弹窗标题的title属性和用于修改弹窗宽度的width属性，在开发时需将宽度修改为图15-23中标注的400px。在源码中还使用了before-close(关闭之前)属性绑定了名为handleClose(关闭)的函数，用于当关闭弹窗之后的逻辑处理。

由于该弹窗组件是属于个人信息设置功能内的，所以不同于面包屑组件那样封装在全局组件的src/components目录中，而是在set目录下新建一个components目录，并在其中新建名为change_password(修改密码)的单文件组件，表示其为set目录下的组件。

图15-23中的弹窗内封装了一个表单组件，包含两个输入框，其代码与登录功能类似，代码如下：

```
//set/change_password.vue
<el-dialog v-model="dialogVisible" title="修改密码" width="400px">
  <el-form class="login-form" :model="passwordData"
    :label-position="labelPosition">
    <el-form-item label="请输入您的旧密码" prop="oldPassword">
      <el-input v-model="passwordData.oldPassword"
                placeholder="请输入您的旧密码"
                show-password />
    </el-form-item>
    <el-form-item label="请输入您的新密码" prop="newPassword">
      <el-input v-model="passwordData.newPassword"
                placeholder="请输入您的新密码"
                show-password />
    </el-form-item>
  </el-form>
</el-dialog>

//逻辑部分
//TypeScript 接口
interface PasswordData {
  oldPassword : string;
  newPassword : string;
}
//定义新旧密码
const passwordData : PasswordData = reactive({
  oldPassword: '',
  newPassword: '',
})
```

可在表单中使用 rules(规则)属性,定义表单内容的验证规则,代码如下:

```
<el-form class="login-form"
          :label-position="labelPosition"
          :rules="rules">

//表单规则
const rules = reactive({
  oldPassword: [
    { required: true, message: '请输入您的旧密码', trigger: 'blur' },
  ],
  newPassword: [
    { required: true, message: '请输入您的新密码', trigger: 'blur' },
  ],
})
```

在规则中,规定了新旧密码皆为必填项,当没有输入数据时会在输入框底部出现“请输入…”的红色字体提醒,触发(trigger)的方式为 blur(失去焦点),如图 15-24 所示。

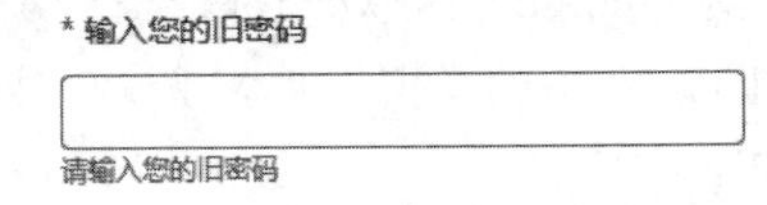

图 15-24 rules 提示

最后是底部的按钮部分,在弹窗组件中提供了名为 footer 的插槽,用于在底部区域添加内容,使用方法为在<template>标签中添加“#footer”。在底部区域添加用于取消弹窗和确认修改密码的按钮,其中单击“取消”按钮后便将 dialogVisible 值改变为 false,单击“确定”按钮则调用修改密码的接口,代码如下:

```
<!-- 底部内容 -->
<template #footer>
  <!-- dialog 默认底部类,按钮位于右下角 -->
  <div class="dialog-footer">
    <el-button @click="dialogVisible = false">取消</el-button>
    <el-button type="primary" @click="sure">
      确定
    </el-button>
  </div>
</template>

//修改密码函数
const sure = () => {}
```

那么,如何在个人设置模块单击“修改密码”按钮后打开该弹窗呢?可在弹窗组件内定义一个能够打开弹窗的方法,并向外暴露以供父组件使用。在 Vue 3 关于组件的 API 中提供了 defineExpose 函数,用于显式地指定组件向外暴露数据、方法或计算属性,代码如下:

```
//定义打开弹窗方法
const open = () => {
  dialogVisible.value = true
}
```

```
//向外暴露 open,该方法无须从 Vue 导入
defineExpose({
  open
})
```

回到父组件中,导入弹窗组件并在修改密码按钮中使用暴露的 open 方法。如何使用子组件的方法呢？Vue 的设计者为开发者提供了 ref 属性,可用来在父组件中获取对子组件的引用,从而调取子组件的方法或访问子组件的数据,代码如下：

```
//set/index.vue
<template>
  //上传头像等元素
  <Change ref = "handleDialog"></Change>
</template>

//导入弹窗组件
import Change from './components/change_password.vue'

//可通过 handleDialog 获得子组件方法或数据
const handleDialog = ref()

//打开密码弹窗
const openChangePassword = () => {
  handleDialog.value.open()
}
```

这时单击"修改密码"按钮就会弹出修改密码框,如图 15-25 所示。

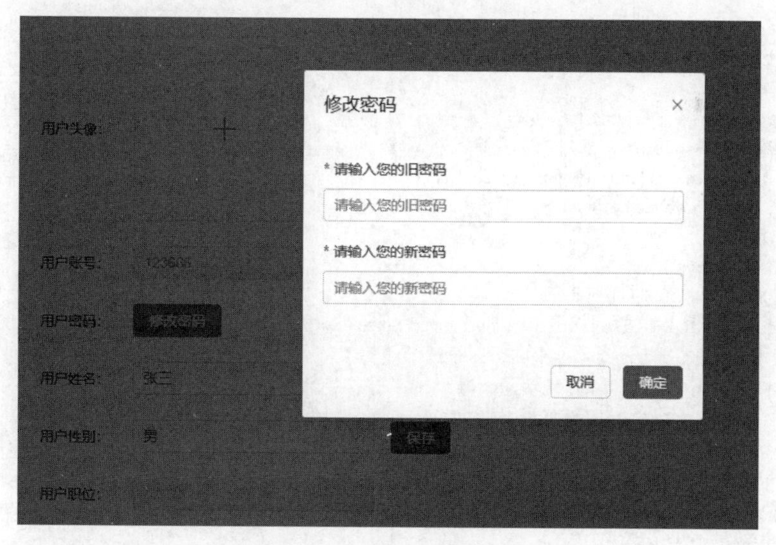

图 15-25　弹出修改密码框

修改密码需要接收用户的 id,相信读者已经有了思路,也就是可以直接在登录逻辑中存储用户的 id,并在组件中通过 localStorage 的 getItem()方法获取；另一种方法是把后端修

改密码接口获取 id 修改为获取 account,这种情况主要用在前后端开发人员没有协商好使用的唯一标识。在登录逻辑中添加存储 id,代码如下:

```
//login/index.vue
localStorage.setItem('id', res.results.id)        //存储 id
```

首先封装修改密码的 API,该 API 接收 3 个参数,代码如下:

```
//api/user.ts
//修改密码
export const changePassword = (
    id:number,
    oldPassword:string,
    newPassword:string):any => {
    return instance({
      url: '/user/changePassword',
      method: 'POST',
      data: {
        id,
        oldPassword,
        newPassword
       }
    })
}
```

在逻辑中首先应判断用户是否输入了旧密码和新密码,然后是调用修改密码的 API。在修改密码成功后,应当关闭弹出窗后跳转至登录页面以让用户重新登录,代码如下:

```
//set/change_password.vue
import { changePassword } from '@/api/user'                //导入接口
import {
  ElMessage
} from 'element-plus'                                      //导入消息提示
import { useRouter } from 'vue-router'                     //导入路由并创建实例
const router = useRouter()

const sure = async() => {
  //判断是否输入了新旧密码
  if (passwordData.oldPassword && passwordData.newPassword) {
    //调用接口
    const res = await changePassword(
        localStorage.getItem('id') as any,
        passwordData.oldPassword,
        passwordData.newPassword)
    console.log(res)
    if (res.status == 0) {
      dialogVisible.value = false
      router.push('/')                                     //跳转至登录页面
    }
  } else {
```

```
    ElMessage.error('请输入密码!')
  }
}
```

此时，整个修改密码的逻辑就完成了，在弹框中输入旧密码和新密码后，可在控制台中看到“修改密码成功”，如图 15-26 所示。

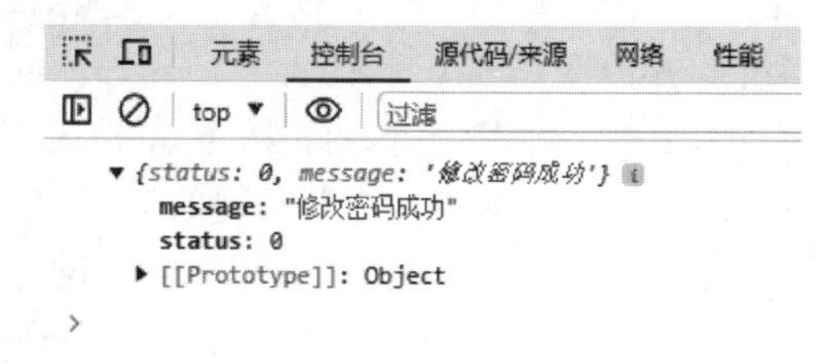

图 15-26　修改密码成功

15.2.2　封装公共类

本节对在用户模块、产品模块及日志模块中都会用到的样式类 common-wrapper 和 common-content 进行封装并引用。

在 assets 目录下新建一个名为 css 的目录，并新建一个名为 common 的 SCSS 文件用于存放需要全局使用的类。将 set 组件中的样式类 common-wrapper 和 common-content 的内容放置在 common.scss 文件中，代码如下：

```
//assets/css/common.scss
//外壳
.common-wrapper {
  padding: 0px 8px 8px 8px;
  //计算 减去了头部还有面包屑 + 2×8=16 边距
  height: calc(100% - 38px);

  //内容
  .common-content {
    height: 100%;
    background: #fff;
  }
}
```

此时在 set 组件中可将这两个样式代码块删除，并使用 CSS 提供的@import 语法导入公共类文件，代码如下：

```
<style lang="scss" scoped>
@import '@/assets/css/common.scss';

//账户信息外壳、头像等其他样式

</style>
```

15.2.3 Pinia

Pinia 是 Vue 3.0 的全家桶成员之一，是 Vue 3.0 的状态管理库，是 Vue 2.0 状态管理库 Vuex 的升级版。所谓状态，其实就是在 Pinia 中定义的数据和方法，这些数据和方法在被引用的组件当中是共享的。举个简单的例子，假设组件 A 使用了 Pinia 中的 dataA，组件 B 也使用了 dataA，那么当组件 A 改变 dataA 时，组件 B 的 dataA 也会同时改变，反之同理。基于这种特性，可以在个人设置页面完成上传头像时同步更新头部的头像，如图 15-27 所示。

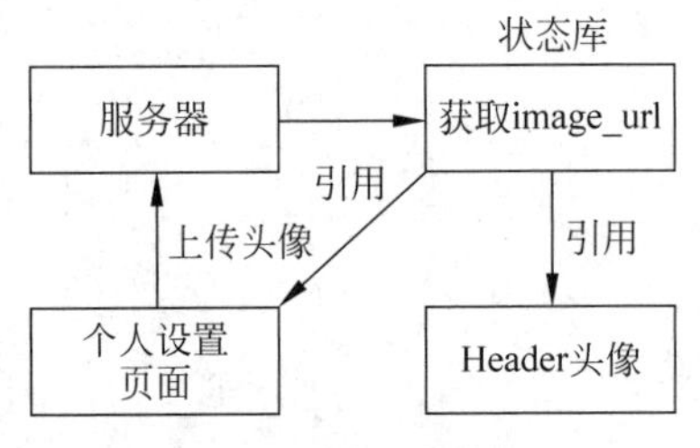

图 15-27　共享数据

在 src 目录下的 stores（仓库、商店）目录，即为 Pinia 的专有目录，每个 store 中都包含 3 个核心要素，分别是存储数据的 State（状态）、用于进行计算派生数据的 Getter 和处理业务逻辑的 Action（行为）。在不了解 Pinia 之前，可能觉得这些要素很抽象，不过没关系，当定义了一个 store 之后，能够发现其实很容易理解。

1. 定义 Pinia

与路由相同，首先需要从 Pinia 模块中导入用于创建 Pinia 的方法，而这一步骤通常是在一个单独的文件内进行的。在 stores 目录下新建一个 index.ts 文件，用于创建 Pinia，代码如下：

```
//stores/index.ts
import { createPinia } from 'pinia'
const pinia = createPinia()            //创建 Pinia
```

在使用 export 向外暴露 Pinia 之前，不得不谈到 Pinia 的一个缺点，也就是在 state 中保存的数据在浏览器刷新之后会丢失，目前来讲解决的办法就是安装用于数据持久化的插件——pinia-plugin-persistedstate（pinia-插件-持久化数据），名字很长，但好在单词好记。安装插件的命令如下：

```
pnpm i pinia - plugin - persistedstate
```

安装完之后在 stores/index.ts 文件中导入，使用 Pinia 实例的 use()方法挂载持久化插件，代码如下：

```
//stores/index.ts
import { createPinia } from 'pinia'
//导入插件
import piniaPluginPersistedstate from 'pinia - plugin - persistedstate'
const pinia = createPinia()
pinia.use(piniaPluginPersistedstate)                    //挂载插件

export default pinia                                    //暴露 Pinia
```

另外需要注意的是，由于在创建 Vue 3.0 项目时选择了 Pinia，所以在 main.ts 文件下会有导入 createPinia 方法并挂载在 app 实例上的代码，但由于现在在 store/index.ts 暴露了 Pinia，所以需把原来的关于 Pinia 的代码删除，代码如下：

```
//删除
import { createPinia } from 'pinia'
app.use(createPinia())
//换为导入 Pinia 并挂载 Pinia
import pinia from './stores'
app.use(pinia)
```

2. 定义和访问 Store

在 stores 目录下新建一个名为 user 的 TypeScript 文件，用于创建存储用户头像的 Store。Store 由 Pinia 的 defineStore()方法定义，该方法的第 1 个参数为当前 Store 的 id，不能与其他 Store 重名，第 2 个参数为具体的配置，包含 State、Getter、Action 等内容，代码如下：

```
//stores/user.ts
import { defineStore } from 'pinia'
export const useUserInfo = defineStore('userInfo',() => {
  state: () => {},                    //存放数据
  getter:{},                          //计算数据
  action:{},                          //处理数据
},{
  persist:true                        //持久化插件使用位置
})
```

在上述代码中，使用的是选项式 API 的写法，但 Pinia 官方还提供了 setup()的写法，定义状态、Getter 和 Action 的方式与单文件组件中使用 const 定义数据、函数相同。下面从解决头像共享的需求出发，学习如何使用 Pinia。

在 State 中定义需要共享的图片地址，代码如下：

```
//选项式写法
state: () => {
  return {
    imageUrl: '',
  }
},
//setup()写法
const imageUrl = ref<string>()
```

假设在 menu 组件的头像想访问 Store 获取 imageUrl，首先需导入向外暴露的 Store，其次创建 Store 的实例，代码如下：

```
//menu/index.vue
//逻辑部分
import { useUserInfo } from '@/stores/user'          //导入 Store
const userStore = useUserInfo()                       //创建实例
```

此时，就可通过实例直接访问 Store 中的状态了。将模板中头像 src 属性的值修改为 Store 中的 imageUrl，代码如下：

```
//menu/index.vue
<el-avatar :size="24" :src="userStore.imageUrl"/>
```

3. 使用 State

除了可以直接使用实例访问 State 外，还可以对 State 的数据进行重置、变更和替换等，假设想在 menu 组件中将 State 中的 imageUrl 重置为空，那么可通过 $reset() 方法实现，代码如下：

```
userStore.$reset()                    //重置 State
```

在本项目中，需要在上传完图片后，修改 State 保存的 imageUrl 以达到修改 menu 组件中的头像，那么可使用 $patch() 方法对 State 进行变更，代码如下：

```
//set/index.vue
<!-- <el-upload> 标签内 -->
<img v-if="userStore.imageUrl"
      :src="userStore.imageUrl"
      class="avatar"/>

//逻辑部分
import { useUserInfo } from '@/stores/user'            //导入 Store
const userStore = useUserInfo()                        //创建实例

const handleAvatarSuccess: UploadProps['onSuccess'] = async (
  response,
  uploadFile
) => {
  //res.send 返回的 status 为 0
  if (response.status == 0) {
  //修改 State 中的 imageUrl
    userStore.$patch({
      imageUrl: response.url
    })
    imageUrl.value = response.url
    await bindAccount(userAccount.value as number, response.url)
  }
}
```

替换 State 的内容使用 $state() 方法，但由于可能会破坏响应性，通常会使用 $patch() 方法以更改代替替换。

此外，如果 State 中保存的是 number 类型的数值，则可直接通过运算符达到更改的效果，代码如下：

```
//假设在 Store 定义了一个 count
const count = ref<number>(0)
```

```
//在引用组件中可直接通过运算符更改
userStore.count++
```

4. 使用 Action

由图 15-27 可知，在 Pinia 中获取图片位于服务器的 URL 网址，可在 Action 中添加获取用户信息的接口，并把 image_url 赋值给 imageUrl，代码如下：

```
//stores/user.ts
import { getUserInfo } from '@/api/user'
//选项式写法
async userInfo(account:number) {
  const res = await getUserInfo(account) as any
  this.imageUrl = res.imageUrl                    //this 指向 state 对象
}
//setup()写法
const userInfo = async (account :number) =>{
  const res = await getUserInfo(account) as any
  imageUrl.value = res.image_url
}

return {
  imageUrl,userInfo
}
```

对于需要在进入系统就加载的信息，通常会在登录成功后进行渲染，也就是可在登录成功后使用 Store 定义的 userInfo 方法，代码如下：

```
//login/index.vue
//逻辑部分
import { useUserInfo } from '@/stores/user'           //导入 Store
const userStore = useUserInfo()                        //创建实例

const Login = async() => {
  const res = await login(loginData)
  console.log(res)
  if (res.status == 0) {
    localStorage.setItem('account', res.results.account)
    localStorage.setItem('id', res.results.id)
    userStore.userInfo(res.results.account)           //使用 Store 定义的 Action
    router.push('/set')
  }
}
```

5. 完成上传头像

此时重新登录系统，可发现在开发者工具应用选项的本地存储空间中，出现了名为 userInfo 的密钥，并且值为保存在 State 中的 imageUrl，如图 15-28 所示。

此时单击头像框，上传头像后可看到 Header 区域与头像框被同步替换成了新头像，说明头像联动成功，如图 15-29 所示。

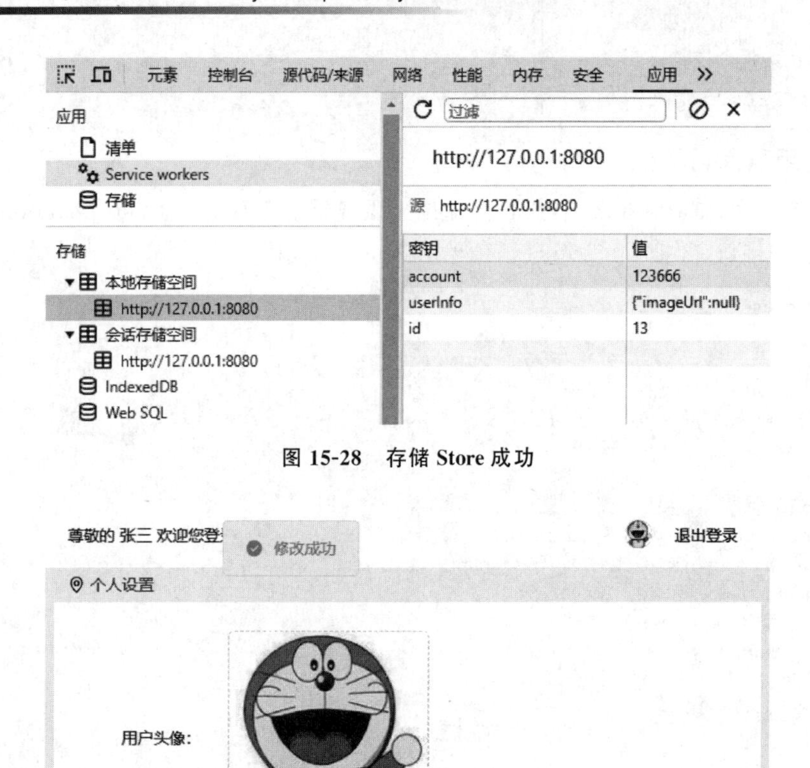

图 15-28　存储 Store 成功

图 15-29　实现头像联动

15.3　用户列表模块

表格是一个系统中最常见的元素之一，具有十分重要的作用，能够清晰地展示大量数据，帮助管理者获取需要的信息，做出正确的判断。在本项目中，通过表格，能够实现对用户、产品、日志信息的数据展示。本节将通过 Element Plus 的表格、分页等组件，搭建用户列表模块主要架构，使用弹出窗组件实现用户详细信息框，并对通用的表格类进行抽象封装。

15.3.1　用户模块基础架构

14min

14min

首先分析一下整个用户模块主页面的 UI 图，如图 15-30 所示。

整个用户表格区域可以分为 3 部分，分别是包括输入框、单选框和按钮的表格头部(上方)区域；页面核心的表格内容区域；位于表格底部的分页区域。基于这种划分方式，就可以定义 3 个块级元素分别包裹其内容，但不要忘记在 15.2.2 节封装的作为页面基础布局的公共类，代码如下：

图 15-30 用户模块图

```
<template>
  <div class="common-wrapper">
    <div class="common-content">
      <!-- 表格头部区域 -->
      <div class="table-header"></div>
      <!-- 表格内容区域 -->
      <div class="table-content"></div>
      <!-- 底部分页区域 -->
      <div class="table-footer"></div>
    </div>
  </div>
</template>

<style lang='scss' scoped>
@import '@/assets/css/common.scss';
</style>
```

基于图 15-30 所示的边距信息，可分别将三部分内容都添加上边距，其中，底部的分页位于整行元素的最右侧，可使用弹性布局的 justify-content 属性的 flex-end 属性值，将其位于盒子的尾部，为了显得不那么拥挤，还可调整分页器距上方表格的距离，代码如下：

```
//表格上方
.table-header{
  padding: 0px 10px;                    //左、右内边距
}

//表格区域
.table-content{
  padding: 0px 10px;
}

//底部分页
.table-footer{
  display: flex;
```

```
  justify-content: flex-end;
  margin: 10px 10px 0 0;              //上、右外边距
}
```

此外，在通过对 menu 页面的 Header 区域布局之后，读者能够发现表格头部区域的布局和 Header 区域类似，即都将内容分布在元素的两边，而这种布局是使用弹性布局的 justify-content 属性的 space-between 属性值实现的。下面从表格顶部的内容实现开始，逐步完成整个页面结构。

1. 表格顶部内容布局

如图 15-30 所示，表格顶部主要包括 4 种不同类型的元素，其中输入框、下拉列表和按钮在先前的个人设置页面都已实现，只有用于筛选状态的单选框是初次接触，其中，按钮与其他 3 个元素分别位于整行的左右两侧。基于这种分布的布局，可定义两个块级元素，分别包裹输入框、下拉列表、单选框和包裹按钮，并在<table-header>使用弹性布局，代码如下：

```
<!-- 表格上方 -->
<div class="table-header">
  <!-- 表格上方左部分 -->
  <div class="left-header"></div>
  <!-- 表格上方右部分 -->
  <div class="right-header"></div>
</div>

//样式部分
.table-header{
  padding: 0 10px;
  display: flex;
  justify-content: space-between;
  height: 60px;
  align-items: center;
}
```

图 15-30 中的输入框尾部有“放大镜”图标，这是由输入框组件提供的插槽属性添加的，用于标识该输入框为搜索框。在项目中使用输入框作为搜索框可添加“@change”事件，该事件会在当 v-model 值改变、输入框失去焦点或用户按 Enter 键时触发，以便在用户输入数值后将表格数据更新为指定内容，代码如下：

```
<!-- 表格上方左部分,m-2 为组件内置尺寸类 -->
<div class="left-header">
  <!-- 使用":suffix-icon"在输入框前面插入"放大镜"图标 -->
  <el-input
    v-model="userAccount"
    class="w-50 m-2 distance"
    placeholder="输入账号进行搜索"
    :suffix-icon="Search"
    @change="searchByAccount"
   />
```

```
</div>

//逻辑部分
const userAccount = ref<number>()                       //定义用户账号
//搜索账号逻辑
const searchByAccount = () => {}
```

对于下拉列表,在 15.2.1 节中使用了添加多个< el-option >标签渲染下拉内容的操作,但对于内容较多的情况,可使用 v-for 进行渲染。下拉列表同样提供了"@change"事件用于选中时触发。此外,还可通过下拉列表组件内设的添加 clearable 属性和"@clear"事件在清空下拉列表时重新获取所有用户数据,代码如下:

```
<!-- 部门下拉列表 -->
<el-select
  v-model="department"
  placeholder="请选择部门"
  clearable
  @clear="clearOperation"
  @change="searchForDepartment">
  <el-option v-for="item in departmentData"
                     :key="item" :label="item"
                     :value="item"/>
</el-select>

//逻辑部分
const department = ref()                                  //选中值

const departmentData = ref(['人事部','产品部'])           //使用数组定义下拉数据

const searchByDepartment = () => {}                       //使用部门搜索用户

const clearOperation = () => {}                           //清空选择框触发函数
```

左侧区域的最后部分是单选框。单选框位于 Element Plus 组件的 Form 表单一列,其样式如图 15-30 顶部的单选框所示,样式由可选的圆框和选项名构成,主要适用于不太多的选项场景,如二选一、三选一等。单选框使用< el-radio-group >标签标记,选项由< el-radio >标记,选项的属性 label 对应单选框绑定的数值。在项目中使用单选框切换筛选冻结、正常状态的用户,代码如下:

```
<!-- 表格上方左部分 -->
<el-radio-group v-model="userStatus"
                class="ml-4"
                @change="searchByStatus">
  <el-radio label="1">冻结</el-radio>
  <el-radio label="0">正常</el-radio>
</el-radio-group>
</div>
```

```
//逻辑部分
const userStatus = ref()

const searchByStatus = () => {}          //选择状态执行逻辑
```

此时左侧区域的搜索框、下拉列表和单选框是挤在一起的，可通过给位于中间的下拉列表添加左右外边距分隔两边的元素，代码如下：

```
//下拉列表新增类
.distance{
  margin: 0 10px;
}
```

这样整个顶部左侧的布局就完成了，如图 15-31 所示。

用户管理
输入账号进行搜索　请选择部门　冻结　正常

图 15-31　表格顶部左侧布局

其次是右侧区域的按钮，按钮的作用是当管理员根据账号、部门或状态搜索用户之后重新显示所有用户列表，当执行获取用户列表的逻辑时，还应清空搜索框账号或选中的状态，代码如下：

```
<!-- 表格上方右侧区域 -->
<div class="right-header">
  <el-button type="primary" @click="getAllUser">所有用户</el-button>
</div>

//逻辑部分
const getAllUser = () =>{
  if(userAccount.value) userAccount.value = null
  if(userStatus.value) userStatus.value = null
  if(department.value) department.value = null
  //请求逻辑
}
```

2. 添加表格

表格(table)位于 Element Plus 组件的 Data 数据展示一列，如图 15-30 所示，表格的基本形式为展示多条结构类似的数据，在图中还使用表格提供的插槽插入 Element Plus 的 Tag(标签)组件，用于标识用户状态和用于标识进行冻结、解冻操作的按钮。表格由<el-table>标签标识，列标签由<el-table-column>标识，代码如下：

```
<template>
  <el-table :data="tableData" style="width: 100%">
    <el-table-column prop="date" label="Date" width="180" />
    <el-table-column prop="name" label="Name" width="180" />
```

```
      <el-table-column prop="address" label="Address" />
    </el-table>
  </template>

  const tableData = [
    {
      date: '2016-05-03',
      name: 'Tom',
      address: 'No. 189, Grove St, Los Angeles',
    }
  ]
```

表格的常用属性不多，在<el-table>中提供了data属性，用于绑定表单数据，使用style属性定义表格宽；在<el-table-column>标签中使用prop对应表单数据中的属性，label为列名，如果该列内容宽度较长，则可使用width属性定义其宽度。此外，表格还提供了type为index(索引)的列，用于标识每行数据的序号，代码如下：

```
//序号列
<el-table-column type="index" width="50"/>
```

表格的插槽用法为在<el-table-column>标签内使用<template #default="{row}">定义，其中row为每行的数据对象，如row.status访问的是这行数据对象的状态属性值。在代码中共有两处使用了插槽，第1处是Tag(标签)，如图15-30所示，标签是用来标记内容的一个元素，用<el-tag>标识。标签默认为浅蓝色，可使用不同的type选择标签的类型，如success(成功)为浅绿色标签、info(信息)为浅灰色标签、warning(警告)为橙色标签、danger(危险)为浅红色标签。在表格中使用了默认类型表示冻结，success类型表示正常，代码如下：

```
<el-table-column prop="status" label="状态">
  <template #default="{row}">
    <el-tag v-if="row.status == '1'" class="ml-2">冻结</el-tag>
    <el-tag v-else class="ml-2" type="success">正常</el-tag>
  </template>
</el-table-column>
```

另一处使用插槽的是表格的操作列，在插槽中使用了两个按钮，对应冻结用户和解冻用户。在按钮中应当根据当前状态进行禁止或非禁止单击操作，如当前用户已被冻结，此时不能单击“冻结”按钮，反之当状态为正常时，可单击“冻结”按钮。在操作列还可使用fixed属性固定当前列，当窗口宽度过长时操作列将始终固定在右侧，方便管理员操作，代码如下：

```
<el-table-column label="操作" width="200" fixed="right">
  <template #default="{row}">
    <div class="button-content">
      <el-button type="primary" @click="banUserById(row.id)"
                 :disabled='row.status == 1'>冻结
      </el-button>
```

```
        < el - button type = "success" @click = "actUserById(row.id)"
                        :disabled = 'row.status == 0'>解冻
        </el - button >
      </div >
    </template >
  </el - table - column >

  //逻辑部分
  const banUserById = (id: number) => {}              //通过 id 冻结用户
  const actUserById = (id: number) => {}              //通过 id 解冻用户
```

表格列中还需要注意的是时间，数据表中的时间是精确到秒的，通常对于用户的注册和更新日期在非日志记录表上是精确到日的，故可通过 JavaScript 字符串的 slice()方法剪切时间长度。在 slice()方法前要有个链判断运算符，即“?”，防止当 create_time 为 null 或 undefined 时造成错误，代码如下：

```
< el - table - column prop = "create_time" label = "创建时间" width = "150">
  < template #default = "{row}">
    < div >{{ row.create_time?.slice(0, 10) }}</div >
  </template >
</el - table - column >
```

那该如何修改用户的信息呢？在< el-table >中使用了“@row-dbclick”事件，用于在管理员双击行内容时触发修改用户内容的弹窗，在 15.4.4 节将通过 Dialog 组件实现用户详细信息弹窗。整个表格的代码如下：

```
< div class = "table - content">
  < el - table :data = "tableData"
              style = "width: 100 % "
              border
              @row - dblclick = 'editUser'>
    < el - table - column type = "index" width = "50"/>
    < el - table - column prop = "account" label = "账号" width = "100"/>
    < el - table - column prop = "name" label = "姓名"/>
    < el - table - column prop = "age" label = "年龄"/>
    < el - table - column prop = "sex" label = "性别"/>
    < el - table - column prop = "department" label = "部门"/>
    < el - table - column prop = "position" label = "职位"/>
    < el - table - column prop = "email" label = "邮箱" width = "120"/>
    < el - table - column prop = "status" label = "状态">
    <!-- 插槽内容 -->
    < el - table - column >
    < el - table - column prop - "create_time" label = "创建时间" width = "150">
    <!-- 插槽内容 -->
    < el - table - column >
    < el - table - column prop = "update_time" label = "更新时间" width = "150">
    <!-- 插槽内容 -->
    < el - table - column >
```

```
        <el-table-column label="操作" width="200" fixed="right">
        <!-- 插槽内容 -->
        <el-table-column>
    </el-table>

    //逻辑部分
    const tableData = ref<object[]>([])                //表格内容
    //双击进入编辑用户页面
    const editUser = () =>{}
```

在设计表格的 prop 属性时要注意和数据表一致,准确来讲要与从服务器响应的数组的对象属性一致,不然会出现内容不显示的情况。怎么获取表格的数据呢?答案在 15.4 节。

3. 分页

分页是表格的孪生兄弟,有表格就存在分页。分页在 Element Plus 组件的 Data 数据展示一列,由< el-pagination >标签标识,效果如图 15-30 的表格底部所示,基础的分页代码如下:

```
<!-- layout 属性的 3 个参数分别为上一页、页数、下一页,total 为总页数 -->
<el-pagination layout="prev, pager, next" :total="50" />
```

在分页中常用的属性包括标识当前页面的 current-page、用于设置最大页码数的 pager-count、总页数 page-count,其中,总页数由总条目数除以每页显示的行数的结果向上取整。此外,监听用户换页并刷新数据由"@current-change"事件监听,该事件会返回当前页数的页码,在后端设置的接收页码返回页面内容就是为此监听事件准备的。可定义一个对象绑定上述属性的值,代码如下:

```
//user/index.vue
<!-- 分页 -->
<div class="table-footer">
  <el-pagination :current-page="paginationData.currentPage"
                 :pager-count="7"
                 :page-count="paginationData.pageCount"
                 @current-change="changePage"
                 layout="prev, pager, next"/>
</div>

//逻辑部分
//分页数据
const paginationData = reactive({
  //总页数
  pageCount: 1,
  //当前所处页数
  currentPage: 1,
})

//返回用户长度并计算总页数
const returnUserLength = () => {}
```

```
returnUserLength()                                    //执行该函数

const changePage = (value: number) => {}              //监听换页
```

值得一提的是,分页不仅可以在后端计算,也可由前端使用 JavaScript 计算得出,一个简单的思路是将返回的所有数据切分成规定数量的数组,如每个数组包含 10 个用户数据,再将其保存至一个空数组中,这样便构成了二维数组。当用户单击换页时,例如页码为 2,那么呈现的就是一维数组中下标为 1 的二维数组(数组从 0 算起)。当然,这样做太复杂了,最好的办法还是由后端接收页码并返回数据。

4. 封装表格类

由于产品模块、操作和登录日志的布局与用户模块相同,所以整个表格的布局可作为公共类。只需在 assets/common. scss 文件中添加本页除表格顶部下拉列表用于分隔元素的 distance 类的样式。

15.3.2 用户信息框

在个人设置页面并无修改用户部门和职位的选项,原因在于这种权限应该由管理员进行设置,在表格中预留了监听双击表格的触发事件。在 user 目录下新建一个名为 components 的目录,并新建名为 user_info 的单文件组件,用于完成能够修改用户部门和职位的信息框。本节在用户信息框中使用了头像框、栅格布局、标签、下拉列表等多种组件以完善用户的基础信息,使读者能够进一步熟练地使用 Dialog 组件进行自定义内容,如图 15-32 所示。

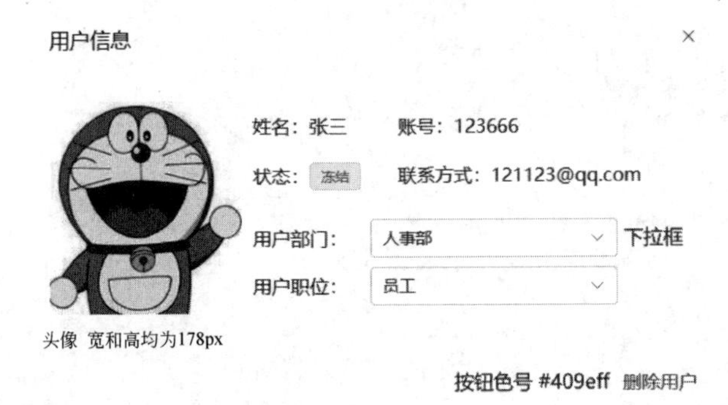

图 15-32 用户信息框

1. 基础布局

整个信息框与修改密码框相同,使用了 Dialog 弹出组件,在弹窗内将内容分成了两部分,左边为头像区域,右边为用户信息区域,这种横向的布局无疑使用了弹性布局。需要注意的是,在右边信息区域使用了栅格布局的情况下,需给其分配宽度,否则就只是普通的块级元素。最底部的删除用户按钮是使用弹窗提供的插槽进行布局的,并且在样式方面与 Header 区域的退出登录按钮一样，实现了鼠标可单击的效果，这是一种按钮的惯用思路，代码如下：

```
<template>
  <el-dialog v-model="dialogVisible" title="用户信息" width="600px">
    <div class="dialog-wrapper">
      <!-- 左边部分 -->
      <div class="dialog-left"></div>
      <!-- 右边部分 -->
      <div class="dialog-right"></div>
    </div>
    <template #footer>
      <span class="delete">删除用户</span>
    </template>
  </el-dialog>
</template>

//样式部分
//外壳的目的在于使用弹性布局
.dialog-wrapper {
  display: flex;
  //左侧头像区域
  .dialog-left {
    width: 30%;                      //头像宽度
  }
  //右侧信息区域
  .dialog-right {
    width: 70%;                      //信息区域的宽度
    padding: 10px;                   //调整与头像区域的距离
  }
}

.delete {
  font-size: 16px;
  color: #409eff;
  cursor: pointer;
}
```

在逻辑方面，可先配置向外暴露的函数，代码如下：

```
//逻辑部分
import { ref } from 'vue'
const dialogVisible = ref(false)

//打开修改密码的弹窗
const open = () => {
  dialogVisible.value = true
}

defineExpose({
  open
})
```

2. 左侧头像区域

左侧的内容只有一个头像，头像路径可采用服务器静态托管的图片。头像为块元素，默认处于左上角位置，故需使用弹性布局让其居中，代码如下：

```
<div class="dialog-left">
  <el-avatar shape="square" :size="178" :src="imageUrl"/>
</div>

//逻辑部分
const imageUrl = ref('http://localhost:3007/upload/123.jpg')

//样式部分
.dialog-left {
  width: 30%;
  display: flex;
  justify-content: center;
}
```

3. 右侧信息区域

在关于 Bootstrap 一节（10.4.2 节）中曾简单介绍过栅格布局，这是一种基于将宽度平分为固定数量的区域的布局。栅格布局位于 Element Plus 组件的 Basic 基础组件一列中，但需要注意的是，Bootstrap 是基于 12 列分栏创建布局的，而在 Element Plus 中是基于 24 列的。使用的方法非常简单，Element Plus 使用< el-row >标签标识栅格布局，使用< el-col >的 span 属性决定每列占据的分栏数。下面简单示范几个例子，代码如下：

```
<!-- 整行只有一列元素 -->
<el-row>
  <el-col :span="24"><div /></el-col>
</el-row>
<!-- 整行有两列元素 -->
<el-row>
  <el-col :span="12"><div /></el-col>
  <el-col :span="12"><div /></el-col>
</el-row>
```

由图 15-32 可知，姓名、账号状态的宽度是较短的，而账号和联系方式的内容是较长的，所以可分别对左右两列给予不同的分栏数，代码如下：

```
<el-row>
  <el-col :span="8">
    <span>姓名:张三</span>
  </el-col>
  <el-col :span="16">
    <span>账号:123666 </span>
  </el-col>
</el-row>
```

当继续在 24 分栏的基础上添加< el-col >标签时，由于其会将新增的内容自动移动到下一行，所以可将状态放置在账号下面，代码如下：

```
<el-row>
  <!-- 姓名、账号部分 -->
  <el-col :span="8">
    <div class="status">状态:
    <el-tag v-if="userStatus==1" class="ml-2">冻结</el-tag>
    <el-tag class="ml-2" type="success" v-else>正常</el-tag>
    </div>
   </el-col>
</el-row>
```

但此时就会有一个问题，如何调整行与行之间的间距呢？即使内容换行了，但还是处于一个< el-row >标签内，所以在换行时最好使用另外的< el-row >标签去包裹下一行内容，这样就能通过 el-row 类去调整行与行之间的间距，代码如下：

```
<el-row>
  <!-- 姓名、账号部分 -->
</el-row>
<el-row>
  <!-- 状态、联系方式部分 -->
</el-row>

//逻辑部分
const userStatus = ref(1)

//样式部分
.el-row {
  margin-bottom: 20px;
}
```

对于使用了 Tag 组件的状态，由于文字同头像一样，在没有样式时位于左上方，而 Tag 组件内的文字相较于文字就显得往下移动了几像素，这就需调整文字与组件的水平位置，使其齐平，代码如下：

```
.status {
  display: flex;
  align-items: center;
}
```

最后是下拉列表部分，整体的构造其实与个人设置页面的修改性别一致，只是将按钮变为采取监听数值变化进行修改，故可将个人设置页面的代码直接复制过来进行修改，代码如下：

```
<div class="info-wrapper">
  <span>用户部门:</span>
  <div class="info-content">
    <el-select v-model="userDepartment"
```

```
                    @change = "editDepartment">
          <el - option label = "人事部" value = "人事部"/>
          <el - option label = "产品部" value = "产品部"/>
        </el - select>
      </div>
    </div>
    <div class = "info - wrapper">
      <span>用户职位:</span>
      <div class = "info - content">
        <el - select v - model = "userDepartment"
                    @change = "editPosition">
          <el - option label = "员工" value = "员工"/>
          <el - option label = "经理" value = "经理"/>
        </el - select>
      </div>
    </div>

    //逻辑部分
    const userDepartment = ref<string>()
    const editDepartment = () => {}              //监听修改部门事件
    const userPosition = ref<string>()
    const editPosition = () => {}                //监听修改职位事件
```

在样式方面,同样使用弹性布局使文字与下拉列表齐平,并且调整文字与下拉列表之间的距离,代码如下:

```
.info - wrapper {
  display: flex;
  align - items: center;
  height: 40px;

  .info - content {
    margin - left: 20px;
  }
}
```

至此,整个用户信息框就完成了。

15.4 完善用户列表功能

整个用户模块的功能都是围绕着表格内容展开的,本节将在获取表格数据的基础上,完成表格的分页功能、用户的冻结与解冻功能、表格顶部的搜索与筛选功能、用户信息框的修改部门和职位功能及删除用户功能。

首先在 api 目录下的 user.ts 文件中继续封装获取用户列表(所有用户)的接口,该接口接收页码作为参数,代码如下:

```
//api/user.ts
//获取指定页码的用户
export const getUserListForPage = (pager:number):any => {
  return instance({
    url: '/user/getUserListForPage',
    method: 'POST',
    data: {
      pager
    }
  })
}
```

其次在用户模块页面导入接口，并通过函数将接口返回的数值赋值给表格，代码如下：

```
//user/index.vue
import { getUserListForPage } from '@/api/user'

//默认呈现第 1 页的数据
const getFirstPageList = async () => {
  tableData.value = await getUserListForPage(1) as any
}
getFirstPageList()
```

此时，在用户模块页面就出现了用户的数据，如图 15-33 所示。

尊敬的 张三 欢迎您登录本系统　　退出登录

用户管理

输入账号进行搜索　请选择部门　冻结　正常　所有用户

	账号	姓名	年龄	性别	部门	职位	邮箱	状态	操作
1	12345678	王五						正常	冻结 解冻
2	1234567	李四						正常	冻结 解冻
3	123456	张三	18	男	人事部		123@163.com	正常	冻结 解冻
4	123666	张三		男				正常	冻结 解冻

‹ 1 ›

图 15-33　完成获取用户数据

15.4.1　实现分页功能

实现分页功能分为两步，第 1 步是获取总页数，这需要获取用户的长度和每页展现的数量，代码如下：

```
//api/user.ts
//获取用户长度
export const getUserLength = ():any => {
```

```
    return instance({
        url: '/user/getUserLength',
        method: 'POST',
    })
}
```

在用户模块页码导入接口,并在 returnUserLength 函数内计算出总页数。这里使用了数学模块的 ceil(),该方法用于向上取整,在当前用户数量不足 10 的情况下,该方法返回数字 1,即总页数为 1,代码如下:

```
//返回用户长度并计算总页数
const returnUserLength = async() => {
  const res = await getUserLength() as any
  paginationData.pageCount = Math.ceil(res.length / 10) 总页数
}
returnUserLength()
```

第 2 步为监听用户单击的页码并输出对应页码的数据,该实现逻辑使用的仍然是根据页码返回指定数据的 API,参数为分页组件"@current-change"返回的页码,代码如下:

```
//监听换页
const changePage = async(value: number) => {
  paginationData.currentPage = value              //页码
  tableData.value = await getUserListForPage(value) as any
}
```

15.4.2 实现冻结与解冻功能

冻结和解冻功能的逻辑相同,通过表格获得对应用户的 id,传入 API 实现冻结和解冻操作。读者可能会问,表格里面没有显示 id,如何获取 id 呢?其实是有 id 的,只是没有显示出来。封装冻结和解冻 API,代码如下:

```
//api/user.ts
//冻结用户
export const banUser = (id:number):any => {
    return instance({
        url: '/user/banUser',
        method: 'POST',
        data:{
            id,
        }
    })
}

//解冻用户
export const thawUser = (id:number):any => {
    return instance({
        url: '/user/thawUser',
```

```
        method: 'POST',
        data:{
            id,
        }
    })
}
```

在用户模块页面导入 API 后，分别在 banUserById 函数和 actUserById 函数中执行逻辑。这里需要注意的是，在冻结或解冻实现之后，应调用 getUserListForPage 接口重新更新当前页面数据，代码如下：

```
//user/index.vue
//冻结用户
const banUserById = async(id: number) => {
  const res = await banUser(id)
  if (res.status == 0) {
    tableData.value = await
        getUserListForPage(paginationData.currentPage) as any
  }
}

//解冻用户
const actUserById = async(id: number) => {
  const res = await thawUser(id)
  if (res.status == 0) {
    tableData.value = await
        getUserListForPage(paginationData.currentPage) as any
  }
}
```

15.4.3 实现搜索与筛选功能

表格顶部分为 4 个功能，下面分别实现账号搜索功能、部门筛选功能和状态筛选功能及重置所有用户功能。

1. 账号搜索功能

首先实现账号搜索功能，由于该 API 在个人设置页面获取用户信息时已经封装过，故直接导入用户模块页面即可。在搜索框绑定的“@change”事件调用 API 并传入账号，将返回的值渲染至 tableData 中，代码如下：

```
//通过账号进行搜索
const searchByAccount = async() => {
  tableData.value = await getUserInfo(userAccount.value as number) as any
}
```

2. 部门筛选功能

其次实现部门筛选功能，通过部门进行搜索，部门搜索包括两个监听事件，一个是监听

8min

6min

选中值，另一个是监听清空选中值，对于清空选中值只需调用 getUserListForPage 重新更新页面数据，而对于监听选中值，则需考虑页码。封装部门筛选 API，代码如下：

```
//api/user.ts
//通过部门筛选用户
export const getUserByDepartment = (pager:number,department:string):any => {
    return instance({
        url: '/user/getUserByDepartment',
        method: 'POST',
        data:{
            pager,
            department
        }
    })
}
```

默认监听部门选中值携带的页码为 1，当用户单击换页时，返回对应页码呈现的数据。这里就需要特别注意总页数，此时的总页数应为对应部门的人数除以每页显示的条目数，并向上取整，故应新增获取对应部门总人数的接口，代码如下：

```
//router_handler/user.js
//返回指定部门总人数
exports.UserLengthForDepartment = (req, res) => {
    sql = 'select * from users
             where department = ? and status = 0 '
    db.query(sql, req.body.department, (err, result) => {
        if (err) return res.ce(err)
        res.send({
            length:result.length
        })
    })
}

//router/user.js
router.post('/UserLengthForDepartment',
userHandler.UserLengthForDepartment)
```

在 api 目录下的 user.ts 文件中新增返回指定部门总人数的接口，代码如下：

```
//api/user.ts
//返回指定部门的总人数
export const UserLengthForDepartment = (department:string):any => {
    return instance({
        url: '/user/UserLengthForDepartment',
        method: 'POST',
        data:{
            department
        }
    })
}
```

将两个接口导入用户管理模块，在 searchByDepartment 函数中先获取当前部门的总页数，然后默认返回当前部门的第 1 页数据，当用户单击换页时，再返回对应页码的数据，代码如下：

```
//user/index.vue
//根据部门获取用户
const searchByDepartment = async() => {
  const res = await UserLengthForDepartment(department.value) as any
  //获取总页数
  paginationData.pageCount = Math.ceil(res.length / 10)
  //默认返回第 1 页数据
  tableData.value = await getUserByDepartment(1,department.value) as any
  //当换页时
  if(paginationData.currentPage!== 1){
    tableData.value = await
   getUserByDepartment(paginationData.currentPage,department.value) as any
  }
}
```

对于清空选中部门，直接调用 getFirstPageList 函数即可，代码如下：

```
//清空选项
const clearOperation = () => {
  getFirstPageList()
}
```

3. 状态筛选功能

状态筛选功能同样需要返回当前状态下的用户总数，故需新增实现该用途的接口，代码如下：

```
//router_handler/user.js
//返回指定状态总人数
exports.UserLengthForStatus = (req, res) => {
    sql = 'select * from users
            where status = ?'
    db.query(sql, req.body.status, (err, result) => {
        if (err) return res.ce(err)
        res.send({
            length:result.length
        })
    })
}

//router/user.js
router.post('/UserLengthForStatus', userHandler.UserLengthForStatus)
```

在前端封装获取状态用户列表接口和新增的返回状态用户总数接口，代码如下：

```
//api/user.ts
//返回指定部门的总人数
```

```
export const UserLengthForStatus = (status:number):any => {
    return instance({
        url: '/user/UserLengthForStatus',
        method: 'POST',
        data:{
            status
        }
    })
}

//获取状态用户列表
export const getStatusUserList = (pager:number,status:number):any => {
    return instance({
        url: '/user/getStatusUserList',
        method: 'POST',
        data:{
            pager,
            status
        }
    })
}
```

筛选不同状态用户的实现逻辑与通过部门筛选用户的实现逻辑相同，在导入两个接口后，先利用当前状态的总人数计算出总页数，返回页码为1的数据，并根据页码变化返回对应的页码数据，代码如下：

```
//user/index.vue
//筛选不同状态用户
const searchByStatus = async() => {
  const res = await
      UserLengthForStatus(userStatus.value as number) as any
  paginationData.pageCount = Math.ceil(res.length / 10)
  tableData.value = await
      getStatusUserList(1,userStatus.value as number) as any
  if(paginationData.currentPage!== 1){
    tableData.value = await
        getStatusUserList(paginationData.currentPage,
            userStatus.value as number) as any
  }
}
```

4. 重置所有用户功能

当用户输入了账号或选择了部门、状态之后，可单击“所有用户”按钮重置当前状态，等同于重新进入用户模块，此时应清空账号、部门、状态的数值，并调用 returnUserLength 函数和 getFirstPageList 函数获取总页数和首页数据，代码如下：

```
//user/index.vue
//所有用户按钮
```

```
const getAllUser = () =>{
  if(userAccount.value) userAccount.value = null
  if(userStatus.value) userStatus.value = null
  if(department.value) department.value = null
  //请求逻辑
  getFirstPageList()
  returnUserLength()
}
```

15.4.4 实现用户信息框功能

在实现用户信息框功能之前，先回顾一下之前实践过的组件通信例子，在15.1.2节的面包屑中曾使用Props接收父组件传值，而在15.2.3节则使用了Pinia去实现两个组件之间的联动。在本节中，将介绍两种用于组件之间通信的工具，一种是名为defineEmits的API，这是一个可选的API，用于定义组件可发布的自定义事件的函数，使用的场景通常为子组件改变了某些状态而触发父组件内容需要相应地进行更新，例如在改动用户的部门或职位之后，相应的用户列表数据也要进行更新；另一种是名为Mitt的通信工具，它是由Vue 3官方推荐的一个简洁、灵活的JavaScript事件订阅和发布库，大小只有200B，类似于Vue 2的Bus模块，安装Mitt的命令如下：

```
pnpm i mitt
```

在本节将通过Mitt将每行的用户信息传递至用户信息框，并通过defineEmits去触发用户列表的更新。

1. Mitt实现消息传值

作为全局都可能用到的工具，需要将Mitt定义在公共的工具文件中，在开发中通常会在src目录下新建一个名为utils(使用工具)的目录，用于存放全局使用的工具。在utils目录下新建名为mitt的TypeScript文件，导入Mitt并向外暴露，代码如下：

```
//src/utils/mitt.ts
import mitt from 'mitt'
import type {Emitter} from 'mitt'
//暴露出去的名字为自定义的bus
export const bus:Emitter<any> = mitt()
```

在Mitt中主要有4种API，用于发布、监听、取消监听和清除监听，其中发布、监听和取消监听的第1个参数为标记作用的字符串，也就是组件之间传值的"暗号"，代码如下：

```
//发布
bus.emit('tag',params)
//监听
bus.on('tag',(params) =>{})
//取消监听
```

```
bus.off('tag')
//清除监听
bus.all.clear()
```

下面通过具体的需求在实战中学习 Mitt。目前需要在用户信息框显示当前双击表格某行用户的信息，那么可以在打开信息框的同时使用 emit()将值传至用户信息框中，并在信息框使用 on()接收数据，代码如下：

```
//user/index.vue
import { bus } from "@/utils/mitt"

//双击绑定函数
const editUser = (row:any) =>{
  bus.emit('editUser',row)
  userInfo.value.open()
}

//user/components/user_info.vue
import { bus } from "@/utils/mitt"

bus.on('editUser',(row:any) =>{
  console.log(row)
})
```

在双击表格用户并打开信息框后，可在控制台看到输出的数据，说明数据已经被传至用户信息框中，如图 15-34 所示。

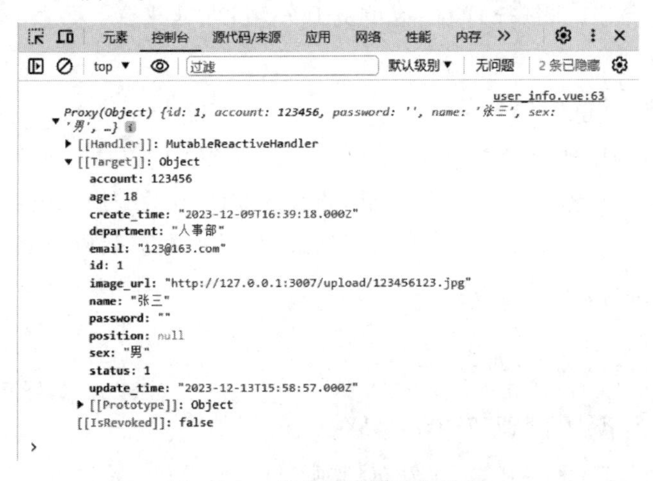

图 15-34 信息框获取用户信息

此时即可通过模板语法将用户的基础信息呈现到模板中，代码如下：

```
<!-- 以姓名为例 -->
<span>姓名:{{ userName }}</span>

//赋值
```

```
bus.on('info',(row:any) =>{
  imageUrl.value = row.image_url
  userName.value = row.name
  userAccount.value = row.account
  userStatus.value = row.status
  userEmail.value = row.email
  userDepartment.value = row.department
  userPosition.value = row.position
})
```

Mitt 的监听应在用户信息框组件销毁的时候取消监听，可在销毁之前的生命周期使用取消监听方法，代码如下：

```
//user/components/user_info.vue
//导入 onBeforeUnmount 生命周期
import { ref,onBeforeUnmount } from 'vue'

onBeforeUnmount(() => {
  bus.all.clear()                    //取消监听
})
```

2. 实现修改用户部门和职位功能

在 api/user.ts 下继续封装关于实现修改用户部门和职位的接口，这个接口通过接收的参数名实现修改用户部门和职位功能，故需定义 3 个形参，代码如下：

```
//api/user.ts
//实现修改用户部门和职位功能
export const changeLevel =
    (id:number,department?:string,position?:string):any => {
    return instance({
        url: '/user/changeLevel',
        method: 'POST',
        data:{
            id,
            department,
            position
        }
    })
}
```

接着在用户信息框组件中导入该 API。此外，考虑到修改部门或职位是通过 id 查找指定对象的，在用户信息框组件中还需定义一个 id，并在 Mitt 内赋值，代码如下：

```
//user/components/user_info.vue
import { changeLevel } from '@/api/user'

bus.on('editUser',(row:any) => {
  userId.value = row.id
```

```
  //其余赋值
})
const userId = ref<number>()
```

最后是在两个下拉列表"@change"事件的绑定函数中分别调用 changeLevel 接口,代码如下:

```
//更新部门
const editDepartment = async() => {
  await changeLevel(userId.value as number,userDepartment.value)
}

//更新职位,注意第 2 个参数为 undefined
const editPosition = async() => {
  await changeLevel(userId.value as number, undefined,userPosition.value)
}
```

下一步,将在两个函数内通过 defineEmits 函数重新渲染父组件,即用户列表数据。

3. defineEmits

defineEmits 函数定义在子组件中,接收一个数组作为参数,数组内包含自定义事件的名称,其实相当于 Mitt 模块 emit()方法的第 1 个参数,用于组件之间沟通的“暗号”,但需要注意的是它是事件,不是标记。定义后即可在更新部门和更新职位的函数内使用 defineEmits 函数返回的方法发布自定义的事件,代码如下:

```
//user/components/user_info.vue
//通常使用 emit 作为 defineEmits 函数返回的方法名
const emit = defineEmits(['success'])

//更新部门
const editDepartment = async() => {
  await changeLevel(userId.value as number,userDepartment.value)
  emit('success')
}

//更新职位
const editPosition = async() => {
  await changeLevel(userId.value as number,userPosition.value)
  emit('success')
}
```

此时,名为 success 的事件就已经发布成功了,接下来只需在父组件模板内的子组件标签监听该事件,该事件绑定的函数应该重新渲染该条用户所在页码的数据,那么可定义一个函数,用于更新当前页码的数据,代码如下:

```
//user/index.vue
//绑定 success 事件
<UserInfo ref = "userInfo" @success = "renderThisPage"></UserInfo>
```

```
//重新渲染当前页码的数据
const renderThisPage = async() => {
  tableData.value = await
      getUserListForPage(paginationData.currentPage) as any
}
```

4. 删除用户

第1步还是在 api/user.ts 下封装删除用户的 API，并在用户信息框内导入，代码如下：

```
//api/user.ts
//删除用户
export const deleteUser = (id:number):any => {
    return instance({
        url: '/user/deleteUser',
        method: 'POST',
        data:{
            id
        }
    })
}

//user/components/user_info.vue
import {changeLevel,deleteUser} from '@/api/user'
```

在面对删除用户这种能造成不可逆结果的需求时，应当添加二次确认逻辑以防止造成意外，而正好 Element Plus 提供的 Message Box 消息弹窗组件能满足这个需求，该组件位于 Feedback 反馈组件一列中。消息弹窗组件提供了 confirm（确定）框，该对话框接收3个参数，第1个参数为对话框提示语，如“您确定要删除这个用户吗？”；第2个参数为对话框左上角的标题；第3个参数为一个对象，该对象前两个属性为确认按钮和取消按钮的文本，第3个属性用于表明消息类型，可传入 success（成功）、error（错误）、info（信息）、warning（警告），调用该对话框会返回一个 Promise 对象，用于处理用户不同的选择，可在 Promise 的 then()方法中调用删除用户接口，代码如下：

```
//user/components/user_info.vue
<span class="delete" @click="openMessageBox">删除用户</span>

//逻辑部分
const openMessageBox = () => {
  ElMessageBox.confirm(
      '您确定要删除这个用户吗?',                    //对话框提示语
      '警告',                                       //对话框标题
      {
        confirmButtonText: '确认',
        cancelButtonText: '取消',
        type: 'warning',
      }
```

```
    ).then(async() => {                    //单击“确认”按钮时的逻辑
        await deleteUser(userId.value as number)
        emit('success')                    //渲染用户列表
        dialogVisible.value = false        //关闭用户信息框
      })
      .catch(() => {                       //单击“取消”按钮时的逻辑
        ElMessage({
          type: 'info',
          message: '取消删除',
        })
      })
}
```

实现效果如图 15-35 所示。

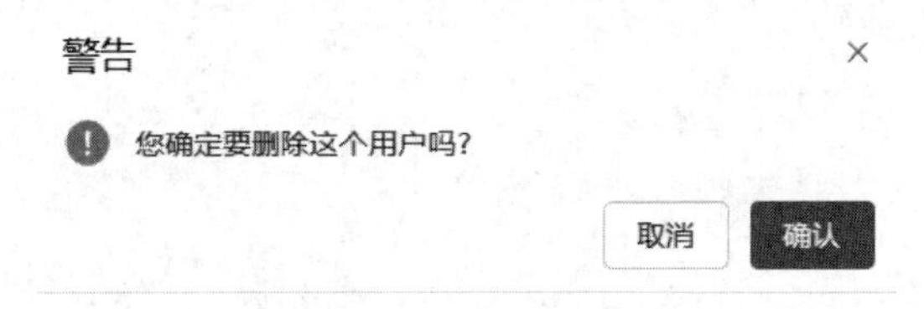

图 15-35　二次确认弹出窗

假设用户尝试删除自己的账号该怎么办呢？合理的逻辑应当不能删除自己的账号，可通过 localStorage 判断当前用户的 id 是否与 userId 相同，然后终止删除过程，代码如下：

```
then(async() => {
  let id = localStorage.getItem('id') as any as number
  if(id == userId.value){
    return ElMessage.error('不能删除自己的账号!')          //终止删除
  }
  await deleteUser(userId.value as number)
  emit('success')
  dialogVisible.value = false
})
```

15.5　实现日志记录

在本项目中，登录日志和操作日志的布局都采用与用户模块相同的布局。在具体内容上，登录日志表格顶部为通过账号搜索最近的 10 条记录；操作日志表格顶部为通过日期输出最近的 10 条记录，并且都有清空记录的按钮。按照布局思路，账号搜索框和日期框都位于表格顶部的左侧，按钮位于右侧，可以说两种日志记录只在顶部左侧和表格列名上有差别。基于 15.2.2 节和 15.3.1 节封装的公共样式，可快速完成两类日志的页面布局。

相信读者在实战了个人设置模块和用户管理模块后，已经非常熟悉在 Vue 中使用单文件组件的过程。首先是在 src 目录下新建名为 login_log 和 operation_log 的目录，并在目录下新建名为 index 的单文件组件，用于用户页面内容的渲染；其次是在路由的 menu 子路由中添加两种日志的路由，代码如下：

```
//router/index.ts
//menu 子路由内
{
  name: 'login_log',
  path: '/login_log',
  component: () => import('@/views/login_log/index.vue')
},{
  name: 'operation_log',
  path: '/operation_log',
  component: () => import('@/views/operation_log/index.vue')
}
```

然后是在 menu 页面中添加两种日志的菜单选项，代码如下：

```
//menu/index.vue
< el - menu - item index = "login_log">
  < el - icon >< Clock /></el - icon >
  < span >登录日志</span >
</el - menu - item >
< el - menu - item index = "operation_log">
  < el - icon >< Operation /></el - icon >
  < span >操作日志</span >
</el - menu - item >
```

在菜单中，登录日志菜单使用了< Clock/>（时钟）图标，操作日志使用了< Operation/>（操作）图标，实现效果如图 15-36 所示。

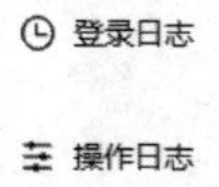

登录日志

操作日志

图 15-36　登录日志和操作日志菜单

最后是两种日志的页面基本架构，在导入面包屑之后，在其样式部分直接导入公共样式类并创建对应的标签即可，代码如下：

```
//login_log/index.vue&&operation_log_index.vue
< template >
< breadCrumb :name = 'name'></breadCrumb >
< div class = "common - wrapper">
  < div class = "common - content">
    < div class = "table - header">
      < div class = "left - header"></div >
      < div class = "right - header"></div >
    </div >
    < div class = "table - content"></div >
    < div class = "table - footer"></div >
  </div >
</div >
</template >
```

```
<script setup lang="ts">
import { ref } from 'vue'
const name = ref('登录日志')          //或操作日志
</script>

<style scoped lang="scss">
@import "@/assets/css/common.scss";
</style>
```

这样构建布局无疑是最快速的,也是最有效率的。在实际工作中,在项目设计阶段就应和 UI 设计师探讨好哪些布局是通用的,即能够成为公共类的,只有通用的布局多了,才能使用户加深对系统的印象,就好比看到红色背景的白发老头,就能联想到肯德基上校。在 16 章的产品模块布局中,也会采取这样的经典布局。

此外,在设计接口的过程中,并没有给两种布局添加返回记录总数的接口,而通过用户模块可知,分页的总页数需要通过条目总数除以每页显示条目的个数,并向上取整,故还需新增两个用于返回记录总数的接口,代码如下:

```
//router_hander/login_log.js
//返回登录日志总数
exports.getLoginLogLength = (req,res) =>{
    const sql = 'select * from login_log'
    db.query(sql,(err,result) =>{
        if (err) return res.ce(err)
        res.send({
            length:result.length
        })
    })
}

//router/login_log.js
router.post('/getLoginLogLength', loginLogHandler.getLoginLogLength)

//router_handler/operation_log.js
//返回操作日志列表总数
exports.getOperationLogLength = (req,res) =>{
    const sql = 'select * from operation_log'
    db.query(sql,(err,result) =>{
        if (err) return res.ce(err)
        res.send({
            length:result.length
        })
    })
}

//router/operation_log.js
router.post('/getOperationLogLength', operationHandler.getOperationLogLength)
```

最后在 api 目录下新建名为 login_log.ts 和 operation_log.ts 的 TypeScript 文件,分别存放登录日志和操作日志封装的 API。

15.5.1　登录日志

本节将在基础模板上完成登录日志布局及其功能，最终的实现效果如图 15-37 所示。

图 15-37　登录日志

1. 登录日志搜索功能

在设计登录日志时并没有创建关于重置列表的按钮，这是为何？其实输入框和下拉列表一样，它们都具有一键清空内容的按钮及其监听事件，代码如下：

```
//login_log/index.vue
//left - header 元素内
<el - input
  v - model = "userAccount"
  class = "w - 50 m - 2 distance"
  placeholder = "输入账号进行搜索"
  clearable
  :suffix - icon = "Search"
  @change = "searchByAccount"
  @clear = "clearInput"
/>

//逻辑部分
const userAccount = ref < number | null >()

const searchByAccount = () =>{}                    //监听搜索内容
const clearInput = () =>{}                         //监听清空输入框
```

在实际开发时需要提供额外的按钮重置列表数据，原因在于使用按钮能够让重置功能表述得更清楚，对初次使用系统的用户可更快上手，这里只是作为两个输入框的对照。

在 api 目录下的 login_log 封装搜索内容和清除日志记录的接口并导入登录日志组件中，代码如下：

```
//api/login_log.ts
//返回用户最近 10 条登录记录
```

```
export const searchLoginLogList = (account:number):any => {
    return instance({
        url: '/log/searchLoginLogList',
        method: 'POST',
        data: {
            account,
        }
    })
}

//清空登录记录
export const clearLoginLogList = ():any => {
    return instance({
        url: '/log/clearLoginLogList',
        method: 'POST',
    })
}

//login_log/index.vue
import {searchLoginLogList, clearLoginLogList} from "@/api/login_log"
```

右侧是用于清除表格记录的按钮，在其绑定的单击函数中调用清空日志记录接口，代码如下：

```
//login_log/index.vue
//right - header 元素内
<el - button type = "primary" @click = "clearLog">清空记录</el - button>

//逻辑部分
const clearLog = async() => {
  await clearLoginLogList()
}
```

2. 登录日志表格

根据 7.2 节设计的登录日志数据表，可知表格呈现的列名为账号、姓名、邮箱和登录时间，故表格区域的代码如下：

```
//login_log/index.vue
//table - content 元素内
<el - table :data = "tableData"
                style = "width: 100 % "
                border>
  <el - table - column type = "index" width = "50"/>
  <el - table - column prop = "account" label = "账号"/>
  <el - table - column prop = "name" label = "姓名"/>
  <el - table - column prop = "email" label = "联系方式"/>
  <el - table - column prop = "login_time" label = "登录时间">
    <template #default = "{row}">
```

```
        <div>{{ row.login_time?.slice(0, 10) }}</div>
      </template>
    </el-table-column>
  </el-table>

//逻辑部分
const tableData = ref([])
```

此时新建了 tableData 响应式数组，可在搜索函数中调用接口，代码如下：

```
//login_log/index.vue
//通过账号返回最近 10 条登录记录
const searchByAccount = async() =>{
  tableData.value = await
      searchLoginLogList(userAccount.value as number)
}
```

接着在 login_log.ts 文件下封装获取登录记录的接口并在组件内导入，该接口接收页码作为参数，代码如下：

```
//api/login_log.ts
//获取登录记录
export const getLoginLogList = (pager:number):any => {
    return instance({
        url: '/log/getLoginLogList',
        method: 'POST',
        data: {
            pager,
        }
    })
}
```

在组件逻辑部分新建名为 getFirstPageList 的函数，并调用接口获取表格数据，同时该函数也被应用于监听清空输入框的函数中，代码如下：

```
//login_log/index.vue
//默认获取第 1 页的数据
const getFirstPageList = async() => {
  tableData.value = await getLoginLogList(1) as any
}
getFirstPageList()

//监听清空输入框
const clearInput = () => {
  getFirstPageList()
}
```

3. 分页部分

分页部分可直接复制用户模块内的模板内容，代码如下：

```
//login_log/index.vue
<div class="table-footer">
  <el-pagination :current-page="paginationData.currentPage"
                 :pager-count="7"
                 :page-count="paginationData.pageCount"
                 @current-change="changePage"
                 layout="prev, pager, next"/>
</div>
```

然后在 login_log.ts 文件中封装获取登录日志总数的 API，并在组件内导入，代码如下：

```
//api/login_log.ts
//返回登录日志总数
export const getLoginLogLength = ():any => {
    return instance({
        url: '/log/getLoginLogLength',
        method: 'POST',
    })
}
```

其次是通过返回的总数计算总页数，并在"@current-change"事件中监听换页操作，代码如下：

```
//login_log/index.vue
//返回日志长度并得出页数
const returnListLength = async() => {
  const res = await getLoginLogLength() as any
  paginationData.pageCount = Math.ceil(res.length / 10)
}
returnListLength()

//监听换页
const changePage = async(value: number) => {
  paginationData.currentPage = value
  tableData.value = await getLoginLogList(value) as any
}
```

另外需要注意的是，在实际开发中，对于能够进行溯源的日志模块，对分页的页数通常是没有限制的或者页码的范围可以非常大，要保证能够查看最近一个季度或半年的所有记录，确保对可能出现的敏感事故进行溯源。

4. 记录登录操作

实现登录日志模块后，最后还差的就是记录登录操作了。在 login_log.ts 文件中封装关于登录记录的 API，并在登录组件中导入，代码如下：

```
//api/login_log.ts
//记录登录
```

```
export const loginLog = (account:number,name:string,email:string):any => {
    return instance({
        url: '/log/loginLog',
        method: 'POST',
        data: {
            account,
            name,
            email
        }
    })
}
```

下一步是在登录成功后的逻辑中调用该API。这里如果直接使用res返回的数值，则每个参数都需要从res的results中获得，这样会显得参数部分过长。这时可使用解构语法从res的results中获取需要的属性，相应地，localStorage的第2个参数也减少了从“res.results.*”变为更为直接的属性名，代码如下：

```
//登录
const Login = async() => {
  const res = await login(loginData)
  if (res.status == 0) {
    //解构赋值
    const {account,name,email,id} = res.results
    await loginLog(account,name,email)
    localStorage.setItem('account', account)
    localStorage.setItem('name', name)
    localStorage.setItem('id', id)
    userStore.userInfo(account)
    router.push('/set')          //登录成功后跳转至个人设置页面
  }
}
```

15.5.2 操作日志

由于操作日志整体与登录日志几乎相同，因此本节不进行完整的实现过程叙述。本节主要讲述如何实现通过日期返回对应的操作记录并介绍使用Element Plus的国际化内容修改语言。

12min

1. 日期选择器

Element Plus提供了供用户选择日期的组件，该组件位于Form表单组件一列中，使用<el-date-picker>标识，实现的效果如图15-38所示。

图15-38的月份和星期都是英文的，这是由于Element Plus组件默认使用英语。不过好在Element Plus提供了国际化的配置，该配置需要在main.ts文件中挂载，代码如下：

```
//main.ts
import zhCn from 'element-plus/dist/locale/zh-cn.mjs'
```

```
app.use(ElementPlus, {
  locale: zhCn,
})
```

此时,日期选择器就变成了中文的月份和星期,如图 15-39 所示。

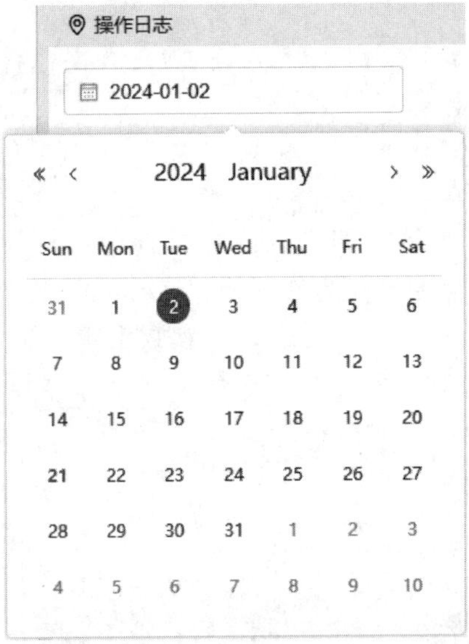

图 15-38 日期选择器

图 15-39 中文日期选择器

日期选择器的基础源码包括双向绑定的数值、类型、占位符和尺寸,代码如下:

```
< el - date - picker
  v - model = "value1"
  type = "date"
  placeholder = "Pick a day"
  :size = "size"
/>
```

尺寸可选 default(默认)、large(大)、small(小),其中默认与登录日志搜索框相同尺寸。组件提供了监听事件"@change"和 clearable 属性,但没有提供"@clear"事件,该如何实现重置表格呢?通过"@change"事件监听清除选择器内容,查看输出内容,代码如下:

```
//operation_log/index.vue
//left - header 元素内
< el - date - picker
  v - model = "date"
  type = "date"
  placeholder = "选择日期"
  size = "default"
  clearable
  @change = "changeDate"
/>
```

```
//逻辑部分
const date = ref()

const changeDate = () => {            //监听选中值
  console.log(date.value)
}
```

通过监听选择日期和清空选择框内容可发现选中日期时返回的内容包含年、月、日、时区和时间；当清空选择框时返回的值为 null，如图 15-40 所示。

在监听选中时可发现一个问题，返回的数值不符合后端接口"YYYY-MM-DD"格式，不过日期选择器提供了 value-format 属性，可通过此属性设定返回值格式，代码如下：

```
//operation_log/index.vue
//left-header 元素内
<!-- 忽略其他属性 -->
<el-date-picker
  value-format="YYYY-MM-DD"
/>
```

此时再次监听随机选择的日期，发现格式已经变为"YYYY-MM-DD"，符合后端接口的接收格式，如图 15-41 所示。

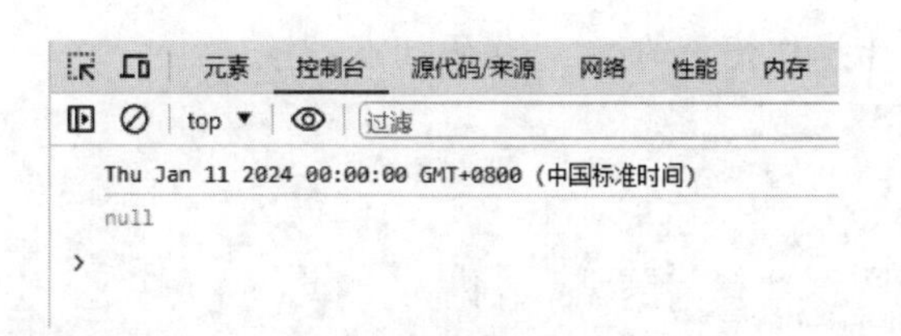

图 15-40　监听日期选择器

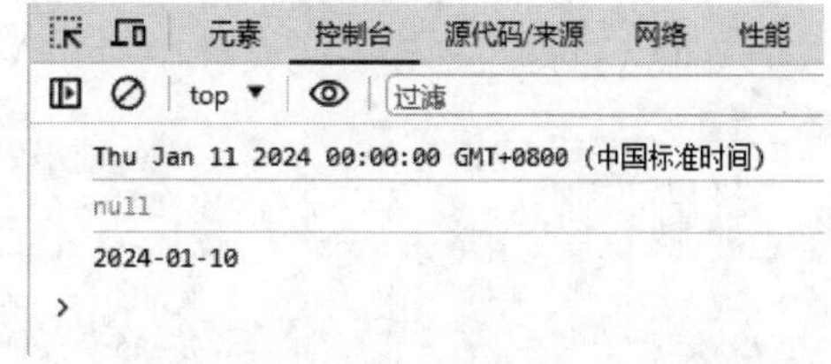

图 15-41　YYYY-MM-DD 格式日期

现在封装根据日期返回操作记录和页码返回操作记录的接口，并将上述两个接口导入操作记录组件中，代码如下：

```
//api/operation.ts
//返回用户最近 10 条登录记录
export const searchOperation = (time:any):any => {
    return instance({
        url: '/operation/searchOperation',
        method: 'POST',
        data: {
            time
        }
    })
}

//返回操作日志列表
export const getOperationLogList = (pager:number):any => {
```

```
    return instance({
        url: '/operation/getOperationLogList',
        method: 'POST',
        data: {
            pager
        }
    })
}
```

在 changeDate 函数中监听选中和清空选择框，并调用对应的接口，代码如下：

```
//operation_log/index.vue
const changeDate = async() => {
  if(date.value!== null){                    //选中日期
    tableData.value = await searchOperation(date.value) as any
  }else{                                     //清空选择框
    await getFirstPageList()
  }
}
```

在实际开发中，不管是在传值之前还是在获得响应值之后，开发者都应使用 console.log()输出值，防止可能出现的传值或赋值错误。

2. 记录删除用户操作

首先在 operation_log.ts 文件中封装关于操作记录的接口，代码如下：

```
//api/operation_log.ts
//操作记录
export const operationLog = (account:number,name:string,
                             content:string,level:string,
                             status:string):any => {
    return instance({
        url: '/operation/operationLog',
        method: 'POST',
        data: {
            account,
            name,
            content,
            level,
            status,
        }
    })
}
```

对于删除用户操作可能有两种结果，即删除成功或删除失败，此外操作的等级也是最高级的，那么可通过 deleteUser 返回的 status 判断是否删除成功；对于 content，可使用模板字符串插入删除的对象账号表示流程，代码如下：

```
//user_info.vue
//ElMessageBox.confirm 的 then()内
.then(async() => {
```

```
    const res = await deleteUser(userId.value as number)
    const content = '删除了用户 ${userAccount.value}'
    if(res.status == 0){
      await operationLog(localStorage.getItem('account') as any,
                localStorage.getItem('name') as any,
                content,'高级','成功')
      emit('success')
      dialogVisible.value = false
    }else{
      await operationLog(localStorage.getItem('account') as any,
                localStorage.getItem('name') as any,
                content,'高级','失败')
      dialogVisible.value = false
    }
  })
```

15.6 hooks

通过实践登录日志和操作日志模块后，可以发现两个单文件组件内包含了大量相同的逻辑，如相同的 tableData 响应式数组对象、分页 paginationData 对象、返回记录长度、获取第 1 页内容逻辑、监听换页和清空内容等，这些相同的逻辑造成了函数代码的重复，基于这种情况，解决的办法就是将重复的函数封装，如同封装类一样。传统的 JavaScript 在面对多个 HTML 文档共用的逻辑时可以进行封装，而在 Vue 中将封装的逻辑称为 hooks（钩子），用于在组件的特定情况下触发，在 11.1.5 节提到的生命周期则是 Vue 内置的 hooks。下面通过 hooks 实现对登录日志和操作日志组件的代码优化。

13min

封装公共逻辑在开发时非常常见，在实际开发时，通常会在 src 目录下新建名为 hooks 的文件目录，用于放置不同模块的封装逻辑，在本项目中也是如此。在 hooks 目录下新建名为 log.ts 文件，用于封装日志模块的逻辑。

首先导入需要用到的 API，代码如下：

```
//src/hooks/log.ts
//登录日志 API
import {getLoginLogList,
    clearLoginLogList,
    getLoginLogLength } from '@/api/login_log'
//操作日志 API
import {getOperationLogList,
    clearOperationList,
    getOperationLogLength} from '@/api/operation_log'
//vue API
import { ref,reactive,watch } from 'vue'
```

从上述代码可发现，在 TypeScript 文件中导入了 ref，所以 hooks 也可以理解为在 Vue

组件外使用 Vue。这里需要注意的是 watch(看),它的作用是观察和响应 Vue 实例上的数据变化,例如当把 paginationData 对象放到 log.ts 文件后,相当于原来的登录日志或操作日志组件内没有 paginationData 对象,那么如何监听用户执行了换页操作呢? watch 的作用就体现于此,该 API 接收 3 个参数,分别是监听对象、观察函数、可选项。在可选项中可使用 immediate 属性、deep 属性、shallow 属性和 flush 属性,前 3 个属性的值都为布尔值,其作用如下。

(1) immediate:当值为 true 时在函数创建时立即执行。

(2) deep:当值为 true 时将深度观察对象,即如果对象包含子对象,则子对象变化也会触发。

(3) shallow:与 deep 属性相反,只观察第 1 层对象的变化。

(4) flush:指定何时调用观察函数,当值为 immediate 时立即调用;当值为 mutation 时在数据变化后调用;当值为 node 时只在第 1 次计算完成后调用,默认为 mutation。

对于需要共享给组件使用的函数对象,第 1 步就是向外暴露。定义一个名为 logHooks 的函数,并向外暴露。由于登录日志和操作日志所使用的 API 不同,因此该函数还需知道当前是哪个组件调用了它,需给 logHooks 函数添加形参 logName(日志名),代码如下:

```
//src/hooks/log.ts
//接收 login/operation 为值,用于判断调用者
export const logHooks = (logName:string) =>{}
```

下面需要将两个模块共有的响应式对象和函数都"搬到"此函数中,并在函数内通过接收的 logName 进行判断应调用登录日志 API 还是调用操作日志 API,代码如下:

```
export const logHooks = (logName:string) =>{
    //分页数据
    const paginationData = reactive({
        //总页数
        pageCount: 1,
        //当前所处页数
        currentPage: 1,
    })
    //返回日志长度并得出页数
    const returnListLength = async() => {
        let res:any = ref()
        if(logName == 'operation'){            //判断调用者
            res = await getOperationLogLength() as any
        }else{
            res = await getLoginLogLength() as any
        }
        paginationData.pageCount = Math.ceil(res.length / 10)
    }
    //数组对象
    const tableData = ref([])

    //获取第 1 页数据
```

```
    const getFirstPageList = async() => {
        if(logName == 'operation'){
            tableData.value = await getOperationLogList(1) as any
        }else{
            tableData.value = await getLoginLogList(1) as any
        }
    }

    //监听换页
    const changePage = async(value: number) => {
        paginationData.currentPage = value
        if(logName == 'operation'){
            tableData.value = await getOperationLogList(value) as any
        }else{
            tableData.value = await getLoginLogList(value) as any
        }
    }

    //清空内容
    const clearLog = async() => {
        if(logName == 'operation'){
            await clearOperationList()
        }else{
            await clearLoginLogList
        }
    }
}
```

在上述函数中并没有包含通过账号搜索用户登录记录和通过日期搜索操作记录的函数，当然并不是不可以添加至 hooks 中，但通常是多个组件共用的逻辑才会被添加至 hooks 中。

此时，可添加 watch 在初次监听 paginationData 对象时调用 returnListLength 函数更新总页数；还可使用 watch 监听 currentPage，当页码发生变化时调用 changePage 函数更改页面数据，代码如下：

```
//hooks/log.ts
export const logHooks = (logName:string) =>{
  //其他函数
  watch(
    paginationData,
    () =>{
      returnListLength()
      getFirstPageList()
    },
    {immediate:true,deep:true}
  )
  watch(
    () => paginationData.currentPage,
```

```
    () =>{
      changePage(paginationData.currentPage)
    },
    {immediate:true}
  )
}
```

最后是将模板上绑定的函数返回，代码如下：

```
//hooks/log.ts
export const logHooks = (logName:string) =>{
  //其他函数
  //watch
  return{
    tableData,
    paginationData,
    getFirstPageList,
    changePage,
    clearLog
  }
}
```

回到登录日志组件和操作日志组件中，导入 logHooks 后分别传入 login 和 operation，以便获取返回的函数和对象。以登录日志组件为例，代码如下：

```
//login_log/index.vue
import {logHooks} from '@/hooks/log'
const {
  tableData,
  paginationData,
  getFirstPageList,
  changePage,
  clearLog} = logHooks('login')
```

那么这时，整个登录日志组件的逻辑部分除面包屑外，就只剩下 userAccount 响应式常量、searchByAccount 函数和 clearInput 函数了，而在操作日志组件中也只剩下了有关日期选择器的函数。可以看到使用 hooks 极大地减少了两个组件内的代码量，也使组件内的代码更加易于理解(因为复杂的都被抽走了)，提高了代码的可维护性。

在开发时如果登录日志或操作日志的表格数组、监听换页、清空记录或其他相同作用的对象或函数名称不同，就需手动修改名称之后作为公共函数放置在 hooks 中，所以在开发时应当注重函数名的命名规范，特别是有可能会被多个组件复用的对象或函数。此外，在实际开发时也不要陷入"每个函数都想着能不能封装"或"尽量让 Script 部分少一点代码"这种华而不实的思维，因为这样可能会浪费许多时间去刻意编写能够被封装的函数，最后反倒将 hooks 变成了"大染缸"，就好比将登录日志和操作日志的搜索功能都添加到 hooks 中，这完全没有必要。

第16章 CHAPTER 16 炉火纯青

经过第14章和第15章的学习和实践，相信读者已经对如何实现前后端功能的交互有了清楚的认识。从第14章的登录与注册功能中初步接触Axios并完成注册接口的调用，到第15章实现构建系统内部的基本布局、封装公共的表格布局、调用自定义封装的弹窗组件、使用4种(Props、Pinia、defineEmits、Mitt)不同的组件传值方式等，好像其实前端只需完成两件事，一件事是构建页面布局，另一件事就是调用接口渲染。页面布局由UI设计师提供成品图，但渲染则需根据用户的单击逻辑判断调用不同的接口。

本章将在第14章和第15章的基础上实现产品管理模块的具体功能，并讲解开发时应该如何给予用户反馈的细节，提高用户的使用体验。

16.1 产品的入库

整个产品模块在设计时分为3个页面，分别是产品列表、审核列表和出库列表。产品列表与审核列表之间的数据通过audit_status字段进行判断，出库列表则由产品审核成功后的数据构成。基于此种设计，首先还是如同创建其他模块组件页面那样新增目录，在views目录下新建product(产品)目录，并下设名为index的产品列表组件、名为audit(审核)的审核列表组件、名为outbound(出库)的出库列表组件；考虑到产品入库、编辑产品等弹窗，还需新增components目录，用于存放自定义的组件，其次是在menu路由下新增3个列表组件的路由，代码如下：

```
//router/index.ts
//menu的子路由
{
  name: 'product',
  path: '/product',
  component: () => import('@/views/product/index.vue')
},{
  name: 'audit',
  path: '/audit',
  component: () => import('@/views/product/audit.vue')
},{
```

```
    name: 'outbound',
    path: '/outbound',
    component: () => import('@/views/product/outbound.vue')
}
```

最后在 menu 组件中添加 3 个列表的菜单单击项。此时可使用< el-sub-menu >标签包裹< el-menu-item-group >实现内嵌子菜单的菜单选项，代码如下：

```
<el - sub - menu index = "产品管理" >
  <template #title>
    <el - icon><Goods /></el - icon>
    <span>产品管理</span>
  </template>
  <el - menu - item - group title = "产品列表">
    <el - menu - item index = "product">产品列表</el - menu - item>
  </el - menu - item - group>
  <el - menu - item - group title = "审核列表">
    <el - menu - item index = "audit">审核列表</el - menu - item>
  </el - menu - item - group>
  <el - menu - item - group title = "出库列表">
    <el - menu - item index = "outbound">出库列表</el - menu - item>
  </el - menu - item - group>
</el - sub - menu>
```

在产品管理中使用名为 Goods 的图标，最终效果如图 16-1 所示。

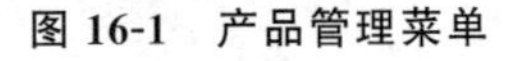

图 16-1 产品管理菜单

菜单当中的产品列表作为整个产品管理模块的基础，包含除产品展示、监听更换页面外的产品入库、搜索产品、编辑产品、申请出库和删除产品等产品模块相关功能。在基于用户列表的布局基础上，可得到产品列表组件页面布局，本节将基于此页面布局逐个实现相关的产品功能，如图 16-2 所示。

16.1.1 获取产品列表

7min

不管是用户列表还是日志记录列表，总是与分页器相伴而行的，产品列表也不例外。首先还是和其他列表一样，新增产品列表长度的 API。这其实也反映了一个问题，就是在开发时可能会在原来即使设计得(看似)很合理的接口的情况下继续添加接口，例如分页器的使用就要得到这个列表的长度，从而计算总页数，那么这就需要前端工程师主动向后端工程师提出需求以完善逻辑，代码如下：

```
//router_handler/product.js
//获取产品列表长度
exports.getProductLength = (req, res) => {
    const sql = 'select * from product'
```

```
    db.query(sql, (err, result) => {
        if (err) return res.ce(err)
        res.send({
            length:result.length
        })
    })
}

//router/product.js
router.post('/getProductLength', productHandler.getProductLength)
```

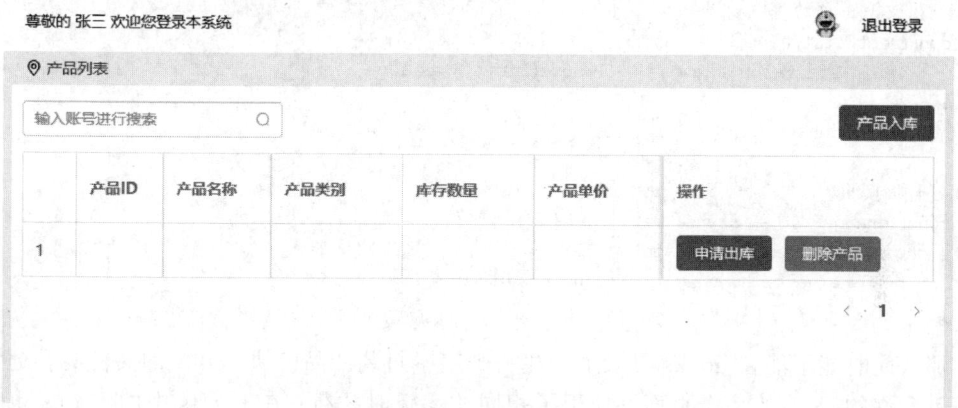

图 16-2 产品列表

接着在前端 api 目录下新建 product.ts 文件，封装根据页码获取产品列表和产品列表长度的 API，代码如下：

```
//api/product.ts
//获取产品列表
export const getProductList = (pager:number):any => {
    return instance({
        url: '/product/getProductList',
        method: 'POST',
        data: {
            pager,
        }
    })
}

//获取在库产品总数量
export const getProductLength = ():any => {
    return instance({
        url: '/product/getProductLength',
        method: 'POST',
    })
}
```

在产品列表组件中导入上述两个 API，在新建 tableData 和 paginationData 响应式对象的基础上完成计算页数、渲染第 1 页数据和监听换页逻辑，代码如下：

```
//product/index.vue
//tableData 和 paginationData 已定义,此处忽略
//返回在库产品长度并得出页数
const returnListLength = async() => {
   const res = await getProductLength() as any
  paginationData.pageCount = Math.ceil(res.length / 10)
}
returnListLength()
//获取第 1 页数据
const getFirstPageList = async() => {
    tableData.value = await getProductList(1) as any
}
getFirstPageList()

//监听换页
const changePage = async (value: number) => {
  paginationData.currentPage = value
  tableData.value = await getProductList(value) as any
}
```

那么此时能不能在 hooks 目录下新建一个用于封装产品模块 hooks 的文件呢？通常来讲是不允许的，只有当多个页面都使用了相同的逻辑时才行；在 log. ts 中的 hooks 也和上述 3 个代码逻辑相同，能否在产品列表页面导入 log. ts 的 hooks 呢？这也是不恰当的做法，因为它们属于不同的模块，当然，也可以传入一个 name，并在 hooks 内通过 if 语句判断并调用对应的接口，但在实际开发中一个 hooks 文件内不只有一两个 hooks 函数，并且有可能不同的 hooks 函数还存在复杂的调用关系，所以只有当一个模块下有多段相同逻辑时才考虑使用 hooks。

16.1.2 实现添加产品功能

9min

本节将实现图 16-2 的表格顶部区域的功能逻辑，包含根据产品 id 搜索产品和上传产品的功能。

1. 搜索产品功能

搜索功能相信读者已经非常熟悉了，在用户模块和日志模块已经实践过两次了，第 1 步是在前端封装搜索产品功能的 API，代码如下：

```
//api/product.ts
//搜索产品
export const searchProduct = (product_id:number):any => {
    return instance({
        url: '/product/searchProduct',
        method: 'POST',
```

```
            data: {
                product_id,
            }
        })
    }
```

其次在输入框的 change 事件中添加监听数值变化的函数，并在函数中调用上述接口，代码如下：

```
//product/index.vue
//产品 id
const product_id = ref()

//通常使用产品 id 进行搜索
const searchById = async() => {
tableData.value = await searchProduct(product_id.value) as any
}
```

2. 上传产品功能

上传产品功能需要填写产品的信息，故需要在 product 目录下的 components 目录内新建名为 add_product 的对话框组件，如图 16-3 所示。

图 16-3 产品入库对话框

如图 16-3 所示，在调用产品入库时需传入产品名称、类别、单位等多个参数，在这种情况下在组件内直接传入这么多个参数是不合理的，函数形参会长得像火车一样。合理的操作是定义一个对象，里面包含产品名称、类别、单位等属性，在调用接口时直接传入整个对

象,并在封装 API 时对传入的对象进行解构赋值,代码如下:

```
//api/product.ts
//产品入库
export const addProduct = (data:any):any => {
    const {product_name,product_category,
        product_unit,warehouse_number,
        product_single_price,product_create_person} = data
    return instance({
        url: '/product/addProduct',
        method: 'POST',
        data: {
            product_name,
            product_category,
            product_unit,
            warehouse_number,
            product_single_price,
            product_create_person,
        }
    })
}
```

对话框的实现逻辑与 15.2.1 节封装修改密码对话框的逻辑相同,在 Dialog 组件中嵌入表单组件,在表单中添加 rules 属性并对必填数据进行提示。在表单组件中首先需要注意的是入库操作人,该对象应该是当前系统的登录用户,故入库操作人输入框是禁止修改的状态,代码如下:

```
//add_product.vue
<!-- 表单内 -->
<el-form-item label="入库操作人" prop="product_create_person">
  <el-input v-model="formData.product_create_person" disabled/>
</el-form-item>

//逻辑部分
interface formData {
  //其余产品字段
  product_create_person: string,
}
const formData : formData = reactive({
  //其余产品属性
  product_create_person: localStorage.getItem('name') as string,
})
```

在逻辑部分的 TypeScript 接口中,将 product_create_person 定义为 string 类型,但由于 TypeScript 无法知道 localStorage 返回的值是什么,故需使用类型断言示意其为 string。

其次要考虑到用户在某个输入(下拉)框没有值时就单击确认的情况,在 6.3.1 节设计的上传产品接口并无对内容是否为空进行校验,所以在前端需判断是否全部输入框都有值,代码如下:

```
//add_product.vue
const add = async() => {
  let hasEmptyValue = false
  for (const key in formData) {
    if (formData[key] == '') {
      hasEmptyValue = true
      break
    }
  }
  if (hasEmptyValue) {
    ElMessage.error('请输入上传的产品信息')
  }else{
    const res = await addProduct(formData) as any
    if (res.status == 0) {
      emit('success')
      dialogFormVisible.value = false
    }
  }
}
```

在代码中使用 for-in 循环 formData 中的每项属性，查看属性值是否为空。当出现属性值为空值时将定义的 hasEmptyValue(有空值)置为 true，并弹出提示“请输入上传的产品信息”，只有当所有值都不为空的情况下才会调用 addProduct 接口上传信息。此外，由于 formData 使用了接口，因此需要在接口处为 formData 类型添加索引签名，以便使用属性名访问属性值，代码如下：

```
//add_product.vue
interface formData {
  [key: string]: any,              //属性名为 string 类型,值为 any 类型
  //其他类型定义
}
```

最后在上传成功后使用 defineEmits 重新渲染产品列表页面的数据，代码如下：

```
//product/index.vue
<!-- 产品入库按钮 -->
<div class="right-header">
  <el-button type="primary" @click="add">产品入库</el-button>
</div>
<!-- 产品入库组件,监听子组件信号调用,获取第 1 页数据 -->
<AddProduct ref="addProduct" @success="getFirstPageList"></AddProduct>

//逻辑部分
import AddProduct from './components/add_product.vue'

const addProduct = ref()
//产品入库
const add = () => {
  addProduct.value.open()
}
```

16.1.3 实现编辑产品功能

9min

编辑产品功能与编辑用户信息逻辑相同，当双击表格时弹出编辑内容框，内容由 Mitt 模块进行传值，如图 16-4 所示。

编辑产品 ×

入库编号 1001

* 产品名称 苹果

* 产品类别 食品类

* 产品单位 个

* 产品库存数量 10

* 产品入库单价 1

确定

图 16-4 编辑信息框

在设计编辑弹出窗时首先需要注意的是不能编辑产品的入库编号，因为这是唯一的值，其次是在修改产品的库存数量时，应当相应地记录"增库存"和"去库存"的数值，但表单内呈现的已有产品库存数量与直接在输入框修改的数值是双向绑定的，该如何保存初次的值呢？其实很简单，只需额外定义一个常量，用于接收在 Mitt 赋值时的库存数量，代码如下：

```
//edit_product.vue
bus.on('editRow', (row : any) => {            //editRow 为传值标记
  //其他传值
  formData.warehouse_number = row.warehouse_number
  firstNumber.value = row.warehouse_number
})

const firstNumber = ref<number>()
```

在表单库存数量的输入框中，使用 input 事件监听数值的变化，通过监听的数值与初次接收的 firstNumber 进行对比，得出"新增"或"减少"的结果，并定义一个字符串常量，用于接收整个修改的过程，代码如下：

```
//edit_product.vue
<!-- 表单中 -->
<el-form-item label="产品库存数量" prop="warehouse_number">
  <el-input v-model="formData.warehouse_number"
            @input="changeWarehouse"/>
</el-form-item>

//逻辑部分
//记录修改操作
const diffContent = ref<string>()
const changeWarehouse = (value:number) => {
  if(firstNumber.value!== undefined){
    if(value > firstNumber.value){               //判断新增或减少库存
      let diff = value - firstNumber.value
      diffContent.value = `${formData.product_name}的库存新增了${diff}`
    }else{
      let diff = firstNumber.value - value
      diffContent.value = `${formData.product_name}的库存减少了${diff}`
    }
  }
}
```

接着在确认按钮绑定的函数中调用编辑产品，调用成功后根据 diffContent 是否存在值调用操作记录的接口，代码如下：

```
//edit_product.vue
//编辑产品
const edit = async() => {
    const res = await editProduct(formData)
    if(res.status == 0){
      emit('success')
      if(diffContent){
        await operationLog(localStorage.getItem('account') as any,
            localStorage.getItem('name') as any,
            diffContent.value as string,'中级','成功')
      }
      dialogFormVisible.value = false
    }else{
      dialogFormVisible.value = false
  }
}
```

此外还需考虑的是父组件(产品列表)中使用 success 事件绑定的函数，在上传产品中该事件绑定的函数为重新渲染第 1 页的数据，这是由于返回的列表数据是按产品的上传时间降序排列的，即新增的产品排在第 1 位，但此时假设用户修改了位于第 2 页的数据，那么应当重新渲染第 2 页的数据。实现逻辑可设计为 getFirstPageList 函数接收默认值为 1 的 pager 形参，而编辑产品组件绑定的 success 事件则传入当前的页码，即将 paginationData 对象的 currentPage 属性值传给 getFirstPageList 函数，代码如下：

```
//product/index.vue
<!-- 编辑产品组件 -->
<EditProduct ref = "editProduct"
            @success = "getFirstPageList(paginationData.currentPage)">
</EditProduct>

//逻辑部分
//默认获取第 1 页数据
const getFirstPageList = async(pager: number = 1) => {
    tableData.value = await getProductList(pager) as any
}
```

16.1.4 实现申请出库功能

5min

申请出库需填写申请出库的数量和申请备注，其中出库申请人应为当前系统的登录用户，此外产品单价应不能被修改，如图 16-5 所示。

申请出库 ×

您申请出库的产品是：苹果

该产品的库存还有：10

* 出库数量

出库申请人 张三

产品单价 1

申请出库备注

确定

图 16-5 申请出库弹出窗

在实际开发中，还应有产品入库价格、产品出库价格，以及计算利润等逻辑，这里仅以产品单价作为产品出入库的逻辑示范。申请出库需要注意的是出库的数量不能大于已有的库存，当大于已有的库存时右下角的“确认”按钮应为不可单击状态，可通过 disabled 属性动态地调整按钮来满足这一需求，代码如下：

```
//apply_product.vue
<el-button type = "primary"
          @click = "apply"
          :disabled = 'compare()'>确定
```

```
</el-button>

//逻辑部分
const compare = () =>{
  if(formData.warehouse_number&&formData.product_out_number){
    if(formData.warehouse_number < formData.product_out_number){
      return true
    }else{
      return false
    }
  }
}
```

接着是“确认”按钮绑定的申请出库函数，代码如下：

```
//apply_product.vue
const apply = async() => {
  const res = await Outbound(formData)
  if (res.status == 0) {
    emit('success')
    dialogFormVisible.value = false
  } else {
    dialogFormVisible.value = false
  }
}
```

申请出库后，该产品的状态即由“在库”状态变为“审核”状态，在产品列表内的“申请出库”按钮变为禁止单击状态。此外，当库存数量为 0 时也应为禁止单击状态，可通过 disabled 属性实现，代码如下：

```
//product/index.vue
<el-button type="primary" @click="applyOutbound(row)"
  :disabled='row.audit_status!=="在库" || row.warehouse_number==0'>
  申请出库
</el-button>
```

16.1.5 实现删除产品功能

删除产品与删除用户的逻辑相同，使用确认消息弹出窗进行二次确定，如图 16-6 所示。

图 16-6　删除产品弹出窗

在确认消息弹出窗内使用模板字符串插入产品名称，并在单击确认的 then()方法中调用删除产品接口和操作记录接口，代码如下：

```
//product/index.vue
< el - button type = "success" @click = "removeProduct(row)">
  删除产品
</el - button >

//逻辑部分
const removeProduct = (row:any) => {
  ElMessageBox.confirm(
      '您确定要删除产品 ${row.product_name} 吗?',
      '删除产品',
      {
        confirmButtonText: '确定',
        cancelButtonText: '取消',
        type: 'error',
      }
  )
      .then(async() => {
        const res = await deleteProduct(row.id)
        if(res.status == 0){
          getFirstPageList(paginationData.currentPage)                    //重新渲染当前页面
          let content = '删除了 id 为 ${row.product_id}                   //操作记录
          的 ${row.product_name}'
          await operationLog(
              localStorage.getItem('account') as any,
              localStorage.getItem('name') as any,
              content,'高级','成功')
        }
      })
}
```

16.2 产品的审核

产品的审核页面的功能主要包括对产品进行审核、撤回申请和再次申请，如图 16-7 所示。

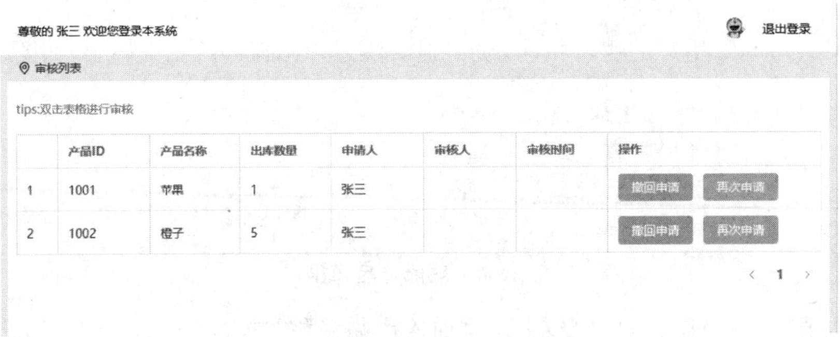

图 16-7 审核页面

如图16-7所示,审核页面去除了搜索功能,添加了一个文字提示,原因在于审核出库操作对于管理员来讲应是看到一条审核一条,不应存在许多页等待审核的情况。假设存在审核出库"记录"页面,则可添加搜索框搜索出库记录。文字提示的代码如下:

```
//product/audit.vue
<div class="left-header">
  <span class="tips">tips:双击表格进行审核</span>
</div>

//样式部分
.tips{
  font-size: 14px;
  color: #A9A9A9;
}
```

此外,当前表格操作列"撤回申请"和"再次申请"按钮都为禁止单击状态,原因在于当前列表项的两行数据皆处于"审核"状态,只有当状态处于"不通过"时才可单击,从而保证逻辑的闭合性,代码如下:

```
//product/audit.vue
<el-button type="primary" @click="withdrawApply(row)"
                          :disabled='row.audit_status=="审核"'
>撤回申请
</el-button>
<el-button type="success" @click="nextApply(row)"
                          :disabled='row.audit_status=="审核"'
>再次申请
</el-button>
```

本节将围绕审核列表完成审核、撤回申请和再次申请功能。

16.2.1 获取审核列表

获取审核列表的逻辑与获取产品列表相同,考虑到用户在非第1页单击再次申请后当前页面需要重新渲染,同样需要设定getFirstPageList函数携带默认形参,对于分页的相关逻辑由于在用户模块和产品列表都已实践,这里不再重复叙述。调取接口的代码如下:

```
//product/audit.vue
//默认形参值为1
const getFirstPageList = async(pager: number = 1) => {
  tableData.value = await getApplyList(pager) as any
}
getFirstPageList()
```

16.2.2 实现审核产品

在图16-7中并没有看到"审核备注"的列名,那提交的出库备注在哪里呢?答案在双击

表格弹出的审核产品内容框,如图 16-8 所示。

图 16-7 中的申请备注即为用户提交的出库申请备注,该备注在提交之后应为不可修改状态,此外,从用户角度看,不仅出库申请备注不可修改,审核备注也是不可修改状态,并且没有右下角的"通过审核"和"拒绝审核"按钮,如图 16-9 所示。

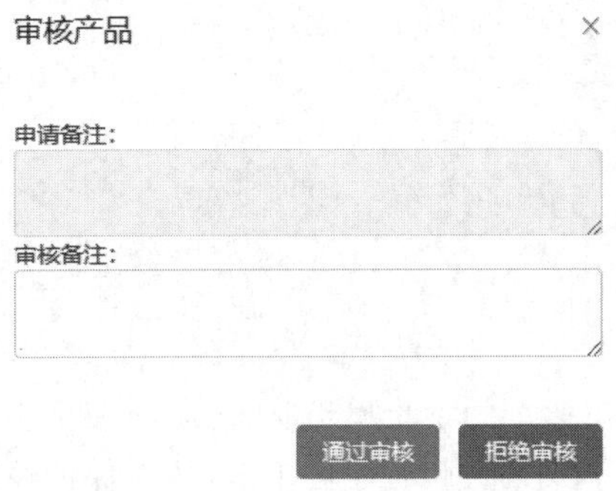

图 16-8 审核产品内容框

图 16-9 用户视角审核产品内容框

在产品模块的 components 目录下新建一个名为 notes(备注)的单文件组件,用于如图 16-9 的审核产品弹出窗。整体结构只包括文字提示和两个文本输入框,代码如下:

```
//notes.vue
< el - dialog v - model = "dialogVisible" title = "审核产品" width = "400px">
  < div class = "apply - notes">
    < span >申请备注:</span >
    < el - input
            v - model = "apply_notes"
            :rows = "2"
            type = "textarea"
            disabled
    />
  </div >
  < div class = "audit - notes">
    < span >审核备注:</span >
    < el - input
            v - model = "audit_notes"
            :rows = "2"
            type = "textarea"
            :disabled = "admin()"
    />
  </div >
< el - dialog >
```

在审核备注中 disabled 采取了类似申请出库时数量变动的操作,定义一个函数返回布尔值,这里涉及的是当前用户"角色"的问题,那么可通过在登录时获取用户的 position(职位)并在当前页面调用,代码如下:

```
//notes.vue
const admin = () => {
  if(localStorage.getItem('position') == '经理'){
    return true
  }else{
    return false
  }
}
```

最后是弹出窗组件底部插槽的按钮部分，同样可使用 admin()函数进行显隐判定，不过需要注意的是当 v-if 为 true 时隐藏，故需使用“!”进行取反操作，代码如下：

```
//notes.vue
<template #footer v-if="!admin()">
  <el-button type="success"
              @click="confirm('通过')">通过审核</el-button>
  <el-button type="danger"
              @click="confirm('不通过')">拒绝审核</el-button>
</template>
```

在 6.3.3 节设计审核时，通过和拒绝都使用同一个接口，并且接收“通过”或“不通过”作为参数，故“通过审核”和“拒绝审核”按钮的单击函数都绑定同一个函数，传入“通过”和“不通过”。此外，审核接口涉及将数据传至出库列表，所以需要在 notes 页面获取当前审核产品的信息。如果还是用 Mitt 传值，则从 audit 组件无法获取这么多数据，更好的办法是通过当前行产品的 id 从数据表中获取信息，故需设计一个通过 id 获取产品信息的接口，代码如下：

```
//router_handler/product.js
//获取当前产品信息
exports.productInfo = (req, res) => {
    const sql = 'select * from product where id = ${req.body.id}'
    db.query(sql, (err, result) => {
        if (err) return res.ce(err)
        res.send(result[0])
    })
}

//router/product.js
router.post('/productInfo', productHandler.productInfo)
```

在前端添加新增接口并在 notes 组件中导入，代码如下：

```
//api/product.ts
//获取当前产品信息
export const productInfo = (id:number):any => {
    return instance({
        url: '/product/productInfo',
        method: 'POST',
```

```
        data: {
            id,
        }
    })
}
```

当管理员双击审核列表表格内容时，使用 Mitt 传值至 notes 组件，代码如下：

```
//product/audit.vue
//打开审核框
const applyOperation = (row:any) => {
  bus.emit('applyRow',row.id)
  note.value.open()
}
```

回到 notes，定义一个常量接收从父组件传过来的 id，并调用 productInfo 获取当前产品的所有信息。需要注意，此时返回的信息包括 audit_status 和 apply_notes，值分别为“审核”和 null，所以需要从 notes 组件中使用管理员输入的审核备注及单击状态去重置这两个属性。此外，直接从数据库获取的 apply_time 是 ISO 8601 的日期时间格式，其格式为“YYYY-MM-DDTHH:mm:ss. SSSZ”，这是由于 JSON 格式的转换导致的，如图 16-10 所示。

```
"product_create_person": "张三",
"product_create_time": "2024-01-11T01:58:34.000Z",
"product_update_time": null,
"product_out_number": 1,
"apply_person": "张三",
"audit_person": null,
"apply_time": "2024-01-10T05:45:39.000Z",
```

图 16-10　ISO 8601 日期格式

即使这是从数据库获取的，也不能以这种格式存入 out_product 表中，所以需要设计一个函数去实现将 ISO 日期格式转换为“YYYY-MM-DD HH:mm:ss”，代码如下：

```
//notes.vue
//转换 ISO 至 MySQL 的 datetime 格式
const convertISOToMySQLFormat = (isoString:any) => {
  let date = new Date(isoString);
  let year = date.getFullYear();
  let month = ("0" + (date.getMonth() + 1)).slice(-2);
  let day = ("0" + date.getDate()).slice(-2);
  let hours = ("0" + date.getHours()).slice(-2);
  let minutes = ("0" + date.getMinutes()).slice(-2);
  let seconds = ("0" + date.getSeconds()).slice(-2);
  return `${year}-${month}-${day} ${hours}:${minutes}:${seconds}`;
}
```

最后在按钮绑定的 confirm 函数中完成重置属性值、转换日期格式并调用审核接口功能，代码如下：

```
//notes.vue
bus.on('applyRow',(id) =>{
  productId.value = id                                        //接收 id
})
const productId = ref<number>()

const emit = defineEmits(['success'])

const confirm = async(audit_status:string) => {
  //获取用户信息
  const res = await productInfo(productId.value as number)
  //置换原有属性
  res.audit_notes = audit_notes.value                         //审核备注
  res.audit_status = audit_status                             //审核状态
  res.audit_person = localStorage.getItem('name')             //审核人
  res.apply_time = convertISOToMySQLFormat(res.apply_time)    //审核阶段
  const res1 = await audit(res)
  if(res1.status == 0){
    emit('success')
    dialogVisible.value = false
  }
}
```

16.2.3　实现撤回和再次申请出库

撤回申请出库和再次申请出库都是通过产品的 id 去更改对应的 audit_status，并且都使用 MessageBox 消息弹框组件。撤回出库申请和再次申请出库如图 16-11 和图 16-12 所示。

图 16-11　撤回出库申请　　　　图 16-12　再次申请出库

首先封装关于撤回出库申请和再次申请出库的 API，代码如下：

```
//api/product.ts
//撤回出库申请
export const withdraw = (id:number):any => {
    return instance({
        url: '/product/withdraw',
        method: 'POST',
        data: {
            id,
        }
```

```
    })
}

//再次申请出库
export const againApply = (id:number):any => {
    return instance({
        url: '/product/againApply',
        method: 'POST',
        data: {
            id,
        }
    })
}
```

其次在“撤回申请”和“再次申请”按钮中使用上述两个 API,代码如下：

```
//audit.vue
//撤回申请
const withdrawApply = (row:any) => {
  ElMessageBox.confirm(
      '您确定要撤回申请出库 ${row.product_name} 吗?',
      '撤回出库申请',
      {
        confirmButtonText: '确定',
        cancelButtonText: '取消',
        type: 'warning',                                    //黄色警告类型
      }
  )
      .then(async() => {
        const res = await withdraw(row.id)                  //撤回申请
        if(res.status == 0){
          getFirstPageList(paginationData.currentPage)      //重新渲染
        }
      })
}

//再次申请
const nextApply = (row:any) => {
  ElMessageBox.confirm(
      '您确定要再次申请出库 ${row.product_name} 吗?',
      '再次申请',
      {
        confirmButtonText: '确定',
        cancelButtonText: '取消',
        type: 'success',                                    //绿色成功类型
      }
  )
      .then(async() => {
        const res = await againApply(row.id)                //再次申请
        if(res.status == 0){
```

```
            getFirstPageList(paginationData.currentPage)        //重新渲染
        }
    })
}
```

16.3 产品的出库

产品的出库逻辑比较简单，只包括获取出库列表、搜索出库记录和清空记录功能，如图 16-13 所示。

4min

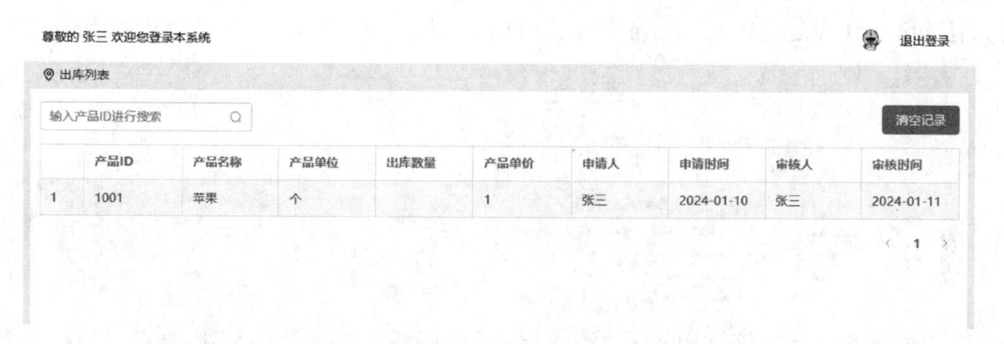

图 16-13　出库列表

通过用户管理模块和产品管理模块的其他页面实践，笔者相信读者此时已经能够看到页面元素就能想到其内在的实现原理并会有一种对实现的需求知根知底的感觉，好像一开始觉得难以实现的功能，现在只需在原有代码的基础上复制和调用封装的接口就能实现了，这也是程序员口头所讲的返璞归真境界——"CV 工程师"(CV，复制粘贴)，开发到后期只需复制、修改原有代码就完成项目总监布置的任务了。下面就实现产品管理模块的最后两个功能，复习搜索功能和清空列表功能，怎么没有获取列表功能？答案在 16.2.1 节。

16.3.1 搜索出库记录

搜索出库记录，通过输入产品的 id 返回指定任务，封装的 API 代码如下：

```
//api/product.ts
//搜索出库数据
export const searchOutbound = (product_id:number):any => {
    return instance({
        url: '/product/searchOutbound',
        method: 'POST',
        data: {
            product_id,
        }
    })
}
```

在出库列表中导入该 API 并在搜索框绑定的函数中调用,代码如下:

```
//outbound.vue
//产品 id
const product_id = ref<number>()
//通常通过产品 id 进行搜索
const searchById = async() => {
  tableData.value = await searchOutbound(product_id.value as number)
}
```

16.3.2 清空出库列表

清空出库列表是使用 truncate 命令执行的,故无须传入参数,封装的 API 代码如下:

```
//product.ts
//清空出库列表
export const cleanOutbound = ():any => {
    return instance({
        url: '/product/cleanOutbound',
        method: 'POST',
    })
}
```

在出库列表中导入该 API 并在"清空记录"按钮绑定的函数中调用,采取 MessageBox 消息弹框的二次确认形式,代码如下:

```
//outbound.vue
//清空记录
const clear = () => {
  ElMessageBox.confirm(
      '您确定要清空出库记录吗?',
      '清空出库记录',
      {
        confirmButtonText: '确定',
        cancelButtonText: '取消',
        type: 'error',          //红色警告
      }
  )
      .then(async() => {
        await cleanOutbound()
      })
}
```

16.4 ECharts

4min

ECharts 是基于 JavaScript 的开源可视化图表库,最早为百度的开源项目,于 2018 年初捐赠给专门支持开源软件的非营利性组织 Apache 基金会。截至 2023 年 12 月,ECharts 已

更新至 5.4 版本。

7min

ECharts 提供了折线图、柱状图、饼图、散点图、地理坐标图、K 线图等多种图表模板，通过简单的配置和丰富的 API 可以创建出适合不同行业管理系统的可视化统计图表。可视化在后台系统中是非常常见的功能，通过将数据以图表的形式呈现，可以更直观地展示出趋势。对于企业的管理层来讲，图表数据相对于表格数据能够更快速地理解和分析数据，帮助管理层做好决策。总体来讲，ECharts 是每个前端开发者必须掌握的图表库。本节将以登录日志的数据为基础，使用折线图展现一周内每天登录的次数，并将图表放置在“统计”菜单页面中。

首先，在 views 目录下新建 statistics(统计)目录，并且创建 index.vue 文件，在文件内导入面包屑、公共样式等内容；其次在路由中添加统计模块的路由，代码如下：

```
//router/index.ts
{
  name: 'statistics',
  path: '/statistics',
  component: () => import('@/views/statistics/index.vue')
}
```

最后在 menu 组件页面中新增菜单项，这里使用名为 PieChart 的图标，代码如下：

```
//menu/index.vue
<el-menu-item index="statistics">
  <el-icon><PieChart /></el-icon>
  <span>统计</span>
</el-menu-item>
```

统计模块在菜单中的效果如图 16-14 所示。

产品管理

统计

图 16-14 统计模块

16.4.1 实现数据逻辑

在 ECharts 官网的顶部单击“示例”按钮，将会呈现出 ECharts 提供的各种图表示例，默认呈现的是折线图示例，而对于实现一周内每天登录次数的数据，则可通过基础折线图呈现，如图 16-15 所示。

单击图表即可查看实现基础图表的配置项代码。单击基础折线图，可看到其源码部分的 option(选项)中包括了 xAxis(x 轴)、yAxis(y 轴)和 series(连续)3 个对象，代码如下：

```
option = {
  xAxis: {
    type: 'category',                                          //类别
    data: ['Mon', 'Tue', 'Wed', 'Thu', 'Fri', 'Sat', 'Sun']    //数据
  },
  yAxis: {
    type: 'value'                                              //值
  },
  series: [
```

```
    {
      data: [150, 230, 224, 218, 135, 147, 260],          //数据
      type: 'line'                                        //线
    }
  ]
};
```

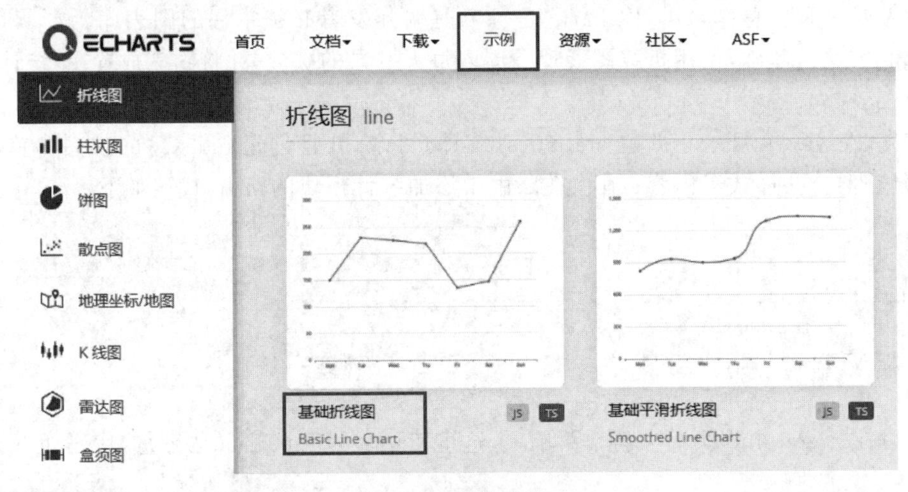

图 16-15　折线图

结合其呈现的折线图,可知 x 轴对应图上的日期,y 轴对应每天的数量,如图 16-16 所示。

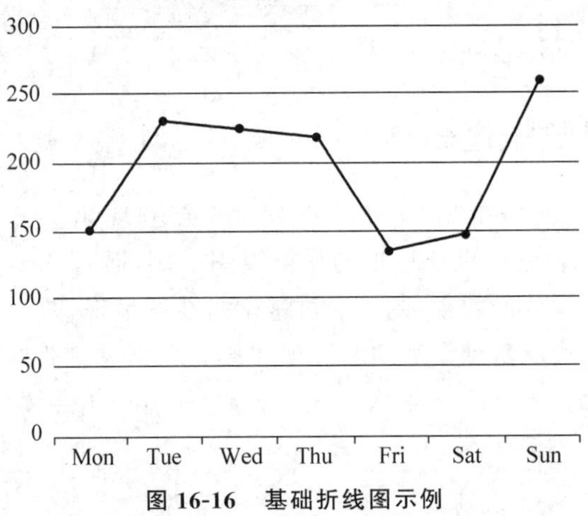

图 16-16　基础折线图示例

结合代码和示例图可知实现思路,要实现一周内每天登录次数的折线图,只需获取每天登录的次数,并赋值给 series 数组中的 data 对象。现在首要的问题是,如何获取最近一周的日期呢?

在登录模块曾使用 JavaScript 的 Date 对象记录登录时间,那么是否可通过当前的日期倒推过去一周的时间呢?只需 for 循环将获取的当前时间循环 7 次,每次减去一天,并把减

去的日期当作当前的日期，存入一个数组。在 Date 对象实例中可使用 getDate()方法获取当前的日期，并使用 setDate()方法将日期设置为当天日期，但 setDate()方法返回的是调整过的日期的毫秒表示，如“1706258266703”，而需求的格式应为“YYYY-MM-DD”，那么可使用实例的 toISOString()方法将格式转变为 ISO 8061 格式，如“2024-01-11T08:31:07.025Z”，再通过 slice()方法进行切割，代码如下：

```
//获取最近 7 天日期
const getDay = () =>{
  let day = new Date()
  let week = []
  for(let i = 0;i<7;i++){
    //获取过去的日期，并设置为当天日期
    day.setDate(day.getDate() - 1)
    //将 day 从毫秒转换为 ISO 8061 格式，并切割成 YYYY - MM - DD 格式
    week.push(day.toISOString().slice(0, 10))
  }
  return week
}
```

在后端路由处理程序的 login_log.js 文件中新增 1 个名为 getDayAndNumber 的接口，并输入 getDay 函数返回的日期，代码如下：

```
//router_handler/login_log.js
//返回每天登录次数
exports.getDayAndNumber = (req,res) =>{
  //获取最近 7 天日期
  const getDay = () =>{
    let day = new Date()
    let week = []
    for(let i = 0;i<7;i++){
      //获取过去的日期，并设置为当天日期
      day.setDate(day.getDate() - 1)
      //将 day 从毫秒转换为 ISO 8061 格式，并切割成 YYYY - MM - DD 格式
      week.push(day.toISOString().slice(0, 10))
    }
    return week
  }

  //定义执行函数
  const getAll = () => {
    let week = getDay()
    res.send({
      week:week
    })
  }
  getAll()                    //执行函数
}

//router/login_log.js
router.post('/getDayAndNumber', loginLogHAndler.getDayAndNumber)
```

```
"week": [
    "2024-01-27",
    "2024-01-26",
    "2024-01-25",
    "2024-01-24",
    "2024-01-23",
    "2024-01-22",
    "2024-01-21"
]
```

图 16-17　过去一周日期

在 Postman 中测试 getDayAndNumber 接口，返回了过去一周的日期，如图 16-17 所示。

下一步就简单了，通过 SQL 的 like 关键字，搜索每天的登录次数即可。可定义一个 getNumber 函数，接收 week 数组中的每项日期作为参数，将日期与 login_log 数据表的 login_time 字段进行对比，返回相同日期的长度，即为每天登录的次数，代码如下：

```
exports.getDayAndNumber = (req,res) =>{
  //获取最近 7 天日期
  const getDay = () =>{
    //逻辑部分
  }

  //获取每天登录的人数
  const getNumber = login_time =>{
    return new Promise(resolve =>{
      const sql = 'select * from login_log
        where login_time like '% ${login_time} %''
      db.query(sql,login_time,(err,result) =>{
        resolve(result.length)
      })
    })
  }

  async function getAll() {
    let week = getDay()
    let number = []
    for(let i = 0;i < week.length;i++){
    //每天的登录次数
      number[i] = await getNumber(week[i])
    }
    res.send({
      number:number,
      week:week
    })
  }
  getAll()            //执行函数
}
```

此时再次测试 getDayAndNumber 接口，就得到了 x 轴所需的日期和 y 轴所需的日期对应的登录次数，如图 16-18 所示。

16.4.2　实现图表

在前端，首先需要安装 ECharts 依赖，命令如下：

```
pnpm install echarts
```

其次在 statistics 组件中导入 ECharts，代码如下：

```
import * as echarts from 'echarts';
```

ECharts 的图表在模板内是通过类名初始化的，所以需要在模板内新建一个块级元素，代码如下：

```
<!-- 内容 -->
  <div class = "common - content">
    <div class = "login - week"></div>
</div>
```

```
"number": [
    0,
    0,
    1,
    2,
    1,
    2,
    0
],
"week": [
    "2024-01-27",
    "2024-01-26",
    "2024-01-25",
    "2024-01-24",
    "2024-01-23",
    "2024-01-22",
    "2024-01-21"
]
```

图 16-18　日期及登录次数

在逻辑部分，ECharts 图通常在 onMounted 生命周期内执行初始化、获取数据和渲染。初始化 ECharts 图使用 init()方法，该方法接收 HTML 元素作为参数，可通过 querySelector()的方式获取模板内的元素并传参，该方法返回一个 ECharts 示例；通过实例的 setOption()方法传入配置即可实现各种 ECharts 图。此外，需要注意的是要给 HTML 元素添加宽和高。下面以基础折线图为例，在 statistics 组件中实现基础折线图，代码如下：

```
import { onMounted, ref } from 'vue'

const loginWeek = () => {
  //添加类型断言,类型为 HTML 元素
  const loginData = echarts.init(document.querySelector('.login - week') as HTMLElement)
    //把官网折线图的源代码放置在 setOption 方法中
  loginData.setOption({
    xAxis: {
      type: 'category',
      data: ['Mon', 'Tue', 'Wed', 'Thu', 'Fri', 'Sat', 'Sun']
    },
    yAxis: {
      type: 'value'
    },
    series: [
      {
        data: [150, 230, 224, 218, 135, 147, 260],
        type: 'line'
      }
    ]
  })
}

//样式部分
.login - week{
  width: 500px;
  height: 300px;
}
```

此时，统计页面就出现了需要的折线图，如图 16-19 所示。

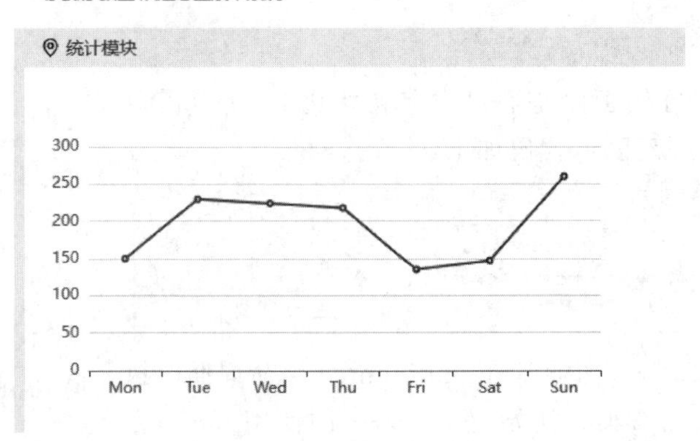

图 16-19　实现基础折线图

那么现在只需导入 getDayAndNumber 接口，将后端返回的日期和人数赋值到配置代码中。封装接口的代码如下：

```
//api/login_log.ts
//返回一周每天登录次数
export const getDayAndNumber = ():any => {
    return instance({
        url: '/log/getDayAndNumber',
        method: 'POST',
    })
}
```

从后端返回数据需要一定的时间，此时折线图呈现什么内容呢？ECharts 实例提供了 showLoading()和 hideLoading()方法，在数据还没加载之前提供遮罩层，整个折线图就处于加载的样式，当数据加载完后就会取消遮罩层，代码如下：

```
const loginWeek = async() => {
  //添加类型断言，类型为 HTML 元素
  const loginData = echarts.init(document.querySelector('.login-week') as HTMLElement)
  loginData.showLoading()
  let data = await getDayAndNumber() as any
  loginData.hideLoading()
    //把官网折线图的源代码放置在 setOption 方法中
  loginData.setOption({
    xAxis: {
      type: 'category',
      data: data.week,
    },
    yAxis: {
      type: 'value'
    },
```

```
    series: [
      {
        data: data.number,
        type: 'line'
      }
    ]
  })
}
```

此时页面内就加载出了记录每天登录人数的折线图，如图 16-20 所示。

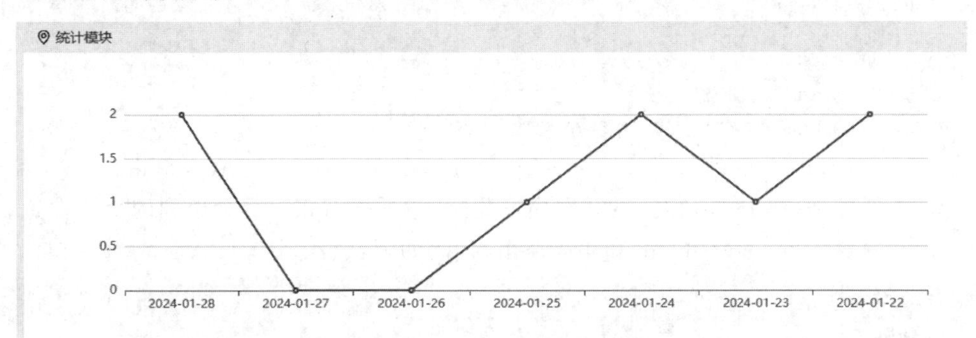

图 16-20　实现登录数据折线图

16.5　权限管理

权限管理是管理系统不可或缺的一环，在用户模块的用户信息中可设置人事部和产品部，根据系统已有的模块来看，人事部的管理员（经理）能够访问用户管理模块，具有对用户进行账号冻结、解禁等普通权限和删除用户等高级权限，人事部的员工则具有对账号进行冻结、解禁的普通权限；产品部的管理员能够访问产品管理模块，具备管理产品和申请权限，产品部的员工则能够对产品进行申请出库操作。对应部门的人员应只能在系统看到部门所管的模块，而对于超级管理员，则能够访问所有的模块。

本节将使用动态路由和 v-if 等语法完成不同部门之间和部门内部的权限管理。

16.5.1　动态生成路由表

6min

在创建模块的单文件组件时需要在 router 下新增组件的路由信息，这种手动添加路由且不会随着用户的权限动态变化的路由表称为静态路由表，反之则称为动态路由表。该表的路由信息由后端返回，在前端只需保留必需的登录页面路由、菜单页面路由和防止路由丢失的 404 页面路由。

11min

那么首先在 views 目录下新建一个名为 error 的目录，并创建其对应的单文件组件，内容只需写上服务器问题之类的提示，代码如下：

```
//error/index.vue
<template>
  <div>404...</div>
</template>
```

其次在路由内添加 404 页面的路由。注意，该路由不在 menu 的子路由中，并且路径为“/:catchAll(.*)”，这样的作用是能匹配到所有未被其他路由匹配的路径，并将它们重定向到指定的 404 组件页面中，代码如下：

```
//router/index.ts
{
  name: '404',
  path: '/:catchAll(.*)',
  component: () => import('@/views/error/index.vue')
}
```

为了方便处理，将 menu 路由的子路由都删除，包括所有权限都会用到的个人设置组件路由。现在只剩下了 login、menu 和 404 路由，代码如下：

```
routes: [
    {
      //login 路由
    },
    {
      path: '/menu',
      name: 'menu',
      component: () => import('@/views/menu/index.vue'),
    //去掉了 menu 路由的子路由
    },
    {
      //404 路由
    },
  ]
```

其他的路由从哪里来？从后端来。这里通常有两种实现思路，一种是在 users 表中额外添加一个字段，用于存储该用户权限对应的路由信息，在登录时通过登录接口将用户路由返回客户端；另一种是在后端定义多个对应不同权限的数组，并根据不同的权限通过额外的接口返回客户端，本节将使用第 2 种方法实现动态路由表。

1. 定义权限对应的路由表

在后端登录功能的 router_handler 中，定义 3 个数组，分别对应超级管理员、人事部、产品部的路由数组。在数组中应注意的是，路由的 component 应是一个包含路径的字符串，而不是加载组件的箭头函数。对于超级管理员的路由表，应具有所有的组件路由，代码如下：

```
//router_handler/login.js
//超级管理员的路由表
```

```
const superAdminRouter = [
{
  name: 'set',
  path: '/set',
  component: 'set/index'
},
{
  //此处忽略登录和操作日志、统计、用户和产品模块路由
}]
```

人事部和产品部则除 set 组件外，只包含其对应的部门模块，代码如下：

```
//人事部路由
const userAdminRouter = [
{
  name: 'set',
  path: '/set',
  component: 'set/index'
},
{
  name: 'user',
  path: '/user',
  component: 'user/index'
}]

//产品部路由
const productAdminRouter = [
{
  name: 'set',
  path: '/set',
  component: 'set/index'
},
{
  //此处省略 product、audit、outbound 路由
}]
```

返回对应的路由信息可通过用户 id 搜索其 department 实现，那超级管理员该怎么办呢？一个好的办法是直接在数据表中修改某个账号的 department，这通常是由运维工程师完成的。在实际开发中，一般会预留几个账号作为超级管理员账号分配给最高权限者使用，这里可将注册的 123666 账号的部门设置为超级管理员。在搜索 department 后，使用 if 语句判断其职位，并返回对应的路由，代码如下：

```
//router_handler/login.js
//返回用户的路由列表
exports.returnMenuList = (req,res) =>{
  const sql = 'select department from users where id = ?'
  db.query(sql,req.body.id,(err,result) =>{
    if (err) return res.ce(err)
    let menu = []
```

```
        if(result[0].department == '超级管理员'){
          menu = superAdminRouter
        }
        if(result[0].department == '人事部'){
          menu = userAdminRouter
        }
        if(result[0].department == '产品部'){
          menu = productAdminRouter
        }
            res.send(menu)
        })
    }

    //router/login.js
    router.post('/returnMenuList', loginHandler.returnMenuList)
```

在 Postman 中传入账号 123666 测试该接口,可看到返回了定义的路由表,如图 16-21 所示。

```
{
    "name": "set",
    "path": "/set"
},
{
    "name": "user",
    "path": "/user"
},
{
    "name": "login_log",
    "path": "/login_log"
},
```

图 16-21　返回路由表信息

2. 前端形成路由表

前端要做的只有一件事情,就是将后端返回的路由信息添加进路由表中,可通过遍历返回的路由信息及使用路由的 addRoute()方法实现。这里需要考虑两个问题,一个是如果返回的路由信息包含子路由,则该如何处理;另一个是如何将字符串变为导入组件的方式,如"set/index"。对于第 1 个问题,可设计一个递归遍历函数,当遇到包含子路由的路由时,只需再次调用该遍历路由的函数;对于第 2 个问题,可通过 import.meta.glob()方法实现,该方法允许定义一种模式去匹配目录下的所有文件,并以对象的形式返回,对象的属性名为文件路径,属性值为该文件被导入模块的形式。什么是模式?其实就是文件的路径,以在 main.ts 文件内定义一个函数为例,代码如下:

```
//main.ts
function loadComponent(){
    let Module = import.meta.glob("@/views/**/*.vue")
    console.log(Module)
}
loadComponent()
```

按照模式,该函数会输出所有在 src 目录下的单文件组件及其导入模块的形式,如图 16-22 所示。

这样就可通过对象属性名的方式获取文件的模块形式,并将其赋值给路由的 component 对象。需要注意的是,import.meta.glob()方法在 ES2020 之前无法使用,所以要在 TypeScript 设置的 lib 中添加 es2020,代码如下:

```
//tsconfig.app.json
"lib": ["dom","es2015","es2017","es2020"]
```

```
                                                            main.ts:30
▼ Object i
  ▶ /src/views/error/index.vue: () => import("/src/views/error/index.vue")
  ▶ /src/views/login/index.vue: () => import("/src/views/login/index.vue?t=1706540589711")
  ▶ /src/views/login_log/index.vue: () => import("/src/views/login_log/index.vue")
  ▶ /src/views/menu/index.vue: () => import("/src/views/menu/index.vue")
  ▶ /src/views/operation_log/index.vue: () => import("/src/views/operation_log/index.vue")
  ▶ /src/views/product/audit.vue: () => import("/src/views/product/audit.vue")
  ▶ /src/views/product/components/add_product.vue: () => {…}
  ▶ /src/views/product/components/apply_product.vue: () => {…}
  ▶ /src/views/product/components/edit_product.vue: () => {…}
  ▶ /src/views/product/components/notes.vue: () => import("/src/views/product/components/notes.vue")
  ▶ /src/views/product/index.vue: () => import("/src/views/product/index.vue")
  ▶ /src/views/product/outbound.vue: () => import("/src/views/product/outbound.vue")
  ▶ /src/views/set/components/change_password.vue: () => {…}
  ▶ /src/views/set/index.vue: () => import("/src/views/set/index.vue")
  ▶ /src/views/statistics/index.vue: () => import("/src/views/statistics/index.vue")
  ▶ /src/views/user/components/user_info.vue: () => import("/src/views/user/components/user_info.vue
  ▶ /src/views/user/index.vue: () => import("/src/views/user/index.vue")
  ▶ [[Prototype]]: Object
```

图 16-22　单文件组件及其模块形式

此外还有一个问题，路由表在页面刷新之后会被重新初始化，只保留原来的静态路由表。这个问题就需要在刷新的过程中重新给路由表赋值，这个过程将在 Vue 实例挂载的过程中实现。

综上，可将实现步骤分为 3 步：一是在 Pinia 中设计生成动态路由表的逻辑；二是在登录成功后调用返回动态路由信息的接口，并将路由信息传入 Pinia 中定义的函数；三是在 Vue 实例挂载时再次调用 Pinia 中的函数，防止路由丢失。

在 stores 目录下新建 menu.ts 文件，定义一个名为 useMenu 的 Store 并向外暴露，代码如下：

```
//stores/menu.ts
import { defineStore } from 'pinia'
import router from '@/router'
import {ref} from "vue";

export const useMenu = defineStore('menuInfo', () => {})
```

定义一个 State，用于保存初次接收的动态路由信息，以及定义一个包含生成路由的函数的 Action，代码如下：

```
//stores/menu.ts
//保存动态路由表
const menuData = ref<any[]>([])

//Action
const setRouter = (arr:any) =>{
  //生成路由函数
  function compilerMenu (arr:any) {
    //如果为空，则返回
    if(!arr) return
```

```
    menuData.value = arr
    arr.forEach((item:any) =>{
      let rts = {
        name:item.name,
        path:item.path,
        component:item.component
      }
      //如果有子路由,则递归执行
      if(item.children && item.children.length){
        compilerMenu(item.children)
      }
      //如果没有子路由,则调用 loadComponent 生成 component
      if(!item.children){
        let path = loadComponent(item.component)
        rts.component = path;
        router.addRoute('menu',rts)
      }
      //生成文件的导入形式
      function loadComponent(url:string){
        let Module = import.meta.glob("@/views/**/*.vue")
        return Module['/src/views/${url}.vue']
      }
    })
  }
  //执行函数
   compilerMenu(arr as any)
}
```

最后还差一个在 Vue 实例挂载过程中的 Action,代码如下:

```
//stores/menu.ts
const addRouter = () =>{
  setRouter(menuData.value)
}
```

现在就只需完成登录组件和 main.ts 文件中的组件,但别忘了封装返回数组的接口,代码如下:

```
//api/login.ts
export const returnMenuList = (id:number):any => {
    return instance({
        url: '/api/returnMenuList',
        method: 'POST',
        data: {
            id
        }
    })
}
```

在登录组件中导入 Store 和返回路由数组的接口,并在登录成功后调用,代码如下:

```
import { returnMenuList } from '@/api/login'
import {useMenu} from "@/stores/menu";
const menuStore = useMenu()

const Login = async() => {
  const res = await login(loginData)
  if (res.status == 0) {
    //省略获取 id、account、position 等逻辑
    const routerList = await returnMenuList(id)
    //生成动态路由表
    menuStore.setRouter(routerList)
    router.push('/set')
  }
}
```

此时，在 main.ts 文件内就不能链式挂载 Pinia 和路由了，应该是先挂载 Pinia，然后执行 Store 暴露的 addRouter()方法，最后挂载路由，代码如下：

```
//main.ts
app.use(pinia)
//重新生成动态路由表
import {useMenu} from "@/stores/menu";
const menuRouter = useMenu()
menuRouter.addRouter()

app.use(router).mount('#app')
```

这时当登录部门为人事部的用户账号并访问不属于其权限的模块时，就会显示 404，如图 16-23 所示。

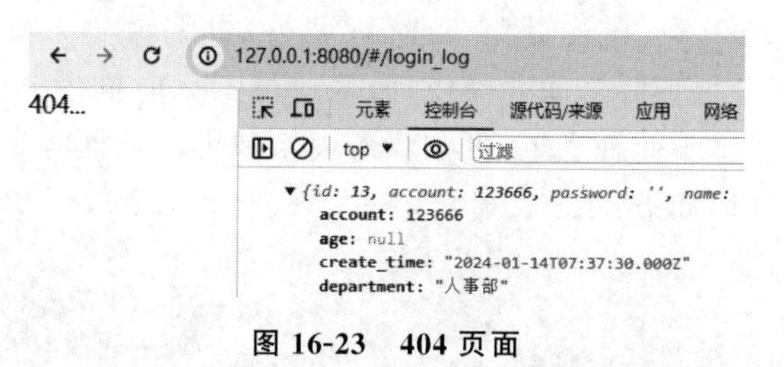

图 16-23　404 页面

3. 完善菜单

虽然添加了动态路由表，但菜单还是没有变化，按道理来讲菜单也应该只呈现用户权限所对应的菜单项，如何实现人事部的管理员只呈现个人设置和用户模块呢？非常简单，只需在登录成功后通过 localStorage 保存用户的 department，并在菜单中通过 v-if 去实现选项显隐。以人事部为例，可定义一个逻辑值为 false 的常量，只有当 department 为人事部或超级管理员时其值才为 true，当值为 true 时显示用户模块，代码如下：

```
//menu/index.vue
<el-menu-item index="user" v-if="userAdmin||superAdmin">
```

```
    <el-icon><User /></el-icon>
    <span>用户模块</span>
  </el-menu-item>

//逻辑部分
const superAdmin = ref(false)                //对应超级管理员权限
const userAdmin = ref(false)                 //对应人事部权限
const productAdmin = ref(false)              //对应产品部权限
const getDepartment = () => {
  let department = localStorage.getItem('department')
  if(department == '人事部'){
    userAdmin.value = true
  }
  if(department == '产品部'){
    productAdmin.value = true
  }
  if(department == '超级管理员'){
    superAdmin.value = true
  }
}
getDepartment()
```

此时登录人事部的账号,就只显示出了个人设置和用户模块,如图 16-24 所示。

通用后台管理系统

个人设置

用户模块

图 16-24　人事部权限

16.5.2　部门内权限

5min

4min

部门内同样可使用 localStorage 结合 v-if 对不同的职位进行限制。以产品管理为例,在逻辑上经理(管理员)可编辑产品信息,对产品进行新增或降低库存操作,而普通员工只能执行申请出库、撤回申请出库和再次申请出库操作。基于此种逻辑,可在双击表格弹出消息框时添加判断,如果 position 为员工,则取消弹窗,代码如下:

```
//product/index.vue
const openEdit = (row:any) =>{
  if(localStorage.getItem('position') == '员工') return
  bus.emit('editRow',row)
  editProduct.value.open()
}
```

对于用户模块,则在用户信息弹窗的删除按钮中添加一个 position 判断,当 position 不为员工时才显示删除按钮,代码如下:

```
//user_info.vue
<template #footer v-if="admin()">
  <span class="delete" @click="openMessageBox">删除用户</span>
</template>
```

```
//逻辑部分
const admin = () =>{
  if(localStorage.getItem('position') == '员工'){
    return false
  }else{
    return true
  }
}
admin()
```

16.6　路由守卫

路由守卫是用在跳转前、中、后的钩子函数，在 Vue Router 中提供了全局、路由独享和组件内的钩子函数。

全局路由守卫钩子函数包括 beforeEach（全局前置守卫）、beforeResolve（全局解析守卫）和 afterEach（全局后置守卫）；组件内的守卫包括在渲染组件对应路由时调用的 beforeRouteEnter、当前路由改变时调用的 beforeRouteUpdate 和路由离开时调用的 beforeRouteLeave；路由独享守卫是在进入路由时触发的函数，有且只有一个为 beforeEnter。

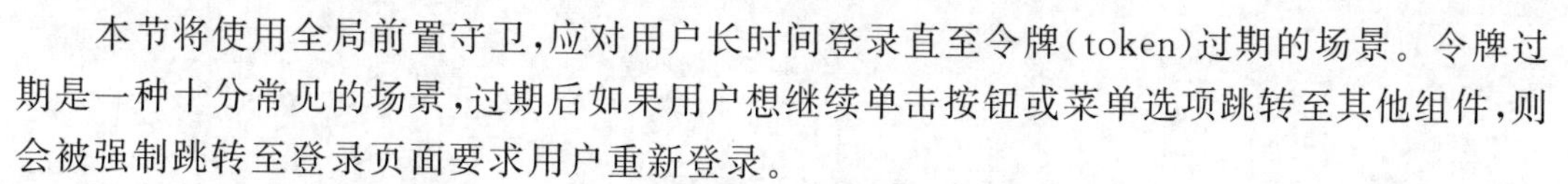
本节将使用全局前置守卫，应对用户长时间登录直至令牌（token）过期的场景。令牌过期是一种十分常见的场景，过期后如果用户想继续单击按钮或菜单选项跳转至其他组件，则会被强制跳转至登录页面要求用户重新登录。

在 src 目录下新建名为 guardian（守卫）的 TypeScript 文件，导入路由并使用全局前置守卫。全局前置钩子函数接收一个回调函数作为参数，在每次路由导航之前都会执行。回调函数包括 3 个参数，分别是 to，表示即将进入的路由对象；from，表示当前导航正要离开的路由对象；next，相当于 Express.js 路由中间件的 next，调用之后进入下一个钩子函数。在守卫中只需判断是否存在 token，如果不存在或要跳转的路由名字不是 login，则跳转至 login 页面，代码如下：

```
//src/guardian.ts
import router from './router'

//全局前置守卫
router.beforeEach( (to, from, next) => {
  //在登录成功后保存 token,从这里获取
  const token = localStorage.getItem('token')
  if (to.name !== 'login' && !token) next({ name: 'login' })
  else next()
})
```

上 线 篇

第17章 CHAPTER 17 服务器与域名

回顾在 Node.js 篇的 4.3.2 节，使用了基于 Node.js 的 Express.js 框架快速地在本地搭建了一个本地 Web 服务器，代码如下：

```
//app.js
//导入 Express
const express = require('express')
const app = express()

//启动和监听指定的主机和端口
app.listen(3007, () => {
  console.log('http://127.0.0.1:3007')
})
```

其中关键的代码是使用 Express 实例的 listen()方法启动了服务器，而所谓服务器，即是提供服务的计算机，它给谁提供服务呢？客户端。客户端通过服务器提供的 URL 网址对服务器发起请求，服务器根据客户端的请求通过 SQL 语言和 API 与数据库进行交互，并对数据库返回的数据进行处理，最后将结果返回客户端，这是一个简单的服务流程。

问题在于，此时监听的主机地址是 127.0.0.1，这是当前计算机的 IP 地址，使用该地址能够访问本地计算机上的资源，但只在本地计算机上有效，如何能够让其他的用户访问自己服务器上的内容呢？将主机地址改成大家都能访问的地址不就行了吗？这真是个好办法，但问题又来了，就如同 127.0.0.1 是本地计算机的地址一样，那改成大家都能访问的地址，这个地址所指向的“计算机”在哪呢？放在本地数据库的数据又该放到哪里呢？相信阅读完这章内容，读者就能明白其中的奥秘。

17.1 服务器

服务器的整体结构与普通计算机大致相同，都具有 CPU、硬盘、内存、操作系统等，但服务器是专门用来为某项服务提供支持的计算机，在处理数据方面具有比普通计算机更大的优势。具体优势在哪里？假设有一台数据库服务器，那么这台计算机的硬盘内可能除了针对业务上的数据，就没有其他内容了；在带宽上能够满足同时运行多个数据传输的操作；

在操作系统上能够支持各种数据库管理系统和应用程序接口，并且具备高性能的调度算法和多线程技术；在稳定性和安全性方面有更高的要求，防止数据出现丢失和泄露的风险。

在本书项目中通过 Express.js 搭建的本地 Web 服务器，则是专门用来处理 Web 客户端(如浏览器)的请求并返回响应的服务器；此外还有专门用于提供文件存储、共享和管理的文件服务器、用于邮件服务的 E-mail 服务器、用于创建和管理虚拟专用网络的 VPN 服务器等。

值得一提的是用于解析域名和映射 IP 的 DNS 服务器，在 DNS 服务器上保存着域名和其映射的 IP，相当于手机的通讯录。举个简单的例子，当用户在浏览器地址栏输入百度的官网网址时，浏览器首先会向 DNS 服务器发送域名，查询是否有 baidu.com 的 IP 地址，如果有，则返回客户端，客户端再通过 IP 地址与存放有百度页面的服务器建立连接。在某些时刻遇到微信、QQ 能上网，但浏览器却无法访问任何网址时，即是本机配置的 DNS 服务器宕机了，需要更换其他的 DNS 服务器，如图 17-1 所示。

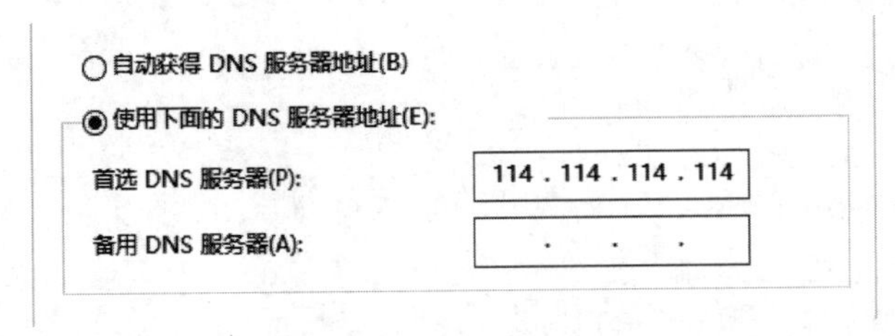

图 17-1　选择 DNS 服务器

在本地开发时，主机的硬件配置即为当前服务器的配置，Web 应用软件和数据库管理系统都承载在当前的操作系统上。

17.1.1　服务器参数

选择合适参数的服务器对网站的流畅访问和功能实现具有重要的作用，本节将针对服务器的参数进行简要介绍。

1. CPU

CPU 是计算机运算和控制的核心，其作用是读取指令并执行指令，对所有硬件资源进行控制调配。一个 CPU 由单个或多个核心组成，核心之间通过高速总线连接。多个核心可同时执行多个任务，并且运算能力很强。

2. 硬盘

硬盘是存储资料和软件等的设备，主要参数为容量，目前普通家用计算机的硬盘通常为 1TB，而服务器的硬盘容量依据不同的使用场景、业务内容进行决定，通常服务器对硬盘容量的最低要求为 20GB，用于存放操作系统等内容。硬盘的特点是容量大、断电后数据不会丢失，与之相反的是内存，容量低且断电后数据会消失。

3. 内存

内存是用于临时存储 CPU 中的运算数据，以及与硬盘等外部存储器交换数据，是 CPU

与硬盘之间的“桥梁”，当程序要从硬盘读取数据时，数据会被加载到内存中，然后由 CPU 从内存中读取数据，最后将数据发送至对应的程序。与硬盘相比，内存的存取速率远高于硬盘。此外，服务器的所有程序都运行在内存中，内存的运行速度决定了服务器的运行快慢。在服务器中最低标配内存为 2GB，通常为 4GB、8GB、16GB 等可选项，在一些特殊的场景可能需要几百甚至上千 GB 的内存，但是内存容量并不是越大越好，需要与 CPU 的运算速度相匹配，一般来讲取决于与业务需求相匹配的架构和配置。

4. 带宽

服务器在一定时间内能够接收和传输数据的速率称为带宽，以 Mb/s(兆比特每秒)或 Gb/s(吉比特每秒)表示。带宽是评价服务器性能的重要指标之一，带宽越大，表示服务器传输的速率就越快，但带宽不是供应商提供的速度有多快就多快，带宽的速率取决于服务器自身的带宽上限，通常 1Mb/s、2Mb/s、5Mb/s 的带宽即可满足大部分应用场景。

5. 收发包能力

数据包(Data Packet)是计算机网络中传输的格式化数据单位，是通信协议中的基本通信单元，由传输的数据和必要的控制信息组成。收发包能力指的是实例每秒最多可以处理的网络数据包数量，换句话说，就是每秒能够处理网络请求和数据传输的能力。

6. 操作系统

操作系统是计算机中负责管理和控制计算机硬件和应用程序运行的软件，例如 Node.js 的文件系统即是操作系统提供的功能。操作系统必须能在长时间运行和高负载环境下保持稳定运行，并且具备抵御各种网络攻击和病毒威胁的高安全性。

目前常见的操作系统有 Windows、macOS、Linux 及国产鸿蒙操作系统等，但这些主要是桌面操作系统，用于服务器的操作系统主要为 Linux、Windows Server、UNIX 等。市场上大部分服务器使用的是 Linux 操作系统，这主要是由于 Linux 是一个开源的操作系统，提供了极大的自由度供使用者进行修改和扩展，而 Windows 操作系统需要付费才能提供服务。此外，因为开源的缘故，Linux 相比于 Windows 有更加庞大的开发者社区，能够给予使用者丰富的资源和帮助，也因此涌现出许多优秀的发行版，如 Ubuntu、CentOS、Debian 等，在国内也有大厂基于 Linux 开发性能强大的操作系统，如腾讯的 TencentOS、华为的 EulerOS 等。

17.1.2 云服务器

7min

云服务器是近年来兴起的一种基于云计算服务体系的服务器，基于云计算服务体系的应用在如今生活中可谓是非常常见了，例如现在的手机都提供了云相册、云通讯录等功能，保证用户数据不易丢失；还有百度云盘、阿里云盘等专门用于存储文件、音频、视频的云存储平台。以存储资料的云盘为例，可以简单地理解为一个容量巨大的硬盘位于“云”上，通过网络可从“云”中的硬盘存储和获取资料，而这个容量是由用户付费选择的，这是云应用的一大特点——按需配置。

对于普通的小企业来讲，通常不会在企业本地部署机房搭建服务器，首先是高昂的成本，除去需要的机房用地外，还需机柜、服务器、防火墙等硬件及其他耗材，不仅配置麻烦，一旦需要改造、搬迁机房则更麻烦，此外搭建好机房后还需添加额外的人力成本去定期维护，保证服务器不会出现宕机情况；其次是无法准确地根据未来业务发展选择合适的硬件配置，例如刚开始买的机柜就这么大，但是后面业务扩展了，除了要购买硬件外，还要换机柜，如果位置不够，则需扩展机房，体现出业务扩展性弱的缺点，而对于想个人独立开发并上线项目的学生来讲，在学校宿舍或在家搭建一个可供网友访问的服务器，难度就更大了，而具有按需配置特点的云服务器，则可解决这些难题。

云服务器主要分为两种，一种是云虚拟机(Cloud Virtual Machine，CVM)，另一种是弹性计算服务(Elastic Compute Service，ECS)，阿里云、华为云提供的云服务器称为 ECS，而腾讯云提供的则是 CVM。

在架构方面，CVM 用的是 KVM 虚拟化技术，该技术允许在一台物理服务器上运行多个虚拟机，并且每个虚拟机都有自己的操作系统，通过虚拟化硬件设备，使每个虚拟机上都有独立的 CPU、内存、磁盘和网络等资源，事实上每个虚拟机实际上只是物理服务器上的一个进程，通过物理服务器的硬件层对多个虚拟机之间的资源进行隔离，每个虚拟机都独占物理服务器资源。ECS 采用的是 Xen 虚拟化技术，通过在操作系统与硬件之间添加一层虚拟化软件(Hypervisor)，将物理服务器划分为多个虚拟机，每个虚拟机同样虚拟出独立的 CPU、内存等资源，但多个实例之间是共享服务器资源的。

简单来讲，KVM 是在硬件层面隔离出了多个虚拟机，而 Xen 则是通过软件实现了多个虚拟机。目前，KVM 已经被 Linux 核心组织写进了 Linux 内核，相当于 Linux 的一部分，能够利用 Linux 内核提供的各种功能，并且伴随着 Linux 内核的进步而不断发展，Xen 则依然是外部的程序，并且不能完全和 Linux 内核兼容，所以现如今越来越多的厂商选择采取 KVM 作为虚拟化解决方案。

在容量方面，ECS 和 CVM 都支持弹性扩展，前提是硬盘为云硬盘，假如 CVM 选择的是本地盘，则无法对容量进行调整。在网络方面，ECS 在网络高峰期能够根据伸缩策略调整带宽，用以保证网络的稳定性，而 CVM 则无法自动调整。

对于企业开发的系统来讲，只有全面考虑需求、配置、网络环境和价格等因素，才能挑选出适合的云服务器，但对于本书项目来讲，CVM 和 ECS 都可行。

17.1.3 购买云服务器

CVM 和 ECS 的购买过程大同小异，可选配置基本相同，但华为云 ECS 在选择基础配置之后还需进行网络配置及高级配置，过程较为详细，故本节以购买华为云 ECS 为例，讲述在购买服务器时应如何选择配置。

1. 区域、计费模式和可用区

在挑选云服务器时，需选择区域、计费模式和可用区，如图 17-2 所示。

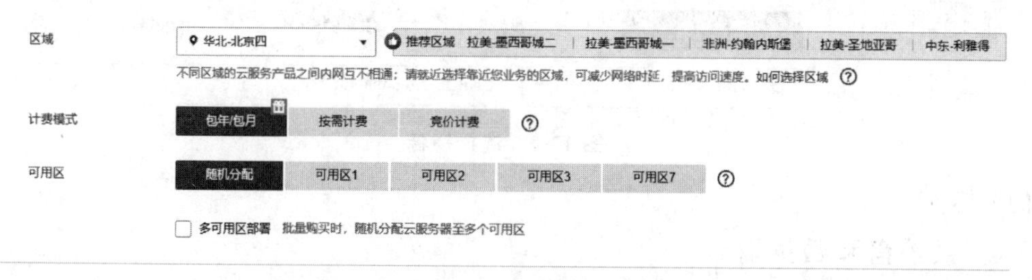

图 17-2　区域、计费模式和可用区

区域是指云服务器的物理数据中心所在位置，当用户距离区域越近时，访问时的延迟将会越低；可用区则是在区域之下由电力、网络隔离的物理区域，例如挑选了北京区域，那么海淀区和朝阳区在电力、网络方面可能独立的，这样就会被划分成不同的可用区，多个处于一个可用区下的服务器能够内网互通，通常会将不同的服务器分配在不同的可用区以达到异地灾备的安全性需求。

计费模式的包年和包月很容易理解，就是在一定时间内买断该云服务器实例；按需计费则是按对该实例的实际使用时长进行计费，通常是先使用后付费；竞价计费类似于按需计费，但是按照市场的浮动价格进行计费，通常会有较大优惠。

对于上线自己独立开发的项目来讲，只需选择靠近自己的区域、选择包年/包月的计费模式，随机分配即可。

2. 服务器参数选择

这一部分主要选择 CPU 架构、内存的规格，如图 17-3 所示。

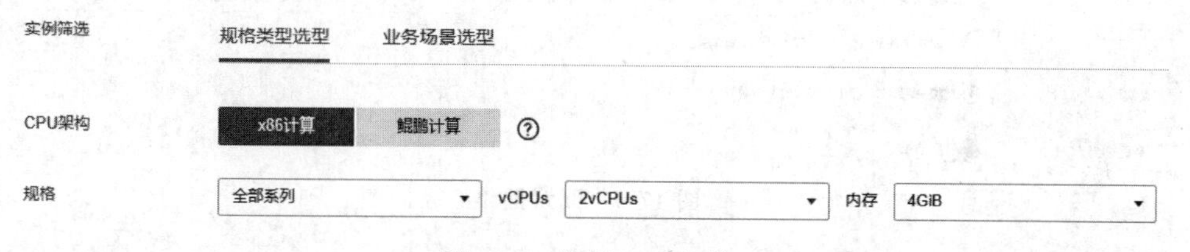

图 17-3　选择 ECS 规格

选择对应的规格后，服务商会给出相应规格的可供选择实例，主要包括当前规格的带宽、收发包能力等。

3. 选择镜像

选择镜像即选择操作系统，公共镜像是由平台提供的标准操作系统镜像，用户也可以使用自己下载的私有镜像；共享镜像是使用其他用户分享的镜像；市场镜像对于公共镜像来讲，提前配置好了应用环境和各类软件，通常是收费的。对于个人项目来讲，镜像使用 CentOS 或 Ubuntu 更容易配置，理由是在互联网上已有大量相关的使用教程，如图 17-4 所示。

在图 17-4 中选择了 CentOS 的 7.8 版本，这对于本章 17.3.1 节使用宝塔面板具有更友

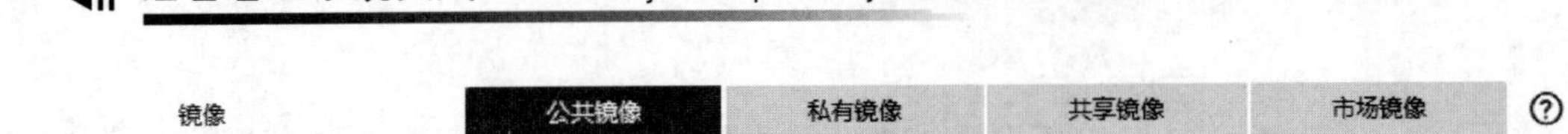

图 17-4　选择镜像

好的兼容性。

4. 系统盘和数据盘

这一步选择适合项目的系统盘型号和容量，以及添加数据盘。个人简单项目选择通用型 SSD 的默认配置即可，无须额外添加数据盘，如图 17-5 所示。

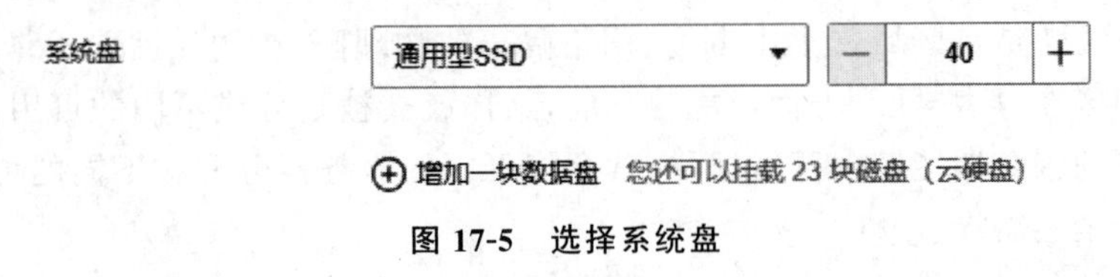

图 17-5　选择系统盘

5. 网络

ECS 云服务器使用虚拟私有云(Virtual Private Cloud，VPC)构建虚拟的网络环境，通过子网划分、路由配置等策略将云资源部署到隔离的网络环境。简单来讲就是在云服务器内可创建多台主机，与家用计算机一样，每台主机的 IP 地址都是不同的，如果想访问某个资源，则应先知道资源所在主机的 IP 地址，以此来达到对不同资源的隔离。在 ECS 的网络配置中，保持默认配置即可，如图 17-6 所示。

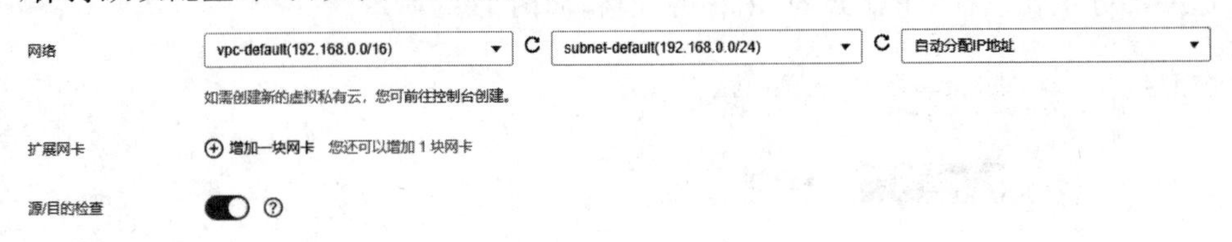

图 17-6　配置网络

6. 安全组

安全组类似于防火墙，对当前主机的 IP 地址添加端口规则，例如在 Express.js 框架中搭建的主机端口号为 3007，如果访问 3008，则肯定是无效的。安全组规则包括入方向规则和出方向规则。入方向规则是指当前服务器开放多少个端口给应用，默认会开放 22 端口(用于 Linux SSH 登录)、3389 端口(Windows 远程登录)、ICMP 协议(Ping)端口、80 端口(用于 HTTP 服务)和 443 端口(用于 HTTPS 服务)，如图 17-7 所示。

在后续 17.3 节安装宝塔时，还需开放供宝塔访问的端口；此外在部署在云服务器上的 Web 服务器端口 3007 也需添加上，否则无法访问后端服务。

出方向是指服务器能够访问哪些协议端口，默认为全部，也就是严进宽出，如图 17-8 所示。

安全组规则

入方向规则　出方向规则

安全组名称	优先级	策略	协议端口 ⓘ	类型	源地址 ⓘ	描述
Sys-WebServer	1	允许	TCP: 80	IPv4	全部	--
	1	允许	TCP: 22	IPv4	全部	--
	1	允许	TCP: 443	IPv4	全部	--
	1	允许	ICMP: 全部	IPv4	0.0.0.0/0	--
	1	允许	全部	IPv4	Sys-WebServer	--

图 17-7　入方向规则

安全组规则

入方向规则　出方向规则

安全组名称	优先级	策略	协议端口 ⓘ	类型	目的地址 ⓘ	描述
Sys-WebServer	1	允许	全部	IPv4	0.0.0.0/0	--
	1	允许	全部	IPv6	::/0	--

图 17-8　出方向规则

7. 弹性公网 IP

弹性公网 IP 即本章开头所讲的大家都能访问的 IP 地址，为云服务器提供访问外网的能力。一台云服务器对应一个公网 IP 地址，购买云服务器一般一同并购一个弹性公网 IP。对于一般的自建网站来讲，公网带宽 2～5Mb/s 即可满足日常的使用，如图 17-9 所示。

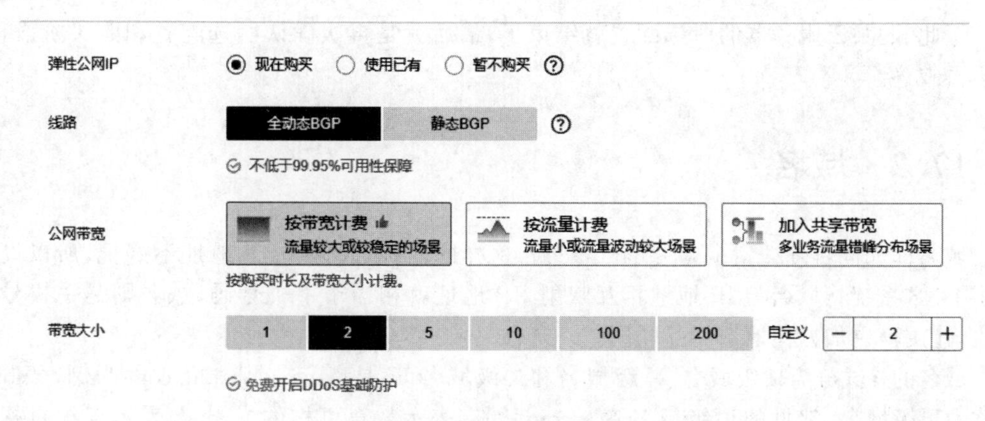

图 17-9　购买弹性公网 IP

8. 云服务器信息配置

配置云服务器名称、描述和登录密码等，如图 17-10 所示。

云服务器名称 1 允许重名

购买多台云服务器时，支持自动增加数字后缀命名或者自定义规则命名。

描述

0/85

登录凭证 密码 密钥对 创建后设置

用户名 root

密码 请牢记密码，如忘记密码可登录ECS控制台重置密码。

请输入密码

确认密码 请再次输入密码

图 17-10 配置云服务器信息

9. 云备份服务

云备份服务即对云硬盘内的数据额外备份，需购买备份存储库。通常只有对数据安全性有要求的企业会选择购买云备份服务，个人独立开发项目选择暂不购买即可，如图 17-11 所示。

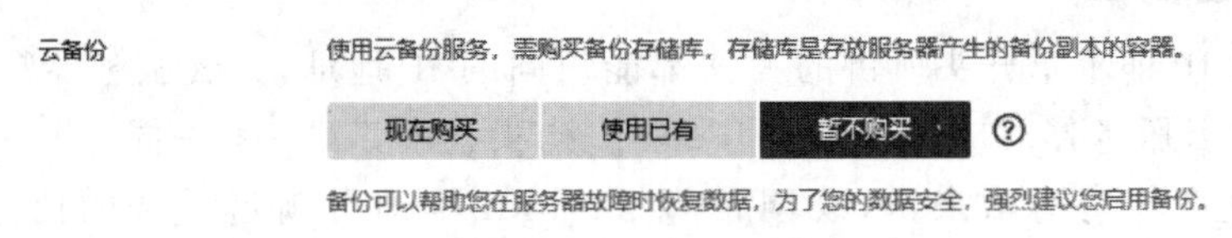

图 17-11 云备份

至此，购买云服务器的所选配置就结束了，最后就是再次确认所选配置和购买阶段，这里不再叙述。

17.2 域名

8min

域名即如同百度搜索 www. baidu. com 这样的名称，起源是 IP 地址不好记，所以设计出了 DNS 系统将域名与 IP 地址相互映射，IP 地址就相当于手机号码，域名则是手机号的号主，让用户更加方便地访问互联网。

域名的格式分为顶级域名、一级域名和二级域名，还是以 www. baidu. com 为例，“. com”被称为顶级域名，常见的顶级域名除“. com”外有表示教育机构的“. edu”、表示组织机构的“. org”、表示政府机构的“. gov”和表示国家的顶级域名，如我国的“. cn”；“baidu. com”称为一级域名，是在顶级域名下加上注册人自定义的名称；类似于百度在一级域名下加上“www”的被称为二级域名，也可以理解为有两个“.”分隔的是二级域名，如今大部分网站的二级域名是以“www”开头的，由于早期三个 w 意味着 World Wide Web（万维网），但其实是可自定义的。

本节将讲解如何购买域名及购买域名后的备案、解析等操作。

17.2.1 购买域名

购买域名首先确定想要注册的名称和顶级域名，其次在阿里云、腾讯云和华为云这些提供了域名注册服务的平台查询域名的注册状态，如果是未注册的状态，则可继续购买，如果是已注册的，则可通过域名注册信息（WHOIS）联系域名拥有者协商购买。

对于知名的大厂，基本上会将所有的顶级域名都注册个遍，以阿里巴巴的域名 alibaba 名称为例，不管是“.com”“.cn”还是“.net”都已被注册了，如图 17-12 所示。

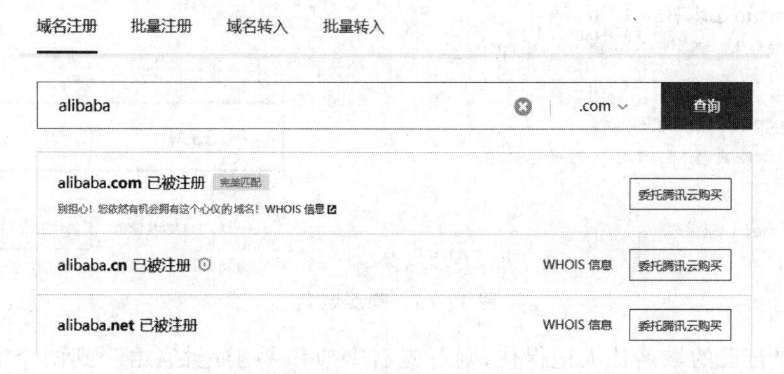

图 17-12 域名注册情况

单击 alibaba.com 的 WHOIS 信息，可看到注册商为阿里云计算公司，如图 17-13 所示。

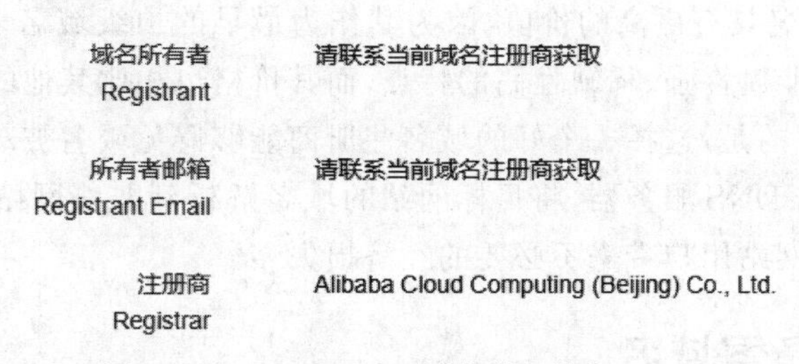

图 17-13 alibaba.com 域名注册信息

即使是“.fun”这样平时无人访问的顶级域名，阿里云计算公司也已将其收入囊中，如图 17-14 所示。

对于未被注册的域名，即可直接在平台购买，如图 17-15 所示。

alibaba.fun域名注册信息

以下信息来自 WHOIS 服务器查询结果

域名所有者 Registrant	请联系当前域名注册商获取
所有者邮箱 Registrant Email	请联系当前域名注册商获取
注册商 Registrar	Alibaba Cloud Computing Ltd. d/b/a HiChina (www.net.cn)

图 17-14　alibaba.fun 域名注册信息

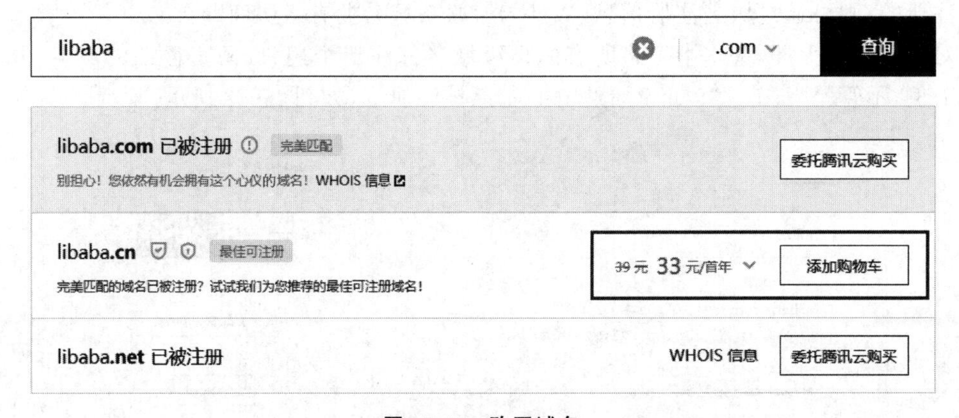

图 17-15　购买域名

如果想要自己的域名让人记得住，则首先名字应该易于记忆，由一到两个简单的单词、数字或拼音组合而成是个不错的方案，如百度旗下的 hao123.com；其次是域名应当与网站想要展现的内容或品牌相关，例如开店铺的域名可以是店铺名，这样能够提高品牌的知名度，如字节跳动公司的域名为 bytedance.com，即由 byte(比特)和 dance(舞蹈)组成，而抖音的域名则为 douyin.com，即抖音的拼音名；如果想要网站具有一定的标识性，则选择“.com”，能够让域名具有更高的价值，因为其作为最早的顶级域名之一已经被广大用户认可和接受，具有商业属性强、稀缺性高的特点，而其价格也相比其他的“.xyz”“.net”更贵。

最后需要注意的是，选择一个好的域名注册商能够避免域名被劫持的可能性，域名劫持是指不法分子攻击 DNS 服务器，将目标网站的域名解析到非法网站的 IP 地址实施非法活动，这样可能会给网站用户带来不必要的经济损失。

17.2.2　备案域名

域名购买后首先需实名认证，其次就进入了备案流程，本节仅以个人备案为例。以腾讯云为例，待备案的域名必须满足以下要求：

(1) 备案的域名要求在域名注册有效期内。

(2) 已通过实名认证的域名，并且认证完成时间满 3 个自然日。

(3) 顶级域名为国家批复的域名。

(4) 境外注册商所注册的域名不能直接备案。

备案的域名必须与域名所有者实名认证的信息一致。目前国内的最新要求还需提交网站备案域名注册人的证明、身份证和域名证书。证明是填在工信部系统提供的统一模板上，这里不展示；域名证书是由域名所属注册机构颁发的一个包含域名、注册所有者、域名所属注册机构、注册时间和到期时间等信息的证书，在购买域名后即可下载，如图 17-16 所示。

1. 基础信息校验

基础信息首先需要填写备案省份、主办单位性质、证件类型和身份证信息，如图 17-17 所示。

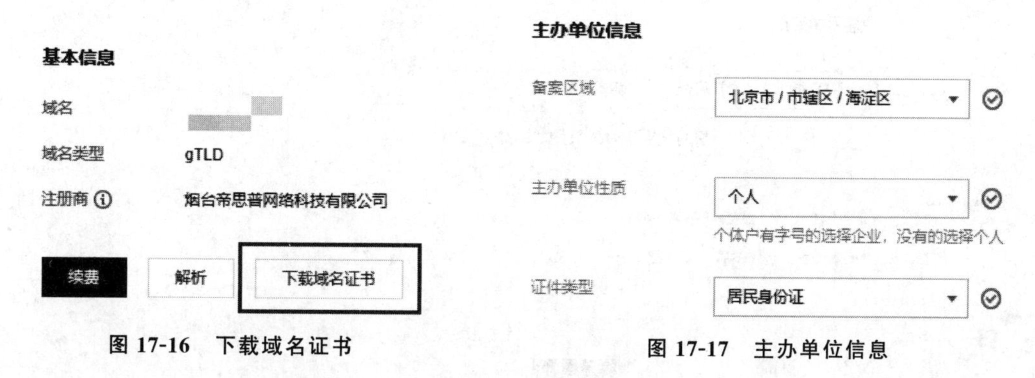

图 17-16 下载域名证书

图 17-17 主办单位信息

其次是选择应用服务类型(网站)、填写备案域名、选择购买的云服务器，如图 17-18 所示。

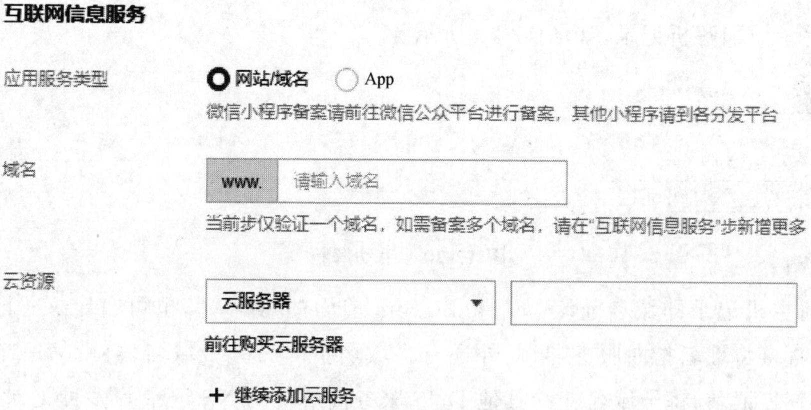

互联网信息服务

应用服务类型 网站/域名 App

微信小程序备案请前往微信公众平台进行备案，其他小程序请到各分发平台

域名 www. 请输入域名

当前步仅验证一个域名，如需备案多个域名，请在"互联网信息服务"步新增更多

云资源 云服务器

前往购买云服务器

+ 继续添加云服务

图 17-18 主办单位信息

在这一步中如果云服务和域名不是同一个云平台，例如域名是在腾讯云购买的，但云服务器是华为云，则可在华为云申请云服务器的备案号，在云资源下拉列表中选择以备案授权码的方式备案。

2. 提交备案

在核对备案信息无误后，即可提交备案。备案需经过云平台初审，并在初审后将备案信息提交至当地的管理单位进行最终审核。通常云平台初审会在2～3天完成，管理单位审核周期为7天左右，审核成功后会以短信和邮件的形式收到备案成功通知。

17.2.3 域名解析

域名解析即将域名与IP地址相互映射。可通过快速解析方法对域名进行解析，如图17-19所示。

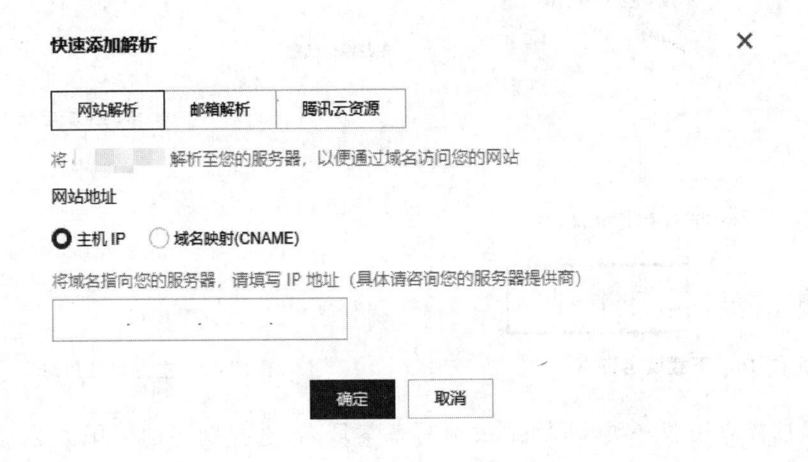

图17-19 域名解析

也可手动添加解析记录，如图17-20所示。

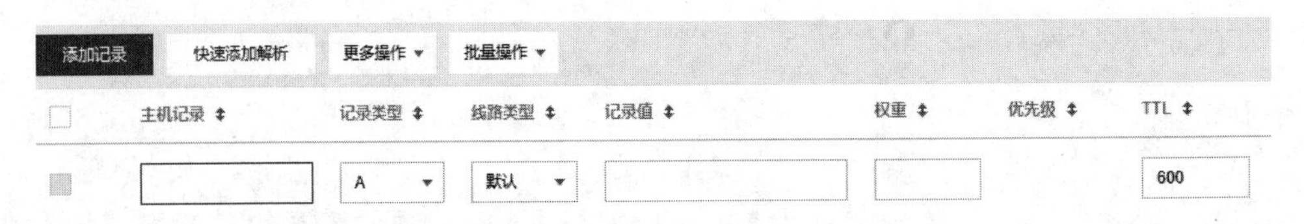

图17-20 手动解析

填写的主机记录即域名前缀，如baidu.com前面的“www”，也可自定义；记录类型默认为A，即直接将域名指向服务器，此外还有将域名指向另一个域名，再由另一个域名提供IP的CNAME记录、将子域名交给其他DNS服务商解析的NS记录等多种记录类型，通常选择默认即可；线路类型是指运营商，如电信、联通等，通常选择默认即可；记录值即服务器的IP地址；权重是当前线路下添加了多个主机，记录会按指定的权重返回记录；TTL是指域名在DNS服务器上的缓存时间，默认为600s，一旦超过这段时间，DNS服务器就会重新查询DNS记录，保证其准确性。通常更新了记录后会在30min内生效。

17.2.4　SSL 证书

SSL 证书(SSL Certificates)是一种数字证书,遵守 SSL 协议,由证书颁发机构(Certificate Authority,CA)颁发。SSL(Secure Socket Layer)协议由网景公司开发,目的在于为互联网提供一个安全的通信机制,本质上就是在传输时对数据进行加密,并且提供了保证数据完整性和验证对方身份的机制。基于 SSL 证书,站点将从 HTTP(Hypertext Transfer Protocol,超文本传输协议)转变为 HTTPS(Hypertext Transfer Protocol Secure,超文本传输安全协议),实现对传输数据的防劫持、防篡改和防监听,保护网站的同时提高用户对网站的信任程度。

将 SSL 证书安装到网站的服务器上,当浏览器在访问一个使用了 SSL 证书的网站时会自动验证网站的 SSL 证书是否由受信任的 CA 机构签发,如果是信任的,则浏览器会认为连接是安全的,反之则提醒连接不安全,以从谷歌浏览器上访问 baidu. com 为例,如图 17-21 所示。

图 17-21　查看连接是否安全

SSL 证书有多种类型,关键在于 CA 机构对证书的验证强度。例如政企机构或金融机构等网站,由于其高要求的业务环境,CA 机构除了验证网站的真实性,还会验证企业信息的真实性,而个人网站使用的 SSL 证书通常 CA 机构只验证网站的真实性。安全性越高的 SSL 证书价格也相应更高,但一般云平台会提供免费的 SSL 证书供普通开发者使用,以腾讯云为例,可在 SSL 证书栏目“我的证书”页面中单击“申请免费证书”按钮进行申请,申请之后就可下载证书并放置到服务器上,如图 17-22 所示。

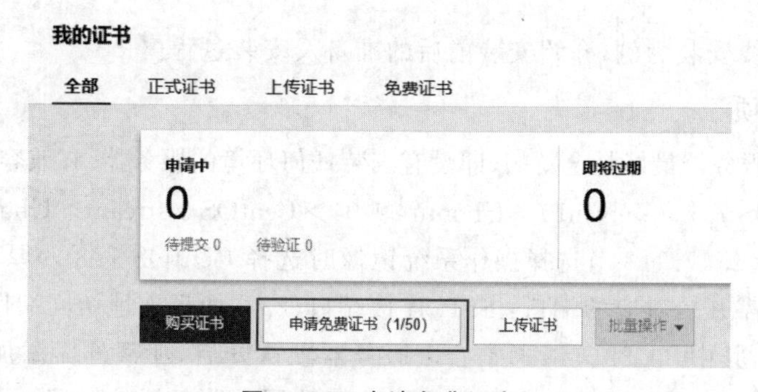

图 17-22　申请免费证书

17.3 宝塔面板

5min

以 Linux 服务器来讲，传统的管理网站或者说运维项目是通过 Shell 命令行界面运行各种 Linux 命令来完成的，不管是安装软件还是配置网站内容，对不熟悉 Linux 命令的读者来讲十分烦琐。古人云术业有专攻，会前后端开发语言，但不熟悉 Linux 命令十分正常，那该如何解决上线项目所遇到的问题呢？这就不得不提到本节的主角——宝塔面板。

宝塔面板是一个可视化的服务器运维面板，能够让不熟悉 Linux(或 Windows)和服务器运维的用户只需傻瓜式操作便可轻松完成网站的上线和管理。本节将主要介绍宝塔面板的安装及配置项目上线所需的配置，为第 18 章正式上线项目打好基础。

17.3.1 安装宝塔面板

安装宝塔面板有两种方法，一种是使用宝塔面板提供的脚本，在登录服务器后使用脚本命令进行安装；另一种是使用宝塔面板提供的在线安装，两种方法都在宝塔官网的下载安装页面中，如图 17-23 所示。

图 17-23 安装宝塔

本节仅以在线安装为例，介绍安装前后的准备及安装过程。

1. 注意事项

安装宝塔的服务器最好是全新的，即没有安装任何环境的服务器，在兼容性方面宝塔提供了优先级：CentOS 7.x > Debian10 > Ubuntu 20.04 > CentOS 8 stream > Ubuntu 18.04 > 其他系统，这也是为什么 17.1.3 节选择操作系统镜像时选择 CentOS 7.8 的原因。需要注意的是宝塔在线安装需开启对应的端口：SSH 连接端口(22)、面板地址访问端口(8888)、网站访问端口(80、443)，其中 80、22、443 通常会由服务器默认开启，那额外需添加的就是 8888 和访问后端的 3007 了。修改安全组的位置通常位于购买的服务器的详情页面，还是以华为云为例，如图 17-24 所示。

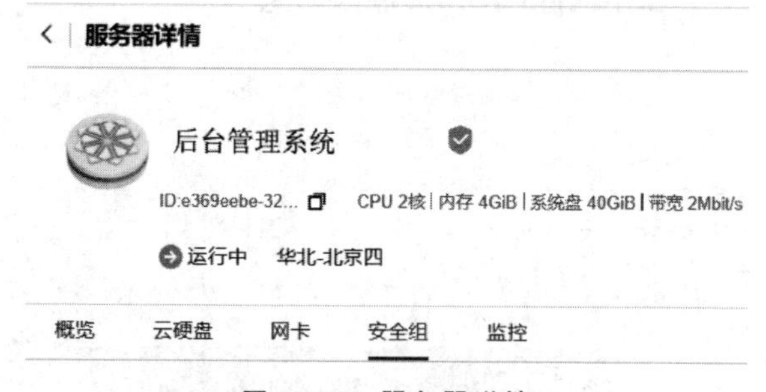

图 17-24　服务器详情

在安全组内添加入方向规则，如图 17-25 所示。

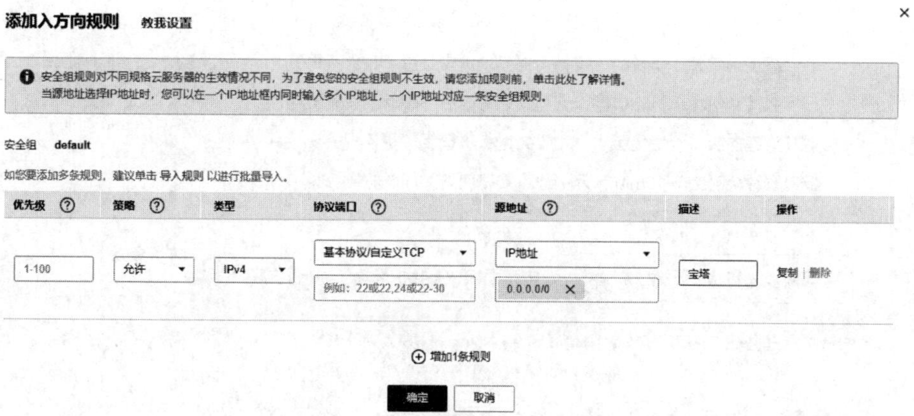

图 17-25　添加入向规则

这里的优先级是指多条规则下的响应优先级，决定不同规则的执行顺序；策略则指是否允许对源地址的 IP 进行访问，在图 17-25 中可看到源地址 IP 地址为 0.0.0.0，即表示允许任何 IP 访问该服务器。在开启端口时，通常只需将优先级设置为 1(最高)，输入协议端口和描述。

2. 在线安装

在线安装只需输入服务器弹性公网 IP 地址和服务器密码，如图 17-26 所示。

单击图 17-26 下方的“立即安装到服务器”按钮后会弹出安装套件的选项，这里只需根据推荐选项继续安装，如图 17-27 所示。

整个安装过程会持续 5～10min，安装成功后会返回面板的登录信息，包括内外网的登录地址、账号和密码，如图 17-28 所示。

3. 进入宝塔面板

输入图 17-28 返回的外网面板地址后，即可进入登录宝塔面板的页面，如图 17-29 所示。

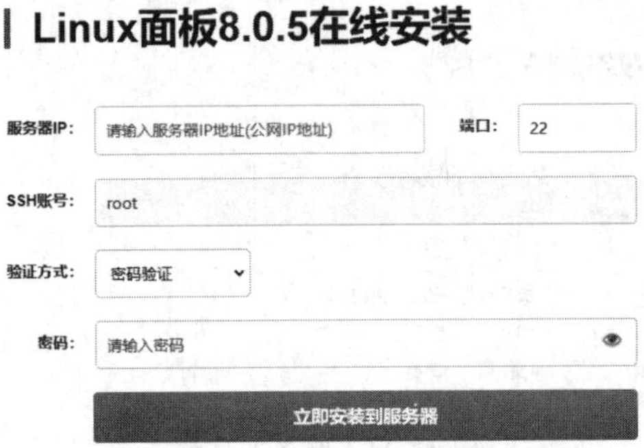

| Linux面板8.0.5在线安装

服务器IP：请输入服务器IP地址(公网IP地址)　端口：22

SSH账号：root

验证方式：密码验证

密码：请输入密码

立即安装到服务器

图 17-26　在线安装宝塔

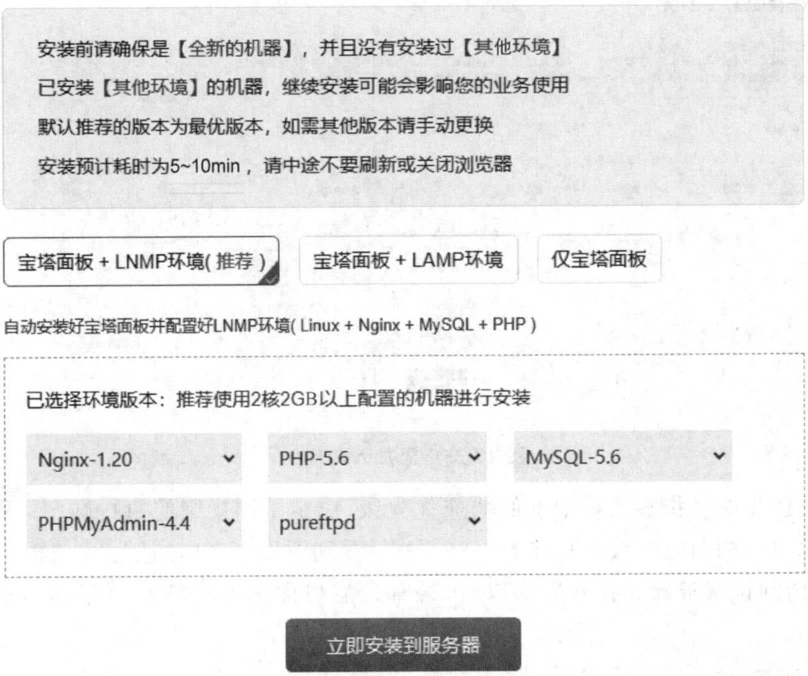

安装前请确保是【全新的机器】，并且没有安装过【其他环境】

已安装【其他环境】的机器，继续安装可能会影响您的业务使用

默认推荐的版本为最优版本，如需其他版本请手动更换

安装预计耗时为5~10min，请中途不要刷新或关闭浏览器

宝塔面板 + LNMP环境(推荐)　宝塔面板 + LAMP环境　仅宝塔面板

自动安装好宝塔面板并配置好LNMP环境(Linux + Nginx + MySQL + PHP)

已选择环境版本：推荐使用2核2GB以上配置的机器进行安装

Nginx-1.20　PHP-5.6　MySQL-5.6

PHPMyAdmin-4.4　pureftpd

立即安装到服务器

图 17-27　安装套件

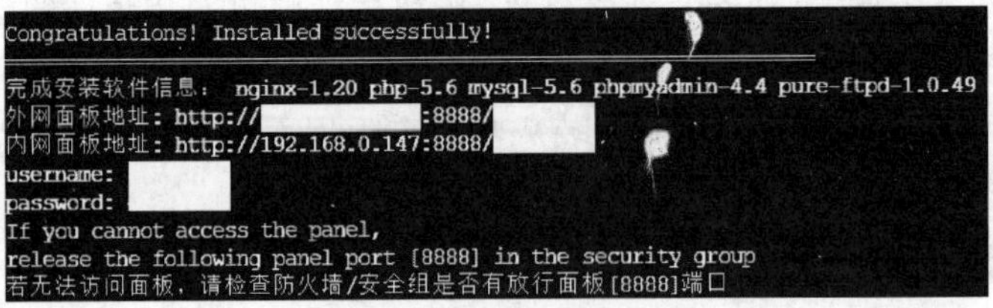

```
Congratulations! Installed successfully!

完成安装软件信息: nginx-1.20 php-5.6 mysql-5.6 phpmyadmin-4.4 pure-ftpd-1.0.49
外网面板地址: http://            :8888/
内网面板地址: http://192.168.0.147:8888/
username:
password:
If you cannot access the panel,
release the following panel port [8888] in the security group
若无法访问面板，请检查防火墙/安全组是否有放行面板[8888]端口
```

图 17-28　安装宝塔成功

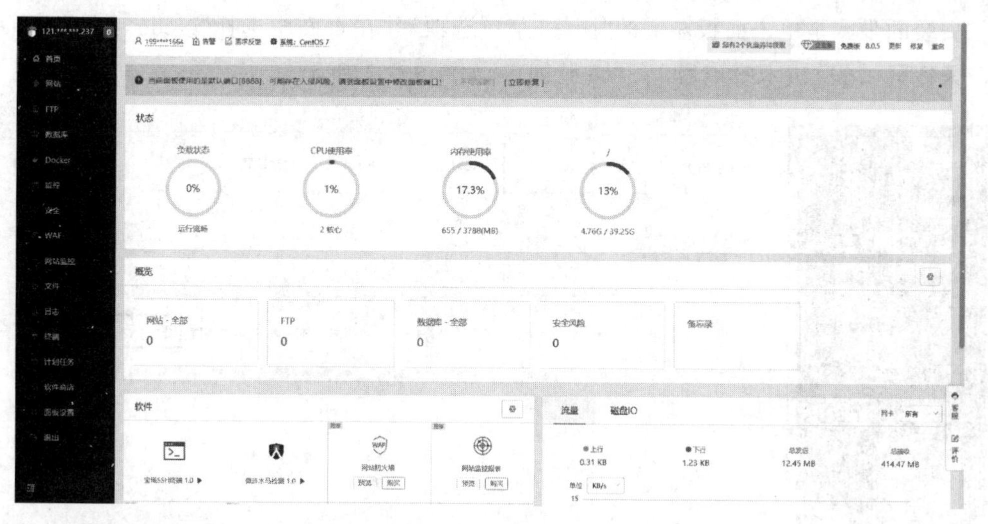

图 17-29 宝塔面板

在安装宝塔面板时使用了 8888 端口号,但当其他人知道了服务器 IP 地址后可拼接 8888 端口入侵宝塔,故需设置其他的端口号供宝塔访问。操作步骤与添加 8888 端口相同,宝塔面板推荐的端口范围为 8888～65535。在服务器完成添加端口后,单击面板左侧的菜单栏倒数第 2 个"面板设置"按钮,滑到底部找到面板端口进行设置面板端口,如图 17-30 所示。

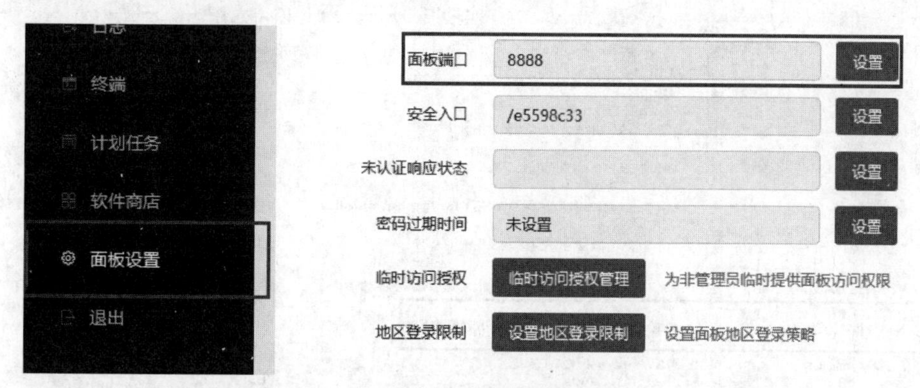

图 17-30 设置面板端口

17.3.2 安装 Node 版本管理器

由于后端使用的是基于 Node.js 的 Express.js 框架搭建的 Web 服务器,所以需安装 Node.js 版本管理器配置 Node.js 版本。在宝塔有两个 Node 版本管理器工具,一个是 PM2 管理器,另一个是 Node.js 版本管理器,其中 PM2 已在 2023 年 12 月 31 日停止维护。

安装的步骤是单击面板左侧的“网站”菜单选项，并在页面中选择“Node 项目”，页面会提示未安装 Node 版本管理器，单击安装即可，如图 17-31 所示。

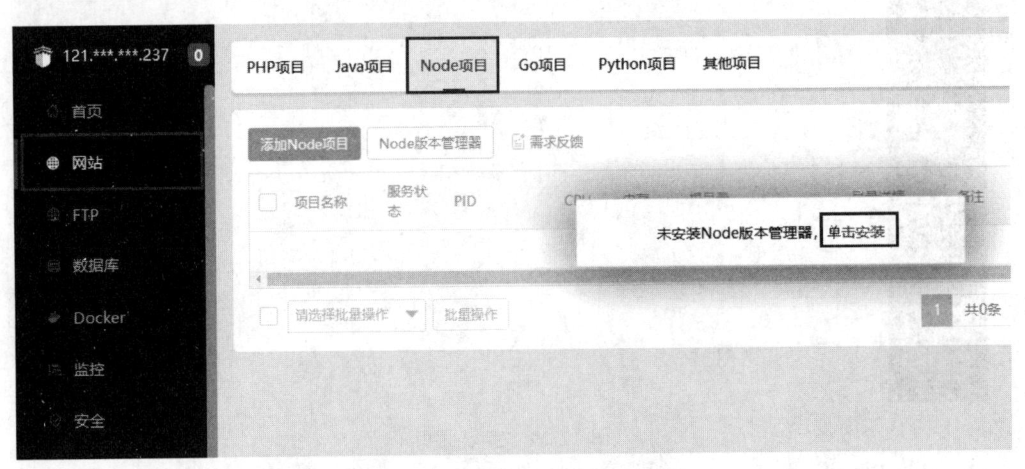

图 17-31　安装 Node 版本管理器

安装完成后，需对 Node.js 版本进行配置。在左侧菜单中单击“软件商店”菜单项，在应用分类中选择“已安装”选项，并找到 Node.js 版本管理器，如图 17-32 所示。

应用分类　全部　已安装　运行环境　安全应用　Docker应用　免费应用　专业版应用　企业版应用　第三方应用

最近使用入口　Node.js版本管理器

软件名称	开发商	说明
Nginx 1.20.2	官方	轻量级，占有内存少，并发能力强
微步木马检测 1.0	官方	能检测市面上99%的常见流行木马病毒文件，精确检测木马威胁
MySQL 5.6.50	官方	MySQL是一种关系数据库管理系统!(支持alisql/greatsql/mariadb)，需要多版本共存请使用Docker应用【MySQL多版本管理】插件
PHP-5.6.40	官方	PHP是世界上最好的编程语言
Pure-Ftpd 1.0.49	官方	PureFTPd是一款专注于程序健壮和软件安全的免费FTP服务器软件
Node.js版本管理器 2.1	官方	安装、卸载、配置Node.js版本，与PM2管理器互斥
phpMyAdmin 4.4	官方	著名Web端MySQL管理工具
宝塔SSH终端 1.0	官方	完整功能的SSH客户端，仅用于连接本服务器

图 17-32　已安装软件

在 Node.js 版本管理器的操作一列中，单击“设置”按钮，选择安装与本地 Nodc.js 版本相同的版本，这里选择的是 16.8.0 版本，如图 17-33 所示。

最后，需要在图 17-33 上方的命令行版本切换成 16.8 版本，如图 17-34 所示。

至此，宝塔面板就配置完成了。现在就只差最后一步，即上线项目。

Node.js版本管理器

显示常用版本　命令行版本 未设置　registry源 npmmirror中国镜像　更新版本列表

Node版本	LTS	NPM版本	V8版本	发布日期	操作
v16.9.0	测试版	7.21.1	9.3.345.16	2021-09-07	安装
v16.8.0	测试版	7.21.0	9.2.230.21	2021-08-25	安装
v16.7.0	测试版	7.20.3	9.2.230.21	2021-08-18	安装
v16.6.2	测试版	7.20.3	9.2.230.21	2021-08-11	安装
v16.5.0	测试版	7.19.1	9.1.269.38	2021-07-14	安装
v16.4.2	测试版	7.18.1	9.1.269.36	2021-07-05	安装
v16.3.0	测试版	7.15.1	9.0.257.25	2021-06-03	安装
v16.2.0	测试版	7.13.0	9.0.257.25	2021-05-19	安装
v16.1.0	测试版	7.11.2	9.0.257.24	2021-05-04	安装
v16.0.0	测试版	7.10.0	9.0.257.17	2021-04-20	安装
v15.14.0	测试版	7.7.6	8.6.395.17	2021-04-06	安装
v15.13.0	测试版	7.7.6	8.6.395.17	2021-03-31	安装

更新软件列表 / 支付状态

示	操作
	设置 | 卸载
	设置 | 修复 | 卸载
	设置 | 卸载
	设置 | 卸载
	设置 | 卸载
	设置 | 修复 | 卸载
	设置 | 卸载
	设置 | 修复 | 卸载

1/1　从1-8条　共8条

图 17-33　安装 Node. js

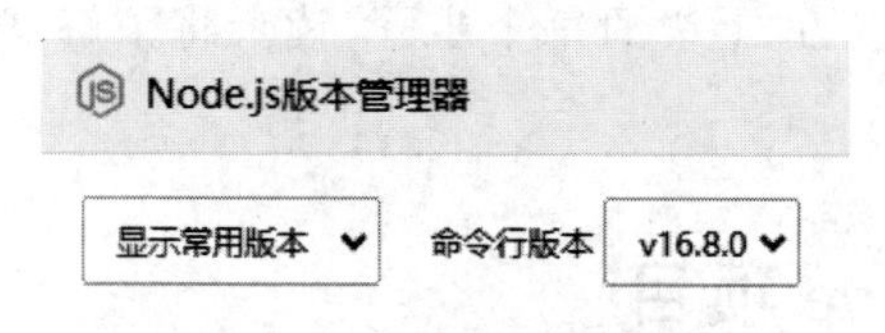

图 17-34　设置命令行版本

第18章 CHAPTER 18 上线项目

本章将完成本书项目的上线，包括在宝塔面板中添加 Node 项目、数据库文件、前端项目文件。简单来讲，上线就是将前后端代码和数据库 SQL 文件从本地服务器迁移到购买的云服务器上，但在上线之前，还需要做一些准备工作，例如后端的地址需要从本地地址修改为服务器的弹性公网 IP，前端也需将二次封装 Axios 时的 baseURL 修改为弹性公网 IP 等。本章将剖析项目正式上线的每个步骤，读者将了解、学习和学会项目开发的最后一步。

18.1 添加 Node 项目

7min

在上线时首先需将后端所有的本地地址修改为弹性公网 IP 地址，代码如下：

```
//app.js
//绑定和侦听指定的主机和端口
app.listen(3007, () => {
  console.log('http://弹性公网 IP 地址:3007')
})

//router_handler/user.js
//上传头像接口
exports.uploadAvatar = (req, res) => {
  //其他逻辑
  res.send({
  status: 0,
  url: 'http://121.36.70.237:3007/upload/ ${newName}'
  })
}
```

其次在 package.json 文件内的 scripts 配置内添加启动命令，代码如下：

```
"scripts": {
    "start": "node app.js",            //启动命令
    "test": "echo \"Error: no test specified\" && exit 1"
  },
```

18.1.1　上传后端代码

回到宝塔面板，在左侧菜单栏中选择“文件”，在 wwwroot 目录下将后端 backend 目录下的文件上传，如图 18-1 所示。

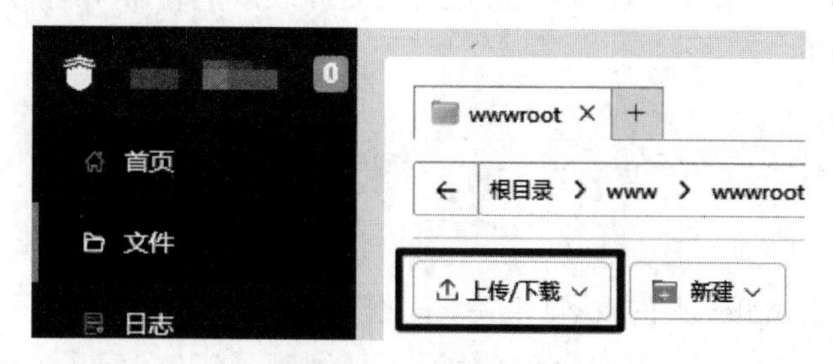

图 18-1　上传后端文件

上传时选择“上传目录”，此时需将本地后端文件内的 node_modules 移到别处，原因是上传目录的文件有限制，可压缩 node_modules 后再以上传文件的形式上传并解压，上传完成后如图 18-2 所示。

图 18-2　完成上传后端代码

此时在 backend 目录下的终端运行会出现报错，信息如下：

```
bcrypt_lib.node: invalid ELF header
```

这是由于用于加密的 bcrypt 依赖在不同的操作系统上运行时编译的结果不同，所以直接从 Windows 上迁移过来会出现问题，解决方案是卸载 bcrypt 依赖，然后安装 bcrypt 的平替 bcryptjs，命令如下：

```
//宝塔 backend 终端
npm uninstall bcrypt                    //卸载 bcrypt

npm i brcyptjs                          //bcrypt 平替
```

其次在 router_handler 下的 login 和 user 文件修改导入项，代码如下：

```
//router_handler/user.js 和 login.js
const bcrypt = require('bcryptjs')       //将 require 修改为 bcryptjs
```

18.1.2 添加 Node 项目

回到“网站”菜单下的 Node 项目页面中，单击“添加 Node 项目”按钮，将 backend 目录(后端项目放置)添加在此，如图 18-3 所示。

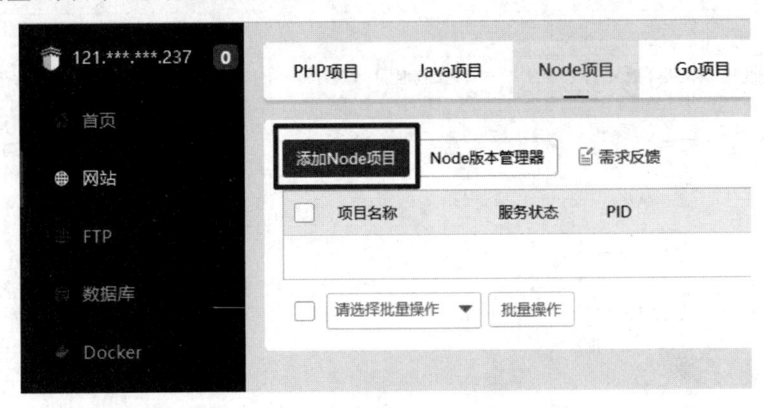

图 18-3 添加 Node 项目

单击按钮后出现一个需要输入内容的弹框，包括选择项目目录，即指向 backend 目录；输入自定义的项目名称；项目的启动命令；项目的端口号，本项目为“3007”；运行用户，默认为 www；包管理器和 Node 版本；项目绑定的域名，如图 18-4 所示。

添加完成后，Node 项目页面中就会出现该项目。

18.1.3 配置 SSL 证书

此时 SSL 证书还未配置，单击操作列中的“设置”按钮，添加 SSL 证书，如图 18-5 所示。该 SSL 页面提示证书所需的密钥和证书格式，读者可在自己购买域名的云平台搜索

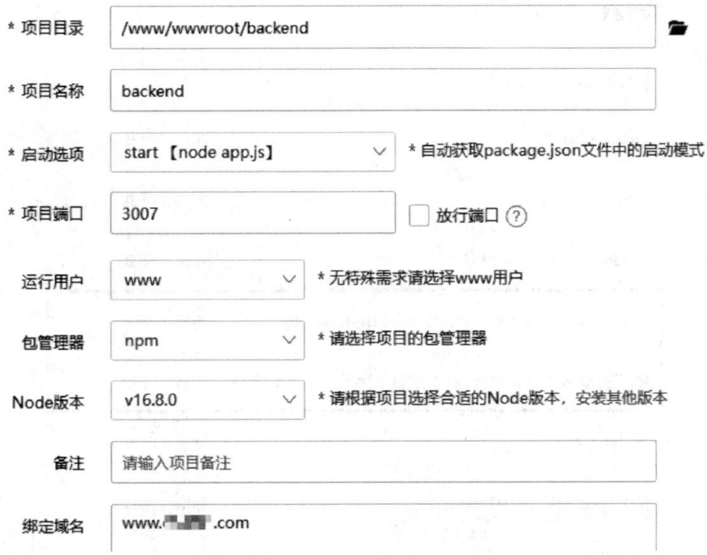

图 18-4 输入 Node 项目信息

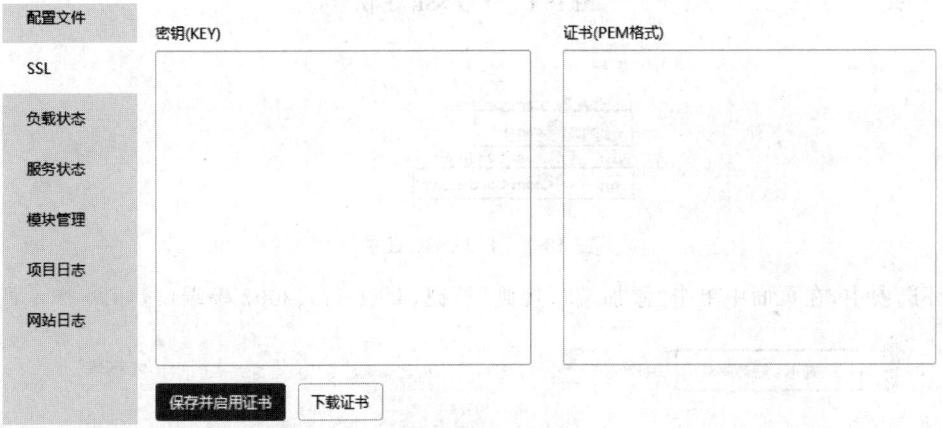

图 18-5 配置 SSL 证书

SSL 证书,并下载包含 KEY 格式和 PEM 格式的证书文件,如图 18-6 所示。

下载后会得到一个压缩包,里面通常包含 4 个文件,只需选择对应格式后缀的文件,以文本的方式打开,如图 18-7 所示。

将文本的内容复制到 SSL 的密钥和证书中,单击“保存并启用证书”即可,此时会看到当前证书的状态变为“已部署 SSL”,并且提示了证书认证的域名、证书品牌及到期时间等内容,如图 18-8 所示。

如果此时访问,则以 HTTP 协议的方式访问,如果需要 HTTPS,则勾选图 18-8 中的强制 HTTPS,并在服务器的安全组中添加 443 端口。需要注意的是,宝塔面板也需添加端口规则,原因是宝塔并不会直接同步云服务器中的端口策略。宝塔配置端口位于左侧菜单的

下载证书 ×

服务器类型	操作
Tomcat（pfx格式）	帮助 | 下载
Tomcat（JKS格式）	帮助 | 下载
Apache（crt文件、key文件）	帮助 | 下载
Nginx（适用大部分场景）（pem文件、crt文件、key文件）	帮助 | 下载
腾讯云宝塔面板（pem文件、crt文件、key文件）	帮助 | 下载
IIS（pfx文件）	帮助 | 下载
其他（pem文件、crt文件、key文件）	帮助 | 下载
根证书下载（crt文件）	帮助 | 下载

图 18-6　下载 SSL 证书

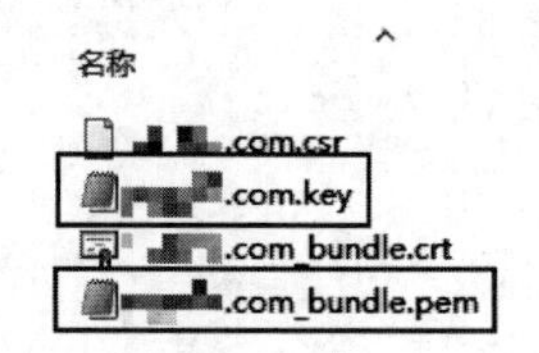

图 18-7　打开 SSL 证书

“安全”选项中，在页面中单击“添加端口规则”按钮，开放 443、3007 等端口，如图 18-9 所示。

图 18-8　认证成功

18.1.4　添加数据库

配置 Node 项目的最后一步，在面板左侧菜单“数据库”选项中添加数据库。在数据库页面单击“添加数据库”按钮，如图 18-10 所示。

在弹窗中输入数据库名、用户名和密码等，这里的内容需要与后端 db/index.js 文件内的信息一致，如图 18-11 所示。

图 18-9 添加端口

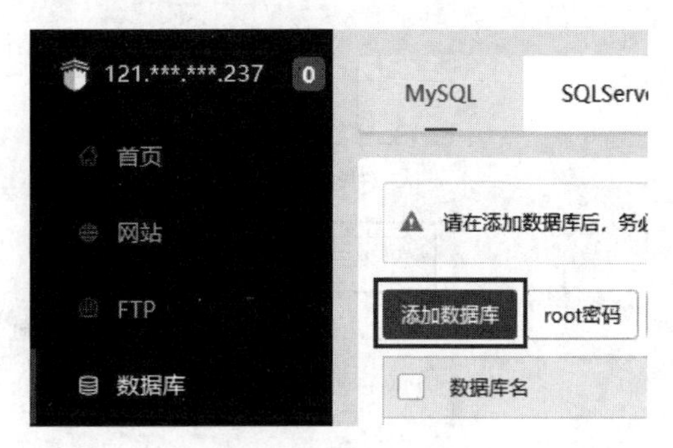

图 18-10 添加数据库

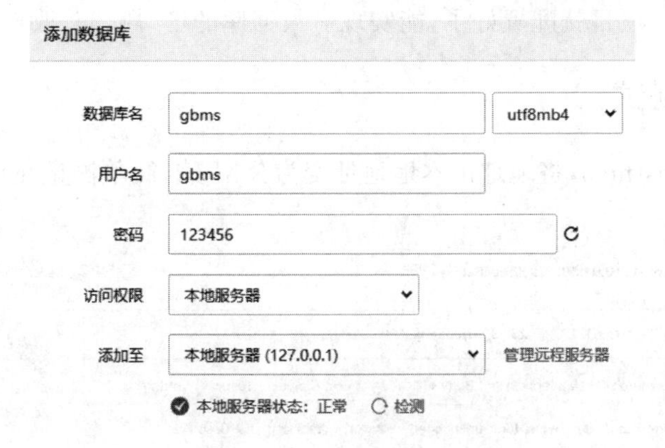

图 18-11 添加数据库

此时数据库还没有任何内容，需导入 SQL 文件创建数据表。打开 Navicat for MySQL，右击数据表，选择“转储 SQL 文件”下的“结构与数据”命令，如图 18-12 所示。

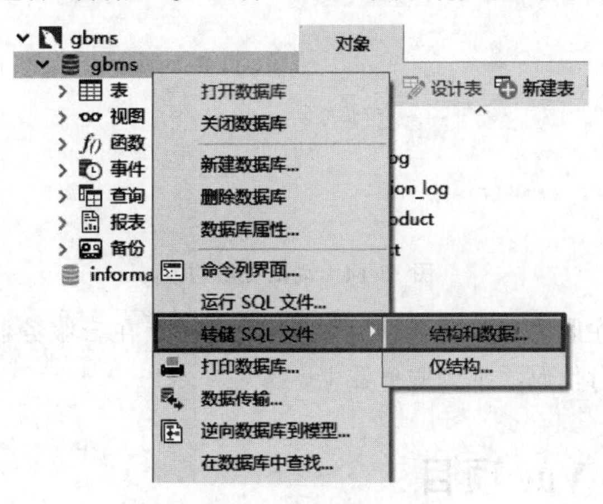

图 18-12 导出 SQL 文件

然后在面板数据库的备份一列中选择“导入”，在弹窗内上传 SQL 文件并导入，如图 18-13 所示。

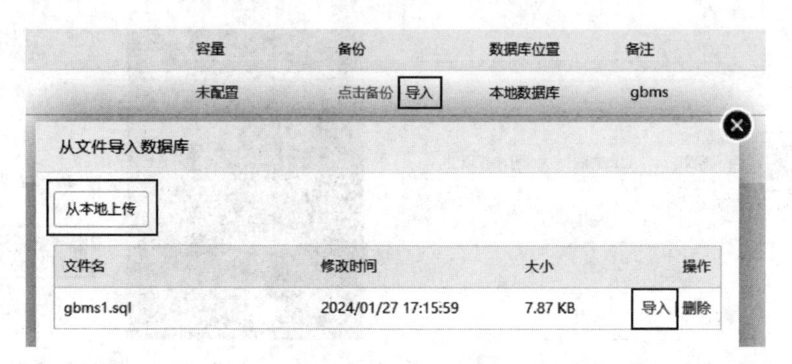

图 18-13 导入 SQL 文件

这时整个 Node 项目就配置好了,能实现对数据库的增、删、查、改操作了。

18.1.5 测试

此时可打开 Postman,将地址由本地地址变为公网 IP,简单测试注册功能是否可用,如图 18-14 所示。

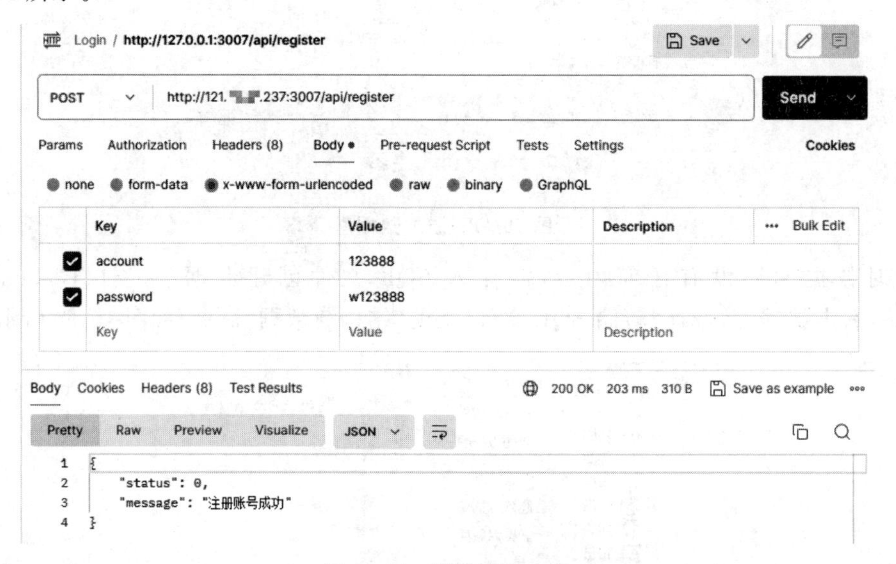

图 18-14 测试注册功能

返回的信息提示注册账号成功,说明后端的代码已经在云服务器上正常运行了。下面要做的就是将前端项目代码添加到服务器上。

10min

18.2 添加 Vue 项目

添加 Vue 项目同样需要更改本地地址,在本书项目中位于 Axios 二次封装文件和上传头像的个人设置组件中,代码如下:

```
//http/index.ts
const instance = axios.create({
    //后端 URL 网址
    baseURL: * . * . * . * :3007,                        //修改为公网 IP
    timeout: 6000,                                       //设置超时
    headers: {                                           //请求头
        'Content - Type': 'application/x - www - form - urlencoded'
    }
});

//set/index.vue
<el - upload
  class = "avatar - uploader"
  action = "http:// * . * . * . * :3007/user/uploadAvatar"
  :show - file - list = "false"
  :on - success = "handleAvatarSuccess"
  :before - upload = "beforeAvatarUpload"
>
```

问题是,前端开发分为开发环境和生产环境,是不是每次都要手动切换 IP 地址呢?特别是当前端出现特别多类似于上传头像这样的组件时,那无疑是太烦琐了。好在 Vite 提供了环境变量,能够根据运行时的模式自动切换 URL。

18.2.1 Vite 配置

Vite 在一个特殊的 import. meta. env 对象上暴露环境变量,所谓环境变量,即全局都可以访问的变量。基于此特殊的对象,可在". env"文件中设置不同环境下的 URL,该类文件是一种特殊的文件,env 即 environment(环境)的缩写,通常包括下列几种. env 文件。

(1) . env:任何情况下都可访问文件内的环境变量。

(2) . env. local:与(1)相同,但会被 Git 忽略。

(3) . env. [mode]:只在特定模式下加载。. env. development 表示只在开发环境下加载环境变量;. env. production 表示只在生产环境下加载环境变量。

(4) . env. [node]. local:与(3)相同,但会被 Git 忽略。

在项目的根目录下新建. env. development、. env. production 两个文件设置请求路径。需要注意生产环境的路径需和 SSL 证书的域名一致,即只需域名而无须端口号,代码如下:

```
//.env.development
VITE_API_BASEURL = 'http://127.0.0.1:3007'

//.env.production
VITE_API_BASEURL = 'https:// * . * . * . * '
```

那么此时就可把 Axios 二次封装的 baseUrl 改成 VITE_API_BASEURL 了,代码如下:

```
//http/index.ts
baseURL: import.meta.env.VITE_API_BASEURL
```

而对于上传头像，可定义一个变量，使用模板字符串的方式替换 Action 属性，代码如下：

```
//set/index.vue
<el-upload
  :action="uploadUrl"
>

//逻辑部分
const uploadUrl = ref(`${import.meta.env.VITE_API_BASEURL}/user/uploadAvatar`)
```

18.2.2 生成 dist 文件夹并配置

将前端代码上传至服务器不同于后端代码整体都迁移至服务器，上传的是通过打包命令输出的目录，命令如下：

```
pnpm run build
```

执行命令后 Vite 会将项目的代码打包成纯 HTML、CSS、JavaScript 和部分静态文件，使其能够在浏览器运行，这些文件将会保存在根目录下新生成的 dist 文件夹中，如图 18-15 所示。

图 18-15 dist 目录

生成后将 dist 目录上传至服务器的 backend 目录下，并在 app.js 文件中使用静态托管的方式将前端项目的首页(index.html)作为访问服务器根目录的返回文件，代码如下：

```
//app.js
//导入 path 模块
const path = require('path');
//指定静态文件的根目录
app.use(express.static(path.join(__dirname, 'dist')));
//请求时服务器根目录会返回 index.html
app.get('/', function (req, res) {
  res.sendFile(path.join(__dirname + '/dist/index.html'));
});
```

此时，重启 Node 项目，就可在浏览器中输入域名访问项目了。单击 URL 网址框左侧的图标，可看到"连接是安全的"选项，说明 SSL 证书已生效，如图 18-16 所示。

输入账号和密码进行登录，在控制台可看到请求的是域名地址，并且状态码为 200，如图 18-17 所示。

至此，整个项目的后端、数据库、前端就全部上线成功了。

.com/#/
.com
连接是安全的
跟踪保护
第三方 Cookie 受限
网站设置
管理系统
注册
账号
请输入账号
密码
请输入密码
登录

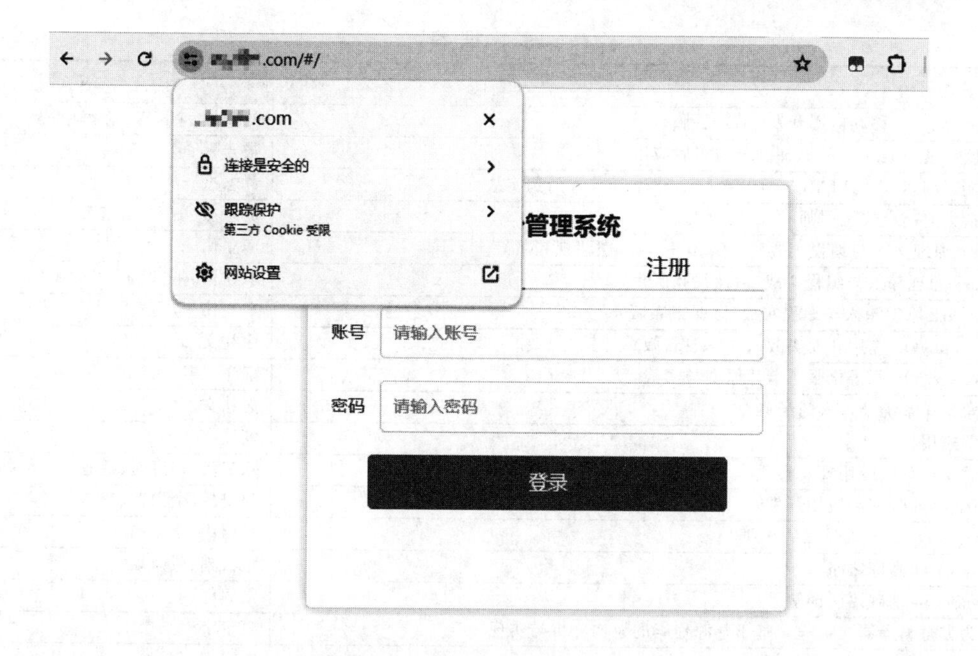

图 18-16　域名访问项目成功

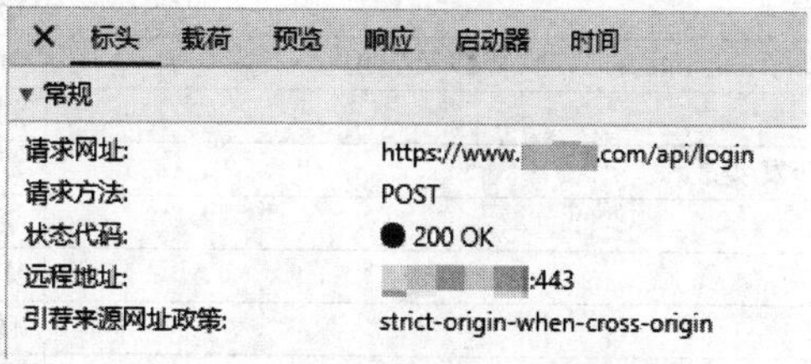

标头
载荷
预览
响应
启动器
时间
常规
请求网址:
https://www.
.com/api/login
请求方法:
POST
状态代码:
200 OK
远程地址:
:443
引荐来源网址政策:
strict-origin-when-cross-origin

图 18-17　请求服务器成功

图书推荐

书　　名	作　　者
HarmonyOS 移动应用开发(ArkTS 版)	刘安战、余雨萍、陈争艳 等
深度探索 Vue.js——原理剖析与实战应用	张云鹏
前端三剑客——HTML5+CSS3+JavaScript 从入门到实战	贾志杰
剑指大前端全栈工程师	贾志杰、史广、赵东彦
Flink 原理深入与编程实战——Scala+Java(微课视频版)	辛立伟
Spark 原理深入与编程实战(微课视频版)	辛立伟、张帆、张会娟
PySpark 原理深入与编程实战(微课视频版)	辛立伟、辛雨桐
HarmonyOS 应用开发实战(JavaScript 版)	徐礼文
HarmonyOS 原子化服务卡片原理与实战	李洋
鸿蒙操作系统开发入门经典	徐礼文
鸿蒙应用程序开发	董昱
鸿蒙操作系统应用开发实践	陈美汝、郑森文、武延军、吴敬征
HarmonyOS 移动应用开发	刘安战、余雨萍、李勇军 等
HarmonyOS App 开发从 0 到 1	张诏添、李凯杰
JavaScript 修炼之路	张云鹏、戚爱斌
JavaScript 基础语法详解	张旭乾
华为方舟编译器之美——基于开源代码的架构分析与实现	史宁宁
Android Runtime 源码解析	史宁宁
恶意代码逆向分析基础详解	刘晓阳
网络攻防中的匿名链路设计与实现	杨昌家
深度探索 Go 语言——对象模型与 runtime 的原理、特性及应用	封幼林
深入理解 Go 语言	刘丹冰
Vue+Spring Boot 前后端分离开发实战	贾志杰
Spring Boot 3.0 开发实战	李西明、陈立为
Vue.js 光速入门到企业开发实战	庄庆乐、任小龙、陈世云
Flutter 组件精讲与实战	赵龙
Flutter 组件详解与实战	[加]王浩然(Bradley Wang)
Dart 语言实战——基于 Flutter 框架的程序开发(第 2 版)	亢少军
Dart 语言实战——基于 Angular 框架的 Web 开发	刘仕文
IntelliJ IDEA 软件开发与应用	乔国辉
Python 量化交易实战——使用 vn.py 构建交易系统	欧阳鹏程
Python 从入门到全栈开发	钱超
Python 全栈开发——基础入门	夏正东
Python 全栈开发——高阶编程	夏正东
Python 全栈开发——数据分析	夏正东
Python 编程与科学计算(微课视频版)	李志远、黄化人、姚明菊 等
Python 游戏编程项目开发实战	李志远
编程改变生活——用 Python 提升你的能力(基础篇·微课视频版)	邢世通
编程改变生活——用 Python 提升你的能力(进阶篇·微课视频版)	邢世通
编程改变生活——用 PySide6/PyQt6 创建 GUI 程序(基础篇·微课视频版)	邢世通
编程改变生活——用 PySide6/PyQt6 创建 GUI 程序(进阶篇·微课视频版)	邢世通
Diffusion AI 绘图模型构造与训练实战	李福林
图像识别——深度学习模型理论与实战	于浩文
数字 IC 设计入门(微课视频版)	白栎旸

续表

书　　名	作　　者
动手学推荐系统——基于 PyTorch 的算法实现(微课视频版)	於方仁
人工智能算法——原理、技巧及应用	韩龙、张娜、汝洪芳
Python 数据分析实战——从 Excel 轻松入门 Pandas	曾贤志
Python 概率统计	李爽
Python 数据分析从 0 到 1	邓立文、俞心宇、牛瑶
从数据科学看懂数字化转型——数据如何改变世界	刘通
鲲鹏架构入门与实战	张磊
鲲鹏开发套件应用快速入门	张磊
华为 HCIA 路由与交换技术实战	江礼教
华为 HCIP 路由与交换技术实战	江礼教
openEuler 操作系统管理入门	陈争艳、刘安战、贾玉祥 等
5G 核心网原理与实践	易飞、何宇、刘子琦
FFmpeg 入门详解——音视频原理及应用	梅会东
FFmpeg 入门详解——SDK 二次开发与直播美颜原理及应用	梅会东
FFmpeg 入门详解——流媒体直播原理及应用	梅会东
FFmpeg 入门详解——命令行与音视频特效原理及应用	梅会东
FFmpeg 入门详解——音视频流媒体播放器原理及应用	梅会东
精讲 MySQL 复杂查询	张方兴
Python Web 数据分析可视化——基于 Django 框架的开发实战	韩伟、赵盼
Python 玩转数学问题——轻松学习 NumPy、SciPy 和 Matplotlib	张骞
Pandas 通关实战	黄福星
深入浅出 Power Query M 语言	黄福星
深入浅出 DAX——Excel Power Pivot 和 Power BI 高效数据分析	黄福星
从 Excel 到 Python 数据分析：Pandas、xlwings、openpyxl、Matplotlib 的交互与应用	黄福星
云原生开发实践	高尚衡
云计算管理配置与实战	杨昌家
虚拟化 KVM 极速入门	陈涛
虚拟化 KVM 进阶实践	陈涛
HarmonyOS 从入门到精通 40 例	戈帅
OpenHarmony 轻量系统从入门到精通 50 例	戈帅
AR Foundation 增强现实开发实战(ARKit 版)	汪祥春
AR Foundation 增强现实开发实战(ARCore 版)	汪祥春
ARKit 原生开发入门精粹——RealityKit＋Swift＋SwiftUI	汪祥春
HoloLens 2 开发入门精要——基于 Unity 和 MRTK	汪祥春
Octave 程序设计	于红博
Octave GUI 开发实战	于红博
Octave AR 应用实战	于红博
全栈 UI 自动化测试实战	胡胜强、单镜石、李睿